Prüfungsbuch Metall- und Maschinentechnik

Vorbereitung zur:

- Facharbeiterprüfung
- Gesellenprüfung
- Berufskollegprüfung
- Meisterprüfung
- Technikerprüfung
- Abiturprüfung TG

für Industrie und Handwerk

Peter Schultheiß

5., überarbeitete und erweiterte Auflage

5., überarbeitete und erweiterte Auflage 2018

Dieses Werk folgt der reformierten Rechtschreibung und Zeichensetzung.

Dieses Buch ist auf Papier gedruckt, das aus 100 % chlorfrei gebleichten Faserstoffen hergestellt wurde.

Verlag Handwerk und Technik GmbH, Lademannbogen 135, 22339 Hamburg; Postfach 63 05 00, 22331 Hamburg, E-Mail: info@handwerk-technik.de, Internet: www.handwerk-technik.de

Umschlagfoto: Fotolia Deutschland, Berlin, © www.fotolia.de © Oleg Zhukov

Zeichnungen: Peter Schultheiß, Stuttgart
Abbildungen: Alzmetall GmbH & Co. KG, Altenmarkt, S. 277;
Beiersdorf AG, Hamburg, S. 380
Satz: dtp-design Wahner GbR, 35085 Ebsdorfergrund
Druck und Weiterverarbeitung: UAB STANDARTŲ SPAUSTUVĖ, 02189 Vilnius

ISBN 978-3-582-31501-4

VORWORT

Die Entwicklung im Bereich Metall- und Maschinentechnik bringt ständig Veränderungen mit sich.
Die Zielsetzung der Lehrpläne versucht diesen ständigen Veränderungen gerecht zu werden und betont deshalb die Handlungsorientierung, die Sie zu selbstständigem Planen, Durchführen und Beurteilen von Arbeitsaufgaben im Rahmen ihrer Berufstätigkeit befähigen soll.
Auch die handlungsorientierten Lernfelder zielen darauf ab, sich Lerngegenstände weitgehend selbstständig anzueignen.
Der ganzheitliche Ansatz der Berufsausbildung beinhaltet somit neben der Fachkompetenz gleichberechtigt die Methoden-, Sozial- und Individualkompetenz.
Fachkompetenz bezeichnet hier die Bereitschaft und Fähigkeit, auf der Grundlage fachlichen Wissens und Könnens Aufgaben und Probleme zielorientiert, sachgerecht, methodengeleitet und selbstständig zu lösen und das Ergebnis zu beurteilen.

Bei der Gestaltung des Prüfungsbuches für die Ausbildungsberufe der Metall- und Maschinentechnik wurde versucht, diesen Anforderungen gerecht zu werden. So sollen bei der Lösung der unterschiedlichen Aufgaben aus den Bereichen der Berufstheorie selbstständig Lösungsansätze gefunden werden. Dazu sollte der Lösungsvorschlag zunächst abgedeckt werden. Erst wenn Sie Ihren eigenen Lösungsvorschlag erarbeitet haben, sollten Sie einen inhaltlichen Vergleich vornehmen. Der kompetente Umgang mit dem Tabellenbuch ist für den sinnvollen Umgang mit diesem Buch eine Voraussetzung.

Ich wünsche Ihnen, dass Ihre beruflichen Kompetenzen mit der Bearbeitung der methodisch gestalteten Aufgaben dieses Buches gefestigt und erweitert werden.

Peter Schultheiß

Inhaltsverzeichnis

1 Längenprüftechnik

1 Längenprüftechnik

1.1 Prüfen

1 Worin unterscheiden sich „subjektive Prüfungen“ von „objektiven Prüfungen“?

Subjektive Prüfungen erfolgen durch Sinneswahrnehmungen, z. B. die mit den Fingern durchgeführte Prüfung der Rauheit einer Werkstückoberfläche.
Objektive Prüfungen erfolgen mit Prüfmitteln. Das können Messgeräte oder Lehren sein.

2 Worin unterscheidet sich das Messen vom Lehren?

Messen ist ein Maßvergleich mit einem Messgerät.
Das Ergebnis ist ein Messwert, das Istmaß.
Lehren ist ein Maß- und/oder Formvergleich mit einer Lehre.
Das Ergebnis ist eine Beurteilung: Gut, Ausschuss oder Nacharbeit.

3 Begründen Sie, warum es in der modernen Technik notwendig ist, genau bestimmte und allgemein verbindliche Maßeinheiten festzulegen.

Durch die internationalen wirtschaftlich-technischen Beziehungen muss eine international einheitliche technische Sprache gesprochen werden. (SI = Internationales Einheitensystem)

4 Nennen Sie die 7 Größen und deren Einheit, welche die Basis für das internationale Einheitensystem (SI) bilden.

- **Länge** l in Meter [m]
- **Masse** m in Kilogramm [kg]
- **Zeit** t in Sekunde [s]
- **Stromstärke** I in Ampere [A]
- **Temperatur** ϑ oder T in Grad Celsius [°C] oder Kelvin [K]
- **Lichtstärke** I_v in Candela [cd]
- **Stoffmenge** n in Mol [mol]

5 Aus welchen Basis-SI-Einheiten setzt sich die Einheit der Kraft, 1 Newton, zusammen?

Aus Kilogramm, Meter und Sekunde.

$$1\,N = \frac{1\,kg \cdot 1\,m}{1\,s^2}$$

6 Welche Bedeutung haben Vorsätze wie Kilo- oder Milli-, die einer Maßeinheit vorangestellt werden?

Vorsätze werden verwendet, wenn man sehr große oder sehr kleine Werte angeben will, z. B.:

- Kilo = mal 1 000
- Mega = mal 1 000 000
- Milli = mal 0,001
- Mikro = mal 0,000 001

7 Welche Gesamtlänge *L* in Meter ergibt sich aus den folgenden Teillängen: 350 dm + 232 600 mm + 40 cm + 500 000 µm

$1\,m = 10\,dm = 100\,cm = 1000\,mm$

$1\,mm = 1000\,\mu m$

$L = (35 + 232{,}6 + 0{,}4 + 5)\,m$

$L = \mathbf{268{,}5\,m}$

8 Welche Gesamtfläche A in dm² ergibt sich aus den folgenden Teilflächen: 23 000 mm² + 170 cm² + 2,24 m² + 50 000 mm²

$1\,m^2 = 100\,dm^2 = 10\,000\,cm^2 = 1\,000\,000\,mm^2$

$A = (2{,}3 + 1{,}7 + 224 + 5)\,dm^2$

$A = \mathbf{233\,dm^2}$

9 Erläutern Sie, am Beispiel 90 km/h in m/s, wie zusammengesetzte Einheiten umgerechnet werden.

1. Ausgangseinheit und gesuchte Einheit hinschreiben:
   $90\,\frac{km}{h}$ in $\frac{m}{s}$
2. Vor jede Einheit den Faktor 1 schreiben:
   $90\,\frac{1 \cdot km}{1 \cdot h}$
3. Ausgangseinheit durch gesuchte Einheit ersetzen:
   $90\,\frac{1000\,m}{3600\,s}$
4. Faktoren zusammenfassen:
   $\frac{90\,000\,m}{3\,600\,s} = \mathbf{25\,\frac{m}{s}}$

10 Wie groß ist die Summe der Winkel 30°35´45´´ und 15°30´18´´?

30°35´45´´
+15°30´18´´
45°65´63´´ = 45°66´ 3´´= **46° 6´3´´**

11 Lösen Sie die folgende Bestimmungsgleichung nach der Unbekannten *x* schrittweise auf:

$$\frac{3x+1}{5}-\frac{9x-7}{2}=-8$$

$$\frac{3x+1}{5}-\frac{9x-7}{2}=-8 \quad \text{mal 10}$$
$$\frac{10(3x+1)}{5}-\frac{10(9x-7)}{2}=-80 \quad \text{kürzen}$$
$$2(3x+1)-5(9x-7)=-80$$
$$6x+2-45x+35=-80$$
$$-39x+37=-80 \quad \text{mal}(-1)$$
$$39x-37=80 \quad +37$$
$$39x=117 \quad :39$$
$$x=\mathbf{3}$$

12 Welche Bezugstemperatur ist beim genauen Messen einzuhalten? Begründung.

Werkstück und Messzeug müssen eine Temperatur von 20 °C haben, da sich bei Temperaturänderungen auch ihre Länge ändert.
So ändert sich z. B. die Länge eines 100 mm langen Stahlparallelendmaßes um 1,15 µm je Grad Celsius.

13 An einer Aluminiumwelle wurde sofort nach dem Drehen, *t* = 65 °C, der Durchmesser *d* = 40,01 mm gemessen. Wie groß ist der Durchmesser bei einer Bezugstemperatur von 20 °C?

Hinweis: $\alpha_{Al} = 0{,}0000238 \frac{1}{°C}$

$$\Delta t = t_2 - t_1$$
$$\Delta d = \alpha \cdot d_1 \cdot \Delta t$$
$$d_2 = d_1 + \Delta d$$

Δt = 20 °C – 65 °C = –45 °C

Δd = 0,0000238/°C · 40,01 mm · (–45 °C)
Δd = –0,04 mm

d_2 = 40,01 mm + (–0,04 mm)
d_2 = **39,97 mm**

14 Was versteht man beim Prüfen unter einer Messabweichung?

Die Abweichung des Prüfergebnisses von der tatsächlichen Größe des zu prüfenden Gegenstandes.
Zum Beispiel:

gemessener Wert:	30,200 mm
tatsächlicher Wert:	30,178 mm
Messabweichung:	**0,022 mm**

15 Der skizzierte Flachstahl ist *L* = 1 600 mm lang.

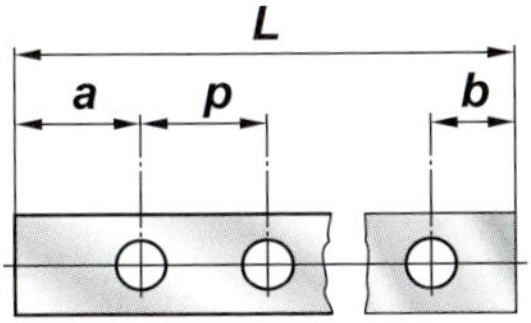

Berechnen Sie:

a) Anzahl der Bohrungen *n*, wenn die Lochmittenabstände und die Randabstände jeweils 64 mm betragen.

b) Teilung p, wenn im Flachstahl 14 Löcher in gleichen Abständen gebohrt werden sollen. Die Randabstände betragen *a* = *b* = 20 mm.

c) Anzahl der Bohrungen *n*, wenn der Lochmittenabstand 60 mm, der linke Randabstand 70 mm und der rechte Randabstand 30 mm beträgt.

p ... Teilung
L ... Gesamtlänge
n ... Anzahl der Bohrungen
a ... Randabstand
b ... Randabstand

a) Randabstand = Teilung

$$p = \frac{L}{n+1}$$

$$n = \frac{L}{p} - 1 = \frac{1600\text{ mm}}{64\text{ mm}} - 1 = \mathbf{24}$$

b) Randabstand ≠ Teilung

$$p = \frac{L-(a+b)}{n-1}$$

$$p = \frac{1600\text{ mm} - (20+20)\text{ mm}}{14-1}$$

$$p = \frac{1560\text{ mm}}{13} = \mathbf{120}\text{ mm}$$

c) Randabstand ≠ Teilung

$$n = \frac{L-(a+b)}{p} + 1$$

$$n = \frac{1600\text{ mm} - (70+30)\text{ mm}}{60\text{ mm}} + 1$$

$$n = \mathbf{26}$$

16 Beim Messen können „systematische" und „zufällige" Fehler vorkommen. Worin unterscheiden sie sich?

Systematische Fehler treten regelmäßig auf und können beim Prüfen berücksichtigt werden.
Zufällige Fehler sind bei jeder Messung anders und können beim Prüfen kaum berücksichtigt werden.

17 Welche Messfehler zählen zu den „systematischen Fehlern"?

- Regelmäßig auftretende Fehler, wie Messgerät-Fehler, z. B. Steigungsfehler der Messspindel, Teilungsfehler, Abnutzung der Messflächen.
- Nichtbeachtung messtechnischer Grundsätze, z. B. das Nichteinhalten der Bezugstemperatur führt bei gleichen Bedingungen stets zur gleichen Messabweichung.

18 Wodurch können „zufällige Fehler" verringert werden?

Zufällige Fehler versucht man dadurch zu verringern, dass man mehrere Messungen am gleichen Werkstück durchführt und aus ihnen den Mittelwert errechnet, der dann dem tatsächlichen Wert sehr nahe kommt.

Beispiel:		
	1. Messung:	80,45 mm
	2. Messung:	80,50 mm
	3. Messung:	80,50 mm
	4. Messung:	80,55 mm
	Mittelwert:	80,50 mm

Persönliche Fehler des Prüfenden können durch gezielte Messübungen weitgehend verringert werden.

19 Eine Messschraube zeigt bei der Überprüfung mit Endmaßen folgende Messwerte:
- **Endmaß 10,000 mm → Messwert 9,99 mm**
- **Endmaß 20,000 mm → Messwert 19,99 mm.**

Welche Fehlerart liegt hier vor und welche Bedeutung hat dies für künftige Messungen?

Da die Abweichung regelmäßig vorkommt, liegt ein systematischer Fehler vor.
Die bekannte Abweichung von 0,01 mm kann bei allen künftigen Messungen berücksichtigt werden.

20 „Parallaxenfehler“

a) Erklären Sie, wie Messabweichungen durch „Parallaxe“ entstehen.

b) Wodurch kann dieser Fehler vermieden werden?

a) Messabweichungen durch Parallaxe entstehen, wenn
- ein Strich oder ein Zeiger nicht in der Skalenebene liegt,
- unter schrägem Blickwinkel, hier B, abgelesen wird.

b) Vermeiden lässt sich dieser Fehler, indem man
- Prüfmittel mit abgeschrägten Messkanten verwendet → a = 0,
- senkrecht, hier A, auf anzeigende Prüfgeräte blickt → f = 0.

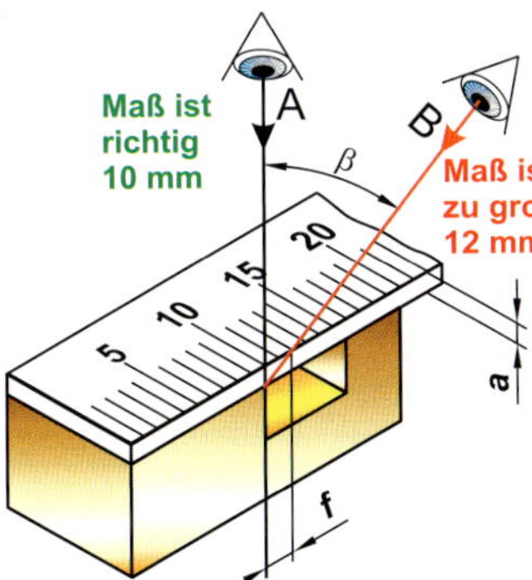

$f = a \cdot \tan \beta$

$f = 0$, wenn $\beta = 0$ oder $a = 0$

1.2 Prüfmittel

21 Wie werden Messgeräte eingeteilt?

- In Maßverkörperungen, z. B. Bandmaß oder Parallelendmaß.
  Sie verkörpern die Längeneinheit durch den Abstand von Teilstrichen oder durch den Abstand zweier paralleler bzw. geneigter Flächen.
- In anzeigende Messgeräte, z. B. Messschieber oder Messschraube.
  Sie geben den Vergleich digital oder analog als Messwert an.

22 Nennen Sie je drei anzeigende Messgeräte zum
a) berührenden Messen,
b) berührungsfreien Messen.

a) Messuhr
Messschieber
Bügelmessschraube

b) Messmikroskop
Lasermessgerät
Pneumatisches Messgerät

23 Wodurch wird bei Parallelendmaßen das Maß verkörpert?

Durch zwei planparallele Messflächen.

24 Für welche Anwendungsaufgaben werden Endmaße verwendet?

- Zum Prüfen von Messgeräten und Lehren.
- Zum genauen Einstellen und Justieren von Geräten und Werkzeugen.
- Zum Kalibrieren anderer Endmaße.

25 Warum dürfen Stahlendmaße nicht längere Zeit „angesprengt“ bleiben?

Aufgrund der hohen Oberflächengüte haften die Endmaße aneinander. Werden sie nach Gebrauch nicht wieder zerlegt, besteht die Gefahr, dass sie ,,kaltverschweißen“ und sich nicht mehr trennen lassen.

26 Aus welchen Werkstoffen, außer gehärtetem Stahl, werden Endmaße noch hergestellt? Geben Sie deren Eigenschaften im Vergleich zu den Stahlendmaßen an.

Hartmetall:
Sie sind wesentlich verschleißfester als Stahlendmaße.
Problematisch ist die um 50 % geringere Wärmedehnung gegenüber den Stahlendmaßen, was zu Messabweichungen führen kann.
Keramik:
Sie haben eine stahlähnliche Wärmedehnung, eine hohe Verschleißfestigkeit und bedürfen keiner besonderen Pflege.

27 Wie viele Maßbildungsreihen und Maßblöcke enthält der Normalsatz (N-Satz) von Endmaßen?

Der Normalsatz hat 5 Maßbildungsreihen mit insgesamt 45 Blöcken.

Normalsatz		
Reihe	Endmaße mm	Stufung der Blöcke mm
1	1,001 bis 1,009	0,001
2	1,01 bis 1,09	0,01
3	1,1 bis 1,9	0,1
4	1 bis 9	1
5	10 bis 90	10

28 Worauf ist beim Zusammenstellen von Endmaßkombinationen zu achten?

- Eine Endmaßkombination soll aus möglichst wenigen Einzelblöcken bestehen.
- Man beginnt mit dem kleinsten Endmaß, d. h. mit der letzten Ziffer des Maßes.

29 Das Maß 50,028 mm soll mit Endmaßen (N-Satz) erstellt werden. Welche Endmaße müssen Sie aneinander schieben?

1. Endmaß: 1,008 mm
2. Endmaß: 1,020 mm
3. Endmaß: 8,000 mm
4. Endmaß: 40,000 mm

50,028 mm

30 **Worin unterscheiden sich Parallelendmaße mit**
- **Genauigkeitsgrad 0**
- **Genauigkeitsgrad K?**

Endmaße mit der Genauigkeit 0 werden zum Kalibrieren von Messgeräten verwendet.
Die Endmaße mit der Genauigkeit K haben kleinere Toleranzen und werden zum Kalibrieren anderer Endmaße verwendet.

31 **Die Breite einer Schwalbenschwanzführung soll überprüft werden.**

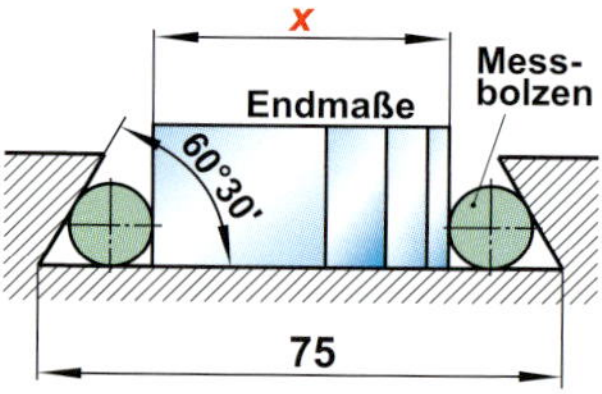

a) Berechnen Sie das Kontrollmaß *x* (auf drei Stellen nach dem Komma) der aufgestellten Parallelendmaße, wenn der Messbolzendurchmesser 12 mm beträgt.

b) Wie lautet die Endmaßkombination, die zur Erzeugung des Maßes aneinander geschoben werden muss?

a) Kontrollmaß x:

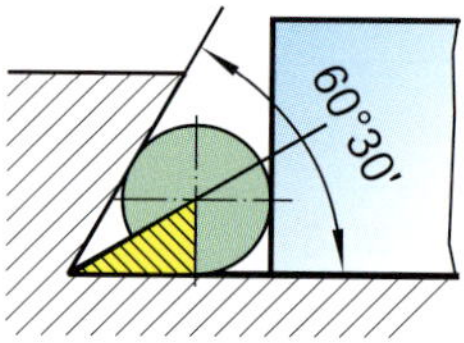

$$\tan\alpha = \frac{\text{Gegenkathete (GK)}}{\text{Ankathete (AK)}}$$

$$\text{mit } \alpha = \frac{60°30'}{2} = \frac{60{,}5°}{2} = 30{,}25°$$

$$\text{und Gegenkathete} = \frac{D}{2} = 6\text{ mm}$$

$$AK = \frac{GK}{\tan\alpha} = \frac{6\text{ mm}}{\tan 30{,}25°}$$

$$AK = 10{,}288\text{ mm}$$

$$x = 75\text{ mm} - 2 \cdot AK - 2 \cdot \frac{D}{2}$$

$$x = 75\text{ mm} - 20{,}576\text{ mm} - 12\text{ mm}$$

$x = \mathbf{45{,}424\ mm}$

b) Endmaßkombination:

1. Endmaß:	1,004 mm
2. Endmaß:	1,020 mm
3. Endmaß:	1,400 mm
4. Endmaß:	2,000 mm
5. Endmaß:	40,000 mm
	45,424 mm

1

32 Die Abbildung zeigt ein Sinuslineal.

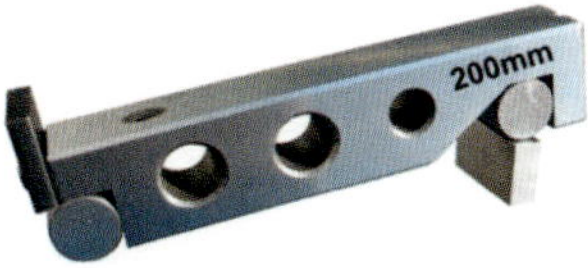

a) Wozu wird dieses Prüfmittel verwendet?

b) Beschreiben Sie den Prüfvorgang.

c) Geben Sie die Endmaßkombination an, wenn mit diesem Prüfmittel ein Winkel von 25,415° eingestellt werden soll.

a) Zum Prüfen und Einstellen beliebiger Winkel zwischen 0° und 60°.

b) Das einstellbare Winkelmessgerät wird mit Hypotenusenlängen von 100 mm bis 500 mm geliefert. Während der Messung bleibt diese Länge unverändert, so dass die Winkeldarstellung durch Längenänderung an der Gegenkathete (unterstellen von Parallelendmaßen) erfolgt.

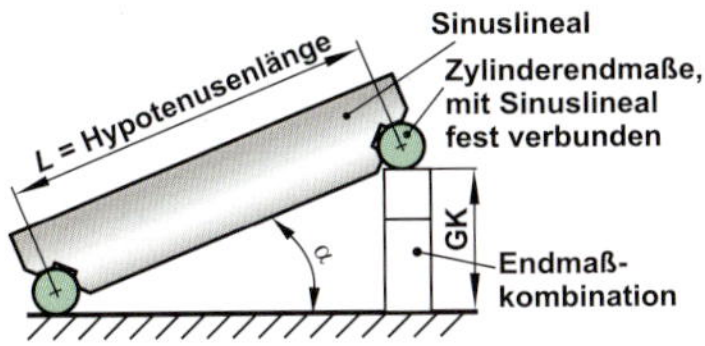

c) Die Länge der Gegenkathete wird mit Hilfe der Winkelfunktionen berechnet,

$$\sin\alpha = \frac{\text{Gegenkathete}}{\text{Hypotenuse}} = \frac{GK}{L}$$

$$GK = L \cdot \sin\alpha$$

$$GK = 200\ \text{mm} \cdot \sin 25{,}415^\circ$$

$$GK = \mathbf{85{,}834\ mm}$$

und dann mit der folgenden Endmaßkombination erstellt:

1. Endmaß	1,004 mm
2. Endmaß	1,030 mm
3. Endmaß	1,800 mm
4. Endmaß	2,000 mm
5. Endmaß	80,000 mm
	85,834 mm

33 Mit welchen Nonien werden Messschieber hergestellt?

- 1/10 mm - Nonius
- 1/20 mm - Nonius
- 1/50 mm - Nonius

34 Benennen Sie die Hauptbestandteile eines Universalmessschiebers.

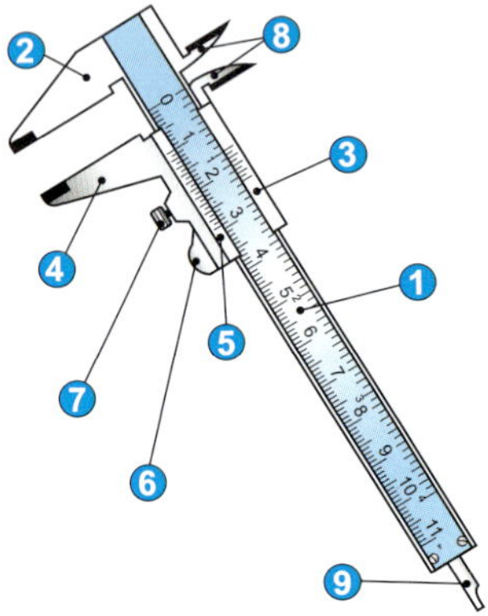

① Schiene mit Strichskalen (mm und Inch) und
② festem Messschenkel.
③ Schieber mit
④ beweglichem Messschenkel und
⑤ Nonien,
⑥ Schieberfeder und
⑦ Klemmschraube.
⑧ Schneidenförmige Messflächen (Kreuzschnäbel) für die Innenmessung.
⑨ Tiefenmessstange.

35 Welche Messungen können mit Messschiebern durchgeführt werden?

- Innenmessungen
- Außenmessungen
- Tiefenmessungen

36 Welche Vorteile haben Messschieber mit elektronischer (digitaler) Ziffernanzeige?

Sie zeigen den Messwert durch Leuchtziffern an. Dadurch werden Ablesefehler vermieden. Außerdem lassen sich durch Taster die Anzeige auf Null stellen und Messwerte speichern.

37 Warum verstößt der Messschieber gegen den „Abbe'schen Grundsatz"?

Nach Abbe soll das Messgerät so konstruiert sein, dass die Messstrecke am Prüfgegenstand und die Maßverkörperung in einer Flucht liegen.
Dieses sog. Komparationsprinzip ist beim Messschieber, abgesehen vom Tiefenmaß, nicht gegeben.

1

38 Welchen Nonius zeigen die abgebildeten Messschieberausschnitte? Begründung.

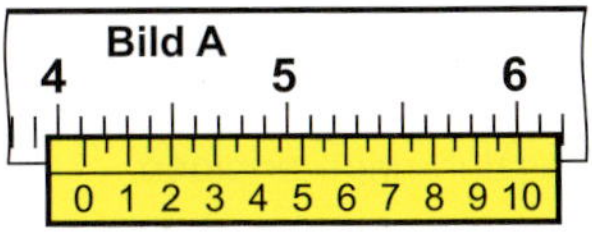

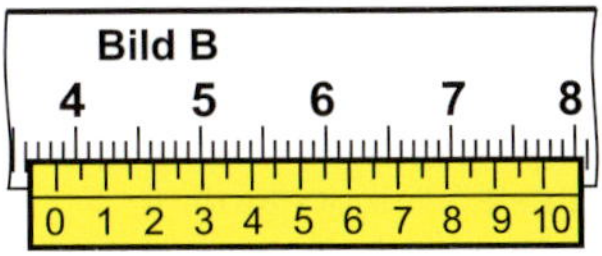

- Bild A zeigt einen Zwanzigstel-Nonius.
  Begründung:
  19 mm der Strichskala sind in 20 Teile auf dem Nonius geteilt.

- Bild B zeigt einen erweiterten Zwanzigstel-Nonius.
  Begründung:
  39 mm der Strichskala sind in 20 Teile auf dem Nonius geteilt.

39 Welchen Nonius zeigt der skizzierte Messschieberausschnitt? Lesen Sie den Messwert ab und erklären Sie allgemein, wie ein Messschieber abgelesen wird.

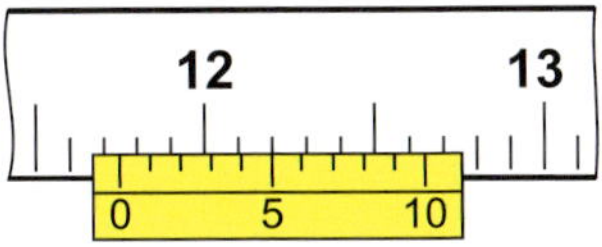

- Zehntel-Nonius (1/10-Nonius).
- Messwert: 117,5 mm.

Beim Ablesen wird der Nullstrich des Nonius als Komma betrachtet.
Links vom Komma liest man auf der Strichskala die vollen Millimeter ab (hier 117 mm) und sucht dann rechts vom Nullstrich den Teilstrich des Nonius aus, der sich mit einem Teilstrich der Strichskala deckt.
Die Anzahl der Teilstrichabstände gibt dann je nach Nonius die Zehntel-, Zwanzigstel- oder Fünfzigstel- Millimeter an
(hier 5/10 mm = 0,5 mm).
Beide Werte addiert ergeben den Ablesewert.

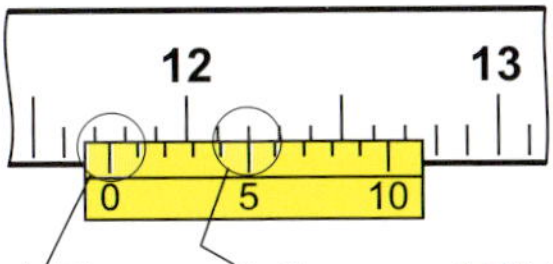

117 mm + 0,5 mm = **117,5 mm**

40 Wie wird am Arbeitsplatz ein Messschieber auf Maßabweichungen überprüft?

- Nach dem leichten Zusammenschieben der Messschenkel müssen die Nullstriche von Schieber und Lineal übereinstimmen.
- Prüfung der schneidenförmigen Messflächen für die Innenmessung kann durch Grenzrachenlehren oder Grenzlehrringe erfolgen.

41 Benennen Sie die Hauptteile der abgebildeten Bügelmessschraube.

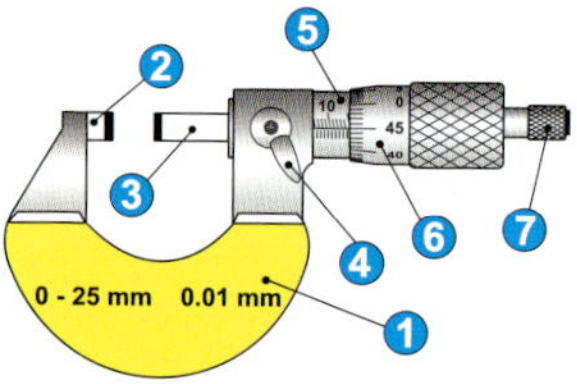

- Bügel mit Isolierplatte ① und Messamboss ②
- Messspindel ③ mit Spindelfeststelleinrichtung ④
- Skalenhülse ⑤
- Skalentrommel ⑥
- Kupplung (Ratsche) ⑦

42 Welches Teil der Messschraube dient als Maßverkörperung?

Als Maßverkörperung dient die geschliffene Messspindel.

43 Welche Aufgabe hat die Kupplung (Ratsche) der Messschraube?

Durch sie soll der Messdruck begrenzt und somit die Messgenauigkeit erhöht werden.

44 Warum ist an der Bügelmessschraube eine Isolierplatte angebracht?

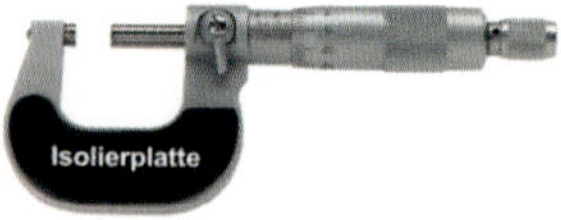

Damit keine Wärme von der Hand auf die Messschraube übergeht. Ein falsches Messergebnis durch Wärmeausdehnung wird somit vermieden.

45 Welche Gewindesteigung kann die Messspindel einer Messschraube haben?

Die Spindelsteigung kann 0,5 mm oder 1 mm betragen.

46 Wie ist der Umfang der Skalentrommel einer Messschraube eingeteilt, wenn die Messspindel eine Steigung von 0,5 mm aufweist?

Die Skalentrommel ist in 50 Teile geteilt.
Der Skalenteilungswert ergibt bei einer Steigung von 0,5 mm:

$$\frac{0{,}5\,\text{mm}}{50} = \frac{1}{100}\,\text{mm} = 0{,}01\,\text{mm}$$

47 Erläutern Sie anhand des skizzierten Messschraubenausschnitts, wie eine Messschraube abgelesen wird.

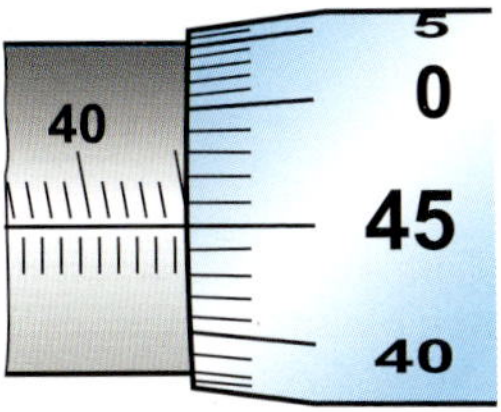

Ganze und halbe Millimeter werden an der Skalenhülse (hier 44,5 mm), die Hundertstel Millimeter werden auf der Skalentrommel abgelesen (hier 0,45 mm).
Die Addition aller Werte ergibt den Messwert.

Ablesebeispiel:

44 ganze Millimeter:	44,00 mm
1 halber Millimeter:	+ 0,50 mm
45 Hundertstel Millimeter:	+ 0,45 mm
	44,95 mm

48 Wie wird am Arbeitsplatz eine Messschraube auf Maßabweichungen überprüft?

- Prüfen in Null-Lage
- Prüfen mithilfe von Endmaßen in verschiedenen Endlagen

49 Wodurch können Messfehler beim Messen mit der Messschraube vermieden werden?

Voraussetzung ist die Genauigkeit der Messschraube.

- Mit gleicher Messkraft messen (Ratsche verwenden)
- Messschraube beim Messen nicht verkanten
- Messschraube keiner großen Erwärmung aussetzten (Isolierplatte verwenden)
- Auf Sauberkeit an Messschraube und Werkstück achten
- Richtig ablesen
- Messschraube nicht über das Werkstück pressen

50 Benennen Sie die Teile der abgebildeten Messuhr.

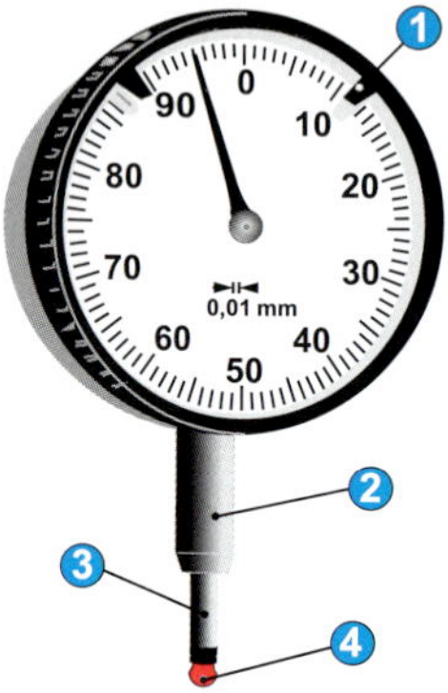

① Toleranzmarke:
dient der Markierung des Kontrollbereichs, in dem sich der Zeiger bei der Prüfung des Werkstücks bewegen darf.
② Einspannschaft
③ Messbolzen
④ Messeinsatz:
(Anschlussgewinde M2,5)
Normaleinsätze sind Kugeln mit einem Durchmesser von 3 mm aus Stahl, Hartmetall oder Rubin.

51 Wozu werden Messuhren verwendet?

- Prüfen von Form- und Lageabweichungen durch Maßdifferenzen
- Einstellen von Werkzeugmaschinen
- Verschleißprüfung, z. B. Zylinderverschleiß mit dem Innenmessgerät

52 Wodurch wird bei einer Messuhr der Messbolzenweg
a) in eine drehende Bewegung umgewandelt,
b) vergrößert?

a) Die Bewegungsumwandlung erfolgt durch Zahnstange und Zahnrad.
b) Die Vergrößerung erfolgt durch ein Zahnradgetriebe.

53 Warum ist das Skalenblatt der Messuhr drehbar ausgeführt?

Damit es bei jeder Zeigerstellung auf Null gestellt werden kann.

54 Die Abbildung zeigt ein Fühlerhebelmessgerät.

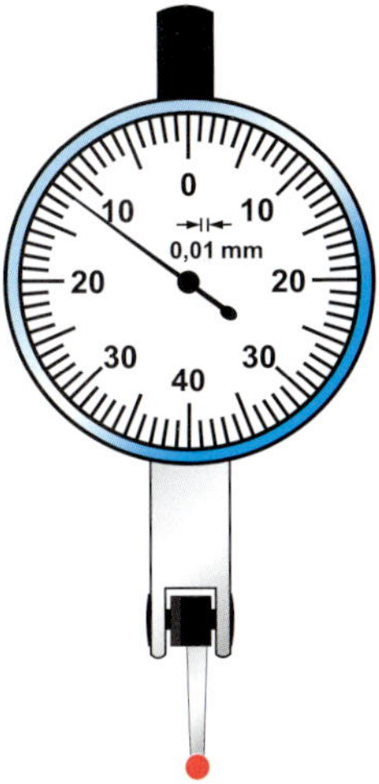

a) Wozu wird dieses Messgerät verwendet?
b) Wie groß ist für dieses Messgerät der Anzeigebereich und der Skalenteilungswert?
c) Wie muss die Achse des Tasthebels liegen, um den richtigen Messwert direkt ablesen zu können?

a) Durch den schwenkbaren Tasthebel für kleine Unterschiedsmessungen vielseitig einsetzbar, z. B. für Rundlaufprüfungen oder für das Zentrieren und Ausrichten von Werkstücken.
b) Anzeigebereich ist der Bereich, der zwischen dem kleinsten und größten ablesbaren Wert des Messgeräts liegt, hier 0,8 mm. Skalenteilungswert (mit dem Symbol ▶|◀) ist der Wert, der angibt, um wie viel sich die Messgröße ändert, wenn auf der Skala des Messgeräts eine Änderung um einen Skalenteil erfolgt, hier 0,01 mm.
c) Um den richtigen Messwert direkt ablesen zu können, muss die Achse des schwenkbaren Tasthebels möglichst parallel zur Messfläche liegen.

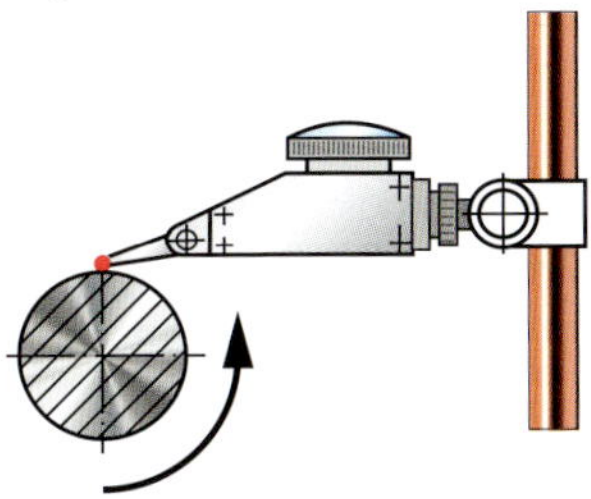

55 Wie messen pneumatische Messgeräte?

Indem sie Druck- oder Durchflussänderungen in Abhängigkeit vom Strömungswiderstand an der Messdüse erfassen.

56 Warum ist bei pneumatischen Messgeräten auch bei laufender Maschine eine Messung möglich?

Weil der Messwertaufnehmer berührungsfrei misst. Durch das Wegblasen von losem Schmutz, Kühlflüssigkeit oder Öl wird das Messergebnis nicht beeinträchtigt.

57 Nennen Sie Vorteile von pneumatischen gegenüber mechanischen Messgeräten.

- Lose Verschmutzungen des Werkstücks werden weggeblasen
- Berührungsfrei
- Messung bei laufender Maschine möglich
- Gleichzeitiges Erfassen von Maß-, Form- und Lagetoleranzen ist möglich
- Messwertaufnehmer und Anzeigegerät können räumlich getrennt sein
- Durch Zwischenschaltung elektrischer Anpasser ist eine Maschinenregelung möglich.

58 Wie werden Lehren eingeteilt?

Formlehren: z. B. Radienlehre, Winkellehre, Gewindelehre, Haarlineal. Sie verkörpern die Sollkontur des Werkstücks.
Maßlehren: z. B. Grenzlehrdorne, Grenzrachenlehren, Fühlerlehren. Sie verkörpern als Grenzlehren die Toleranz zwischen Größt- und Kleinstmaß oder als Maßlehren ein einziges Maß.

59 Mit welchen Lehren werden Kegel geprüft?

- Innenkegel werden mit Kegellehrdornen geprüft.
- Außenkegel werden mit Kegellehrhülsen geprüft.

60 Beschreiben Sie den Vorgang des Lehrens eines Innenkegels.

Der Kegellehrdorn wird durch einen Kreide- oder Tuschierfarbanstrich markiert, in den Innenkegel eingeführt und verdreht. Es muss sich ein gleichmäßiges Tragbild ergeben.

61 Stellen Sie die Formel schrittweise nach *d* um:
$C = \frac{D - d}{L}$

$$C = \frac{D-d}{L} \qquad \text{mal } L$$
$$C \cdot L = D - d \qquad + d$$
$$C \cdot L + d = D \qquad -(C \cdot L)$$
$$d = D - (C \cdot L)$$

62 Welche Größen werden am Kegel geprüft?

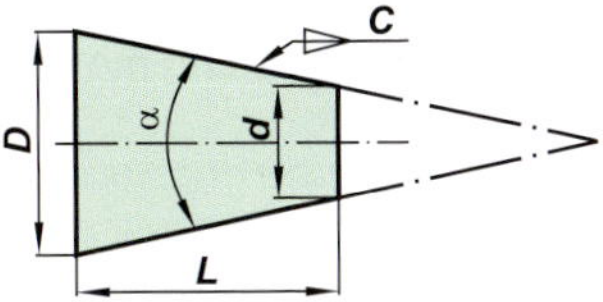

- Kegeldurchmesser *D* und *d*
- Kegellänge *L*
- Kegelwinkel *a*
- Kegelverjüngung *C*
- Formabweichungen
- Mantelfläche-Rautiefen

63 Mit welchen Lehren werden
a) Außengewinde,
b) Innengewinde
geprüft?

a) Gewindelehrringe und Gewinde grenzrachenlehren
b) Gewindelehrdorne und Gewinde grenzlehrdorne
Die Grenzlehren vereinigen die Gut- und die Ausschussseite.

64 Welche Fehler werden beim Lehren von Gewinden nicht berücksichtigt?

Obwohl die geprüften Gewinde „lehrenhaltig" sind, können sie Durchmesser- oder Flankenwinkelfehler aufweisen.

65 Woran erkennt man die Ausschussseite einer Grenzrachenlehre?

Der Messrachen der Ausschussseite ist angeschrägt, mit roter Farbe versehen und mit dem unteren Grenzabmaß beschriftet.

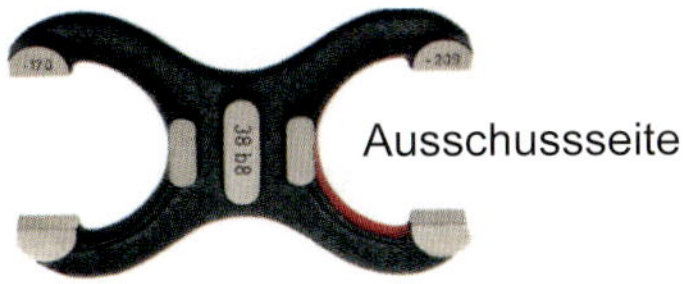

66 Warum hat die Ausschussseite eines Grenzlehrdorns das größere Maß und die Ausschussseite bei einer Grenzrachenlehre das kleinere Maß?

Mit einem Grenzlehrdorn werden Innenmaße, z. B. Bohrungen, geprüft. Passt das Höchstmaß in die Bohrung, so ist diese zu groß und somit Ausschuss.
Mit einer Grenzrachenlehre werden Außenmaße, z. B. Wellen, geprüft. Passt das Kleinstmaß über die Welle, so ist diese Ausschuss, da sie dann zu dünn ist.

67 Warum entspricht ein Grenzlehrdorn meist nicht dem „Taylor'schen Grundsatz"?

Der Taylor'sche Grundsatz besagt, dass die Gutlehre so ausgebildet sein muss, dass Maß und Form eines Werkstückes bei der Paarung mit der Lehre geprüft werden.
Praktisch ist diese Forderung kaum zu erfüllen, da der Gutseitenzylinderzapfen mindestens so lang wie die zu prüfende Bohrung sein müsste.
Bei tiefen Bohrungen wäre der Grenzlehrdorn sehr unhandlich, schwer und teuer.

68 Eine Spielpassung $\varnothing 60 \frac{\text{H7 Bohrung}}{\text{g6 Welle}}$ soll mit Grenzlehren geprüft werden.

Geben Sie für
a) die Grenzrachenlehre,
b) den Grenzlehrdorn die Gutseitenmaße an.

a) Mit der Gutseite der Rachenlehre wird festgestellt, ob die Welle nicht zu groß ist. Sie verkörpert das Höchstmaß:
Ø60g6 → 59,990 mm.
b) Mit der Gutseite des Lehrdorns wird geprüft, ob die Bohrung nicht zu klein ist. Sie verkörpert das Kleinstmaß:
Ø60H7 → 60,000 mm.

1.3 Oberflächenprüfung

69 Worin unterscheiden sich:
a) geometrisch ideale Oberfläche,
b) wirkliche Oberfläche,
c) Istoberfläche?

a) Die geometrisch ideale Oberfläche ist durch die Zeichnung festgelegt.
b) Die wirkliche Oberfläche weist fertigungsbedingte Abweichungen von der geometrisch idealen Oberfläche auf.
c) Die Istoberfläche ist die messtechnisch erfasste Oberfläche.

70 Was bezeichnet man als Gestaltabweichung?

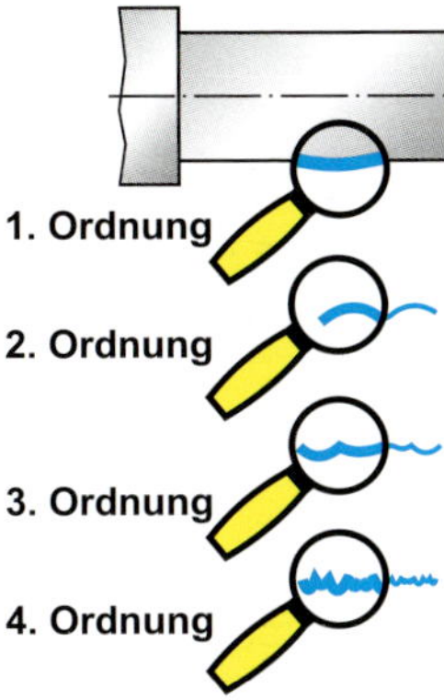

Gestaltabweichung ist die Gesamtheit aller Abweichungen der Istoberfläche von der geometrisch idealen Oberfläche.
Die wichtigsten sind:
Formabweichungen
= Gestaltabweichung 1. Ordnung
Welligkeit
= Gestaltabweichung 2. Ordnung
Rauheit → Rillen
= Gestaltabweichung 3. Ordnung
Rauheit → Riefen
= Gestaltabweichung 4. Ordnung
Die Gestaltabweichung 5. Ordnung betrifft die Gefügestruktur und die Gestaltabweichung 6. Ordnung den Gitteraufbau des Werkstoffes.

71 Nennen Sie mögliche Ursachen für die Entstehung von Gestaltabweichungen
a) 1. Ordnung,
b) 2. Ordnung,
c) 3. Ordnung,
d) 4. Ordnung.

a) Durchbiegungen bei der Werkstückherstellung, Führungsfehler, Einstellfehler
b) Maschinen- oder Werkzeugschwingungen
c) Schneidenform, Vorschub
d) Spanentstehung, z. B. Reißspan

72 Die meisten Oberflächenmessgeräte arbeiten nach dem Tastschnittverfahren.
Beschreiben Sie das Verfahren mit Hilfe der Abbildung.

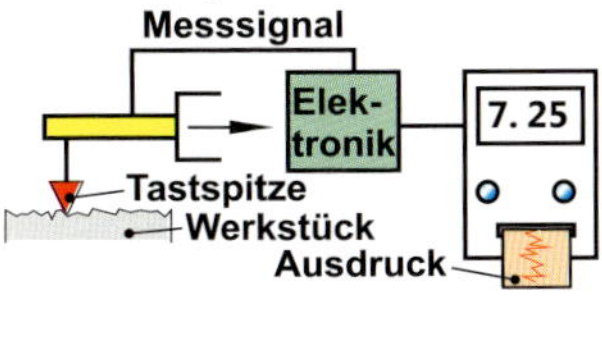

Die Prüffläche wird mechanisch in einem Profilschnitt abgetastet. Dazu wird das Tastsystem in Vorschubrichtung (meist quer zu den Rillen) über die zu prüfende Oberfläche gezogen. Der Taster, z. B. Diamant mit Spitzenradius 2 bis 5 µm, fällt dabei in Täler oder wird durch Berge gehoben. Diese Tastbewegung wird mechanisch-elektrisch in Signale gewandelt, verstärkt, evtl. gefiltert und einer Recheneinheit zugeführt, die die Signale anzeigt und auf einem Messprotokollstreifen ausdruckt.

73 Erläutern Sie die Oberflächenkenngrößen
a) Mittenrauwert R_a,
b) Glättungstiefe R_p.

a) Der Mittenrauwert R_a in µm ist der arithmetische Mittelwert aller Abweichungen von einem errechneten mittleren Profil.

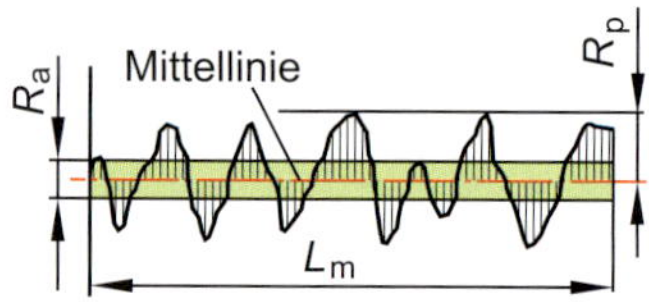

b) Die Glättungstiefe R_p ist der Abstand der höchsten Profilspitze zur Mittellinie.

74 Wovon ist die gemittelte Rautiefe *Rz* in erster Linie abhängig?

Vom Fertigungsverfahren.
So können beispielsweise folgende *Rz*-Werte bei üblicher Fertigung erreicht werden:
- Fräsen *Rz* von 10 bis 63 µm
- Reiben *Rz* von 4 bis 10 µm
- Schleifen *Rz* von 1,6 bis 4 µm

75 Wie kann die Rauheit ohne Messgerät ermittelt werden?

Rauheitsunterschiede von 2 µm sind mit dem Fingernagel feststellbar, wenn Oberflächen-Vergleichsmuster zur Verfügung stehen.

76 Mit welcher Grenzwellenlänge und mit welcher Gesamtmessstrecke prüfen Sie die Oberfläche eines Drehteils, das mit einem Vorschub von 0,35 mm je Umdrehung gefertigt wurde?

Wahl der Grenzwellenlänge λ (cut off)			
Rillenbreite RSm mm	Rautiefe *Rz* µm	Grenzwellenlänge λ mm	Messlänge l_n mm
0,01 bis 0,04	bis 0,1	0,08	0,4
0,13 bis 0,4	> 0,5 bis 10	0,8	4
> 0,4 bis 1,3	> 10 bis 50	2,5	12,5

Die gewählte Grenzwellenlänge λ und die Gesamtmessstrecke l_n sind entsprechend der Rillenbreite bzw. der Rautiefen zu wählen, siehe Tabelle.
Der Drehvorschub *f* entspricht der mittleren Rillenbreite *RSm*.

Für den Vorschub $f = 0{,}35$ mm gilt:
- Grenzwellenlänge $\lambda = 0{,}8$ mm
- Gesamtmessstrecke $l_n = 4$ mm

77 Das abgebildete Diagramm zeigt das P-Profil einer Werkstückoberfläche.

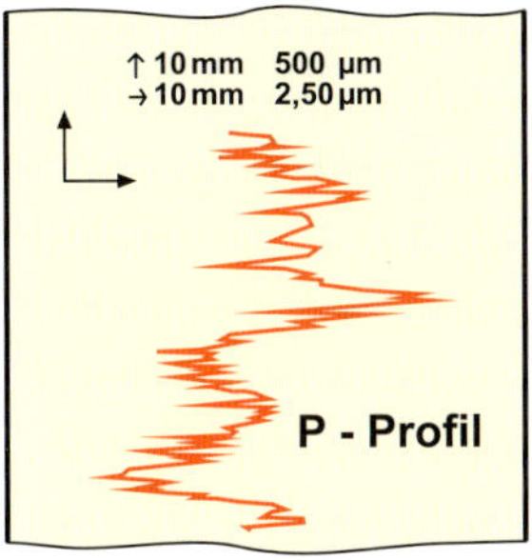

a) Welche Gestaltabweichungen der Oberfläche erfasst das P-Profil?
b) Wie erhält man aus dem P-Profil das Rauheitsprofil (R-Profil)?
c) Wie erhält man aus dem P-Profil das Welligkeitsprofil (W-Profil)?

a) Das P-Profil (Istprofil) enthält die Summe aller entstehenden Gestaltabweichungen der Oberfläche, z. B. Wellen, Rillen und Riefen.
b) Das Rauheitsprofil entsteht aus dem Istprofil (P-Profil) durch Ausfiltern der „langwelligeren" Wellen.
c) Das Welligkeitsprofil entsteht aus dem Istprofil (P-Profil) durch Ausfiltern der „kurzwelligeren" Rauheit.

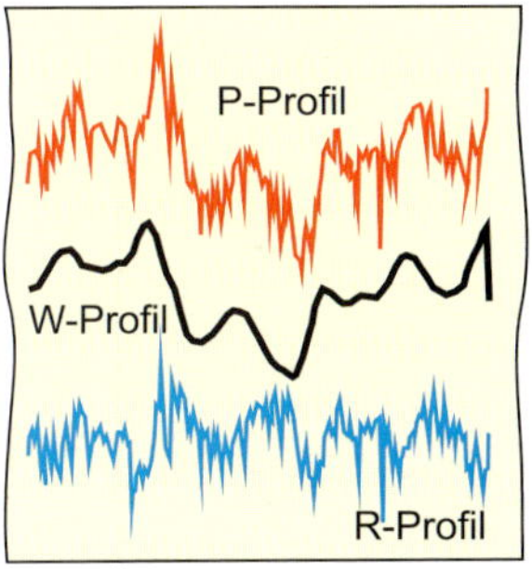

78 Die Faustformel zur Berechnung der theoretischen Rautiefe R_{th} lautet:

$$R_{th} = \frac{f^2}{8 \cdot r}$$

a) Welchen Einfluss haben beim Drehen der Eckenradius *r* und der Vorschub *f* auf die Rautiefe?
b) Welchen Vorschub *f* müssen Sie einstellen, wenn das Drehteil geschlichtet (R_{th} = 25 µm) werden soll und der Radius des Drehmeißels *r* = 0,8 mm beträgt?

a) Je kleiner der Vorschub und je größer der Eckenradius, desto geringer wird die Rautiefe.

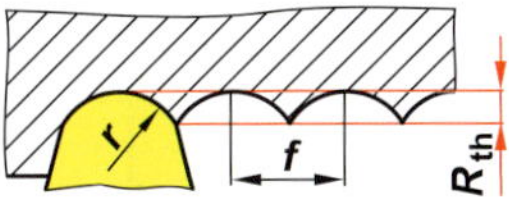

b) Berechnung:

$$f = \sqrt{R_{th} \cdot 8 \cdot 0{,}8\,\text{mm}}$$

$$f = \sqrt{0{,}025\,\text{mm} \cdot 8 \cdot 0{,}8\,\text{mm}}$$

$$f = 0{,}4\,\text{mm}$$

In der Praxis wird der gesamte Zerspanungsvorgang berücksichtigt und der Vorschub meist etwas kleiner eingestellt.

79 Das abgebildete Diagramm zeigt ein R-Profil.

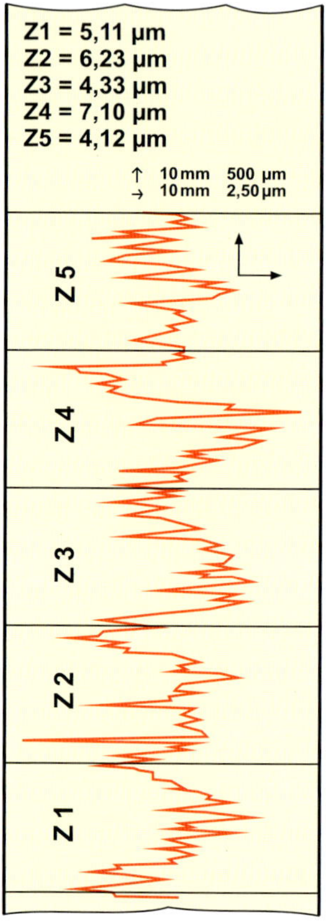

a) Beschreiben Sie, wie der Wert der gemittelten Rautiefe *Rz* ermittelt wird.

b) Bestimmen Sie R_{max}.

c) Ermitteln Sie die Grenzwellenlänge λ und die Gesamtmessstrecke l_n.

a) Die Messstrecke L_m wird in fünf aufeinander folgende Einzelstrecken aufgeteilt. In jeder Messstrecke wird die größte Einzelrautiefe gemessen. Aus diesen fünf Werten wird der arithmetische Mittelwert gebildet.

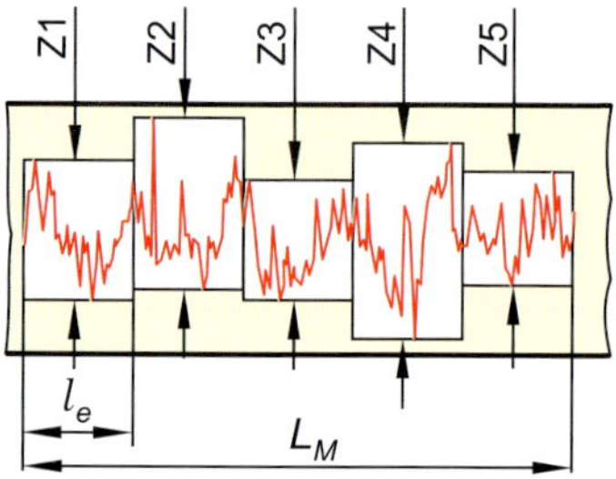

Berechnung von *Rz:*

$$Rz = \frac{Z1 + Z2 + Z3 + Z4 + Z5}{5}$$

$$Rz = \frac{(5{,}11 + 6{,}23 + 4{,}33 + 7{,}1 + 4{,}12)\,\mu m}{5}$$

Rz = **5,38 µm**

b) Die maximale Rautiefe R_{max} ist die größte der auf der Gesamtmessstrecke vorkommenden Einzelrautiefen. Hier Z4 mit R_{max} = 7,10 µm.

Die maximale Rautiefe wird besonders bei Dichtflächen angegeben, da dort so genannte „Ausreißer“ die Funktionstüchtigkeit beeinflussen können.

Wahl der Grenzwellenlänge λ (cut off)			
Rillenbreite RSm mm	Rautiefe *Rz* µm	Grenzwellenlänge λ mm	Messlänge l_n mm
0,01 bis 0,04	bis 0,1	0,08	0,4
0,13 bis 0,4	> 0,5 bis 10	0,8	4
> 0,4 bis 1,3	> 10 bis 50	2,5	12,5

c) Für *Rz* von 0,5 bis 10 µm gilt:
λ = 0,8 mm und l_n = 4,0 mm.

1

80 Das abgebildete Symbol gibt die Lage der einzelnen Angaben zur Oberflächenbeschaffenheit an. Für welche Oberflächenangaben stehen die Buchstaben a bis e?

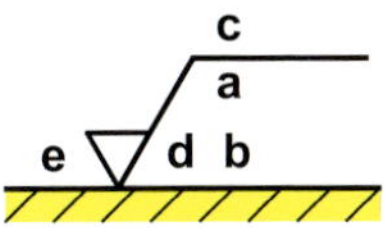

a: Einzelanforderung an die Oberflächenbeschaffenheit, z. B. *Ra* 0,8 oder *Rz* 6,3 in µm, Übertragungscharakteristik / Einzelmessstrecke in mm
b: Weitere Anforderung an die Oberflächenbeschaffenheit
c: Fertigungsverfahren (z. B. gedreht, geschliffen, verchromt)
d: Sinnbild der Rillenrichtung
e: Bearbeitungszugabe in mm

81 Entschlüsseln Sie die folgenden Oberflächensymbole:

a) 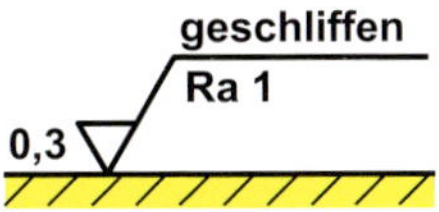

b) 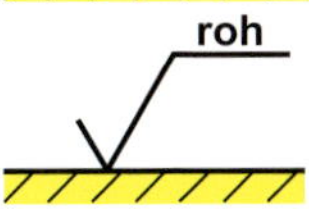

a) Spanend durch Schleifen hergestellte Oberfläche, mit einer Bearbeitungszugabe von 0,3 mm und einem maximalen Mittenrauwert Ra ≤ 1 µm.

b) Unbearbeitete Oberfläche im Rohzustand oder geputzt.

82 Welche Symbole stehen für die Kennzeichnung der Rillenrichtung?

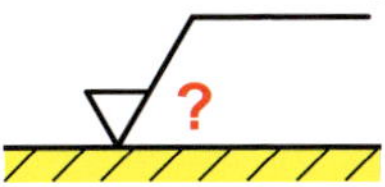

Symbol	Erklärung
	Die Rillenrichtung …
=	ist parallel zur Projektionsebene
⊥	ist senkrecht zur Projektionsebene
X	ist gekreuzt in zwei schrägen Richtungen
M	hat viele Richtungen
C	ist zentrisch zum Mittelpunkt
R	ist radial zum Mittelpunkt
P	hat eine nichtrillige Oberfläche oder ist muldig

83 Welche Bedeutung hat das folgende Oberflächensymbol in einer Zeichnung?

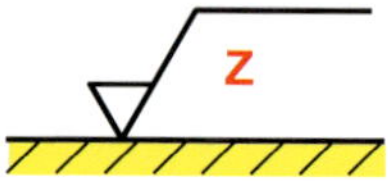

Das Oberflächensymbol muss an einer anderen Stelle auf der Zeichnung erläutert sein, z. B.

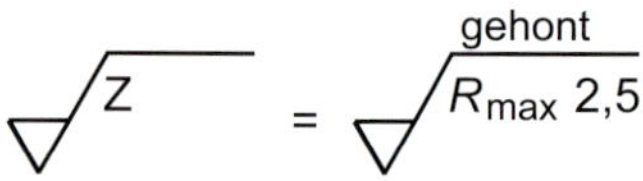

84 Tragen Sie am Werkstück die Oberflächenangaben folgender Rautiefen ein:

- **Fläche 2: *Rz* = 6,3 µm**
- **Fläche 4: *Rz* = 40 µm**
- **übrige Flächen: *Rz* = 25 µm**

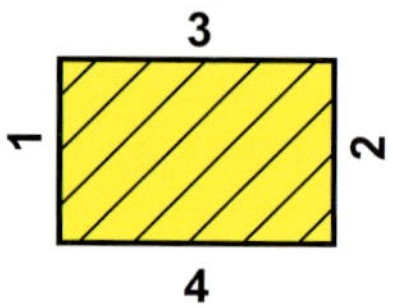

Die Angaben müssen von unten oder von rechts lesbar sein; ggf. Pfeile verwenden.

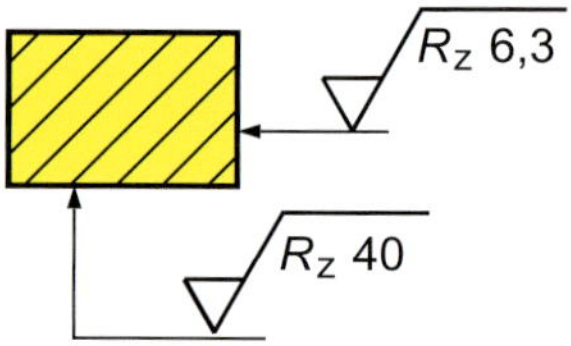

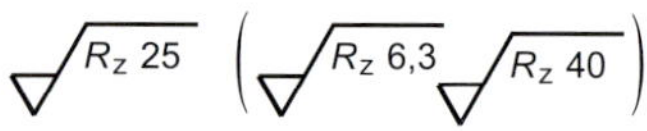

1.4 Toleranzen und Passungen

85 Erklären Sie den Begriff „Austauschbau".

Austauschbau bedeutet, dass sich Teile gleicher Art und Größe, für gleichen Zweck verwendbar, untereinander austauschen lassen.
So können z. B. genormte Maschinenelemente wie Wälzlager oder Schrauben unabhängig von ihrem Fertigungsort überall und ohne Nacharbeit verwendet und ausgetauscht werden.

86 Welche Vorteile brachte die Einführung des Austauschbaus für den Maschinen- und Kraftfahrzeugbau mit sich?

1. Serienproduktion sowie Zusammenbau in der Serienfertigung werden gewährleistet.
2. Nacharbeiten fallen nahezu weg.
3. Serien- bzw. Normteile können auf Lager genommen werden.
4. Instandsetzungen können mit geringstem Zeitaufwand ausgeführt werden.

87 Erklären Sie die Begriffe „Nennmaß“ und „Istmaß“.

Nennmaß: Maß, das auf der Zeichnung eingetragen ist, auf das sich die Abmaße beziehen. Es wird bei grafischer Darstellung als Nulllinie bezeichnet.
Istmaß ist das gemessene Werkstückfertigmaß.

88
a) Erklären Sie den Begriff „Toleranz“.
b) Wie groß sollen Toleranzen gewählt werden?

a) Die Toleranz ist die Differenz zwischen Höchst- und Mindestmaß bzw. zwischen oberem und unterem Abmaß.
b) Die Toleranzen sind so groß zu wählen, dass gerade noch die Brauchbarkeit oder die Betriebssicherheit der Bauteile gesichert ist. Unnötig enge Toleranzen erhöhen die Herstellungskosten.

89 Worin unterscheiden sich „Grenzmaße“ und „Grenzabmaße“?

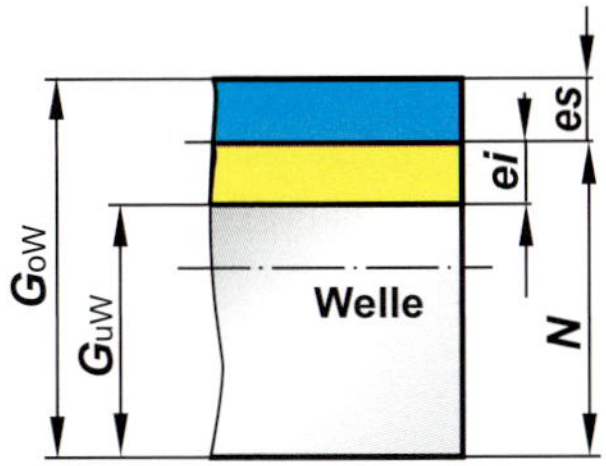

Grenzmaße kennzeichnen das größte zugelassene Werkstückmaß = Höchstmaß (G_{oW}) und das kleinste zugelassene Werkstückmaß = Mindestmaß (G_{uW}).
Grenzabmaße geben als oberes Abmaß (*es*) die Differenz zwischen Höchstmaß (G_{oW}) und Nennmaß (*N*), bzw. als unteres Abmaß (*ei*) die Differenz zwischen Mindestmaß (G_{uW}) und Nennmaß (*N*) an.

90 **Das Bild zeigt das Toleranzfeld einer Welle.**

a) Ordnen Sie den Buchstaben a bis e die richtige Benennung zu.

b) Geben Sie die Formeln zur Berechnung der Grenzmaße an.

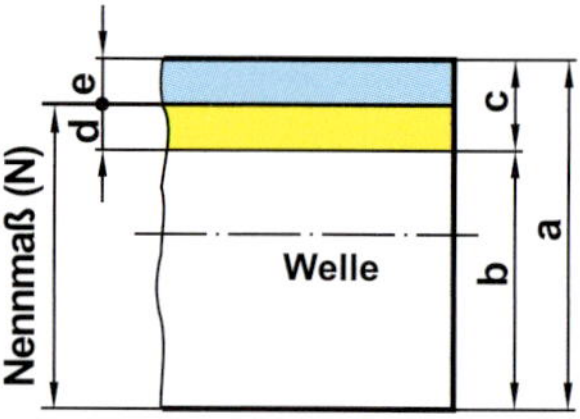

a) Benennung:
a = Höchstmaß (G_{oW})
b = Mindestmaß (G_{uW})
c = Toleranz (T)
d = Unteres Abmaß (ei) (franz.: écart inférieur)
e = Oberes Abmaß (es) (franz.: écart supérieur)

b) Höchstmaß (Welle):

$$G_{oW} = N + es$$

Mindestmaß (Welle):

$$G_{uW} = N - ei$$

91 **Beim Nachmessen des abgebildeten Bolzens stellen Sie das Maß 30,01 mm fest.**

Ermitteln Sie:

- **Nennmaß,**
- **Istmaß,**
- **Höchstmaß,**
- **Mindestmaß,**
- **Toleranz.**

Beurteilen Sie, ob das gemessene Maß im angegebenen Toleranzbereich liegt.

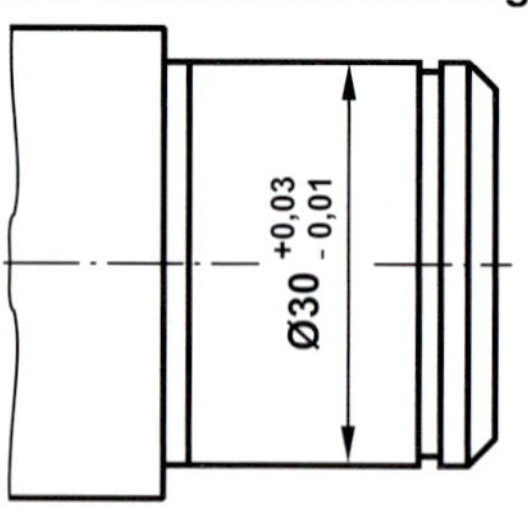

Nennmaß: Maß, auf das sich die Abmaße beziehen, hier Ø 30 mm

Istmaß: gemessenes Werkstückfertigmaß, hier Ø 30,01 mm

Höchstmaß:
Nennmaß plus oberes Abmaß:

$G_{oW} = N + es$ hier Ø 30,03 mm

Mindestmaß:
Nennmaß plus unteres Abmaß:

$G_{uW} = N - ei$ hier Ø 29,99 mm

Toleranz: Differenz zwischen oberem und unterem Abmaß:

$T_W = es - ei$ oder zwischen Höchst- und Mindestmaß:

$T_W = G_{oW} - G_{uW}$ hier 0,04 mm

Beurteilung:
Das Maß liegt im erlaubten Toleranzbereich.

92 Berechnen Sie das obere Abmaß einer Welle, wenn die Toleranz T = 0,013 mm und das untere Abmaß ei = 0,002 mm beträgt.

$$T_W = es - ei$$

$es = T_W + ei$

$es = 0{,}013\ \text{mm} + 0{,}002\ \text{mm}$

$es =$ **0.015 mm**

93 Berechnen Sie für die Maßangabe $70^{+0,03}_{-0,06}$

a) Toleranz,
b) Höchstmaß.

Nennmaß: N = 70 mm
oberes Abmaß: es = 0,03 mm
unteres Abmaß: ei = –0,06 mm

a) Toleranz:
$T_W = es - ei$
T_W = 0,03 mm – (–0,06 mm)
T_W = **0,09 mm**

b) Höchstmaß:
$G_{oW} = N + es$
G_{oW} = 70 mm + 0,03 mm
G_{oW} = **70,03 mm**

94 Allgemeintoleranzen

a) Für welche Maße gelten die Allgemeintoleranzen und wie werden sie eingeteilt?

b) Erläutern Sie am Beispiel des Längenmaßes 12 mm (Toleranzklasse m), wie für dieses Nennmaß die zulässigen Grenzabmaße ermittelt werden.

a) Für Maße ohne Toleranzangabe gelten die Allgemeintoleranzen (DIN ISO 2768), die nach Nennmaßbereichen und den Toleranzklassen fein (f), mittel (m), grob (c) und sehr grob (v) unterteilt sind.

b) In der Tabelle wird der entsprechende Nennmaßbereich gesucht, hier über 6 mm bis 30 mm, und dann das Grenzabmaß abgelesen, hier ±0,2 mm.
Das Istmaß für das Nennmaß 12 mm darf höchstens 12,2 mm und muss mindestens 11,8 mm betragen.

Allgemeintoleranzen für Längen Toleranzklasse mittel (m)		
Grenzabmaße in mm für Nennmaßbereiche		
über 3 bis 6	**über 6 bis 30**	**über 30 bis 120**
±0,1	**±0,2**	**±0,3**

95 In welchem Istmaßbereich darf das Maß X liegen, wenn die Allgemeintoleranz nach ISO 2768-m gilt?

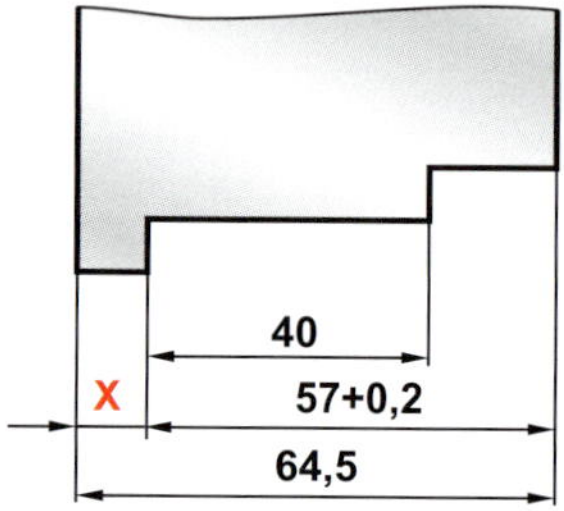

Das Nennmaß 64,5 mm darf höchstens G_{o1} = 64,8 mm und muss mindestens G_{u1} = 64,2 mm betragen.
Das Nennmaß 57+0,2 mm darf höchstens G_{o2} = 57,2 mm und muss mindestens G_{u2} = 57,0 mm betragen.
Der Istmaßbereich X liegt somit zwischen
G_{u1} minus G_{o2}
64,2 mm – 57,2 mm = 7 mm
und
G_{o1} minus G_{u2}
64,8 mm – 57,0 mm = 7,8 mm.

96 Das untenstehende Werkstück ist mit einer *„geschlossenen Maßkette“* bemaßt.
Begründen Sie am Beispiel der untenstehenden Bemaßung, warum eine geschlossene Maßkette gegen die Allgemeintoleranz ISO 2768 verstößt.

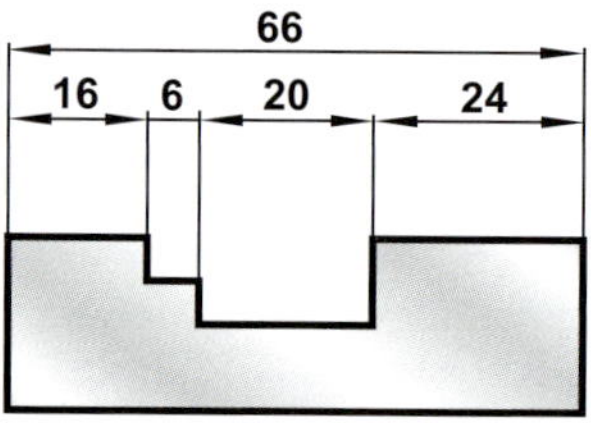

Allgemeintoleranz ISO 2768 - m

- Das Gesamtmaß 66 mm erhält die Grenzabmaße ±0,3 mm. Das Gesamtmaß darf somit höchstens 66,3 mm und muss mindestens 65,7 mm betragen.
- Bei dieser Maßkette darf aber jedes Teilmaß mit dem zulässigen Höchstmaß (16,2 mm; 6,1 mm; 20,2 mm; 24,2 mm), bzw. zulässigen Kleinstmaß (15,8 mm; 5,9 mm; 19,8 mm; 23,8 mm) gefertigt werden.
- Die Summe der Teilmaße ergibt dann ein Höchstmaß von 66,7 mm bzw. ein Kleinstmaß von 65,3 mm.
- Die sich daraus ergebende Toleranz von 1,4 mm wäre somit mehr als das Doppelte der erlaubten von 0,6 mm.

97 Welche Aufgaben kommen den Passungen im Austauschbau zu?

Durch Passungen können, unabhängig von ihrem Hersteller, gut passende und leicht austauschbare Teile hergestellt werden, wodurch eine wirtschaftliche Fertigung gewährleistet ist.

98 Welche Vorteile bieten Passungssysteme?

Durch die Beschränkung auf bestimmte Toleranzklassen bei Bohrungen und Wellen lassen sich Werkzeuge und Prüfmittel einsparen.

99 Warum findet das Passungssystem *Einheitsbohrung* vorwiegend im allgemeinen Maschinenbau und im Fahrzeugbau Verwendung?

Aus Fertigungs- und Kostengründen:

- Wellen sind einfacher mit kleinen Toleranzen zu fertigen (Drehen, Schleifen) als Bohrungen (Reiben, Honen).
- Wellenpassmaße können besser geprüft werden.
- Nur wenige Reibahlen werden benötigt, dadurch sind die Lagerkosten für diese teuren Werkzeuge geringer.

100 Wie sind die Passungssysteme
a) Einheitsbohrung,
b) Einheitswelle
aufgebaut?

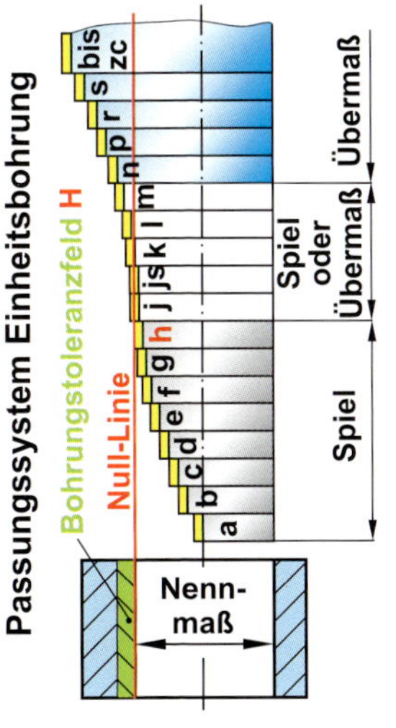

a) Einheitsbohrung:
Im ISO-Passsystem der Einheitsbohrung erhält die Bohrung immer die Toleranzfeldlage „H“. Das Mindestmaß der Bohrung entspricht dem Nennmaß, d. h. das untere Abmaß der Bohrung ist Null. Dieser Einheitsbohrung werden Wellen mit verschiedenen Toleranzklassen zugeordnet, um die gewünschte Passung zu erreichen (siehe Abbildung links).

b) Einheitswelle:
Hier erhalten alle Wellenpassmaße das Toleranzfeld „h“. Das Höchstmaß der Welle entspricht dem Nennmaß, d. h. das obere Abmaß der Welle ist Null. Dieser Einheitswelle werden Bohrungen mit verschiedenen Toleranzklassen zugeordnet, um die gewünschte Passung zu erreichen.

101 Wie wird im ISO-Passungssystem die Lage der Toleranzfelder zur Nulllinie gekennzeichnet?

Die Lage des Toleranzfeldes wird durch das Grundabmaß bestimmt. Das Grundabmaß ist immer das Abmaß, das näher bei der Nulllinie liegt. Die Grundabmaße gibt man mit Buchstaben an:

- Großbuchstaben (A bis Z) gelten für Bohrungstoleranzen
  ➔ Innenmaße
- Kleinbuchstaben (a bis z) kennzeichnen Wellentoleranzen
  ➔ Außenmaße

Merkhilfe:
Bohrung ➔ Großbuchstaben
Welle ➔ Kleinbuchstaben.

102 In welchem Fall liegt eine Spielpassung vor?

Wenn das Innenmaß, z. B. Bohrung, größer ist als das Außenmaß, z. B. Welle.

103 Mit welchen Grundabmaßen der Welle ergeben sich bei Grundabmaß H der Bohrung:
- **Spielpassungen,**
- **Übergangspassungen,**
- **Übermaßpassungen?**

- Spielpassungen bei Grundabmaßen a ... h der Welle
- Übergangspassungen bei Grundabmaßen js ... n der Welle
- Übermaßpassungen bei Grundabmaßen p ... zc der Welle.

104 Wovon hängt die Auswahl der Toleranzgrade ab?

Die Auswahl der Toleranzgrade hängt von der Funktion des herzustellenden Bauteils ab.
So finden zum Beispiel die ISO-Toleranzgrade 01 bis 4 bei Prüfmitteln und die Toleranzgrade 5 bis 11 im Maschinenbau ihre Anwendung.

105 Wie groß ist die Toleranz folgender Passmaße 30H6, 30g6 und 30m6?

Die Toleranz ist bei allen drei Passmaßen gleich groß (T = 13 µm), denn sie haben das gleiche Nennmaß und den gleichen Toleranzgrad.

106 Ordnen Sie der untenstehenden Abbildung die folgenden Begriffe zu:
- **Toleranzklasse,**
- **Grundabmaß,**
- **Toleranzgrad**

und erläutern Sie deren Bedeutung.

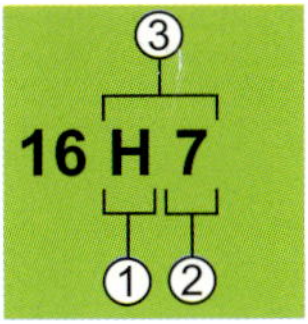

① = *Grundabmaß:* legt die Lage der Toleranzfelder zur Nulllinie fest. Die Toleranzfelder liegen umso weiter von der Nulllinie entfernt, je weiter der Buchstabe im Alphabet von „H“ bzw. „h“ entfernt liegt.
Das Grundabmaß „H“ ist Null. Das zugehörige Toleranzfeld beginnt daher an der Nulllinie.

② = *Toleranzgrad:* Zahl die hinter dem Buchstaben steht.
Sie gibt den Grundtoleranzgrad an. Es gibt 20 Grundtoleranzklassen, gekennzeichnet mit den Buchstaben IT. Hier IT7, für den Nennmaßbereich über 10 mm bis 18 mm
➔ Grundtoleranz 18 µm.

③ = Toleranzklasse: bestehend aus dem Buchstaben für das Grundabmaß und der Zahl des Grundtoleranzgrades. Toleranzklassen können mit Hilfe einer Tabelle für Grundabmaße entschlüsselt werden.
Für das Maß 16H7 ist das obere Abmaß mit +0,018 mm und das untere Abmaß mit 0,000 mm festgelegt.

107 Welchen Einfluss haben der Toleranzgrad und das Nennmaß auf die Größe der Toleranz?

Die Toleranz ist umso größer, je größer der Toleranzgrad und je größer das Nennmaß ist.
Beispiel:
- Einfluss des Toleranzgrades
  35H6 ➔ $T = 16\,\mu m$
  35H7 ➔ $T = 25\,\mu m$
- Einfluss des Nennmaßes
  20H7 ➔ $T = 21\,\mu m$
  80H7 ➔ $T = 30\,\mu m$

108 Die Bohrung $Ø5^{0,012}_{0,000}$ einer Nabe soll mit einer Welle $Ø5^{-0,010}_{-0,022}$ gefügt werden. Bestimmen Sie das Passungssystem, die Toleranzklasse und die Passungsart.

- Passungssystem:
  ➔ Einheitsbohrung
- Toleranzklasse:
  ➔ der Bohrung: H7
  ➔ der Welle: f7
- Passungsart:
  ➔ Spielpassung

109 Mit der Bohrung $Ø40_{-0,025}$ soll eine Welle mit einem Höchstspiel von P_{SH} = 0,030 mm und einem Höchstübermaß von $P_{ÜH}$ = –0,010 mm gefügt werden. Welche Maßeintragung muss die Welle erhalten?

P_{SH} = 0,030 mm
$P_{ÜH}$ = –0,010 mm
G_{oB} = 40,000 mm
G_{uB} = 39,975 mm

Höchstmaß der Welle

$$G_{oW} = G_{uB} - P_{ÜH}$$

G_{oW} = 39,975 mm – (–0,010 mm)
G_{oW} = **39,985 mm**

Mindestmaß der Welle

$$G_{uW} = G_{oB} - P_{SH}$$

G_{uW} = 40,000 mm – 0,030 mm
G_{uW} = **39,970 mm**

Maßeintragung $\mathbf{Ø40^{-0,015}_{-0,030}}$

110 Toleranzfeld

a) Erklären Sie den Begriff „Toleranzfeld“.

b) Wovon hängt die Größe der Toleranzfelder ab?

c) Wie wird die Größe eines Passtoleranzfeldes ermittelt?

d) Skizzieren Sie die Maßtoleranzfelder und das Passtoleranzfeld für die Passung 6H7/f7.

a) Unter einem Toleranzfeld versteht man bei grafischer Darstellung von Toleranzen das Feld zwischen Höchst- und Mindestmaß.

b) Vom Toleranzgrad und von der Größe des Nennmaßes.

c) Die Größe des Passtoleranzfeldes ergibt sich, indem von der Höchstpassung die Mindestpassung subtrahiert wird.

d) Skizze:

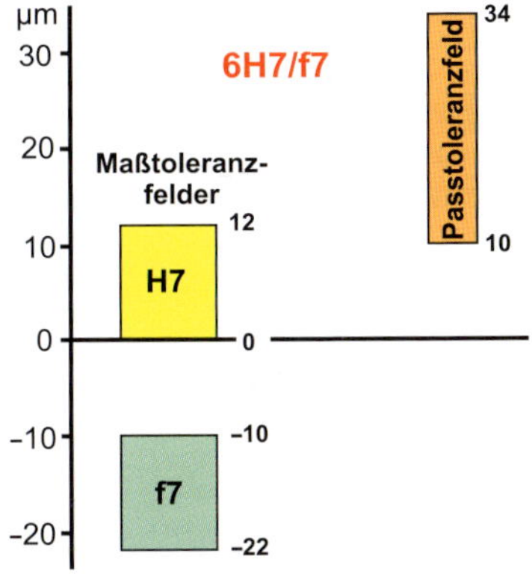

111 Warum wurden Form- und Lagetoleranzen eingeführt?

Weil Werkstücke, bestehend aus geometrischen Grundkörpern mit Grundelementen wie Ebenen oder Achsen nicht geometrisch-ideal gefertigt werden können.
Es müssen deshalb bestimmte Abweichungen zugelassen werden.
Auch für die Lage zweier Grundkörper zueinander müssen Abweichungen zugelassen werden.

112 Welche Abweichungen kennzeichnen Lagetoleranzen?

Die zulässige Abweichung von der geometrisch-idealen Lage unterschiedlicher Grundkörper zueinander, wobei einer der Grundkörper als Bezugselement festgelegt ist.

113 Welche Angaben gehören zu einer Lagetoleranz?

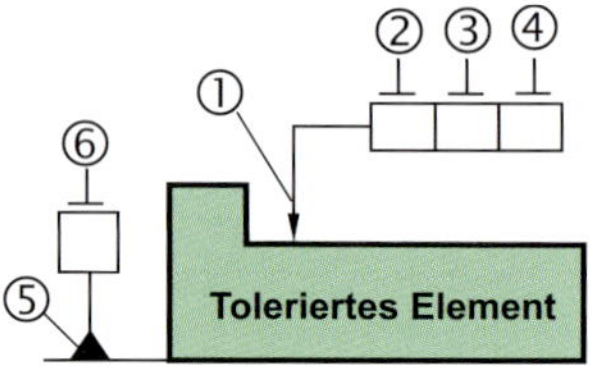

Zur Angabe einer Lagetoleranz gehören:

- Bezugslinie ① mit Bezugspfeil, der auf das tolerierte Element hinweist
- Toleranzrahmen mit dem Symbol ② für die Toleranzart, dem Toleranzwert ③ in Millimeter und dem Bezugsbuchstaben ④ der auf das Bezugselement hinweist
- Bezugsdreieck ⑤ und Bezugsrahmen ⑥ zur Kennzeichnung des Bezugselementes

114 Welche Abweichungen kennzeichnen Formtoleranzen?

Die zulässige Abweichung eines Grundkörpers von der geometrisch-idealen Form. Sie beziehen sich auf die Geradheit von Achsen, die Ebenheit von Flächen, die Rundheit von Umfangslinien und die Genauigkeit von Zylinder-, Linien- und Flächenformen.

115 Welche Angaben gehören zu einer Formtoleranz?

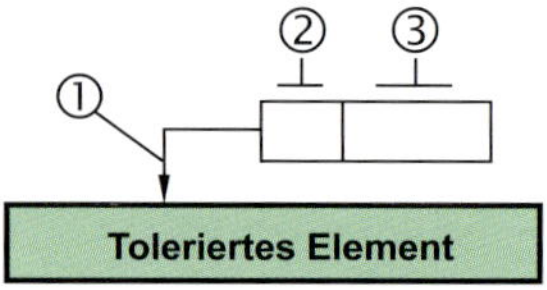

Zur Angabe einer Formtoleranz gehören:

- Bezugslinie ① mit Bezugspfeil, der auf das tolerierte Element hinweist
- Toleranzrahmen mit dem Symbol ② für die Toleranzart und dem Toleranzwert ③ in Millimeter

116 Skizzieren Sie einen Flachwinkel und tragen Sie folgende Lagetoleranz ein:

Die tolerierte Fläche muss innerhalb zweier zur Bezugsebene A senkrechten Ebenen mit dem Abstand von 0,02 mm liegen.

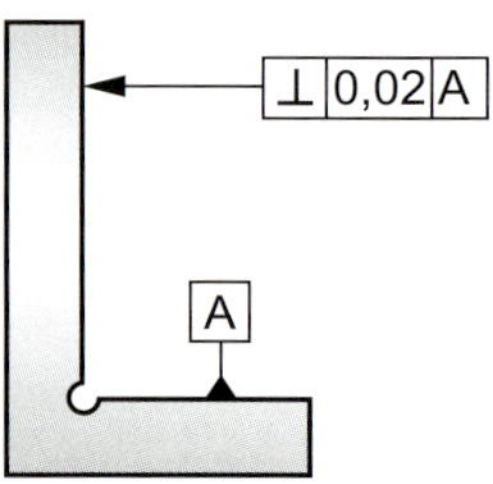

2 Qualitätsmanagement

2 Qualitätsmanagement

2.1 Qualitätsmanagementsysteme

1 Erläutern Sie den Begriff „Qualität".

Nach DIN 55350/(DIN EN) ISO 9000:2015-11 ist Qualität die Beschaffenheit einer Einheit bezüglich ihrer Eignung, die Qualitätsanforderungen zu erfüllen.
Mit anderen Worten:
Qualität ist, was der Kunde wünscht.

2 Worin unterscheiden sich „quantitative" und „qualitative" Qualitätsmerkmale?

Quantitativ:
- *kontinuierliches Merkmal*, das stetig messbar ist, z. B. ein Durchmesser
- *diskretes Merkmal*, das zählbar ist, z. B. Anzahl von Schweißpunkten.

Qualitativ:
- *Ordinalmerkmal*, das mit einer Ordnungsbezeichnung beurteilt, z. B. gut, schlecht, kalt, warm, heiß.
- *Nominalmerkmal*, das ohne Ordnungsbezeichnung beurteilt, z. B. Farben: rot, gelb, grün.

**3 In der Qualitätstechnik lassen sich Fehler nach ihren Folgen in drei Klassen einteilen.
Nennen und erläutern Sie diese Fehlerklassen.**

Kritische Fehler: Fehler mit kritischen Folgen, wie Personengefährdung bei Produktnutzung oder Ausfall einer wichtigen Anlage, z. B. der Rechenanlage.

Hauptfehler: Fehler mit erheblich beeinträchtigenden Folgen, wie Ausfall des Produkts (Hauptfehler A) oder erhebliche Herabsetzung der Produktbrauchbarkeit (Hauptfehler B).

Nebenfehler: Fehler mit nicht wesentlichen Folgen, die den Gebrauch oder Betrieb des Produkts nur geringfügig beeinflussen.

4 Warum sind die verschiedenen Qualitätselemente (QE) in einem Kreis angeordnet?

Qualitätskreis DIN 55350

Durch die Kreisdarstellung soll zum Ausdruck kommen, dass alle Qualitätselemente, von der Idee bis zur Entsorgung, Bausteine der gesamten Produktqualität sind.
Nur, wenn alle organisatorischen Unternehmensbereiche, wie in einem Regelkreis, zusammenarbeiten, ist das Ziel der Produktqualität gewährleistet.
Durch die ständige Weiterentwicklung der Produkte beginnt der Qualitätskreis immer wieder von neuem.

5 Was versteht man nach DIN 55350 unter „Qualitätsmanagement"?

Unter Qualitätsmanagement versteht man die Gesamtheit der qualitätsbezogenen Zielsetzungen und Maßnahmen eines Unternehmens.

6 Welche Gründe sprechen aus wirtschaftlicher Sicht für die Einführung eines umfassenden Qualitätsmanagementsystems?

- geringere Kosten durch Reduzierung der Nacharbeit
- größere Kundenzufriedenheit
- bessere Argumentationsebene im Produkthaftungsfall
- Optimierung der Unternehmensabläufe

7 Nennen Sie die vier wesentlichen Teilfunktionen eines Qualitätsmanagementsystems.

- Qualitätsplanung
- Qualitätslenkung
- Qualitätsprüfung
- Qualitätsverbesserung

8 Welche Bereiche umfasst die Qualitätsprüfung?

Prüfplanung, z. B. Prüfmittelauswahl
Prüfausführung, z. B. Eingangsprüfung
Prüfhäufigkeit, z. B. Stichprobenprüfung, 100 %-Prüfung
Prüfdatenverarbeitung, z. B. Auswertung, Fehleranalyse

9 Geben Sie mit Beispielen die Störgrößen („7 M") auf den Fertigungsprozess an.

Mensch, z. B. geringe Qualifikation, Motivation, Pflichtbewusstsein
Maschine, z. B. Positionierungenauigkeit, Schwingungsverhalten
Material, z. B. Einschlüsse, Spannungen, Gefügezustand
Methode, z. B. ungünstige Arbeitsschritte, Prüfbedingungen
Mitwelt, z. B. Raumgestaltung, Temperaturen, Arbeitsbedingungen
Messbarkeit, z. B. Qualität der Prüfmittel, Merkmal schlecht messbar
Management, z. B. Stellenwert der Qualität, Vorbildfunktion

(Zur Zeit ist ein achtes M, Money, in der Diskussion)

10 Wozu dient die Normenreihe DIN EN ISO 9000 – 9004?

Hinweis:
Die DIN ISO 9002 und 9003 in der Fassung vom Herbst 2000 wurden gestrichen.

Sie ist eine Normenreihe, die auf allgemeiner Ebene gehalten ist. Sie ist eine Art Leitfaden, die hilft, ein Qualitätsmanagementsystem im Unternehmen aufzubauen.

DIN EN ISO 9000: Leitfaden zur Auswahl und Anwendung der Normenreihe. Erläutert wesentliche Begriffe.
DIN EN ISO 9001: Kriterien zum Aufbau, zum Nachweis und zur Dokumentation eines funktionierenden QM-Systems.
DIN EN ISO 9004: Hinweise, mit welchen Elementen ein QM-System auf- und ausgebaut werden kann.

11 Geben Sie Argumente an, die für die Zertifizierung eines Unternehmens sprechen.

- Vergleichbarkeit mit Konkurrenzunternehmen
- Stärkung der eigenen Marktposition
- besseres Firmenimage
- nötig, um am Markt bestehen zu können

12 Erklären Sie den Begriff „Produktaudit".

Bewertung der fertiggestellten und geprüften Produkte hinsichtlich der Erfüllung der Qualitätsmerkmalsforderungen aus der Sicht des Kunden.

13 Nennen Sie Ziele eines „Qualitätsaudits".

- Entdecken von Fehlern und Schwachstellen
- Forschung nach Fehlerursachen
- Darstellung von Verbesserungsmöglichkeiten
- Einleitung und Überwachung von Verbesserungsmaßnahmen

14 Beschreiben Sie in Stichworten den Ablauf eines „Qualitätsaudits".

- Beschreibung des Istzustandes
- Beobachtung der Tätigkeiten
- Befragung der Mitarbeiter
- Auswertung der Erkenntnisse
- Verbesserungen mit Terminen und Zuständigkeiten
- Dokumentation
- Präsentation

15 Was versteht man unter einem „Qualitätszirkel"?

Ein Qualitätszirkel ist eine betriebliche Einrichtung zur Beseitigung konkreter Probleme. Dazu treffen sich Mitarbeiter aus allen beteiligten Abteilungen, um eine Problemlösung zu finden.

16 Erklären Sie den Begriff „Benchmarking".

Benchmarking ist der Prozess des Vergleichens und Messens der eigenen Produkte, Dienstleistungen und Prozesse mit den besten Wettbewerbern oder mit anerkannten Marktführern.

17 Welches Ziel wird mit dem „Poka-Yoke-Prinzip" des japanischen Industrieingenieurs Dr. Shigeo Shingo verfolgt?

Mit dem Poka-Yoke-Prinzip sollen Fehler unmittelbar in der Produktion, am Ort ihrer Entstehung, erkannt werden und durch möglichst einfache und kostengünstige technische Vorkehrungen und Einrichtungen zukünftig vermieden werden.

Poka = Vermeidung
Yoke = unbeabsichtigte Fehler

18 Nennen Sie einige Beispiele für Poka-Yoke-Maßnahmen.

- Gasanschlüsse haben ein Linksgewinde und Wasseranschlüsse ein Rechtsgewinde, daher ist ein Vertauschen ausgeschlossen.
- Telefonstecker (TAE) lässt sich nicht verkehrt herum einstecken.
- Stecker für den Kabelbaum eines Autos haben unterschiedliche Farben und werden darüber hinaus so konstruiert, dass jeder Stecker nur mit seinem richtigen Gegenstück verbunden werden kann.
- Tankdeckel sind durch ein Band mit dem Auto verbunden, damit sie nicht auf dem Autodach vergessen werden können.
- USB- oder Handyladestecker lassen sich nur in einer Ausrichtung einstecken.

2

19 Der nachstehende Kurvenverlauf bezieht sich auf die Herstellung eines Produktes vor der Einführung von Qualitätsmaßnahmen (Kurve 1) und nach der Einführung von Qualitätsmaßnahmen (Kurve 2).

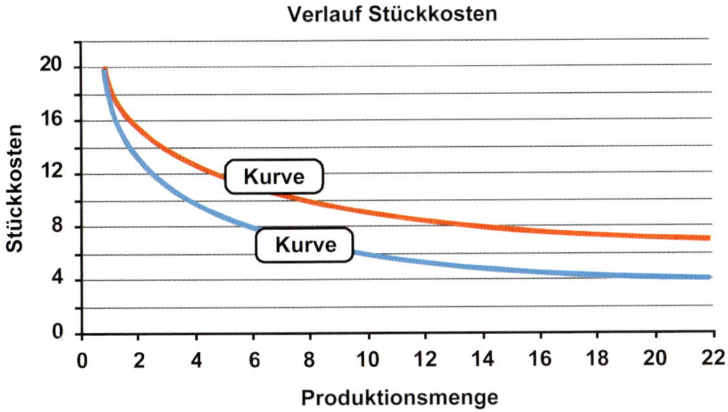

19.1 Diskutieren Sie den grundsätzlichen Kurvenverlauf.

Beide Kurven verhalten sich degressiv, d. h. man kann mit zunehmender Stückzahl ein Absinken der Stückkosten beobachten. Das liegt daran, dass bei höherer Produktionsmenge der Fixkostenanteil pro Teil sinkt. Darüber hinaus wächst die Erfahrung der Mitarbeiter und die Prozesse werden sicherer.

19.2 Nennen Sie Maßnahmen des modernen Qualitätsmanagements, die zum Kurvenverlauf 2 beigetragen haben können.

- Fehlerverhütungsmaßnahmen z. B. FMEA
- Konsequente Prozessgestaltung nach TQM
- Gezielte Schul- und Fördermaßnahmen für Mitarbeiter
- Detaillierte Fehleranalyse bestehender Produkte und Prozesse
- Regelmäßige Durchführung von Audits

19.3 Erläutern Sie den Begriff „Qualitätskosten" und geben Sie drei Beispiele dazu an.

Qualitätskosten sind Kosten, die im Zusammenhang mit Qualität anfallen. Als Beispiele können genannt werden:
- Fehlerkosten
- Fehlerverhütungskosten
- Prüfkosten

20 Die Grafik zeigt die so genannte „Zehnerregel". Welcher Zusammenhang soll damit verdeutlicht werden?

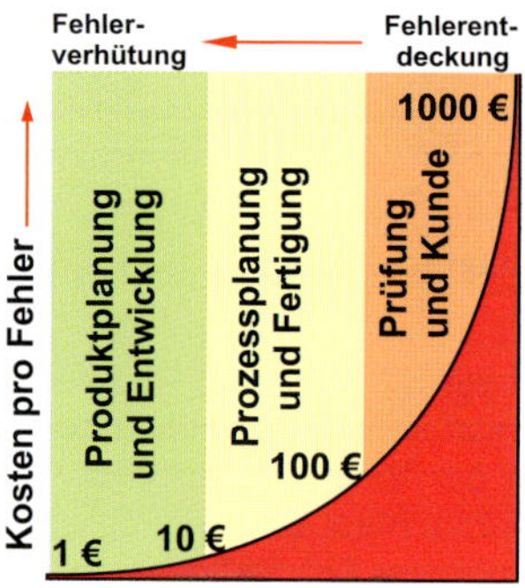

Je später ein Fehler entdeckt und behoben wird, desto höher werden die dadurch entstehenden Kosten. Nach der Zehnerregel steigen die Folgekosten erfahrungsgemäß um das 10-fache von Produkt-Phase zu Produkt-Phase.
Die sehr teuren und imageschädigenden Rückrufaktionen in der Automobilindustrie belegen die Zehnerregel.

100 %-Prüfung

21

a) Erklären Sie den Begriff „100 %-Prüfung".
b) In welchem Fall muss eine „100 %-Prüfung" durchgeführt werden?
c) Warum ist eine manuelle „100 %-Prüfung" fast immer fehlerbehaftet?

a) 100 %-Prüfung heißt Qualitätsprüfung aller Einheiten (Teile) eines Loses.
b) Wenn der Kunde es wünscht oder bei sicherheitsrelevanten Teilen. Geht von den Einheiten eine Gefährdung für den Menschen aus, ist sie gesetzlich vorgeschrieben.
c) Insbesondere bei großer Loszahl ergeben sich beim manuellen Prüfen durch die Eintönigkeit der Arbeit und Ermüdung des Prüfers Entscheidungsfehler.

2.2 Seven Tools

22 Erläutern Sie den im Qualitätsmanagement verwendeten Sprachbegriff „7 Tools“ und nennen Sie einige Beispiele aus der Gruppe der „7 Tools“.

Die „7 Tools“ sind grafische Hilfsmittel zur Problemerkennung und Problemanalyse.
Je nach Problembereich werden dabei Vorgänge, Abläufe, Zusammenhänge und Größenvergleiche grafisch dargestellt.
Zu den „7 Tools“ gehören u. a.:

- Flussdiagramm
- Pareto- oder ABC-Analyse
- Ishikawa-Diagramm
- Verlaufsdiagramm
- Baumdiagramm
- Histogramm
- Streudiagramm
- Matrixdiagramm

Ishikawa

23 Skizzieren Sie ein „Ishikawa-Diagramm“ [1] mit Nebenästen und erläutern Sie, wozu es genutzt wird.

[1] Auch als „Ursache-Wirkungs-Diagramm“ oder wegen seines Aussehens als „Fischgräten-Diagramm“ bekannt.

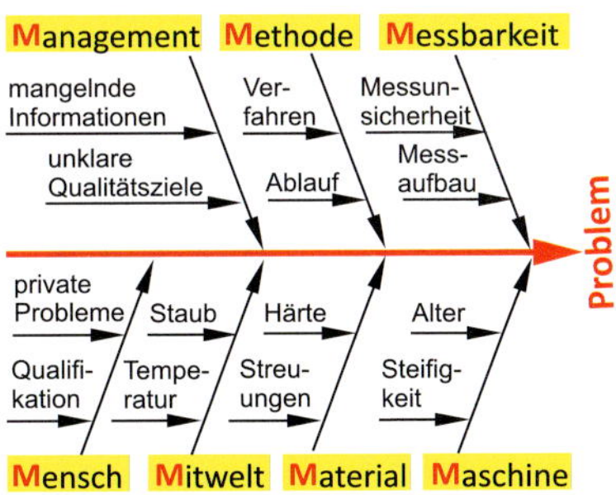

Mit dem Ishikawa-Diagramm werden mögliche Ursachen eines Problems oder Zustandes gesammelt und meist nach den „7 M-Störgrößen“ gegliedert. Die Überbegriffe werden dann mit detaillierten Einflüssen versehen. Die grafische Darstellung ermöglicht einen geordneten Gesamtüberblick aller Einflüsse, die wirksam sind. *Siehe auch Aufgabe 8.*

FMEA

FMEA Failure Mode and Effect-Analysis	Fehlermöglichkeits- und Einflussanalyse				Teile-Name										
	Prozess-FMEA		Name	Abteilung	derzeitiger Zustand				Teile-Nr.		verbesserter Zustand				
Prozess Ablauf Arbeitsfolge	Mögliche Fehler	Auswirkungen Folgen	Ursachen	Verhütungs- und Prüfmaßnahmen	Auftreten	Bedeutung	Entdeckung	RPZ	empfohlene Abstellmaßnahme	verantwortlich	getroffene Maßnahme	Auftreten	Bedeutung	Entdeckung	RPZ
Fräsen: Fertigbearbeitung der Dichtfläche	Dichtfläche uneben	Undichtheit, rauer Motorlauf	Druck der Spannvorrichtung zu gering	Stichprobe der Ebenheit	3	8	5	120	Spanndrucküberwachung	Abt. Werktechnik	Sensorik schaltet bei zu geringem Druck die Maschine ab und meldet Fehler	1	8	5	40
Spalten-Nr. 1	2	3	4	5	6	7	8	9	10	11	12	13	14	15	16

24 Welche Ziele werden mit einer „FMEA" angestrebt?

Ziele der Fehler-Möglichkeits- und Einfluss-Analyse sind:

- Fehler schon während der Planung zu erkennen und zu vermeiden.
- Erfahrungswissen über Fehler, ihre Ursache und Qualitätsauswirkung zu sammeln und für weitere Planungen zu nutzen.

25 Beantworten Sie folgende Fragen zur nebenstehenden FMEA:

a) Welche Bedeutung haben die Bewertungszahlen in den Spalten 6 bis 8?

b) Was bedeutet die Abkürzung RPZ in der Spalte 9 und wie wurde die Zahl 120 berechnet?

c) In den Spalten 10 und 12 wurden vom FMEA-Team Maßnahmen zur Fehlervermeidung erarbeitet. Welche Einschätzung über die „Auftretenswahrscheinlichkeit im verbesserten Zustand" trifft das Team?

a) Spalte 6: Abschätzung der Auftretenswahrscheinlichkeit (A) des Fehlers. Die Bewertungszahl 3 bedeutet, dass der Fehler nur bei sehr seltenen Bedingungen auftreten kann.
Spalte 7: Abschätzung über die Auswirkung (B) des Fehlers, wenn ihn der Kunde entdeckt. Die Bewertungszahl 8 bedeutet, dass ein schwerer Fehler vorliegt und der Kunde verärgert sowie eine Reparatur nötig sein wird.
Spalte 8: Abschätzung der Entdeckungswahrscheinlichkeit (E) des Fehlers. Die Bewertungszahl 5 bedeutet, dass der Fehler mit mäßig hoher Wahrscheinlichkeit gefunden wird.

b) RPZ ist die Risikoprioritätszahl. Ihre Größe ermöglicht, die Fehler nach der Wichtigkeit zu ordnen.

Berechnung: $RPZ = A \cdot B \cdot E$

c) Die Auftretenswahrscheinlichkeit (Spalte 13) wurde vom Team mit der Bewertungszahl 1 geschätzt. Das Team geht davon aus, dass der Fehler nicht mehr vorkommen kann.

Pareto-Analyse

26 Ein Betrieb fertigt 800 Kreissägen in der Woche. Bei der Abnahmekontrolle der Kreissägen ergaben sich zu hohe Nacharbeitskosten. Eine Fehlersammelkarte der Kalenderwoche 36 gibt Ihnen Auskunft über die Fehlerart und Fehlerhäufigkeit.

FEHLERSAMMELKARTE		Summe KW 36
Fehler-Nr.	Fehlerursache	Absolute Fehlerhäufigkeit
F1	Pendelschutzhaube klemmt	35
F2	Leerlaufstromaufnahme zu hoch	6
F3	Laufgeräusche zu laut	7
F4	O-Ring fehlt	5
F5	Kratzer am Gehäuse	45
F6	Schmorgeruch im Dauerbetrieb	2

26.1 Ermitteln Sie die absolute und die relative kumulierte Fehlerhäufigkeit absteigend geordnet.

F-Nr.		absolut	kumuliert
F5	➔	45	45 %
F1	➔	35	80 %
F3	➔	7	87 %
F2	➔	6	93 %
F4	➔	5	98 %
F6	➔	2	100 %

26.2 Stellen Sie die absolute und die kumulierte relative Fehlerhäufigkeit in einem Fehler-Pareto-Diagramm dar. Bewerten Sie das Ergebnis.

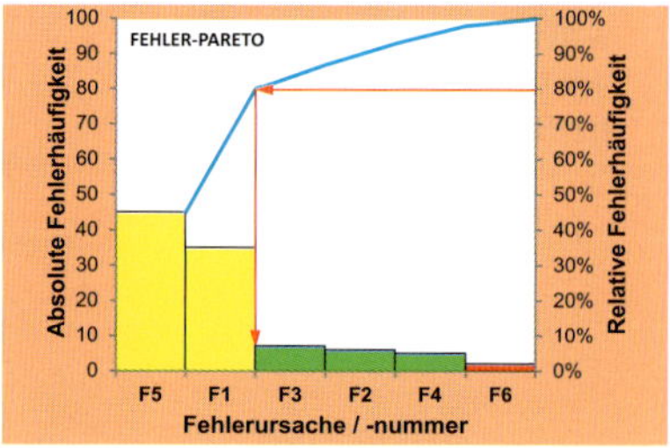

Bewertung: Durch die Vermeidung der Fehler F5 und F1, können 80 % der Fehler beseitigt werden. Unabhängig vom Pareto-Diagramm, muss der kritische Fehler F6 „Schmorgeruch im Dauerbetrieb“ als erstes beseitigt werden!

2

26.3 Stellen Sie die relative Fehlerhäufigkeit in einem Lorenz-Diagramm dar.

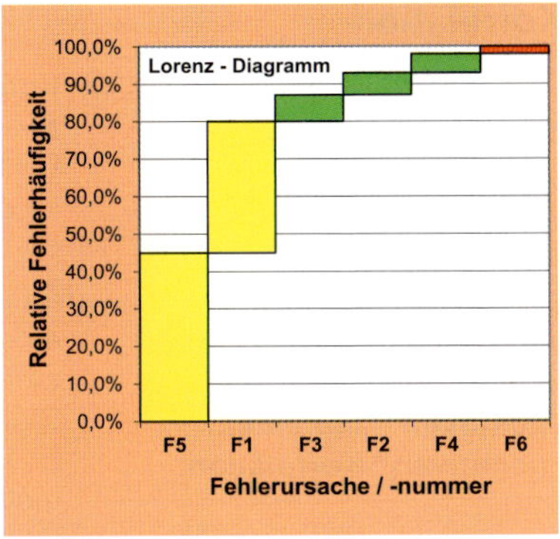

Die Tabelle zeigt die Kosten, die durch die Beseitigung der Fehler entstehen (bereits geordnet).

Rang	Fehler-Nr.	Gesamtkosten in Euro	Gesamtkosten in Prozent	Kumulierte Prozentwerte
1	2	480€	48 %	48 %
2	3	300€	30 %	78 %
3	4	100€	10 %	88 %
4	5	50€	5 %	93 %
5	1	40€	4 %	97 %
6	6	30€	3 %	100 %

26.4 Stellen Sie die absoluten und relativen Kosten in einem Fehlerkosten-Pareto-Diagramm dar und ziehen Sie geeignete Schlussfolgerungen.

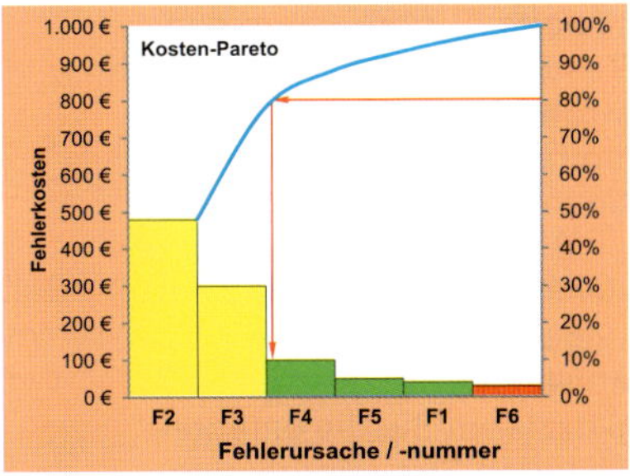

Aus Kostengründen sollten in erster Linie die Fehler F2 und F3 beseitigt werden. Auch hier muss der kritische Fehler F6 als erstes beseitigt werden!

Korrelation

27 Erläutern Sie die Begriffe „Korrelation" und „Korrelationszahl".

Korrelation ist der Zusammenhang zweier Größen.
Die Korrelationszahl drückt die Stärke der Korrelation in einer Ziffer aus.

28 Erläutern Sie mit einem Beispiel den Unterschied zwischen einer „positiven" und einer „negativen" Korrelation.

Eine positive Korrelation bedeutet einen gleichsinnigen Zusammenhang zwischen *x* und *y*.
Steigt *x*, steigt *y*, fällt *x*, fällt auch *y*. Es ist also eine „je mehr, desto mehr"-Beziehung.
Beispiel: *„Je mehr Reklamationen, desto mehr unzufriedene Kunden".*

Eine negative Korrelation bedeutet einen gegenläufigen Zusammenhang zwischen z. B. *x* und *y*: steigt *x*, fällt *y* und umgekehrt. Es ist also eine „je mehr, desto weniger"-Beziehung.

Beispiel: *„Je mehr Autos im Parkhaus parken, desto weniger Parkplätze sind dort frei."*

29 Mit dem Korrelationskoeffizienten *r* wird die Güte der Korrelation beurteilt. Welche Aussage über den Zusammenhang der beiden Größen *x* und *y* können Sie treffen, wenn der Korrelationskoeffizient den Wert *r* = 0 aufweist, welche wenn der Korrelationskoeffizient ungefähr den Wert *r* = 1 aufweist?
Skizzieren Sie die entsprechenden Streudiagramme dazu.

Bei $r = 0$ besteht kein sichtbarer mathematischer Zusammenhang zwischen *x* und *y*.

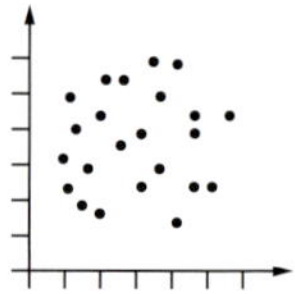

Bei $r = 1$ besteht ein starker mathematischer Zusammenhang zwischen *x* und *y*.

Streudiagramm (Korrelationsdiagramm)

30 In einem Betrieb werden Bearbeitungszeiten (in min) für die Bearbeitung von Werkstücken in Abhängigkeit von der dabei abzutragenden Materialdicke (in mm) ermittelt.
In 7 Versuchen wurden die nachfolgenden Daten erfasst:

Materialabnahme [mm]	16	18	20	22	25	28	30
Bearbeitungszeit [min]	0,37	0,48	0,6	0,69	0,85	0,97	1,03

Stellen Sie die Zusammenhänge im vorbereiteten Streudiagramm grafisch dar und ermitteln Sie die Geradengleichung der Ausgleichsgeraden sowie die Bearbeitungszeiten für eine Materialabnahme von 24 mm, 26 mm und 32 mm.

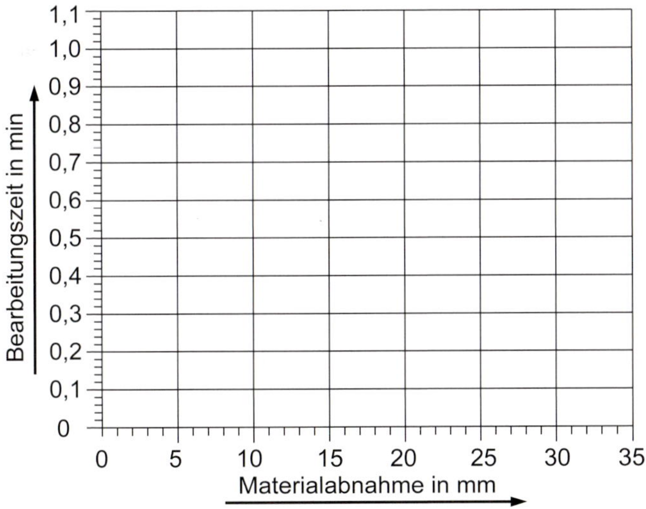

Lösung der Aufgabe 30

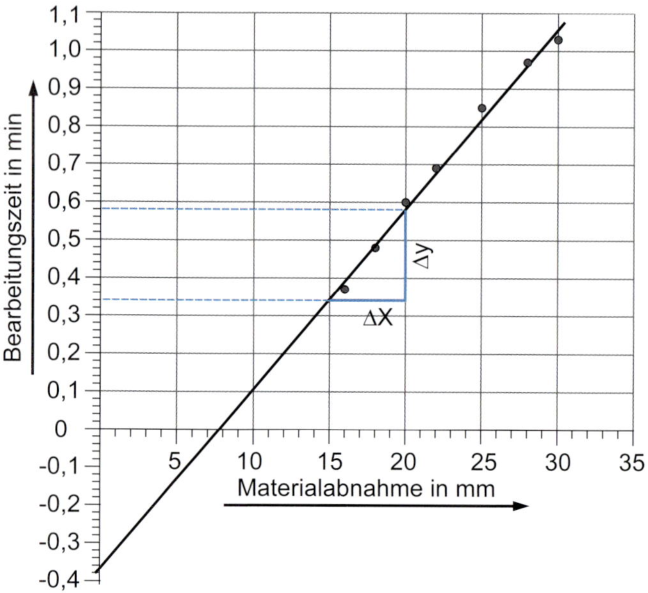

Geradengleichung: $y = m \cdot x + t$

$$m = \frac{\Delta y}{\Delta x} = \frac{0{,}58\,\text{min} - 0{,}34\,\text{min}}{20\,\text{mm} - 15\,\text{mm}} = 0{,}048\,\frac{\text{min}}{\text{mm}}$$

für $x = 0$ ➔ $y = t = -0{,}37\,\text{min}$

$y = 0{,}048 \cdot x - 0{,}37$

Bearbeitungszeiten:

Aus $y = 0{,}048 \cdot x - 0{,}37$ ergibt sich:

$f(24) = 0{,}048\,\frac{\text{min}}{\text{mm}} \cdot 24\,\text{mm} - 0{,}37\,\text{min} = \mathbf{0{,}78\,min}$

$f(26) = 0{,}048\,\frac{\text{min}}{\text{mm}} \cdot 26\,\text{mm} - 0{,}37\,\text{min} = \mathbf{0{,}87\,min}$

Die Materialdicke 32 mm liegt außerhalb des erfassten Datenbereiches. Da man nicht weiß, ob der lineare Zusammenhang auch für Materialdicken > 30 mm gilt, kann hier keine gesicherte Aussage gemacht werden.

2

Paarvergleich

31 Das Matrix-Diagramm wird auch Paarvergleich oder paarweiser Vergleich genannt.
Wozu wird es angewendet?

Das Verfahren des paarweisen Vergleiches wird angewendet, um scheinbar gleichwertige Kriterien zu gewichten, sprich in eine Rangfolge zu bringen.
Die Bewertung erfolgt in Einzelentscheidung durch Punktevergabe. Die Punkte werden anschließend addiert und in eine Rangfolge gebracht.

32 Sie finden das folgende unvollständige Matrix-Diagramm für den Kauf eines Privat-Autos vor.
Ergänzen Sie das Matrix-Diagramm und erklären Sie die daraus gewonnenen Erkenntnisse.

Hinweis:
Ist beim direkten Vergleich zwischen dem Zeilen- und Spaltenkriterium das Zeilenkriterium wichtiger, dann schreiben Sie eine 2, ist das Spaltenkriterium wichtiger dann schreiben Sie eine 0.

Kriterien	Verbrauch	Komfort	Sicherheit	Zuverlässigkeit	Leistung	Kosten	Service	Summe	Rang
Verbrauch		**2**	**0**	**0**	**2**	**0**	**2**		
Komfort			**0**	**0**	**2**	**0**	**2**		
Sicherheit				**2**	**2**	**2**	**2**		
Zuverlässigkeit					**2**	**2**	**2**		
Leistung						**0**	**0**		
Kosten							**2**		
Service									

Lösung der Aufgabe 32

Kriterien	Verbrauch	Komfort	Sicherheit	Zuverlässigkeit	Leistung	Kosten	Service	Summe	Rang
Verbrauch		2	0	0	2	0	2	**6**	❹
Komfort	**0**		0	0	2	0	2	**4**	❺
Sicherheit	**2**	**2**		2	2	2	2	**12**	❶
Zuverlässigkeit	**2**	**2**	**0**		2	2	2	**10**	❷
Leistung	**0**	**0**	**0**	**0**		0	0	**0**	❼
Kosten	**2**	**2**	**0**	**0**	**2**		2	**8**	❸
Service	**0**	**0**	**0**	**0**	**2**	**0**		**2**	❻

Der Ersteller dieses Diagrammes hat für sich entschieden, dass ihm beim Kauf eines Privat-Autos Sicherheit ❶ und Zuverlässigkeit ❷ am wichtigsten sind.
Gefolgt werden diese Kriterien von wirtschaftlichen Überlegungen, denn auf Rangplatz ❸ und ❹ folgen Kosten und Verbrauch.
Dem Komfort an Stelle ❺ folgt die Servicethematik ❻ und der oft gehörte Wunsch nach Leistung ❼ spielt hier augenscheinlich keine Rolle.

Der Ersteller dieses Diagramms sucht also ein Auto, mit dem er sicher und verlässlich von A nach B kommt und dies zu einem vertretbaren Preis.

2.3 Grundlagen der Statistik

33 Worin unterscheiden sich die Aufgaben der „beschreibenden Statistik" und der „schließenden Statistik"?

Die beschreibende Statistik sammelt Daten, fasst sie zu wenigen Kenngrößen zusammen und stellt sie meist grafisch dar.
Die schließende Statistik zieht aus der Ermittlung bestimmter Stichprobenkenngrößen Rückschlüsse auf das Verhalten der gesamten Produktion (Vertrauensbereich). Ebenso trifft sie Vorhersagen bezüglich des Produktionsverhaltens (Zufallstreubereich).

34 Welches Ziel verfolgt die „Statistische Prozessregelung", häufig nur SPC genannt?

SPC ist eine Qualitätsstrategie, die den Schwerpunkt auf Fehlervermeidung legt. Das heißt:

- unbrauchbare Teile erst gar nicht produzieren
- Prozessstreuungsverhalten kennen lernen
- Prozesseinflussfaktoren beherrschen lernen
- Qualität durch gezielte Eingriffe in den Prozess sichern

35 Nennen Sie Vorteile der „Stichprobenprüfung" gegenüber der „100 %-Prüfung".

- wirtschaftlicher als 100 %-Prüfung
- einzig sinnvolles Verfahren bei zerstörender Prüfung
- schneller vorliegende Prüfaussagen bei aufwändigen Prüfungen

36 Welcher Grundsatz ist bei der Stichprobenentnahme zu beachten?

Der Grundsatz der Zufälligkeit: Jedes Teil muss dieselbe Chance haben, in die Stichprobe zu gelangen.

37 Nennen Sie wesentliche Ziele, die durch Stichprobenverfahren erreicht werden sollen.

- Ermittlung von Gesetzmäßigkeiten
- Voraussagen über Grundgesamtheit (ähnliche Fälle)

Wahrscheinlichkeit

38 Die Stichprobenprüfung erfolgt nach den Regeln der Wahrscheinlichkeit P (engl. *probability*).

a) Wie wird die Wahrscheinlichkeit *P* für das Eintreffen eines Ereignisses berechnet?

b) Wodurch wird die Aussage für das Eintreffen eines Ereignisses sicherer?

a) Indem die Anzahl der für das Eintreffen eines Ereignisses *E* erwarteten günstigen Fälle zu der Gesamtzahl aller möglichen Fälle ins Verhältnis gesetzt wird.

$$P(E) = \frac{\text{Anzahl der für } E \text{ günstigen Fälle}}{\text{Gesamtzahl aller möglichen Fälle}}$$

b) Je mehr Teile bei einer Stichprobe entnommen werden, desto weniger Einfluss haben Zufallsgrößen und desto sicherer wird die Aussage.

39 Wie groß ist die Wahrscheinlichkeit *P*, mit zwei Würfeln die Zahlen

a) 3 zu würfeln,

b) 6 zu würfeln?

c) Welche Zahl wird mit der höchsten Wahrscheinlichkeit gewürfelt?

Es gibt bei zwei Würfeln insgesamt 36 Kombinationen ➔ Gesamtzahl aller möglichen Fälle = 36

	⚀	⚁	⚂	⚃	⚄	⚅
⚀	2	3	4	5	6	7
⚁	3	4	5	6	7	8
⚂	4	5	6	7	8	9
⚃	5	6	7	8	9	10
⚄	6	7	8	9	10	11
⚅	7	8	9	10	11	12

a) Zur Zahl 3 führen zwei Kombinationen
➔ Anzahl der günstigen Fälle = 2
$P = \frac{2}{36} = 0{,}056$ ➔ **5,6 %**

b) Zur Zahl 6 führen fünf Kombinationen
➔ Anzahl der günstigen Fälle = 5
$P = \frac{5}{36} = 0{,}139$ ➔ **13,9 %**

c) Die Zahl 7, weil sie mit sechs Kombinationen die höchste Anzahl der günstigen Fälle aufweist.
$P = \frac{6}{36} = 0{,}167$ ➔ **16,7 %**

Kennwerte der Normalverteilung

40 Skizzieren Sie eine Glockenkurve (Gauß'sche Normalverteilung) und kennzeichnen Sie die charakteristischen Kennwerte:

- **arithm. Mittelwert $\overline{x}$**
- **Spannweite R**
- **Standardabweichung s.**

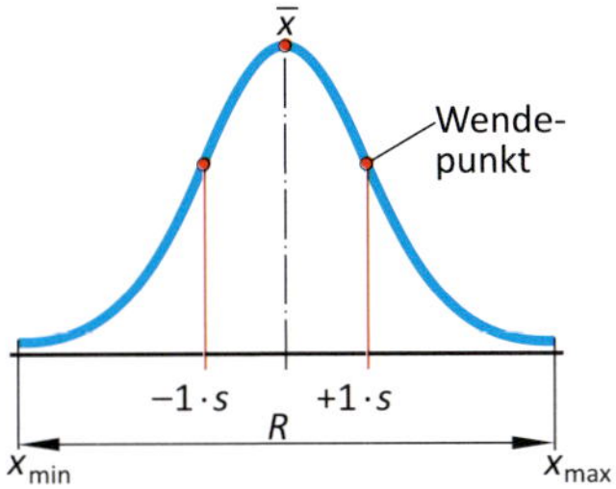

41 Erläutern Sie, unter Angabe der Berechnungsformeln, die Kennwerte der Normalverteilung:

a) arithm. Mittelwert $\overline{x}$
b) Spannweite R
c) Standardabweichung s.

a) Der arithmetische Mittelwert $\overline{x}$ gibt Auskunft über die Lage der Glockenkurve.

$$\overline{x} = \frac{x_1 + x_2 + x_3 + \ldots + x_n}{n}$$

b) Die Spannweite R (Range) ist ein Maß für die Breite einer Normalverteilungskurve, d. h. die Differenz zwischen größtem und kleinstem Wert einer Stichprobe.

$$R = x_{max} - x_{min}$$

c) Die Standardabweichung s ist ein Maß für die Streuung der Messwerte, wobei 1 · s der Abstand zwischen dem Mittelwert und dem Wendepunkt einer Normalverteilungskurve ist.

$$s = \sqrt{\frac{\sum (x_i - \overline{x})^2}{n - 1}}$$

42 Bei einer Härtetiefenbestimmung wurden folgende Stichprobenwerte gemessen:

1. Messwert: 17,9 µm
2. Messwert: 17,5 µm
3. Messwert: 18,7 µm
4. Messwert: 19,0 µm
5. Messwert: 18,8 µm

Berechnen Sie:

a) arithm. Mittelwert $\overline{x}$
b) Spannweite *R*
c) Standardabweichung *s*.

a) Mittelwert $\overline{x}$:

$$\overline{x} = \frac{\Sigma x_i}{n} = \frac{91{,}9}{5}\,\mu m = \mathbf{18{,}38\,\mu m}$$

b) Spannweite *R* (Range):

$$R = x_{max} - x_{min} = 19\,\mu m - 17{,}5\,\mu m$$

R = **1,5 µm**

c) Standardabweichung *s*:

$$s = \sqrt{\frac{\Sigma (x_i - \overline{x})^2}{n-1}} = \sqrt{\frac{1{,}668}{n-1}}\,\mu m$$

s = **0,646 µm**

Berechnet mit dem Statistikprogramm des Taschenrechners.

43 Das Prüfmerkmal eines Werkstückes ist das Maß $100^{+0,30}_{-20}$.
Berechnen Sie, wie viel Prozent der Teile außerhalb der Toleranz liegen, wenn die Stichprobenkontrolle einen arithmetischen Mittelwert $\overline{x}$ = 100 mm und eine Standardabweichung *s* = 0,1 mm ergab.

Summenfunktion für *u* siehe Kapitel 2.7, Tabelle 1.

OGW: oberer Grenzwert = 100,3 mm
UGW: unterer Grenzwert = 99,8 mm

$$u_{ob} = \frac{OGW - \overline{x}}{s}$$

$$u_{ob} = \frac{100{,}3\,mm - 100\,mm}{0{,}1\,mm} = 3$$

$$u_{un} = \frac{\overline{x} - UGW}{s}$$

$$u_{un} = \frac{100\,mm - 99{,}8\,mm}{0{,}1\,mm} = 2$$

Daraus folgt aus Tabelle 1:

Überschreitung:	u_{ob} =	0,13 %
Unterschreitung:	u_{un} =	2,28 %
Fehlerhafte Fertigung:		**2,41 %**

44 Warum werden Messwerte häufig in Klassen zusammengefasst?

Weil eine grafische Darstellung der Verteilung mit allen Messwerten nicht aussagefähig wäre.

45 Wie lauten die Formeln zur Berechnung der Klassenanzahl *k* und der Klassenweite *w*?

Klassenzahl:

$$k \approx \sqrt{n}$$

n = Anzahl der Messwerte

Klassenweite:

$$w = \frac{R}{k} = \frac{x_{max} - x_{min}}{k}$$

R = Range
x_{max} = größter Messwert
x_{min} = kleinster Messwert

2.3.1 Projekt Düsennadel

Urliste

46 Das Prüfmerkmal geschliffener Düsennadeln ist der Führungsdurchmesser $6^{+0{,}010}_{+0{,}005}$. Die Prüfwerte einer Stichprobe vom Umfang *n* = 50 sind in der nebenstehenden Urliste als Abmaße vom Nennmaß in µm zusammengestellt.

URLISTE					
MERKMAL: $Ø6^{+0{,}010}_{+0{,}005}$					
1	9,0	6,4	9,0	10,0	9,2
2	9,0	4,8	5,2	7,4	7,8
3	7,3	6,0	7,6	8,0	7,2
4	5,6	6,2	6,2	7,8	6,2
5	8,2	8,8	7,0	8,0	6,4
6	10,0	5,6	8,2	8,2	6,0
7	8,4	6,4	7,0	8,6	5,6
8	8,2	6,2	7,5	6,8	7,6
9	7,4	4,4	5,6	8,2	7,2
10	7,4	6,8	6,0	6,4	10,6
Abmaße in µm					

46.1 Berechnen Sie die Klassenanzahl *k* und die Klassenweite *w*.

$$k \approx \sqrt{n} = \sqrt{50} \approx 7$$

$$w = \frac{(10{,}6 - 4{,}4)\,\mu m}{7} \approx 0{,}9\,\mu m$$

Strichliste, Histogramm

46.2 Legen Sie die Klassengrenzen fest und erstellen Sie eine Strichliste.

Klassengrenzen der Abmaße:

Klassen in µm		
Nr.	von	bis
1	4,35	5,25
⋮	⋮	⋮
7	9,75	10,65

Damit kein Prüfwert auf einer Klassengrenze liegt, geht man mit der Zahl 5 eine Dezimale tiefer als die Messwerte, hier 4,35 µm statt 4,4 µm.

Strichliste:

Klasse			Strichliste	absolut
Nr.	von	bis		
1	4,35	5,25	III	3
2	5,25	6,15	IIIIIII	7
3	6,15	7,05	IIIIIIIIIIII	12
4	7,05	7,95	IIIIIIIIIII	11
5	7,95	8,85	IIIIIIIIII	10
6	8,85	9,75	IIII	4
7	9,75	10,65	III	3

46.3 Erstellen Sie ein Histogramm und bewerten Sie die Verteilung.

Histogramm:

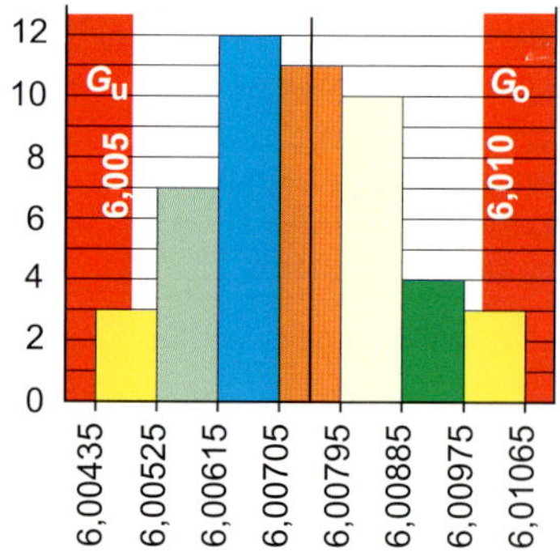

Der Prozess ist nicht fähig, weil die Streuung zu groß ist.

Wahrscheinlichkeitsnetz

46.4 Die Auswertung der Urliste liefert die nebenstehende Summenhäufigkeit der Abmaße des Führungsdurchmessers $\varnothing 6^{+0{,}010}_{+0{,}005}$.

Ermitteln Sie aus dem Wahrscheinlichkeitsnetz

a) den Mittelwert und die Standardabweichung,

b) wie viel Prozent der Teile innerhalb der Toleranz liegen.

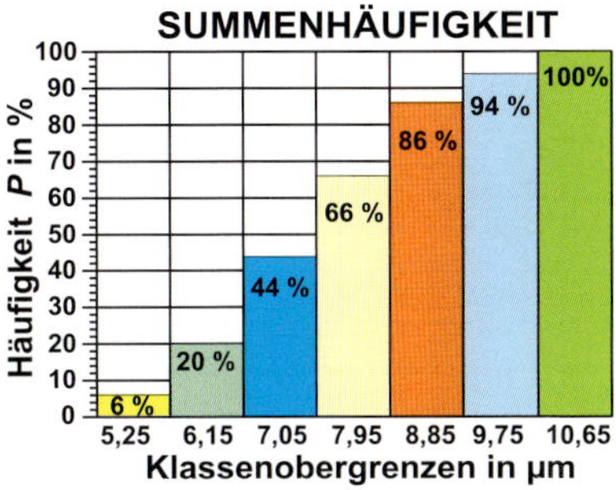

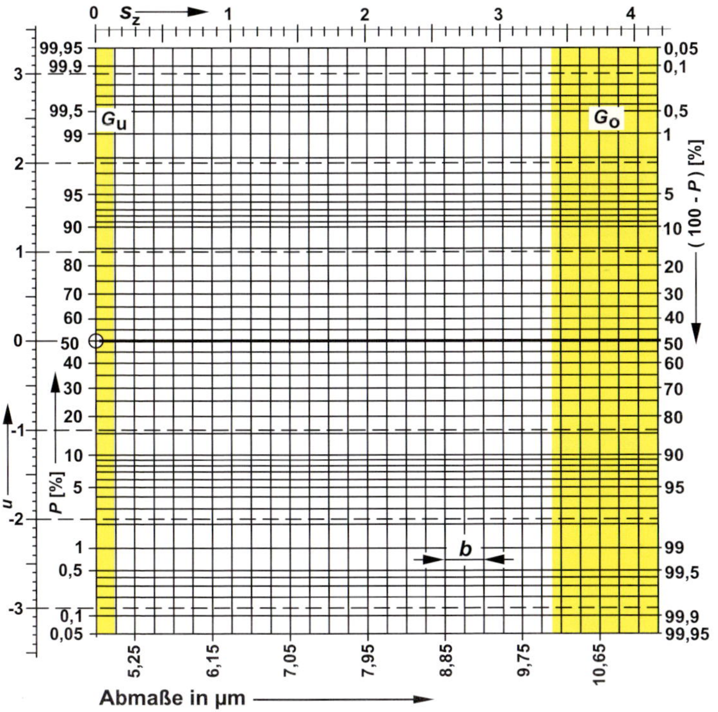

Lösung der Aufgabe 46.4

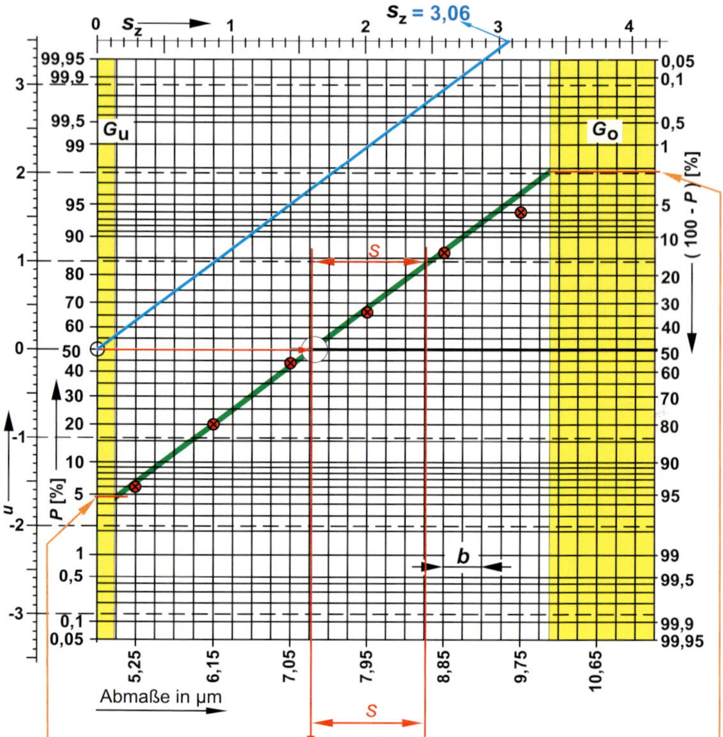

7,28 µm

a) $\overline{x} = \mathbf{6{,}00728}$ mm (abgelesen)

$s = s_z \cdot b = 3{,}06 \cdot 0{,}45$ µm = **1,377** µm oder abgelesen

abgelesen

b) über Toleranz: 2,6 %
unter Toleranz: 4,9 % } in der Toleranz: **92,5** %

abgelesen

47 Für eine zulässige Oberflächenhärte „310 – 335 HBW 2,5" ergab die Prüfung nach Brinell folgende 15 Messwerte in HBW:

331	321	333	335	329
317	321	311	325	315
311	329	327	319	329

Ermitteln Sie die Kennwerte $\overline{x}$ und *s* sowie den Anteil der fehlerhaften Fertigung

a) mit dem Taschenrechner,
Summenfunktion für u siehe Kapitel 2.7, Tabelle 1.

b) grafisch im untenstehenden Wahrscheinlichkeitsnetz.
Summenhäufigkeitswerte für Messreihen mit Stichproben ≤ 25 siehe Kapitel 2.7, Tabelle 2.

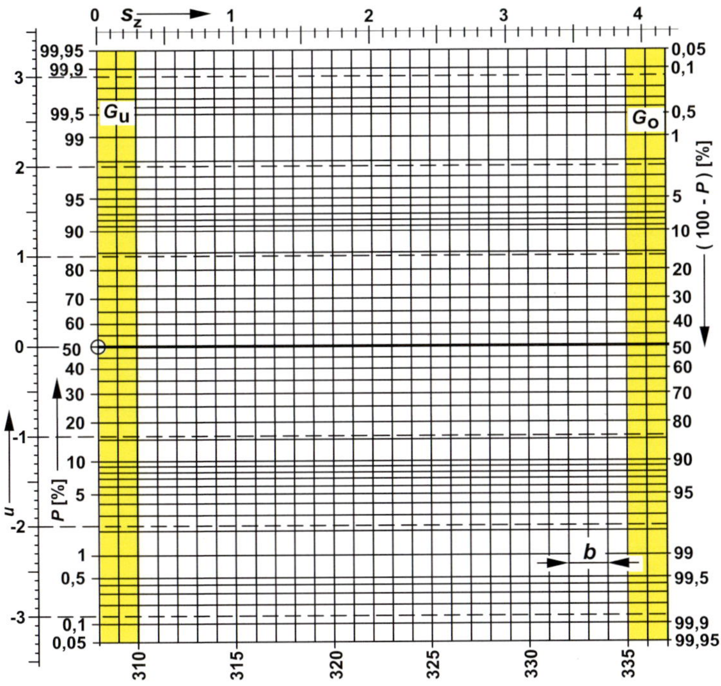

Lösung der Aufgabe 47

a) $\bar{x}$ = **323,5** HBW und s = **7,76** HBW

$$u_{ob} = \frac{OGW - \bar{x}}{s} = \frac{335\ HBW - 323{,}5\ HBW}{7{,}76\ HBW} = 1{,}48 \Rightarrow 6{,}94\ \%$$

$$u_{un} = \frac{\bar{x} - UGW}{s} = \frac{323{,}5\ HBW - 310\ HBW}{7{,}76\ HBW} = 1{,}74 \Rightarrow 4{,}09\ \%$$

Summe der fehlerhaften Fertigung **11,03 %**

b) Stichprobe geordnet und Summenhäufigkeit (Tabelle 2) zugeordnet:

311 ⇨ 4,1 %	317 ⇨ 23,9 %	321 ⇨ 43,3 %	329 ⇨ 63,3 %	331 ⇨ 82,9 %
311 ⇨ 10,6 %	319 ⇨ 30,2 %	325 ⇨ 50,0 %	329 ⇨ 69,8 %	333 ⇨ 89,4 %
315 ⇨ 17,1 %	321 ⇨ 36,7 %	327 ⇨ 56,7 %	329 ⇨ 76,1 %	335 ⇨ 95,9 %

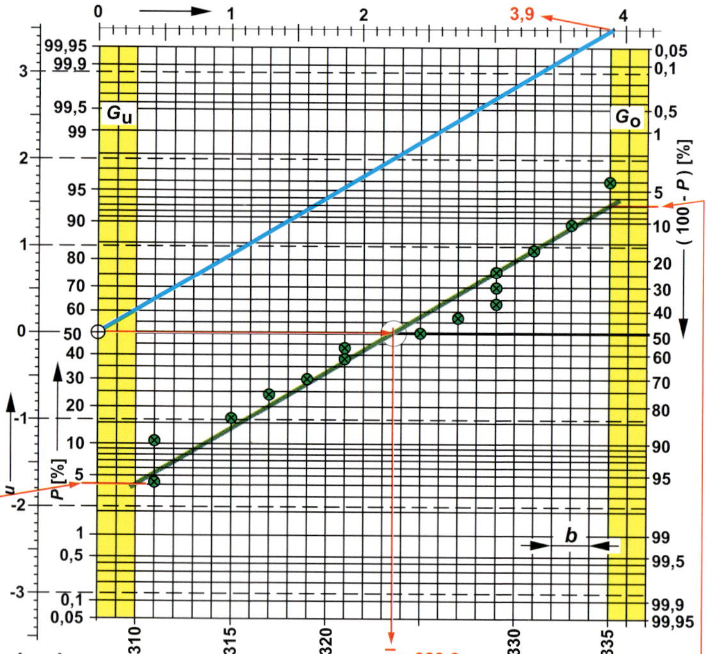

abgelesen:

$\bar{x}$ = **323,6** HBW und $s = s_z \cdot b = 3{,}9 \cdot 2$ HBW = **7,8** HBW

über Toleranz: 7 %
unter Toleranz: 4 % } fehlerhafte Fertigung: **11** %

2.4 Statistische Prozessregelung (SPC)

2.4.1 Prüfmittelfähigkeit untersuchen

48 In welchem Fall gilt ein Prüfmittel als „fähig"?

Ein Prüfmittel ist fähig, wenn es eine bestimmte Mindestgenauigkeit erbringt.
Es gilt als „fähig", wenn die Messunsicherheit des Messergebnisses höchstens ± 10 % der Maßtoleranz beträgt.

49 Eine Bohrung wird mit d = 25,025 mm gemessen. In welchem Bereich kann das tatsächliche Maß liegen, wenn die Messunsicherheit u = ± 5 µm beträgt?

Da 5 µm = 0,005 mm sind, kann das tatsächliche Maß zwischen 25,020 mm und 25,030 mm liegen.

50 Erläutern Sie den in der Messtechnik verwendeten Begriff „Justieren".

Justieren bedeutet, ein Messgerät so einzustellen, dass die Messabweichungen möglichst gering bleiben oder deren Fehlergrenzen nicht überschritten werden.
Beim Justieren wird die Anzeige eines Messgeräts korrigiert, also der gemessene oder angezeigte Ist-Wert auf den richtigen Soll-Wert so gut wie möglich korrigiert. Ziel ist es, eine korrekte Anzeige zu erhalten.

51 Wozu dienen in der Messtechnik „Normale"? Nennen Sie Beispiele für Normale.

Normale sind Prüfmittel, mit denen Messgeräte überprüft, d. h. kalibriert werden. Das Normal wird bei bestimmten Messgeräten auch zum Justieren des Messbereiches vor der Kalibrierung verwendet.
Beispiele für Normale: Parallelendmaße, Gewichtsstücke, elektrische Widerstände usw.

52 Erläutern Sie den in der Messtechnik verwendeten Begriff „Kalibrieren“.

Kalibrieren bedeutet, die Messabweichungen am vollständigen Messgerät festzustellen; es erfolgt *kein* technischer Eingriff am Messgerät.
Bei anzeigenden Messgeräten wird durch das Kalibrieren die Messabweichung zwischen der Aufschrift und dem richtigen Wert bestimmt.
Dabei legt man dem Gerät ein Objekt mit bekanntem Maß vor (Normal) und bestimmt die Abweichung der Anzeige vom bekannten Maß.
Das Ergebnis und die zugehörige Messunsicherheit werden in einem Kalibrierschein festgehalten.

53 Erfüllt ein Messgerät bei der Prüfung alle Anforderungen, wird es als geeicht gestempelt. Was bedeutet „Eichen“?

Das „D“ im Eichband steht für Deutschland, die Zahl 22 auf dem Band für Baden-Württemberg. Das Jahreszeichen mit Schildumrandung gibt das Jahr des Ablaufs der Eichgültigkeit an.

Das Eichen ist eine gesetzlich vorgeschriebene Prüfung von Messgeräten auf Einhaltung der eichrechtlichen Vorschriften, insbesondere der Eichfehlergrenzen.
Eichungen werden in der Bundesrepublik Deutschland von den Landeseichämtern und staatlich anerkannten Prüfstellen unter fachlicher Aufsicht durch die Physikalisch-Technische Bundesanstalt durchgeführt.
Mit einem Stempel wird die voraussichtliche Einhaltung für die Gültigkeitsdauer der Eichung bestätigt.

54 Die Fähigkeit von Messprozessen für quantitative (variable) Merkmale ist im Regelfall mit den Verfahren 1 bis 4 nachzuweisen. Welche Ziele verfolgen die Verfahren 1 bis 4?

Verfahren 1 (Bias and Repeatability)

Ziel: Fähigkeitsprüfung eines Messprozesses bezüglich Streuung und Lage der Messwerte im Toleranzfeld eines Merkmals.

Die bestätigte Fähigkeit nach Verfahren 1 ist Voraussetzung für die Durchführung der Verfahren 2 bis 4.

Verfahren 2 (Gage R&R, Repeatability and Reproducibility)

Ziel: Fähigkeitsprüfung eines Messprozesses an Serienteilen bezüglich seines Streuverhaltens unter Einfluss des Prüfers.

Verfahren 3 (Gage R&R, Repeatability and Reproducibility)

Ziel: Fähigkeitsprüfung eines Messprozesses an Serienteilen bezüglich seines Streuverhaltens ohne Einfluss des Prüfers.

Verfahren 4 (Linearity)

Ziel: Untersuchung der Linearität einer Messeinrichtung.

55 Geben Sie die Voraussetzungen für eine Prüfmittelfähigkeitsuntersuchung nach dem Verfahren 1 an.

- Das zu prüfende Werkstück muss eine vorgegebene Toleranz aufweisen.
- Das verwendete Messmittel verfügt über eine Auflösung ≤ 5 % der Werkstücktoleranz.
- Es liegt ein kalibriertes Normal, dessen Kalibrierwert in der Toleranzmitte des Werkstücks liegt, vor.

**56 Die Prüfmittelfähigkeit wird mit verschiedenen Verfahren ermittelt.
Im Verfahren 1 werden die Wiederholpräzision und die Genauigkeit bestimmt.
Erläutern Sie diese Begriffe.**

Die Wiederholpräzision gibt an, wie groß die Streuung der Wiederholmessungen ist.
Die Genauigkeit beschreibt die Lage des Mittelwertes aus den Wiederholmessungen.

57 Erläutern Sie den Verfahrensablauf der Prüfmitteluntersuchung nach dem Verfahren 1.

Ein kalibriertes Normal wird unter gleichen Bedingungen an definierten Punkten meist fünfzig Mal (mindestens größer gleich 25-mal) von einer Person gemessen. Die dabei verwendete Messeinrichtung muss über eine Toleranzauflösung ≤ 5 % verfügen.
Aus den bei den Messungen erfassten Daten werden die Streuung (Wiederholpräzision) c_g und die Genauigkeit c_{gk} ermittelt.

58 Geben Sie die Formel zur Berechnung des Fähigkeitskoeffizienten c_g (gage capability) an.

$$c_g = \frac{0{,}2 \cdot T}{6 \cdot s} \geq 1{,}33$$

59 Geben Sie die Formeln zur Berechnung des Fähigkeitskoeffizienten c_{gk} (critical gage capability) an.

$$c_{gk} = \mathrm{Min}(c_{gku};\, c_{gko})$$

Der kleinere Wert aus c_{gku} oder c_{gko} muss ≥ 1,33 sein.

$$c_{gku} = \frac{\overline{x} - (x_r - 0{,}1 \cdot T)}{3 \cdot s}$$

$$c_{gko} = \frac{(x_r + 0{,}1 \cdot T) - \overline{x}}{3 \cdot s}$$

60 Die Prüfmittelfähigkeit eines Feinzeigers soll nach dem Verfahren 1 überprüft werden.

- **Prüfmaß: 40 ± 0,01**
- **Prüfobjekt: Normal mit x_r = 40,000 mm**
- **Skalenwert des Feinzeigers: Skw = 0,001 mm**
- **Die 50 Messwerte liefern:**
  $\overline{x}$ = 39,99992 mm
  s = 0,00046 mm

2

Toleranzauflösung:

$$A = \frac{\text{Skw}}{T} \cdot 100\,\% = \frac{0{,}001\text{ mm}}{0{,}02\text{ mm}} \cdot 100\,\%$$

$A = 5\,\%$

Das Messmittel verfügt über eine Auflösung A ≤ 5 % der Werkstücktoleranz.

Wiederholpräzision:

$$c_g = \frac{0{,}2 \cdot T}{6 \cdot s} = \frac{0{,}2 \cdot 0{,}02\text{ mm}}{6 \cdot 0{,}00046\text{ mm}}$$

$c_g = 1{,}45 \geq 1{,}33$

Genauigkeit:

$$c_{gku} = \frac{\overline{x} - (x_r - 0{,}1 \cdot T)}{3 \cdot s}$$

$$c_{gku} = \frac{39{,}99992\text{ mm} - (40\text{ mm} - 0{,}1 \cdot 0{,}02\text{ mm})}{3 \cdot 0{,}00046\text{ mm}}$$

$c_{gku} = 1{,}39 \geq 1{,}33$

$$c_{gko} = \frac{(x_r + 0{,}1 \cdot T) - \overline{x}}{3 \cdot s}$$

$$c_{gko} = \frac{(40\text{ mm} + 0{,}1 \cdot 0{,}02\text{ mm}) - 39{,}99992\text{ mm}}{3 \cdot 0{,}00046\text{ mm}}$$

$c_{gko} = 1{,}51 \geq 1{,}33$

Der Feinzeiger ist nach Verfahren 1 fähig, da sowohl der Wert von c_g als auch der Wert von c_{gk} größer gleich 1,33 ist.

2.4.2 Maschinenfähigkeit untersuchen

61 Warum wird vor Beginn einer SPC überwachten Serienfertigung eine Maschinenfähigkeitsuntersuchung durchgeführt?

Eine Serienfertigung kann nur korrekt ablaufen, wenn die Maschine in der Lage ist, unter gleich bleibenden Bedingungen fortlaufend fehlerfreie Werkstücke zu produzieren, die allen Toleranzvorgaben entsprechen, ohne dass die Maschine nachgeregelt werden muss.
Deswegen muss vor Beginn einer Produktion diese Fähigkeit der Maschine in einer Musterserie nachgewiesen werden.

**62 Bei der Maschinenfähigkeitsuntersuchung soll nur die Maschine betrachtet werden.
Andere Einflussgrößen wie Mensch, Material, Methode, Mitwelt und Messbarkeit usw. sollen keinen Einfluss auf die Untersuchung haben.
Welche Vorbereitungen sind für die Durchführung der Maschinenfähigkeitsuntersuchung zu treffen?**

- Teile vorbereiten und sicherstellen, dass sie derselben Lieferungscharge entstammen.
- Maschine mindestens eine Stunde vor der MFU in Betrieb nehmen und kontrollieren, ob sich die Temperatur der Maschine nicht mehr ändert.
- Ein kalibriertes, fähiges Messmittel liegt vor.
- Ein erfahrener Maschinenbediener wird ausgewählt, der die Maschine mit neuen Werkzeugen versieht, die Einmessung der Werkzeuge vornimmt, einige Werkstücke mit den geforderten Maßen fertigt, die Maße kontrolliert und die Maschine auf Toleranzmitte einstellt (Vorlauf).

63 Erläutern Sie die Durchführung der Maschinenfähigkeitsuntersuchung.

- Die 50 Teile werden unter Idealbedingungen hergestellt. Der Fertigungsablauf darf während der Untersuchung nicht unterbrochen werden.
- Das vorher festgelegte Prüfmerkmal wird mit geeigneten anzeigenden Prüfmitteln gemessen.
- Die Werte werden in einer Urwertliste protokolliert.
- Die gemessenen Teile werden im Protokoll und körperlich fortlaufend gekennzeichnet.
- Die Messdaten werden auf Anomalien, Messfehler oder Ausreißer untersucht und Einzelmessungen gegebenenfalls wiederholt.
- Zur Auswertung werden die Daten dahin gehend geprüft, ob die Häufigkeitsverteilung dem angenommenen Modell der Normalverteilung entspricht. Dazu werden Mittelwert, Standardabweichung, Fähigkeitskoeffizienten c_m, c_{mk} ermittelt. Die Ergebnisse werden bewertet und eventuell notwendige Maßnahmen eingeleitet.

64 Warum soll der Maschinenfähigkeitswert c_m größer oder gleich 1,67 sein?

Eine Maschine gilt als fähig, wenn die Toleranz (T) mindestens den 10-fachen Wert der Streuung (s) beträgt.
Das heißt 99,99998 % der gefertigten Teile werden innerhalb der Toleranzgrenzen erwartet.
Die Maschinenfähigkeitswert c_m nimmt dann einen Wert größer oder gleich 1,67 an:

$$\boxed{c_m = \frac{T}{6 \cdot \hat{\sigma}}} = \frac{10 \cdot \hat{\sigma}}{6 \cdot \hat{\sigma}} = \frac{10}{6} = 1,67$$

65 Wie und warum wird neben dem Maschinenfähigkeitskennwert c_m auch noch der c_{mk}-Wert berechnet?

Weil der c_m-Wert nichts über die Lage der Verteilung innerhalb der Toleranz aussagt, wird auch noch der c_{mk}-Wert untersucht.
Er wird berechnet, indem der kleinste Abstand vom Mittelwert zur Toleranzgrenze (= Z_{krit}) durch die halbe Streuung geteilt wird:

$$c_{mk} = \frac{Z_{krit}}{3 \cdot s}$$

Es gilt c_{mk} größer oder gleich 1,67.

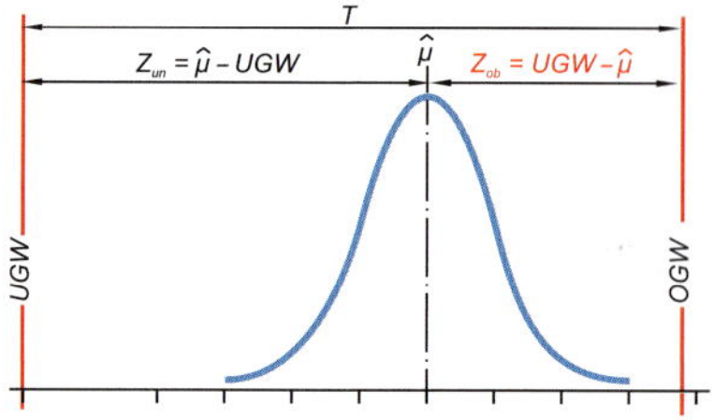

Z_{krit} ist der kleinere Wert aus Z_{un} bzw. Z_{ob}.

2.4.3 Prozessfähigkeit untersuchen

66 Geben Sie die Formeln zur Berechnung der Prozess-Kennwerte an:

- **Prozess-Mittelwert $\overline{\overline{x}}$**
- **Prozess-Spannweite $\overline{R}$**
- **Prozess-Standardabweichung $\overline{s}$.**

$$\overline{\overline{x}} = \frac{\Sigma \overline{x}_i}{m} \quad \frac{\text{Summe } \overline{x} \text{ aus allen Stichproben}}{\text{Anzahl der Stichproben}}$$

$$\overline{R} = \frac{\Sigma R_i}{m} \quad \frac{\text{Summe } R \text{ aus allen Stichproben}}{\text{Anzahl der Stichproben}}$$

$$\overline{s} = \frac{\Sigma s_i}{m} \quad \frac{\text{Summe } s \text{ aus allen Stichproben}}{\text{Anzahl der Stichproben}}$$

67 Wofür stehen in der statistischen Prozessregelung

- **lateinische Buchstaben**
- **griechische Buchstaben**
- **griechische Buchstaben mit Dach?**

- lateinische Buchstaben stehen für Stichproben, z. B. s oder R,
- griechische Buchstaben für die Grundgesamtheit, z. B. μ oder σ,
- griechische Buchstaben mit Dach kennzeichnen Schätzwerte für die Grundgesamtheit, z. B. $\hat{\mu}$ oder $\hat{\sigma}$.

68 Ein Prozess gilt als „fähig", wenn er den Prozesskennwert $c_p \geq 1{,}33$ aufweist.

a) Geben Sie die Formel zur Berechnung des c_p-Wertes an.

b) Erläutern Sie, wie der Wert ≥ 1,33 zustande kommt.

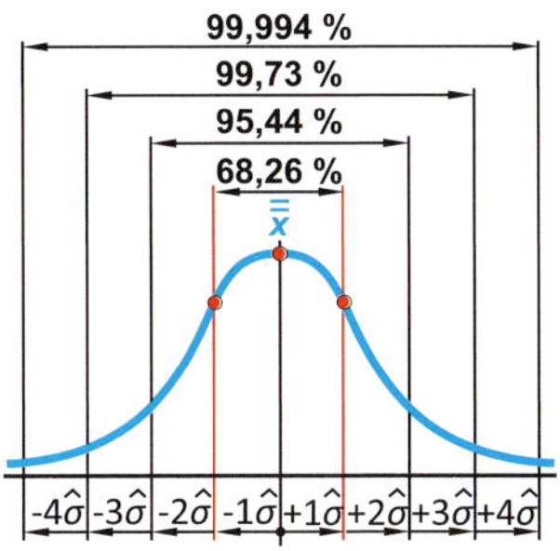

a) Formel:

$$c_p = \frac{T}{6 \cdot \hat{\sigma}}$$

Toleranz
capability
process

b) Für eine fehlerfreie Fertigung müssen alle Werte innerhalb der Toleranz liegen. Dies entspricht einer Standardabweichung von mindestens $8 \cdot \hat{\sigma}$ (= 99,994 % Wahrscheinlichkeit).

Setzt man $8 \cdot \hat{\sigma}$ für die Toleranz T in die Formel ein, so ergibt sich der Wert 1,33.

$$c_p = \frac{T}{6 \cdot \hat{\sigma}} = \frac{8 \cdot \hat{\sigma}}{6 \cdot \hat{\sigma}} = \frac{8}{6} = 1{,}33$$

69 Mit welchen Formeln wird bei einer Prozessfähigkeitsuntersuchung der Prozessfähigkeitswert c_{pk} berechnet?

Hinweis: Das „k" in c_{pk} wird im Deutschen oft als „kritisch" bezeichnet.
Die Fähigkeitskennwerte kommen allerdings aus Japan.
Der kritische Fähigkeitskennwert berücksichtigt die Verschiebung der Prozesslage von der Mitte.
Diese „Abweichung" wird im Japanischen als „katayori" bezeichnet und daher das „k".

$$c_{pk} = \frac{Z_{krit}}{3 \cdot \hat{\sigma}} \geq 1{,}33$$

Der kleinere Wert aus Z_{ob} bzw. Z_{un} wird in die Formel zur Berechnung von c_{pk} für Z_{krit} eingesetzt.

$$Z_{ob} = OGW - \bar{\bar{x}}$$

$$Z_{un} = \bar{\bar{x}} - UGW$$

70 In welchem Fall bezeichnet man einen Fertigungsprozess als

a) „fähig"
b) „beherrscht"?

a) Ein Prozess ist dann fähig, wenn die Streuung über längere Zeit innerhalb bestimmter Grenzwerte liegt.
b) Ein Prozess ist dann beherrscht, wenn es gelingt, den Mittelwert so zu halten, dass die Lage gut mit der Toleranzmitte übereinstimmt.

71 Skizzieren Sie die möglichen Lagen einer Glockenkurve für den Prozessfähigkeitskennwert $c_{pk} = 0$.
Begründen Sie das Ergebnis.

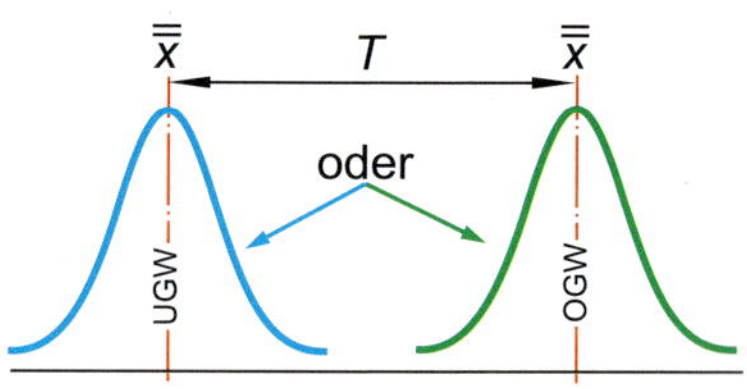

Nach der Formel $c_{pk} = \frac{Z_{krit}}{3 \cdot \hat{\sigma}}$ wird das Ergebnis $c_{pk} = 0$, wenn der Zähler $Z_{krit} = 0$ ist.
Das heißt $UGW = x$ oder $OGW = \bar{\bar{x}}$.

2

72 Für das Prüfmerkmal $Ø6^{+0{,}010}_{+0{,}005}$ geschliffener Führungsdurchmesser von Düsennadeln wurden zur Prozessfähigkeitsuntersuchung im Vorlauf 22 mal je 5 Stichproben gezogen. Die Messwerteaufbereitung ergab:

$\bar{\bar{x}}$ = 6,007 mm
$\bar{R}$ = 1,396 µm
$\bar{s}$ = 0,564 µm.

Berechnen Sie die Prozesskennwerte c_p und c_{pk} und beurteilen Sie das Ergebnis, wenn beide Kennwerte ≥ 1,33 sein sollen.

Formeln und Faktoren zur Abschätzung der Standardabweichung siehe Kapitel 2.7, Tabelle 3.

Prozessfähigkeitswert c_p:

$$\hat{\sigma} = \frac{\bar{s}}{a_n} = \frac{0{,}564\ \mu m}{0{,}940} = 0{,}6\ \mu m$$

$$c_p = \frac{T}{6 \cdot \hat{\sigma}} = \frac{5\ \mu m}{3{,}6\ \mu m} = \mathbf{1{,}39}$$

Der Prozess ist „fähig“.

Prozessfähigkeitswert c_{pk}:

Z_{oben} für das Höchstmaß:

$Z_{ob} = OGW - \bar{\bar{x}}$

Z_{ob} = 6,010 mm – 6,007 mm

Z_{ob} = 0,003 mm

Z_{unten} für das Mindestmaß:

$Z_{un} = \bar{\bar{x}} - UGW$

Z_{un} = 6,007 mm – 6,005 mm

Z_{un} = **0,002 mm**

Der kleinere Wert aus Z_{ob} oder Z_{un} ist der entscheidende und wird in die Formel zur Berechnung von c_{pk} für Z_{krit} eingesetzt.

$$c_{pk} = \frac{Z_{krit}}{3 \cdot \hat{\sigma}} = \frac{0{,}002\ mm}{3 \cdot 0{,}0006\ mm} = \mathbf{1{,}11}$$

Der Prozess ist „nicht beherrscht“. Die Zentrierung muss verbessert werden.

73 Interpretieren Sie die Verteilungsschaubilder hinsichtlich der Prozessfähigkeit.

Bild a)

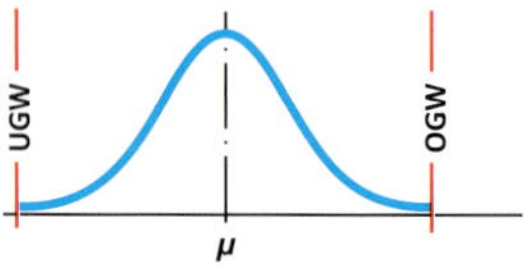

Bild b)

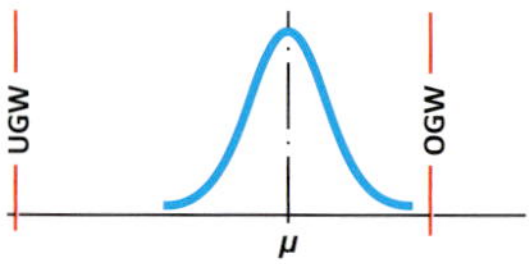

Bild c)

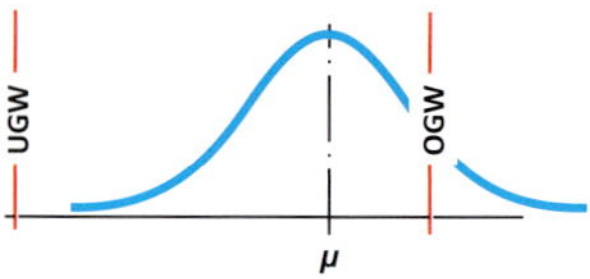

Bild d)

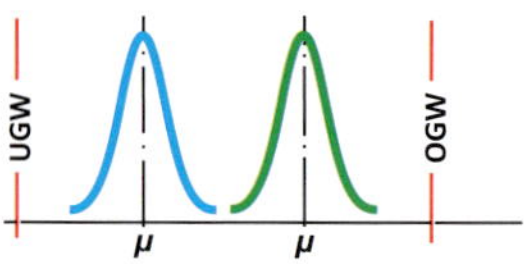

Bild e)

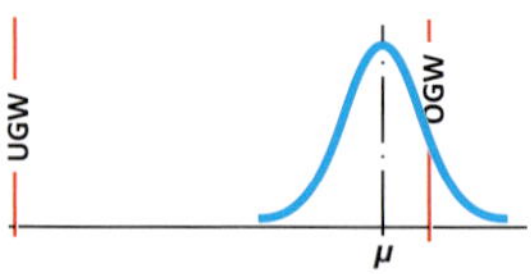

a) Der Prozess ist „beherrscht", da er sehr gut zentriert ist und auch „fähig", da die Streuung innerhalb der Grenzen liegt. Aber eine nur geringe Verschiebung des Mittelwertes führt zu fehlerhaften Teilen. Daher wird eine Verringerung der Streuung notwendig oder eine Erweiterung der Toleranz.

b) Der Prozess hat eine kleine Streuung, bei der die Verschiebung der Lage keine nennenswerten Auswirkungen auf die Qualität hat. Der Prozess ist „fähig" und „beherrscht". Die Lage könnte noch optimiert werden.

c) Der Prozess ist weder „fähig" noch „beherrscht". Die Streuung muss verkleinert werden.

d) Der Prozess beinhaltet eine Überlagerung zweier Verteilungen mit sehr verschiedenen Mittelwerten und jeweils geringer Streuung. Eine solche *Mischverteilung* ergibt sich beispielsweise, wenn
- lagerhaltige Teile mit neu produzierten vermischt werden,
- die Teile auf zwei Maschinen gefertigt wurden.

e) Der Prozess ist zwar „fähig", da die Streuung gering ist, aber der Mittelwert ist in Richtung obere Toleranzgrenze (*OGW*) verschoben.
Der Prozess ist momentan „nicht beherrscht", kann aber durch einen Prozesseingriff der zu einer Verschiebung in die Toleranzmitte führt gerettet werden.

2.4.4 Qualitätsregelkarte führen

74 Worin unterscheiden sich „Annahmeregelkarten“ und „Prozessregelkarten“ (Shewart-Karten)?

Annahmeregelkarten haben feste, aus den Toleranzgrenzen errechnete Grenzen. Sie werden meist bei Prozessen mit stabiler Streuung und geringen Mittelwertschwankungen verwendet.
Prozessregelkarten sind grundsätzlich zweispurig aufgebaut, z. B. eine $\bar{x}$-Karte und s-Karte. Die Grenzen werden meist aus dem Vorlauf errechnet.

75 Warum werden Prozessregelkarten (Shewart-Karten), wie die $\bar{x}$-Karte und s-Karte oder $\bar{x}$-Karte und R-Karte zweispurig geführt?

Die Mittelwertkarte ($\bar{x}$-Karte) zeigt, wo sich der Mittelwert, bezogen auf die Eingriffsgrenzen, befindet. Mit ihr wird nur die Lage des Fertigungsprozesses dokumentiert. Damit keine fehlerhaften Teile produziert werden, muss zusätzlich die Prozessstreuung untersucht werden. Diese wird in der R-Karte oder s-Karte dokumentiert.

76 Skizzieren Sie den Aufbau einer Shewart-Qualitätsregelkarte.

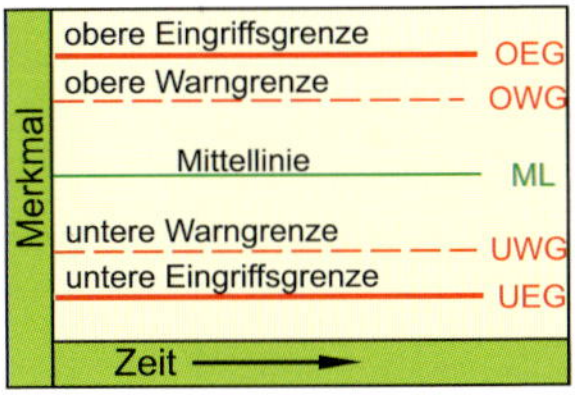

77 Welche Informationen können einer Qualitätsregelkarte entnommen werden?

- Zeitlicher Verlauf der Messwerte,
- Ist-Zustand der Qualität,
- Auftreten von systematischen Störgrößen,
- obere und untere Warn- und Eingriffsgrenzen.

78 Wie erfolgt die Statistische Prozesslenkung mittels Qualitätsregelkarten?

Die in regelmäßigen Abständen entnommenen Prüfergebnisse werden in die Qualitätsregelkarten eingetragen. Erreichen diese Werte die berechneten Grenzen, wird zur Fehlervermeidung die Fertigung verschärft überwacht (Stichprobenabstandszeit verkürzt) oder korrigiert.

79 Welche Maßnahmen ergreifen Sie, wenn ein Stichprobenwert

a) die Warngrenze
b) die Eingriffsgrenze überschreitet?

a) Sofort oder nach kurzer Zeit eine erneute Stichprobe ziehen, Fertigungsprozess beobachten.
b) Fertigung stoppen.
Fertigungsprozess neu einrichten, d. h. Störgrößen beseitigen, z. B. vorzeitig verschlissenes Werkzeug wechseln.
Prozess neu starten.
Alle seit der letzten Stichprobe gefertigten Teile aussortieren.

80 Wie bezeichnet man das abgebildete Prozessverhalten? Geben Sie eine mögliche Ursache an.

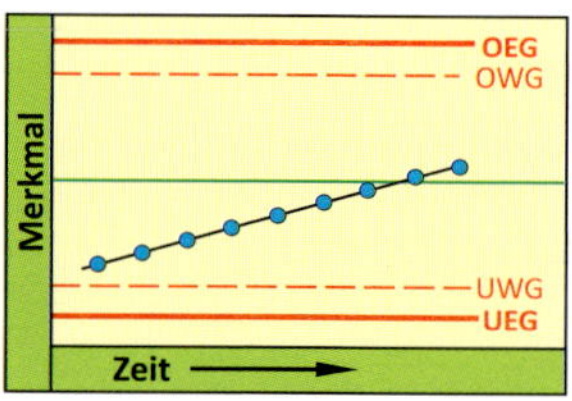

Bei sieben und mehr steigenden oder fallenden Werten spricht man von einem TREND.
Eine mögliche Ursache kann z. B. ein Werkzeugverschleiß sein.

81 Warum bezeichnet man den abgebildeten Merkmalsverlauf als „MIDDLE THIRD“? Geben Sie mögliche Ursachen hierfür an.

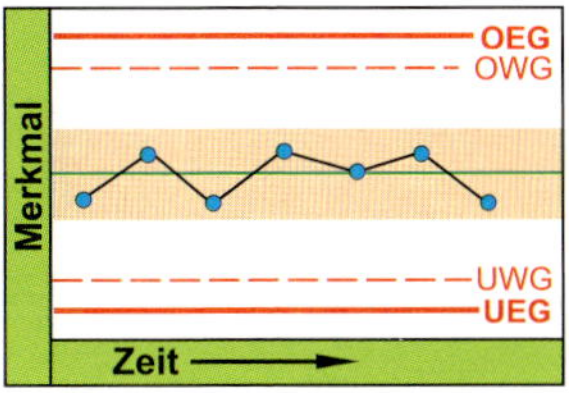

Nach den Gesetzmäßigkeiten der Normalverteilung liegen im mittleren Drittel zwischen den Eingriffsgrenzen 2/3 der Merkmalswerte.
Liegen in diesem Bereich mehr Werte, bezeichnet man die Verteilung als „Middle Third“.
Mögliche Ursachen können z. B. falsch gewählte Eingriffsgrenzen oder eine Blockade der Messgeräteanzeige sein.

82

a) Zeichnen Sie den charakteristischen Stichprobenverlauf für einen „RUN“ in eine Qualitätsregelkarte ein.
b) Geben Sie eine mögliche Ursache an, wenn dieser Merkmalsverlauf in der Mittelwertkarte bzw. in der Streuungskarte auftritt.

a) Ein RUN liegt vor, wenn in sieben aufeinander folgenden Stichproben jeweils Werte nur oberhalb oder unterhalb der Mittellinie liegen.

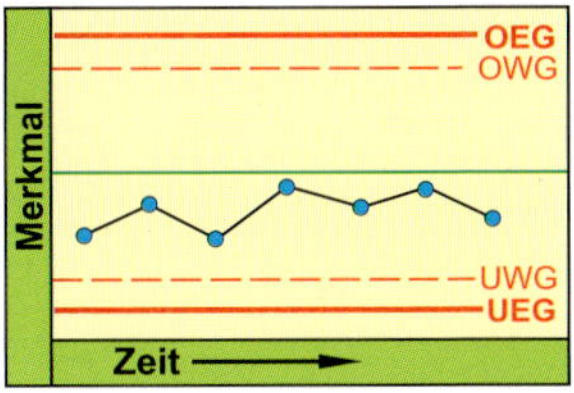

b) Als mögliche Ursache kommen in Frage bei einer
- Mittelwertkarte z. B. ein Schneidkantenbruch
- Streuungskarte z. B. ein Lagerschaden.

Grenzen von Qualitätsregelkarten berechnen und erstellen

83 Die Fertigung einer Gehäusebohrung Ø20H7 soll mit Regelkarten überwacht werden. Der Vorlauf (Stichprobenumfang $n = 5$) ergab hinsichtlich einer zu prüfenden Gehäusebohrung die Prozesswerte $\bar{x} = 20{,}012\,\text{mm}$ und $s = 0{,}002\,\text{mm}$

83.1 Überprüfen Sie durch eine Prozessfähigkeitsuntersuchung, ob eine SPC-Überwachung gestartet werden kann.

Sollwerte:
$c_p = 1{,}33$
$c_{pk} = 1{,}33$

Formeln und Faktoren zur Abschätzung der Standardabweichung siehe Kapitel 2.7 in den Tabellen.

Tabelle 6:
Faktor $a_n = 0{,}940$

- Berechnung der geschätzten Standardabweichung $\hat{\sigma}$:

$$\hat{\sigma} = \frac{\bar{s}}{a_n} = \frac{0{,}002\,\text{mm}}{0{,}940} = \mathbf{0{,}0021\,mm}$$

- Berechnung von c_p:

$$c_p = \frac{T}{6 \cdot \hat{\sigma}}$$

$$c_p = \frac{0{,}021\,\text{mm}}{6 \cdot 0{,}0021\,\text{mm}} = 1{,}67$$

- Berechnung von c_{pk}:

$$Z_{OB} = OGW - \bar{\bar{x}}$$
$$Z_{OB} = 20{,}021\,\text{mm} - 20{,}012\,\text{mm}$$
$$Z_{OB} = 0{,}009$$

$$Z_{UN} = \bar{\bar{x}} - UGW$$
$$Z_{UN} = 20{,}012\,\text{mm} - 20{,}000\,\text{mm}$$
$$Z_{UN} = 0{,}012$$

$$c_{pk} = \frac{Z_{krit}}{3 \cdot \hat{\sigma}}$$

$$c_{pk} = \frac{0{,}009\,\text{mm}}{3 \cdot 0{,}0021\,\text{mm}} = 1{,}43$$

Der Prozess ist fähig und beherrscht und somit für eine SPC-Überwachung geeignet.

83.2 Die Fertigung der Gehäusebohrung Ø20H7 soll mittels Qualitätsregelkarten überwacht werden. Berechnen Sie die Grenzen für eine $\overline{x}$ / s-Karte.

Formeln und Faktoren siehe Kapitel 2.7 in den Tabellen.

Tabelle 4:

- $A_E = 1{,}152$ und $A_W = 0{,}877$

Tabelle 6:

- $B_{OEG} = 1{,}927$ und $B_{OWG} = 1{,}669$
- $B_{UWG} = 0{,}348$ und $B_{UEG} = 0{,}227$

weitere Daten aus 20H7

- $N = 20{,}000\,\text{mm}$
- $T = 0{,}021\,\text{mm}$
- $OGW = 20{,}021\,\text{mm}$
- $UGW = 20{,}000\,\text{mm}$

Schätzwerte:

- $\overline{\overline{x}} = \widehat{\mu} = 20{,}012\,\text{mm}$
- $\widehat{\sigma} = 0{,}0021\,\text{mm}$

Grenzenberechnung:

- Mittelwertkarte:

  Eingriffsgrenzen:
  $OEG = \widehat{\mu} + A_E \cdot \widehat{\sigma} = 20{,}0145\,\text{mm}$
  $UEG = \widehat{\mu} - A_E \cdot \widehat{\sigma} = 20{,}0095\,\text{mm}$

  Warngrenzen:
  $OWG = \widehat{\mu} + A_W \cdot \widehat{\sigma} = 20{,}0139\,\text{mm}$
  $UWG = \widehat{\mu} - A_W \cdot \widehat{\sigma} = 20{,}0101\,\text{mm}$

  Mittellinie:
  $ML = \overline{\overline{x}} = \widehat{\mu} = 20{,}012\,\text{mm}$

- Standardabweichungskarte:

  Eingriffsgrenzen:
  $OEG = B_{OEG} \cdot \widehat{\sigma} = 0{,}00410\,\text{mm}$
  $UEG = B_{UEG} \cdot \widehat{\sigma} = 0{,}00048\,\text{mm}$

  Warngrenzen:
  $OWG = B_{OWG} \cdot \widehat{\sigma} = 0{,}00355\,\text{mm}$
  $UWG = B_{UWG} \cdot \widehat{\sigma} = 0{,}00074\,\text{mm}$

  Mittellinie:
  $ML = a_n \cdot \widehat{\sigma} = 0{,}002\,\text{mm}$

83.3 **Berechnen Sie die $\bar{x}$- und s-Werte der Stichprobe x_2. Tragen Sie danach alle $\bar{x}$- und s-Werte sowie die berechneten Grenzen in die untenstehenden $\bar{x}$/s-Regelkarten ein. Diskutieren Sie das Ergebnis.**

Qualitätsregelkarten für variable Merkmale Vorlauf ☐ Fertigung ☒

Teil-Nr.: Sc 2018	n = 5 m = 22 Δt = 20 min	Prüfmerkmal: Bohrungsdurchmesser	Prüfmittel: Pneumatischer Messdorn
Los-Nr.: 003		Prüfmaß: 20H7	Auflösung: SkW = 0,001 mm

Entnahmezeit	07:20	07:40	08:00	08:20	08:40	09:00	09:20	09:40	10:00	10:20
Stichprobe	1	2	3	4	5	6	7	8	9	10
x_1	20,014	20,014	20,014	20,010	20,009	20,013	20,010	20,014	20,011	20,014
x_2	20,008	20,012	20,016	20,007	20,012	20,010	20,011	20,010	20,014	20,013
x_3	20,010	20,009	20,014	20,009	20,014	20,013	20,014	20,014	20,015	20,013
x_4	20,006	20,012	20,011	20,010	20,012	20,008	20,009	20,008	20,013	20,010
x_5	20,013	20,013	20,009	20,011	20,013	20,009	20,010	20,014	20,010	20,016
$\bar{x}$	20,010		20,013	20,009	20,012	20,011	20,011	20,012	20,013	20,013
s	0,0034		0,0028	0,0015	0,0019	0,0023	0,0019	0,0028	0,0021	0,0022

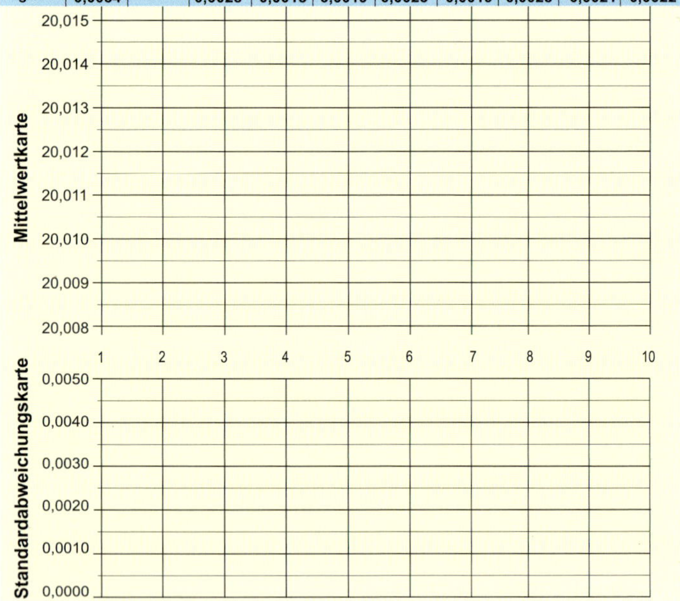

Farbe und Linienarten:

- Eingriffsgrenzen OEG/UEG als rote, breite Strichlinie
- Mittellinie ML als grüne Volllinie
- Warngrenzen OWG/UWG als rote, schmale Strichlinie

2

Lösung der Aufgabe 83.3

Qualitätsregelkarten für variable Merkmale Vorlauf ☐ Fertigung ☒

Teil-Nr.: *Sc 2018*	*n* = 5 *m* = 22 Δ*t* = 20 min	Prüfmerkmal: *Bohrungsdurchmesser*	Prüfmittel: *Pneumatischer Messdorn*
Los-Nr.: *003*		Prüfmaß: *20H7*	Auflösung: *SkW = 0,001 mm*

Entnahmezeit	07:20	07:40	08:00	08:20	08:40	09:00	09:20	09:40	10:00	10:20
Stichprobe	1	2	3	4	5	6	7	8	9	10
x_1	20,014	20,014	20,014	20,010	20,009	20,013	20,010	20,014	20,011	20,014
x_2	20,008	20,012	20,016	20,007	20,012	20,010	20,011	20,010	20,014	20,013
x_3	20,010	20,009	20,014	20,009	20,014	20,013	20,014	20,014	20,015	20,013
x_4	20,006	20,012	20,011	20,010	20,012	20,008	20,009	20,008	20,013	20,010
x_5	20,013	20,013	20,009	20,011	20,013	20,009	20,010	20,014	20,010	20,016
$\bar{x}$	20,010	20,012	20,013	20,009	20,012	20,011	20,011	20,012	20,013	20,013
s	0,0034	0,0019	0,0028	0,0015	0,0019	0,0023	0,0019	0,0028	0,0021	0,0022

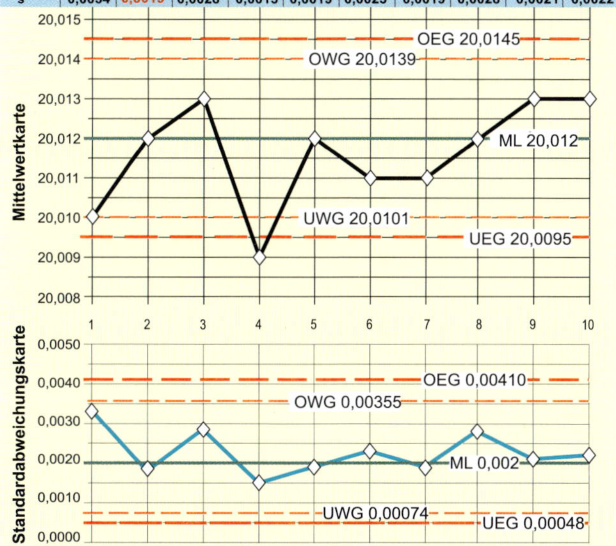

Diskussion: Die Streuspur weist völlig normale Schwankungen auf und bewegt sich innerhalb der Grenzen. Sie ist als unauffällig zu bewerten und bietet keinerlei Veranlassung zum Eingreifen.
Bei der Mittelwertbetrachtung dagegen zeigt die 4. Stichprobe eine Warngrenzenüberschreitung, was kurzfristig zu einer erneuten Stichprobenentnahme führen muss.
Ferner steigen die Mittelwerte ab Stichprobe 6 kontinuierlich an, was zu einem „Trend" führen kann. Dies entscheidet sich nach den nächsten beiden Stichproben, die dann wahrscheinlich auch eine Überschreitung der oberen Grenzen hervorrufen.

2.5 Projekt Lagerzapfen

Die Fertigung der Ritzelwelle (Pos. 2) erfolgt in Serie und soll mit Regelkarten überwacht werden.

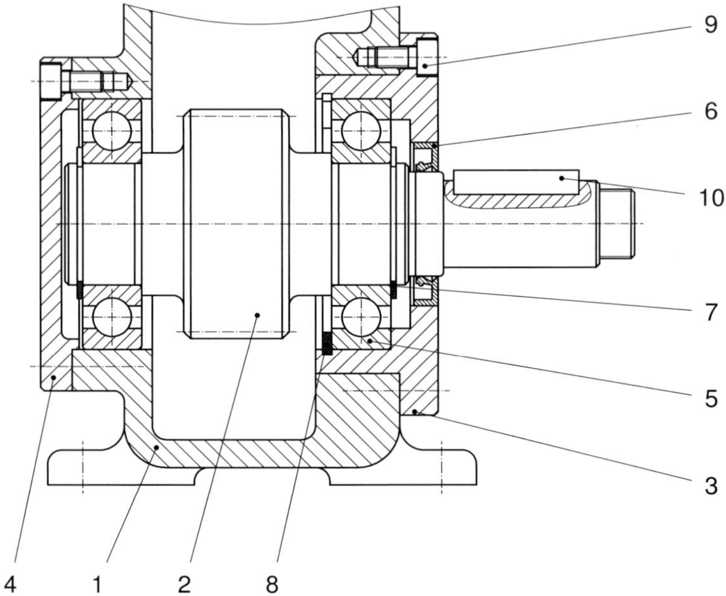

In den folgenden Aufgaben wird der linke Lagerwellenzapfen mit dem Prüfmaß Ø35m6 Gegenstand der Statistischen Prozessregelung (SPC) sein.

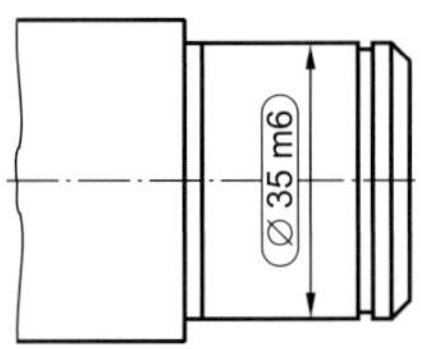

Es soll

- **eine Maschinenfähigkeitsuntersuchung durchgeführt werden.**
- **eine Prozessfähigkeitsuntersuchung durchgeführt werden.**
- **die Serienfertigung mit Regelkarten überwacht und bewertet werden.**

84 Maschinenfähigkeit untersuchen
Die Fertigung des Lagerzapfens soll auf einer CNC-gesteuerten Maschine in Serie erfolgen und mit Regelkarten überwacht werden.
Der Fertigungsprozess kann nur korrekt ablaufen, wenn die Maschine in der Lage ist, unter gleich bleibenden Bedingungen fortlaufend fehlerfreie Werkstücke zu produzieren, die allen Toleranzvorgaben entsprechen, ohne dass die Maschine nachgeregelt werden muss.
Aus diesem Grunde muss vor Beginn der Produktion die ausgewählte Maschine in einer Musterserie ihre Fähigkeit nachweisen.

- **Bei der durchzuführenden Maschinenfähigkeitsuntersuchung (MFU) dient der Wellendurchmesser Ø35m6 als Prüfkriterium.**
- **Die Untersuchung erfolgte mit einer Stichprobe $n = 50$. Aus ihr wurden die Parameter $\overline{x}$ und s bestimmt und als Schätzwert für die Grundgesamtheit benutzt:**
  $\overline{x} = \widehat{\mu} = 35{,}012\,\text{mm}$ und geschätzte Standardabweichung $s = \widehat{\sigma} = 1{,}333\,\mu\text{m}$.
- **Die Fähigkeit der Maschine ist über die Maschinenfähigkeitskennwerte c_m und c_{mk} größer oder gleich 1,67 nachzuweisen.**

2

84.1 Aufgabe analysieren
Welche für die Maschinenfähigkeitsuntersuchung wichtigen Informationen sind der Aufgabenstellung zu entnehmen?

Prüfmerkmal Ø35m6:

- Oberer Grenzwert $OGW = 35{,}025\,\text{mm}$
- Unterer Grenzwert $UGW = 35{,}009\,\text{mm}$
- Toleranz $T = 0{,}016\,\text{mm}$

Schätzwerte:

- $\overline{x} = \widehat{\mu} = 35{,}012\,\text{mm}$
- $s = \widehat{\sigma} = 1{,}333\,\mu\text{m}$

Maschinenfähigkeitswerte:

- $c_m \geq 1{,}67$
- $c_{mk} \geq 1{,}67$

84.2 MFU durchführen
Berechnen Sie den c_m-Wert.

$$c_m = \frac{T}{6 \cdot \widehat{\sigma}} = \frac{(35{,}025 - 35{,}009)\,\text{mm}}{6 \cdot 0{,}001333\,\text{mm}}$$

$$c_m = \mathbf{2{,}00} \geq 1{,}67$$

84.3 Berechnen Sie den c_{mk}-Wert.

$$c_{mk} = \frac{Z_{krit}}{3 \cdot s}$$

Z_{oben} für das Höchstmaß:

$Z_{ob} = OGW - \hat{\mu}$

$Z_{ob} = 35{,}025\,\text{mm} - 35{,}012\,\text{mm}$

$Z_{ob} = 0{,}013\,\text{mm}$

Z_{unten} für das Mindestmaß:

$Z_{un} = \hat{\mu} - UGW$

$Z_{un} = 35{,}012\,\text{mm} - 35{,}009\,\text{mm}$

$Z_{un} = 0{,}003\,\text{mm}$

Der kleinere Z-Wert wird eingesetzt:

$$c_{mk} = \frac{0{,}003\,\text{mm}}{3 \cdot 0{,}001333\,\text{mm}} = \mathbf{0{,}75} \leq 1{,}67\,!$$

84.4 Berechnete Ergebnisse der Maschinenfähigkeitsuntersuchung grafisch darstellen

In der unten stehenden Abbildung ist die Lage des geschätzten Mittelwerts $\hat{\mu} = \bar{x}$ als Mittellinie bei 35,012 mm gekennzeichnet. Zeichnen Sie eine $6 \cdot \hat{\sigma}$ breite Glockenkurve ($\hat{\sigma} = s = 1{,}333\,\mu\text{m}$) ein und bemaßen Sie die Strecken $Z_{ob} = OGW - \hat{\mu} = 0{,}013\,\text{mm}$ und $Z_{un} = \hat{\mu} - UGW = 0{,}003\,\text{mm}$.

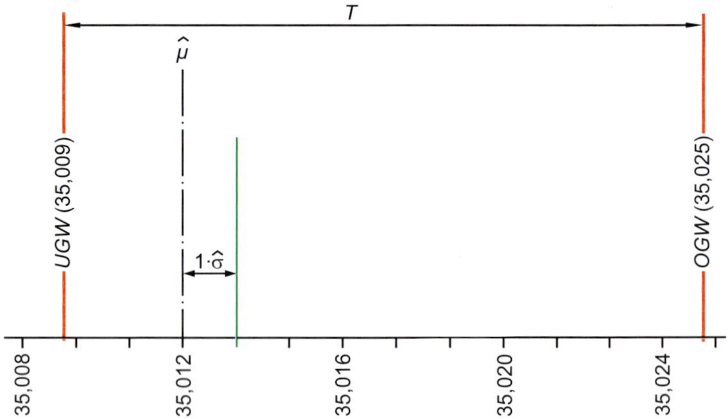

Lösung der Aufgabe 84.4

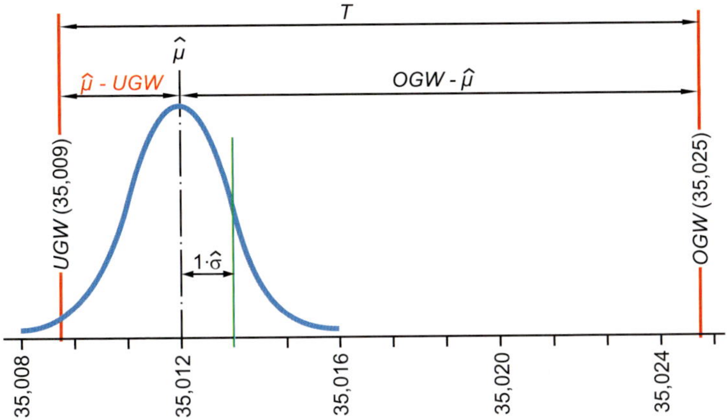

84.5 MFU bewerten

Betrachten Sie das Ergebnis der berechneten oder grafisch dargestellten Maschinenfähigkeitsuntersuchung und bewerten Sie es.

Das Ergebnis zeigt, dass die Standardabweichung mit den geforderten 10 · *s* innerhalb der Toleranzgrenzen (hier 12 · *s*) viel Platz findet.
Betrachtet man die Lage des Mittelwertes bezüglich der Toleranzgrenzen, so zeigt sich eine starke Verschiebung nach links zum unteren Toleranzwert (*UGW*). Dies bringt der c_{mk}-Wert mit c_{mk} = 0,75 deutlich zum Ausdruck.
Der Abstand des Mittelwertes zur oberen Toleranzgrenze ist mit Z_{ob} = 0,013 mm ≅ 9,75 · *s* absolut unkritisch.
Der kritische Abstand besteht zur unteren Toleranzgrenze. Dieser ist mit Z_{un} = 0,003 mm ≅ 2,25 · *s* zu klein.
Die Maschinenfähigkeit ist somit **nicht** gegeben!
Das Nachstellen der Maschine auf die Toleranzmitte könnte eine geeignete Maßnahme zur Erreichung der Maschinenfähigkeit sein.

Prozessfähigkeit untersuchen

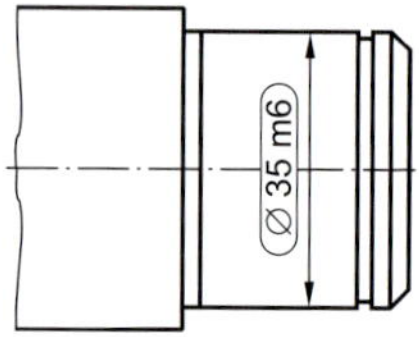

Durch das Nachstellen der Maschine auf den Mittenwert wurde eine Maschinenfähigkeit ≥ 1,67 erreicht, so dass nun die Prozessfähigkeitsuntersuchung (PFU) durchgeführt werden kann.
Um eine Voraussage über die Prozessfähigkeit der Wellenfertigung treffen zu können, wurde eine Langzeituntersuchung des Prüfmaßes Ø35m6 mit 110 Messwerten aus einzelnen Stichproben *n* = 5 zugrunde gelegt.

Aus ihr sollen die Prozesskennwerte ermittelt werden, die die Grundlage für die anschließende Schätzung für die Grundgesamtheit bilden.

Tabelle mit 22 mal 5 Einzelstichproben

m / *n*	1	2	3	4	5	6	7	8	9	10	11
1	35,015	35,014	35,016	35,016	35,016	35,018	35,021	35,016	35,018	35,018	35,016
2	35,016	35,020	35,020	35,014	35,017	35,017	35,018	35,015	35,017	35,019	35,015
3	35,015	35,017	35,019	35,017	35,015	35,017	35,019	35,017	35,019	35,017	35,016
4	35,017	35,018	35,015	35,016	35,017	35,020	35,019	35,014	35,017	35,019	35,017
5	35,016	35,017	35,018	35,013	35,020	35,017	35,018	35,018	35,016	35,018	35,015
$\bar{x}$	**35,016**	**35,017**	**35,018**	**35,015**	**35,017**	**35,018**	**?**	**35,016**	**35,017**	**35,018**	**35,016**
R	**0,002**	**0,006**	**0,005**	**0,004**	**0,005**	**0,003**	**?**	**0,004**	**0,003**	**0,002**	**0,002**

m / *n*	12	13	14	15	16	17	18	19	20	21	22
1	35,020	35,020	35,014	35,017	35,017	35,019	35,018	35,015	35,019	35,019	35,017
2	35,018	35,019	35,017	35,015	35,020	35,018	35,017	35,014	38,017	35,016	35,019
3	35,017	35,018	35,016	35,017	35,017	35,021	35,015	35,018	35,016	35,017	35,018
4	35,014	35,015	35,013	35,020	35,018	35,018	35,016	35,017	35,018	35,018	35,019
5	35,017	35,016	35,016	35,016	35,017	35,019	35,014	35,016	35,017	35,017	35,018
$\bar{x}$	**35,017**	**35,018**	**35,015**	**35,017**	**35,018**	**35,019**	**35,016**	**35,016**	**35,017**	**35,017**	**35,018**
R	**0,006**	**0,005**	**0,004**	**0,005**	**0,003**	**0,003**	**0,004**	**0,004**	**0,003**	**0,003**	**0,002**

84.6 Berechnen Sie den arithmetischen Mittelwert und die Spannweite der Stichprobe Nr. 7.

Stichprobe Nr. 7:

Arithmetischer Mittelwert: $\bar{x} = \frac{\sum x_i}{n}$

$\bar{x} = \frac{175{,}095\,\text{mm}}{5} = 35{,}019\,\text{mm}$

Spannweite: $R = x_{max} - x_{min}$

$R = 35{,}021\,\text{mm} - 35{,}018\,\text{mm}$

$R = 0{,}003\,\text{mm}$

84.7 Ermitteln Sie folgende Prozesskennwerte:

- **$\bar{\bar{x}}$: Prozess-Mittelwert** (sprich: x doppelquer)
- **$\bar{R}$: Prozess-Spannweite** (sprich: R quer)
- **$\bar{s}$: Prozess-Standardabweichung** (sprich: s quer)

Formeln und Faktoren zur Abschätzung der Standardabweichung siehe Kapitel 2.7, Tabelle 3.

- Prozess-Mittelwert:

$\bar{\bar{x}} = \frac{\sum \bar{x}}{m} = \frac{770{,}3758\ \text{mm}}{22}$

$\bar{\bar{x}} = 35{,}017\ \text{mm}$

- Prozess-Spannweite

$\bar{R} = \frac{\sum R}{m} = \frac{0{,}081\ \text{mm}}{22}$

$\bar{R} = 0{,}003682\ \text{mm} = 3{,}682\ \mu\text{m}$

- Prozess-Standardabweichung

$\bar{s} = \frac{a_n}{d_n} \cdot \bar{R}$

$\bar{s} = \frac{0{,}940}{2{,}326} \cdot 3{,}682\ \mu\text{m} = 1{,}488\ \mu\text{m}$

84.8 Berechnen Sie mit Hilfe der ermittelten Prozesskennwerte die geschätzte Standardabweichung $\hat{\sigma}$.

Formeln und Faktoren zur Abschätzung der Standardabweichung siehe Kapitel 2.7, Tabelle 3.

Geschätzte Standardabweichung:

$\hat{\sigma} = \frac{\bar{s}}{a_n} = \frac{1{,}488\ \mu\text{m}}{0{,}940} = 1{,}583\ \mu\text{m}$

oder

$\hat{\sigma} = \frac{\bar{R}}{d_n} = \frac{3{,}682\ \mu\text{m}}{2{,}326} = 1{,}583\ \mu\text{m}$

84.9 Beurteilen Sie für das Prüfmerkmal Ø35m6 des Wellenzapfendurchmessers die Prozessfähigkeit, wenn der Prozessfähigkeitswert $c_p \geq 1{,}33$ und der Prozessfähigkeitswert $c_{pk} \geq 1{,}33$ sein sollen.

Prüfkriterium Ø35m6:
- ***OGW*** **= 35,025 mm**
- ***UGW*** **= 35,009 mm**
- ***T*** **= 0,016 mm = 16 µm**

Prozess-Mittelwert:
$\bar{\bar{x}} = 35{,}017\,\text{mm}$

Schätzwert:
$\hat{\sigma} = 1{,}583\,\mu\text{m}$

Berechnung:

- Prozessfähigkeitswert $c_p = \dfrac{T}{6 \cdot \hat{\sigma}}$

$$c_p = \frac{16\,\mu\text{m}}{6 \cdot 1{,}583\,\mu\text{m}} = 1{,}68 \geq 1{,}33$$

Prozess ist fähig.

- Prozessfähigkeitswert $c_{pk} = \dfrac{Z_{krit}}{3 \cdot \hat{\sigma}}$

Z_{oben} für das Höchstmaß:

$Z_{ob} = OGW - \bar{\bar{x}}$

$Z_{ob} = 35{,}025\,\text{mm} - 35{,}017\,\text{mm}$

$Z_{ob} = 0{,}008\,\text{mm}$

Z_{unten} für das Mindestmaß:

$Z_{un} = \bar{\bar{x}} - UGW$

$Z_{un} = 35{,}017\,\text{mm} - 35{,}009\,\text{mm}$

$Z_{un} = 0{,}008\,\text{mm}$

Der kleinere *Z*-Wert wird berücksichtigt. Da hier $\bar{\bar{x}}$ genau in der Toleranzmitte liegt, sind beide *Z*-Werte gleich groß.

$$c_{pk} = \frac{0{,}008\,\text{mm}}{3 \cdot 1{,}583\,\text{mm}} = 1{,}68 \geq 1{,}33$$

Prozess ist beherrscht.

2

Qualitätsregelkarten führen

84.10 Die Fertigung der Welle Ø35m6 soll mittels Qualitätsregelkarten überwacht werden.
Berechnen Sie zur Führung einer $\overline{x}/R$-Karte, die Grenzen der Mittelwert-Karte ($\overline{x}$-Karte) und der Spannweitenkarte (R-Karte).

Daten aus 35m6

- **Nennmaß: $N = 35{,}000\,\text{mm}$**
- **Toleranz: $T = 0{,}016\,\text{mm}$**
- **Oberer Grenzwert: $OGW = 35{,}025\,\text{mm}$**
- **Unterer Grenzwert: $UGW = 35{,}009\,\text{mm}$**

Schätzwerte:

- **$\overline{\overline{x}} = \widehat{\mu} = 35{,}017\,\text{mm}$**
- **$\widehat{\sigma} = 1{,}583\,\mu\text{m}$**

Formeln, Faktoren und Tabellen zur Grenzenberechnung siehe Kapitel 2.6.

Tabelle 4:

- $A_E = 1{,}152$
- $A_W = 0{,}877$

Tabelle 5:

- $D_{OEG} = 4{,}886$ und $D_{OWG} = 4{,}197$
- $D_{UWG} = 0{,}850$ und $D_{UEG} = 0{,}555$
- $d_n = 2{,}326$

Grenzenberechnung der

- Mittelwertkarte:
  Eingriffsgrenzen:
  $OEG = \widehat{\mu} + A_E \cdot \widehat{\sigma} = 35{,}0188\,\text{mm}$
  $UEG = \widehat{\mu} - A_E \cdot \widehat{\sigma} = 35{,}0152\,\text{mm}$
  Warngrenzen:
  $OWG = \widehat{\mu} + A_W \cdot \widehat{\sigma} = 35{,}0184\,\text{mm}$
  $UWG = \widehat{\mu} - A_W \cdot \widehat{\sigma} = 35{,}0156\,\text{mm}$
  Mittellinie:
  $ML = \overline{\overline{x}} = \widehat{\mu} = 35{,}017\,\text{mm}$
- Spannweitenkarte:
  Eingriffsgrenzen:
  $OEG = D_{OEG} \cdot \widehat{\sigma} = 7{,}735\,\mu\text{m}$
  $UEG = D_{UEG} \cdot \widehat{\sigma} = 0{,}879\,\mu\text{m}$
  Warngrenzen:
  $OWG = D_{OWG} \cdot \widehat{\sigma} = 6{,}644\,\mu\text{m}$
  $UWG = D_{UWG} \cdot \widehat{\sigma} = 1{,}346\,\mu\text{m}$
  Mittellinie:
  $ML = d_n \cdot \widehat{\sigma} = 3{,}682\,\mu\text{m}$

84.11 Angenommen, die Qualitätsregelkarte auf der nächsten Seite würde nur über die eingezeichneten Grenzen und Mittellinien verfügen, aber sonst über keinerlei Beschriftung oder Skalierung.
Woran können Sie erkennen, ob es sich um eine Mittelwertspur oder Streuspur handelt?

Die Mittelwertspur zeigt symmetrische Eingriffs- und Warngrenzen bezogen auf die Mittellinie.
Die Grenzen der Streuspur dagegen sind asymmetrisch zur Mittellinie, weil das Merkmal einseitig mit Null begrenzt ist.

84.12 Mit den unten stehenden Regelkarten soll der Fertigungsprozess der Welle Ø35m6 überwacht werden.

Tragen Sie dazu die $\bar{x}$- und $\bar{R}$-Werte der sieben Stichproben in die Regelkarten ein und diskutieren Sie das Ergebnis.

Qualitätsregelkarten für variable Merkmale Vorlauf ☐ Fertigung ☒

Teil-Nr.: Sc 2018	n = 5	Prüfmerkmal: Bohrungsdurchmesser	Prüfmittel: Pneumatischer Messring
Los-Nr.: 003	m = 20, Δt = 20 min	Prüfmaß: 35m6 +25 (OGW) + 9 (UGW)	Auflösung: SkW = 0,001 mm

Entnahmezeit	07:20	07:40	08:00	08:20	08:40	09:00	09:20	09:40	10:00	10:20
Stichprobe	1	2	3	4	5	6	7	8	9	10
$\bar{x}$	35,016	35,0175	35,018	35,0175	35,018	35,0175	35,018			
$\bar{R}$	0,002	0,006	0,005	0,003	0,005	0,003	0,003			

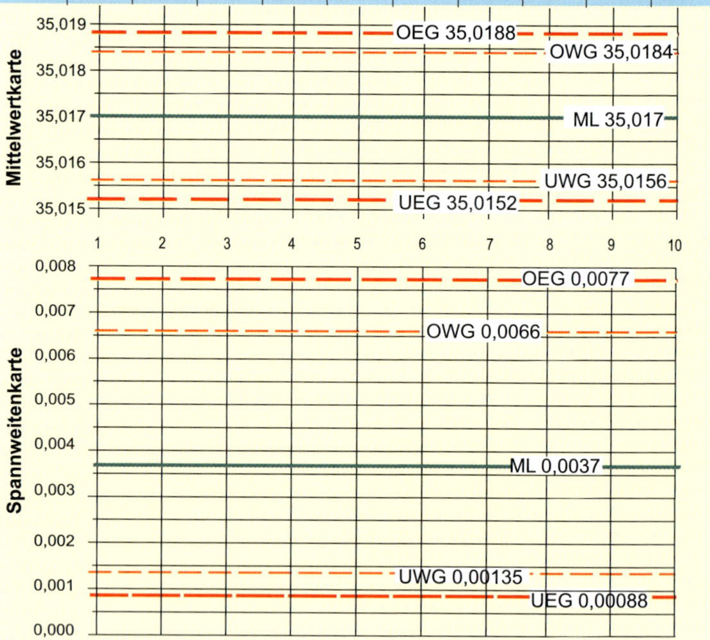

84.12 Lösung der Aufgabe

Qualitätsregelkarten für variable Merkmale Vorlauf ☐ Fertigung ☒

Teil-Nr.: Sc 2018	n = 5	Prüfmerkmal: Bohrungsdurchmesser	Prüfmittel: Pneumatischer Messring
Los-Nr.: 003	m = 20 Δt = 20 min	Prüfmaß: 35m6 $^{+25\ (OGW)}_{+\ 9\ (UGW)}$	Auflösung: SkW = 0,001 mm

Entnahmezeit	07:20	07:40	08:00	08:20	08:40	09:00	09:20	09:40	10:00	10:20
Stichprobe	1	2	3	4	5	6	7	8	9	10
$\bar{x}$	35,016	35,0175	35,018	35,0175	35,018	35,0175	35,018			
$\bar{R}$	0,002	0,006	0,005	0,003	0,005	0,003	0,003			

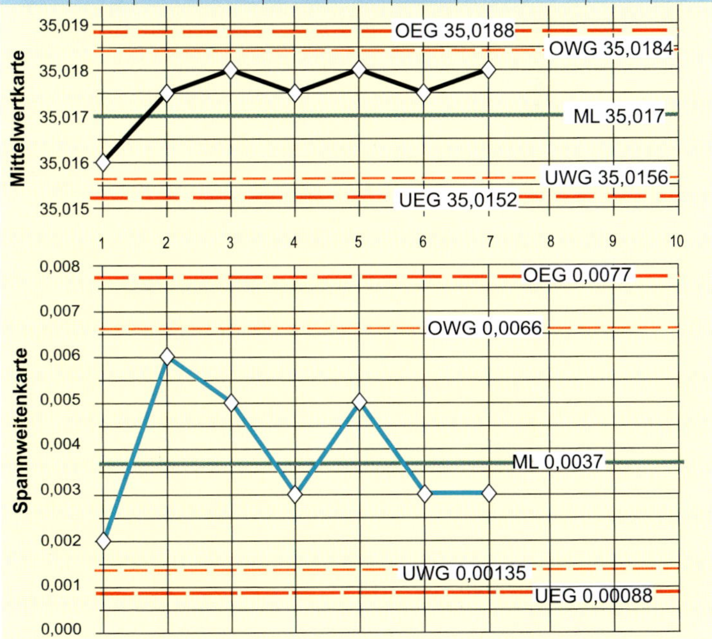

Diskussion:

Die Spannweitenkarte weist völlig normale Schwankungen auf und die Werte bewegen sich innerhalb der Grenzen. Die Karte ist als unauffällig zu bewerten und bietet keinerlei Veranlassung zum Eingreifen.

Die Mittelwertbetrachtung dagegen zeigt, dass ab der zweiten Stichprobe die Werte alle oberhalb der Mittellinie liegen. Sollte die achte Stichprobe ebenfalls oberhalb der Mittellinie liegen, liegt vermutlich ein RUN vor.

2.6 Vertrauensstreubereich und Zufallsstreubereich

85 Erläutern Sie den Unterschied zwischen einem Vertrauens- und einem Zufallsstreubereich und geben Sie an, welche Voraussetzungen vorliegen müssen, um den jeweiligen Bereich berechnen zu können.

Der Vertrauensbereich schließt von der Stichprobe auf die Grundgesamtheit (indirekter Schluss).

Voraussetzungen:
- zufällige Stichprobe
- Kenngrößen der Stichprobe liegen vor
- Normalverteilung liegt vor.

Der Zufallsstreubereich schließt von der jetzigen Grundgesamtheit auf zukünftige Stichproben.

Voraussetzungen:
- Normalverteilung
- unveränderter Prozess
- μ und σ sind bekannt.

86 Vertrauensstreubereich
Die Lieferung von Ausgleichsscheiben wird stichprobenartig kontrolliert. Dazu wird die nachfolgende Stichprobe (n = 14) entnommen und bezüglich der Dicke vermessen (Angaben in mm).

3,53	3,51	3,51	3,53	3,51	3,52	3,55
3,50	3,54	3,52	3,50	3,53	3,51	3,51

Alle Berechnungen sind mit einer statistischen Sicherheit von 95 % auszuführen.

86.1 Berechnen Sie den arithmetischen Mittelwert, die Standardabweichung und die Variationszahl (Variationskoeffizient).

Arithmetischer Mittelwert:

$$\bar{x} = \frac{x_1 + x_2 + x_3 + \ldots + x_n}{n}$$

$\bar{x}$ = **3,519 mm**

Standardabweichung:

$$s = \sqrt{\frac{\sum (x_i - \bar{x})^2}{n-1}} = \mathbf{0{,}015\ mm}$$

Variationszahl:

$$v = \frac{s}{\bar{x}} \cdot 100\ \% = \mathbf{0{,}42\ \%}$$

86.2 Bestimmen Sie die absoluten Vertrauensbereiche μ_u und μ_o für den Mittelwert der Grundgesamtheit. Welche Aussage können Sie dann treffen?

Werte aus 86.1
$\bar{x} = 3{,}519\,\text{mm}$
$s = 0{,}015\,\text{mm}$
$n = 14$

Vertrauensbereiche ($P = 95\,\%$) für den Mittelwert der Grundgesamtheit

Mit $FG = n - 1 = 13$ (Freiheitsgrade)

FG	Signifikanzniveau (be			
↓	0,5	0,25	0,1	0,05
13	0,694	1,204	1,771	2,160

Tabelle 7: *t*-Tabelle ➔ $t = 2{,}160$

Formeln:

$$\mu_u = \bar{x} - t\frac{s}{\sqrt{n}} \qquad \mu_o = \bar{x} + t\frac{s}{\sqrt{n}}$$

$3{,}510\,\text{mm} \leq \mu \leq 3{,}528\,\text{mm}$

Aussage:
Alle Mittelwerte von weiteren Stichproben müssen in diesen Grenzen liegen. Tun sie das nicht, so gehören diese Stichproben, hier mit einer Signifikanz von $P = 95\,\%$ (Vertrauensniveau), nicht zur Grundgesamtheit oder gehören zu den 5 % Fehlern.

2

86.3 Bestimmen Sie die absoluten Vertrauensbereiche für die Standardabweichung σ der Grundgesamtheit.

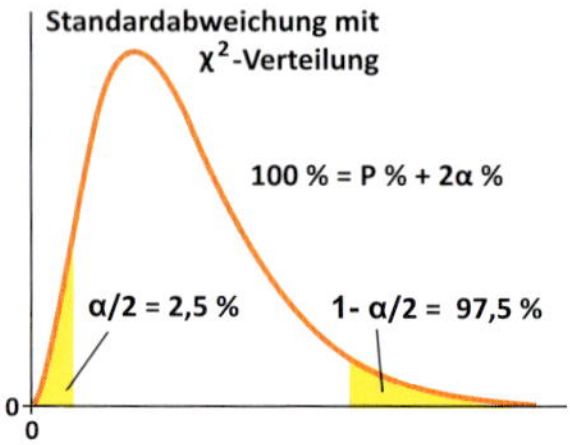

Werte aus 86.1
$\bar{x} = 3{,}519\,\text{mm}$
$s = 0{,}015\,\text{mm}$
$n = 14$

Werte aus 86.2
$FG = 13$

Vertrauensbereiche ($P = 95\,\%$) für die Standardabweichung der Grundgesamtheit

FG	P →								
↓	0,005	0,01	0,025	0,05	0,1	0,5	0,9	0,95	0,975
13	3,57	4,11	5,01	5,89	7,04	12,34	19,81	22,36	24,74

Tabelle 8: Chi-Quadrat-Verteilung

Formeln:

$$s \cdot \sqrt{\frac{FG}{x^2_{FG,\,1-\frac{\alpha}{2}}}} \leq \sigma \leq s \cdot \sqrt{\frac{FG}{x^2_{FG,\,\alpha/2}}}$$

$$\sigma \geq 0{,}015\text{ mm} \cdot \sqrt{\frac{13}{24{,}74}} = 0{,}011\text{ mm}$$

$$\sigma \leq 0{,}015\text{ mm} \cdot \sqrt{\frac{13}{5{,}01}} = 0{,}024\text{ mm}$$

$0{,}011\,\text{mm} \leq \sigma \leq 0{,}024\,\text{mm}$

86.4 Ermitteln Sie die notwendige Stichprobengröße *n'*, wenn der wahre Mittelwert der Grundgesamtheit maximal 0,5 % vom Mittelwert der Stichprobe abweichen darf.

Werte aus 86.1
$v = 42\,\%$

Werte aus 86.2
$FG = 13$

Stichprobengröße:

Formel:

$$n' = \left(\frac{t \cdot v}{\varepsilon'}\right)^2$$

$t = 2$ gewählt

$$n' = \left(\frac{2 \cdot 0{,}42\,\%}{0{,}5\,\%}\right)^2 = 2{,}82 \approx \mathbf{3}$$

2

2.7 Tabellen und Formeln

Tabelle 1: Summenfunktion für *u*

u	*P*%	*α*%	*u*	*P*%	*α*%	*u*	*P*%	*α*%
0,00	0,00	50,00	1,50	86,64	6,68	3,00	99,73	0,13
0,05	3,98	48,01	1,55	87,89	6,06	3,05	99,78	0,11
0,10	7,97	46,02	1,60	89,04	5,48	3,10	99,81	0,10
0,15	11,92	44,04	1,65	90,11	4,95	3,15	99,84	0,08
0,20	15,85	42,07	1,70	91,09	4,46	3,20	99,86	0,07
0,25	19,74	40,13	1,75	91,99	4,01	3,25	99,88	0,06
0,30	23,58	38,21	1,80	92,81	3,59	3,30	99,90	0,05
0,35	27,37	36,32	1,85	93,57	3,22	3,35	99,92	0,04
0,40	31,08	34,46	1,90	94,26	2,88	3,40	99,93	0,03
0,45	34,73	32,64	1,95	94,88	2,56	3,45	99,94	0,03
0,50	38,29	30,85	2,00	95,45	2,28	3,50	99,95	0,02
0,55	41,77	29,12	2,05	95,96	2,02	3,60	99,97	0,02
0,60	45,15	27,43	2,10	96,43	1,79	3,70	99,98	0,01
0,65	48,43	25,78	2,15	96,84	1,58	3,80	99,99	0,01
0,70	51,61	24,20	2,20	97,22	1,39			
0,75	54,67	22,66	2,25	97,56	1,22	$100\,\% = P\% + 2 \cdot \alpha\%$		
0,80	57,63	21,19	2,30	97,86	1,07			
0,85	60,47	19,77	2,35	98,12	0,94			
0,90	63,19	18,41	2,40	98,36	0,82	0,675	50,00	25,00
0,95	65,77	17,11	2,45	98,57	0,71	1,282	80,00	10,00
1,00	68,27	15,87	2,50	98,76	0,62	1,645	90,00	5,00
1,05	70,63	14,69	2,55	98,92	0,54	1,960	95,00	2,50
1,10	72,87	13,57	2,60	99,07	0,47	2,241	97,50	1,25
1,15	74,99	12,51	2,65	99,20	0,40	2,326	98,00	1,00
1,20	76,99	11,51	2,70	99,31	0,35	2,576	99,00	0,50
1,25	78,87	10,56	2,75	99,40	0,30	2,878	99,60	0,20
1,30	80,64	9,68	2,80	99,49	0,26	3,090	99,80	0,10
1,35	82,30	8,85	2,85	99,56	0,22	3,291	99,90	0,05
1,40	83,85	8,08	2,90	99,63	0,19	3,719	99,98	0,01
1,45	85,29	7,35	2,95	99,68	0,16	3,891	99,99	0,005

Ablesebeispiel:
Für *u* = 2,5 liest man α = 0,62 % ab.
D. h. es liegen einseitig 0,62 % der Teile außerhalb der Toleranz.

Formeln:

$$u_{ob} = \frac{OWG - \bar{x}}{s} \qquad u_{un} = \frac{\bar{x} - UGW}{s}$$

Tabelle 2: **Summenhäufigkeiten in % zur Eintragung ins Wahrscheinlichkeitsnetz für Stichproben zwischen *n* = 5 und *n* = 15**

i ↓	*n* → 5	6	7	8	9	10	11	12	13	14	15
1	12,2	10,2	8,9	7,8	6,8	6,2	5,6	5,2	4,8	4,5	4,1
2	31,0	26,1	22,4	19,8	17,6	15,9	14,5	13,1	12,3	11,3	10,6
3	50,0	42,1	36,3	31,9	28,4	25,5	23,3	21,5	19,8	18,4	17,1
4	69,0	57,9	50,0	44,0	39,4	35,2	32,3	29,5	27,4	25,5	23,9
5	87,8	73,9	63,7	56,0	50,0	45,2	41,3	37,8	34,8	32,3	30,2
6		89,8	77,6	68,1	60,6	54,8	50,0	46,0	42,5	39,4	36,7
7			91,2	80,2	71,6	64,8	58,7	54,0	50,0	46,4	43,3
8				92,2	82,4	74,5	67,7	62,2	57,5	53,6	50,0
9					93,2	84,1	76,7	70,5	65,2	60,6	56,7
10						93,8	85,5	78,5	72,6	67,7	63,3
11							94,4	86,9	80,2	74,5	69,8
12								94,9	87,7	81,6	76,1
13									95,3	88,7	82,9
14										95,5	89,4
15											95,9

Tabelle 3: **Faktoren zur Abschätzung der Standardabweichung**

n	a_n	d_n
2	0,789	1,128
3	0,886	1,693
4	0,921	2,059
5	0,940	2,326
6	0,952	2,534
7	0,959	2,704
8	0,965	2,847

n	a_n	d_n
9	0,969	2,970
10	0,973	3,078
11	0,975	3,173
12	0,978	3,258
13	0,979	3,336
14	0,981	3,407
15	0,982	3,472

Formeln: $\bar{s} = \frac{a_n}{d_n} \cdot \bar{R}$ und $\hat{\sigma} = \frac{\bar{R}}{d_n}$ oder $\hat{\sigma} = \frac{\bar{s}}{a_n}$

Tabelle 4: Kennwerte zur Berechnung der Grenzen der Mittelwertkarte ($\bar{x}$-Karte) nach DGQ.

n	A_E	A_W
1	2,576	1,960
2	1,821	1,386
3	1,487	1,132
4	1,288	0,980
5	1,152	0,877
6	1,052	0,800
7	0,974	0,741
8	0,911	0,693
9	0,859	0,653
10	0,815	0,620
11	0,777	0,591
12	0,744	0,566
13	0,714	0,544
14	0,688	0,524
15	0,665	0,506
16	0,644	0,490
17	0,625	0,475
18	0,607	0,462
19	0,591	0,450
20	0,576	0,438
21	0,562	0,428
22	0,549	0,418
23	0,537	0,409
24	0,526	0,400
25	0,515	0,392

Qualitätsregelkarten – Formeln

zur Berechnung der Eingriffsgrenzen (beidseitig 99 %-Zufallsstreubereich) und der Warngrenzen (beidseitig 95 %-Zufallsstreubereich) der Prozessregelkarten nach Shewart.
(Kennwerte siehe Tabellen 4 bis 6).

Mittelwertkarte ($\bar{x}$-Karte)

Eingriffsgrenzen: $OEG = \hat{\mu} + A_E \cdot \hat{\sigma}$

$UEG = \hat{\mu} - A_E \cdot \hat{\sigma}$

Mittellinie: $ML = \bar{\bar{x}} = \hat{\mu}$

Warngrenzen: $OWG = \hat{\mu} + A_W \cdot \hat{\sigma}$

$UWG = \hat{\mu} - A_W \cdot \hat{\sigma}$

Spannweitenkarte (R-Karte)

Eingriffsgrenzen: $OEG = D_{OEG} \cdot \hat{\sigma}$

$UEG = D_{UEG} \cdot \hat{\sigma}$

Mittellinie: $ML = d_n \cdot \hat{\sigma}$

Warngrenzen: $OWG = D_{OWG} \cdot \hat{\sigma}$

$UWG = D_{UWG} \cdot \hat{\sigma}$

Standardabweichungskarte (s-Karte)

Eingriffsgrenzen: $OEG = B_{OEG} \cdot \hat{\sigma}$

$UEG = B_{UEG} \cdot \hat{\sigma}$

Mittellinie: $ML = a_n \cdot \hat{\sigma}$

Warngrenzen: $OWG = B_{OWG} \cdot \hat{\sigma}$

$UWG = B_{UWG} \cdot \hat{\sigma}$

Tabelle 5: Kennwerte zur Berechnung der Grenzen bei der Spannweitenkarte (*R*-Karte) nach DGQ

n	d_n	D_{OEG}	D_{OWG}	D_{UWG}	D_{UEG}
2	1,128	3,970	3,170	0,044	0,009
3	1,693	4,424	3,682	0,303	0,135
4	2,059	4,694	3,984	0,595	0,343
5	2,326	4,886	4,197	0,850	0,555
6	2,534	5,033	4,361	1,066	0,749
7	2,704	5,154	4,494	1,251	0,922
8	2,847	5,255	4,605	1,410	1,075
9	2,970	5,341	4,700	1,550	1,212
10	3,078	5,418	4,784	1,674	1,335
11	3,173	5,485	4,858	1,784	1,446
12	3,258	5,546	4,925	1,884	1,547
13	3,336	5,602	4,985	1,976	1,639
14	3,407	5,652	5,041	2,059	1,724
15	3,472	5,699	5,092	2,136	1,803
16	3,532	5,742	5,139	2,207	1,876
17	3,588	5,783	5,183	2,274	1,944
18	3,640	5,820	5,224	2,336	2,008
19	3,689	5,856	5,262	2,394	2,068
20	3,735	5,889	5,299	2,449	2,125
21	3,778	5,921	5,333	2,500	2,178
22	3,819	5,951	5,365	2,549	2,229
23	3,858	5,979	5,396	2,596	2,277
24	3,895	6,006	5,425	2,640	2,323
25	3,930	6,032	5,453	2,682	2,366

Eingriffsgrenzen:	Mittellinie:	Warngrenzen:
$OEG = D_{OEG} \cdot \hat{\sigma}$ $UEG = D_{UEG} \cdot \hat{\sigma}$	$ML = d_n \cdot \hat{\sigma}$	$OWG = B_{OWG} \cdot \hat{\sigma}$ $UWG = B_{UWG} \cdot \hat{\sigma}$

Tabelle 6: Kennwerte zur Berechnung der Grenzen bei der Standardabweichungskarte (s-Karte) nach DGQ

n	a_n	B_{OEG}	B_{OWG}	B_{UWG}	B_{UEG}
2	0,798	2,807	2,241	0,031	0,006
3	0,886	2,302	1,921	0,159	0,071
4	0,921	2,069	1,765	0,268	0,155
5	0,940	1,927	1,669	0,348	0,227
6	0,952	1,830	1,602	0,408	0,287
7	0,959	1,758	1,552	0,454	0,336
8	0,965	1,702	1,512	0,491	0,376
9	0,969	1,657	1,480	0,522	0,410
10	0,973	1,619	1,454	0,548	0,439
11	0,975	1,587	1,431	0,570	0,464
12	0,978	1,560	1,412	0,589	0,486
13	0,979	1,536	1,395	0,606	0,506
14	0,981	1,515	1,379	0,621	0,524
15	0,982	1,496	1,366	0,634	0,540
16	0,983	1,479	1,354	0,646	0,554
17	0,985	1,463	1,343	0,657	0,567
18	0,985	1,450	1,333	0,667	0,579
19	0,986	1,437	1,323	0,676	0,590
20	0,987	1,425	1,315	0,685	0,600
21	0,988	1,414	1,307	0,692	0,610
22	0,988	1,404	1,300	0,700	0,619
23	0,989	1,395	1,293	0,707	0,627
24	0,989	1,386	1,287	0,713	0,635
25	0,990	1,378	1,281	0,719	0,642

Eingriffsgrenzen:	Mittellinie:	Warngrenzen:
$OEG = B_{OEG} \cdot \hat{\sigma}$ $UEG = B_{UEG} \cdot \hat{\sigma}$	$ML = a_n \cdot \hat{\sigma}$	$OWG = B_{OWG} \cdot \hat{\sigma}$ $UWG = B_{UWG} \cdot \hat{\sigma}$

Tabelle 7: *t*-Tabelle → Signifikanzschranken der Student-Verteilung

FG	Signifikanzniveau (bei zweiseitiger Fragestellung)								
↓	**0,5**	**0,25**	**0,1**	**0,05**	**0,025**	**0,02**	**0,01**	**0,002**	**0,001**
1	1,000	2,414	6,314	12,706	25,452	31,821	63,656	318,289	636,578
2	0,816	1,604	2,920	4,303	6,205	6,965	9,925	22,328	31,600
3	0,765	1,423	2,353	3,182	4,177	4,541	5,841	10,214	12,924
4	0,741	1,344	2,132	2,776	3,495	3,747	4,604	7,173	8,610
5	0,727	1,301	2,015	2,571	3,163	3,365	4,032	5,894	6,869
6	0,718	1,273	1,943	2,447	2,969	3,143	3,707	5,208	5,959
7	0,711	1,254	1,895	2,365	2,841	2,998	3,499	4,785	5,408
8	0,706	1,240	1,860	2,306	2,752	2,896	3,355	4,501	5,041
9	0,703	1,230	1,833	2,262	2,685	2,821	3,250	4,297	4,781
10	0,700	1,221	1,812	2,228	2,634	2,764	3,169	4,144	4,587
11	0,697	1,214	1,796	2,201	2,593	2,718	3,106	4,025	4,437
12	0,695	1,209	1,782	2,179	2,560	2,681	3,055	3,930	4,318
13	0,694	1,204	1,771	2,160	2,533	2,650	3,012	3,852	4,221
14	0,692	1,200	1,761	2,145	2,510	2,624	2,977	3,787	4,140
15	0,691	1,197	1,753	2,131	2,490	2,602	2,947	3,733	4,073
16	0,690	1,194	1,746	2,120	2,473	2,583	2,921	3,686	4,015
17	0,689	1,191	1,740	2,110	2,458	2,567	2,898	3,646	3,965
18	0,688	1,189	1,734	2,101	2,445	2,552	2,878	3,610	3,922
19	0,688	1,187	1,729	2,093	2,433	2,539	2,861	3,579	3,883
20	0,687	1,185	1,725	2,086	2,423	2,528	2,845	3,552	3,850
21	0,686	1,183	1,721	2,080	2,414	2,518	2,831	3,527	3,819
22	0,686	1,182	1,717	2,074	2,405	2,508	2,819	3,505	3,792
23	0,685	1,180	1,714	2,069	2,398	2,500	2,807	3,485	3,768
24	0,685	1,179	1,711	2,064	2,391	2,492	2,797	3,467	3,745
25	0,684	1,178	1,708	2,060	2,385	2,485	2,787	3,450	3,725
26	0,684	1,177	1,706	2,056	2,379	2,479	2,779	3,435	3,707
27	0,684	1,176	1,703	2,052	2,373	2,473	2,771	3,421	3,689
28	0,683	1,175	1,701	2,048	2,368	2,467	2,763	3,408	3,674
29	0,683	1,174	1,699	2,045	2,364	2,462	2,756	3,396	3,660
30	0,683	1,173	1,697	2,042	2,360	2,457	2,750	3,385	3,646
40	0,681	1,167	1,684	2,021	2,329	2,423	2,704	3,307	3,551
50	0,679	1,164	1,676	2,009	2,311	2,403	2,678	3,261	3,496
60	0,679	1,162	1,671	2,000	2,299	2,390	2,660	3,232	3,460
70	0,678	1,160	1,667	1,994	2,291	2,381	2,648	3,211	3,435
80	0,678	1,159	1,664	1,990	2,284	2,374	2,639	3,195	3,416
90	0,677	1,158	1,662	1,987	2,280	2,368	2,632	3,183	3,402
100	0,677	1,157	1,660	1,984	2,276	2,364	2,626	3,174	3,390
150	0,676	1,155	1,655	1,976	2,264	2,351	2,609	3,145	3,357
200	0,676	1,154	1,653	1,972	2,258	2,345	2,601	3,131	3,340
300	0,675	1,153	1,650	1,968	2,253	2,339	2,592	3,118	3,323

FG: Freiheitsgrade

Tabelle 8: Chi-Quadrat-Verteilung (χ^2-Verteilung)

FG ↓	*P* → 0,005	0,01	0,025	0,05	0,1	0,5	0,9	0,95	0,975	0,99	0,995
1	0	0	0	0	0,02	0,45	2,71	3,84	5,02	6,63	7,88
2	0,01	0,02	0,05	0,1	0,21	1,39	4,61	5,99	7,38	9,21	10,6
3	0,07	0,11	0,22	0,35	0,58	2,37	6,25	7,81	9,35	11,34	12,84
4	0,21	0,3	0,48	0,71	1,06	3,36	7,78	9,49	11,14	13,28	14,86
5	0,41	0,55	0,83	1,15	1,61	4,35	9,24	11,07	12,83	15,09	16,75
6	0,68	0,87	1,24	1,64	2,2	5,35	10,64	12,59	14,45	16,81	18,55
7	0,99	1,24	1,69	2,17	2,83	6,35	12,02	14,07	16,01	18,48	20,28
8	1,34	1,65	2,18	2,73	3,49	7,34	13,36	15,51	17,53	20,09	21,95
9	1,73	2,09	2,7	3,33	4,17	8,34	14,68	16,92	19,02	21,67	23,59
10	2,16	2,56	3,25	3,94	4,87	9,34	15,99	18,31	20,48	23,21	25,19
11	2,6	3,05	3,82	4,57	5,58	10,34	17,28	19,68	21,92	24,73	26,76
12	3,07	3,57	4,4	5,23	6,3	11,34	18,55	21,03	23,34	26,22	28,3
13	3,57	4,11	5,01	5,89	7,04	12,34	19,81	22,36	24,74	27,69	29,82
14	4,07	4,66	5,63	6,57	7,79	13,34	21,06	23,68	26,12	29,14	31,32
15	4,6	5,23	6,26	7,26	8,55	14,34	22,31	25	27,49	30,58	32,8
16	5,14	5,81	6,91	7,96	9,31	15,34	23,54	26,3	28,85	32	34,27
17	5,7	6,41	7,56	8,67	10,09	16,34	24,77	27,59	30,19	33,41	35,72
18	6,26	7,01	8,23	9,39	10,86	17,34	25,99	28,87	31,53	34,81	37,16
19	6,84	7,63	8,91	10,12	11,65	18,34	27,2	30,14	32,85	36,19	38,58
20	7,43	8,26	9,59	10,85	12,44	19,34	28,41	31,41	34,17	37,57	40
21	8,03	8,9	10,28	11,59	13,24	20,34	29,62	32,67	35,48	38,93	41,4
22	8,64	9,54	10,98	12,34	14,04	21,34	30,81	33,92	36,78	40,29	42,8
23	9,26	10,2	11,69	13,09	14,85	22,34	32,01	35,17	38,08	41,64	44,18
24	9,89	10,86	12,4	13,85	15,66	23,34	33,2	36,42	39,36	42,98	45,56
25	10,52	11,52	13,12	14,61	16,47	24,34	34,38	37,65	40,65	44,31	46,93
26	11,16	12,2	13,84	15,38	17,29	25,34	35,56	38,89	41,92	45,64	48,29
27	11,81	12,88	14,57	16,15	18,11	26,34	36,74	40,11	43,19	46,96	49,65
28	12,46	13,56	15,31	16,93	18,94	27,34	37,92	41,34	44,46	48,28	50,99
29	13,12	14,26	16,05	17,71	19,77	28,34	39,09	42,56	45,72	49,59	52,34
30	13,79	14,95	16,79	18,49	20,6	29,34	40,26	43,77	46,98	50,89	53,67

FG: Freiheitsgrade

3 Fertigungstechnik

3 Fertigungstechnik

3.1 Arbeitssicherheit

1 Was soll der betriebliche Arbeits- und Unfallschutz gewährleisten?

Mensch und Einrichtungen sollen vor Schaden bewahrt werden. D.h., der betriebliche Arbeits- und Unfallschutz soll gewährleisten, dass

- Gefahren nicht wirksam werden können,
- Gefährdungen rechtzeitig erkannt werden,
- Arbeitsschutzmaßnahmen rechtzeitig ergriffen werden.

2 Erläutern Sie den Begriff „Arbeitsplatzgrenzwert“ (AGW).

Nach der Gefahrstoffverordnung (GefStoffV)1 ist der Arbeitsplatzgrenzwert (AGW) der Grenzwert für die zeitlich gewichtete durchschnittliche Konzentration eines Stoffes in der Luft am Arbeitsplatz in Bezug auf einen gegebenen Referenzzeitraum. Er gibt an, bei welcher Konzentration eines Stoffes akute oder chronische schädliche Auswirkungen auf die Gesundheit im Allgemeinen nicht zu erwarten sind (§ 3 Abs. 6 GefStoffV).

3 Welche Sofortmaßnahmen müssen Sie nach einem Unfall ergreifen, um zielgerichtet und schnell zu helfen?

- Eigensicherung vornehmen.
- Maschinen und Geräte im unmittelbaren Gefahrenbereich abschalten.
- Verunglückte Person aus dem Gefahrenbereich bergen.
- Verunglückte Person sicher lagern.
- Hilfe herbeirufen.
- Soweit möglich erste Hilfe leisten.
- Unfall melden.
- Verunglückten möglichst nicht allein lassen.

4 Nennen Sie Maßnahmen, die beim Umgang mit gesundheitsschädlichen Stoffen zu beachten sind.

Beachten der Unfallverhütungsvorschriften, wie

- Tragen von Schutzbrillen, Schutzhandschuhen und Atemschutz,
- Wechseln der Arbeitskleidung und Waschen der Hände nach Beendigung der Arbeit.

5 Sicherheitszeichen werden international einheitlich nach ISO 7010 genormt. Sie werden in fünf Kategorien nach ihrer geometrischen Form und Farbe eingeteilt:

- **Rettungszeichen,**
- **Brandschutzzeichen,**
- **Gebotszeichen,**
- **Verbotszeichen,**
- **Warnzeichen.**

Nennen Sie jeweils den Kennbuchstaben, die Form und Farbe, an der Sie die oben genannten Sicherheitszeichen erkennen können und geben Sie ein Beispiel dafür an.

Rettungszeichen mit dem Kennbuchstaben E (evacuation route) sind grüne, rechteckige Zeichen, z. B. Erste Hilfe.

E003

Brandschutzzeichen mit dem Kennbuchstaben F (fire equipment) sind rote, rechteckige Zeichen, z. B. Feuerlöscher.

F001

Gebotszeichen mit dem Kennbuchstaben M (mandatory action) sind runde, blaue Zeichen, z. B. Schutzhelm tragen.

M014

Verbotszeichen mit dem Kennbuchstaben P (prohibition) sind runde, rot umrandete Zeichen mit rotem Querbalken, z. B. Rauchen verboten.

P02

Warnzeichen mit dem Kennbuchstaben W (warning) sind dreieckige, gelbe Zeichen mit schwarzem Rand, z. B. Warnung vor Laserstrahl.

W004

6 Erläutern Sie mit Beispielen, wie durch unfallschutzgerechte Kleidung die Arbeitssicherheit erhöht werden kann.

- Eng anliegende Kleidung und Haarschutz verhindern, dass die Kleidung bzw. Haare durch laufende Wellen erfasst werden.
- Sicherheitsschuhe vermeiden Fußverletzungen.
- Schutzhandschuhe verhindern Verletzungen durch scharfkantige Werkstücke.
- Sicherheitsbrillen vermeiden Augenverletzungen, z. B. durch Schleiffunken.

3.2 Fertigungsverfahren

7 Nennen Sie die 6 *Hauptgruppen* der Fertigungsverfahren. Ordnen Sie diesen Hauptgruppen je drei Fertigungsgruppen zu.

Urformen: z. B. Gießen, Sintern, Pressen.
Umformen: z. B. Biegen, Tiefziehen, Schmieden.
Trennen: z. B. Zerteilen, Spanen, Abtragen.
Fügen: z. B. Kleben, Schweißen, Löten.
Beschichten: z. B. Lackieren, Galvanisieren, Metallspritzen.
Stoffeigenschaft ändern: z. B. Härten, Tempern, Nitrieren.

3.3 Urformen

8 Teilen Sie die Gießverfahren in zwei Gruppen ein, die sich hinsichtlich der Gießform voneinander unterscheiden.

- Gießen mit *verlorener Form*, z. B. Sandgießen, Maskenformverfahren, Modellausschmelzverfahren und Vollformgießen.
- Gießen mit *Dauerform*, z. B. Kokillen-, Druck- und Spritzgießen.

9 Was versteht man in der Form- und Gießtechnik unter einem Modell?

Eine um das Schwindmaß vergrößerte Nachbildung des Werkstückes zur Herstellung einer Gießform.

10 Warum muss das Modell größer als der Abguss sein?

Metalle schrumpfen um das Schwindmaß nach dem Erstarren und beim weiteren Abkühlen. Bliebe das Schwindmaß bei der Modellherstellung unberücksichtigt, wäre das Gussteil zu klein.

11 Wie wird beim Modellbau das Schwindmaß berücksichtigt?

Durch Verwendung eines Schwindmaßstabes. Er ist um das Schwindmaß des betreffenden Metalls größer. Beispielsweise für Grauguss um 1 %, für Stahlguss um 2 %.

**12 Ein Hebel aus EN-GJL-100 mit einer Länge l = 792 mm soll gegossen werden.
Wie groß muss die Modelllänge sein, wenn das Schwindmaß 1 % beträgt?**

$$l_1 = \frac{l \cdot 100\ \%}{100\ \% - S}$$

$$l_1 = \frac{792\ \text{mm} \cdot 100\ \%}{100\ \% - 1\ \%}$$

$$l_1 = \frac{792\ \text{mm} \cdot 100\ \%}{99\ \%} = \mathbf{800\ mm}$$

13 Worin unterscheiden sich „Dauermodelle“ und „verlorene Modelle“?

Dauermodelle sind Modelle, die mehr als einmal eingeformt und wieder ausgeformt werden.
Verlorene Modelle werden nur einmal eingeformt und beim Ausformen zerstört.

14 Welcher Unterschied besteht zwischen einem Naturmodell und einem Kernmodell?

Naturmodell: Modell, das genau dem Gussteil entspricht.
Kernmodell: Außen- und Innenkonturen werden durch Kerne gebildet. Zu erkennen an den schwarz gestrichenen Kernmarken.

15 Wie werden Hohlräume in Gussstücken erzeugt?

Durch Einlegen eines oder mehrerer Kerne, die in Kernkästen, mit Schablonen oder mit Kernformmaschinen hergestellt werden.

16 Erläutern Sie mit Hilfe der Abbildungen, wie eine Sandgießform hergestellt wird.

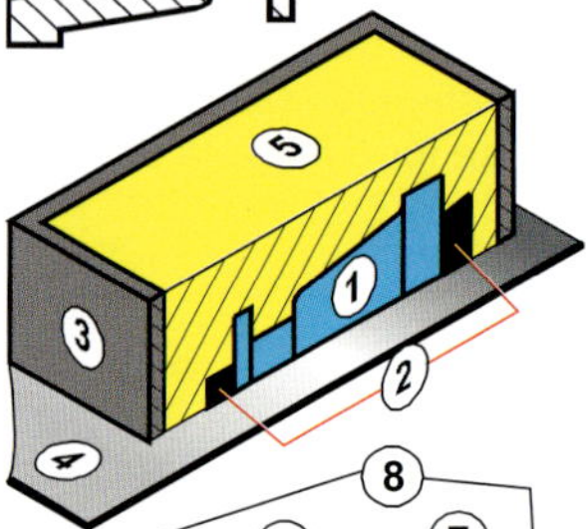

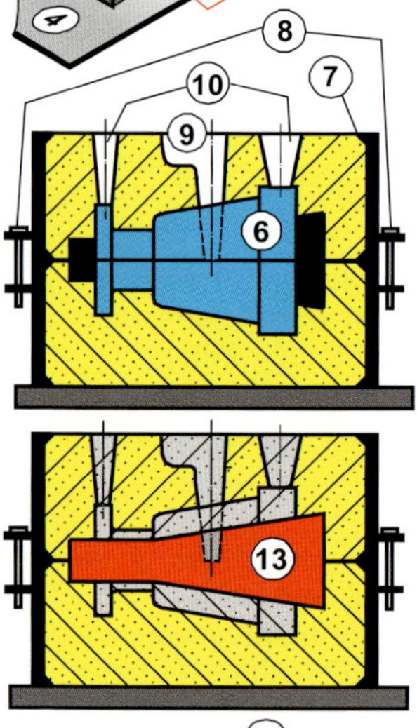

ausgeformtes Gussstück

- Erste Modellhälfte (1) mit Kernmarken (2) wird umgeben vom Unterkasten (3) auf Aufstampfplatte (4) gelegt und mit einem Trennmittel, z. B. Graphit, bestäubt. Feiner Modellsand wird ca. 20 mm dick aufgesiebt und mit Hand angedrückt, danach wird Formsand (5) nachgefüllt und festgestampft.
- Unterkasten wenden, Teilungsebenen mit Trennmittel polieren und zweite Modellhälfte (6) auf erste legen.
  Oberkasten (7) auf Unterkasten setzen und mit Führungsstiften (8) sichern. Modelle für Einguss (9) und Steiger (10) anordnen.
  Aufsieben von Modellsand und Andrücken an das Modell.
  Oberkasten mit Formsand füllen und Aufstampfen.
  Einguss- und Trichterspeisermodelle nach außen herausziehen.
- Oberkasten abheben und wenden. Modell aus dem Formsand ausheben.
- Anschnitt (11) und Lauf (12) im Unterkasten ausschneiden.
  Den aus Formsand gefertigten Kern (13) für die durchgehende Bohrung in die Kernmarken einlegen.
- Nach dem erneuten Zusammensetzen des Kastens entspricht der Hohlraum dem zu gießenden Werkstück.

17 Wodurch kann die Zeit für die Herstellung einer Sandform verkürzt werden?

Statt des Handformens werden Formmaschinen eingesetzt, die schneller, mit größerer Genauigkeit und mit weniger Ausschuss arbeiten.

18 Erläutern Sie das Prinzip des Modellausschmelzverfahrens.

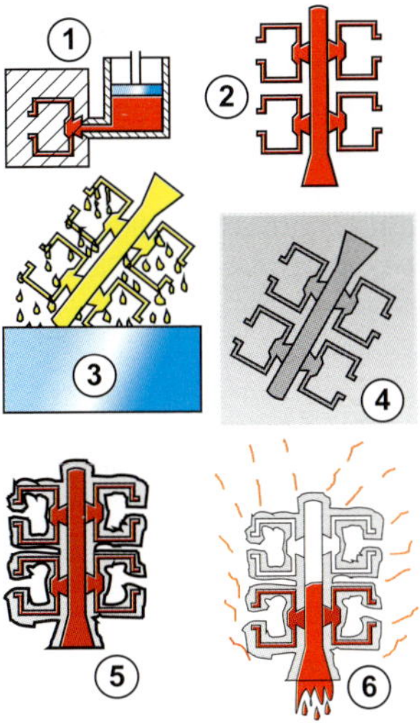

- Das Modell ① wird aus einem niedrigschmelzenden Werkstoff, z. B. Kunststoff oder Wachs, hergestellt.
- Mehrere Modelle werden dann, zusammen mit Einguss- und Anschnittselementen, zu einer Modelltraube ② zusammengesetzt.
- Durch Tauchen in eine keramische, breiige Masse ③ und durch Bestreuen mit keramischem Pulver ④ erhält die Traube einen hochtemperaturbeständigen, feinkeramischen Überzug ⑤, der nach dem Trocknen die Gießform bildet.
- Durch Ausschmelzen wird der Modellwerkstoff entfernt ⑥ und anschließend wird die Form zur Festigkeitssteigerung bei etwa 1000 °C gebrannt.
- Die so hergestellten Formen werden noch im heißen Zustand ausgegossen. Nach dem Erstarren wird der Keramiküberzug abgeschlagen und die einzelnen Gussstücke vom Eingusssystem getrennt.

19 Welche Werkstücke werden durch Feingießen hergestellt?

Gussstücke mit hoher Oberflächengüte und Maßgenauigkeit, wie Nähmaschinenteile oder Flugzeugturbinenschaufeln.

20 Wodurch unterscheidet sich eine Dauerform von einer verlorenen Form?

Verlorene Formen werden beim Entformen der Gussstücke zerstört. **Dauerformen**, wie bei Kokillen- und Druckguss notwendig, werden aus Stahl hergestellt. In Dauerformen werden immer wieder Gussteile gegossen und entformt.

21 Welche Aufgaben hat die Modelllackierung?

Die Modelllackierung
- sorgt für eine glatte Oberfläche,
- schützt das Modell gegen Feuchtigkeit und somit vor Verzug,
- erleichtert das Ausheben aus der Form,
- informiert durch die Modellgrundfarbe, welche Gruppe von Gießmetallen verwendet wird.

22 Modelle werden, entsprechend dem zu verwendenden Gusswerkstoff, mit unterschiedlichen Farben lackiert.
Welche Grundfarbe hat das Modell für

a) Gusseisen mit Lamellengraphit,
b) Gusseisen mit Kugelgraphit,
c) Stahlguss,
d) Temperguss,
e) Schwermetall,
f) Leichtmetall?

a) Gusseisen mit Lamellengraphit
   ➔ Grundfarbe Rot
b) Gusseisen mit Kugelgraphit
   ➔ Grundfarbe Lila
c) Stahlguss
   ➔ Grundfarbe: Blau
d) Temperguss
   ➔ Grundfarbe: Grau
e) Schwermetall
   ➔ Grundfarbe: Gelb
f) Leichtmetall
   ➔ Grundfarbe: Grün

23 Welche Eigenschaften soll Formsand aufweisen?

Der Formsand soll
- bildsam,
- standfest und gasdurchlässig,
- feuerbeständig,
- wieder aufbereitbar sein.

24 Welche Vor- und Nachteile weist das Kokillengießen gegenüber dem Sandgießen auf?

Vorteilhaft ist, dass der metallische Formwerkstoff beim Kokillengießen wieder verwendbar ist und eine höhere Wärmeleitfähigkeit als der Formsand beim Sandgießen aufweist. Dadurch kann die erstarrende Schmelze schneller abkühlen, was zu einem dichteren Gefüge und besseren Festigkeitseigenschaften führt. **Nachteilig** ist, dass das Kokillengießen nur bei großen Stückzahlen wirtschaftlich ist, da die Herstellungskosten der Metallform sehr hoch sind.

25 Erläutern Sie das Schleudergießen.

Das flüssige Metall wird in eine sich drehende rohrförmige Kokille gegossen. Die dabei wirkende Fliehkraft erzeugt eine Verdichtung des Gefüges und somit eine Erhöhung der Festigkeit.

26 Nennen Sie einige Fehler, die an Gussteilen auftreten können.

- Lunker (Schwindungshohlräume)
- Gasblasen
- Schülpen (Erhöhungen an der Gussstückoberfläche)
- Kaltschweißstellen
- sandiger Guss
- Schlackeneinschlüsse
- versetzter Guss
- Grat
- ungleiche Wanddicke
- Seigerungen (Entmischungen der Schmelze)
- ausgebrochene Anschnitte und Steiger
- Risse

27

a) Erläutern Sie das abgebildete Vollformgießverfahren.
b) Worin unterscheidet sich ein Vollformmodell von einem Dauermodell?

Vollformgießen

a) Beim Vollformgießen wird ein „verlorenes“ Kunststoffmodell ① aus geschäumtem Polystyrol, z. B. Exporit, in den einteiligen und unten geschlossenen Formkasten ② eingeformt.
Während des Eingießens der Metallschmelze ③ vergast das Modell. Der Abguss ④ weist keinen Grat auf.

b) Es entfallen alle Besonderheiten zum Zweck des Aushebens, wie
- Formschrägen
- Formteilung
- Kernmarken
- Formgebung durch Kerne.

Einguss und Anschnitt werden am Modell selbst angebracht.

28 **Erläutern Sie das Druckgießen und geben Sie an, worin sich die beim Druckgießen angewandten Warm- und Kaltkammerverfahren unterscheiden.**

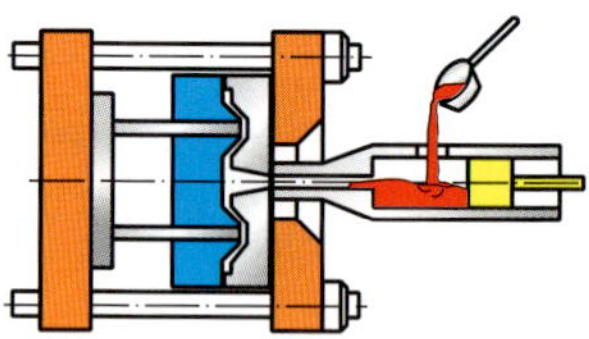

Kaltkammerverfahren

Beim Druckgießen wird die Metallschmelze unter Druck mit hoher Geschwindigkeit in eine mehrteilige beheizte Form gepresst.
Warmkammerverfahren: Die Druckkammer befindet sich in der Schmelze. Vergossen werden z. B. Magnesium und Zink, weil sie die Werkstoffe von Druckkammer und -kolben nicht angreifen.
Kaltkammerverfahren: Die Druckkammer befindet sich außerhalb der Schmelze, weil die vergossenen Kupfer- und Aluminiumlegierungen die Druckkammer und -kolbenwerkstoffe stark angreifen würden.

3.4 Umformen

29 Wie ist das Umformen definiert?

Nach DIN 8580 ist Umformen das Überführen einer gegebenen Form eines festen Körpers (Rohteil, Werkstück) in eine bestimmte, andere Form (Zwischenform, Fertigteil) *unter Beibehaltung von Masse und Stoffzusammenhang.*

30 Nennen Sie Vorteile, die das Umformen bietet.

Da beim Umformen der Faserverlauf im Werkstück nicht unterbrochen wird, wird die Festigkeit des Werkstoffs erhöht.
Es können komplizierte Formen mit guter Oberflächenqualität und engen Toleranzen hergestellt werden.

**31 Nach den äußeren Spannungen, die auf einen Werkstoff wirken, werden 5 Umformverfahren unterschieden.
Nennen Sie diese und geben Sie zu jedem Verfahren Beispiele an.**

- *Druckumformen:* z. B. Walzen, Gesenkformen, Durchdrücken, Freiformen
- *Zugdruckumformen:* z. B. Tiefziehen, Drücken, Durchziehen
- *Zugumformen:* z. B. Weiten, Tiefen, Längen
- *Biegeumformen:* z. B. Freies Biegen, Schwenkbiegen, Gesenkbiegen, Rollbiegen
- *Schubumformen:* z. B. Verdrehen, Verschieben

32 Welcher Unterschied besteht zwischen Kalt- und Warmumformen?

Beim Kaltumformen werden größere Umformkräfte als beim Warmumformen benötigt, da beim Kaltumformen durch Gefügeänderung eine Erhöhung der Festigkeit und eine Verringerung der Dehnung bewirkt wird; die erreichbaren Formänderungen sind kleiner.

3.4.1 Umformgrad, Fließkurven

33 Worin unterscheidet sich die Berechnung der Spannung σ eines Spannungs-Dehnungs-Diagramms von der Berechnung der Fließspannung k_f einer Fließkurve?

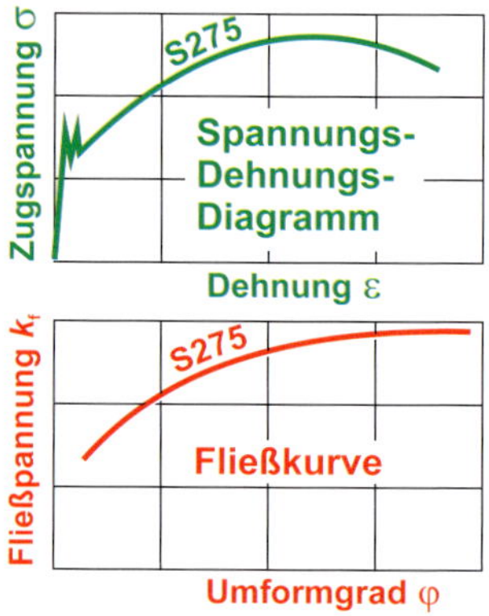

In der Festigkeitslehre wird zur Spannungsberechnung die Kraft F auf die Ausgangsfläche A_0 bezogen.

$$\sigma = \frac{F}{A_0}$$

In der Umformtechnik wird zur Spannungsberechnung die Kraft F auf die jeweilige momentane Fläche A_m bezogen.

$$k_f = \frac{F}{A_m}$$

34 Warum ist die Fließspannung k_f größer als die Zugspannung σ?

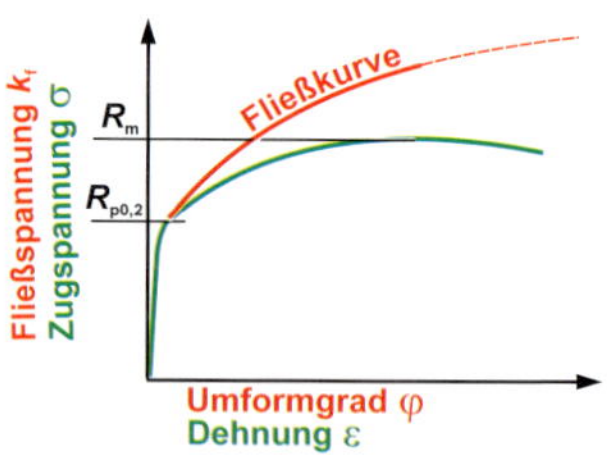

Die Spannung wird berechnet, indem man die Kraft durch die Fläche teilt. Da die bei der Fließspannung eingesetzte momentane Fläche A_m kleiner ist als die bei der Zugspannung eingesetzte Ausgangsfläche A_0, folgt, dass die Fließspannung k_f größer als die Zugspannung σ ist.

$$A_m < A_0 \rightarrow k_f > \sigma$$

Die Fließspannung k_f gibt die „wahre Spannung" an.

35 Worüber gibt die „Fließspannung" Auskunft?

Über die Größe der Spannung, die zur Einleitung und Erhaltung der plastischen (bleibenden) Formänderung nötig ist.

36 Zur Berechnung wichtiger Kenngrößen bei Umformprozessen benötigt man den Umformgrad φ (phi). Worüber gibt der Umformgrad Auskunft und wie wird er berechnet?

Der Umformgrad φ (logarithmische Formänderung) gibt Auskunft über die auftretenden Formänderungen bei Umformprozessen.

$$\varphi = \text{Logarithmus} \frac{\text{Endabmessung}}{\text{Ausgangsabmessung}}$$

37 Erläutern Sie den Begriff Hauptumformgrad?

Für die Umformgrade in den Hauptachsen eines Körpers gilt:

$\varphi_1 + \varphi_2 + \varphi_3 = 0$

Der betragsmäßig größte dieser drei Umformgrade wird als Hauptumformgrad φ_{max} bezeichnet.

38 Wovon ist die Fließspannung k_f abhängig?

- Werkstoff
- Temperatur ϑ
- Umformgrad φ
- Umformgeschwindigkeit $\dot{\varphi}$
- Umformbeschleunigung $\ddot{\varphi}$ ($\ddot{\varphi}$ ist bei der Explosionsumformung von Bedeutung)

39 Ein Quader soll von
h_0 = 100 mm,
b_0 = 30 mm,
l_0 = 20 mm
auf
h_1 = 50 mm,
b_1 = 40 mm,
l_1 = 30 mm
gestaucht werden. Berechnen Sie den Hauptumformgrad.

Index 0: vor dem Umformen
Index 1: nach dem Umformen

$$\varphi_h = \ln \frac{h_1}{h_0} + \ln \frac{l_1}{l_0} + \ln \frac{b_1}{b_0} = \ln 1 = 0$$

$$\varphi_h = \ln \frac{50}{100} = -0{,}693$$

$$\varphi_l = \ln \frac{30}{20} = +0{,}405$$

$$\varphi_b = \ln \frac{40}{30} = +0{,}288$$

Summe = 0

Die betragsmäßig größte Formänderung, hier $\varphi_h = |0{,}693|$, ist die Hauptumformung.

40 **Der Zylinder aus C15 soll kalt gestaucht werden.**

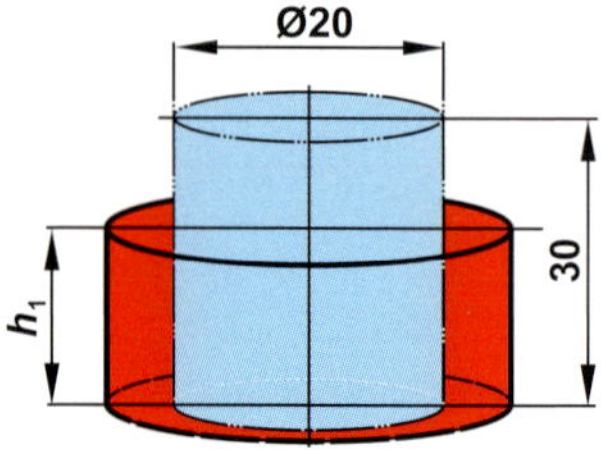

Berechnen Sie für die Endhöhe h_1 = 18,2 mm den

a) Werkstückenddurchmesser d_1,

b) Hauptumformgrad.

c) Ermitteln Sie aus der Fließkurve die zur Umformung notwendige Fließspannung k_f.

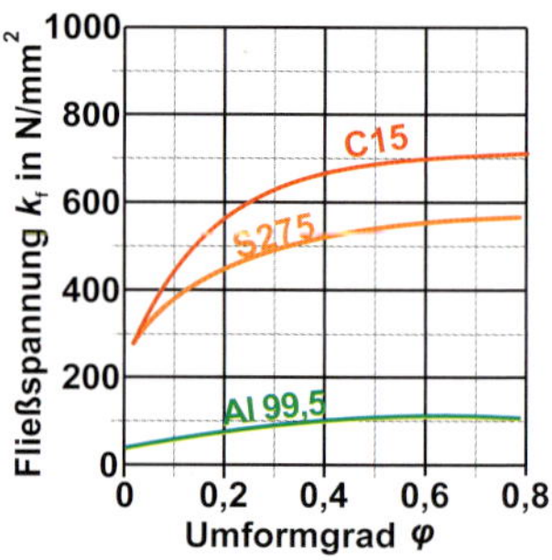

a) Beim Kalt-Umformen bleibt das Volumen konstant, folglich gilt:

$$V_0 = V_1$$

$$\pi \cdot d_0^2 \cdot h_0 = \pi \cdot d_1^2 \cdot h_1$$

$$d_1 = \sqrt{\frac{h_0}{h_1} \cdot d_0^2} = \sqrt{\frac{30}{18{,}2} \cdot 20^2}\ \text{mm}$$

$$d_1 = \mathbf{25{,}68\ mm}$$

Index 0: vor dem Umformen
Index 1: nach dem Umformen

b) Hauptumformgrad:
Bei Zylinderkoordinaten gilt:

$$\varphi_z + 2 \cdot \varphi_d = 0$$

$$\varphi_d = \ln\frac{d_1}{d_0} = \ln\frac{25{,}68\ \text{mm}}{20\ \text{mm}} = 0{,}25$$

$$\varphi_z = \ln\frac{h_1}{h_0} = \ln\frac{18{,}2\ \text{mm}}{30\ \text{mm}} = -0{,}50$$

(Minuswert = Stauchung)

Der betragsmäßig größte dieser drei Umformgrade ist φ_z und wird als Hauptumformgrad φ_{max} bezeichnet.

c) Fließspannung:
Mit $\varphi_z = |\varphi_{max}| = |\ln 0{,}607| = 0{,}5$ kann eine Fließspannung von k_f = **685** N/mm² aus dem Diagramm abgelesen werden.

41 **Nennen und erläutern Sie das Glühverfahren, das die beim Kaltumformen entstandene Kaltverfestigung beseitigt.**

Rekristallisationsglühen (Zwischenglühen):
Durch mehrere Stunden langes Glühen bei 550 °C bis 650 °C wird das durch die Kaltverformung verzerrte Gefüge in einen unverzerrten Gefügezustand zurückgeführt.

3.4.2 Strang- und Fließpressen

42 Benennen und erläutern Sie das skizzierte Strangpressverfahren.

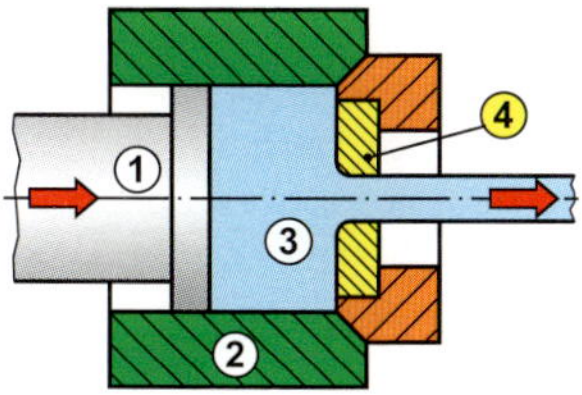

Die Abbildung zeigt das direkte Strangpressen, auch als Voll-Vorwärts-Strangpressen bezeichnet.
Der sich im beheizten Aufnehmer ②, befindliche Werkstoff-Block ③ wird mittels eines Stempels ① durch eine profilierte Öffnung, die Matrize ④, gedrückt.
Es entstehen dadurch Halbzeuge, Strangprofile.

43 Wie werden die Fließpressverfahren unterschieden?

Nach der Fließrichtung des Werkstoffes bezogen auf die Stempelbewegung in:

- Vorwärtsfließpressen (Werkstoff fließt in Stempelrichtung)
- Rückwärtsfließpressen (Werkstoff fließt gegen die Stempelrichtung)
- Querfließpressen (Werkstoff fließt quer zur Stempelrichtung)
- Mischfließpressen

44 Rückwärts-Fließpressen:
a) Warum wird das skizzierte Umformverfahren als Rückwärts-Fließpressen bezeichnet?
b) Erläutern Sie, wie durch dieses Verfahren eine Hülse hergestellt wird.

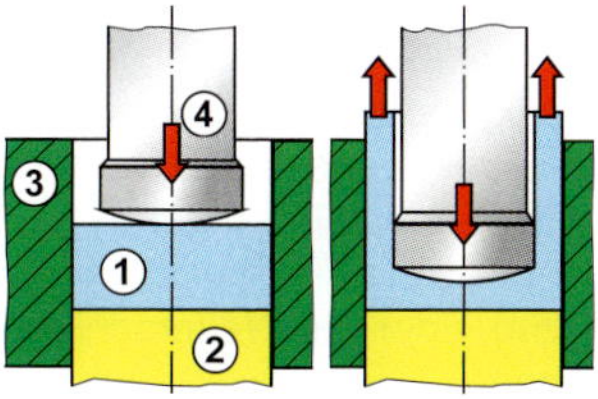

a) Weil der Werkstoff gegen die Stempelbewegung fließt.
b) Der umzuformende Werkstoff wird in Form einer Platine ① auf das Werkzeugunterteil (Gegenstempel oder Auswerfer ②) in die Fließpressbuchse (Matrize ③) eingelegt.
Der Stempel ④ drückt mit hohem Druck auf den Werkstoff, der dadurch zu fließen beginnt.
Der verdrängte Werkstoff steigt am Stempel hoch und bildet die Wandung des entstehenden Hohlkörpers.

45 Fließpressen und Strangpressen arbeiten nach einem ähnlichem Prinzip. Worin unterscheiden sich die beiden Verfahren?

Fließpressen:

- Es wird Stückgut, d.h. ein Fertigteil hergestellt,
- die Umformtemperatur ist beim Vorgangsbeginn vorwiegend niedrig (Raumtemperatur).

Strangpressen:

- Es wird Fließgut, d.h. ein Halbzeug (siehe Abbildung), hergestellt,
- die Umformtemperatur ist schon beim Vorgangsbeginn hoch, z.B. bei Aluminium ca. 450 °C.

3.4.3 Tiefziehen

46

a) Erläutern Sie das skizzierte Tiefziehverfahren.
b) Worin unterscheidet sich das „Tiefziehen im Erstzug“ vom „Tiefziehen im Weiterzug“?

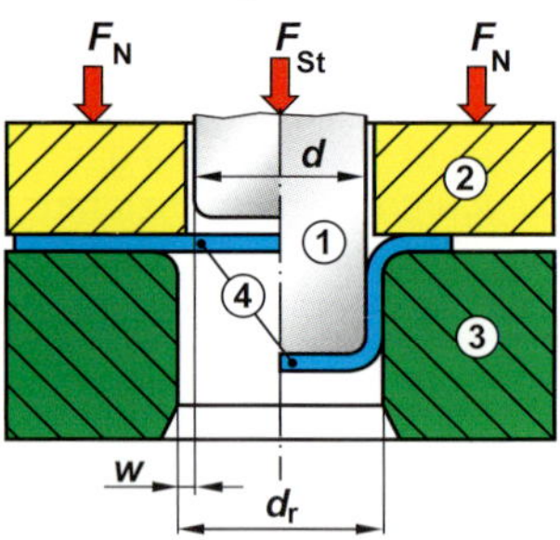

a) Beim Tiefziehen wird ein ebener Blechzuschnitt, die Ronde, zu einem Hohlteil umgeformt.
Dazu wird die Ronde ④ in die Aufnahme der Ziehmatrize ③ eingelegt und durch den Niederhalter ② mit einer bestimmten Kraft gehalten.
Der Ziehstempel ① zieht die Ronde ④ über die abgerundeten Ziehecken in die Ziehmatrize ③.
F_N = Niederhalterkraft
F_{St} = Stempelkraft
d = Stempeldurchmesser
d_r = Ziehringdurchmesser
w = Ziehspalt

b) Das Tiefziehen eines Hohlteiles in einem Zug nennt man „Tiefziehen im Erstzug“ oder „im Anschlag“. Wird das gezogene Teil in weiteren Tiefziehoperationen gefertigt, wird dies als „Tiefziehen im Weiterzug“ oder „im Weiterschlag“ bezeichnet.

47

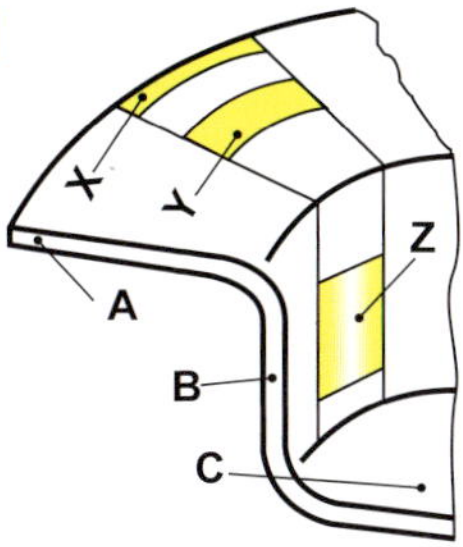

a) Benennen Sie die mit „A“, „B“ und „C“ gekennzeichneten Bereiche des zylindrischen Ziehteils (Napf) während des Tiefziehvorganges.

b) Wieso wird das Tiefziehen als ein Verfahren der „mittelbaren Krafteinleitung“ bezeichnet?

c) Welche Spannung(en) wirken während des Umformens jeweils in den markierten Bereichen „X“, „Y“ und „Z“?

d) Erläutern Sie in diesem Zusammenhang die Notwendigkeit eines Niederhalters beim Tiefziehen.

a) Die einzelnen Teile des skizzierten Napfes sind:
A = Flansch
B = Zarge
C = Boden.

b) Weil die zur Umformung nötige Kraft nicht unmittelbar vom Werkzeug auf die Umformzone wirkt. Die Kraft wirkt mittelbar vom Stempel auf den Boden (= Krafteinleitungszone), über die Zarge (= Kraftübertragungszone) zum Flansch (= Umformzone).

c) Es herrschen tangentiale Druck- und radiale Zugspannungen vor. Im markierten Bereich „X“ des Flansches wirken hauptsächlich Druckspannungen, im Bereich „Y“ Zug- und Druckspannungen und im Bereich „Z“ der Zarge hauptsächlich Zugspannungen.

d) Wegen den großen Druckspannungen im Bereich „X“ des Flansches würde es ohne Niederhalter zu Faltenbildung kommen.
Der Niederhalter drückt das Blech mit einer bestimmten Kraft F_N gegen den Ziehring, so dass am Blechrand keine Falten (= Falten 1. Ordnung) entstehen und der Werkstoff trotzdem fließen kann.

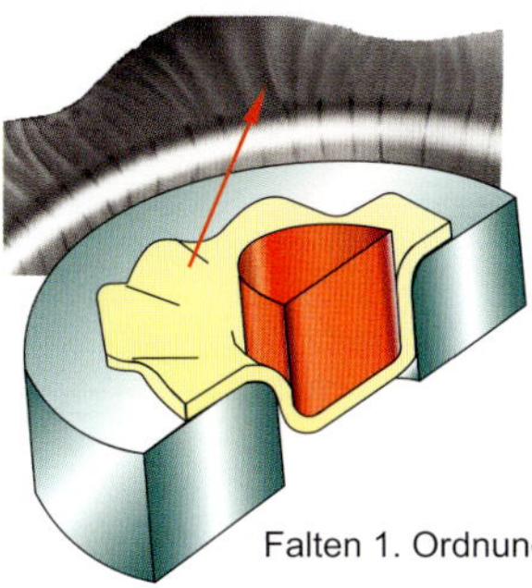

Falten 1. Ordnung

3

48 Ziehspalt:
a) Welche Aufgabe erfüllt der Ziehspalt *w* und welche Folgen hat ein falsch gewählter Ziehspalt?
b) Warum muss der Ziehspalt etwas größer als die Blechdicke sein?

a) Der Ziehspalt verhindert eine unerwünschte Blechdickenzunahme.
w zu klein → Werkstoff reißt
w zu groß → Falten an der Zarge
(= Falten 2. Ordnung)

b) Beim Ziehen tritt an der Ziehkante eine Werkstoffanhäufung auf. Wird dies nicht berücksichtigt, entsteht eine Abstreckwirkung.

49 Worüber gibt das Ziehverhältnis β Auskunft und wie ist beim Tiefziehen von zylindrischen Teilen das maximale Grenzziehverhältnis β_{max} definiert?

Das Ziehverhältnis gibt Auskunft über die Ziehfähigkeit eines Bleches. Als „Grenzziehverhältnis" definiert man im *Erstzug* den Quotienten aus dem Außendurchmesser der ohne Versagen noch ziehbaren Ronde und dem Stempeldurchmesser und beim *Weiterzug* das Verhältnis vom Stempeldurchmesser des vorherigen Zuges zum Weiterzug.

$$\beta_{max} = \frac{D_{Ronde}}{d_{Stempel}} \qquad \beta_n = \frac{d_{(n-1)}}{d_n}$$

50 Wovon ist das Ziehverhältnis abhängig?

- Werkstofffestigkeit
- Blechdicke
- Werkzeuggestaltung (Ziehspalt, Abrundungen und Oberfläche)
- Niederhalterkraft
- Umformtemperatur
- Schmiermittel

Dabei sind die Reibungsbedingungen an Stempel und Ziehring von entscheidendem Einfluss. Je kleiner die Reibung am Ziehring und Niederhalter und je größer der Reibwert am Stempel, desto höhere Grenzziehverhältnisse lassen sich erzielen.

51 Eine Ronde mit dem Durchmesser D = 135 mm, aus DC01 (St 12), soll in zwei Ziehstufen zu einem Hohlkörper mit kleinstmöglichem Innendurchmesser gezogen werden. Berechnen Sie die beiden Stempeldurchmesser, wenn ohne Zwischenglühen gezogen wird.

Ziehverhältnisse für DC01

- $\beta_1 = 1{,}8$
- $\beta_2 = 1{,}2$

Berechnung:

$$d_1 = \frac{D}{\beta_1} = \frac{135\text{ mm}}{1{,}8} = \mathbf{75{,}0\text{ mm}}$$

$$d_2 = \frac{d_1}{\beta_2} = \frac{75\text{ mm}}{1{,}2} = \mathbf{62{,}5\text{ mm}}$$

52 Berechnen Sie für den skizzierten Napf aus DC01 (St 12)

a) den Ziehringdurchmesser d_r,

b) den Rondendurchmesser D, mit Formelherleitung,

c) das Ziehverhältnis β.

d) Begründen Sie, warum zur Napfherstellung nur ein Zug nötig ist.

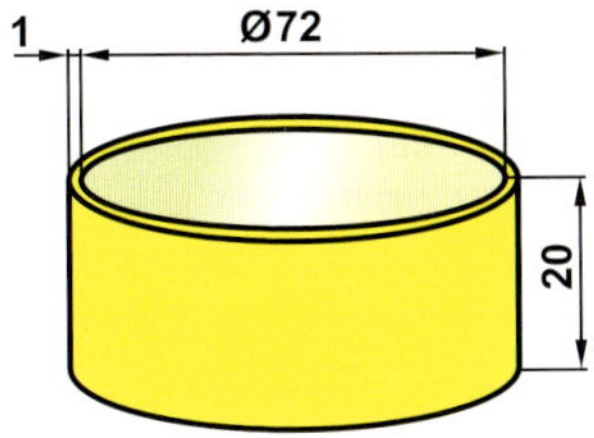

a) Ziehringdurchmesser:

Werkstofffaktor k = 0,07
Blechdicke s = 1 mm

$$d_r = d + 2 \cdot w$$
$$w = s + k \cdot \sqrt{10 \cdot s}$$

$$d_r = 72\text{ mm} + 2 \cdot 1{,}22\text{ mm}$$
$$d_r = \mathbf{74{,}44}\text{ mm}$$

b) Rondendurchmesser:

$$V_{\text{Ronde}} = V_{\text{Napf}}$$

$$\frac{\pi \cdot D^2}{4} \cdot s = \left(\frac{\pi \cdot d^2}{4} + \pi \cdot d \cdot h\right) \cdot s$$

$$D^2 = d^2 + 4 \cdot d \cdot h$$

$$D = \sqrt{d^2 + 4 \cdot d \cdot h}$$

$$D = \mathbf{104{,}61}\text{ mm}$$

c) Ziehverhältnis:

$$\beta = \frac{D}{d} = \frac{104{,}61\text{ mm}}{72\text{ mm}} = \mathbf{1{,}45}$$

d) Weil das zur Umformung benötigte Ziehverhältnis kleiner als das Ziehverhältnis β_{max} = 1,8 des Werkstoffes DC01 ist.

53 Welche Vorteile bringt die Verwendung von Ziehwülsten oder Ziehleisten beim Tiefziehen?

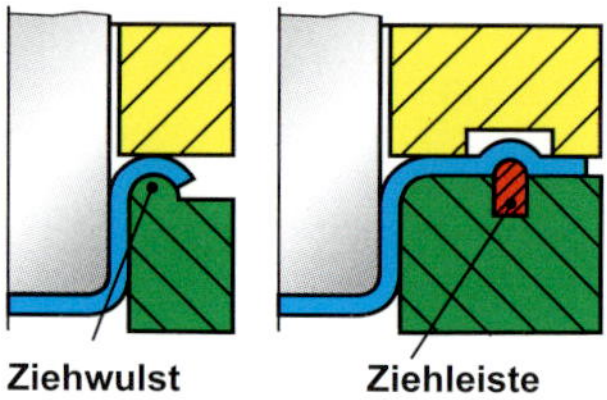

Ziehwülste und Ziehleisten beeinflussen den Werkstofffluss positiv. Sie bremsen den Materialfluss und gleichzeitig wird das Werkstoffgefüge aufgelockert.
Eine mögliche Faltenbildung im Bereich der Zarge (Falten 2. Ordnung) wird dadurch wesentlich herabgesetzt.

Tiefziehfehler

54 Benennen Sie den abgebildeten Tiefziehfehler und geben Sie eine mögliche Ursache sowie geeignete Gegenmaßnahmen an.

Benennung:
Bodenreißer

Ursache:
Die Ziehkraft übersteigt die Reißfestigkeit des Werkstoffs.

Gegenmaßnahmen: z. B. kleineren Zuschnitt, kleinere Niederhalterkraft, bessere Schmierung, größeren Ringradius oder größeren Stempelradius wählen.

55 Nennen Sie mögliche Ursachen für den Tiefziehfehler „Faltenbildung im Flansch“ (Falten 1. Ordnung) und geben Sie Gegenmaßnahmen an.

Ursache:
Keine oder zu geringe Niederhalterkraft.

Gegenmaßnahmen: z. B. die Niederhalterkraft erhöhen, die Reibung im Flansch erhöhen.

3

56 Nennen Sie mögliche Ursachen für den Tiefziehfehler „Längsfaltenbildung in der Zarge" (Falten 2. Ordnung) und geben Sie Gegenmaßnahmen an.

Ursachen:
Fehlende formschlüssige Stützung in der freien Umformzone[1], hervorgerufen durch zu große Stempel- und Ziehkantenrundungen, einen zu großen Ziehspalt, ein zu kleines Ziehverhältnis oder einen konischen Stempelboden.

Gegenmaßnahmen: z. B.
Niederhalterkraft erhöhen, Platinendurchmesser erhöhen, Ziehwülste verwenden.

[1] Unter freien Umformzonen versteht man Bereiche des Ziehteils, wie z. B. den zwischen Ziehring und Stempel, die im Verlauf des Ziehprozesses keinen Kontakt mit den Werkzeugaktivflächen haben.

57 Nennen Sie mögliche Ursachen für den Tiefziehfehler „Zipfelbildung" (Textur) und geben Sie Gegenmaßnahmen an.

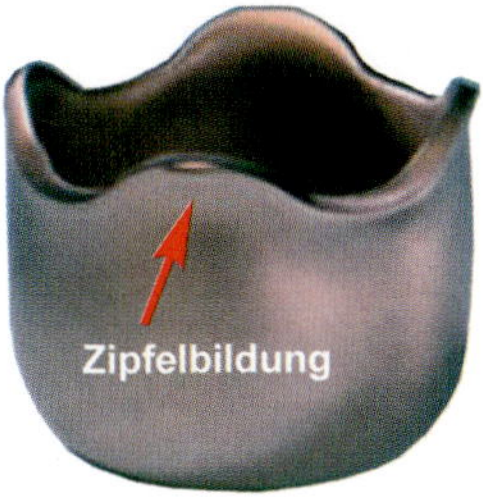

- Vier Zipfel in 90° zueinander:
  Ursache:
  Anisotropie des Werkstoffs
  Gegenmaßnahmen: z. B.
  Blech mit kleinerer ebener Anisotropie verwenden oder Ziehteil nach dem Umformen beschneiden.
- Unregelmäßige Zipfel:
  Ursache:
  ungleiche Blechdicke
  Gegenmaßnahme:
  anderes Blech verwenden

58 Nennen Sie mögliche Ursachen für den Tiefziehfehler „Umfangsrisse" und geben Sie Gegenmaßnahmen an.

Ursache:
Das Formänderungsvermögen beim Rückbiegen an der Ziehringkante ist erschöpft.

Gegenmaßnahmen:
Kantenrundungen erhöhen oder Zwischenglühen.

3.4.4 Biegen

59

a) Was versteht man beim Biegen unter der „neutralen Faser"?
b) Welcher Radius wird als Biegeradius bezeichnet?

a) Die Werkstofffaser, die beim Biegen weder gestreckt noch gestaucht wird. Sie liegt ungefähr auf der Mittellinie und dient zur Berechnung der „gestreckten Länge".

b) Als Biegeradius bezeichnet man den an der Innenseite des Biegeteils liegenden Radius nach dem Biegen.

60 Ein Vierkantstahl 10 DIN 1014 – S235J0 soll gebogen werden. Welche Folgen hätte hierbei ein zu klein gewählter Biegeradius?

- Risse im Werkstoff
- große Querschnittsveränderungen

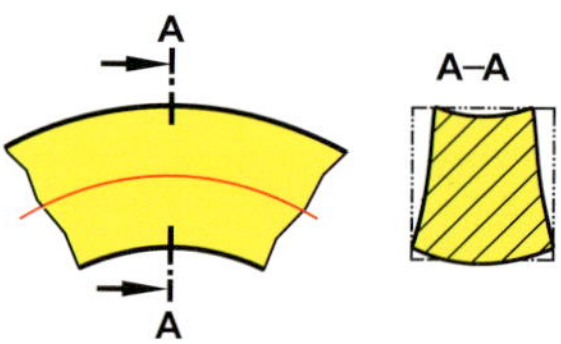

61 Wovon hängt die Größe des kleinsten zulässigen Biegeradius für das Kaltbiegen von Stahlblechen ab?

- Blechdicke
- Mindestzugfestigkeit des Werkstoffs
- Walzrichtung
- Biegewinkelgröße

62 Warum muss ein Biegeteil zur Erzielung des gewünschten Biegewinkels überbogen werden?

Wegen der Elastizität des Werkstoffs. Beim Biegen muss der Werkstoff über die Streckgrenze R_e hinaus beansprucht werden, damit er sich plastisch (bleibend) verformt. Nach dem Biegen federt er um die Größe der elastischen Verformung zurück.

63 **Ein 1,5 mm dickes Blech aus DC03 (RRSt 13) soll kalt gebogen werden.**

a) Ermitteln Sie die Werkstoffkennwerte
- **R_m,**
- **R_e,**
- **A.**

b) Skizzieren und beschriften Sie für diesen Werkstoff das Spannungs-Dehnungs-Diagramm.

c) Markieren Sie den nutzbaren Umformbereich im Diagramm farbig.

d) Ermitteln Sie den kleinsten zulässigen Biegeradius.

a) Werkstoffkennwerte (DC03):
- Mindestzugfestigkeit $R_m = 370\,\text{N/mm}^2$
- Streckgrenze $R_e = 240\,\text{N/mm}^2$
- Bruchdehnung $A = 34\,\%$

b) und c)

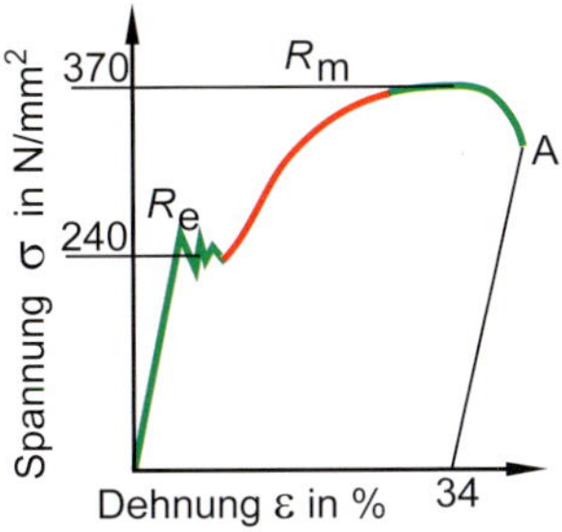

d) Aus der Tabelle mit s bis 1,5 mm und R_m bis 390 N/mm² ➔ kleinster zulässiger Biegeradius r = **1,6 mm**.

64 **Warum soll beim Biegen die Walzrichtung des Bleches beachtet werden?**

Bei der Blechherstellung richten sich die Kristalle durch das Walzen aus. Beim Biegen quer zur Walzrichtung ist der Werkstoff höher belastbar und die Gefahr der Rissbildung kleiner.

65 **Warum sollten die Bohrungen des skizzierten Biegeteils erst nach dem Biegen gefertigt werden?**

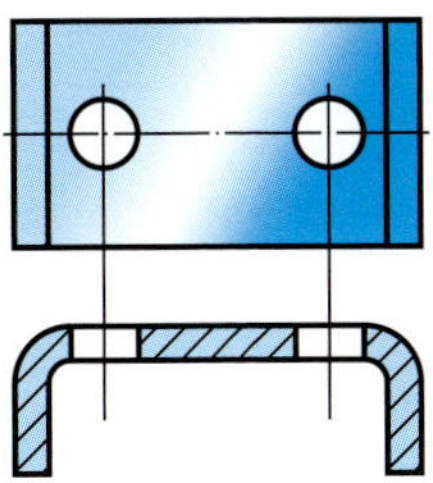

Die Bohrungen sind zu dicht an den Biegekanten und würden durch das Biegen deformiert werden.

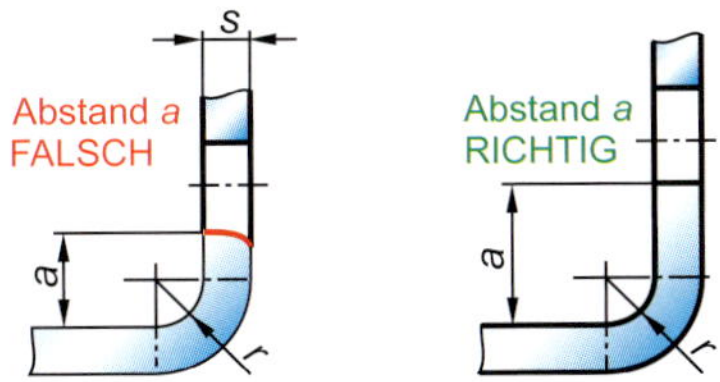

Faustformel für den Mindestabstand a:

$$a \geq r + 2 \cdot s$$

66 **Berechnen Sie die gestreckte Länge des abgebildeten Flachstahls Fl 40 x 2.**

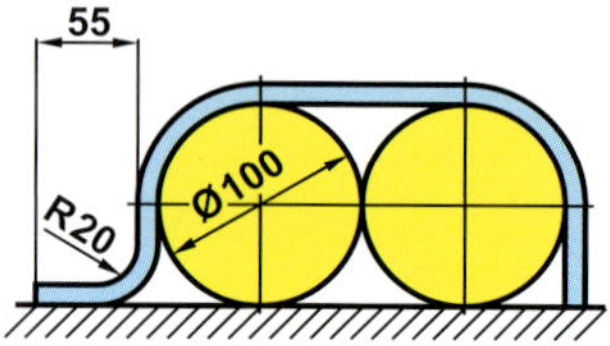

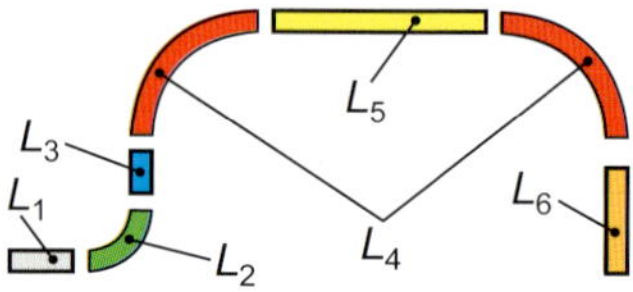

$L = L_1 + L_2 + L_3 + L_4 + L_5 + L_6$

$L_1 = L_{55} - R_{20}$
$= 55\ \text{mm} - 20\ \text{mm} = 35\ \text{mm}$

$L_2 = \frac{\pi \cdot d_m}{4} = \frac{\pi \cdot 42\ \text{mm}}{4} = 32{,}99\ \text{mm}$

$L_3 = R_{50} - s - R_{20}$
$= (50 - 2 - 20)\ \text{mm} = 28\ \text{mm}$

$L_4 = \frac{\pi \cdot d_m \cdot \alpha}{360°} = \frac{\pi \cdot 102\ \text{mm} \cdot 180°}{360°}$
$= 160{,}22\ \text{mm}$

$L_5 = 100\ \text{mm}$

$L_6 = 50\ \text{mm}$

L = **406,21 mm**

67 **Das abgebildete Biegeteil hat eine Dicke von s = 1,5 mm. Berechnen Sie die Zuschnittslänge und begründen Sie, warum hier die gestreckte Länge mittels Ausgleichswert berechnet wird.**

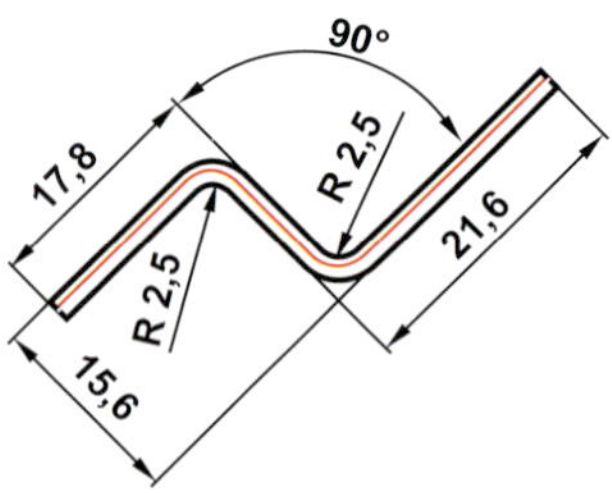

$L = a + b + c - n \cdot v$

- Ausgleichswert v = 3,2 mm
- Anzahl der Biegestellen n = 2
- Längen der Schenkel: a = 21,6 mm; b = 15,6 mm; c = 17,8 mm

L = **49 mm**

Der berechnete Wert wird auf volle mm aufgerundet.

Bei Biegeradien, deren Radius R kleiner als 5-mal Blechdicke ($R < 5 \cdot s$) ist, verschiebt sich durch zusätzliche Materialverformungen die neutrale Faser.
Die Länge der neutralen Faser muss dann durch den Ausgleichswert v berichtigt werden.

3.4.5 Schmieden, Gesenkformen

68

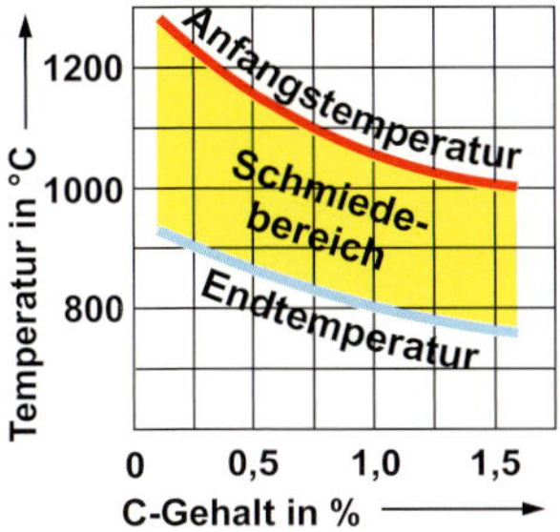

a) Welchen Zusammenhang zwischen der Schmiedbarkeit unlegierter Stähle und deren Kohlenstoffgehalt zeigt die Abbildung?
b) Warum muss das Erwärmen unterhalb des Schmiedebereichs langsam und gleichmäßig erfolgen?
c) Welche Folgen hat ein Erwärmen über den Anfangsschmiedebereich?
d) Warum soll nicht unterhalb der Endschmiedetemperatur geschmiedet werden?

a) Je geringer der Kohlenstoffgehalt bei unlegierten Stählen ist, desto höher liegt die Anfangsschmiedetemperatur und desto größer ist der Temperaturbereich, in dem geschmiedet werden kann.
b) Damit keine Spannungsrisse entstehen, die durch zu große Temperaturunterschiede zwischen äußeren und inneren Bereichen des Schmiederohlings entstünden. (Danach wird schnell auf Schmiedetemperatur erwärmt, damit kein Grobkorn entsteht.)
c) Wird über den Anfangsschmiedebereich erwärmt, fängt der Stahl an zu sprühen. Dabei verbrennt der Kohlenstoff des Stahls und er wird unbrauchbar.
d) Weil die Umformbarkeit des Werkstoffes so stark nachlässt, dass sich bei weiterem Schmieden Risse am Werkstück bilden.

69 **Ordnen Sie die folgenden Werkstoffe hinsichtlich ihrer „Schmiedbarkeit“:**
a) Kupfer-Legierungen
b) Legierte Stähle
c) Aluminium-Legierungen
d) Titan-Legierungen
e) Magnesium-Legierungen

Die „Schmiedbarkeit“ macht Aussagen über die ertragbaren
- Formänderungen ohne Bruch,
- Fließspannungen,
- Temperaturen.

Bezüglich der „Schmiedbarkeit“ ergibt sich qualitativ aufsteigend folgende Reihenfolge der Werkstoffe:
c) ➔ e) ➔ a) ➔ b) ➔ d).

70 In der Automobilindustrie werden Kurbelwellen meist durch Gesenkformen aber auch durch Spanen gefertigt.

a) Zeichnen Sie in die untenstehenden Kurbelwellenskizzen den jeweiligen Faserverlauf ein.

gespant

geschmiedet

b) Erläutern Sie die Vorteile die eine geschmiedete Kurbelwelle gegenüber einer spanend hergestellten aufweist.

a)

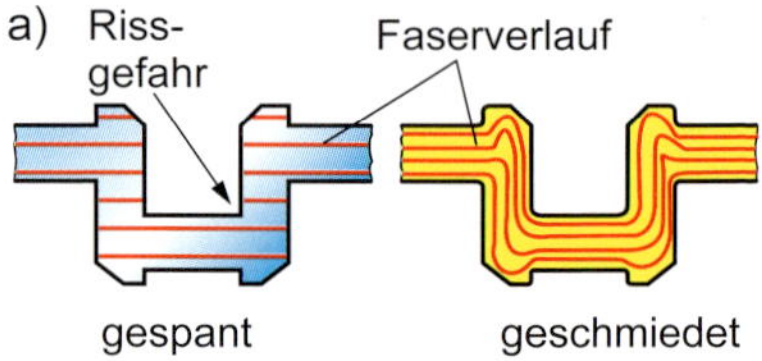

b) Beim Schmieden verdichtet sich durch die Druckspannungen das Gefüge und der Faserverlauf wird nicht unterbrochen, wodurch die Festigkeit gesteigert wird.
Wird die Kurbelwelle spanend hergestellt, so müsste hierfür ein Werkstoff verwendet werden, der höherfester und somit teurer ist.
Außerdem können bei entsprechender Belastung an der durch Spanen hergestellten Kurbelwelle dort Risse entstehen, wo an scharfen Ecken der Faserverlauf unterbrochen ist.
Da eine geschmiedete Kurbelwelle durch Umformen hergestellt wird, entsteht im Gegensatz zum Spanen kaum Werkstoffverlust.

71 Warum dürfen beim Schmieden die Anteile von Schwefel und Phosphor im Stahl zusammen nicht mehr als 0,1 % betragen?

Weil diese Eisenbegleiter die Schmiedbarkeit beeinflussen.

- Schwefelgehalte über 0,2 % verringern die Verformbarkeit im warmen Zustand und verursachen *Rotbrüchigkeit*.
- Phosphorgehalte über 0,25 % verursachen beim Umformen ohne Anwärmen *Kaltbrüchigkeit*.

72 Worin unterscheiden sich die Druckumformverfahren „Freiformen“ und „Gesenkformen“?

- Beim Freiformen wird aus dem Rohling ohne begrenzende Werkzeuge die gewünschte Fertigform durch Schlagwirkung erzielt, wobei der Werkstoff zwischen den Werkzeugen frei fließen kann. Die Fertigform entsteht durch geeignetes Führen des Werkstückes und des Werkzeuges.
- Beim Gesenkformen, oft auch als Gesenkschmieden bezeichnet, werden dem Werkstoff durch das Ober- und Untergesenk die Fließrichtung und Form vorgeschrieben.

73 In der Serienfertigung wird meist durch Gesenkformen statt durch Freiformen umgeformt. Welche wesentlichen Vorteile hat das Gesenkformen gegenüber dem Freiformen?

Die Vorteile des Gesenkformens sind:

- hohe Form- und Maßgenauigkeit bei großen Stückzahlen,
- gute Wiederholgenauigkeit,
- sehr kurze Fertigungszeiten,
- Werkstücke mit komplizierter Form sind herstellbar,
- es ist kein besonderes handwerkliches Geschick erforderlich.

74 Ordnen Sie den Zahlen und Buchstaben die entsprechenden Benennungen am Schmiedegesenk zu.

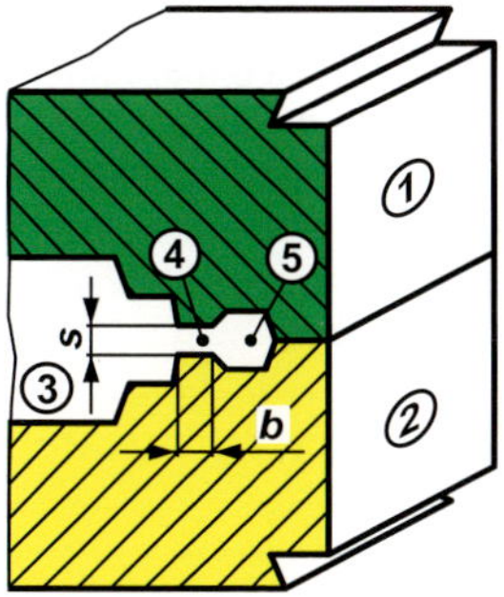

① Obergesenk
② Untergesenk
③ Gravur, sie ist der Formhohlraum in den Gesenkteilen, also die Negativform des Werkstückes.
④ Gratbahn
b: Gratbahnbreite
s: Gratspalthöhe
⑤ Gratrille, sie nimmt den überschüssigen Werkstoff auf

75 Welche Aufgaben erfüllen beim Gesenkformen Gratspalt ① Gratbahn ② und Gratrille ③?

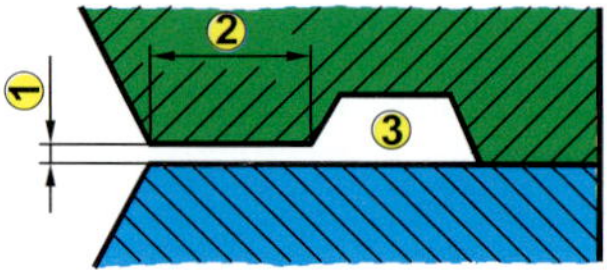

Gratspalt: Je nach Wahl der Gratspaltweite wird der Werkstofffluss mehr oder weniger behindert.

Gratbahn: Eine große Gratbahnweite bewirkt einen Anstieg des Reibwiderstandes und eine Zunahme der Werkstoffabkühlung.

Gratrille: Sie nimmt den überschüssigen Werkstoff auf.

76 Nennen Sie je zwei Vor- und Nachteile des Gesenkformens

a) mit Gratspalt,

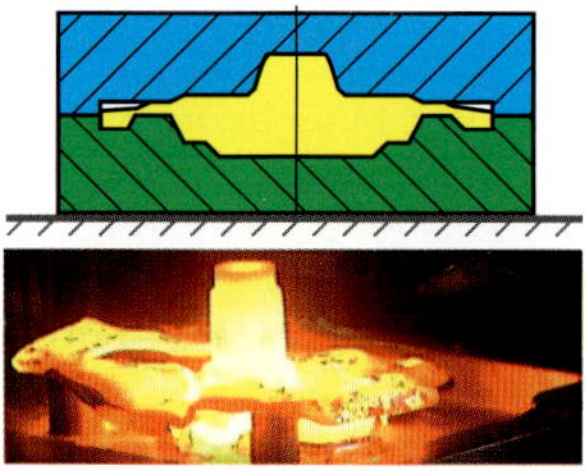

b) ohne Gratspalt.

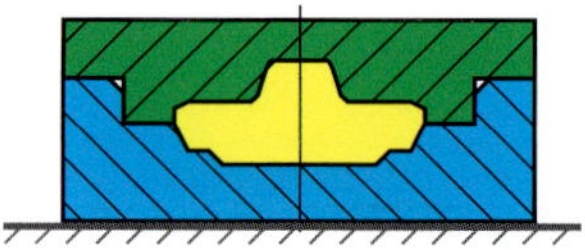

a) Gesenkformen mit Gratspalt:
   Vorteile:
   - Sicheres Füllen der Gravur ist gewährleistet.
   - Ungenaues Ablängen der Rohteile ist möglich.

   Nachteile:
   - Aufwändige Gesenkfertigung, durch Einarbeitung von Gratbahn und Gratrille.
   - Der Grat an den Schmiedestücken muss abgeschert werden.

b) Gesenkformen ohne Gratspalt:
   Vorteile:
   - Das Abgraten entfällt.
   - Eine gute Formgenauigkeit wird ohne Nacharbeit erreicht.

   Nachteile:
   - Da das Rohteilvolumen genau dem Schmiedevolumen entsprechen muss, ist ein genaues Ablängen erforderlich.
   - Weil beim Schließen ein Gesenk das andere umfasst, ist ein genaues Führen von Ober- und Untergesenk notwendig.

77 Die meisten Schmiedeteile werden durch Gesenken in mehreren Stufen umgeformt.

a) Nennen und erläutern Sie die drei Hauptarten der Umformung die dabei stattfinden.

b) Ordnen Sie die drei Hauptarten den dargestellten Abbildungen zu.

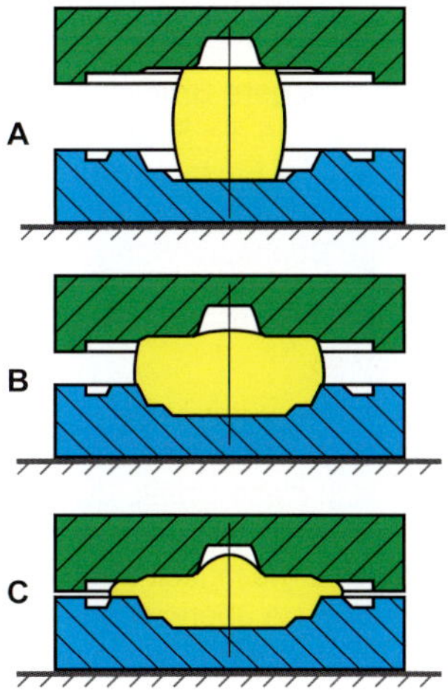

a) Die Hauptarten (Grundvorgänge) der Umformung sind:

Stauchen: Der Werkstoff fließt hauptsächlich in Richtung der Werkzeugbewegung, die Werkstückhöhe wird stark verringert und der Werkstückquerschnitt etwas vergrößert.

Breiten: Der Werkstoff fließt hauptsächlich quer zur Werkzeugbewegung, die Werkstückhöhe wird verringert und der Werkstückquerschnitt stark vergrößert.

Steigen: Der Werkstoff fließt hauptsächlich in entgegengesetzter Richtung der Werkzeugbewegung. Hohe Gravurbereiche werden vollständig gefüllt.

b) In der Abbildung A überwiegt das *Stauchen* und in der Abbildung B das *Breiten*. In der Abbildung C finden die Hauptarten *Breiten* und *Steigen* gleichzeitig statt.

78 Was versteht man unter dem „Gratbahnverhältnis“?

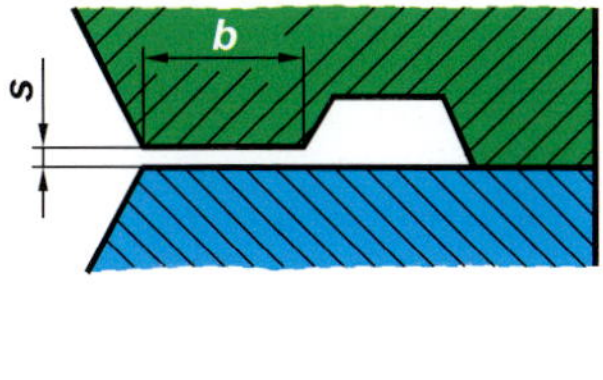

Das Gratbahnverhältnis ist das Verhältnis von Gratbahnbreite b zur Gratspaltweite s.
Für ein 2 kg schweres Werkstück mit komplizierter Form wird z. B. ein Gratbahnverhältnis von $b : s = 4 : 1$ gewählt.
Bei einer gegebenen Gratspaltweite von $s = 5$ mm ergibt dies eine Gratbahnbreite von $b = 20$ mm.

**79 Beim Schmieden mit einem neuen Gesenk wurde die Gravur nicht vollständig gefüllt.
Welche Änderungen an der Gradspaltabmessung können diesen Fehler beseitigen? Begründung.**

- Gradspaltweite verringern
- Gratbahnbreite vergrößern

Begründung:
Dadurch wird der Fließwiderstand des Werkstoffs vergrößert, sodass erst die Gravur ausgefüllt wird, bevor der Werkstoff durch den Gratspalt abfließt.

**80 Gebräuchliche Stähle für Schmiedegesenke sind Warmarbeitsstähle.
Ermitteln Sie aus dem Tabellenbuch geeignete Warmarbeitsstähle für Schmiedegesenke zum Einsatz**
a) unter Hämmern,
**b) an Pressen.
Begründen Sie die Auswahl.**

a) 55NiCrMoV6
56NiCrMoV7
Hervorzuheben ist bei beiden Werkstoffen die hohe Zähigkeit und damit geringere Bruchanfälligkeit, die gerade die Schmiedegesenke beim Einsatz unter Hämmern benötigen, um die schlagartige Beanspruchung aufnehmen zu können.

b) X38CrMoV5-1
X32CrMoV3-3
Gegenüber den unter a) genannten Warmarbeitsstählen zeichnen sich diese Stähle durch eine höhere Warmfestigkeit und Warmverschleißfestigkeit aus. Somit werden sie überwiegend an Pressen eingesetzt, wo in der Regel der Warmverschleißwiderstand und nicht die Zähigkeit das erste Kriterium darstellt.

3.5 Trennen und Zerteilen

81 Nach DIN 8580 werden die Verfahren des Trennens in sechs Gruppen eingeteilt. Nennen Sie diese unter der Angabe eines Beispiels.

- *Zerteilen:* Spanloses Trennen, z. B. Scherschneiden
- *Spanen mit geometrisch bestimmten Schneiden,* z. B. Drehen
- *Spanen mit geometrisch unbestimmten Schneiden,* z. B. Schleifen
- *Abtragen:* Physikalisch-chemisches Bearbeiten, z. B. Brennschneiden
- *Zerlegen:* Auseinandernehmen von zusammengebauten Teilen, z. B. Abschrauben
- *Reinigen:* Entfernen unerwünschter Stoffteilchen von Werkstückoberflächen, z. B. Sandstrahlen

82 Welche Grundform besitzen alle trennenden Werkzeugschneiden?

Die Grundform der Werkzeugschneide ist der Keil. Er dringt in den Werkstoff ein, spaltet und trennt ihn.

83 Zeichnen Sie zwei Keile mit den Keilwinkeln β_1 = 30° und β_2 = 60°. Ermitteln Sie mit Hilfe des Kräfteparallelogramms die jeweiligen Seitenkräfte, wenn eine Schlagkraft von 10 N wirkt.

Kräftemaßstab:
10 mm ≙ 10 N

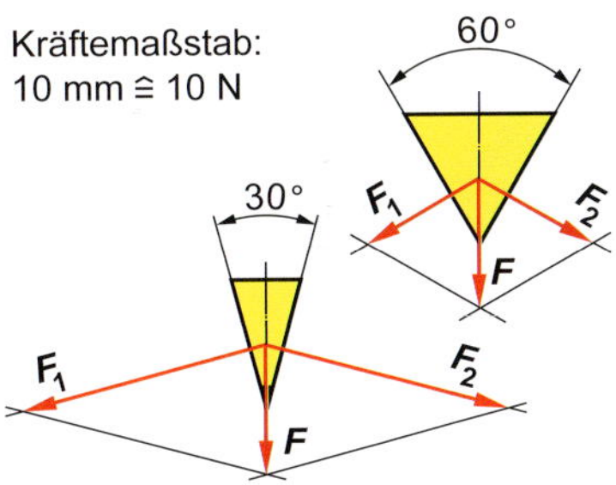

$\beta_1 = 30°$: $F_1 = F_2 =$ **19,3 N**
$\beta_2 = 60°$: $F_1 = F_2 =$ **10,0 N**

84 Wie wirkt sich ein kleiner Keilwinkel beim Trennvorgang auf die Größe der Seitenkräfte, den benötigten Kraftaufwand und die Schneidenstabilität aus?

Je kleiner der Keilwinkel ist, umso größer werden die Seitenkräfte, umso geringer werden der benötigte Kraftaufwand und die Schneidenstabilität.

85 Erläutern Sie die zerteilende Wirkung des Keils.

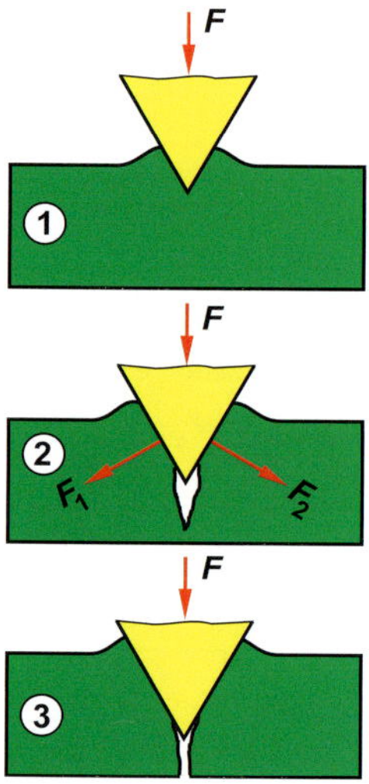

① Einkerben:
Die Kraft *F* wirkt auf die Schneide und überwindet die Kohäsionskräfte der Werkstoffteilchen. Diese werden vom eindringenden Keil verdrängt und bilden einen Wulst.

② Spalten:
Mit zunehmender Eindringtiefe wächst der Widerstand gegen die Werkstoffverdrängung. Durch die Wirkung der Seitenkräfte entsteht bei spröden Werkstoffen ein der Schneide vorauseilender Riss.

③ Bruch:
Bei tieferem Eindringen des Keils werden die Kohäsionskräfte im Restquerschnitt kleiner. Schließlich drängen die Seitenkräfte das Werkstück schlagartig auseinander.

86 Worin unterscheidet sich das „Scherschneiden" vom „Messerschneiden"?

Scherschneiden ist das Zerteilen zwischen zwei Schneiden, die sich aneinander vorbeibewegen. **Messerschneiden** ist das Zerteilen mit nur einer Schneide.

87 Wie erfolgt der Zerteilvorgang beim „Beißschneiden"?

Beim Beißschneiden wird das Schnittteil durch zwei Keile, die sich aufeinander zu bewegen getrennt, z. B. Bolzenschneider.

3.5.1 Scherschneiden

88 Welche Verfahren des Scherschneidens zeigen die Abbildungen?

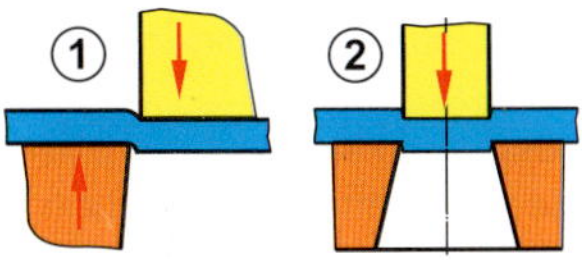

① Offener Schnitt: Die Schnittlinie des bearbeiteten Werkstücks ist offen.
② Geschlossener Schnitt: Die Schnittlinie des bearbeiteten Werkstücks ist in sich geschlossen.

89 An den einzelnen Zonen der Trennfläche eines durch Scherschneiden gefertigten Werkstückes lässt sich der Schneidvorgang beim Scherschneiden erkennen. Erläutern Sie den Schneidvorgang unter Nennung der einzelnen Zonen an der Trennfläche.

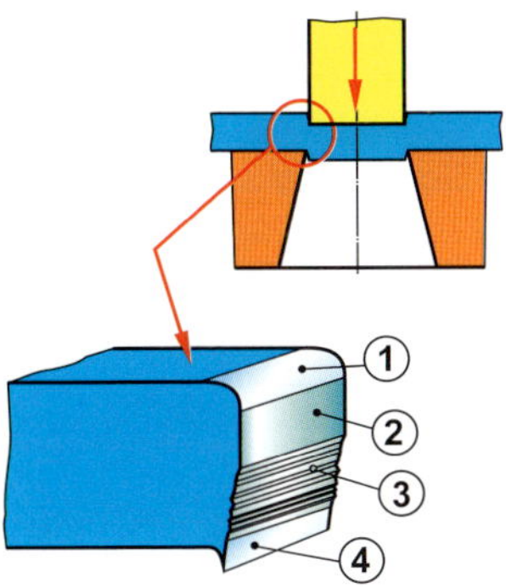

- *Biegen:* Unter Krafteinwirkung des aufsetzenden Stempels wird der Werkstoff elastisch verformt.
- *Fließen:* Der Stempel dringt nach Überwindung der Elastizitätsgrenze in den Werkstoff ein und bewirkt eine plastische Formänderung. Der Werkstoff wird dabei in den Schneidspalt gezogen. Es entstehen Rundungen an den Einzugsstellen, der so genannte Kantenabzug ①.
- *Einreißen:* Durch das weitere Eindringen des Stempels werden die zugbeanspruchten Werkstoffteilchen an der Ober- und Unterseite quer eingeschnitten. Es entsteht die glatte, glänzende Zone ②.
- *Durchreißen:* Durch die höher werdende Zugbeanspruchung der Fasern bilden sich Risse, die von den Schneidkanten aufeinander zulaufen. Der Trennbruch erfolgt unter Entstehung einer rauen, matten Bruchzone ③ und eines Grates ④.

90 Erläutern Sie das Aussehen der Schnittfläche und des Schnittgrates, wenn der Schneidspalt wie folgt gewählt wurde:
a) richtig,
b) zu groß,
c) zu klein.

a) Schneidspalt richtig:
 ➔ 1/3 glänzende Schnittzone
 ➔ 2/3 matte Bruchzone
 ➔ normaler Grat
b) Schneidspalt zu groß:
 ➔ große, raue Bruchzone
 ➔ kräftiger, stark gezackter Abreißgrat
c) Schneidspalt zu klein:
 ➔ große, glänzende Schnittzone
 ➔ dünner, hoher Ziehgrat

91 In welchem Fall spricht man beim Scherschneiden vom „Lochen", bzw. vom „Ausschneiden"?

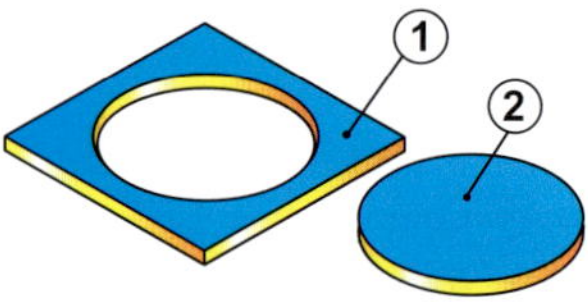

Wird durch das Scherschneiden eine Innenform hergestellt, dann spricht man vom Lochen.
➔ ① = Werkstück
 ② = Abfall
Wird durch das Scherschneiden eine Außenform hergestellt, dann spricht man vom Ausschneiden.
➔ ① = Abfall
 ② = Werkstück

92 Von welchen Faktoren ist die aufzuwendende Schneidkraft bei einem geschlossenen Schnitt abhängig?

Die aufzuwendende Schneidkraft hängt ab,
- von der Schnittfläche
- von der Scherfestigkeit des Werkstoffs
- von der Schneidstempelform (plan, schräg, dachförmig, wellig)
- vom Schneidenspiel
- vom Schmiermittel

93 Wodurch unterscheidet sich der Fertigungsablauf eines Gesamtschneidwerkzeuges von einem Folgeschneidwerkzeug?

Bei einem Gesamtschneidwerkzeug erfolgt die Fertigung einer Innen- und Außenform mit einem Pressenhub. Bei einem Folgeschneidwerkzeug wird die Kontur des Werkstückes durch mehrere aufeinander folgende Arbeitsschritte hergestellt.

94 Was sind Seitenschneider und welche Aufgabe erfüllen sie beim Scherschneiden?

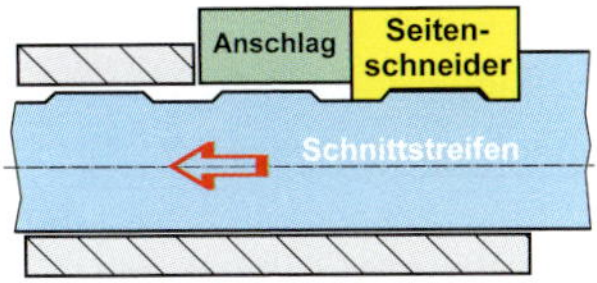

Seitenschneider sind zusätzliche Stempel, deren Länge genau dem erforderlichen Streifenvorschub entspricht. Sie klinken kleine Rechtecke am Streifenrand aus und der Streifen wird um diese Länge weitertransportiert. Mit Seitenschneidern erreicht man eine gute Vorschubbegrenzung und gleichzeitig eine gute Streifenführung.

3

95 Das Sicherungsblech ($R_{m\,max}$ = 510 N/mm²) soll mit einem Gesamtschneidwerkzeug gefertigt werden. Berechnen Sie
a) Maß *X*,
b) Scherfläche *S*,
c) erforderliche Schneidkraft *F* in kN.

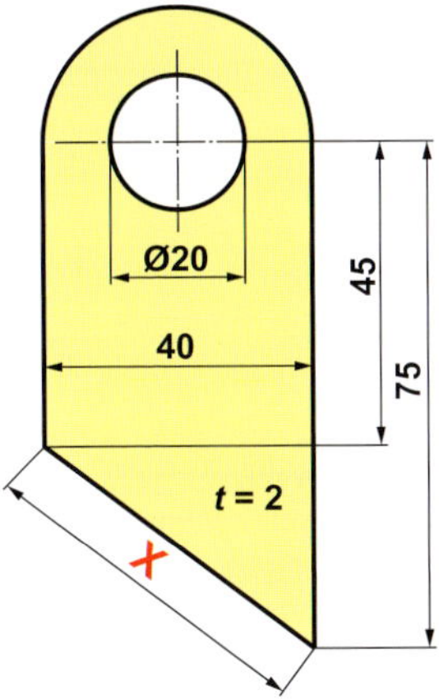

a) Maß X mit Pythagoras:

$$X = \sqrt{a^2 + b^2}$$

$$X = \sqrt{(30^2 + 40^2)\,\text{mm}^2}$$

$$X = \mathbf{50\ mm}$$

b) Scherfläche S:

$$S = \left(\pi \cdot d_{20} + \frac{\pi \cdot d_{40}}{2} + l_{75} + l_{45} + l_{50}\right) \cdot s$$

$$S = \mathbf{591{,}32\ mm^2}$$

c) Schneidkraft F:

$$\boxed{F = S \cdot \tau_{aB\,max}}$$

$$\boxed{\tau_{aB\,max} \approx 0{,}8 \cdot R_{m\,max}}$$

$$\tau_{aB\,max} = 0{,}8 \cdot 510\ \text{N/mm}^2$$

$$\tau_{aB\,max} = 408\ \text{N/mm}^2$$

$$F = 591{,}32\ \text{mm}^2 \cdot 408\ \text{N/mm}^2$$

$$F = \mathbf{241{,}26\ kN}$$

96 Aus einem Blechstreifen ($R_{m\,max}$ = 510 N/mm², s = 1 mm) sollen Ronden $d = 48^{-0,2}$ mm in großer Stückzahl ausgeschnitten werden.
Berechnen Sie
a) den Schneidspalt *u*,
b) Schneidplatten- und Schneidstempeldurchmesser, wenn das Schnittteil trotz wiederholten Nachschleifens des Schneidplattendurchbruchs im Toleranzbereich liegen soll.

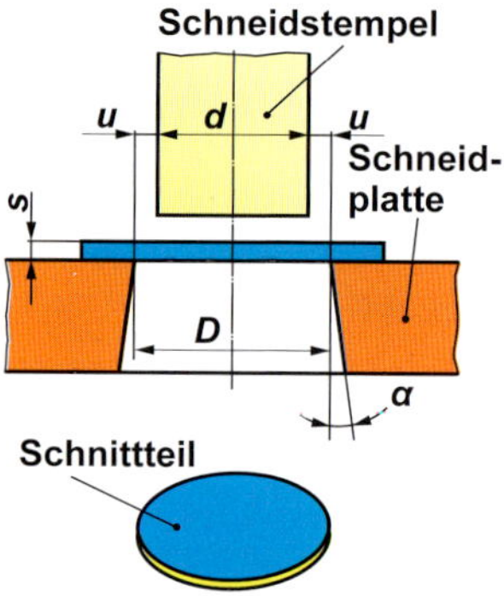

a) Schneidspalt *u:*

$$\tau_{aB\,max} \approx 0{,}8 \cdot R_{m\,max}$$

$$\tau_{aB\,max} = 0{,}8 \cdot 510\ \text{N/mm}^2$$

$$\tau_{aB\,max} = 408\ \text{N/mm}^2$$

➔ Tabellenwert: u = 0,04 mm

b) Schneidplattendurchmesser *D:*

Durch das Nachschleifen wird der konische Schneidplattendurchbruch größer ➔ Bezugsgröße ist das Werkstückmindestmaß
➔ $D = G_u$ = 47,8 mm

Schneidstempeldurchmesser *d:*

Beim Ausschneiden wird der Schneidstempeldurchmesser um das Stempelspiel (= 2 mal *u*) kleiner

$$d = D - 2 \cdot u$$

$$d = 47{,}8\ \text{mm} - 2 \cdot 0{,}04\ \text{mm}$$

d = **47,72 mm**

97 Worin unterscheiden sich „Folgeverbundwerkzeuge" und „Gesamtverbundwerkzeuge"?

Folgeverbundwerkzeuge:
Schneid- und Umformvorgänge werden nacheinander in einem Werkzeug durchgeführt.

Gesamtverbundwerkzeuge:
Während eines Pressenhubes wird der Werkstoff zerteilt und umgeformt.

98 Das abgebildete Schnittteil soll durch ein Folgeschneidwerkzeug mit Seitenschneider ausgeschnitten werden.

a) Woran können Sie am fertigen Schnittteil erkennen, ob es mit einem Folgeschneidwerkzeug oder mit einem Gesamtschneidwerkzeug gefertigt wurde?

b) Berechnen Sie die Schnittstreifenabmessungen.

c) Zeichnen Sie das Streifenbild und tragen Sie die ermittelten Maße ein.

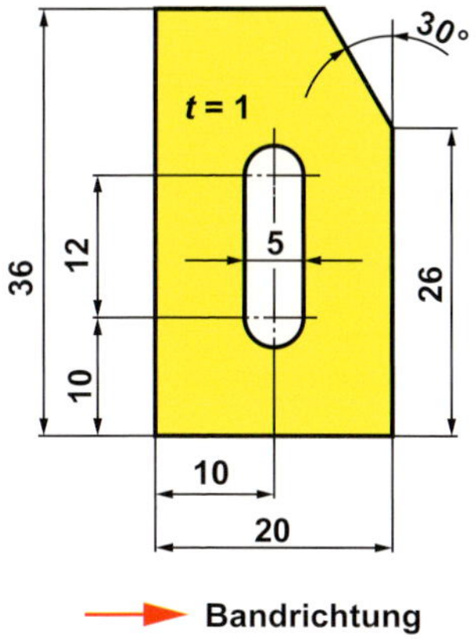

a) An der Lage des Grates:
Bei Folgeschneidwerkzeugen mit Lochstempel und Ausschneidstempel liegt der Grat für die Innenform (Lochen) auf der einen Seite, der Grat für die Außenform auf der anderen.
Bei Gesamtschneidwerkzeugen ist der Ausschneidstempel gleichzeitig Schneidplatte für die von der anderen Seite schneidenden Lochstempel der Innenform. Die Gratseiten liegen daher auf einer Seite.

b) Steg- und Randbreite:
für Blechdicke 1 mm und eine Steg-/Randlänge bis 50 mm folgt:
→ Stegbreite e = 1,1 mm
→ Randbreite a = 1,1 mm
→ Seitenschneiderabfall i = 1,5 mm

Streifenbreite: $B = b + 2 \cdot a + i$

Werkstückbreite b = 36 mm
B = 36 mm + 2,2 mm + 1,5 mm
B = 39,7 mm

Streifenvorschub: $V = l + e$

V = 20 mm + 1,1 mm = 21,1 mm

c) Streifenbild:

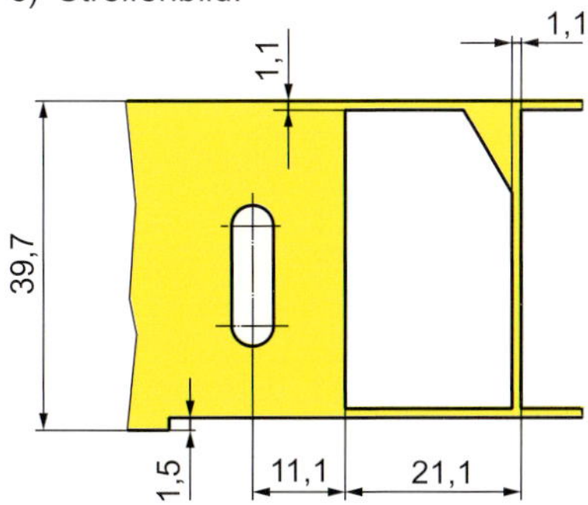

3.5.2 Projekt Folgeschneidwerkzeug

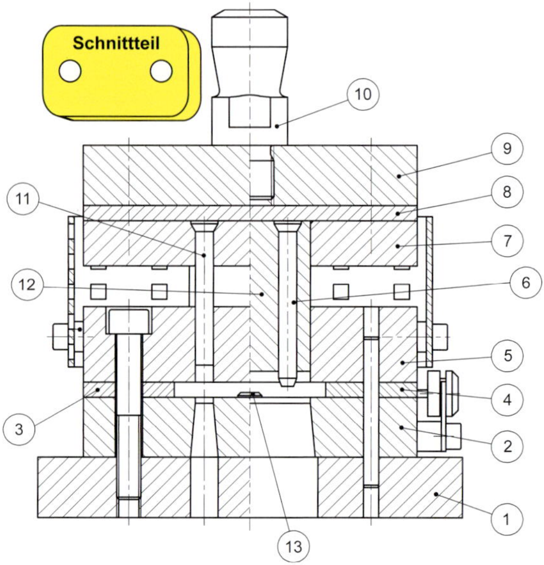

Pos.	Menge	Benennung	Sachnummer/Norm.
1	1	Grundplatte	S235JR
2	1	Schneidplatte	C105U
3	1	Zwischenlage	C45U
4	1	Zwischenlage	C45U
5	1	Führungsplatte	C45U
6	2	Suchstift	X210CrW12
7	1	Stempelplatte	C45U
8	1	Druckplatte	C105U
9	1	Kopfplatte	C45U
10	1	Einspannzapfen	ISO 10242-1 A - 20 x M16x1,5
11	2	Lochstempel	DIN 9861 D - 6 x 48 HWS
12	1	Ausschneidstempel	X210CrW12
13	1	Anlagestift	ISO 2341 - A - 5 x 10 – St

99 Mit dem Folgeschneidwerkzeug werden Laschen hergestellt, siehe Gesamtzeichnung.

99.1 Hierzu wird der neue Schnittstreifen, geführt durch die Zwischenlagen (Pos. 3 und 4), so weit in das Werkzeug eingeschoben, bis er an einem eingedrückten Voranschlag anliegt. Erläutern Sie den weiteren Arbeitsablauf beim Folgeschneiden unter Angabe der Benennungen mit Positionsnummern aus der Stückliste und skizzieren Sie den Schnittstreifen.

Hinweis:
Nach dem ersten Pressenhub wird der Voranschlag wieder gelöst.

Erster Pressenhub:
Der Lochstempel (Pos. 11) schneidet Löcher und der Ausschneidstempel (Pos. 12) schneidet einen Teil der Außenkontur.
Danach wird der Schnittstreifen so weit vorgeschoben, dass die Schnittfläche am Anlagestift (Pos. 13) anschlägt.
Zweiter Pressenhub:
Der Streifen wird durch Suchstifte (Pos. 6) im Ausschneidstempel um wenige Zehntel Millimeter zurückgezogen, anschließend wieder gelocht und ausgeschnitten.
Schnittstreifen:

99.2 Welche Vorteile hat die Verwendung des Voranschlags im Folgeschneidwerkzeug?

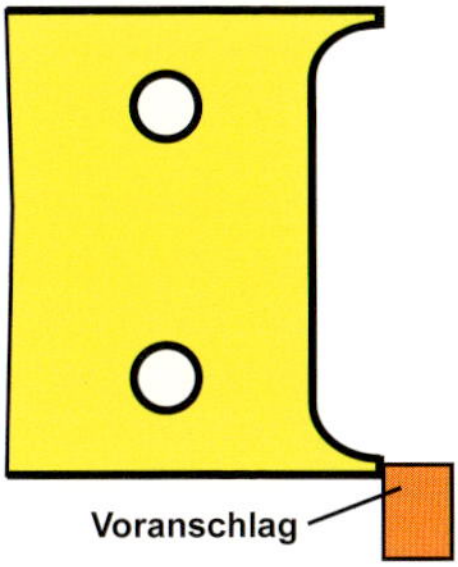

Liegt der eingeschobene neue Schnittstreifen am eingedrückten Voranschlag an, wird der erste Arbeitsgang ausgeführt. Anschließend wird der Voranschlag nach außen gezogen.
Damit wird die Ausnutzung des Streifens verbessert und eine Beschädigung des Werkzeugs verhindert, da die Suchstifte (Pos. 6) beim ersten Pressenhub nicht auf den sonst ungelochten Schnittstreifen treffen.

99.3 Berechnen Sie die Schneidkraft F_A für das Ausschneiden und die Schneidkraft FL für das Lochen des Schnittteils aus S275JR.

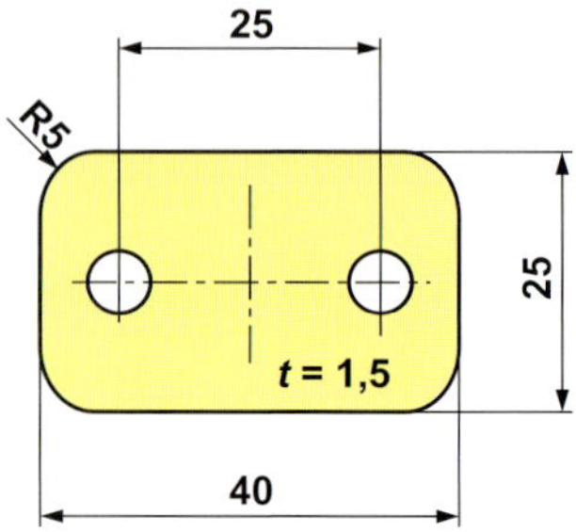

$\tau_{aB\,max} \approx 0{,}8 \cdot R_{m\,max}$ | $F = S \cdot \tau_{aB\,max}$

S275 JR ⇨ $R_{m\,max} = 560\,\text{N/mm}^2$

$\tau_{aBmax} \approx 0{,}8 \cdot 560\,\frac{\text{N}}{\text{mm}^2} \approx 448\,\frac{\text{N}}{\text{mm}^2}$

Ausschneiden:

$U_A = \pi \cdot d + 2 \cdot L + 2 \cdot B$
$= (\pi \cdot 10 + 2 \cdot 30 + 2 \cdot 15)$ mm
$= 121{,}42$ mm

$S_A = U_A \cdot s$ und $s = t = 1{,}5$ mm

$S_A = 121{,}42\text{ mm} \cdot 1{,}5\text{ mm}$
$= 182{,}12\text{ mm}^2$

$F_A = 182{,}128\text{ mm}^2 \cdot 448\,\frac{\text{N}}{\text{mm}^2}$
$= \mathbf{81{,}592\ kN}$

Lochen: (Pos. 11)

$U_L = \pi \cdot d = \pi \cdot 6\text{ mm} = 18{,}85$ mm

$S_L = 2\,(18{,}85 \cdot 1{,}5)$ mm (2 Löcher)
$= 56{,}55\text{ mm}^2$

$F_L = 56{,}55\text{ mm}^2 \cdot 448\,\frac{\text{N}}{\text{mm}^2}$
$= \mathbf{25{,}335\ kN}$

99.4 Welche Aufgabe hat die Druckplatte (Pos. 8)?

Die Druckplatte soll die Schneidkraft von der Kopfplatte auf die Stempel übertragen.

99.5 In welchem Fall wird eine gehärtete Druckplatte verwendet?

Man verwendet eine gehärtete Druckplatte bei einer Flächenpressung von mehr als 250 N/mm². So können sich kleine Lochstempel durch die überhöhte Flächenpressung nicht in die weiche Kopfplatte eindrücken.

99.6 Welche Aufgabe hat die Kopfplatte (Pos. 9)?

Die Kopfplatte nimmt den Einspannzapfen auf. Sie hat dieselben Abmaße wie die Stempelplatte. Die Dicke der Kopfplatte ist von der Größe des Einspannzapfens abhängig.

99.7 Die Schneidkraft für den Lochstempel (Pos.11) beträgt $F_L = 26\,000\,\text{N}$. Überprüfen Sie, ob die Druckplatte (Pos. 8) gehärtet werden muss.

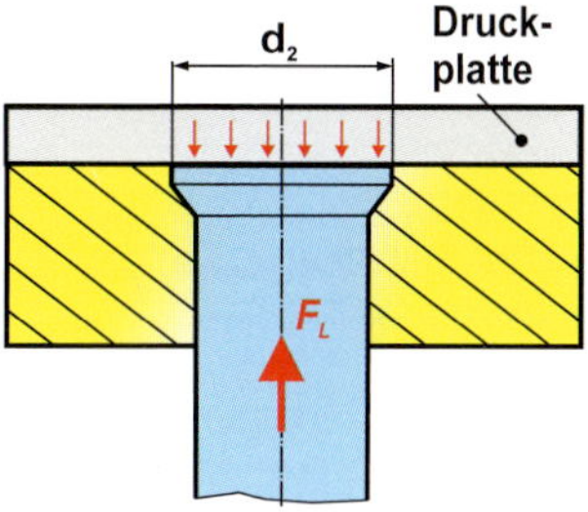

Der Lochstempel hat einen Berührdurchmesser von $d_2 = (1{,}1 \ldots 1{,}8) \cdot d_1$ (DIN 9861 D - 6 x 48 HWS).

Flächenpressung:

$$p_L = \frac{F_L}{A_L} \leq p_{zul} = 250 \, \frac{\text{N}}{\text{mm}^2}$$

$$d_2 = 1{,}5 \cdot d_1 = 1{,}5 \cdot 6 \text{ mm} = 9 \text{ mm}$$

$$A_L = \frac{\pi \cdot d_2^2}{4} = \frac{\pi \cdot (9 \text{ mm})^2}{4} = 63{,}62 \text{ mm}^2$$

$$p_L = \frac{26000 \text{ N}}{63{,}62 \text{ mm}^2} \approx 409 \, \frac{\text{N}}{\text{mm}^2}$$

Da die errechnete Flächenpressung größer als die zulässige Flächenpressung ist, muss die Druckplatte gehärtet werden.

99.8 Welche Aufgabe erfüllt der Einspannzapfen (Pos. 10)?

Der Einspannzapfen verbindet das Oberteil des Schneidwerkzeuges mit dem Pressenstößel.

99.9 Begründen Sie, warum die Lage des Einspannzapfens (Pos. 10) in der Kopfplatte (Pos. 9) im Kräftemittelpunkt der Stempel angeordnet wird.

Um eine gleichmäßige Beanspruchung des Werkzeuges zu gewährleisten und um ein Verkanten zu verhindern, wird der Einspannzapfen nicht in der Mitte, sondern im Kräftemittelpunkt angebracht.

99.10 Womit lässt sich der Vorschub eines Schnittstreifens begrenzen?

Der Vorschub eines Schnittstreifens kann z. B. durch feste oder verstellbare Anschläge, Anlagestifte, Seitenschneider oder Vorschubapparate begrenzt werden.

99.11 Warum muss beim Folgeschneidwerkzeug der Streifen exakt um einen bestimmten Vorschub verschoben werden?

Der Streifen muss exakt um einen bestimmten Vorschub verschoben werden, damit keine Lageabweichungen von der im ersten Hub erzeugten Innenform zur im folgenden Hub erzeugten Außenform entstehen.

3.5.3 Feinschneiden

100 Welche Besonderheiten weisen die mit Feinschneidwerkzeugen hergestellten Werkstücke auf?

Die mit Feinschneidwerkzeugen in einem Arbeitsgang hergestellten Werkstücke sind, ohne Nacharbeit, maßgenau und plangerichtet. Die Schnittflächen sind glatt, rechtwinklig und ohne Grat.

101 Benennen Sie die Teile des abgebildeten Feinschneidwerkzeuges und erläutern Sie wodurch beim Feinschneiden die bruchfreien, glatten Schnittflächen erzeugt werden.

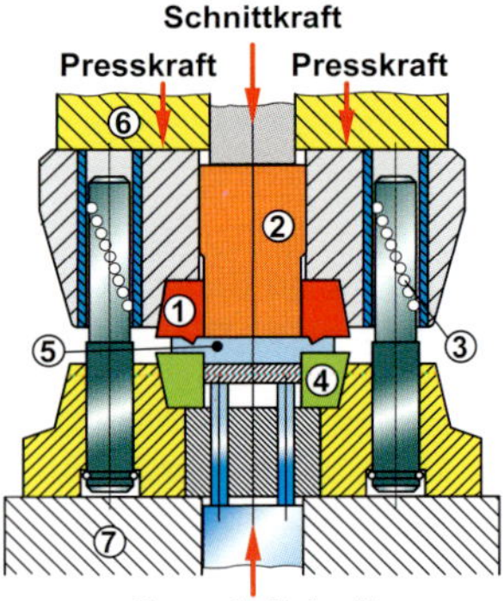

Teilebenennung:

① Pressplatte mit Ringzacke
② Schneidstempel
③ Kugelführung
④ Schneidplatte
⑤ Werkstück
⑥ beweglicher Pressenstößel
⑦ feststehender Pressentisch

Durch das Zusammenwirken von Feinschneidwerkzeug und Feinschneidpresse wird der Werkstoff ganz durchgeschnitten, so dass keine Bruchzone entsteht.
Ermöglicht wird dies insbesondere durch die Ringzacke der Pressplatte ①. Sie spannt den Werkstoff vor dem Schneidvorgang außerhalb der Schnittlinie. Während des Schneidvorgangs erfolgt durch die Seitenwirkung der keilförmigen Ringzacke zusätzlich eine Werkstoffverdrängung in Richtung des Stempels. Ein Abfließen des Werkstoffes findet somit nicht statt und die Bildung einer Bruchzone ist nicht möglich.
Weitere Einflussfaktoren sind der sehr kleine Schneidspalt, der nur 0,5 % der Blechdicke betragen darf und die Führung durch Säulengestelle, die mit ihrer Kugelführung für eine spielfreie Hubbewegung sorgen.

3.6 Spanen

102 Benennen Sie die Flächen und Winkel am Schneidkeil.

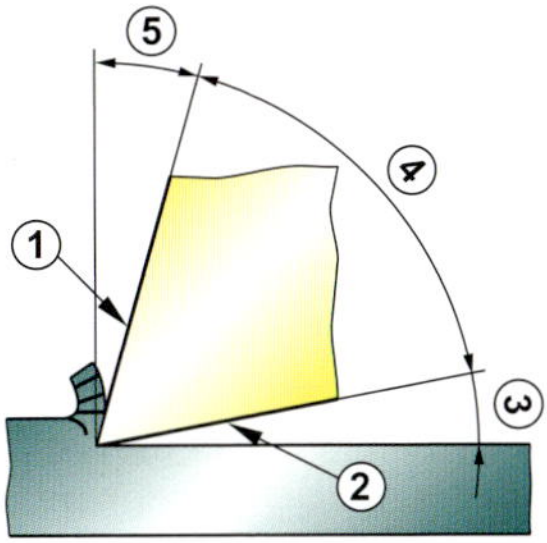

① Spanfläche
② Freifläche
③ Freiwinkel α, der freie Winkel zwischen Freifläche und bearbeiteter Fläche
④ Keilwinkel β, der Winkel des Schneidkeiles
⑤ Spanwinkel γ, der Winkel zwischen der Spanfläche und einer zur Bearbeitungsfläche senkrechten gedachten Linie

103 Welche Aufgaben hat der Freiwinkel α?

Der Freiwinkel ermöglicht das Eindringen des Werkzeugs in den Werkstoff und vermindert Reibung und Freiflächenverschleiß.
Der Freiwinkel ist werkstoffabhängig, z. B. ≈ 4° bei harten und ≈ 14° bei weichen Werkstoffen.

104 Welchen Einfluss haben der Keilwinkel β und der Spanwinkel γ?

Die werkstoffabhängig ausgewählten Keil- und Spanwinkel beeinflussen beide die Schnittkraft und die Standzeit, der Spanwinkel die Werkstückoberfläche und die Spanform.
Harte Werkstoffe erfordern kleine, evtl. sogar negative Spanwinkel und große Keilwinkel.
Bei weichen Werkstoffen sind ein großer Spanwinkel und ein kleiner Keilwinkel zweckmäßig.

105 In welchem Fall wird der Spanwinkel negativ?

Frei-, Keil- und Spanwinkel ergeben zusammen einen rechten Winkel.
Wenn Freiwinkel und Keilwinkel zusammen mehr als 90° betragen, wird der Spanwinkel negativ.

106 Berechnen Sie den Spanwinkel γ für folgende Freiwinkel α und Keilwinkel β:

a) $\alpha = 8°$ und $\beta = 18°$
b) $\alpha = 40°$ und $\beta = 50°$.

$$\alpha + \beta + \gamma = 90°$$

$\Rightarrow \gamma = 90° - \alpha - \beta$

a) $\gamma = 64°$
b) $\gamma = 0°$

107 In welchem Fall spricht man von „geometrisch bestimmten“ Schneiden bzw. von „geometrisch unbestimmten“ Schneiden?

Sind die Schneiden eines Werkzeuges in ihrer Form und Lage genau bestimmt, z. B. Bohrer oder Drehmeißel, dann spricht man von geometrisch bestimmten Schneiden.
Haben die Schneiden eines Werkzeuges alle unterschiedliche Formen, z. B. die Körner einer Schleifscheibe, so spricht man von geometrisch unbestimmten Schneiden.

108 In welchen Stufen verläuft die Bildung eines Spans?

Beim Eindringen der keilförmigen Schneide wird der Werkstoff angestaucht, ein voreilender Riss entsteht. Der Span wird abgeschert, gleitet an der Spanfläche entlang und fließt ab.

109 Welche Spanformen sind erwünscht, welche unerwünscht? Begründen Sie.

Kurze Spiralspäne, Wendelspäne und Bröckelspäne sind erwünscht.

Bandspäne, Wirrspäne und lange Wendelspäne sind unerwünscht.

Die Späne sollen kurz sein, damit keine Behinderung der Maschinenbedienung, Störungen des Fertigungsablaufs und eine Beschädigung von Werkstückoberfläche und Werkzeug auftreten.

110 Bei welchen Werkstoffen und Schnittbedingungen entstehen
a) Reißspäne,
b) Scherspäne,
c) Fließspäne?

a) **Reißspäne** entstehen beim Bearbeiten von vorwiegend spröden Werkstoffen (z. B. Gusseisen), kleinem Spanwinkel und niedriger Schnittgeschwindigkeit.
b) **Scherspäne** entstehen beim Bearbeiten von zähen und leicht spröden Werkstoffen, kleinem bis mittlerem Spanwinkel und niedriger Schnittgeschwindigkeit.
c) **Fließspäne** entstehen beim Bearbeiten von gut verformbaren, langspanenden Werkstoffen mit hohen Geschwindigkeiten und großem Spanwinkel.

111 Welche Anforderungen werden an einen Schneidstoff gestellt?

Von einem Schneidstoff werden erwartet:
- hohe Schneidfähigkeit,
- hohe Warmhärte,
- hohe Druck- und Biegefestigkeit,
- geringe Neigung zum Oxidieren, Verschweißen und Aufdiffundieren von Schneidstoffteilchen,
- hohe Wärmeleitfähigkeit,
- hohe Temperaturwechselbeständigkeit.

3.6.1 Bohren, Reiben, Gewindeschneiden

112 Ordnen Sie den Zahlen die jeweilige Benennung zu.

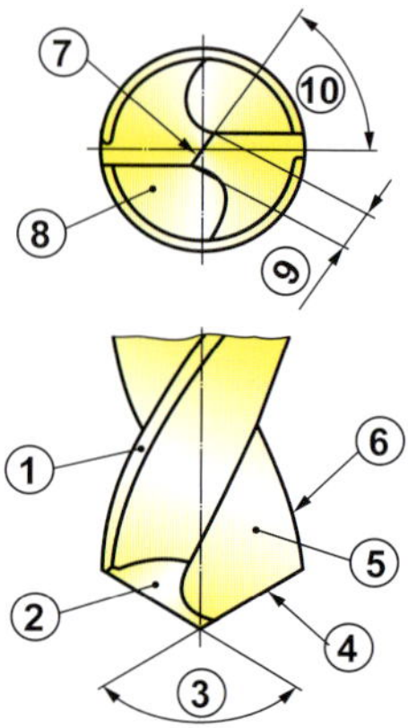

① Führungsfase
② Freifläche
③ Spitzenwinkel
④ Hauptschneide
⑤ Spanfläche
⑥ Nebenschneide
⑦ Querschneide
⑧ Spannut
⑨ Kerndicke
⑩ Winkel zwischen Quer- und Hauptschneide

113 Wie groß ist der Winkel zwischen Quer- und Hauptschneide bei einem Bohrerspitzenwinkel von 118°?

Die Querschneide bildet mit den Hauptschneiden einen Winkel von 55°.

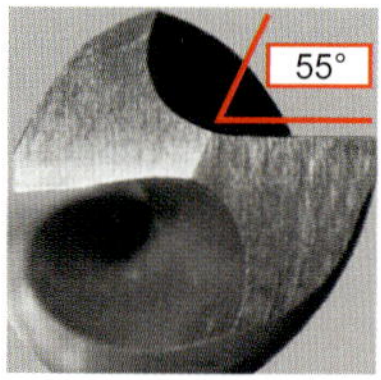

114 Welche Nachteile hat die Querschneide und wie können die nachteiligen Auswirkungen gemindert werden?

Die Querschneide benötigt zusätzliche Vorschubkraft, weil sie nicht schneidet sondern lediglich schabt und drückt.
Durch Verkürzen der Querschneide, dem sog. Ausspitzen, lässt sich diese zusätzliche Vorschubkraft um bis zu 50 % verringern oder durch Vorbohren vermeiden, wenn der Vorbohrerdurchmesser größer als die Querschneidenlänge des Fertigbohrers ist.

115 Wie groß sollte die Restlänge *b* der Querschneide nach dem „Ausspitzen“ mindestens sein?

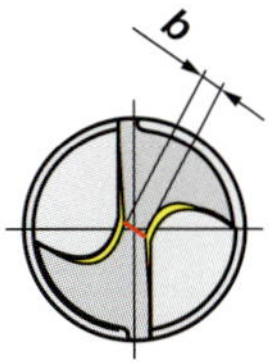

Die Restlänge der Querschneide sollte nach dem Ausspitzen mindestens 1/10 des Bohrerdurchmessers betragen, damit die Bohrerspitze nicht zu schwach wird.

116 Wovon hängt die Wahl der Einstellwerte beim Bohren ab?

Die Wahl der Einstellwerte ist abhängig vom:

- Werkstückwerkstoff
- Schneidstoff des Bohrers
- Bohrerdurchmesser

117 Nach dem Seitenspanwinkel (Drallwinkel) γ_f werden die drei Bohrer-Anwendungsgruppen N, H und W unterschieden. Welche Werkstoffe werden damit jeweils bearbeitet und in welchen Bereichen liegen dabei die Seitenspanwinkel?

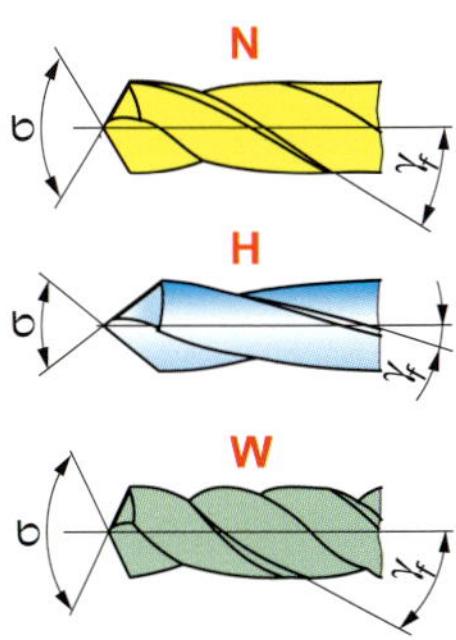

Normal:
für Werkstoffe mit normaler Festigkeit und Härte, z. B. weicher Stahl, allgemeine Baustähle, Grauguss, Neusilber, Messing, nicht rostende Stähle

γ_f = 20° … 35° (± 2° … 5°)
abhängig vom Bohrer-Ø

Hart und spröde:
für harte und zähharte oder kurzspanende Werkstoffe, z. B. hochfester Stahl, Gestein, Hartgummi

γ_f = 10° … 14° (± 2° … 5°)
abhängig vom Bohrer-Ø

Weich:
für weiche und langspanende Werkstoffe, z. B. Kupfer, Aluminium, Zink-Legierungen

γ_f = 30° … 40° (± 2° … 5°)
abhängig vom Bohrer-Ø

118 Kunststoffe wie Plexiglas (PMMA) werden mit einem Bohrer der Werkzeug-Anwendungsgruppe H gebohrt.
Ermitteln Sie den Bohrerspitzenwinkel σ, mit dem der Kunststoff gebohrt wird und begründen Sie die Wahl dieser Werkzeug-Anwendungsgruppe.

Der Spitzenwinkel beträgt meist 80°. Der kleine Spitzenwinkel des Bohrertyps H ermöglicht lange Hauptschneiden. Diese sind zur Wärmeabfuhr nötig, weil der Kunststoff ein schlechter Wärmeleiter ist und somit die Wärme über die Hauptschneiden abgeführt werden muss.

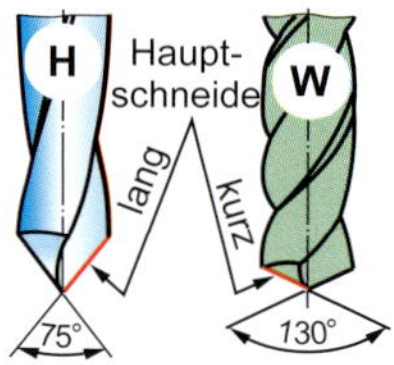

119

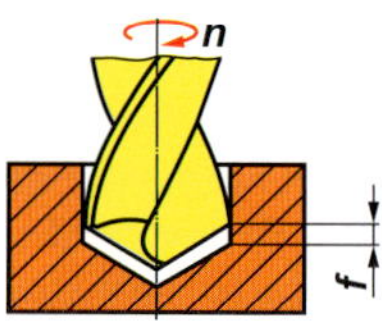

Was bezeichnet man beim Bohren als Vorschub und wie wird die Vorschubgeschwindigkeit v_f berechnet?

Den Weg, den ein Bohrer in Vorschubrichtung bei einer Umdrehung zurücklegt, bezeichnet man als Vorschub *f*.
Die Vorschubgeschwindigkeit berechnet sich nach der Formel:

$$v_f = f \cdot n$$

f Vorschub in mm
n Drehzahl in 1/min

120 Ein Werkstück aus 20MnCr5 soll mit einem HSS-Bohrer, Ø6, gebohrt werden.
Ermitteln Sie
a) Vorschub,
b) Schnittgeschwindigkeit,
c) und Drehzahl.

Tabellenwerte:
Legierter Einsatzstahl 20MnCr5
⇨ R_m: 980...1270 N/mm^2
a) f = **0,08** mm je Umdrehung
b) v_c = **10** m/min
c) n = **560** min^{-1}
aus Drehzahldiagramm
oder berechnet

$$v_c = \pi \cdot n \cdot d$$

$$n = \frac{v_c}{\pi \cdot d} = \frac{10 \text{ m/min}}{\pi \cdot 0{,}006 \text{ m}} = \mathbf{530 \text{ min}^{-1}}$$

121 In das Werkstück sind 5 Bohrungen zu bohren.

a) Welche Drehzahl ist nach dem Drehzahldiagramm an der Bohrmaschine einzustellen?

b) Berechnen Sie die Hauptnutzungszeit.

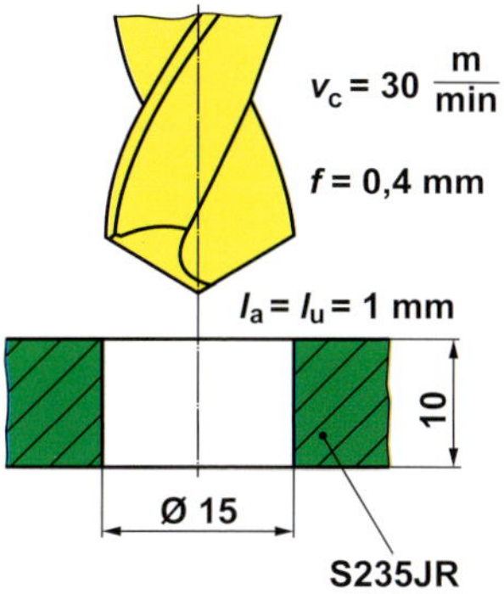

a) Nach dem Drehzahldiagramm ist eine Drehzahl von $n = 660\ 1/min$ einzustellen.

b) Hauptnutzungszeit:

$$t_h = \frac{L \cdot i}{n \cdot f}$$

$l_s = 0,3 \cdot d$

$l_s = 4,5$ mm

$L = l + l_s + l_a + l_u = 16,5$ mm

$$t_h = \frac{16,5\ \text{mm} \cdot 5}{660 \cdot 0,4\ \text{mm}}\ \text{min}$$

$t_h = \mathbf{0,31\ min}$

122 Erläutern Sie die Schleiffehler an den skizzierten Bohrern und die Auswirkungen auf die Bohrung.

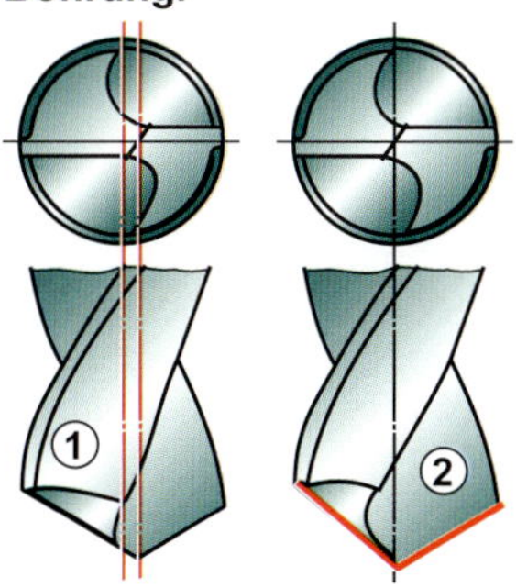

Beim skizzierten Bohrer ① liegt nach dem Schleifen die Querschneide außerhalb der Bohrerachse und die Hauptschneiden sind unterschiedlich lang.
Auswirkung:
Die Bohrung wird zu groß.

Beim skizzierten Bohrer ② sind die Hauptschneiden verschieden lang und bilden unterschiedliche Winkel.
Auswirkung:
Der Bohrer schneidet nur mit einer Schneide und wird einseitig belastet. Der Bohrer wird schnell stumpf.

123 Die Länge l_s des Anschnitts eines HSS-Wendelbohrers, mit einem Spitzenwinkel σ = 118°, wird näherungsweise mit der Formel $l_s = 0{,}3 \cdot d$ berechnet. Tragen Sie in die skizzierte Bohrerspitze das rechtwinklige Dreieck ein und bestätigen Sie für einen Ø17-Bohrer die Näherungsformel rechnerisch.

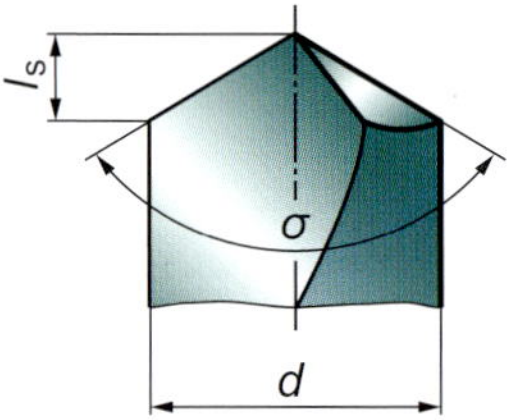

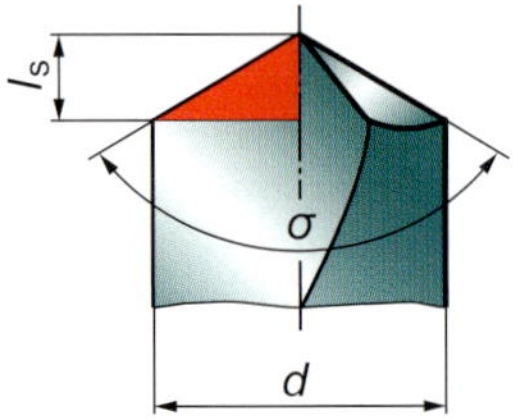

Berechnung von l_s

- mit der Näherungsformel:
  $l_s = 0{,}3 \cdot 17\,\text{mm} = \mathbf{5{,}100\,mm}$
- mit Winkelfunktion:

$$\tan\frac{\sigma}{2} = \frac{\text{Gegenkathete}}{\text{Ankathete}} = \frac{0{,}5 \cdot d}{l_s}$$

$$l_s = \frac{0{,}5 \cdot d}{\tan 0{,}5 \cdot \sigma} = \frac{8{,}5\ \text{mm}}{\tan 59°}$$

$$l_s = \mathbf{5{,}107\ mm}$$

124 Warum werden Bohrungen gerieben?

Um passgenaue Bohrungen mit hoher Oberflächengüte herzustellen.

125 Warum werden Reibahlen mit gerader Schneidenzahl und ungleicher Teilung gefertigt?

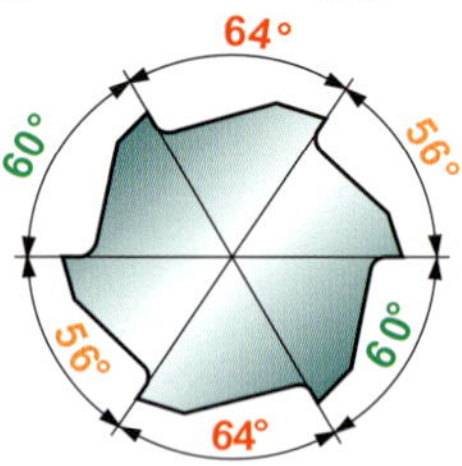

Gerade Schneidenzahl:
Auf dem Umfang liegen sich jeweils zwei Schneiden gegenüber. Dadurch kann der Durchmesser der Reibahle mit Messgeräten genau gemessen werden.

Ungleiche Schneidenteilung:
Sie bewirkt den Bruch der Späne an stets anderer Stelle. Dadurch entstehen beim Reiben keine *Rattermarken*.

126 Die Abbildung zeigt eine Handreibahle.

a) Benennen Sie die Bestandteile der abgebildeten Reibahle.

b) Welche Aufgaben übernehmen die mit ① und ② gekennzeichneten Bereiche der Reibahle?

c) Welche Unterschiede weist eine Maschinenreibahle zur Handreibahle auf?

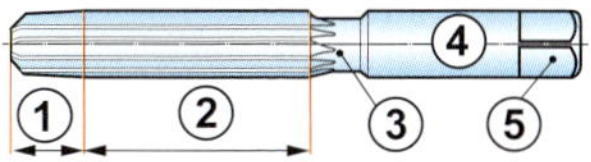

a) ① Anschnitt
② Führung
③ Hals
④ Schaft
⑤ Vierkant zur Aufnahme des Windeisens

b) Der Anschnitt übernimmt die eigentliche Spanungsarbeit. Die Führung glättet die Bohrungsoberfläche und ist für die Oberflächengüte sowie Maß- und Formgenauigkeit maßgebend.

c) Die Maschinenreibahle hat im Gegensatz zur Handreibahle einen kurzen Anschnitt und Führungsteil, weil die Maschinenspindel die Führung übernimmt. Das Einspannende besteht aus einem Zylinder- oder Kegelschaft.

127 Warum ist die Schnittgeschwindigkeit beim Reiben wesentlich niedriger als beim Bohren?

Mit der niedrigeren Schnittgeschwindigkeit wird die Standzeit der Reibahle erhöht, denn Reibahlen sind im Gegensatz zu den Bohrern schwer nachzuschleifen.

128 In einer 30 mm dicken Platte aus S235JR soll für eine Bundbohrbuchse die Bohrung Ø10H7 gerieben werden.
Ermitteln Sie für eine Hartmetall-Maschinenreibahle (HM) die Schnittwerte zum Reiben der Bohrung.

Schnittdaten für das Reiben eines Baustahles mit niedriger Festigkeit,

➔ $R_m \leq 500\,N/mm^2$ und einem Reibahldurchmesser von 10 mm:

➔ Schnittgeschw. $v_c = 25 \ldots 40\,m/min$ gewählt $v_c = 30\,m/min$

➔ Vorschub $f = 0{,}15\,mm/Umdrehung$ (Reibzugabe 0,20 mm)

129 Begründen Sie, warum zur Bearbeitung einer Durchgangsbohrung mit Nut linksdrallgenutete Reibahlen verwendet werden.

Weil durch die gedrallte Schneidenrichtung die Schneiden, im Gegensatz zur gerade genuteten Reibahle, in der Nut nicht verhaken und somit auch nicht ausbrechen können.

130 Das Innengewinde M10 x 1,5 soll von Hand hergestellt werden.
a) Welchen Durchmesser muss der Kernlochbohrer haben?
b) Wie groß ist der Kerndurchmesser der Bohrung nach dem Gewindebohren und warum ist der Durchmesser nach dem Gewindebohren kleiner?

a) Für metrische ISO-Gewinde gilt: Kernlochdurchmesser = Gewindedurchmesser minus Gewindesteigung: $d_k = d - P = 8{,}5\,\text{mm}$.
b) Der Kerndurchmesser D_1 des Muttergewindes beträgt 8,38 mm. Der Gewindebohrer drückt beim Schneiden den Werkstoff etwas nach innen, so dass die Bohrung kleiner wird ➔ „Aufschneiden".

131 Warum werden Gewindekernlöcher angesenkt?

Damit der Gewindebohrer besser anschneidet und die äußeren Gewindegänge nicht herausgedrückt werden.

132 Wie bezeichnet man die einzelnen Handgewindebohrer für metrische Regelgewinde und wie sind sie gekennzeichnet?

- Vorschneider mit einem Kennring am Schaft

- Mittelschneider mit zwei Ringen am Schaft

- Fertigschneider ohne Ring (oder mit drei Ringen) am Schaft

133 Womit werden Außengewinde von Hand hergestellt?

- Mit geschlossenen oder geschlitzten Schneideisen in einem Arbeitsgang.
- Mit Schneidkluppen in einem oder, bei großen Gewinden, in mehreren Schritten.

3.6.2 Drehen

134

a) Benennen Sie die Hauptbaugruppen 1 bis 4 der skizzierten Leit- und Zugspindeldrehmaschine.

b) Durch welche Angaben wird die Baugröße der Maschine beschrieben?

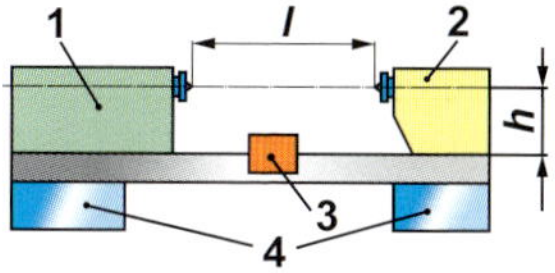

a) Hauptbaugruppen:
   1 = Spindelstock
   2 = Reitstock
   3 = Werkzeugschlitten
   4 = Gestell

b) Durch die Spitzenhöhe *h* und durch die Drehlänge *l* wird die Baugröße der Maschine beschrieben.

135 Welche Aufgaben haben
- **Vorschubgetriebe,**
- **Zugspindel,**
- **und Leitspindel?**

Das Vorschubgetriebe überträgt die Hauptbewegung auf die Zug- und Leitspindel.
Die Zugspindel, mit einer durchgehenden Längsnut, sorgt für den Selbstgang beim Lang- und Plandrehen.
Die Leitspindel, mit metrischem Trapezgewinde, dient zur Gewindeherstellung.

136 Warum müssen Drehmaschinen mit einem großen Drehzahlbereich ausgerüstet bzw. stufenlos regelbar sein?

Um jeden Werkstoff, z. B. Stahl, Aluminium, Kunststoff, mit dem geeigneten Werkzeug, z. B. Schnellarbeitsstahl, Hartmetall, Oxidkeramik, mit der günstigsten Schnittgeschwindigkeit zerspanen zu können.

137 Wozu dient das Wendegetriebe?

- Zum Ein- und Ausschalten von Leit- und Zugspindel.
- Zur Änderung der Drehrichtung.

138 Benennen Sie die Winkel, Flächen und Schneiden am Drehmeißel.

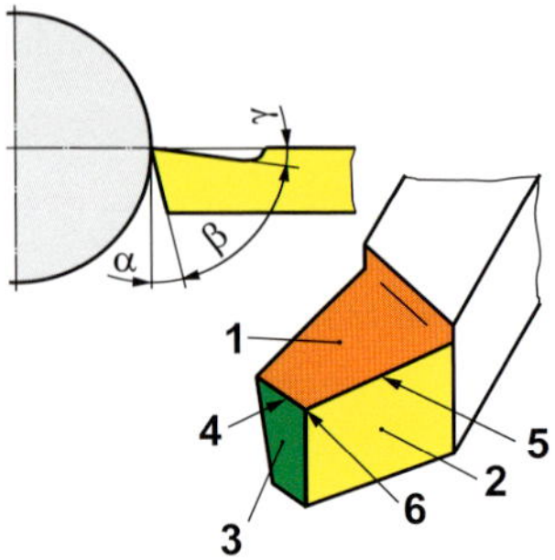

Winkel:
α = Freiwinkel
β = Keilwinkel
γ = Spanwinkel

Flächen:
1 = Spanfläche
2 = Hauptfreifläche
3 = Nebenfreifläche

Schneiden:
4 = Nebenschneide
5 = Hauptschneide
6 = Schneidenecke

139 Welchen Einfluss auf die Zerspanung und die Winkelgrößen hat eine Höhenverstellung des Drehmeißels über bzw. unter Mitte?

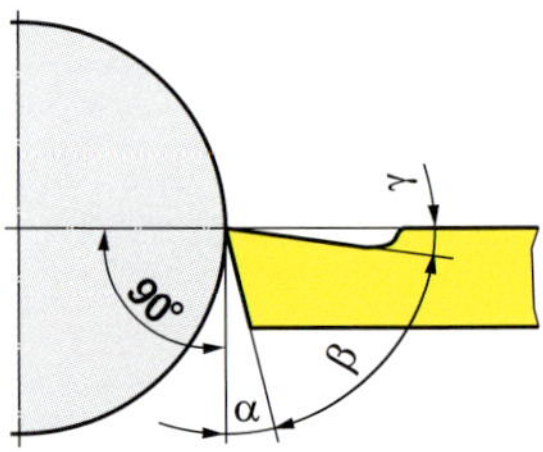

Über Mitte:
Der Spanwinkel γ wird größer, der Spanabfluss günstiger und kräftigere Späne können abgehoben werden. Der Freiwinkel α wird kleiner und erhöht die Reibung.
Beim Schruppen wird dieser Einfluss genutzt und der Meißel bis zu 2 % über Mitte eingestellt.

Unter Mitte:
Der Spanwinkel γ wird kleiner und der Freiwinkel α größer. Diese Einstellung kann Rattern, Vibrieren und den Bruch des Drehmeißels zur Folge haben.

**140 Große Spanwinkel ergeben günstige Schnittkräfte und geringe Schneidenbelastung.
Warum werden bei harten und spröden Werkstoffen oder bei unterbrochenem Schnitt kleine oder negative Spanwinkel verwendet?**

Die Stabilität des Schneidkeils nimmt mit kleinerem Spanwinkel zu, sodass die Gefahr von Schneidenausbrüchen sinkt.

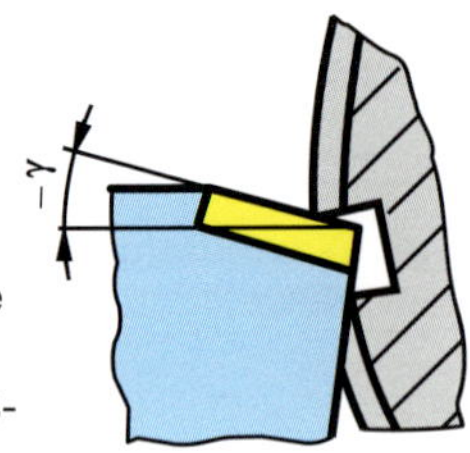

141 Nach welchen Gesichtspunkten werden Drehmeißel unterschieden?

Drehmeißel unterscheiden sich nach
- Lage des Schneidkopfes zum Schaft, z. B. gerade oder abgesetzt.
- Lage der Hauptschneide zum Schaft: linksschneidend (L), rechtsschneidend (R) oder neutral (N).
- Lage der Eingriffstelle in Außen- und Innendrehmeißel.

142 In welchem Fall erfolgt das Spannen
a) zwischen Spitzen,
b) mit Stirnseitenmitnehmer,
c) mit Spannzangen,
d) mit Drehdornen,
e) mit Setzstöcken (Lünette)?

a) Wenn das Werkstück genau rundlaufen muss. Die Mitnahme des Werkstückes erfolgt mit Hilfe der Mitnehmerscheibe.
b) Beim Überdrehen der gesamten Werkstücklänge ohne Umspannen.
c) Beim schnellen, genauen und sicheren Spannen von kurzen, zylindrischen Werkstücken mit kleinem Durchmesser.
d) Bei Werkstücken, die mit Bohrungen versehen sind und deren Außendurchmesser genau rund zur Bohrung laufen muss.
e) Der mitlaufende Setzstock wird zum Drehen langer und dünner Werkstücke verwendet, um ein Durchbiegen zu verhindern. (Aufbau dicht hinter dem Drehmeißel.) Der feststehende Setzstock wird zum Bohren und Plandrehen langer und fliegend eingespannter Werkstücke verwendet, um ein Ausweichen zu verhindern.

143 Nicht fluchtende Spitzen verursachen kegelige Werkstücke.
Wie können Sie feststellen, ob Reitstock und Spindelstockspitze fluchten?

- Einspannen eines Prüfzylinders zwischen den Spitzen. Längsmessung mittels Messuhr.
- Überdrehen einer Welle und Überprüfung des Durchmessers.

144 Nennen Sie Möglichkeiten, die Standzeit beim Drehen zu erhöhen.

- Warmfeste Schneidstoffe aus Hartmetall oder Keramik verwenden
- gute Kühlschmierung
- kleinen Einstellwinkel wählen, zur Vergrößerung der wirksamen Schneidenlänge
- kleine Schnittgeschwindigkeit wählen

145 Zur Beseitigung von Drehproblemen stehen die Einstellgrößen
- **Schnittgeschwindigkeit,**
- **Vorschub,**
- **Schnitttiefe,**
- **Freiwinkel,**
- **Eckenwinkel,**
- **und Einstellwinkel**

zur Verfügung.

Welche dieser Werte sind zur Minderung folgender Drehprobleme zu erhöhen bzw. zu verkleinern?
a) Aufbauschneide entsteht
b) großer Kolkverschleiß
c) lange Fließspäne

Zur Minderung der genannten Drehprobleme sollten folgende Maßnahmen ergriffen werden:

a) Die eingestellten Werte von Schnittgeschwindigkeit, Vorschub und/oder Freiwinkel erhöhen.

b) Den eingestellten Wert des Freiwinkels erhöhen;
die eingestellten Werte von Schnittgeschwindigkeit, Vorschub, Schnitttiefe und/oder Einstellwinkel verkleinern.

c) Die eingestellten Werte von Vorschub, Schnitttiefe und/oder Einstellwinkel erhöhen;
die eingestellten Werte von Schnittgeschwindigkeit und/oder Eckenwinkel verkleinern.

146

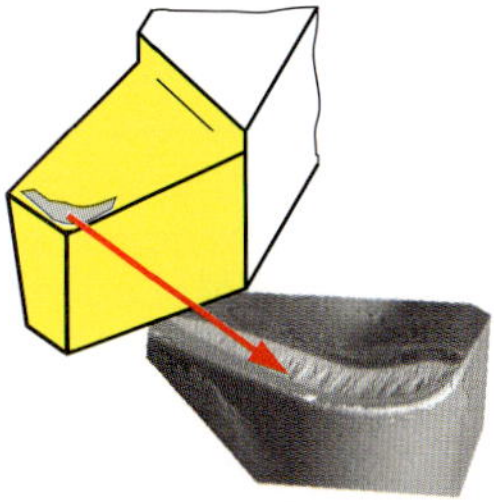

a) Wie heißt die dargestellte Verschleißart?
b) Wodurch wird sie verursacht?

a) Diese tiefe Mulde auf der Spanfläche wird Kolkverschleiß genannt.
b) Hervorgerufen wird diese Verschleißart durch mechanischen Abrieb und durch Diffusion[1], z. B. durch zu hohe Schnittgeschwindigkeit, zu hohen Vorschub oder zu geringe Kühlschmierstoffmenge.

[1] Diffusion = Wandern von Schneidstoffmolekülen in den abfließenden Span bei hohen Zerspanungstemperaturen.

147 Worin unterscheiden sich die Schneidstoffwerte der Hartmetallsorten P10 und P40?

Die Schneidstoffwerte unterscheiden sich in ihrer Verschleißfestigkeit und Zähigkeit.
P10: hohe Verschleißfestigkeit und geringe Zähigkeit
P40: geringe Verschleißfestigkeit und hohe Zähigkeit

148 Welche Aufgaben haben Spanformstufen bei Hartmetallwendescheidplatten?

Die Spanformstufen beeinflussen die Spanform und die Spanlaufrichtung.

149
a) Welcher Winkel wird als Eckenwinkel bezeichnet?
b) Welche Vorteile haben große Eckenwinkel?

a) Der durch die Haupt- und Nebenschneide begrenzte Winkel wird als Eckenwinkel ε (Epsilon) bezeichnet. Er beträgt zwischen 35° und 90°.

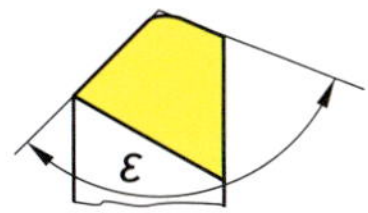

b) Je größer der Eckenwinkel, desto geringer ist die Gefahr des Werkzeugbruches. Außerdem wird die Schneidenecke weniger erhitzt, da die Wärme besser abgeführt werden kann.

150 Die Abbildung zeigt zwei Drehmeißel mit eingestelltem positiven bzw. negativen Neigungswinkel λ (Lambda).

a) Was versteht man unter dem Neigungswinkel?

b) Welcher Drehmeißel weist einen positiven bzw. negativen Neigungswinkel auf? Begründung.

c) Warum wird beim Schruppen und beim Drehen mit unterbrochenem Schnitt ein negativer Neigungswinkel eingestellt, beim Schlichten dagegen ein positiver?

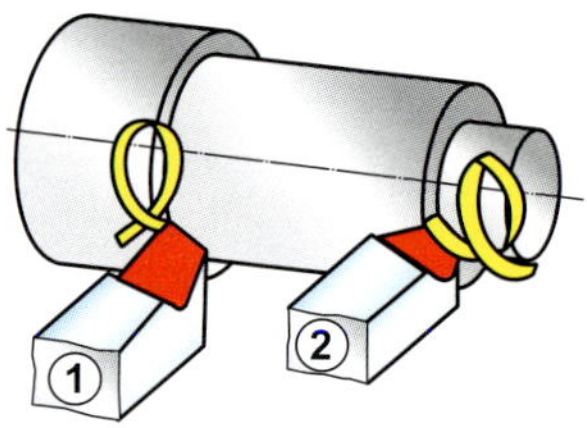

a) Unter dem Neigungswinkel versteht man den Winkel zwischen der Hauptschneide und einer Senkrechten zur Schnittrichtung.

b) Drehmeißel ① weist einen positiven Neigungswinkel auf, da die Schneide zur Spitze des Drehmeißels hin ansteigt.
Der Neigungswinkel des Drehmeißels ② ist negativ, da die Schneide zur Spitze des Drehmeißels hin fällt.

c) Beim Schruppen mit negativem Neigungswinkel wird die Schneidenecke beim Anschnitt entlastet und dadurch die Bruchgefahr vermindert.
Beim Schlichten mit positivem Neigungswinkel wird der Span von der bearbeiteten Fläche weggeführt und somit nicht vom ablaufenden Span beschädigt.
Bei Wendeschneidplatten mit Spanformstufe wird der Spanablauf durch die Rillen- und Noppenform bestimmt.

151 Welchen Einfluss hat eine Verkleinerung des Einstellwinkels κ (Kappa) von 90° auf 45°?

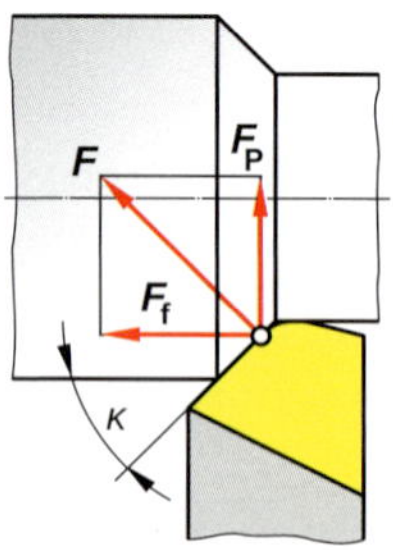

Bei Verkleinerung des Einstellwinkels von 90° auf 45° wird die Spandicke kleiner, die Spanbreite größer, die Passivkraft F_P nimmt zu und die Vorschubkraft F_f nimmt ab.
Ein Einstellwinkel von 45° ist günstig bei stabilen Werkstücken und zum Schruppen.

152 Begründen Sie, warum beim Drehen von langen, dünnen Wellen ein Einstellwinkel κ = 90° vorteilhaft ist.

Ein Durchbiegen der Welle, verursacht durch die quer zur Werkstücklängsachse wirkende Passivkraft, tritt bei einem Einstellwinkel von 90° nicht auf, da hier $F_P = 0$ wird.

153 Erklären Sie den Begriff „spezifische Schnittkraft" und geben Sie an, wovon ihre Größe abhängt.

Die spezifische Schnittkraft ist die Kraft, die zum Zerspanen eines Werkstoffes mit dem Spanungsquerschnitt $A = 1\,\text{mm}^2$ erforderlich ist.
Sie ist abhängig von:

- Zerspanbarkeit des Werkstoffes,
- Spanungsdicke h,
- Einstellwinkel κ,
- Schnittgeschwindigkeit v_c und der
- Schneidengeometrie.

154 Die skizzierte Welle aus C60 wird in einem Schnitt abgedreht.

a) Berechnen Sie die Schnitttiefe *a*.

b) Entwickeln Sie mit Hilfe der Winkelfunktionen die Formeln zur Berechnung der Spanungsdicke *h* und Spanungsbreite *b* und berechnen Sie diese.

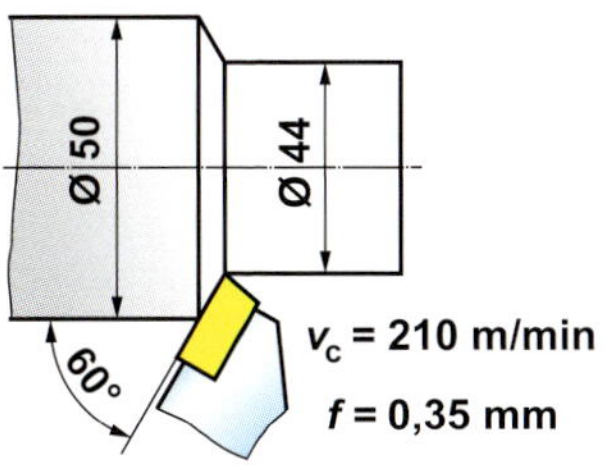

a) Schnitttiefe:

$$a_p = \frac{D-d}{2} = \frac{(50-44)\text{mm}}{2} = \mathbf{3\ mm}$$

b) Spanungsdicke und -breite:

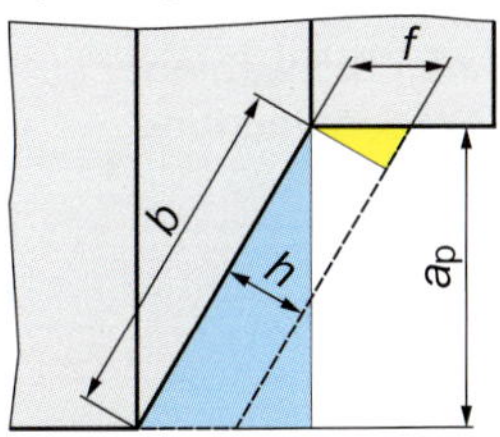

kleines Dreieck

$$h = \sin\kappa \cdot f = \sin 60° \cdot 0{,}35\ \text{mm}$$

$$h = \mathbf{0{,}3\ mm}$$

großes Dreieck

$$b = \frac{a_p}{\sin\kappa} = \frac{3\ \text{mm}}{\sin 60°} = \mathbf{3{,}46\ mm}$$

155 In welchem Verhältnis sollen Schnitttiefe und Vorschub stehen, damit beim Drehen eine günstige Standzeit erreicht wird? Begründen Sie Ihre Aussage.

Schnitttiefe *a* und Vorschub *f* sollen im Verhältnis 4 : 1 bis 10 : 1 stehen. Dadurch wird erreicht, dass an der Schneide der Druck und der Verschleiß geringer sind und die Wärme durch die längere Schneide besser abgeführt werden kann.

156 Ein Drehteil soll mit einer Schnitttiefe von 3,5 mm, einer Schnittgeschwindigkeit von 220 m/min und einer spezifischen Schnittkraft von 1800 N/mm² hergestellt werden. Der Drehmaschinenantriebsmotor gibt, bei einem Gesamtwirkungsgrad von 75 %, eine Leistung von 18 kW ab. Welchen maximalen Vorschub können Sie wählen, damit die Antriebsleistung, noch ausreicht?

gegeben:

$P_{zu} = 18\,\text{kW}$

$\eta = 0{,}75$

$a = 3{,}5\,\text{mm}$

$k_c = 1800\ \text{N/mm}^2$

$v_c = \dfrac{220\,\text{m}}{60\,\text{s}} = 3{,}66\ \dfrac{\text{m}}{\text{s}}$

$$P_c = P_{ab} = A \cdot v_c \cdot k_c = a \cdot f \cdot v_c \cdot k_c$$

$$\eta = \frac{P_{ab}}{P_{zu}} \quad \rightarrow \quad P_{ab} = \eta \cdot P_{zu}$$

$$P_{ab} = P_c = 0{,}75 \cdot 18\,\text{kW} = 13{,}5\,\text{kW}$$

$$f = \frac{P_c}{a \cdot v_c \cdot k_c}$$

$$f = \frac{13\,500\ \text{W}}{3{,}5\,\text{mm} \cdot 3{,}66\ \dfrac{\text{m}}{\text{s}} \cdot 1800\ \dfrac{\text{N}}{\text{mm}^2}}$$

$f = \mathbf{0{,}58\,mm}$

Verhältnis $a : f = 3{,}5 : 0{,}58 \approx 6 : 1$

157 Welche Möglichkeiten zur Gewindeherstellung auf der Drehmaschine gibt es?

Auf der Drehmaschine können Gewinde durch Gewindedrehen, Gewindewirbeln oder Gewindeschneiden hergestellt werden.

158 Warum muss beim Gewindedrehen der Profildrehmeißel genau auf Werkstückmitte und rechtwinklig zur Drehachse eingestellt sein?

Um Formfehler an den Gewindeflanken zu vermeiden, muss der Profildrehmeißel, der die Gegenform des zu drehenden Gewindes besitzt, genau auf Werkstückmitte eingestellt werden.

159 Welche Schnittleistung muss aufgebracht werden, wenn der Absatz in drei Schritten abgedreht wird?

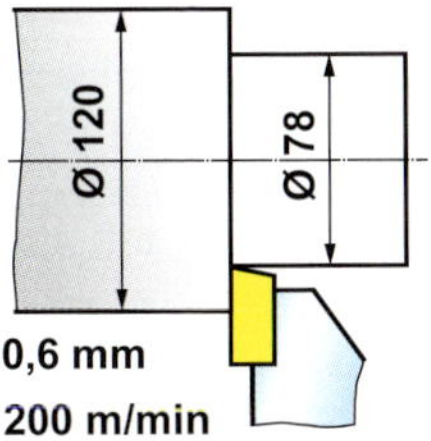

f = 0,6 mm

v_c = 200 m/min

k_c = 2750 N/mm²

$$F_c = A \cdot k_c = a \cdot f \cdot k_c$$

$$F_c = \frac{21\text{ mm}}{3} \cdot 0{,}6\text{ mm} \cdot 2750\ \frac{\text{N}}{\text{mm}^2}$$

$$F_c = 11\,550\text{ N} = 11{,}55\text{ kN}$$

$$P_c = F_c \cdot v_c$$

$$P_c = 11{,}55\text{ kN} \cdot 200\ \frac{\text{m}}{60\text{ s}}$$

$$P_c = \mathbf{38{,}5\ kW}$$

160 Worüber gibt das Symbol auf der Mantelfläche des Kegels Auskunft?

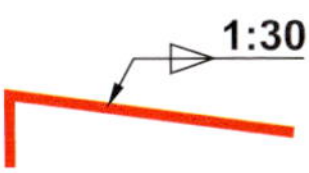

Das Symbol steht für die Kegelverjüngung *C* und bedeutet, dass sich auf einer Länge von 30 mm der Kegeldurchmesser um 1 mm verändert.

161 Wie können auf Drehmaschinen Kegel hergestellt werden?

Auf konventionellen Drehmaschinen können Kegel hergestellt werden:

- durch Verstellen des Oberschlittens (Supportverstellung): kurze Kegel oder Kegel mit großer Kegelverjüngung.
- durch Verstellen des Reitstockes: lange Kegel mit kleiner Kegelverjüngung.
- mit Leitlineal: schlanke Innen- und Außenkegel.

Auf CNC-Drehmaschinen können Kegel hergestellt werden:

- unter Angabe des Endpunktes (X und Z) der Bewegung.
- als Konturzugprogrammierung mit Winkelangaben, z. B. A 176,138.

162 Um wie viel muss die Schnittgeschwindigkeit $v_c = 15' = 180\,\text{m/min}$ verändert werden, damit eine Standzeit von 45 min erreicht wird?

Um die Standzeit auf 45 Minuten zu erhöhen, muss die Schnittgeschwindigkeit mit dem Korrekturfaktor $k = 0{,}8$ (Tabellenwert) multipliziert werden: ➔ $v_c = 45' = 144\,\text{m/min}$.

163 **Berechnen Sie für das abgebildete Drehteil**

a) den Einstellwinkel zum Kegeldrehen,

b) die Reitstockverstellung V_R und überprüfen Sie, ob diese zulässig ist,

c) den großen Kegeldurchmesser *D*.

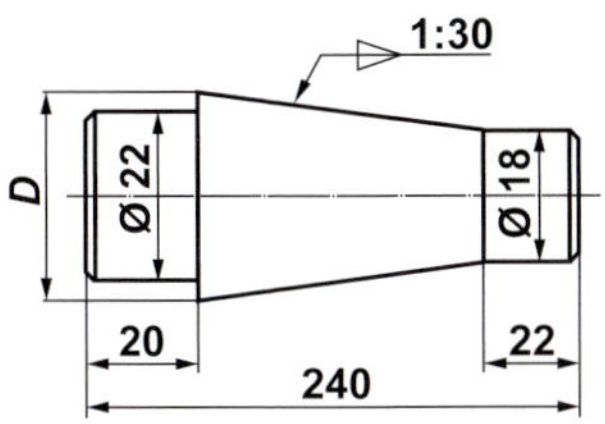

a) Einstellwinkel:

$$\tan\frac{\alpha}{2} = \frac{C}{2} = \frac{D-d}{2 \cdot L}$$

$$\tan\frac{\alpha}{2} = \frac{1}{60} \rightarrow \frac{\alpha}{2} = \mathbf{0{,}95}^\circ$$

b) Reitstockverstellung:

$$V_R = \frac{D-d}{2} \cdot \frac{L_W}{L} = \frac{C}{2} \cdot L_W$$

$$V_R = \frac{1}{60} \cdot 240\,\text{mm} = \mathbf{4\,mm}$$

$$V_{\text{R max}} \leq \frac{L_W}{50}$$

$$V_{\text{R max}} = \frac{240\,\text{mm}}{50} = 4{,}8\,\text{mm}$$

$V_\text{R} \leq V_{\text{R max}} \rightarrow$ **V_R ist zulässig**

c) Großer Kegeldurchmesser:

$$C = \frac{D-d}{L} \rightarrow D = C \cdot L + d$$

$$D = \frac{1}{30} \cdot 198\,\text{mm} + 18\,\text{mm}$$

$$D = \mathbf{24{,}6\,mm}$$

3.6.3 Fräsen

164

a) Wie werden die abgebildeten Fräsverfahren bezeichnet? Begründung!

b) Erläutern Sie die Unterschiede beider Verfahren in Bezug auf:
- **Schnittkraftverlauf,**
- **Oberflächengüte,**
- **Aufspannung,**
- **Vorschubantrieb,**
- **Schneidenverschleiß.**

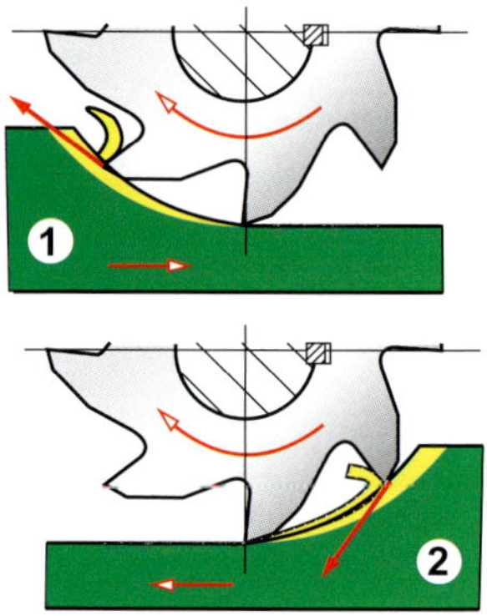

a) ① = Gegenlauffräsen, weil Schnitt- und Vorschubbewegung in entgegengesetzter Richtung wirken.
② = Gleichlauffräsen, weil Schnitt- und Vorschubbewegung in gleicher Richtung wirken.

b) Das allmähliche Eindringen der Schneide beim Gegenlauffräsen zu Beginn des Schnittvorganges führt zu starker Reibung und somit zu hohem Verschleiß der Schneiden. Die Schnittkraft wirkt der Vorschubrichtung entgegen, daher wirkt sich ein Vorschubantriebsspiel nicht aus. Als Folge der schräg nach oben gerichteten Schnittkraft droht das Werkstück bei jedem Span aus der Aufspannung gerissen zu werden und es entstehen häufig Rattermarken auf der Werkstückoberfläche.

Beim Gleichlauffräsen dringt die Schneide schlagartig in den Werkstoff ein, somit fällt die Schnittkraft von ihrem Höchstwert allmählich auf Null. Das schlagartige Auftreffen der Schneiden auf die Werkstückoberfläche kann bei Werkstücken mit harter Oberfläche, z. B. Gussstücken, zum Bruch der Schneiden führen. Da die Schnittkraft in Vorschubrichtung wirkt, kann das Werkstück im Vorschubantrieb unter den Fräser gezogen werden. Der Vorschubantrieb sollte daher spielfrei und starr sein.

165 Wie unterscheiden sich die Fräsverfahren „Umfangs-Planfräsen" und „Stirn-Planfräsen" nach der Lage der Werkzeugachse zur gefrästen Fläche?

Beim Umfangs-Planfräsen (Walzen) liegt die Fräserachse parallel zur Bearbeitungsfläche, beim Stirn-Planfräsen (Stirnen) steht sie senkrecht dazu.

166 Welche Vorteile hat das „Stirnfräsen" gegenüber dem „Umfangsfräsen"?

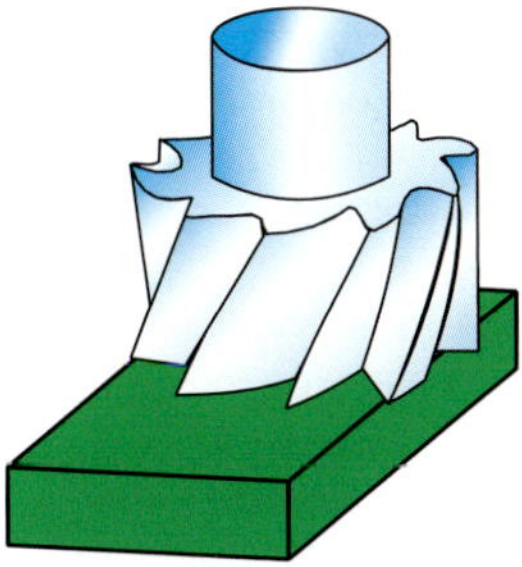

Beim Stirnen sind immer mehrere Zähne im Eingriff, was einen ruhigeren Lauf ergibt. Der Spanungsquerschnitt ändert sich wenig. Der Fräser kann durch kurzes Einspannen hoch belastet werden, dadurch sind große Vorschübe, eine hohe Zerspanungsleistung und eine gleichmäßige Maschinenbelastung möglich.

167 Wählen Sie für die folgenden Fräsarbeiten einen geeigneten Fräser aus:
a) 8 mm breite und 20 mm tiefe durchlaufende Nut,
b) 25 mm breiter und 5 mm tiefer rechtwinkliger Absatz,
c) Passfedernut der Form A in einer Welle.

a) Scheibenfräser
b) Walzenstirnfräser
c) Langlochfräser

168 Nennen Sie Vorteile, die der Einsatz von wendelgezahnten Fräsern gegenüber geradverzahnten Fräsern hat.

Wendelgezahnte Fräser arbeiten ruhiger als geradverzahnte, weil die Zähne nicht ruckartig sondern allmählich in den Werkstoff eindringen. Es ergibt sich eine gleichförmige Schnittkraft.

169 Unterscheiden Sie die Fräsverfahren:

- **Planfräsen**
- **Rundfräsen**
- **Schraubfräsen**
- **Wälzfräsen**
- **Profilfräsen**
- **Formfräsen**

nach der Art der Vorschubbewegung und nach der gefertigten Fläche. Nennen Sie dazu jeweils Einzelverfahren.

Planfräsen → geradlinige Vorschubbewegung erzeugt ebene Flächen: Umfangs-Planfräsen, Stirn-Planfräsen, Stirn-Umfangs-Planfräsen

Rundfräsen → kreisförmige Vorschubbewegung erzeugt zylindrische Flächen: Außen- und Innenrundfräsen

Schraubfräsen → wendelförmige Vorschubbewegung erzeugt schraubenförmige Flächen: Gewindefräsen, Schneckenfräsen

Wälzfräsen → profiliertes Fräswerkzeug führt mit der Vorschubbewegung gleichzeitig eine Wälzbewegung aus: Zahnradfräsen, Keilwellenfräsen

Profilfräsen → Fräserprofil bildet sich ab: Längs- und Rundprofilfräsen

Formfräsen → gesteuerter Vorschub erzeugt beliebige ebene oder räumliche Flächen: Nachformfräsen, CNC-Fräsen, Freiformfräsen (Gravieren)

170 Wie groß wird das Maß *l*, wenn an der skizzierten Welle eine 18 mm breite Fläche angefräst wird?

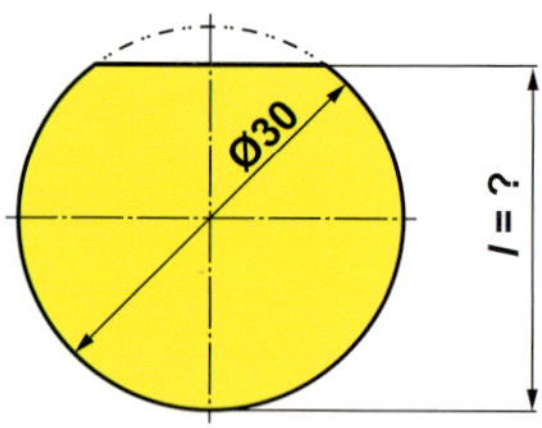

$$l = \frac{D}{2} + x$$

Berechnung von *x* mit Pythagoras:

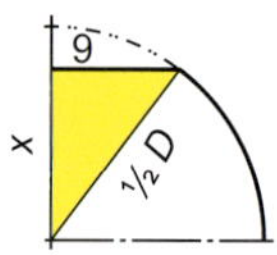

$$x = \sqrt{(15^2 - 9^2)\ \text{mm}^2}$$

$$x = 12\ \text{mm}$$

$l = 15\ \text{mm} + 12\ \text{mm} =$ **27 mm**

3

171 Geben Sie für HSS-Fräser der Werkzeug-Anwendungsgruppen H, N und W die jeweilige Zähnezahl, Frei- und Spanwinkelgrößen und den Werkstoffbereich an.

H große Zähnezahl
Freiwinkel 3° … 5°
Spanwinkel 4° … 8°
harte, zähharte oder kurzspanende Werkstoffe

N mittlere Zähnezahl
Freiwinkel 4° … 8°
Spanwinkel 10° … 15°
Stahl und Gusseisen mit normaler Festigkeit

W kleine Zähnezahl
Freiwinkel 8° … 10°
Spanwinkel 20° … 30°
weiche, zähe oder langspanende Werkstoffe

172 Welche Vorteile bringt der Einsatz von Hartmetall-Wendeschneidplatten gegenüber dem Einsatz von Schnellarbeitsstahl beim Fräsen?

Mit Hartmetall-Wendeschneidplatten stehen mehrere Schneiden je Platte zur Verfügung und es lassen sich höhere Schnittgeschwindigkeiten als mit Schnellarbeitsstahl erzielen.

173 Ein Werkstück soll mit einem Walzenfräser Ø50, $z = 8$, $f_z = 0{,}2\,\text{mm}$ und $n = 65\,\text{min}^{-1}$ im Gegenlauf geschruppt werden. Berechnen Sie die Vorschubgeschwindigkeit.

$$v_f = n \cdot f_z \cdot z$$

$$v_f = 65\,\frac{1}{\text{min}} \cdot 0{,}2\,\text{mm} \cdot 8$$

$$v_f = \mathbf{104\,\frac{mm}{min}}$$

174 Mit welchen Folgen ist bei Überschreitung der Richtwerte für den Zahnvorschub f_z zu rechnen?

Die Vergrößerung des Zahnvorschubes bewirkt ein Wachsen von Spanungsdicke und Schnittkraft und damit eine Zunahme des Werkzeugverschleißes.

175 Welche Einstellgrößen können verändert werden, wenn die Antriebsleistung einer Fräsmaschine nicht ausreicht?

Verringerung der Einstellgrößen:
- Schnittgeschwindigkeit
- Zahnvorschub
- Schnitttiefe

176 Nennen Sie vier Schneidstoffe, die zum Fräsen verwendet werden.

- Schnellarbeitsstahl
- Hartmetall
- Schneidkeramik
- polykristalliner Diamant (PKD)

177 Wozu wird beim Fräsen ein Teilapparat verwendet?

Mit Teilapparaten (Vertikal-, Horizontal-, Universal- und Sonderapparaten) werden Umfang oder Stirnseite von Werkstücken durch direktes, indirektes oder Differentialteilen in eine beliebige Anzahl von Teilen geteilt.

178 Worin unterscheiden sich
- **direktes Teilen,**
- **indirektes Teilen,**
- **Differentialteilen?**

Direktes Teilen: Die Teilkopfspindel wird mit der Teilscheibe und dem Werkstück um den gewünschten Teilschritt gedreht. Dabei sind Schnecke und Schneckenrad außer Eingriff.

Indirektes Teilen: Die Teilkopfspindel wird durch die Schnecke über das Schneckenrad angetrieben.

Differentialteilen (Ausgleichsteilen): Die Teilkopfspindel wird wie beim indirekten Teilen über Schnecke und Schneckenrad angetrieben. Gleichzeitig dreht aber die Teilkopfspindel über Wechselräder die Lochscheibe mit.

179 **Ein Zahnrad mit 18 Zähnen soll durch indirektes Teilen (i = 40) gefräst werden. Berechnen Sie Lochkreis und Anzahl der Kurbelumdrehungen, wenn folgende Lochscheiben zur Verfügung stehen:**

① 15, 16, 17, 18, 19, 20
② 21, 23, 27, 29, 31, 33

$$n_k = \frac{i}{T}$$

$$n_k = \frac{40}{18} = 2\frac{2}{9} \text{ Teilkurbelumdrehungen}$$

$$n_k = 2\frac{2 \cdot 2}{9 \cdot 2} = \mathbf{2\frac{4}{18}} \frac{\text{Lochabstände}}{\text{Lochkreis}}$$

oder

$$n_k = 2\frac{2 \cdot 3}{9 \cdot 3} = \mathbf{2\frac{6}{27}} \frac{\text{Lochabstände}}{\text{Lochkreis}}$$

180 **Die Winkel der skizzierten Steuerscheibe betragen**
***α* = 33° 45´,**
***β* = 17° 15´.**
Berechnen Sie die Anzahl der jeweiligen Kurbelumdrehungen, bei einem Übersetzungsverhältnis i = 60 : 1.
Lochscheibenauswahl:

① 15, 16, 17, 18, 19, 20
② 21, 23, 27, 29, 31, 33

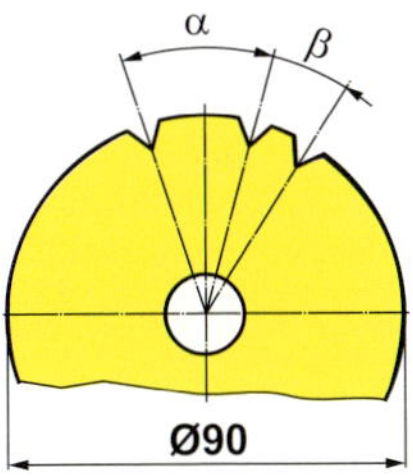

$$n_k = \frac{i \cdot \alpha}{360°}$$

$$n_{k\alpha} = \frac{60 \cdot 33\frac{3°}{4}}{360°} = \frac{135}{6 \cdot 4} = \frac{45}{8}$$

$$n_{k\alpha} = \mathbf{5\ \frac{10}{16}} \frac{\text{Lochabstände}}{\text{Lochkreis}}$$

$$n_{k\beta} = \frac{60 \cdot 17\frac{1°}{4}}{360°} = \frac{69}{6 \cdot 4} = \frac{23}{8}$$

$$n_{k\beta} = \mathbf{2\ \frac{14}{16}} \frac{\text{Lochabstände}}{\text{Lochkreis}}$$

181 **Erklären Sie den Begriff „Standzeit".**

Die Standzeit T ist die Zeit in Minuten, in der die Schneide, unter dem Einfluss der Zerspanungsvorgänge, zwischen zwei Anschliffen arbeitsfähig bleibt. Arbeitsfähig ist die Schneide bis eine bestimmte Verschleißgröße erreicht ist.

3.6.4 Schleifen, Honen, Läppen

182 Aus welchen Gründen werden Werkstoffe geschliffen?

Um eine hohe Maß- und Formgenauigkeit sowie eine hohe Oberflächengüte mit kleiner Rauheit und Welligkeit zu erreichen.
Des Weiteren lassen sich harte Werkstoffe durch Schleifen gut bearbeiten.

183 Zeichnen Sie in beide Schleifkörner die Winkel *α*, *β* und *γ* ein und begründen Sie, warum eine Schleifscheibe als Werkzeug mit „geometrisch unbestimmten Schneiden“ bezeichnet wird.

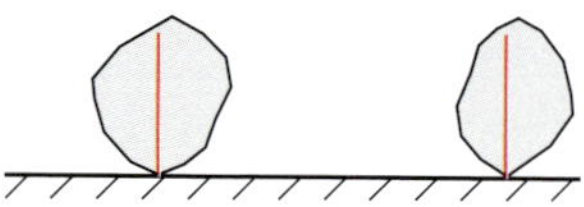

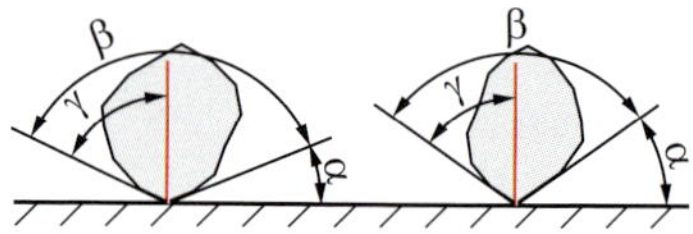

Bei der Schleifscheibe sind die Schneiden geometrisch unbestimmt, weil Form und Lage der Schleifkörner zufällig sind und somit auch jedes Korn unterschiedliche Winkel hat.
Der Spanwinkel ist meist negativ und hat eine schabende Wirkung.

184 Woraus besteht das „Gefüge“ einer Schleifscheibe?

Das Gefüge einer Schleifscheibe besteht aus der räumlichen Verteilung von:

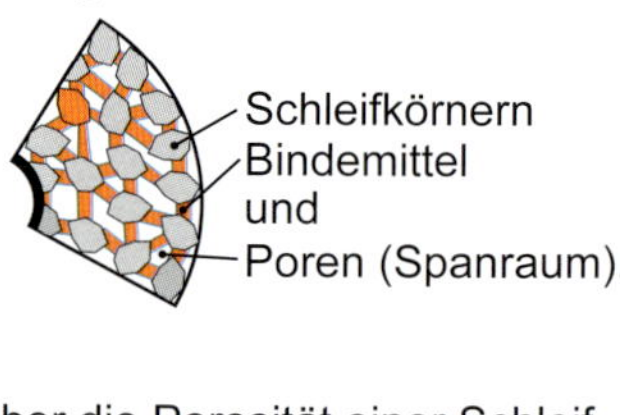

185 Worüber gibt die Gefügekennziffer Auskunft?

Über die Porosität einer Schleifscheibe.
Je größer die Gefügekennziffer, desto poröser, also „offener“, ist die Schleifscheibe.

186 Erläutern Sie den Zusammenhang zwischen „Bindung“ und „Härte“ bei Schleifkörpern.

Die Härte einer Schleifscheibe ist der Widerstand, den die Bindung dem Ausbrechen der Körner unter dem Einfluss der Schneidkraft entgegensetzt.

187 Begründen Sie die Richtigkeit der Aussage:
„Harter Werkstoff – weiche Scheibe“.

Bei harten Werkstoffen stumpfen die Schleifkörner schnell ab. Die Bindung muss weich sein, damit stumpfe Körner leicht ausbrechen und neue, scharfe Körner zur Verfügung stehen („Selbstschärfe-Effekt“).

188 Beim Schleifen lang-spanender Werkstoffe neigen Schleifkörper zum „Schmieren“ (mangelnde Zerspanung).
a) Wodurch kann es dazu kommen?
b) Wodurch kann man bei der Schleifkörperwahl dieser Gefahr entgegenwirken?

a) Durch den Einsatz einer zu harten Schleifscheibe. Die Bindung hält die Körner zu lange fest, so dass die Poren verstopfen und die Scheibe „schmiert“.
b) Durch die Wahl einer weicheren Scheibe mit offenem Gefüge und guter Kühlung.

189 Nennen Sie Gründe für die Entstehung schlechter Oberflächen beim Innen-Rund-Schleifen.

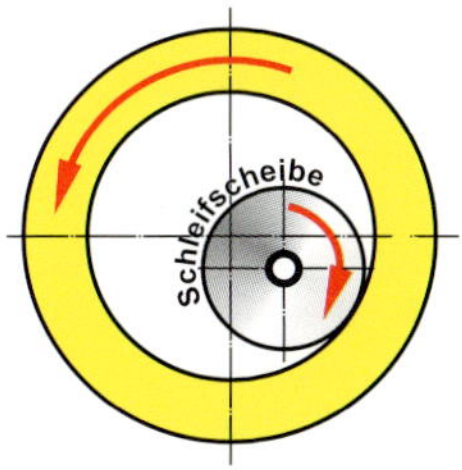

Innenrundschleifen

Die Gründe liegen in den Bearbeitungsbedingungen:
Beim Innenrundschleifen ergeben sich im Gegensatz zum Außenrundschleifen größere Kontaktlängen zwischen Schleifkörper und Werkstück. Dadurch entstehen lange, dünne Späne, die den Spanraum (Poren) verstopfen.
Außerdem kann es wegen der geringen Steifigkeit der Schleifspindel leichter zu Vibrationen kommen.

190 Worüber gibt der Farbstreifen auf der abgebildeten Schleifscheibe Auskunft?

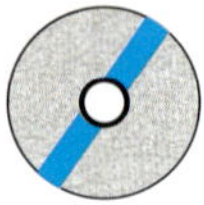

Der Farbstreifen kennzeichnet die höchstzulässige Umfangsgeschwindigkeit $v_{c\,max}$ in m/s.
Hier:
blauer Streifen → $v_{c\,max}$ = 50 m/s

191 Die Körnungsbezeichnung eines Schleifmittels lautet F54. Worüber gibt die Körnung des Schleifmittels Auskunft?

Die Körnung bezeichnet die Größe der Schleifkörner.
Körnung 54 bedeutet, dass die Körner durch ein Sieb mit 54 Maschen pro Zoll (25,4 mm) sortiert wurden.

192 Nennen Sie Arbeitsregeln, die bei der Montage und vor Inbetriebnahme einer neuen Schleifscheibe zu beachten sind.

- Schleifkörper auf Risse überprüfen (Klangprobe bei keramischen Schleifscheiben).
- Schleifscheiben gewaltfrei (spannungsfrei) auf die Spindel schieben.
- Mindestdurchmesser der Spannflansche einhalten (1/3 *D* bei geraden und 1/2 *D* bei konischen Schleifscheiben).
- Gleich große Flansche verwenden.
- Neue, elastische (weiche) Zwischenlagen verwenden.
- Nach dem Aufspannen Schleifkörper auf Unwucht prüfen.
- Probelauf von mindestens 5 Minuten bei höchstzulässiger Drehzahl durchführen.

193 Worüber gibt das Geschwindigkeitsverhältnis *q* Auskunft?

$$q = \frac{v_c}{v_f}$$

Das Geschwindigkeitsverhältnis q ist ein Maß für die Spanungsdicke und damit auch für die Kornbelastung. Hohe Geschwindigkeitsverhältnisse führen zu dünnen Spänen. Es wird entsprechend dem Schleifverfahren und dem Werkstoff aus Tabellen gewählt.

194 Eine ungehärtete Stahlwelle soll Außenrund geschliffen werden. Ermitteln Sie für das Schlichten bei einem Scheibenaußendurchmesser von 300 mm und einer Schnittgeschwindigkeit von 35 m/s:

a) Schleifmittel,
b) Körnung,
c) Härte,
d) Geschwindigkeitsverhältnis,
e) Umfangsgeschwindigkeit der Welle.

Für das Außenrundschleifen eines ungehärteten Stahls wird für das Schlichten mit einem Scheibendurchmesser bis 500 mm ermittelt:

a) Schleifmittel „A“ = Elektrokorund
b) Körnung „80“
c) Härte „M … N“ = mittel
d) Geschwindigkeitsverhältnis $q = 125$
e) Die Vorschubgeschwindigkeit v_f entspricht beim Rundschleifen der Werkstückumfangsgeschwindigkeit:

$$q = \frac{v_c}{v_f}$$

$$v_f = \frac{v_c}{q} = \frac{35 \cdot 60\,\text{m}}{125\,\text{min}} = \mathbf{16{,}8\,\frac{m}{min}}$$

195 Welche Folgen hat beim Schleifen eine Erhöhung der Vorschubgeschwindigkeit bei konstanter Arbeitsgeschwindigkeit?

Eine Erhöhung der Vorschubgeschwindigkeit bei konstanter Arbeitsgeschwindigkeit vergrößert die Rautiefe und den Scheibenverschleiß und vermindert die Randzonentemperatur.

196 Was wird beim Schleifen als „Ausfunken“ bezeichnet?

Das Fertigschleifen ohne Zustellung wird als „Ausfunken“ oder „Ausfeuern“ bezeichnet.

197 Welches Schleifverfahren zeigt die Abbildung und welche Besonderheit liegt in diesem Verfahren?

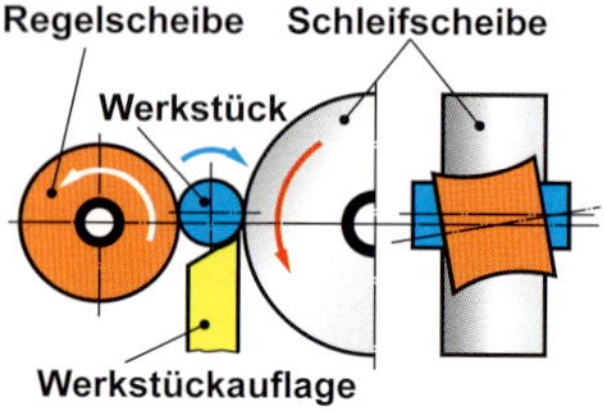

Spitzenloses Außenrundschleifen.
Die Besonderheit dieses Verfahrens liegt darin, dass das Werkstück nicht in einer Spannvorrichtung befestigt wird, sondern lose auf einer harten Auflage liegt.
Die kleinere weichere Regelscheibe läuft mit viel geringerer Geschwindigkeit als die Schleifscheibe. Sie bremst die Drehbewegung des Werkstücks und erteilt dem Werkstück durch ihre Neigung (2° bis 15°) eine Vorschubbewegung.
Das Verfahren eignet sich gut für Zylinderstifte oder andere zylindrische Teile ohne Ansatz.

198

a) Benennen Sie die abgebildeten Honverfahren.
b) Wodurch erhält die gehonte Fläche der Bohrung das Muster aus sich überkreuzenden Bearbeitungsspuren?
c) Erläutern Sie das Honverfahren ②.

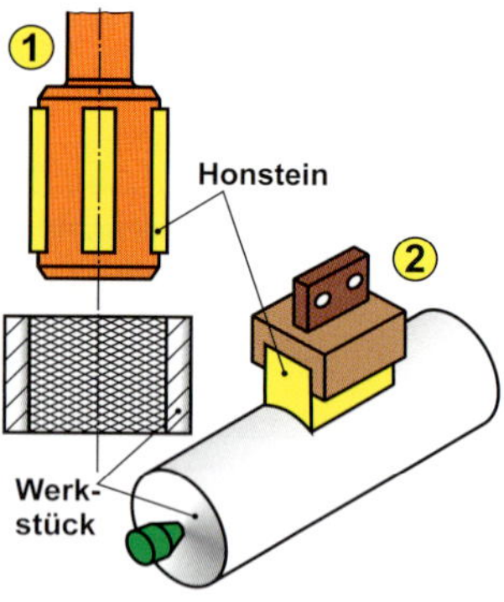

a) ① = Langhubhonen
② = Kurzhubhonen (superfinish)

b) Bei der Bearbeitung führt die Honahle eine Dreh- und Hubbewegung aus.
Durch die Überlagerung der beiden Bewegungen entstehen die für das Honen typischen kreuzförmigen Bearbeitungsriefen.

c) Beim Kurzhubhonen ② ist ein Honstein im Einsatz, der der Werkstückform angepasst ist. Während das Werkstück sich dreht, führt das Werkzeug eine Vorschubbewegung und eine Schwingbewegung mit 500 bis 3000 Doppelhüben pro Minute aus.
Das Verfahren ermöglicht eine hohe Oberflächengüte und eine erhebliche Verbesserung der Rundheit.

199 **Welche Axialgeschwindigkeit muss eingestellt werden, wenn die Umfangsgeschwindigkeit der Honahle 25 m/min beträgt und der Überschneidungswinkel der Bearbeitungsspuren 50° betragen soll?**

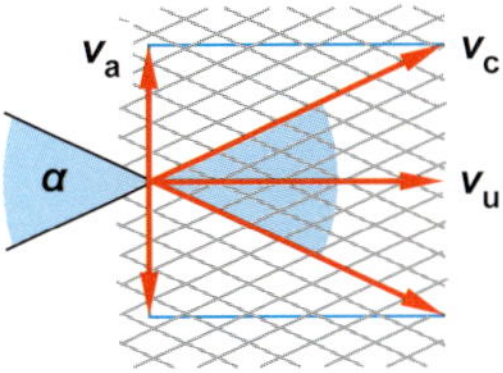

$$\tan\frac{\alpha}{2} = \frac{v_a}{v_u}$$

$$v_a = \tan\frac{\alpha}{2} \cdot v_u = \tan 25^\circ \cdot 25\,\frac{\text{m}}{\text{min}}$$

$$v_a = \mathbf{11{,}66\ m/min}$$

200 **Warum sind gehonte Zylinder besonders gute Laufflächen für Kolben?**

Weil durch das Honen sehr gute Gleitflächen entstehen, die aus vielen Tragflächen bestehen und aus kreuzförmigen Rillen, die als Öltaschen fungieren.

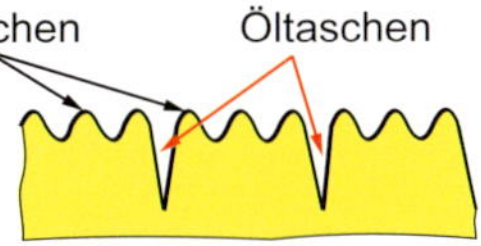

201 **Wodurch unterscheidet sich das Honen einer Bohrung grundsätzlich vom Innenrundschleifen?**

Beim Schleifen berühren sich Werkzeug und Werkstück theoretisch nur auf einer Linie, beim Honen dagegen auf einer Fläche.
Die Dreh- und Hubbewegungen[1)] der Honahle sind gegenüber dem Schleifen niedrig.

[1)] Umfangsgeschw.: 15 … 90 m/min
Axialgeschw.: 8 … 25 m/min

202 Was versteht man unter „Läppen“?

Unter Läppen versteht man alle Verfahren, die mit losem, in einer Flüssigkeit oder Paste verteiltem Korn den Werkstoff fein zerspanen.

203 Wodurch werden beim Läppen
a) glänzende Flächen bzw.
b) matte Flächen
erzeugt?

a) Durch den Einsatz von weichen Läppscheiben, z. B. aus Kupfer. Die harten Läppkörner sitzen in der weichen Läppscheibe fest, wirken spanend und erzeugen so glänzende Flächen.
b) Durch den Einsatz von harten Läppscheiben, z. B. aus feinkörnigem Gusseisen. Die Läppkörner rollen auf der Gussscheibe und erzeugen dadurch die matte Oberfläche.

204 Welche Läppverfahren unterscheidet man beim Läppen mit Maschinen?

- Planläppen
- Planparallelläppen
- Planzylinderläppen
- Außenrundläppen
- Innenrundläppen

205 Warum wird beim Läppen mit zunehmender Bearbeitungszeit die Werkstückoberfläche besser?

Mit zunehmender Bearbeitungszeit zersplittern die Läppkörner in immer kleinere Teile. Dadurch wird auch die Spanabnahme am Werkstück immer feiner, was zu einer besseren Werkstückoberfläche führt.

3.6.5 Abtragen

206 Die Abbildung zeigt den Spannungs- und Stromverlauf einer Entladung beim Erodieren. Erläutern Sie die Vorgänge der Entladung.

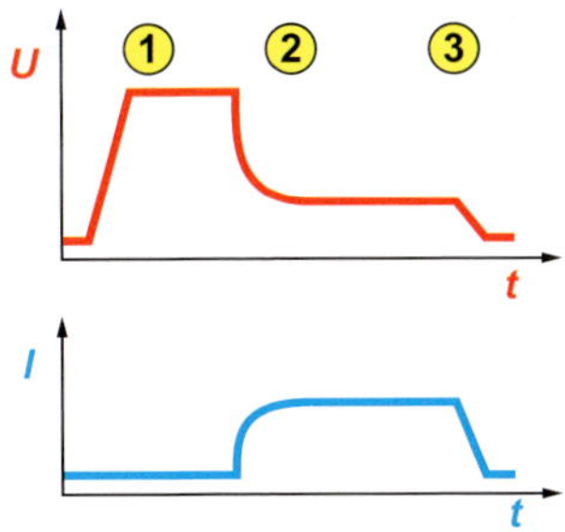

① Eine pulsierende Gleichspannung wird angelegt. Zwischen Elektroden und Werkstück baut sich im Dielektrikum ein elektrisches Feld auf. Die Spannung steigt. Die im Dielektrikum befindlichen, leitfähigen Teilchen konzentrieren sich an der Stelle des geringsten Abstandes von Elektrode und Werkstück. Es bildet sich ein Entladekanal mit negativ und positiv geladenen Teilchen ➔ „Stoss-Ionisation“.

② Über diesen Entladekanal fließt schlagartig ein Strom. Ein Funke springt über. Der Entladestrom nimmt bis zu einem Spitzenwert steil zu, die Spannung verringert sich bis auf die Entladespannung. Durch den Strom wird Wärme erzeugt (8000 … 12 000 °C). Das Dielektrikum im Funkenspalt wird verdampft; Gasblasen entstehen. Das Material an der Werkstückoberfläche wird aufgeschmolzen und teilweise verdampft.

③ Die Spannung wird abgeschaltet, der Stromfluss unterbrochen, und der Entladekanal bricht zusammen. Hierdurch implodieren die Gasblasen des Dielektrikums unter dem äußeren Druck. Das Material wird in Kugelform herausgeschleudert ➔ „Kugelspäne“. Der Entladekanal entionisiert sich. Nach einer Pause beginnt der Prozess erneut.

207 Welche Vorteile hat das funkenerosive Abtragen gegenüber anderen Trennverfahren?

Alle elektrisch leitenden Werkstoffe sind unabhängig von der Härte und Spanbarkeit des Werkstücks bearbeitbar.

208 Was versteht man beim Senkerodieren unter dem frontalen und dem lateralen Funkenspalt (Arbeitsspalt) und wodurch wird deren Größe bestimmt?

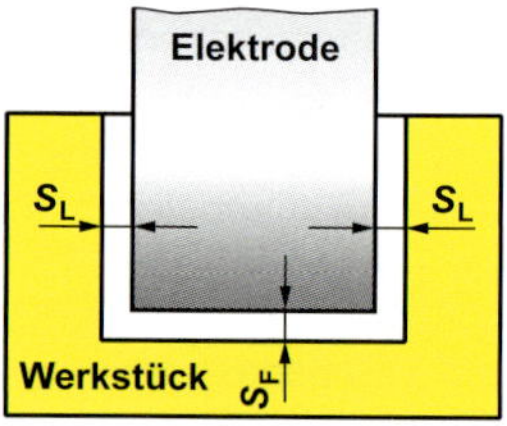

Unter dem Funkenspalt (Arbeitsspalt) S, versteht man den Zwischenraum zwischen Elektrode und Werkstoff. Dabei wird der Spalt in Vorschubrichtung als frontaler Arbeitsspalt S_F und der Spalt senkrecht zur Vorschubrichtung als lateraler[1)] Arbeitspalt S_L bezeichnet.
S_F wird durch die Vorschubregelung der Maschine bestimmt, S_L dagegen durch den Elektrodenwerkstoff, die Entladungsimpulse, die Spülungsart und das Dielektrikum.

[1)] lateral (lat.) = seitlich

209 Welche Folgen hat beim funkenerosiven Abtragen eine Verkleinerung der Pausendauer t_0?

Eine Verkleinerung der Pausendauer ergibt viele Entladungen und damit eine hohe Abtragrate.
Bei zu kurzer Pausendauer besteht die Gefahr der Prozessstörung durch örtliche Überhitzung und Lichtbogenbildung mit Kurzschlusseffekten.

210 Welche Folgen hat beim Senkerodieren eine Vergrößerung des Entladestroms?

Je größer die Stromstärke eingestellt wird, desto größer sind Abtragrate und Oberflächenrauheit.
Gleichzeitig steigt der relative Elektrodenverschleiß und damit nimmt die Abbildungsgenauigkeit der Elektrode im Werkstück ab.

211 Erläutern Sie den Begriff „Dielektrikum".

Ein Dielektrikum ist eine nichtleitende Flüssigkeit.

212 Welche Aufgaben hat beim funkenerosiven Abtragen das Dielektrikum zu erfüllen?

Das Dielektrikum soll
- die Elektrode vom Werkstück isolieren,
- Bedingungen zum Aufbau eines elektrischen Feldes schaffen,
- Ionisation für den Funkenüberschlag ermöglichen,
- Elektrode und Werkstück kühlen,
- erodierte Partikelchen aus dem Funkenspalt spülen und abtransportieren.

213 Erläutern Sie anhand einer Skizze den Unterschied zwischen formabbildenden und formerzeugenden Verfahren beim Senkerodieren.

Beim formabbildenden Senkerodieren muss eine spezielle Formelektrode eingesetzt werden und der Vorschub erfolgt in nur eine Richtung.

Beim formerzeugenden Senkerodieren wird eine handelsübliche Elektrode eingesetzt und der Vorschub erfolgt in mehreren Richtungen.

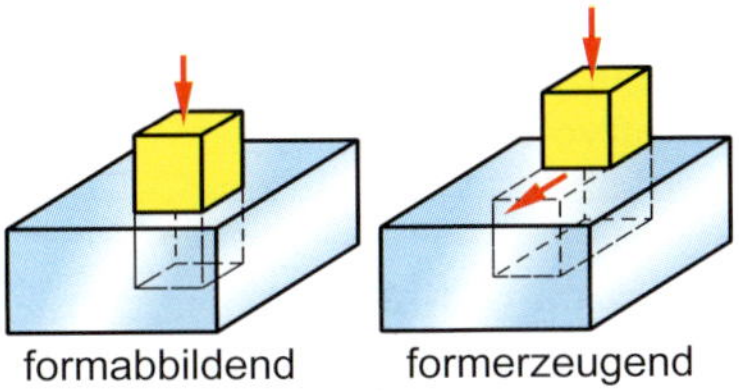

214 Welche Folgen hat beim Senkerodieren eine Erhöhung der Impulsdauer bei konstanter Stromstärke und Impulspause?

In diesem Fall wirkt der Entladestrom stärker und die Abtragsrate steigt bis zu einem Maximum an.
Erodieren mit größerer Impulsdauer bedeutet geringeren relativen Elektrodenverschleiß, aber zunehmende Oberflächenrauheit.

215 Erläutern Sie die Begriffe „Abtragsrate" und „relativer Elektrodenverschleiß".

Abtragsrate: abgetragenes Werkstückvolumen pro Zeit beim Senkerodieren (V_W in mm³/min).
Relativer Verschleiß: Verhältnis von absolutem Werkzeugelektrodenverschleiß V_E zur Abtragsrate V_W in Prozent (υ in %).

216 Welche Aufgabe hat die Spülung beim funkenerosiven Senken und mit welchen Folgen ist bei einer unzureichenden Spülung zu rechnen?

Durch die Spülung (offene Spülung, Druckspülung, Saugspülung) sollen die Abtragspartikel aus dem Arbeitsspalt entfernt werden.
Die Folgen einer unzureichenden Spülung sind Prozessstörungen, wie Kurzschlüsse und Lichtbögen, die die Oberfläche von Werkzeug und Elektrode beschädigen.

217 Das Grundloch soll durch Senkerodieren gefertigt werden. Berechnen Sie:
a) abzutragendes Werkstoffvolumen V,
b) absoluten Werkzeugverschleiß V_E,
c) Hauptnutzungszeit t_h.

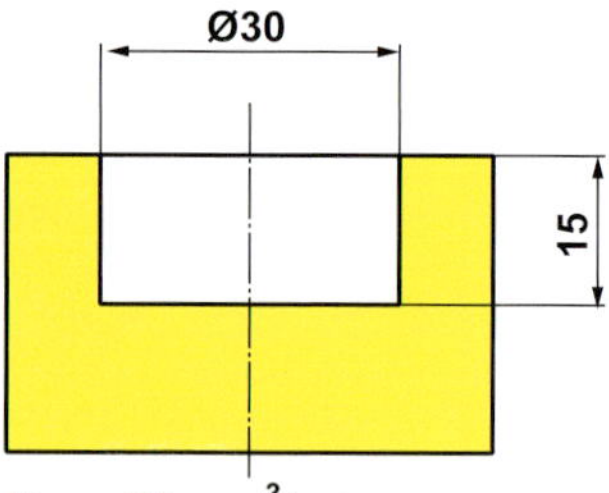

$V_W = \mathbf{50\ mm^3/min}$
$\vartheta = \mathbf{0{,}6\ \%}$

a) $V = \dfrac{\pi \cdot d^2}{4} \cdot h$

$V = \dfrac{\pi \cdot (30\ \text{mm})^2}{4} \cdot 15\ \text{mm}$

$V = \mathbf{10\,602{,}875\ mm^3}$

b) $\boxed{V_E = \dfrac{\vartheta \cdot V_W}{100\ \%}}$

$V_E = \dfrac{0{,}6\,\% \cdot 50\ \text{mm}^3/\text{min}}{100\ \%}$

$V_E = \mathbf{0{,}3\ mm^3/min}$

c) $\boxed{t_h = \dfrac{V}{V_W}}$

$t_h = \dfrac{10\,602{,}875\ \text{mm}^3}{50\ \text{mm}^3}\ \text{min}$

$t_h = \mathbf{212{,}06\ min}$

218 Erläutern Sie das funkenerosive Schneiden, auch Drahterodieren genannt.

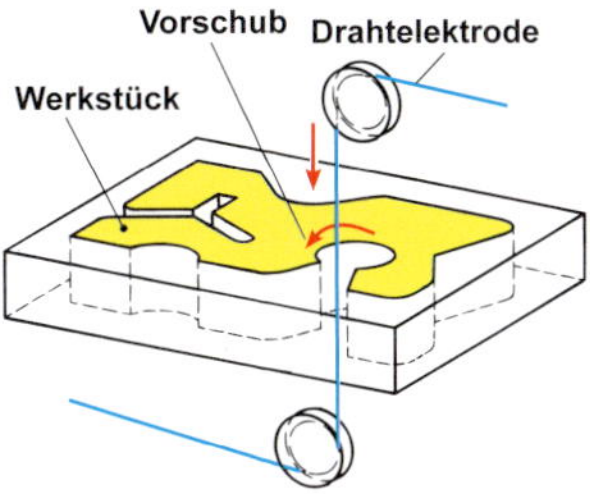

Beim Drahterodieren wird mithilfe einer ablaufenden, kalibrierten Metalldrahtelektrode die gewünschte Werkstückkontur ausgeschnitten. Dabei erfolgt der Werkstoffabtrag im Schneidspalt durch den Erodierprozess zwischen Werkstück und Drahtelektrode.

3

219 Welche Dielektrika werden zum funkenerosiven Senken (Senkerodieren), welche für das funkenerosive Schneiden (Drahterodieren) verwendet und worin unterscheiden sie sich?

Beim **Senkerodieren** werden synthetische Öle verwendet. Diese Kohlenwasserstoffverbindungen haben eine hohe Viskosität und können Werkstoffpartikel gut abführen.

Beim **Drahterodieren** wird als Dielektrikum entionisiertes Wasser verwendet. Wegen seiner geringen Viskosität eignet es sich besonders gut für enge Spalte. Es hat eine gute Kühlwirkung. Allerdings ist die Korrosionsgefahr zu beachten.

220 Warum spielt der Elektrodenverschleiß beim Drahterodieren eine untergeordnete Rolle?

Weil beim Drahterodieren (funkenerosiven Schneiden) die Drahtelektrode im Bereich der Erodierzone kontinuierlich erneuert wird.

221 Wofür steht die Abkürzung „ECM“?

ECM ist die Abkürzung für Elektrochemische Metallbearbeitung.
Auf elektrochemischem Wege wird dabei Material berührungslos von metallischen Werkstoffen abgetragen, z. B. ECM-Formentgraten, ECM-Konturbearbeiten und ECM-Senken.

222 Erläutern Sie mithilfe der Skizze das Prinzip des elektrochemischen Abtragens.

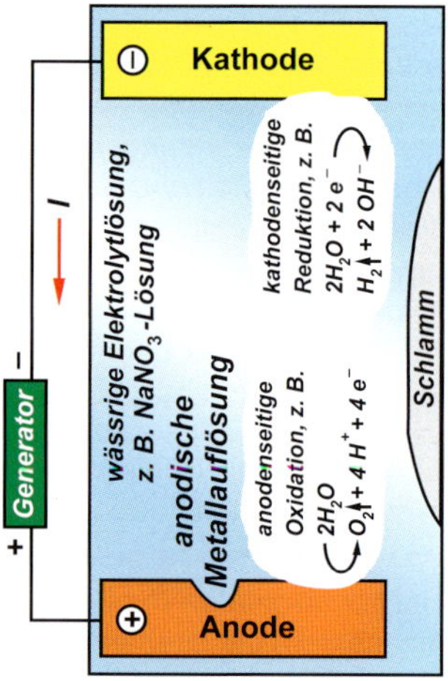

Das elektrochemische Abtragen ist ein Fertigungsverfahren zum anodischen Auflösen metallischer Werkstoffe.
Ein durch eine äußere Stromquelle über die Elektrolytlösung als Wirkmedium erzwungener Ladungs- und Stoffaustausch zwischen dem als Anode gepolten Werkstück und der Kathode bewirkt den Auflösevorgang. Der abgetragene Werkstoff fällt als Metallhydroxid (Schlamm) aus und muss kontinuierlich aus dem Elektrolyt entfernt werden.

223 Worin unterscheiden sich Dielektrika und Elektrolyte?

Dielektrika sind elektrisch nicht leitende (isolierende) Flüssigkeiten, z. B. Öle und entionisiertes Wasser.
Elektrolyte sind elektrisch leitende Flüssigkeiten, z. B. in Wasser gelöste Salze, Säuren und Basen.

224 Nennen Sie Vor- und Nachteile des Elektrochemischen Senkens (ECM-Senken).

Vorteile des ECM-Senkens sind:
- kein verfahrensbedingter Verschleiß der Werkzeugelektrode
- sehr hohe Abtragsgeschwindigkeit (ca. 10 mm/min)
- keine Trennung von Schruppen und Schlichten, die beste Formgenauigkeit und Oberflächengüte werden bei höchster Abtragsgeschwindigkeit erreicht
- die Bearbeitung aller metallischen Werkstoffe ist möglich, weitgehend unabhängig von Härte und Festigkeit
- keine thermische und mechanische Belastung des Werkstücks

Nachteile:
- großer Versuchsaufwand zur Ermittlung der optimalen Elektrodenform
- hohe Investitionskosten für Maschine und Vorrichtung
- Nachbehandlung der Teile erforderlich, wie sofortiges Waschen, Konservieren und Trocknen der Teile zur Korrosionsverhinderung
- Umweltschutzaufwendungen zur Entsorgung des abgetragenen Werkstoffs notwendig

3.6.6 Thermisches Trennen

225 Welche thermischen Trennverfahren werden in der Metallverarbeitung angewendet?

Als thermische Trennverfahren werden in der Metallverarbeitung autogenes Brennschneiden, Plasmaschneiden und Laserstrahlschneiden angewendet.

226 Welche Voraussetzungen müssen Werkstoffe erfüllen, um sich zum Brennschneiden zu eignen?

- Das Metall muss im Sauerstoff verbrennen.
- Die Zündtemperatur muss niedriger als die Schmelztemperatur sein.
- Die Schmelztemperatur des entstehenden Metalloxids muss niedriger als die des Metalls sein.
- Die entstehende Schlacke muss hinreichend dünnflüssig sein.
- Das Metall darf nur eine begrenzte Leitfähigkeit haben.

227 Erläutern Sie das Prinzip des autogenen Brennschneidens.

Mit einer Brenngas-Sauerstoff-Flamme wird die Anschnittstelle am Werkstück auf Entzündungstemperatur erwärmt. Ein gebündelter Sauerstoffstrahl trifft nach Öffnen des Schneidsauerstoffventils auf die weißglühend erwärmte Anschnittstelle. Der Stahl verbrennt und die dabei entstehenden Oxide werden, vermischt mit Schmelze, durch den Druck des Sauerstoffstrahls aus der Fuge geblasen.

228 Welche Maßnahmen sind mit zunehmender Materialdicke beim Brennschneiden zu ergreifen?

- größere Düsen einsetzen
- Düsenabstand vergrößern
- Heizgas- und Sauerstoffdruck vergrößern
- Schneidgeschwindigkeit verringern

229 Welche Form weisen die Schnittriefen in der Schnittfuge beim Brennschneiden mit folgender Schneidgeschwindigkeit auf:
a) richtig,
b) zu hoch,
c) zu niedrig.

a) Bei richtiger Schneidgeschwindigkeit werden fast senkrechte Schnittriefen in der Schnittfuge erreicht.
b) Bei zu hoher Schneidgeschwindigkeit sind die Riefen in der Schnittfuge schräg.
c) Bei zu niedriger Schneidgeschwindigkeit weisen die Riefen an der Unterkante einen festhaftenden Schlackenbart auf.

230 Was versteht man unter einem „Plasma"?

Ein Plasma ist ein elektrisch leitendes, sehr heißes Gemisch aus frei beweglichen positiven Ionen und Elektronen.

231 Welche Vorteile hat das Plasma-Schneiden gegenüber dem Brennschneiden?

Es lassen sich auch Werkstoffe wie Cr-Ni-Stähle, Kupfer oder Aluminium trennen. Es kann mit höherer Geschwindigkeit bei geringerer Wärmeeinwirkung gearbeitet werden.

232 Welche Eigenschaften haben die Strahlen eines Lasers?

Laserstrahlen sind Licht- oder Wärmestrahlen mit folgenden Eigenschaften:
- gleiche Wellenlänge,
- fast genau paralleler Verlauf (Abweichung $< 1/3600$ Grad),
- auf sehr kleine Fläche konzentrierbar,
- hohe Leistungsdichte.

233 Welche Werkstoffe lassen sich Laserschneiden?

Alle Stähle bis ca. 12 mm Dicke, NE-Metalle (außer Silber und Kupfer) sowie nichtmetallische Werkstoffe, z. B. Kunststoff, Holz und Leder.

3.7 Fügen

234 Fügeverbindungen lassen sich nach ihrem „Wirkprinzip" in drei Gruppen einteilen. Nennen Sie diese mit Beispielen.

- *Stoffschlüssig:* z. B. Schweiß-, Löt- oder Klebeverbindungen
- *Kraftschlüssig:* z. B. Schrauben-, Kegel-, Klemmverbindungen oder Einscheibenkupplungen
- *Formschlüssig:* z. B. Stift-, Passfeder-, Keilwellen- oder Passschraubenverbindungen

3.7.1 Kleben

235 Erläutern Sie das Kleben.

Kleben ist stoffschlüssiges Verbinden artgleicher oder verschiedener Werkstoffe mit artfremdem oder artgleichem, aushärtendem Zusatzwerkstoff – dem Kleber.

236 Worauf beruht die Wirkung des Klebens?

Die Verbindung Werkstück-Klebstoff wird durch Adhäsionskräfte hergestellt. Im Klebstoff selbst wirken Kohäsionskräfte. Die Adhäsionskräfte sind meist stärker, besonders wenn eine raue Oberfläche eine gute Verankerung des Klebstoffes ermöglicht.

237 Nennen Sie Vor- und Nachteile von Klebeverbindungen gegenüber Schweißverbindungen.

Vorteile:
- keine Gefügeveränderungen
- gleichmäßige Spannungsverteilung
- viele Werkstoffkombinationen möglich
- dichte Verbindungen

Nachteile:
- große Fügeflächen notwendig
- geringe Dauer- und Warmfestigkeit
- teilweise lange Aushärtezeiten

238 Wozu dienen Klebeverbindungen hauptsächlich?

- Verbinden von Werkstoffen
- Sichern von Schrauben
- Dichten von Fügeflächen

239 Ein Klebstoffhersteller fordert in seiner Gebrauchsanweisung:

„Klebestellen müssen staub-, fettfrei und trocken sein, evtl. leicht anrauen."

Begründen Sie diese Forderung.

Die Haltbarkeit einer Klebeverbindung hängt von der Adhäsionskraft (Anhangskraft) zwischen dem Klebstoff und den Fügeteilen und von der Kohäsionskraft (Zusammenhangskraft) der Klebstoffmoleküle ab.
Ist eine Klebestelle z. B. nicht fettfrei, so wirkt die Adhäsion nicht an den Fügeteilen, sondern zwischen dem Fett und dem Klebstoff. Durch das Anrauen der Klebestellen vergrößert sich die Klebefläche und somit auch die Größe der Adhäsionskraft.

240 Nennen Sie verschiedene Kleberarten.

- Leimlösungen, z. B. Tapetenkleister.
- Dispersionen, z. B. Weißleim.
- Lösungsmittelkleber, z. B. Alleskleber.
- Reaktionskleber (1 oder 2 Komponenten), z. B. Sekundenkleber.
- Heißschmelzklebstoffe

241 Welche konstruktiven Grundsätze gelten für die Gestaltung einer Klebeverbindung?

- Schälbeanspruchung unter allen Umständen vermeiden!
- Scherbeanspruchung in der Klebefuge anstreben.
- Zugbeanspruchung nur in besonderen Fällen zulassen.
- Fugenspalt so klein wie möglich halten.

242 Wie erfolgt die Aushärtung bei 2-Komponenten-Reaktionsklebern?

Durch Vermischen von Harz und Härter tritt eine chemische Reaktion, das Vernetzen ein, die unter Wärmeentwicklung zum Aushärten führt.

243 Die abgebildeten Bauteile sollen durch Kleben gefügt werden. Entwerfen Sie hierfür geeignete Fugenformen.

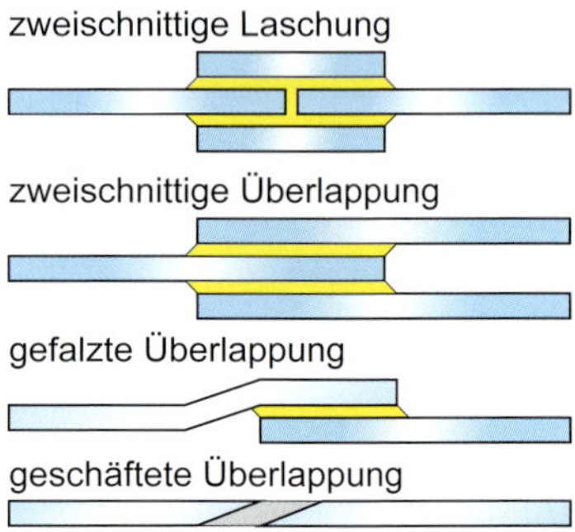

244 Erklären Sie den Begriff „Topfzeit“.

Topfzeit ist die Zeitdauer, während der eine aufbereitete Mischung eines Zweikomponentenklebers verarbeitet werden kann.

3.7.2 Löten

245 Erläutern Sie die Fügetechnik „Löten“.

Löten ist ein stoffschlüssiges, unlösbares Verfahren zur Vereinigung metallischer Werkstoffe gleicher oder verschiedener Art mit Hilfe eines Zusatzmetalls, dem Lot.
Die Lotschmelztemperatur liegt unterhalb der Schmelztemperatur der Grundwerkstoffe.
Die Grundwerkstoffe werden benetzt, ohne geschmolzen zu werden.

246 Welche Aufgabe hat das Flussmittel?

Es soll die Oxidschicht auf dem Grundwerkstoff lösen, die Bildung erneuter Oxidschichten während des Erwärmens verhindern und die Ausbreitung des Lotes fördern.
Der Wirktemperaturbereich des Flussmittels soll ca. 50 … 100 °C unter der Schmelztemperatur des Lotes beginnen.

247 Nennen und erläutern Sie die drei Schritte, die für die Herstellung einer hochfesten Lötverbindung nötig sind.

Benetzen: Ausbreiten des Lotes auf einer metallisch reinen und oxidgelösten Oberfläche nach Erreichen der Arbeitstemperatur.

Fließen: Das Lot wird durch die Kapillarwirkung des Lötspaltes überall hingezogen, wo eine Benetzung vorausging und Arbeitstemperatur herrscht. Das Flussmittel wird vom Lot verdrängt.

Legieren: Lot dringt in das Gefüge des Grundwerkstoffes (Diffusion), löst einen Teil davon und bildet eine Legierung.

248 Welche Bedingungen sind Voraussetzung für eine gute Lötung?

- Metallisch reine Oberfläche
- Lötspalt von 0,05 mm bis 0,2 mm
- richtige Arbeitstemperatur
- erschütterungsfreies Abkühlen
- verbleibende Flussmittelreste sorgfältig entfernen, um Korrosion zu vermeiden.

249 Was versteht man unter der Arbeitstemperatur eines Lotes?

Die Arbeitstemperatur eines Lotes ist die niedrigste Oberflächentemperatur des Werkstückes, bei der das Lot benetzt, fließt und legiert.

250 Welche Verfahren werden nach der „Arbeitstemperatur“ beim Löten unterschieden?

- Weichlöten unter 450 °C
- Hartlöten über 450 °C
- Hochtemperaturlöten über 900 °C, unter Vakuum oder Schutzgas.

251 Wodurch wird das Hartlöten von Aluminium und seiner Legierungen erschwert?

Durch die Bildung einer Oxidhaut, ohne deren Zerstörung eine metallische Bindung nicht möglich ist.

252 Nennen Sie verschiedene Hartlote und deren Arbeitstemperaturen (AT).

- Kupferlote, z. B. L-SFCu, AT 1100 °C für Stähle.
- Kupfer-Zinnlote, z. B. L-CuSn12, AT 990 °C für Eisen- und Nickelwerkstoffe.
- Kupfer-Zinklote, z. B. L-CuZn 46, AT 890 °C für Stahl, Kupfer- und Nickellegierungen.
- Kupfer-Phosphorlote, z. B. L-CuP7, AT 720 °C, für Kupfer.
- Silberhaltige Lote, z. B. L-Ag34Sn, AT 710 °C für Stähle, Kupfer und Kupferlegierungen, Nickel und Nickellegierungen.

253 Erläutern Sie die Besonderheiten der häufig gebrauchten Blei-Zinnlote
- **L-Sn63Pb und**
- **L-PbSn20Sb.**

- Das Sickerlot L-Sn63Pb besteht aus 63 % Sn und 37 % Pb, Schmelzpunkt 183 °C. Diese Legierung geht vom festen sofort in den flüssigen Zustand über.
- Das Karosserielot oder Schmierlot L-PbSn20Sb, ein Bleilot mit 20 % Sn und bis zu 1,7 % Sb, geht ab 186 °C allmählich in einen breiigen und erst bei ca. 280 °C in den flüssigen Zustand über.
  Im breiigen Zustand ist das Lot zum „Verschwemmen“ von Beulen an Karosserien geeignet.

3.7.3 Schweißen

254 Erklären Sie das thermische Fügeverfahren „Schweißen".

Schweißen ist das Vereinigen oder Beschichten von Werkstoffen in flüssigem oder plastischem Zustand durch Wärme und/oder Druck, mit oder ohne Zusatzwerkstoff. Durch Schweißen entsteht eine stoffschlüssige, unlösbare Verbindung.

255 Nennen Sie Verfahren, die zu den Schmelzschweißverfahren gehören und geben Sie an, in welchem Zustand die Verbindung erfolgt.

- Gasschmelzschweißen
- Lichtbogenschweißen
- Schutzgasschweißen
- Plasmaschweißen
- Laserschweißen
- Elektronenschweißen

Die Verbindung erfolgt im flüssigen Zustand.

256 Nennen Sie Verfahren, die zu den Pressschweißverfahren gehören und geben Sie an, in welchem Zustand die Verbindung erfolgt.

- Feuerschweißen
- Widerstandsschweißen
- Punktschweißen
- Nahtschweißen
- Stumpfschweißen
- Buckelschweißen

Die Verbindung erfolgt im teigigen Zustand unter Druck.

257 Welche Gase sind zum Gasschmelzschweißen geeignet?

- Acetylen und Sauerstoff
  ➔ erzielbare Temperatur: 3200 °C
- Wasserstoff und Sauerstoff
  ➔ erzielbare Temperatur: 2380 °C

258 Warum wird das Acetylengas in Aceton gelöst?

Das Acetylengas explodiert bei Drücken über 2 bar, wenn es gleichzeitig erhitzt oder gezündet wird. Nach Lösen in Aceton unterbleibt diese Reaktion auch bei höheren Drücken.

259 Wie viel Liter Gas enthält eine 40 Liter Acetylenflasche mit 13 Liter Acetonfüllung und 18 bar Fülldruck?

1 Liter Aceton löst bei 15 °C je bar Drucksteigerung 25 Liter Acetylen. Somit enthält die 40 Liter Flasche 13 · 25 l / bar · 18 bar = 5850 l Acetylengas.

260 Wie unterscheiden sich äußerlich
- **Sauerstoffflaschen,**
- **Wasserstoffflaschen,**
- **Acetylenflaschen?**

- Sauerstoffflaschen haben ein R ¾ Rechtsgewinde, sind blau gestrichen und auf der weißen Flaschenschulter steht ein „N“.
- Wasserstoffflaschen sind rot gestrichen und haben ein W 21,80 x 1/14 Linksgewinde.
- Alte Acetylenflaschen sind noch gelb gestrichen und haben einen Spannbügel. Seit Juli 2006 gilt die DIN EN 1089-3 und auf der kastanienbraunen Flaschenschulter steht ein „N“. Die Flasche ist kastanienbraun, schwarz oder gelb.

261 Warum müssen Gasentnahmestellen mit „Sicherheitsvorlagen“ ausgerüstet sein?

Sicherheitsvorlagen unterbrechen bei einem Gasrücktritt oder Flammenrückschlag sofort eine weitere Gaszufuhr und verhindern ein Ausbreiten der Flamme in die Zuleitungen.

262 Nennen Sie Vorsichtsmaßnahmen, die im Umgang mit Gasflaschen zu beachten sind.

- Flaschen gegen Umfallen sichern
- vor Stoß, Erwärmung und Frost schützen
- Sauerstoffflaschen frei von Öl und Fett halten → Explosionsgefahr
- nur mit Schutzkappen transportieren

263

a) Warum wird zum Gasschmelzschweißen ein Druckminderer benötigt?

b) Benennen Sie die Einzelteile des skizzierten Druckminderers.

c) Setzen Sie die Funktionsbeschreibung des Druckminderers unter Nennung der Bauteile fort:
Durch das Einschrauben der Einstellschraube (1) wird ...

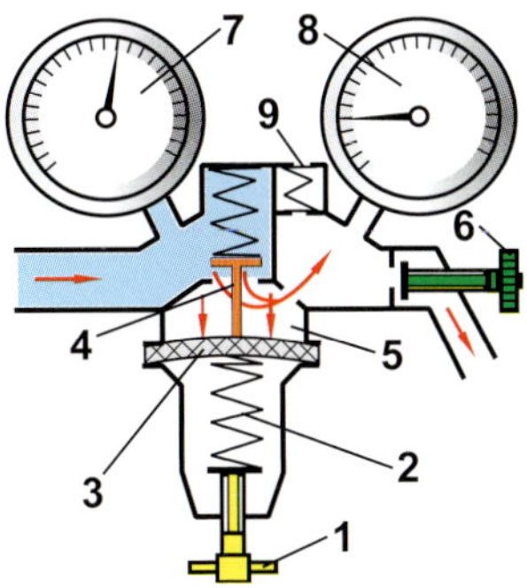

a) Zum Schweißen muss der hohe Gasdruck in den Flaschen (z. B. Sauerstoff mit 150 bar) durch einen Druckminderer auf den erforderlichen Arbeitsdruck (z. B. Sauerstoff auf 2,5 bar) erniedrigt werden.

b) Benennung
1 = Einstellschraube
2 = Einstellfeder
3 = Membran
4 = Einstellventil
5 = Zwischenkammer
6 = Absperrventil
7 = Inhaltsmanometer
8 = Arbeitsmanometer
9 = Sicherheitsventil

c) Durch das Einschrauben der Einstellschraube (1) wird die Einstellfeder (2) gespannt und öffnet über die Gummimembran (3) das Einstellventil (4). Dadurch strömt das Gas solange in die Zwischenkammer (5), bis der auf die Membran (3) wirkende Gasdruck die Einstellfeder (2) zusammendrückt und das Ventil (4) schließt.
Fällt der Druck in der Zwischenkammer, so öffnet das Ventil erneut und der Vorgang wiederholt sich.

264 **Welches Mischungsverhältnis von Acetylen und Sauerstoff liegt vor, wenn der Flammenkegel folgendes Aussehen hat:**

a) weiß leuchtend, scharf begrenzt;

b) kurz, bläulich;

c) lang zerflattert, grünlich?

a) Mischungsverhältnis 1 : 1, mit diesem Verhältnis wird normalerweise geschweißt, die Flamme wird als „neutral“ bezeichnet.

b) Sauerstoffüberschuss, zum Schweißen von Messing

c) Acetylenüberschuss, zum Schweißen von Aluminium und Grauguss

265 Welche Auswirkungen hat eine Schweißflamme mit Acetylen- bzw. Sauerstoffüberschuss auf die Schweißnaht bei Stahl?

Sauerstoffüberschuss: Die Schweißnaht nimmt Sauerstoff auf und wird dadurch spröde.

Acetylenüberschuss: Die Schweißnaht wird mit Kohlenstoff angereichert („aufgekohlt") und wird dadurch hart und spröde.

266

a) Wozu dient der Schweißbrenner?

b) Benennen Sie die Bestandteile des skizzierten Schweißbrenners.

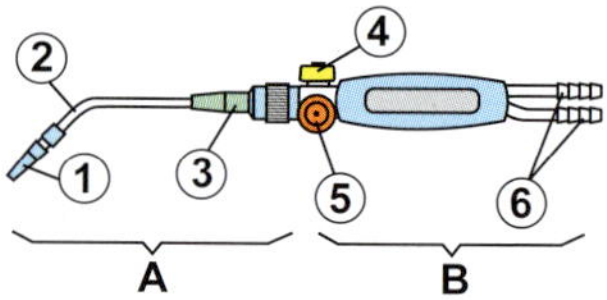

a) Der Brenner dient zum
- Mischen von Sauerstoff und Brenngas
- Einstellen des Sauerstoff-Gas-Gemisches
- Anpassen der Schweißflamme an die Werkstoffdicke

b) Der Brenner besteht aus dem Schweißeinsatz (A) mit
① Schweißdüse,
② Mischrohr,
③ Mischdüse
und Griffstück (B) mit
④ Sauerstoffventil,
⑤ Brenngasventil,
⑥ Schlauchanschlüssen.

267 Erklären Sie, warum zum Zünden der Schweißflamme mit einem Injektorbrenner zuerst das Sauerstoffventil geöffnet wird.

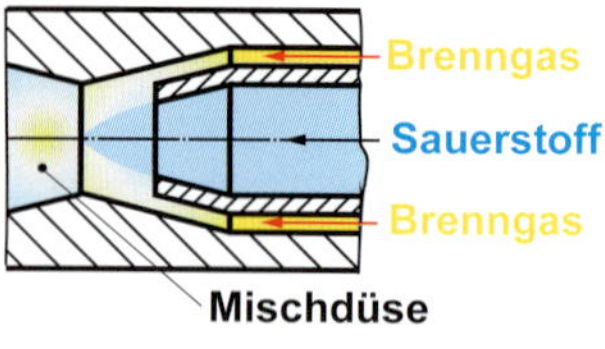

Weil beim Injektorbrenner das Brenngas vom Sauerstoff angesaugt wird: Der Sauerstoff strömt mit hoher Geschwindigkeit durch eine zentrische Düse in die Mischdüse. An der Engstelle der Mischdüse entsteht als Folge der hohen Geschwindigkeit ein Unterdruck (Venturi-Prinzip). Dadurch wird das Brenngas angesaugt, mitgerissen und intensiv mit Sauerstoff gemischt.

268 Die abgebildeten Bleche sollen durch Nachlinksschweißen, bzw. durch Nachrechtsschweißen gefügt werden.

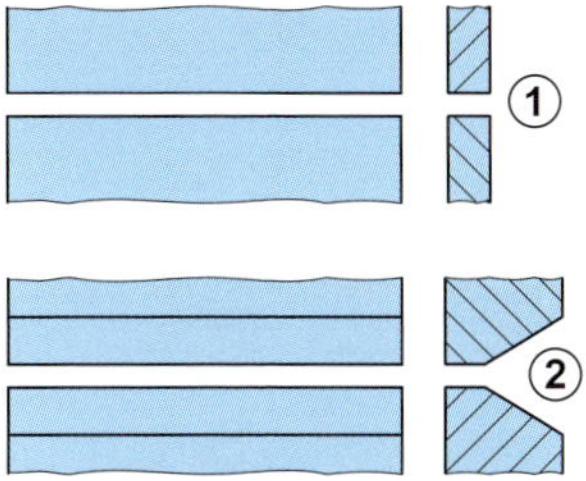

Skizzieren Sie für die Bleche ① und ② die Brennerhaltung unter Kennzeichnung der Schweißrichtung und Schweißdrahthaltung. Begründen Sie.

Nachlinksschweißen:

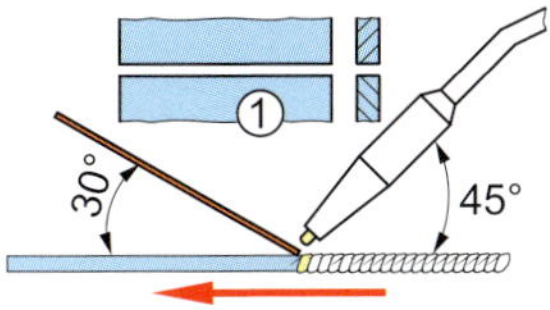

- dünne Bleche bis zu 3 mm
- Nahtfuge wird vorgewärmt
- Schmelze bleibt kühler
- geringe Durchbrenngefahr

Nachrechtsschweißen:

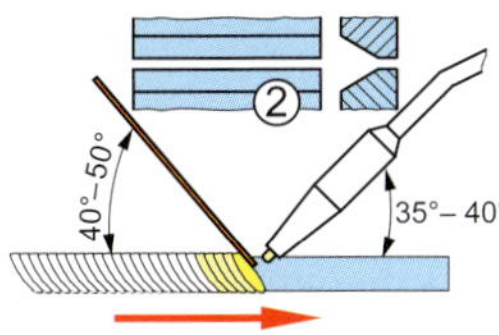

- dicke Bleche > 3 mm
- Flamme auf Schmelzbad gerichtet
- größere Wärmeeinbringung

269 Erläutern Sie, wodurch beim E-Schweißen ein Lichtbogen entsteht.

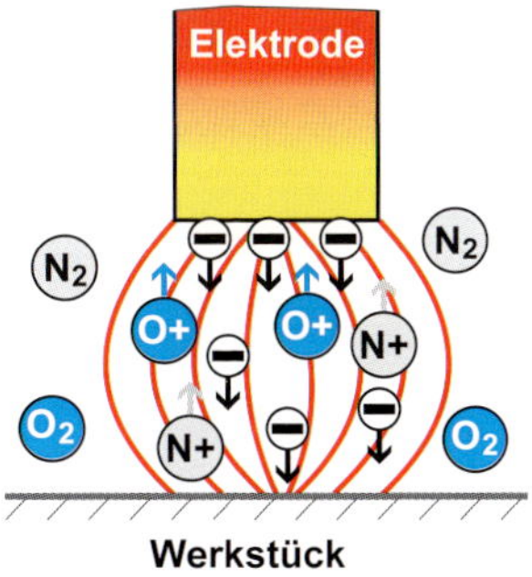

- *Antippen:* Die Elektrode berührt kurz das Werkstück, dadurch fließt ein hoher Kurzschlussstrom, der die Elektrode zum Glühen bringt und die Berührstelle und Luft stark erwärmt.
- *Abheben der Elektrode:* Dadurch wird ein Elektronenfluss ermöglicht. Die Elektronen bewegen sich mit bis zu 100 000 km/h von der Elektrode zum Werkstück, spalten dabei die Gasatome der Luft auf, sodass sie elektrisch leitend (ionisiert) wird. Der Strom fließt zwischen der kurzen Luftstrecke und ein Lichtbogen brennt.

270 Lichtbogenkennlinien

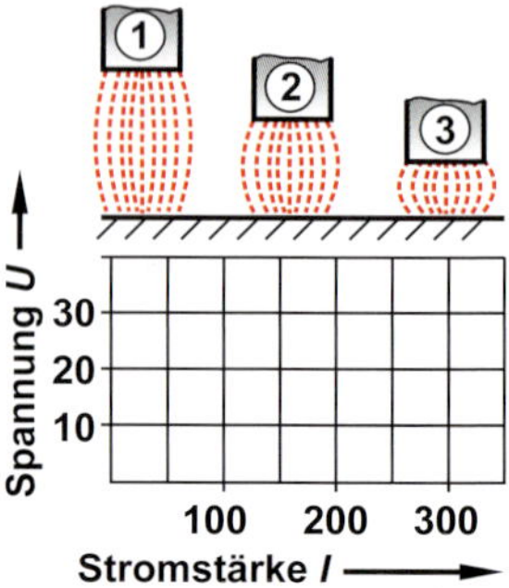

Der skizzierte Lichtbogen ② mit mittlerer Länge hat einen Widerstand von $R = 0{,}1\,\Omega$.

a) Zeichnen Sie dessen Kennlinie in das obige Diagramm ein.

b) Wie verschiebt sich die Lichtbogenkennlinie, für einen Lichtbogen mit der Länge ①? Begründen Sie Ihre Antwort.

c) Zeichnen Sie den qualitativen Verlauf der Kennlinie für die Lichtbogenlänge ① und ③ in das Diagramm ein.

a) und c)

$$U = I \cdot R$$

$U = 100\text{ A} \cdot 0{,}1\,\Omega = \mathbf{10\ V}$

$U = 200\text{ A} \cdot 0{,}1\,\Omega = \mathbf{20\ V}$

$U = 300\text{ A} \cdot 0{,}1\,\Omega = \mathbf{30\ V}$

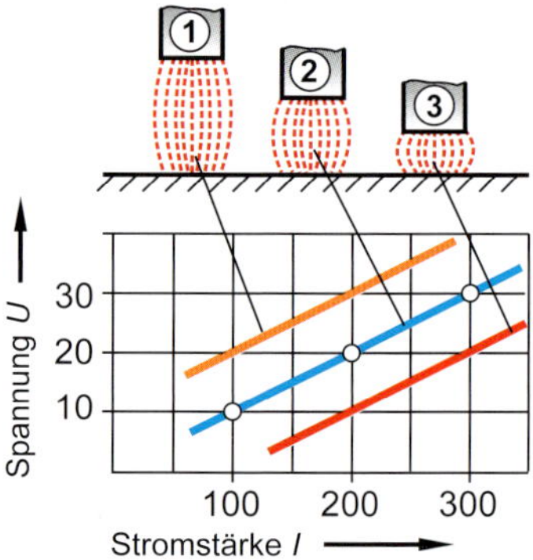

b) Die Kennlinie des langen Lichtbogens 1 verläuft oberhalb der Kennlinie des Lichtbogens 2 mit mittlerer Länge.

Begründung:
Der elektrische Widerstand des Lichtbogens wächst mit seiner Länge.

271 Benennen Sie die abgebildeten Schweißnahtarten ① bis ⑤.

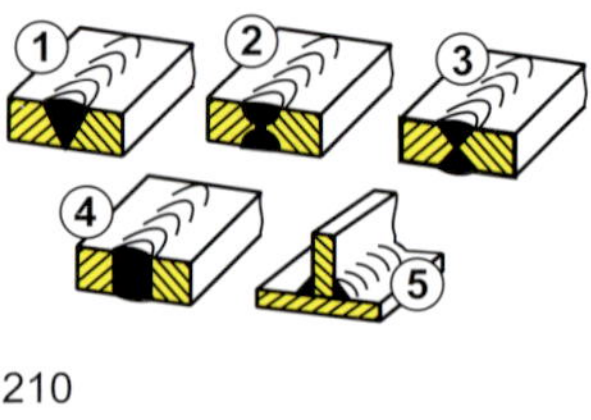

① V-Naht
② Doppelt-U-Naht
③ Doppelt-V-Naht (X-Naht)
④ I-Naht
⑤ Doppelkehlnaht

**272 Die Eigenschaften einer Elektrode sind aus dem Kurzzeichen ersichtlich.
Entschlüsseln Sie die folgende Stabelektrodenbezeichnung:**

ISO 2560-A-E 38 0 RR 53

ISO 2560: Norm-Nummer
A: Garantierte Streckgrenze und Kerbschlagarbeit
E: Kurzzeichen für umhüllte Stabelektrode; Schweißprozess Lichtbogenhandschweißen
38: Kennziffer für Mindeststreckgrenze (hier 380 N/mm^2), Zugfestigkeit (hier 470 ... 600 N/mm^2) und Mindestbruchdehnung A_5 (hier 20 %)
0: Kennziffer für Mindestkerbschlagarbeit (hier 47 J bei 0 °C)
RR: Kennziffer für Umhüllungstyp (hier dick-rutilumhüllt)
5: Kennziffer für Ausbringung in % (hier > 125 ≤ 160) und Stromart (hier Wechsel- und Gleichstrom)
3: Kennziffer für Schweißposition (hier Stumpfnaht in Wannenposition, Kehlnaht in Wannen- und Horizontalposition)

3

273 Benennen Sie die mit ①, ② und ③ gekennzeichneten *Stromquellenkennlinien* und geben Sie an, für welche Lichtbogenschmelzschweißverfahren sie besonders geeignet sind.

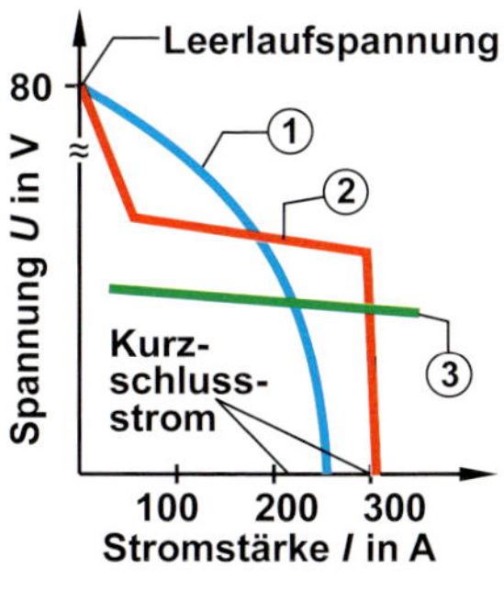

- *steil fallende Kennlinien*
  ① Schweißtransformator ohne,
  ② Schweißtransformator mit Steuerungselektronik
  besonders geeignet für das
  - Lichtbogenhandschweißen
  - WIG-Schweißen
- *flach fallende* Kennlinien ③ (Konstantspannungskennlinien) besonders geeignet für das
  - Metallschutzgasschweißen
  - MIG-Schweißen
  - MAG-Schweißen

274 Warum kann die „Leerlaufspannung“ dem Schweißer gefährlich werden?

Die Leerlaufspannung mit ca. 80 V herrscht bei eingeschalteter Stromquelle ohne Belastung vor.
Berührt der Schweißer das blanke Werkstück und z. B. den defekten Elektrodenhalter, so kann wegen der hohen Leerlaufspannung ein lebensgefährlicher Strom[1)] > 0,05A durch den Körper fließen.

[1)] siehe Kapitel 9.2

275 Beim Lichtbogenhandschweißen werden abschmelzende Stabelektroden verwendet. Welche Aufgaben erfüllt dabei die Elektrodenumhüllung?

- Gasmantel bilden, um Schmelzgut vor der umgebenden Luft zu schützen.
- Lichtbogen stabilisieren durch Ionisation der Luft.
- Stahlbegleitende Elemente ersetzen, die teilweise ausbrennen, z. B. Mangan und Kohlenstoff.
- Schlacke bilden, um das Schmelzgut vor zu schneller Abkühlung zu schützen.

276 Welche Schutzgasschweißverfahren werden wie folgt abgekürzt? „WIG“ „MIG“ „MAG“, „MAGC, „MAGM“?

WIG: Wolfram-Inertgasschweißen, mit Argon (Helium) als Schutzgas

MIG: Metall-Inertgasschweißen, mit Argon als Schutzgas

MAG: Metall-Aktivgasschweißen, mit den Schutzgasen CO_2 ➔ (**MAGC**), Mischgase aus Argon mit CO_2 oder O_2 ➔ (**MAGM**)

277 Welche Vorteile hat das MAG-Schweißen gegenüber dem Elektrodenschweißen?

- Kein ständiger Elektrodenwechsel, da Endloselektrode
- bester Schutz des Schmelzbades vor Oxidation durch Schutzgas
- keine Schlacke
- sehr dünne Bleche problemlos schweißbar

278 Wodurch unterscheidet sich das WIG- vom MAG- und MIG-Schweißverfahren?

Beim WIG-Schweißen brennt der Lichtbogen zwischen einer nicht abschmelzenden Wolframelektrode und dem Werkstück, während er beim MAG- und MIG-Schweißen zwischen einer abschmelzenden Drahtelektrode und dem Werkstück brennt.

279 Warum werden beim Metall-Schutzgas-Schweißen (MIG/MAG) Stromquellen mit flach fallenden Kennlinien (Konstantspannungskennlinien) benutzt?

Wegen der relativ hohen Vorschubgeschwindigkeit der Drahtelektrode hat der Schweißer keinen manuellen Einfluss auf die Lichtbogenlänge. Deshalb werden beim Metall-Schutzgas-Schweißen Stromquellen mit flach fallenden Kennlinien (Konstantspannungskennlinien) benutzt, die die Lichtbogenlänge selbsttätig regeln ➔ „Innere Regelung".

280 Welche Werkstoffe werden mit den Schutzgasschweißverfahren WIG, MIG und MAG geschweißt?

WIG: NE-Metalle und deren Legierungen, z. B. Titan, Tantal
MIG: NE-Metalle, Al-Legierungen, hochlegierte Stähle
MAG: unlegierte Stähle

281 Erklären Sie, warum das WIG-Schweißen von Aluminium mit Wechselstrom erfolgt.

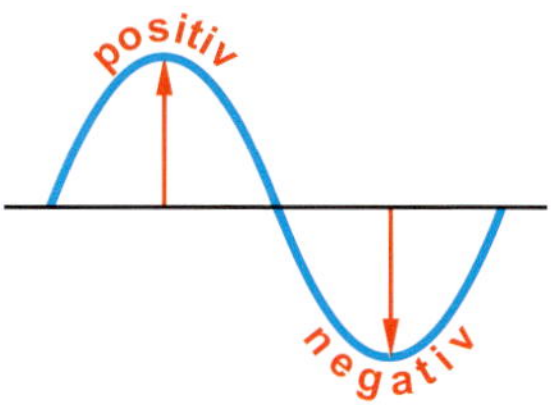

Wegen der Oxidschicht des Leichtmetalls erfolgt das WIG-Schweißen mit Wechselstrom.
In der positiven Halbwelle des Wechselstroms fließen die Elektronen vom Werkstück zur Wolframelektrode und reißen dabei die hochschmelzende Oxidschicht des Leichtmetalls auf.
In der negativen Halbwelle fließen die Elektronen zum Werkstück und erzeugen Wärme zum Schmelzen des Metalls.

282 Erklären Sie den sich einstellenden Regelvorgang „Innere Regelung“ beim MAG-Schweißen, wenn sich die Lichtbogenlänge durch Werkstückunebenheiten verlängert.

Annahme:
- **mittlere Lichtbogenlänge**
- **konstante Drahtvorschubgeschwindigkeit v_D = 10 cm/s**

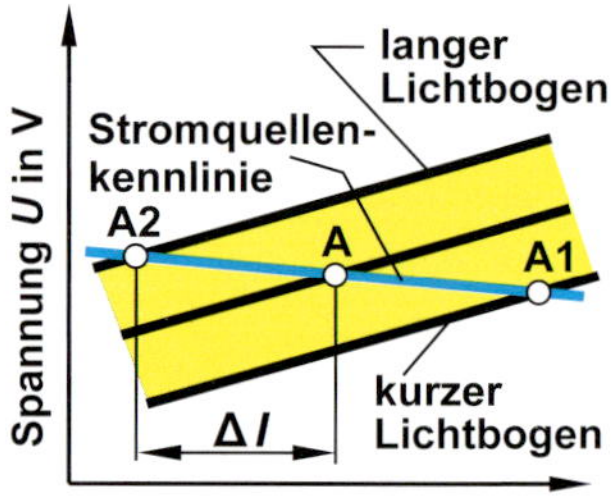

- Wenn der Lichtbogen länger wird steigt der Lichtbogenwiderstand und der Arbeitspunkt A_2 (= Schnittpunkt der Stromquellenkennlinie mit der langen Lichtbogenkennlinie) stellt sich ein.
- Da die Stromquelle beim MAG-Schweißen eine Konstantspannungskennlinie liefert, vermindert sich die Stromstärke stark und schnell um ΔI.
- Dadurch sinkt die Abschmelzleistung P, d. h. weniger Draht wird abgeschmolzen.

$P = U \cdot I$ und $U \approx$ konstant

- Da die Drahtelektrode aber mit konstanter Geschwindigkeit v_D weitergefördert wird, stellt sich selbsttätig die ursprüngliche Lichtbogenlänge (mittlere Lichtbogenlänge) und somit auch der alte Arbeitspunkt A wieder ein.

283 Begründen Sie, warum für das Lichtbogenhandschweißen und das WIG-Schweißen Stromquellen mit steil fallender Kennlinie besonders geeignet sind.

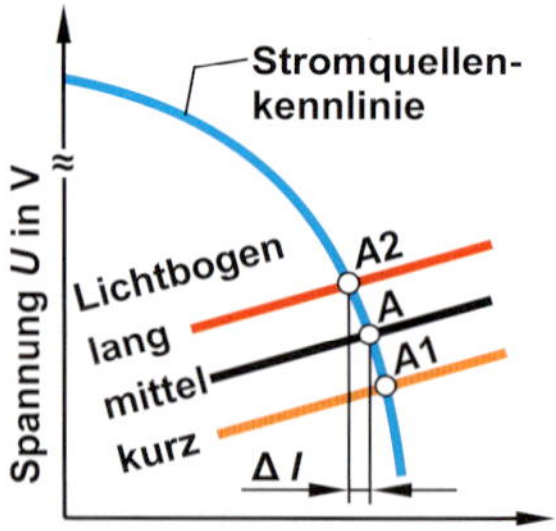

Zur Erzielung einer gleichmäßigen Schweißnaht ist eine gleichbleibende Stromstärke während des gesamten Schweißablaufes erforderlich.
Für den Schweißer bedeutet dies, dass er ständig mit einer mittleren Lichtbogenlänge schweißen müsste, damit sich die Stromstärke nicht ändert.
Weil der Schweißende den Lichtbogen aber nicht ständig auf gleicher Länge halten kann, muss die Stromstärkenänderung ΔI bei einer Lichtbogenlängenänderung sehr klein sein.
Diese Forderung erfüllen Stromquellen mit steil fallenden Kennlinien.

4 Maschinenelemente und Festigkeitslehre

4 Maschinenelemente und Festigkeitslehre

4.1 Gewinde und Schraubenverbindungen

1 Gewinde werden je nach Gewindeart unterschiedlich bezeichnet. Wodurch wird die Bezeichnung der Gewindearten bestimmt?

- *Verwendungszweck,* z. B. Befestigungs-, Bewegungs-, Innen- oder Außengewinde
- *Profilform,* z. B. Spitzgewinde, Trapezgewinde oder Sägengewinde.
- *Gangzahl,* ein- oder mehrgängig
- *Windungssinn,* Rechts- oder Linksgewinde
- *Steigung,* z. B. Regel- oder Feingewinde

2 Ordnen Sie den Buchstaben und dem Winkel die jeweilige Benennung zu.

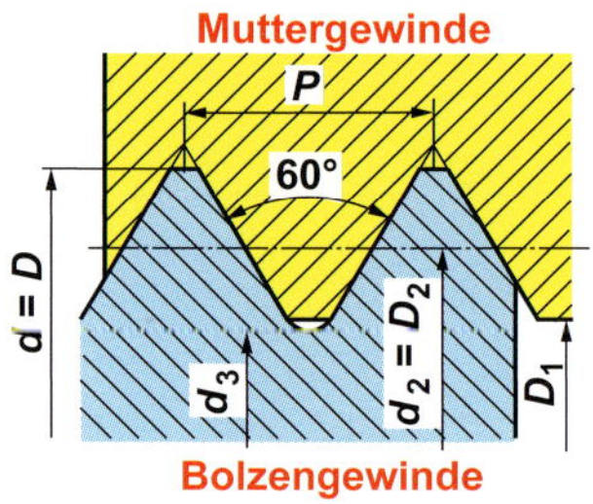

Bezeichnungen am metrischen ISO-Gewinde:

- Nenndurchmesser: $d = D$
- Steigung: P
- Flankenwinkel: 60°
- Flankendurchmesser: $d_2 = D_2$
- Kerndurchmesser: Bolzen: d_3
  Mutter: D_1

3 Was versteht man unter dem Flankendurchmesser eines Gewindes und wie wird er gemessen?

Der Flankendurchmesser ist der mittlere Durchmesser zwischen Außen- und Kerndurchmesser.
Gemessen wird er mit Gewindemessschrauben, mit der Dreidrahtmethode oder mit dem Messmikroskop.

4 In welchem Fall werden mehrgängige Gewinde verwendet?

Wenn bei einer Umdrehung große axiale Bewegungen verlangt werden, z. B. bei Spindelpressen.

5 Mehrgängige Gewinde

a) Woran kann in der Normbezeichnung erkannt werden, dass es sich um ein mehrgängiges Gewinde handelt?

b) Entschlüsseln Sie folgende Normbezeichnung: Tr 32 x 18 P6.

a) Bei mehrgängigen Gewinden folgt in der Normbezeichnung zusätzlich nach dem Nenndurchmesser und der Steigung die Teilung *P*.

b) Zur Ermittlung der Gangzahl wird die Steigung, hier 18 mm, durch die Zahl der Teilung *P*, hier 6 mm, geteilt.
18 : 6 = 3-gängiges Trapezgewinde mit 32 mm Nenndurchmesser, 18 mm Steigung und 6 mm Teilung.

6 Was versteht man bei einem Gewinde unter „Selbsthemmung" und wovon ist diese hauptsächlich abhängig?

Unter der Selbsthemmung eines Gewindes versteht man dessen Widerstand gegen ein selbstständiges Lösen im Betriebseinsatz.
Die Größe dieses Widerstandes wächst hauptsächlich mit kleiner werdendem Steigungswinkel.

7 Nennen Sie je zwei Beispiele für Befestigungs- und Bewegungsgewinde.

Befestigungsgewinde: sind z. B. metrische Regel- oder Feingewinde und Whitworthgewinde.
Bewegungsgewinde: sind z. B. ISO Trapezgewinde für Spindeln oder metrische Sägegewinde für Pressenspindeln.

8 Wie werden Schrauben hergestellt?

- Spanend z. B. durch Drehen, Fräsen, Schleifen und Gewindeschneiden.
- Spanlos durch Kalt- oder Warmumformung und Gewinderollen oder -walzen.

9 Teilen Sie die Schrauben nach ihrer Schaftform ein.

Stift-, Dehn-, Pass-, Blech-, Bohr-, Holzschrauben und Gewindestifte.

10 Eine Schraube hat die Festigkeitsklasse 9.8. Entschlüsseln Sie diese Zahlenkombination.

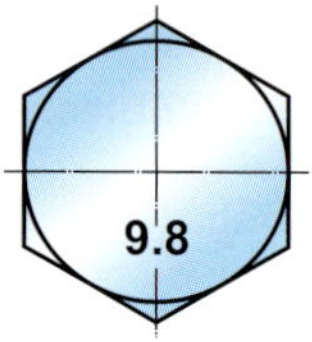

Die Zahlenkombination gibt Auskunft über Zugfestigkeit und Streckgrenze der Schraube.

- Die erste Zahl mal 100 gibt die Zugfestigkeit R_m an, hier R_m = 9 x 100 = **900 N/mm²**.
- Die erste Zahl mal der zweiten Zahl mal 10 gibt die Streckgrenze R_e bzw. die Dehngrenze $R_{p0,2}$ an, hier R_e = 9 x 8 x 10 = **720 N/mm²**.

11 Eine Zylinderschraube der Festigkeitsklasse 8.8 wird auf Zug beansprucht.

a) Ermitteln Sie die zulässige Spannung σ_{zul} der Schraube, wenn mit einer 1,5-fachen Sicherheit gegen bleibende Verformung gerechnet werden soll.

b) Welches Regelgewinde wählen Sie, wenn die Schraube mit einer Vorspannkraft von 8 400 N angezogen wird?

a) Festigkeitsklasse 8.8
➔ R_e = 640 N/mm².

$$\sigma_{zul} = \frac{R_e}{\nu}$$

$$\sigma_{zul} = \frac{640\ \text{N}}{1{,}5\ \text{mm}^2} = \mathbf{426{,}6\ \frac{N}{mm^2}}$$

b) Regelgewindewahl über Spannungsquerschnitt:

$$\sigma_z = \frac{F}{A_s}$$

$$A_s = \frac{F}{\sigma_z} = \frac{8400\ \text{N}}{426{,}6\ \text{N}}\ \text{mm}^2$$

$$A_s = 19{,}69\ \text{mm}^2$$

Gewählt **M6** mit $A_s = 20{,}1\ \text{mm}^2$

12 Welchen Vorteil haben spanlos hergestellte Schrauben gegenüber den spanend hergestellten Schrauben?

Die spanlos hergestellten Schrauben haben im Vergleich zu den spanend hergestellten Schrauben eine höhere Festigkeit, weil der Faserverlauf in den Gewindegängen und am Übergang vom Schaft zum Kopf nicht unterbrochen ist.

13 Nennen Sie unterschiedliche Mutterformen.

Sechskant-, Hut-, Nut-, Rändel-, Überwurf-, Kronen-, Flügel- und Ringmuttern.

14 Zum Fügen eines Lagerflansches mit dem Gehäuse sind Schrauben M8 x 60 – 8.8 vorgesehen. Ermitteln Sie die Mindesteinschraubtiefe l_e der Schraube im Grundlochgewinde des Gehäuses aus Gusseisen.

- Festigkeitsklasse: 8.8
- Werkstoff des Innengewindes: Gusseisen

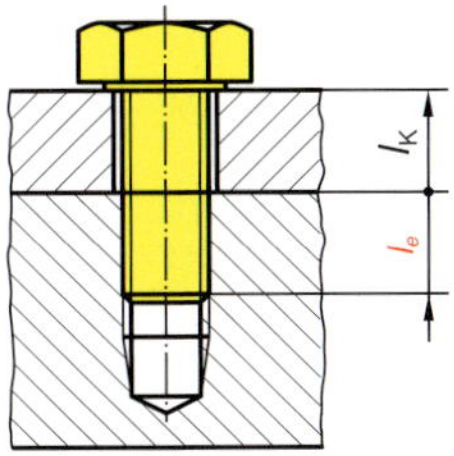

Ergibt mit $l_e = 1{,}5 \times d = 1{,}5 \times 8\,\text{mm}$ eine empfohlene Mindesteinschraubtiefe von l_e = **12 mm.**

4

15 Welche Hauptaufgabe haben Schraubensicherungen?

Schraubensicherungen sollen die bei der Montage aufgebrachte Klemmkraft der Schraubenverbindung erhalten.

16 Durch welche Sicherungselemente kann das Lockern von Schraubenverbindungen verhindert werden?

Federringe, Federscheiben, Zahnscheiben, Kronenmutter mit Splint, Sicherungsbleche, Mutter mit Kunststoffring, Drahtsicherung, Schrauben mit mikroverkapseltem Klebstoff.

17 Mit einer Schraube M12 soll eine Anpresskraft von 1,5 kN erzielt werden. Zum Anziehen wird ein Maulschlüssel mit einer wirksamen Hebellänge von 200 mm benutzt.

a) Mit welcher Handkraft muss die Schraube angezogen werden?

b) Auf welchen Wert ist ein Drehmomentschlüssel einzustellen, wenn die Anpresskraft nicht überschritten werden soll?

M12 → Steigung $P = 1{,}75\,\text{mm}$

a) Handkraft F_1:

$$F_1 \cdot 2 \cdot \pi \cdot l = F_2 \cdot P$$

$$F_1 = \frac{F_2 \cdot P}{2 \cdot \pi \cdot l} = \frac{1{,}5\ \text{kN} \cdot 1{,}75\ \text{mm}}{2 \cdot \pi \cdot 200\ \text{mm}}$$

$$F_1 = \mathbf{2{,}089\ kN}$$

b) Drehmoment M:

$$M = F \cdot l$$

$$M = 2\,089\ \text{N} \cdot 0{,}2\ \text{m}$$

$$M = \mathbf{417{,}8\ Nm}$$

4.2 Bolzen, Stifte und Welle-Nabe-Verbindungen

18 Bolzen, Niete und Stifte werden auf Abscheren und auf Flächenpressung (Lochleibung) belastet. Sollen sie nicht versagen, so ist deren Durchmesser ausreichend zu dimensionieren.

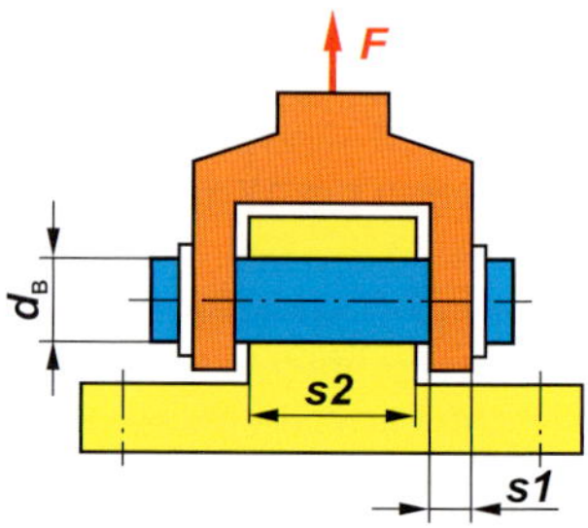

Geben Sie die Formeln für die Scherspannung an, wenn der Bolzen (Stift)

a) nicht brechen soll, also nicht abgeschert werden darf.

b) brechen soll, also ein Trennen durch Scherschneiden erfolgen soll.

Als Lochleibungspressung wird die auftretende Flächenpressung bei Bolzen und Nieten bezeichnet.

c) Geben Sie die Formel zur Berechnung der Flächenpressung (Lochleibung) an.

a) Allzweckformel gegen das Abscheren:

$$\tau_{azul} = \frac{\tau_{aF}}{\nu} > \tau_a = \frac{F}{n \cdot S}$$

τ_{aF} Scherfließgrenze
$\tau_{aF} \approx 0{,}6 \cdot R_e$
S Fläche parallel zur Kraft;
n Anzahl der Scherflächen

b) Allzweckformel für das Abscheren:

$$\tau_{azul} = \frac{\tau_{aB}}{\nu} > \tau_a = \frac{F}{n \cdot S}$$

τ_{aB} Scherfestigkeit; mit
$\tau_{aB\,max} \approx 0{,}8 \cdot R_m$
S Fläche parallel zur Kraft;
n Anzahl der Scherflächen

Die Querschnittsfläche S besteht aus der Summe der Scherflächen, die beim Durchtrennen Bruchflächen ergeben.

c) Flächenpressung (Lochleibung)

$$p_{zul} = \frac{F}{A_{proj}} = \frac{F}{d \cdot s \cdot n}$$

Bei der abgebildeten mehrschnittigen Verbindung wird die projizierte Fläche wie folgt berechnet:
$A = d \cdot 2 \cdot s1$, wenn $s2 > 2 \cdot s1$

F zu übertragende Kraft
d Niet- oder Bolzendurchmesser
s kleinste Summe aller Blechdicken in einer Kraftrichtung
n Anzahl der Bolzen, Stifte, Niete

19 Der Bolzen aus C15E wird mit einer Kraft von *F* = 2050 N belastet.

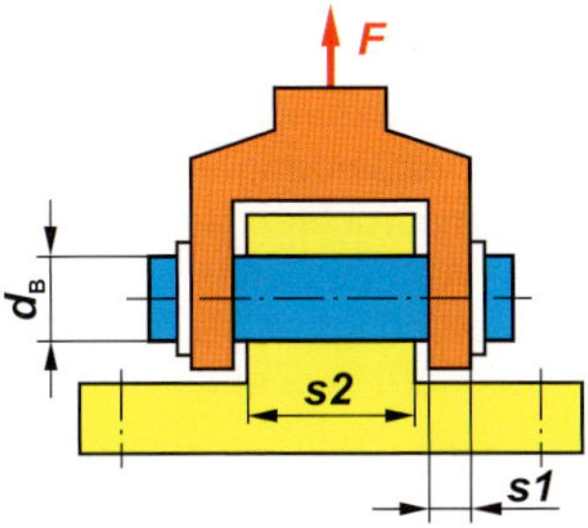

Daten:

- **Stegbreite *s*1 = 10 mm,**
- **Sicherheit gegen Abscheren *ν* = 4,5**
- **zulässige Flächenpressung p_{zul} = 15 N/mm²**

Dimensionieren Sie den erforderlichen Bolzendurchmesser d_B.

Berechnung gegen Abscheren

$$\tau_{azul} = \frac{\tau_{aF}}{\nu} > \tau_a = \frac{F}{n \cdot S}$$

Bolzenwerkstoff C15E

→ $R_e = 355\,\text{N/mm}^2$

Scherfließgrenze

$\tau_{aF} \approx 0{,}6 \cdot R_e \approx 0{,}6 \cdot 355\,\text{N/mm}^2$

$\tau_{aF} \approx 213\,\text{N/mm}^2$

Zulässige Scherspannung

$$\tau_{azul} = \frac{\tau_{aF}}{\nu} = \frac{213\,\text{N/mm}^2}{4{,}5} = 47{,}22\,\text{N/mm}^2$$

Erforderlicher Bolzendurchmesser

$$\tau_{azul} = \frac{F}{n \cdot S} \Rightarrow$$

$$S = \frac{F}{n \cdot \tau_{azul}} = \frac{2050\,\text{N}}{2 \cdot 47{,}22\,\text{N/mm}^2}$$

$$S = 21{,}66\,\text{mm}^2$$

$$d_B = \sqrt{\frac{4 \cdot S}{\pi}} = \sqrt{\frac{4 \cdot 21{,}66\,\text{mm}^2}{\pi}} = 5{,}3\,\text{mm}$$

Berechnung gegen Flächenpressung

$$p_{zul} = \frac{F}{A_{proj}} = \frac{F}{d \cdot n \cdot s}$$

Erforderlicher Bolzendurchmesser

$$d_B = \frac{F}{p_{zul} \cdot s \cdot 2} = \frac{2050\,\text{N}}{15\,\text{N/mm}^2 \cdot 2 \cdot 10\,\text{mm}}$$

$$d_B = 6{,}83\,\text{mm}$$

Gewählter Bolzendurchmesser

d_B = 8 mm (DIN EN 22340)

4

20

a) Welche Welle-Nabe-Verbindungen zeigen die Abbildungen?
b) Für welche Verbindungsaufgaben werden sie verwendet?
c) Welche Vorteile hat die Welle-Nabe-Verbindung nach Bild 2 gegenüber der von Bild 1?

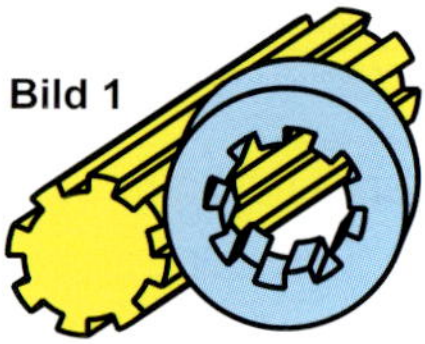
Bild 1

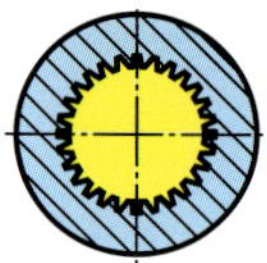
Bild 2

a) Durch Fügen von Keilwelle und Keilnabe (Bild 1) entsteht eine Keilwellen-Verbindung. Die Abbildung 2 zeigt eine Zahnwellen-Verbindung.
b) Keilwellenverbindungen und Zahnwellenverbindungen werden in hochbeanspruchten Schaltgetrieben im Werkzeugmaschinen- und Kraftfahrzeugbau an Stelle von Passfedern verwendet. Dort dienen sie als hochbeanspruchbare Mitnehmerverbindungen und ermöglichen bei geeigneten Passungen eine axiale Verschiebung der Teile gegeneinander.
c) Bei Zahnwellenverbindungen werden, durch die feinere Zahnung gegenüber dem Keilwellenprofil, Welle und Nabe weniger geschwächt. Deshalb können bei gleichem Durchmesser größere Drehmomente übertragen werden. Außerdem sind sie wegen der vielen Zähne besonders für stoßartige Belastungen geeignet.

21 Welche Vorteile haben Polygonwellen-Verbindungen gegenüber Passfeder-Verbindungen?

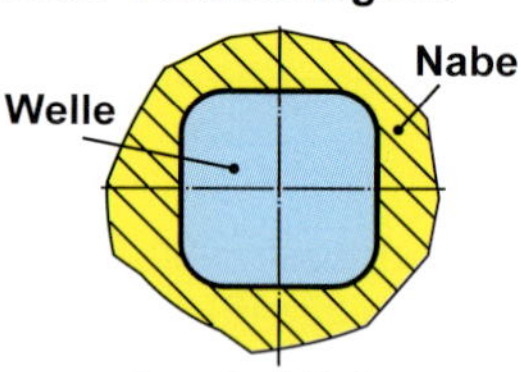

Quadrat-Polygon

Polygonwellen-Verbindungen haben gegenüber Passfeder-Verbindungen keine Kerbwirkungen, wodurch größere Drehmomente übertragen werden können. Zusätzlich gewährleisten sie eine sehr große Zentriergenauigkeit.

22 In den meisten Fällen werden Keilwellenprofile nach DIN ISO 14 und DIN 5464 eingesetzt.

Dabei unterscheidet man je nach Betriebsweise zwischen Innenzentrierung und Flankenzentrierung.

Ordnen Sie die Zentriersysteme einer Betriebsweise zu und erläutern Sie mit Hilfe einer Skizze den Unterschied.

Innenzentrierung wird angewandt, wenn ein genauer Rundlauf gefordert wird.
Anwendung bei Werkzeugmaschinen und Schieberadwellen.

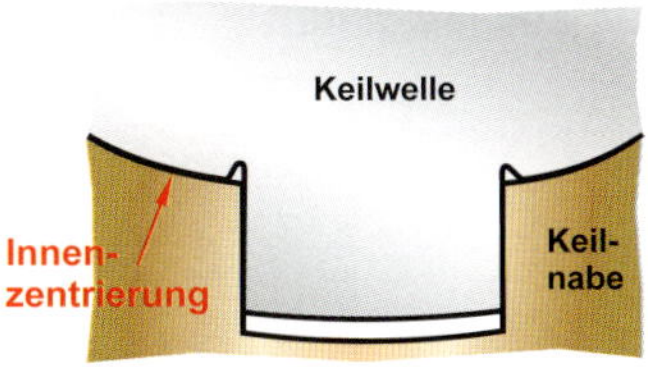

Flankenzentrierung gewährleistet ein kleines Verdrehspiel.
Anwendung bei stoßhaftem Betrieb oder wechselnden Drehmomenten.

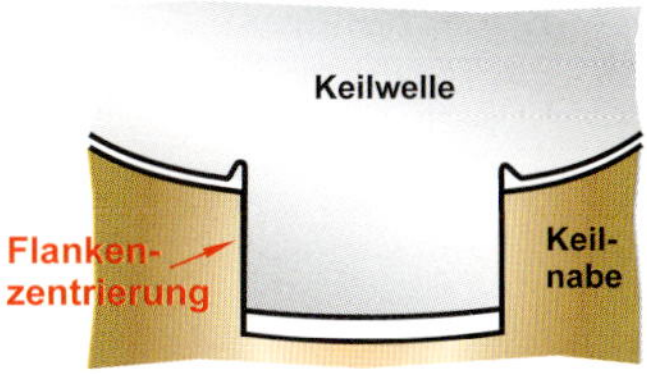

23 Nennen Sie die gebräuchlichsten Stifte und geben Sie deren DIN EN an.

- Kegelstifte (DIN EN 22339)
- Zylinderstifte:
  ungehärtet (DIN EN ISO 2338)
  gehärtet (DIN EN ISO 8734)
- Spannstifte (DIN EN ISO 8752)
- Kerbstifte und -nägel (DIN EN ISO 8740...8747)

24 Wodurch unterscheidet sich ein Keil von einer Feder?

Ein Keil hat eine Neigung, eine Feder nicht.

25 Entschlüsseln Sie folgende Zylinderstiftbezeichnung: ISO 2338 – 8 m6 x 30 – St.

- Zylinderstift nach ISO 2338
- Nenndurchmesser d = 8 mm, Toleranzklasse m6
- Nennlänge l = 30 mm
- aus ungehärtetem Stahl

26 Überprüfen Sie, ob die Keilwelle der mittleren Reihe DIN ISO 14 – 6 x 26 x 32 für ein gefordertes Torsionsmoment von 175 Nm zulässig ausgelegt ist.

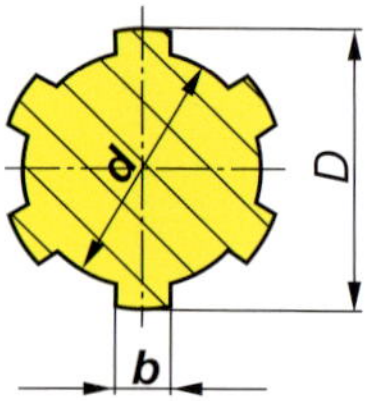

Daten der Keilwelle:
- **Traglänge l_{tr} = 12 mm**
- **Zulässige Flächenpressung p_{zul} = 75 N/mm²**

DIN ISO 14 – 6 x 26 x 32

6: Anzahl *N* der Keile am Umfang
26: Durchmesser *d*
32: Durchmesser *D*
mit Breite *b* = 6 mm (Tabellenwert)

Formel:

Umfangskraft an der Welle:

$$F_U = \frac{2 \cdot M_t}{d_m} = \frac{2 \cdot M_t}{0{,}5 \cdot (D + d)}$$

Keilhöhe:

$$h = 0{,}5 \cdot (D - d)$$

Flankenpressung:

$$p \approx \frac{2 \cdot M_t}{d_m \cdot h \cdot l_{tr} \cdot i \cdot k} \leq p_{zul}$$

l_{tr} Traglänge der Verbindung, wähle $l_{tr} \leq 1{,}3 \cdot d$
i Anzahl *(N)* der Keile am Umfang
k Tragfaktor
0,75 bei Innenzentrierung
0,9 bei Außenzentrierung
p_{zul} zulässige Flächenpressung

Berechnung:

$$p \approx \frac{2 \cdot 175000 \text{ Nmm}}{29 \text{ mm} \cdot 3 \text{ mm} \cdot 12 \text{ mm} \cdot 6 \cdot 0{,}9} = \mathbf{62 \frac{N}{mm^2}}$$

$$p \leq p_{zul}$$

Die Keilwelle ist zulässig.

27 Wie und wodurch werden die Kräfte bei Passfederverbindungen ①, bzw. bei Keilverbindungen ② übertragen? Nennen Sie Vor- und Nachteile der beiden Welle-Nabe-Verbindungen.

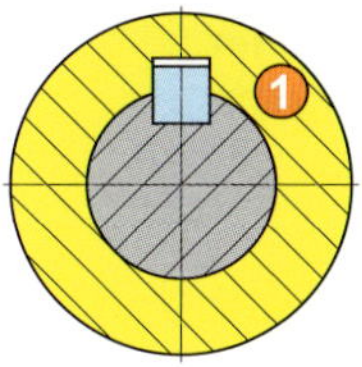

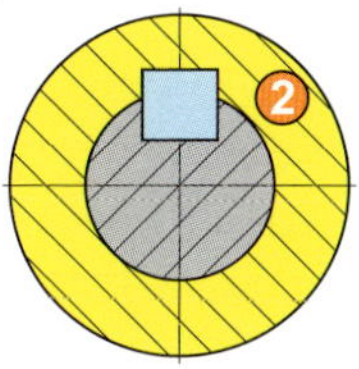

Passfedern
übertragen Kräfte formschlüssig mit den Seitenflächen.

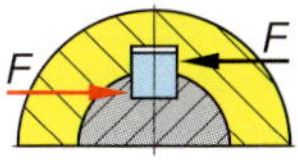

Keile
übertragen Kräfte kraftschlüssig über Boden- und Deckflächen.

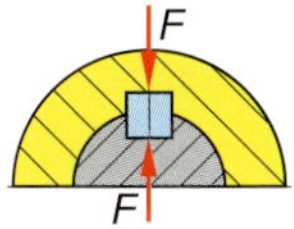

Vorteile (+) und Nachteile (–)
Passfederverbindung:
+ einfacher Zusammenbau
+ leicht lösbar
+ zentrischer Sitz der Nabe ist gewährleistet
– axiale Sicherung der Nabe notwendig
– empfindlich gegen wechselnde Belastung

Keilverbindung:
+ unempfindlich gegen wechselnde, stoßartige Belastung
+ sicherer Sitz der Nabe in axialer Richtung
– höherer Arbeitsaufwand beim Einpressen
– leichte Unwucht

28 Ermitteln Sie die Normbezeichnung der in die Welle mit festem Sitz eingebauten Passfeder. Übernehmen Sie den Wellenzapfen, zeichnen Sie den Schnitt A-A und bemaßen Sie die Zeichnung normgerecht.

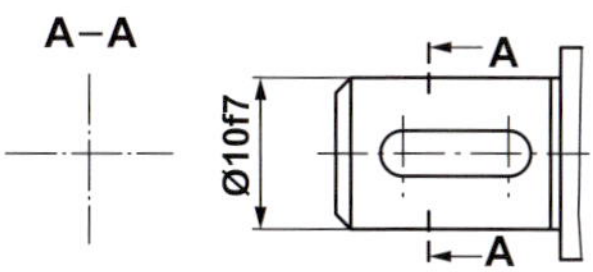

Passfeder DIN 6885 – A – 3 x 3 x 10

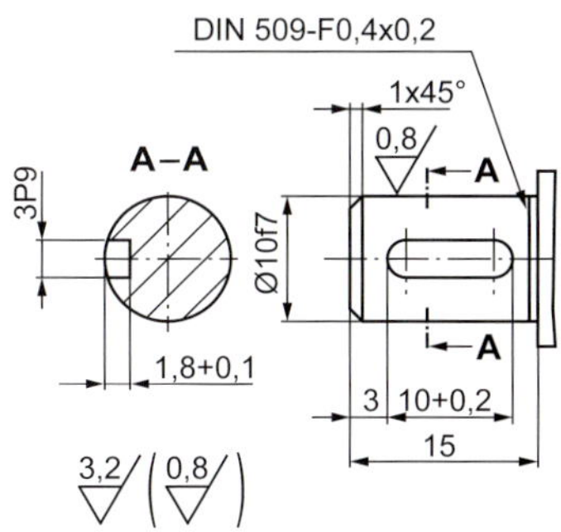

4

29 Bei Passfederverbindungen werden als kritische Elemente der Passfeder meist deren Flächenpressung und Scherspannung berechnet.

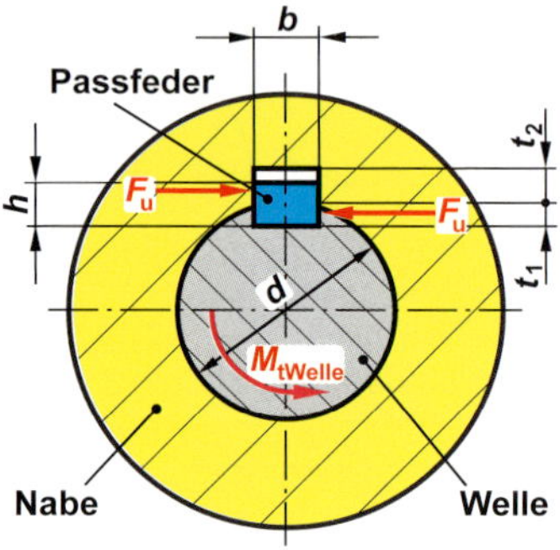

F_u Umfangskraft
M_t Torsionsmoment
h Höhe der Passfeder
t_1 Wellennutentiefe
t_2 Nabennutentiefe
b Breite der Passfeder
d Wellendurchmesser

29.1 Geben Sie die Formel zur Berechnung der Umfangskraft F_u an.

Drehmoment ist Kraft mal Hebelarm

➔ Umfangskraft: $F_u = \frac{2 \cdot M_t}{d}$

29.2 Geben Sie die Formel zur Berechnung der Flächenpressung an und erläutern Sie, wovon die „tragende Länge" einer Passfeder abhängt.

Flächenpressung:

$$p_{zul} > p = \frac{F_u}{A_{proj}} = \frac{F_u}{(h - t_1) \cdot l_{tr}}$$

Merke:
A ist die Fläche senkrecht zur Kraft (projizierte Fläche)

Die tragende Länge l_{tr} hängt von der Passfederform ab:

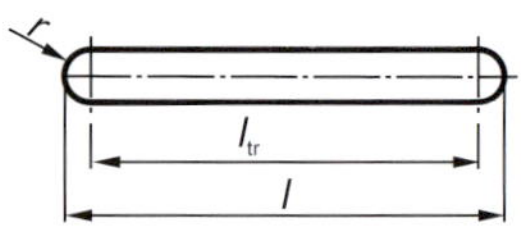

Form A: rundstirnig: $l_{tr} = l - 2r = l - b$
Form B: rechteckig: $l_{tr} = l$

29.3 Geben Sie die Formel zur Berechnung der Scherspannung an.

$$\tau_{azul} > \tau_a = \frac{F_u}{S} = \frac{F_u}{l_{tr} \cdot b}$$

30 Eine Seiltrommel ist über einer Passfeder mit einer Welle verbunden.

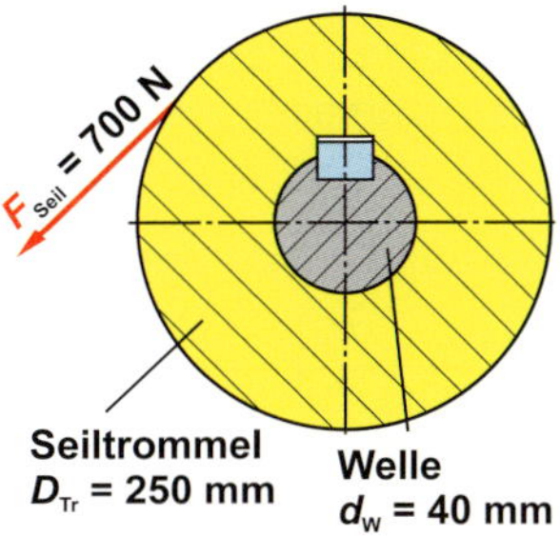

Dimensionieren Sie die Passfeder DIN 6885 – B bei einer zulässigen Flächenpressung von 20 N/mm² und benennen Sie diese normgerecht.

Drehmoment an der Seiltrommel:

$$M_{Tr} = F_{Seil} \cdot \frac{D_{Tr}}{2} = 700\ \text{N} \cdot 125\ \text{mm}$$

$$M_{Tr} = 87500\ \text{Nmm}$$

Umfangskraft an der Passfeder:

$$F_u = \frac{2 \cdot M_{Tr}}{d} = \frac{2 \cdot 87500\ \text{Nmm}}{40\ \text{mm}} = 4375\ \text{N}$$

Passfeder-Tabellenbuchwerte für Wellendurchmesser $d = 40\,\text{mm}$:
$b = 12\,\text{mm}$, $h = 8\,\text{mm}$, $t_1 = 5\,\text{mm}$

Tragende Länge der Passfeder:

$$p_{zul} > p = \frac{F_u}{A_{proj}} = \frac{F_u}{(h - t_1) \cdot l_{tr}}$$

$$l_{tr} = \frac{F_u}{(h - t_1) \cdot p_{zul}} = \frac{4375\ \text{N}}{3\ \text{mm} \cdot 20\ \text{N/mm}^2}$$

l_{tr} = **72,9 mm** ➔ gewählt 80 mm

Passfeder
DIN 6885 – B –12 x 8 x 80

31 Dimensionierung von Welle-Naben-Verbindungen
Das Zahnrad der Antriebswelle (16MnCr5) überträgt ein wechselndes Drehmoment von M_Z = 600 Nm. Dieses Drehmoment soll über Passfedern DIN 6885 – B 8 x 7 x 32 auf zwei Riemenscheiben übertragen werden.

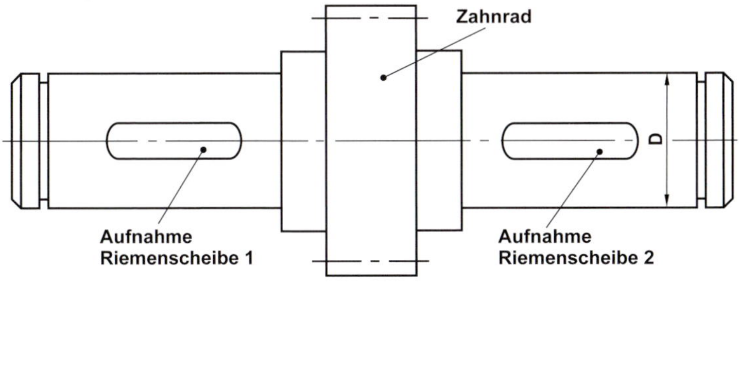

31.1 Dimensionieren Sie den erforderlichen Mindestdurchmesser D_{erf} der Antriebswelle, wenn bei der Torsionsbeanspruchung eine 4-fache Sicherheit gefordert wird.

Vorüberlegungen:

Die Welle muss nur das halbe Moment übertragen, da das vom Zahnrad eingeleitete Drehmoment durch zwei Passfedern auf die Riemenscheiben übertragen wird.

➔ $M_{tWelle} = \frac{M_z}{2} = \frac{600\ \text{Nm}}{2} = 300\ \text{Nm}$

Und die Betrachtung der Formel

$$\frac{\tau_{tF}}{v} = \tau_{tzul} > \tau_t = \frac{M_t}{W_p}$$

ergibt, dass der Mindestdurchmesser in W_p steckt ➔

$$W_p = \frac{\pi \cdot d^3}{16}$$

Torsionsfließgrenze bei Stahl

mit $R_e = 590\ \text{N/mm}^2$ (16MnCr5)

$$\tau_{tF} \approx 0{,}7 \cdot R_e = 0{,}7 \cdot 590\ \frac{\text{N}}{\text{mm}^2}$$

$$\tau_{tF} = 413\ \frac{\text{N}}{\text{mm}^2}$$

Zulässige Torsionsspannung

$$\tau_{tzul} = \frac{\tau_{tF}}{\nu} = \frac{413}{4} \frac{\text{N}}{\text{mm}^2} = 103{,}25\ \frac{\text{N}}{\text{mm}^2}$$

Erforderliches polares Widerstandsmoment

$$W_{perf} = \frac{M_t}{\tau_{tzul}} = \frac{300\ \text{Nm}}{103{,}25\ \text{N/mm}^2} = 2{,}91\ \text{cm}^3$$

Mindestdurchmesser D_{erf}

d_{erf} aus dem polaren Widerstandsmoment

$$d_{erf} = \sqrt[3]{\frac{W_{perf} \cdot 16}{\pi}} = \sqrt[3]{\frac{2{,}91\ \text{cm}^3 \cdot 16}{\pi}} = 24{,}6\ \text{mm}$$

Die Wellennutentiefe t_1 (hier = 4 mm) der Passfeder wird zum berechneten d_{erf} addiert.

$D_{erf} = d_{erf} + t_1 = 24{,}6\ \text{mm} + 4\ \text{mm}$

$D_{erf} = 28{,}6\ \text{mm}$ ➔ **gewählt $D = 30\ \text{mm}$**

31.2 Überprüfen Sie, ob die gegebenen Passfedern bei einem Wellendurchmesser von D = 30 mm die geforderten Sicherheiten erfüllen.

- **Passfeder DIN 6885 - B 8 x 7 x 32**
- **Passfederwerkstoff: S235**
- **Sicherheit bei Abscherung: 2**
- **Zulässige Flächenpressung: p_{zul} = 150 N/mm²**

Kraft F_P, die auf eine Passfeder wirkt

$$M_t = F \cdot \frac{D}{2}$$

$$\Rightarrow F_P = \frac{2 \cdot M_t}{D} = \frac{2 \cdot 300\ \text{Nm}}{0{,}03\ \text{m}} = 20\ \text{kN}$$

Datenanalyse:

- Passfeder DIN 6885 - B 8 x 7 x 32: b = 8 mm, h = 7 mm, l_{tr} = 32 mm
- Scherfläche: $S = l_{tr} \cdot b$
  S = 32 mm · 8 mm = 256 mm²
- Werkstoff S235 → R_e = 235 N/mm²

Berechnung gegen Abscherung

Scherfließgrenze

$$\tau_{aF} \approx 0{,}6 \cdot R_e = 0{,}6 \cdot 235\ \frac{\text{N}}{\text{mm}^2}$$

$$\tau_{aF} = 141\ \frac{\text{N}}{\text{mm}^2}$$

Zulässige Scherspannung

$$\frac{\tau_{aF}}{\nu} = \tau_{azul} > \tau_a = \frac{F}{S}$$

Scherspannung

$$\tau_a = \frac{F}{S} = \frac{20\ \text{kN}}{256\ \text{mm}^2} = 78{,}125\ \frac{\text{N}}{\text{mm}^2}$$

Sicherheitszahl

$$\nu = \frac{\tau_{aF}}{\tau_a} = \frac{141\ \text{N/mm}^2}{78{,}125\ \text{N/mm}^2} = 1{,}8 \leq 2$$

1,8 ist kleiner als die geforderte Sicherheit 2 → nicht ausreichend.

Berechnung gegen Flächenpressung

Da keine Sicherheit angegeben ist, wird überprüft, ob die vorhandene Querschnittsfläche A_P größer als die erforderliche A_{erf} ist.

$$A_P = h - t_1 \cdot l = (7-4)\ \text{mm} \cdot 32\ \text{mm}$$

$$A_P = 96\ \text{mm}^2$$

$$A_{erf} = \frac{F_P}{p_{zul}} = \frac{20000\ \text{Nmm}^2}{150\ \text{N}}$$

$$A_{erf} = 133{,}3\ \text{mm}^2 < A_P = 96\ \text{mm}^2$$

→ nicht zulässig.

4.3 Federn

32 Welche Aufgaben übernehmen Federn in Maschinen?

- Stöße und Schwingungen auffangen
- Maschinenteile aneinanderpressen
- Spannenergie speichern
- Maschinenteile rückholen

33 Welche Federarten unterscheidet man nach der
a) Art der Beanspruchung,
b) äußeren Form,
c) Art des federnden Stoffes?

a) Druck-, Zug-, Biege- und Drehfedern
b) Spiral-, Schrauben-, Blatt-, Drehstab-, Teller- und Ringfedern
c) Stahl-, Gummi- und pneumatische Federn

34 Warum wird für die Herstellung von Federn, z. B. Blatt- oder Tellerfedern, „Federstahl“ verwendet?

Weil diese Qualitäts- und Edelstähle im gehärteten und angelassenen Zustand besonders gute elastische Eigenschaften haben.

Sie sind in der Regel mit mehr als 1 % Silizium oder Chrom oder mit beiden Elementen legiert. Zum Beispiel: 60SiCr7 oder 50CrV4.

35 Durch welche Maßnahme kann bei Tellerfedern der Federweg ohne Veränderung der Federkraft vergrößert werden?

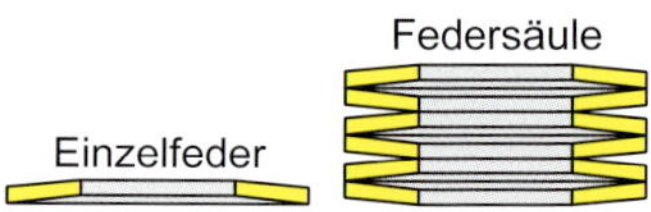

Durch wechselsinnige Schichtung der Federn zu einer Tellerfedersäule.

36 Welche Federn werden als „weiche“ Federn bezeichnet?

Federn, bei denen der Federweg bei kleiner Kraftänderung groß ist, bezeichnet man als „weich“.

37 An einem Hebel wirkt eine Feder mit linearem Kennlinienverlauf. Die Feder wird während des Haltens um 6 mm gedehnt. Berechnen Sie
a) Federrate *R*,
b) Haltekraft F_H.

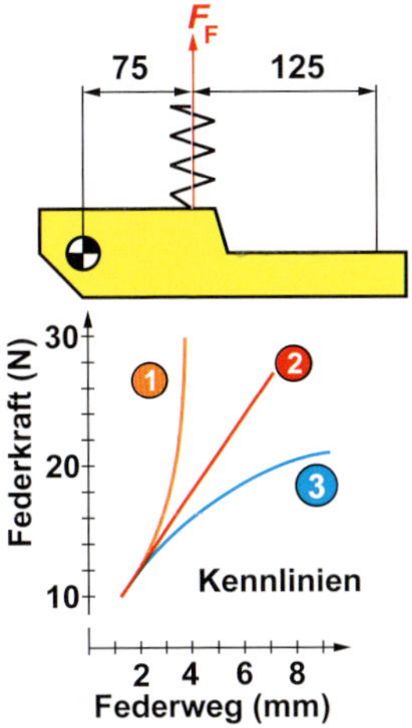

4

a) Ermittlung der Federkraft mit der linearen Federkennlinie ② aus dem Diagramm

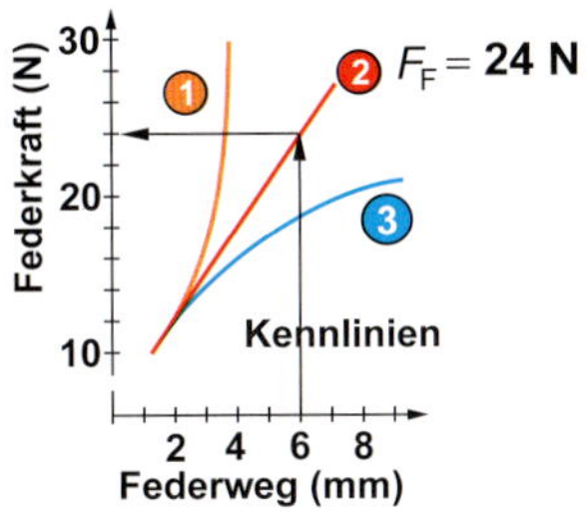

$$F = R \cdot s$$

$$R = \frac{F}{s} = \frac{24\ \text{N}}{6\ \text{mm}} = \mathbf{4}\ \frac{\text{N}}{\text{mm}}$$

b)

$$\sum M_R = \sum M_l$$
$$F_H \cdot l_H = F_F \cdot l_F$$

$$F_H = \frac{F_F \cdot l_F}{l_H} = \frac{24\,\text{N} \cdot 75\,\text{mm}}{200\,\text{mm}}$$

$$F_H = \mathbf{9}\ \text{N}$$

4.4 Achsen, Wellen, Lager und Dichtungen

38 Wodurch unterscheiden sich Wellen und Achsen?

Wellen übertragen Drehmomente. Sie sind umlaufend und tragen teilweise Bauteile. Sie werden meist schwellend, oft auch wechselnd auf Verdrehung (Torsion) oder auf Biegung und Verdrehung beansprucht.

Achsen tragen und stützen sich drehende Bauteile. Sie können umlaufend oder feststehend sein. Umlaufende Achsen werden wechselnd, feststehende schwellend auf Biegung beansprucht, jedoch nie auf Verdrehung.

39 Berechnen Sie die Auflagerkräfte F_A und F_B, wenn die Kraft F_1 = 250 N und die Kraft F_2 = 130 N beträgt.

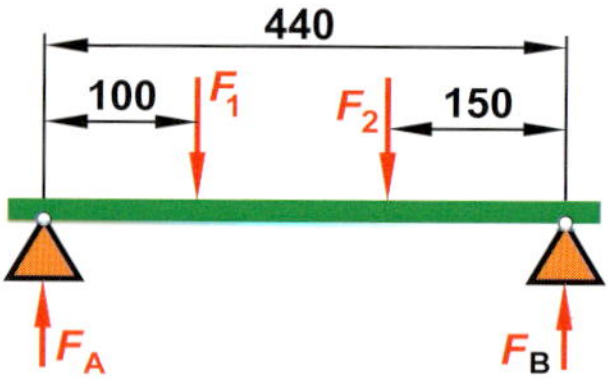

Drehpunkt in F_A gelegt:

$$\sum M_l = \sum M_R$$

$$F_B \cdot l_B = F_1 \cdot l_1 + F_2 \cdot l_2$$

$$F_B = \frac{F_1 \cdot l_1 + F_2 \cdot l_2}{l_B}$$

$$F_B = \frac{250\,\text{N} \cdot 100\,\text{mm} + 130\,\text{N} \cdot 290\,\text{mm}}{440\,\text{mm}}$$

$$F_B = \mathbf{142{,}5\ N}$$

$$F_A + F_B = F_1 + F_2$$

$$F_A = F_1 + F_2 - F_B$$

$$F_A = 250\ \text{N} + 130\ \text{N} - 142{,}5\ \text{N}$$

$$F_A = \mathbf{237{,}5\ N}$$

40 Nennen Sie einige Wellenarten und Wellenwerkstoffe.

- Gekröpfte Wellen
- Gelenkwellen
- Voll- und Hohlwellen
- Kurbelwellen

Wellen werden aus Grundstählen, z. B. E295 und aus Qualitätsstählen wie Einsatz- und Vergütungsstählen hergestellt.

41 Die Last mit der Masse *m* soll mit der skizzierten Seilwinde hochgezogen werden.

a) Geben Sie die Formel an, mit der die dafür benötigte Kraft F_1 an der Kurbel berechnet wird.

b) Wie groß muss der Trommeldurchmesser *d* (in mm) sein, wenn an der Kurbel ein Drehmoment von M_1 = 98,1 Nm wirkt und die Last eine Masse von *m* = 50 kg hat?

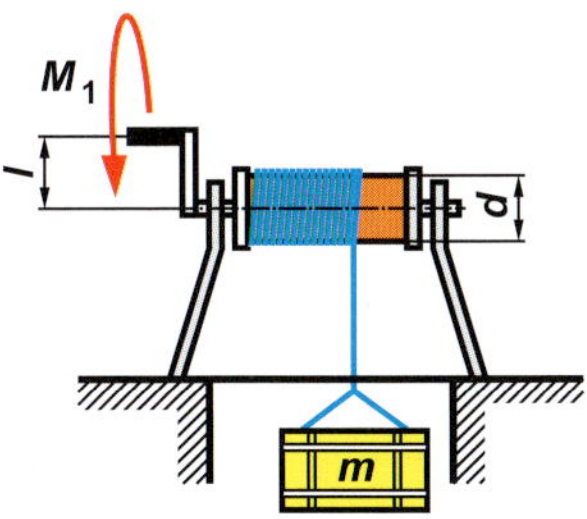

a) $F_1 = \frac{m \cdot g \cdot d}{l_1 \cdot 2}$ ($m \cdot g = F_G$; $\frac{d}{2} = l_G$)

b) $F_G = m \cdot g = 50\ \text{kg} \cdot 9{,}81\ \frac{\text{m}}{\text{s}^2}$

$F_G = 490{,}5\ \text{N}$

$\sum M_G = \sum M_1$

$F_G \cdot \frac{d}{2} = M_1$

$d = \frac{2 \cdot M_1}{F_G} = \frac{2 \cdot 98\,100\ \text{N mm}}{490{,}5\ \text{N}}$

$d =$ **400 mm**

42

a) Ordnen Sie den Kräften F_1 und F_2 die wirksamen Hebelarme l_1 und l_2 zu.

b) Berechnen Sie die Kraft F_2.

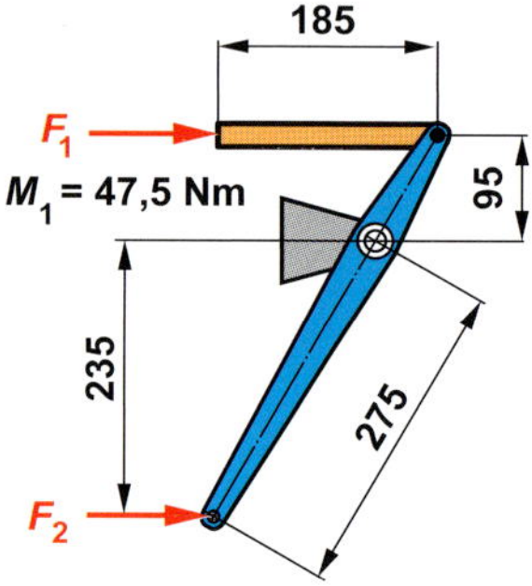

a) Die wirksame Hebellänge ist immer der senkrechte Abstand des Drehpunktes von der Wirklinie der zugehörigen Kraft.

➔ $l_1 = 95\,\text{mm}$

➔ $l_2 = 235\,\text{mm}$

b) Kraft F_2:

$$\sum M_l = \sum M_R$$
$$F_2 \cdot l_2 = F_1 \cdot l_1$$

$$F_2 = \frac{M_1}{l_2} = \frac{47\,500\,\text{Nmm}}{235\,\text{mm}}$$

$$F_2 = \mathbf{202{,}128\ N}$$

43 **Welche Ursachen kann das „Heißlaufen" eines Lagers haben?**

- Zu hoher Lagerdruck,
- zu hohe Gleitgeschwindigkeit des Zapfens,
- ungeeigneter Lagerwerkstoff,
- zu kleines Lagerspiel,
- ungeeignete Schmiermittel und -zuführung,
- nichtfluchtende Lager,
- Kantenpressung infolge zu starker Wellendurchbiegung,
- ungenügende Wärmeabfuhr.

Bei Nichtbeachtung der betriebsstörenden Ursachen kann es zum gefürchteten „Fressen" des Lagers kommen.

44 **Welche Eigenschaften sollen Lagerwerkstoffe besitzen?**

- Hohe Verschleißfestigkeit,
- gute Notlaufeigenschaften,
- gute Wärmeleitfähigkeit
- Aufnahmefähigkeit für Abrieb

45 Im hydrodynamisch geschmierten Gleitlager lassen sich drei Reibungszustände unterscheiden:
- **Festkörperreibung,**
- **Mischreibung,**
- **Flüssigkeitsreibung.**

Beschreiben Sie, wodurch diese zustande kommen.

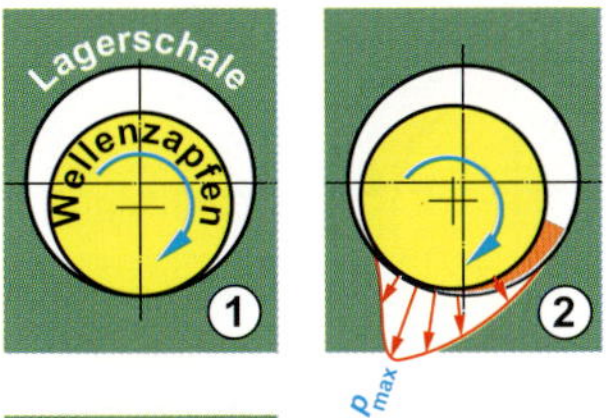

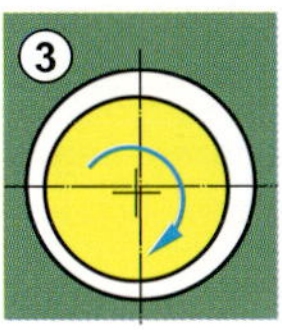

① **Übergang Ruhe/Anlauf**

② **Anlauf**

③ **Betrieb**

Festkörperreibung: Im Ruhezustand und beim Anlaufen liegt der Wellenzapfen noch direkt auf der Lagerschale. Durch die Oberflächenrauheit der Berührungsflächen ergibt sich kurzzeitig eine relativ große Reibung der beiden Festkörper, weil das Schmiermittel seine Wirkung noch nicht entfalten kann.

Mischreibung: Mit zunehmender Drehgeschwindigkeit nimmt der Wellenzapfen eine größere Menge des durch Adhäsion an ihm haftenden Schmiermittels mit und pumpt es in den keilförmigen Schmierspalt (Schmierkeil), den das Lagerspiel bildet. Dadurch entsteht im engen Schmierkeil ein Druckanstieg, der den Wellenzapfen etwas anhebt. In diesem Übergangsbereich findet Mischreibung, bestehend aus Festkörper- und Flüssigkeitsreibung, statt.

Flüssigkeitsreibung: Mit zunehmender Drehzahl steigt der Flüssigkeitsdruck im Schmierkeil und der Wellenzapfen schwimmt auf dem Schmiermittel. Reibung tritt nur noch zwischen den einzelnen Flüssigkeitsteilchen auf, die an den Gleitflächen und in den Zwischenschichten unterschiedliche Geschwindigkeiten haben.

46 An welchen Stellen im Gleitlager dürfen Ölnuten und Öltaschen nicht eingearbeitet sein? Begründung.

Ölnuten und Öltaschen dürfen nie im belasteten Lagerteil eingearbeitet sein, weil sie sonst den Druckaufbau stören ➔ Druckabfall durch Spalterweiterung.

4

47 In welchem Fall wird eine hydrostatische Schmierung im Gleitlager verwendet und wie funktioniert ein hydrostatisches Gleitlager?

Hydrostatische Schmierung verwendet man, wenn im Lager auch bei sehr geringer Drehzahl keine Mischreibung auftreten soll.
Dazu drücken Ölpumpen das Schmieröl unter den Wellenzapfen, der schon bei Stillstand vom Flüssigkeitsdruck angehoben wird.

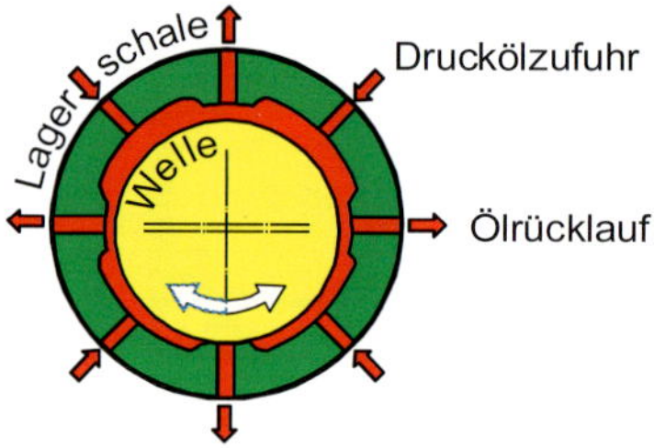

48 Ein Gleitlager mit der Länge *l* und dem Durchmesser *d* soll ein Bauverhältnis *l* = 0,6 · *d* erhalten. Die zulässige Flächenpressung für das Lagermaterial beträgt 25 N/mm². Berechnen Sie die Lagerlänge und den Lagerdurchmesser, wenn es eine Lagerkraft von 37,5 kN aufnehmen soll.

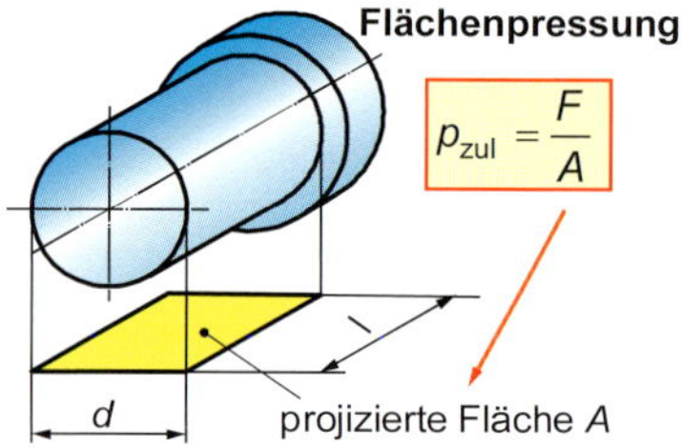

$$A = d \cdot l = d \cdot 0{,}6 \cdot d = 0{,}6\ d^2$$

$$A = \frac{F}{p_{zul}} = \frac{37\,500\ \text{N} \cdot \text{mm}^2}{25\ \text{N}}$$

$$A = 1\,500\ \text{mm}^2$$

$$d = \sqrt{\frac{A}{0{,}6}} = \sqrt{\frac{1500\ \text{mm}^2}{0{,}6}} = \mathbf{50\ mm}$$

$$l = 0{,}6 \cdot d = 0{,}6 \cdot 50\ \text{mm} = \mathbf{30\ mm}$$

49 Welche Vor- und Nachteile haben hydrostatische Gleitlager gegenüber Gleitlagern mit hydrodynamischer Schmierung?

Vorteile:
- Kein Verschleiß beim Anlauf
- Kleine Reibung und somit geringe Erwärmung
- Kein Stick-Slip (Ruckgleiten)
- Hohe Rundlaufgenauigkeit

Nachteile:
- Teuere, aufwändige Schmiereinrichtungen
- Betriebssicherheit des konstanten Schmierdrucks muss überwacht werden

50 Welche Vorteile und Nachteile haben Wälzlager gegenüber Gleitlagern?

Vorteile:
- Kleinere Reibung
- anspruchslose Wartung und Schmierung
- Lagerspiel einstellbar bis 0
- Rundlaufgenauigkeit
- hohe Belastbarkeit
- geringe Erwärmung
- hohe Tragfähigkeit bei kleinen Drehzahlen möglich
- keine Einlaufzeit

Nachteile:
- Wälzlager laufen nicht so ruhig wie Gleitlager
- größerer Einbaudurchmesser
- empfindlich gegen Schmutz, Stoß und hohe Temperaturen
- Genauigkeit lässt nach, deshalb begrenzte Lebensdauer
- Einbau ist nicht überall möglich, z. B. Kurbelwellenlagerung

51 Welche Arten von Wälzlagern unterscheidet man nach den verwendeten Wälzkörperformen?

- *Kugellager:* Rillenkugellager, Pendelkugellager, Schrägkugellager, Schulterlager.
- *Rollenlager:* Zylinderrollenlager, Kegelrollenlager, Tonnenrollenlager, Nadellager.

52 Vergleichen Sie die Tragfähigkeit von Rollen- und Kugellagern.

Wegen der größeren Berührungsflächen ist die Tragfähigkeit der Rollenlager größer als die der Kugellager.

53 In welchem Fall werden Axiallager, in welchem Radiallager verwendet?

Axiallager werden verwendet, wenn die Lagerkräfte längs der Achse oder Welle wirken.

Radiallager werden verwendet, wenn die Lagerkräfte quer bzw. senkrecht zur Achse oder Welle wirken.

54 Welche Arbeitsregeln sind bei der Wälzlagermontage zu beachten?

- Größte Sauberkeit von Arbeitsplatz und Werkzeug, da Wälzlager sehr empfindlich gegen Verschmutzung sind.
- Wälzlager erst kurz vor dem Fügen auspacken.
- Richtige Reihenfolge beim Einbau beachten; stramm gepassten Ring zuerst fügen.
- Verkanten der Ringe beim Ansetzen und Fügen unbedingt vermeiden.
- Fügekraft am zu fügenden Ring ansetzen, nicht über die Wälzkörper leiten.
- Nicht mit dem Hammer auf die Ringe schlagen. Besser mit hydraulischen Pressen arbeiten.
- Nach dem Fügen Lagerlauf und Lagerluft prüfen.

55 Nennen Sie Ursachen, die zu vorzeitigen Schäden an Wälzlagern führen können.

- Gewalteinwirkung beim Einbau
- zu wenig Lagerspiel
- falsche oder unzureichende Schmierung
- Einwirkung von Staub, Sand, Metallspänen, Korrosion

56 Zur leichteren Montage eines Rillenkugellagers DIN 625 – 6207 auf einen Wellenzapfen soll das Lager so erwärmt werden, dass es im Durchmesser um 0,03 mm größer wird. Berechnen Sie die erforderliche Temperaturerhöhung.

$a = 0{,}000\,016\ 1/°\text{C}$

Lager 6207

mal 5 → Innen-Ø = 35 mm

$$\Delta l = a \cdot l_1 \cdot \Delta t$$

$$\Delta t = \frac{\Delta l}{l_1 \cdot a} = \frac{0{,}03\ \text{mm}\ \ °\text{C}}{35\ \text{mm} \cdot 0{,}000\,016}$$

$\Delta t = 53{,}57\ °\text{C} \approx$ **54 °C**

57 Die Ringe der Wälzlager sind während des Betriebes verschiedenen Belastungen ausgesetzt. Dabei wird unterschieden, ob die Wälzlagerringe mit Punkt- oder Umfangslast beansprucht werden. Welche Belastungsart liegt beim skizzierten Lager vor, wenn

a) der Außenring umläuft und der Innenring stillsteht,

b) der Innenring umläuft und der Außenring stillsteht? Begründen Sie.

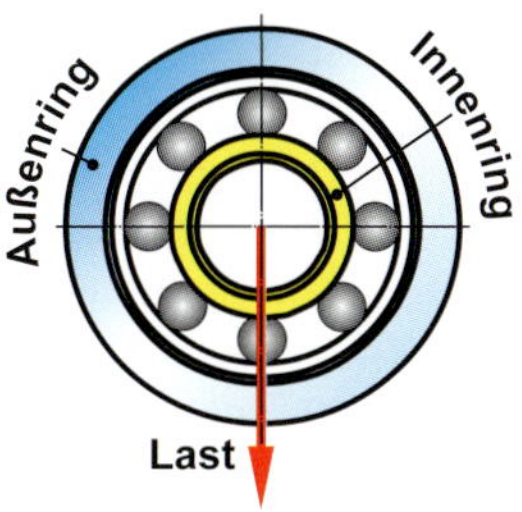

Punktlast liegt dann vor, wenn der betrachtete Ring stillsteht. Er ist dann an einem bestimmten Punkt seines Umfangs der Höchstbelastung ausgesetzt.

Umfangslast liegt dann vor, wenn der betrachtete Ring umläuft. Er ist dann an seinem gesamten Umfang der Höchstbelastung ausgesetzt.

Daraus folgt:

a) der Außenring hat Umfangslast, der Innenring Punktlast

b) der Innenring hat Umfangslast, der Außenring Punktlast.

4

58 Für die Lagerung von Wellen sind mindestens zwei Lager erforderlich. Meist wird die Lageranordnung *Festlager* und *Loslager* verwendet. Erläutern Sie worin sich ein Festlager von einem Los-lager unterscheidet und woran man sie in einer Zeichnung erkennen kann.

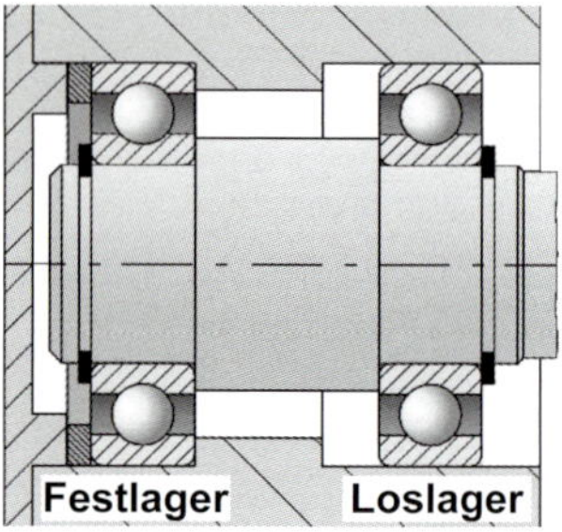

Als **Festlager** bezeichnet man das Lager, das die Welle axial nach beiden Richtungen fixiert. Außen- und Innenring sind gegen Verschieben gesichert. Das Festlager nimmt dabei Radial- und Axialkräfte auf.

Als **Loslager** bezeichnet man das Lager, das die axiale Wärmedehnung ausgleicht.
Dies kann auf zwei verschiedene Arten erreicht werden:

1. Durch entsprechende Gestaltung der Aufnahmefläche für das Wälzlager.
   Dazu muss der Außen- oder Innenring des Wälzlagers auf seiner Sitzfläche verschiebbar sein, was dadurch erreicht wird, dass einer der beiden Laufringe eine „lose Passung" und keine axiale Anlagefläche erhält.
2. Durch entsprechende Auswahl von Wälzlagern, z. B. durch ein Zylinderrollenlager. Beide Ringe des Zylinderrollenlagers haben zwar je eine axiale Anlagefläche, aber der Innenring kann sich mit der Welle verschieben, sodass die Wärmeausdehnung der Welle direkt durch das Lager ausgeglichen wird.

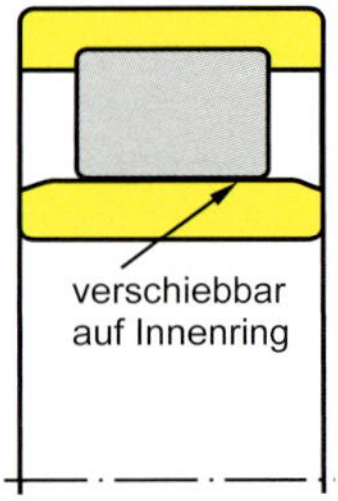

Loslager fixieren Wellen in axialer Richtung nicht, sondern nehmen nur Radialkräfte auf.

59 Die Belastungsverhältnisse der Lagerringe sind maßgeblich für die Auswahl der Passungen, mit denen die Lager auf der Welle und in der Gehäusebohrung gefügt werden. Welche Passung wird bei Umfangslast, welche bei Punktlast gewählt?

- Lagerringe mit Umfangslast müssen mit einer „festen Passung“ eingebaut werden, z. B. j6, k6 oder m6 für Wellendurchmesser.
- Lagerringe mit Punktlast können mit einer „losen Passung“ eingebaut werden, z. B. G7 oder H7 für Gehäusebohrung.

60 Warum wird der Lagerring mit Umfangslast eines Wälzlagers mit einer „festen Passung“ (Übermaßpassung) gefügt?

Weil sonst der Ring in Laufrichtung „wandern“ würde.
Die Folge wäre die Beschädigung von Laufring und Gegenstück, der sogenannte „Passungsrost“.

61 In welchem Fall werden angestellte Lagerungen angewendet und welchen Vorteil haben sie gegenüber der Fest-Los-Lagerung?

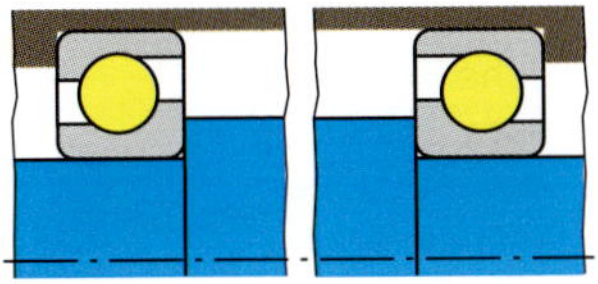

Angestellte Lagerungen sind in erster Linie anzuwenden, wenn Wellen bzw. die darauf befindlichen Naben axial exakt positioniert werden müssen. Dies ist z. B. bei Schnecken- und Kegelradverzahnungen unerlässlich. Angestellte Lagerungen vereinfachen oft auch Montagevorgänge und werden daher durchaus der Fest-Los-Lagerung vorgezogen.

62 Erläutern Sie, worüber bei Wälzlagern die
a) nominelle Lebensdauer und
b) die dynamische Tragzahl
Auskunft gibt.

a) Die nominelle Lebensdauer L_{10} ist nach DIN ISO 281 die mit 90 % Erlebenswahrscheinlichkeit erreichbare rechnerische Lebensdauer eines Wälzlagers.
b) Die dynamische Tragzahl C ist die unveränderliche Belastung, die ein Wälzlager theoretisch für eine nominelle Lebensdauer von einer Million (10^6) Umdrehungen aufnehmen kann.

63 Erläutern Sie, warum und wie die tatsächliche Belastung eines Lagers in eine „äquivalente Belastung“ *P* umgerechnet wird.

Viele Lager können sowohl dynamische radiale Belastungen F_r, als auch axiale dynamische Belastungen F_a aufnehmen. In den Katalogen werden aber nur die dynamischen Tragzahlen *C* für reine Radialbelastung (Radiallager) oder für reine Axialbelastung (Axiallager) angegeben. Um die tatsächliche Belastung mit der zulässigen statischen Belastung *C* vergleichen zu können, wird die tatsächliche Belastung in eine äquivalente Belastung *P* umgerechnet.
Die Umrechnung erfolgt nach der Gleichung

$$P = X \cdot F_r + Y \cdot F_a$$

X = Radialfaktor; Y = Axialfaktor

64 Die Lebensdauer eines Wälzlagers ist in der Regel das Hauptkriterium für die Auslegung eines Lagers. Die rechnerische nominelle Lebensdauer L_{10} wird verglichen mit der erforderlichen Lebdensdauer L_{erf}. Das Lager ist ausreichend dimensioniert, wenn $L_{10} \geq L_{erf}$ bzw. $L_{10h} \geq L_{h\,erf}$.

Wie wird die nominelle Lebensdauer L_{10} berechnet?

Die nominelle Lebensdauer L_{10} berechnet sich durch:

$$L_{10} = \frac{C}{P}^{p}$$

C dynamische Tragzahl
P äquivalente Belastung
p Lebensdauerexponent
$p = 3$ für Kugellager
$p = 10/3$ für Rollenlager

Die nominelle Lebensdauer wird auch oft in Betriebsstunden angegeben. Die Umrechnung erfolgt mit folgender Formel:

$$L_{10h} = \frac{10^6}{60 \cdot n} \cdot L_{10} = \frac{16666}{n} \cdot \frac{C}{P}^{p}$$

65 Für ein Zylinderrollenlager DIN 5412-NU 1010 sind folgende Angaben zu berücksichtigen:

- **Drehzahl der Welle:** n_w **= 1450 min⁻¹**
- **Radiale Lagerbelastung:** F_r **= 1925 N**
- **Nominelle Lebensdauer:** L_{10h} **= 8000 h.**
- **Tragzahl** C **= 29 kN**

Überprüfen Sie, ob das Lager ausreichend dimensioniert ist und berechnen Sie die zulässige Drehzahl.

Dynamisch äquivalente Belastung

$$P = X \cdot F_r + Y \cdot F_a$$

$P = 1 \cdot 1925\,\text{N} + 0 = 1925\,\text{N}$

(reine Radialbelastung $X = 1$ und $Y = 0$)

Lebensdauerexponent

$p = 10/3$ für Rollenlager

Nominelle Lebensdauer in Betriebsstunden:

$$L_{10h} = \frac{10^6}{60 \cdot n} \cdot L_{10} = \left(\frac{16666}{n}\right) \cdot \left(\frac{C}{P}\right)^p$$

$$L_{10h} = \left(\frac{16666}{1450\ \text{min}^{-1}}\right) \cdot \left(\frac{29\ \text{kN}}{1{,}925\ \text{kN}}\right)^{\frac{10}{3}}$$

L_{10h} = **97056 h** > 8000 h ($L_{10h\ \text{erf}}$)

Das Lager ist ausreichend dimensioniert.

Zulässige Drehzahl:

$$n_{zul} = \left(\frac{16666}{L_{10h}}\right) \cdot \left(\frac{C}{P}\right)^p$$

$$n_{zul} = \left(\frac{16666}{8000\ \text{h}}\right) \cdot \left(\frac{29\ \text{kN}}{1{,}925\ \text{kN}}\right)^{\frac{10}{3}}$$

n_{zul} = **17600 min⁻¹** > 1450 min⁻¹

66 Welche Besonderheiten weisen Nadellager auf?

Nadellager sind Rollenlager mit oder ohne Käfig und verhältnismäßig langen Rollen von kleinem Durchmesser (2,5 … 4 mm). Nadellager sind sehr tragfähig, für hohe Drehzahlen geeignet und besonders montagefreundlich. Sie haben ein kleines Lagerspiel, somit hohe Genauigkeit, kleine Baumaße und sind einfach zu warten.

67 Welche Aufgaben haben Lager- und Wellendichtungen?

Sie verhindern den Austritt von Schmierstoffen aus Lagern und Gehäusen und das Eindringen von Schmutz und Staub.

68 Worin unterscheiden sich statische und dynamische Dichtungen?

Statische Dichtungen dichten zwischen ruhenden Bauteilen, **dynamische** Dichtungen zwischen Bauteilen, die sich gegeneinander bewegen.

69 Geben Sie die Normbezeichnung für einen Radial-Wellendichtring an, der auf einer Welle Ø30 sitzt und eine Staublippe besitzt.

RWDR DIN 3760 – AS30 x 40 x 8 – NB

RWDR	Radial-Wellendichtring
AS	Form, hier mit Staublippe
30	Wellendurchmesser
40	Gehäusesitzdurchmesser (hier sind auch andere Durchmesser wählbar)
8	Dichtringbreite
NB	Elastomeranteil aus Nitril-Butadien-Kautschuk

70 Nennen Sie Schmierverfahren, die bei Wälzlagern verwendet werden.

- Ölschmierung als Tropf- und Spritzschmierung
- Tauchschmierung
- Umlauf- und Ölnebelschmierung, je nach Betriebsbedingungen
- Fettschmierungen
- Fettfüllung bei wartungsfreiem Lager, mit einer der Lebensdauer entsprechenden ausreichenden Füllung.

4.4.1 Projekt Antriebseinheit

71

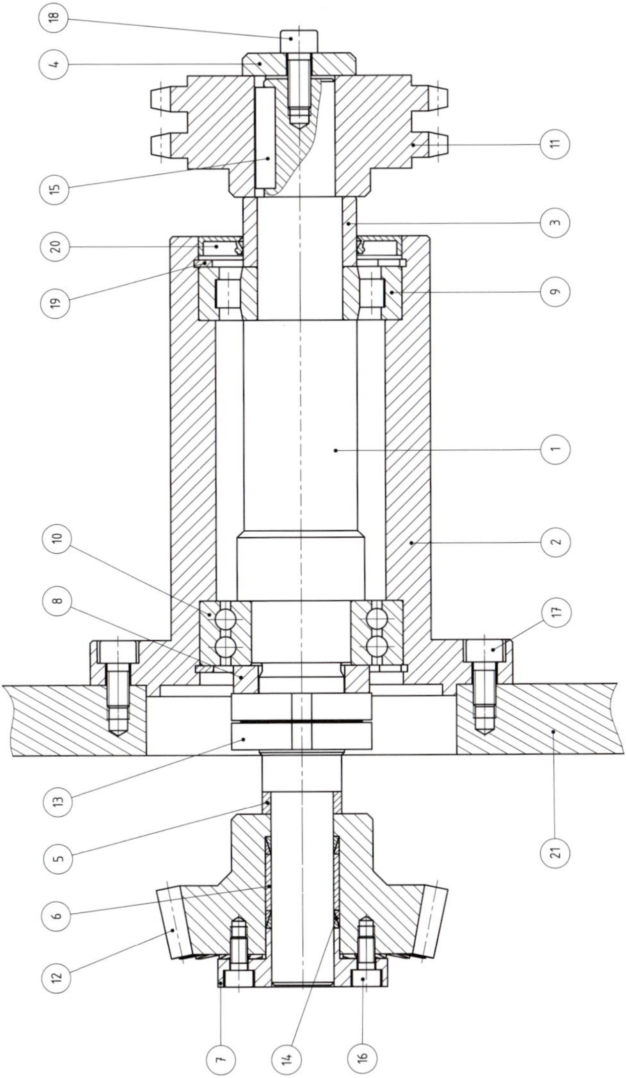

Stückliste der Antriebseinheit

Pos.	Menge	Benennung	Sachnummer / Norm-Kurzbezeichnung	Bemerkung
1	1	Flansch		
2	1	Welle		
3	1	Hülse		
4	1	Spannscheibe		
5	1	Abstimmscheibe		
6	1	Hülse für Ringfeder		
7	1	Druckflansch		
8	1	Ring		
9	1	Zylinderrollenlager	DIN 5412 T1 - NU306	30 x 72 x 19
10	1	Rillenkugellager	DIN 625 T3 - 4207, zweireihig	35 x 72 x 23
11	1	Kettenrad	DIN8187 10B	Z = 20
12	1	Kegelrad	DIN 3971, geradverzahnt	Z1 = 24 m = 4 mm
13	2	Nutmutter	DIN 1804 - M30x1,5	
14	2	Ringfederspannelement	Paar 22 x 26	Fa. Ringfeder
15	1	Passfeder	DIN 6885 - A	8 x 7 x 36
16	6	Zylinderschraube	ISO 4762 - M6 x 12	8.8
17	6	Zylinderschraube	ISO 4762 - M8 x 16	8.8
18	1	Zylinderschraube	ISO 4762 - M8 x 20	8.8
19	2	Sicherungsring	DIN 472	72 x 2,5
20	1	Wellendichtring	DIN 3760-AS NBR	40 x 72 x 8
21	1	Gehäuse, teilweise		

Antriebseinheit analysieren

**71.1 Weshalb entstehen bei dieser Baugruppenanordnung der Antriebseinheit axiale Kräfte und welches Lager kann diese aufnehmen?
Begründen Sie ihre Aussage.**

Durch den Kegelradtrieb entstehen nicht nur radiale sondern auch axiale Lagerbelastungen.
Die axialen Belastungen können nur von dem zweireihigen Rillenkugellager (Pos. 10) aufgenommen werden. Das Zylinderrollenlager (Pos. 9) kann keine Axialkräfte aufnehmen.

71.2 Erklären Sie anhand der Lagerung der Antriebswelle (Pos. 2) die Begriffe Los- und Festlager.

Das zweireihige Rillenkugellager (Pos. 10) kann konstruktiv bedingt axiale Kräfte aufnehmen. Da sowohl der Außenring als auch der Innenring axial fixiert sind, übernimmt dieses Lager die Aufgabe des Festlagers.
Beim Zylinderrollenlager (Pos. 9) sind ebenfalls sowohl der Außenring als auch der Innenring axial fixiert, die Rolle kann sich aber auf der Lauffläche axial bewegen.
Daher übernimmt dieses Lager die Aufgabe des Loslagers.

**71.3 Erklären Sie anhand des Lagers (Pos. 9) das Auftreten von Punkt- und Umfangslast am Innen- und Außenring des Lagers.
Legen Sie für beide Lastfälle geeignete Passungen für die Welle und das Gehäuse fest.
Annahme: mittlere Belastung.**

Da sich die Welle dreht, rotiert auch der Innenring des Lagers (Pos. 9) mit. Der Innenring hat somit Umfangslast und benötigt einen festen Sitz auf der Welle.

Gewählte Wellenpassung: k6.

Der Außenring des Lagers (Pos. 9) steht im Flansch (Pos. 1) still, daher hat er Punktlast und damit einen losen Sitz im Flansch (Gehäuse).

Gewählte Passung der Gehäusebohrung: H7.

71.4 Welche Eigenschaften muss die Lauffläche für den Radialwellendichtring auf der Hülse (Pos. 3) aufweisen? Definieren Sie daraus die erforderlichen Zeichnungsangaben.

- Oberfläche R_z 1 bis R_z 5, drallfrei geschliffen
- Montagefase 15° bis 30°, um die Dichtlippe nicht zu beschädigen
- Wellenpassung mindestens h11
- Gehäusebohrung H8
- Zum Teil werden die Dichtflächen oberflächengehärtet

71.5 Welche Vorteile hat die Ringfederspannelementverbindung des Kegelrades gegenüber einer Passfederverbindung zwischen Welle und Kegelrad?

- Höhere Festigkeit der Welle, da die Welle nicht durch eine Passfedernut geschwächt wird
- Bessere Verstellbarkeit und Montage
- Höheres übertragbares Drehmoment
- In jede Position verdrehbar

71.6 Welche Aufgabe hat die Abstimmscheibe (Pos. 5)?

Mit der Abstimmscheibe erfolgt eine axiale Verschiebung des Ritzels, die zur Einstellung eines optimalen Tragbildes des Kegelradgetriebes erforderlich ist.
Durch Materialabtrag an der Abstimmscheibe kann diese Einstellung erreicht werden.

4.4.2 Projekt Getriebe

72 Die Ritzelwelle (Pos. 2) des Getriebes soll gefertigt werden. Dazu ist eine Teilzeichnung des linken Lagerzapfes zu erstellen.

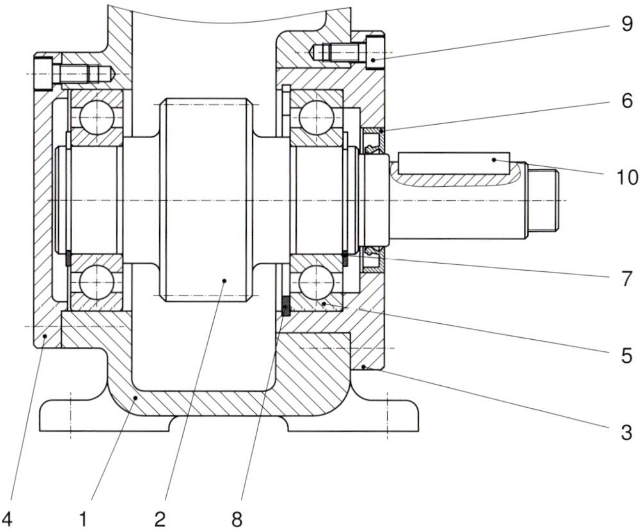

Pos.	Menge	Benennung	Sachnummer/Norm-Kurzbezeichnung	Bemerkung
1	1	Getriebegehäuse	EN-GJL-150	
2	1	Ritzelwelle	m = 2 mm, z = 31	
3	1	Deckel		
4	1	Deckel		
5	2	Rillenkugellager	DIN 625 - 6207	
6	1	Wellendichtring	DIN 3760-AS NBR	30 x 47 x 8
7	2	Sicherungsring	DIN 471	35 x 1,5
8	1	Sicherungsring	DIN 472	72 x 2,5
9	6	Zylinderschraube	ISO 4762-M6 x 12	8.8
10	1	Passfeder	DIN 6885-A	8 x 7 x 36

Baugruppe analysieren

72.1 Welches Lager ist das Loslager? Begründen Sie Ihre Aussage.

Das linke Rillenkugellager ist das Loslager.
Das Loslager muss Wärmedehnungen der Welle ausgleichen können. Beim linken Rillenkugellager (Pos. 5) erfolgt dies über den beweglichen Lageraußenring.

72.2 Welcher Lastfall liegt am Lagerinnenring vor?

Es liegen folgende Betriebsbedingungen vor: umlaufender Innenring und stillstehender Außenring.
➔ Der Innenring hat Umfangslast, da er sich mit der Welle dreht.

72.3 Welche Passung wählen Sie zwischen dem Lagerinnenring und der Welle (Pos. 2), wenn eine mittlere Lagerbelastung vorliegt? Begründen Sie die Auswahl.

Eine feste Passung.
Begründung:
Bei Umfangslast „wandert" der Ring, wenn er mit loser Passung auf der Welle sitzt. Dadurch entstehen Schäden, wie Passungsrost am Lager und an der Welle. Dieses „Wandern" wird durch eine ausreichend feste Passung verhindert.

72.4 Welches Maschinenelement zeigt die Abbildung und wozu dient es?

Die Abbildung zeigt den Sicherungsring (Pos. 7) für Wellen nach DIN 471.
Der Sicherungsring ist ein Haltering, der ein axiales Verschieben des Wälzlagers (Pos. 5) verhindert.

72.5 Der Sicherungsring (Pos. 7) sitzt in der Ringnut der Welle (Pos. 2). Welche Aufgabe hat die Ringnut?

Die Aufgabe der Ringnut ist es, die vom Lager auf den Sicherungsring übertragenen Kräfte aufzunehmen.

72.6 Bei einer Antriebsdrehzahl $n = 750\,\text{min}^{-1}$ und einer Radialbelastung von $F_r = 2\,\text{kN}$ ist die nominelle Lebensdauer L_{10h} des Rillenkugellagers (Pos. 5) auf 20 000 h ausgelegt. Weisen Sie mit Hilfe der unten stehenden Leitertafel nach, dass das Lager bei einer Tragzahl $C = 20\,\text{kN}$ der Belastung standhält.

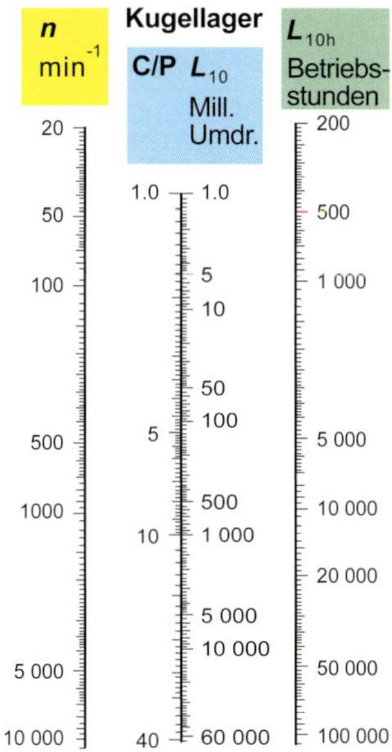

Dynamisch äquivalente Belastung

$$P = X \cdot F_r + Y \cdot F_a$$

$P = 1 \cdot 2000\,\text{N} + 0 = 2000\,\text{N}$

(reine Radialbelastung $X = 1$ und $Y = 0$)

Lebensdauerexponent

$p = 3$ für Kugelager

Verhältnis aus dynamischer und äquivalenter Belastung C/P

$$\frac{C}{P} = \frac{20\ \text{kN}}{2\ \text{kN}} = 10$$

Leitertafel zur Ermittlung der nominellen Lebensdauer:

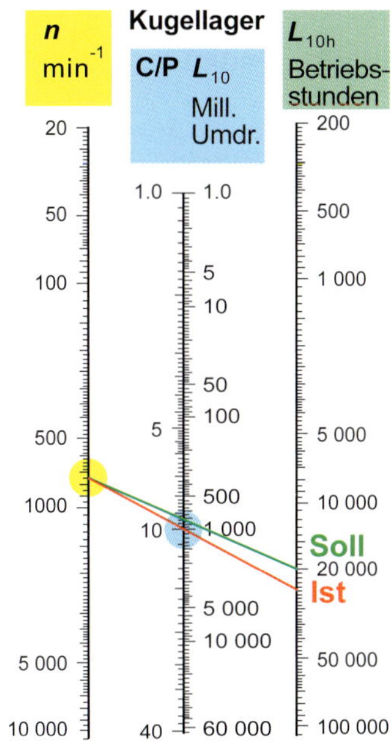

Das Lager hält den Anforderungen (grüne Linie) stand.
Seine nominelle Lebensdauer ist größer als 20 000 h (rote Linie).

72.7 Am rechten und linken Wellenabsatz sind in der Gesamtzeichnung Freistiche nach DIN 509 angebracht. Wozu dienen Freistiche?

- Die Freistiche gewährleisten ein maß- und passgenaues Anliegen des Wälzlagers an der Planfläche des Bundes.
- Freistiche verringern die Kerbwirkung, die an den scharfkantigen Übergängen auftreten würde.
- Wird der Durchmesser des Wellenabsatzes nach dem Härten oder Vergüten auf das Fertigmaß geschliffen, bewirken Freistiche, dass die Schleifscheibe am zu schleifenden Wellenabsatz frei auslaufen kann.

Zeichnung planen

72.8 Ermittln Sie die Abmaße des Rillenkugellagers (Pos. 5).

Rillenkugellager DIN 625 – 6207:
- Innendurchmesser $d = 35\,mm$
- Außendurchmesser $D = 72\,mm$
- Lagerbreite $B = 17\,mm$

72.9 Wählen Sie das Grundabmaß der Welle am Lagersitz.

Feste Passung
➔ Übergangspassung; mögliche Grundabmaße der Welle: j, k oder m.
➔ gewählt: j6 (Ø 35 j6)

72.10 Ermitteln Sie die Normbezeichnungen der an der Ritzwelle einzutragenden Freistiche, wenn zwei Flächen bearbeitet werden.

Wellendurchmesser 35 mm
➔ Freistich DIN 509 – F 0,8 x 0,3
oder
➔ Freistich DIN 509 – F 0,6 x 0,3

72.11 Ermitteln Sie die Abmaße der Ringnut.

- Wellendurchmesser d_1: 35 mm
- Nutdurchmesser d_2: 33h12 mm
- Nutbreite m: 1,6H13 mm
- Bundbreite n_{min}: 3 mm

72.12 Welchen Vorteil für die Fertigung der Nut des Sicherungsrings (Pos. 7) hat eine Bemaßung des Wellenzapfens nach ①?

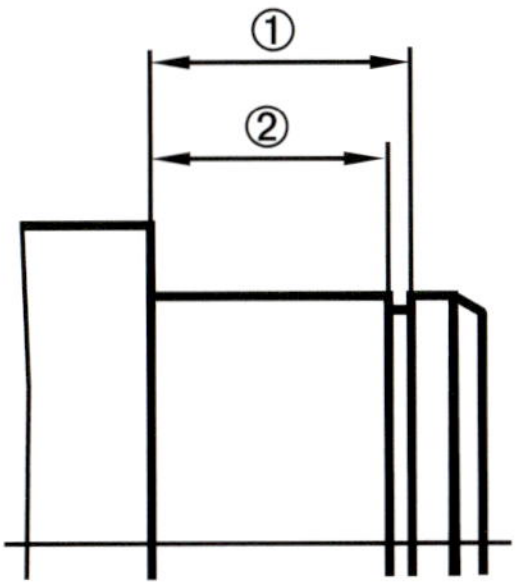

Bei der Fertigung der Nut nach der Bemaßung ① ist der sichere Sitz des Lagerinnenringes gewährleistet.
Bei der vorliegenden Kraftübertragung kann die Nut nach der entlasteten Seite (nach links) verbreitert werden.
Breite Nuten sind wesentlich leichter einzustechen als enge.
Wird jedoch die Nut nach der Bemaßung ② gefertigt, führt eine verbreiterte Nut zum Verlust einer axialen Lagerinnenringsicherung.

72.13 Aus Platzgründen soll der linke Lagerzapfen so kurz wie möglich sein. Berechnen Sie die Lagerzapfenlänge, wenn der Lagerzapfen eine Fase von 2 x 45° erhält.

Das Längenmaß des Lagerzapfens setzt sich zusammen aus:

- Lagerbreite B = 17 mm
- Sicherungsringbreite s = 1,5 mm
- Minimale Bundbreite n = 3 mm
- Fase 2 mm

➔ L = 23,5 mm.

72.14 Welche Angaben sind am Wellenende einzutragen, wenn eine Zentrierbohrung erforderlich ist? Die Laufflächen der Zentrierbohrung sollen gerade sein, mit einer kegelförmigen Schutzsenkung (d_1 = 4 mm).

Zeichnungsangabe:
➔ < ISO 6411 – B4/8,5
Form und Maße der Zentrierbohrung nach DIN 332

Zeichnung erstellen

72.15 Zeichnen Sie mit Hilfe der in der Planung ermittelten Informationen den linken Lagerzapfen im Maßstab 1 : 1.
Der dem Lagerzapfen folgende Wellendurchmesser beträgt 45 mm.

Lösung der Aufgabe 72.15

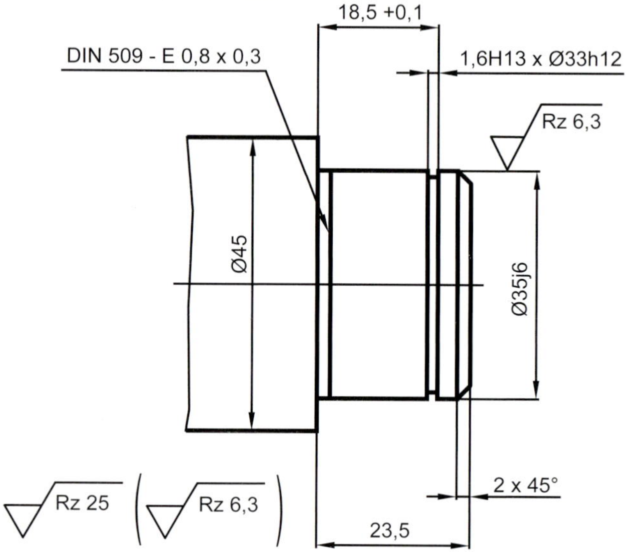

Optimieren

72.16 Welchen Vorteil hätte der Einbau einer Stützscheibe vor dem Sicherungsring (Pos. 7)?

Die Stützscheibe vergrößert die Anlagefläche zwischen dem Sicherungsring (Pos. 7) und dem Lagerinnenring. Bei größeren Axialkräften könnten sie ein Umstülpen des Sicherungsringes verhindern.

72.17 Welchen Vorteil hätte der Einbau von Passscheiben vor dem Sicherungsring (Pos. 7)?

Durch den Einbau von Passscheiben kann eine genaue Lagebestimmung der Wälzlager in axialer Richtung erfolgen.

72.18 Welchen Vorteil hätte die Wahl einer schwimmenden Lagerung statt der Fest-Los-Lagerung?

Eine schwimmende Lagerung, erleichtert die Montage und verhindert die Kerbwirkung im Kraftfluß, da keine Wellensicherungsringe benötigt werden.

4.5 Kupplungen

73 Was versteht man unter Kupplungen?

Kupplungen sind Funktionseinheiten, die Drehmomente von einer Welle auf die andere übertragen.

74 Welche Aufgaben erfüllen folgende Kupplungen?
a) Schaltkupplung im Auto
b) Rutschkupplung an Bohrmaschinen
c) Freilauf beim Fahrrad
d) Gelenkkupplungen an Kardanwellen
e) elastische Kupplungen bei Förderanlagen

a) Zeitweilige Trennung vom laufenden Antriebselement Getriebe
b) Schutz vor Überlastung
c) Trennen oder Zuschalten von Antrieb und Getriebe bei bestimmten Drehzahlen
d) Ausgleich von Querverlagerungen und Beugungswinkeln von Wellen
e) Dämpfung von Stößen

75 Nennen Sie Beispiele für nicht ausrückbare (nicht trennende) Kupplungen.

- *Starre Kupplungen* zwischen fluchtenden Wellen z. B. Scheibenkupplung, Wellenkupplung mit Kegelhülse.
- *Drehstarre Kupplungen* übertragen Drehbewegungen und gleichen Wellenversatz aus z. B. Bogenzahnkupplungen, Gelenkkupplungen.
- *Elastische Kupplungen* dämpfen Stöße und Schwingungen und gleichen radialen und axialen Wellenversatz aus z. B. Gummihülsenkupplungen, Gummiwulstkupplungen, Metallfederkupplungen.

76 Nennen Sie Beispiele für ausrückbare (schaltbare) Kupplungen.

- *Formschlüssige Schaltkupplungen*, z. B. Klauenkupplung, Zahnkupplung
- *Kraftschlüssige Schaltkupplungen*, z. B. Einscheiben-, Mehrscheiben-, Lamellen- und Kegelkupplungen.

77 Nennen Sie Beispiele für selbsttätige Kupplungen.

- *Sicherheitskupplungen*, z. B. Abscherstift, Brechbolzenkupplung, Rutschkupplung
- *Anlaufkupplungen*, z. B. Fliehkraftkupplung
- *Freilaufkupplungen*, z. B. Fahrradfreilaufnabe

4.6 Riementrieb

78 Erläutern Sie die Beschriftung des abgebildeten Riemengetriebes.

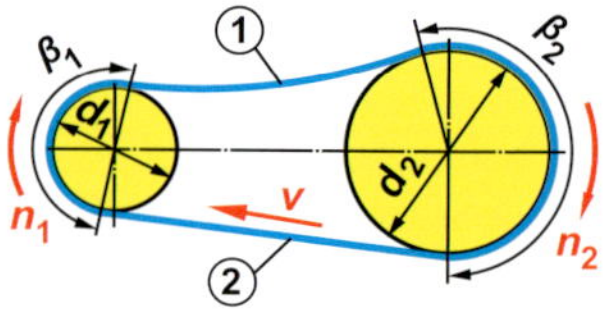

① = Leertrum
② = Arbeitstrum, Lasttrum, Zugtrum
n = Drehzahl
d = Scheibendurchmesser
β = Umschlingungswinkel

Index 1 steht für treibend
Index 2 steht für getrieben

79 Worin unterscheidet sich die Drehmomentübertragung kraftschlüssiger Riementriebe von formschlüssigen?

Kraftschlüssige Riementriebe übertragen das Drehmoment durch Reibung zwischen Treibriemen und Riemenscheibe.
Formschlüssige Riementriebe übertragen das Drehmoment durch das Ineinandergreifen von Zahnriemen und Zahnriemenscheibe.

80 Warum überträgt ein Keilriemen höhere Kräfte als ein Flachriemen?

Weil Keilriemen im Gegensatz zu Flachriemen die Umfangskraft nicht durch Reibung auf der Innenseite des Riemens übertragen, sondern durch die Reibkräfte, die als Folge der hohen Anpresskräfte an den schrägen Flanken des Keilriemens entstehen.

81 Welche Aufgabe erfüllen Spannrollen und an welcher Stelle im Riementrieb werden sie deshalb montiert?

Spannrollen vergrößern den Umschlingungswinkel. Dadurch wird die Fläche mit der der Riemen auf der Scheibe aufliegt vergrößert und somit auch das übertragbare Drehmoment. Da der Umschlingungswinkel an der kleinen Scheibe kleiner als an der großen Scheibe ist, wird die Spannrolle in der Nähe der kleinen Scheibe auf die unbelastete Riemenseite gesetzt.

82 Ein Keilriementrieb hat 1,2 % Schlupf.

a) Wodurch entsteht dieser Schlupf?

b) Welche Folgen hat es, wenn die verlangte Rauheit, z. B. R_z 16, bei den Rillen nicht eingehalten wird?

a) Durch das ständige Dehnen des Riemens im Arbeitstrum und das Zusammenschieben im Leertrum.

b) Wäre die Riemenscheibenoberfläche rauer, so würde sie den Riemen wie eine Feile bearbeiten und zerstören.

83 Was wird beim Riementrieb als Übersetzungsverhältnis *i* bezeichnet und wie wird es berechnet?

Das Verhältnis der Drehzahlen n_1/n_2 in Richtung des Kraftflusses bezeichnet man als Übersetzungsverhältnis. Das Übersetzungsverhältnis kann beim Riementrieb auch aus den Durchmessern der Scheiben d_2/d_1 berechnet werden.

$$i = \frac{n_1}{n_2} = \frac{d_2}{d_1}$$

84 Welche Maßnahme ist zu ergreifen, wenn bei einem Keilriementrieb mit mehreren parallelen Riemen ein Keilriemen gerissen ist?

Es müssen dann alle Keilriemen satzweise erneuert werden.

85 Wie werden folgende Übersetzungsverhältnisse bezeichnet:

a) $i = \frac{3}{15} = 1 : 5 = 0{,}2$

b) $i = \frac{12}{3} = 4 : 1 = 4$

c) $i = \frac{12}{12} = 1 : 1 = 1$

Es liegen folgende Übersetzungsverhältnisse vor:

a) ins Schnelle, da $i < 1$,
b) ins Langsame, da $i > 1$,
c) keine Drehzahländerung, da $i = 1$.

86 In einem Riementrieb, d_1 = 180 mm und d_2 = 400 mm, läuft der Motor mit $n_1 = 2\,500\,\text{min}^{-1}$. Berechnen Sie

a) die Riemengeschwindigkeit v (in m/s),
b) die Drehzahl n_2 und
c) das Übersetzungsverhältnis i.

a) $\boxed{v = \pi \cdot n_1 \cdot d_1}$

$$= \pi \cdot 2500\ \frac{1}{\text{min}} \cdot 180\,\text{mm}$$

$$= \pi \cdot 41{,}67\ \frac{1}{\text{s}} \cdot 0{,}180\,\text{m}$$

$$= \mathbf{23{,}565}\ \frac{\text{m}}{\text{s}}$$

b) $\boxed{\frac{n_1}{n_2} = \frac{d_2}{d_1}} \Rightarrow \boxed{n_2 = n_1 \cdot \frac{d_1}{d_2}}$

$$n_2 = 2500\ \frac{1}{\text{min}} \cdot \frac{180\ \text{mm}}{400\ \text{mm}}$$

$$= \mathbf{1125}\ \frac{1}{\text{min}}$$

c) $\boxed{i = \frac{d_2}{d_1}} = \frac{400}{180} = \mathbf{2{,}2}$

87 Warum ist die Lauffläche einer Flachriemenscheibe immer ballig?

Durch die Laufflächenwölbung wird gewährleistet, dass der Riemen immer auf der Mitte der Scheibe läuft.

4.7 Zahnräder, Zahnradgetriebe

88 Bezeichnen Sie das abgebildete Zahnrad und geben Sie die Formeln zur Berechnung der Durchmesser ③, ④ und ⑤ an.

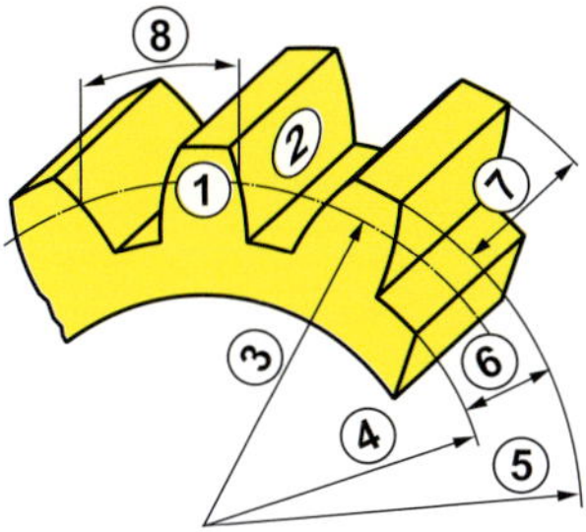

① Zahnprofil
② Zahnflanke
③ Teilkreis

$$d = m \cdot z = \frac{z \cdot p}{\pi} = d_a - 2 \cdot m$$

④ Fußkreis

$$d_f = d - 2 \cdot (m + c)$$

⑤ Kopfkreis

$$d_a = d + 2 \cdot m = m \cdot (z + 2)$$

⑥ Zahnhöhe
⑦ Zahnbreite
⑧ Teilung

89 Modul
a) Erklären Sie den Begriff Modul.
b) Wie lässt sich der Modul berechnen?

a) Der Modul *m* ist eine Verzahnungskonstante, die eingeführt wurde, um bei unterschiedlichen Zahnrädern eine gleiche Teilung zu erhalten.

b) Formeln:

$$m = \frac{\text{Teilkreisdurchmesser}}{\text{Zähnezahl}} = \frac{d}{z}$$

$$m = \frac{\text{Teilung}}{\pi} = \frac{p}{\pi}$$

90 Wie heißt der Abstand von Zahnmitte zu Zahnmitte bei Zahnrädern?

Der Abstand von Zahnmitte zu Zahnmitte wird Teilung *p* genannt und ist ein Teil oder ein Vielfaches von π.

91 Wie groß ist das Kopfspiel *c*?

Das Kopfspiel *c* beträgt zwischen $0{,}1 \cdot m$ (0,1 mal Modul) bis $0{,}3 \cdot m$ (0,3 mal Modul).
Häufig ist $c = 0{,}167 \cdot m$.

92 Welchen Einfluss hat im Zahntrieb ein Zwischenrad auf das Übersetzungsverhältnis?

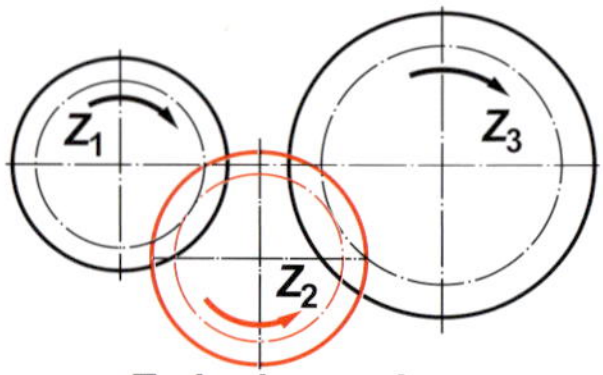

Zwischenrad

Ein Zwischenrad ändert nur die Drehrichtung, nicht das Übersetzungsverhältnis.

$$i = i_1 \cdot i_2$$

$$i_1 = \frac{z_2}{z_1} \text{ und } i_2 = \frac{z_3}{z_2}$$

$$i = \frac{\not{z_2}}{z_1} \cdot \frac{z_3}{\not{z_2}} = \mathbf{\frac{z_3}{z_1}}$$

93 Von einem 3-stufigen Getriebe sind bekannt:
- **Einzelübersetzungen $i_1 = 5{,}12$ und $i_3 = 4{,}42$,**
- **Gesamtübersetzung $i_{ges} = 134{,}42$,**
- **Zähnezahl $z_4 = 95$,**
- **Abtriebsdrehzahl $n_e = 10{,}79\,\text{min}^{-1}$,**
- **Antriebsdrehmoment $M_1 = 3{,}5\,\text{Nm}$.**

Berechnen Sie
a) Zähnezahl z_3,
b) Antriebsdrehzahl n_a,
c) Abtriebsdrehmoment M_2,
d) Modul, bei einem Achsabstand $a = 166{,}5\,\text{mm}$ zwischen z_3 und z_4.

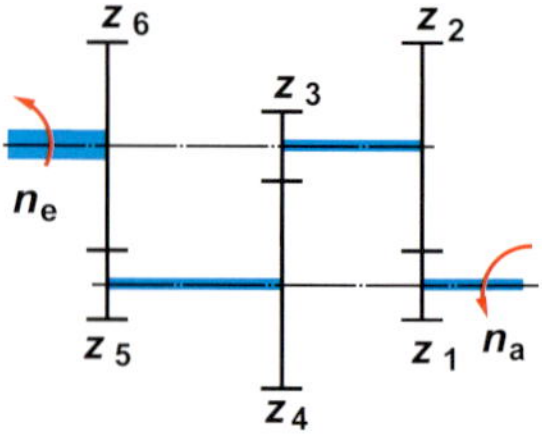

a) $$i_{ges} = i_1 \cdot i_2 \cdot i_3$$

$$i_2 = \frac{i_{ges}}{i_1 \cdot i_3} = \frac{134{,}42}{5{,}12 \cdot 4{,}42} = 5{,}94$$

$$i_2 = \frac{z_4}{z_3}$$

$$z_3 = \frac{z_4}{i_2} = \frac{95}{5{,}94} = \mathbf{16}$$

b) $$i_{ges} = \frac{n_a}{n_e}$$

$$n_a = i_{ges} \cdot n_e = 134{,}42 \cdot 10{,}79\,\text{min}^{-1}$$

$$n_a = \mathbf{1450{,}4}\,\text{min}^{-1}$$

c) $$M_2 = i_{ges} \cdot M_1$$

$$M_2 = 134{,}42 \cdot 3{,}5\,\text{Nm}$$

$$M_2 = \mathbf{470{,}47}\,\text{Nm}$$

d) $$a = \frac{m \cdot (z_3 + z_4)}{2}$$

$$m = \frac{2 \cdot a}{z_3 + z_4} = \frac{2 \cdot 166{,}5\,\text{mm}}{16 + 95}$$

$$m = \mathbf{3}$$

94 Zahnradgetriebearten werden je nach Lage der Wellen unterschieden. Nennen Sie verschiedene Getriebearten unter Angabe der jeweiligen Wellenlage.

- Stirnradgetriebe: Wellen liegen parallel zueinander
- Kegelradgetriebe: Wellenachsen liegen in einer Ebene und schneiden sich
- Schneckengetriebe: Wellen kreuzen sich; zur Erreichung eines großen Drehzahlunterschiedes zwischen treibender und getriebener Welle
- Schraubenräder: Wellen kreuzen sich; zur Übertragung hoher Geschwindigkeiten

4

95 Eine Kegelritzelwelle mit 28 Zähnen treibt ein Kegelrad mit 50 Zähnen und einem Teilkreisdurchmesser von 100 mm an. Berechnen Sie:
a) Übersetzungsverhältnis,
b) Kegelradwellendrehzahl, wenn die Kegelritzelwellendrehzahl 120 min⁻¹ beträgt,
c) Modul der Zahnräder,
d) Frästiefe (Zahnhöhe), bei einem Kopfspiel von $c = 0{,}167 \cdot m$.

a) $\boxed{i = \frac{z_2}{z_1}} = \frac{50}{28} = \mathbf{1{,}786}$

b) $\boxed{n_1 \cdot z_1 = n_2 \cdot z_2}$

$$n_2 = \frac{n_1 \cdot z_1}{z_2} = \frac{120 \cdot 28}{\text{min} \cdot 50} = \mathbf{67{,}2\ \frac{1}{min}}$$

c) $\boxed{m = \frac{d}{z}} = \frac{100\text{ mm}}{50} = \mathbf{2\ mm}$

d) $\boxed{h = 2 \cdot m + c}$

$$h = 2 \cdot 2\text{ mm} + 0{,}167 \cdot 2\text{ mm}$$

$$h = \mathbf{4{,}33\ mm}$$

96 In welchem Fall werden Schneckengetriebe verwendet?

Schneckengetriebe werden dort verwendet, wo sich zwei Wellen unter einem Winkel von 90° kreuzen und wo große Übersetzungsverhältnisse verlangt werden.
Sie sind selbsthemmend und werden ein- oder mehrgängig gebaut.

97 Worüber gibt die „Schneckenganganzahl“ Auskunft?

Die Anzahl der Schneckengänge gibt die Zähnezahl der Schnecke an. So dreht sich bei einer eingängigen Schnecke das Schneckenrad um einen Zahn weiter.

98 Welche Vorteile und welchen Nachteil haben schrägverzahnte Zahnräder gegenüber geradverzahnten?

Vorteile:
- Immer mehrere Zähne im Eingriff,
- laufen ruhiger, weil der Zahneingriff allmählich vor sich geht,
- größere Drehmomente können übertragen werden.

Nachteil:
- Durch die Schrägstellung der Zähne tritt eine Axialkraft auf, die vom Getriebelager aufgenommen werden muss.

Die Axialkraft wird aufgehoben durch doppelte (entgegengesetzte) Schrägverzahnung (Pfeilverzahnung).

99 Von einer innenverzahnten Zahnradpumpe sind der Modul m = 4 mm und der Kopfkreisdurchmesser des Antriebsritzels d_a = 60 mm bekannt. Berechnen Sie:
a) Zähnezahl des Ritzels,
b) Teilkreisdurchmesser d des Ritzels,
c) Achsabstand, wenn der Innenzahnkranz z_2 = 24 Zähne hat.

a) $\boxed{d_a = m \cdot (z+2)}$

$$z = \frac{d_a}{m} - 2 = \frac{60\ \text{mm}}{4\ \text{mm}} - 2$$

$$z = \mathbf{13}$$

b) $\boxed{d = m \cdot z}$

$$d = 4\ \text{mm} \cdot 13$$

$$d = \mathbf{52}\ \text{mm}$$

c) $\boxed{a = \frac{m \cdot (z_2 - z_1)}{2}}$

$$a = \frac{4\ \text{mm} \cdot (24 - 13)}{2} = \mathbf{22}\ \text{mm}$$

100 Welche Kurven verwendet man für die Krümmung der Zahnflanken?

- Evolvente (Fadenlinie): üblich im allgemeinen Maschinenbau.
- Zykloide (Rollkurve): nur für besondere Zwecke z. B. in der Uhrenindustrie.

101 Welche Voraussetzungen müssen Zahnräder, die ineinander greifen sollen, erfüllen?

Zahnräder, die ineinander greifen sollen, müssen den gleichen Modul und Eingriffswinkel haben.

102 Gegeben ist der vereinfachte Antrieb einer Drehmaschine durch Riementrieb und Zahnradübersetzung.
An der Arbeitsspindel soll ein Rundstahl d = 40 mm mit einer Schnittgeschwindigkeit v_c = 120 m/min bearbeitet werden.
Berechnen Sie:
a) Drehzahl n_4,
b) Zähnezahl z_4,
c) Teilkreisdurchmesser d_3,
d) Übersetzung des Riementriebes i.

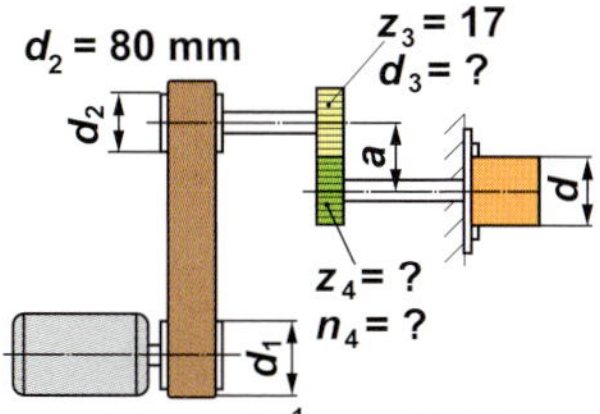

a) $v_c = \pi \cdot n \cdot d$

$$n = \frac{v_c}{\pi \cdot d} = \frac{120\ \text{m}}{\pi \cdot 0{,}04\ \text{m} \cdot \text{min}}$$

$$n = 954{,}9\ \text{min}^{-1}$$

$$n_4 \approx \mathbf{955}\ \text{min}^{-1}$$

b) $a = \dfrac{m \cdot (z_3 + z_4)}{2}$

$$z_4 = \frac{2 \cdot a}{m} - z_3 = \frac{2 \cdot 73{,}5\ \text{mm}}{3\ \text{mm}} - 17$$

$$z_4 = \mathbf{32}$$

c) $d_3 = m \cdot z_3$

$$d_3 = 3\ \text{mm} \cdot 17 = \mathbf{51}\ \text{mm}$$

d) $i = \dfrac{d_2}{d_1}$

$$i = \frac{80}{100} = \mathbf{0{,}8}$$

4

4.8 Biegebeanspruchte Bauteile dimensionieren

103 Ein IPB-Träger wird wie dargestellt belastet.

$F1$ = 3,0 kN
$F2$ = 5,2 kN
$F3$ = 3,0 kN

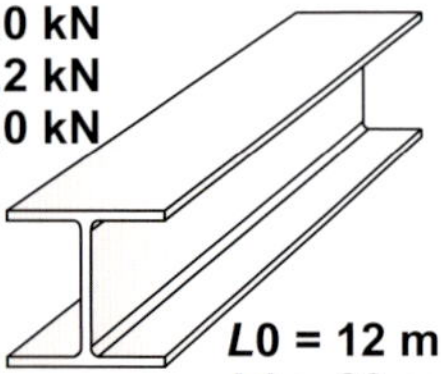

IPB-Träger aus S235

$L0$ = 12 m
$L1$ = 20 m
$L2$ = 3 m
$L3$ = 10 m

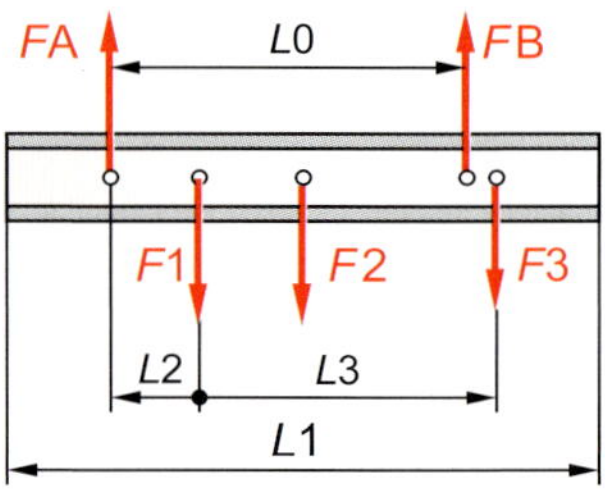

a) Berechnen Sie die Auflagerkräfte *F*A und *F*B.

b) Bestimmen Sie den IPB-Träger für ein angenommenes maximales Biegemoment von 20 kNm bei einer Sicherheitszahl von 1,5 und bezeichnen Sie das gewählte Profil normgerecht.

c) Bestimmen Sie grafisch sowie rechnerisch den Ort und Betrag des tatsächlichen maximalen Biegemoments.

a) Auflagerkräfte
Drehpunkt in A gewählt.

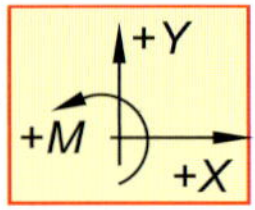

$$\Sigma M_A = 0$$

$$\sum M_A = -F1 \cdot L2 - F2 \cdot \frac{L0}{2} + FB \cdot L0 - F3 \cdot (L2 + L3)$$

$$FB = \frac{F1 \cdot L2 + F2 \cdot \frac{L0}{2} + F3 \cdot (L2 + L3)}{L0}$$

$$FB = \frac{3\text{ kN} \cdot 3\text{ m} + 5{,}2\text{ kN} \cdot 6\text{ m} + 3\text{ kN} \cdot 13\text{ m}}{12\text{ m}}$$

$FB =$ **6,6 kN**

$$\Sigma F_Y = 0 = +FA - F1 - F2 + FB - F3$$

⇨ $FA = +F1 + F2 + F3 - FB$
$FA = (+3 + 5{,}2 + 3 - 6{,}6)$ kN
$FA =$ **4,6 kN**

b) I-Träger
mit S235 ⇨ $R_e = 235\text{ N/mm}^2$

Biegefließgrenze

$$\sigma_{bF} = 1{,}2 \cdot R_e = 1{,}2 \cdot 235\,\frac{\text{N}}{\text{mm}^2}$$

$$\sigma_{bF} = 282\,\frac{\text{N}}{\text{mm}^2}$$

zulässige Biegespannung

$$\frac{\sigma_{bF}}{\nu} = \sigma_{bzul} > \sigma_b = \frac{M_{bmax}}{W}$$

$$\sigma_{bzul} = \frac{\sigma_{bF}}{\nu} = \frac{282\,\frac{\text{N}}{\text{mm}^2}}{1{,}5} = 188\,\frac{\text{N}}{\text{mm}^2}$$

erforderliches axiales Widerstandsmoment

$$W_{erf} = \frac{M_{bmax}}{\sigma_{bzul}} = \frac{20\text{ kNm}}{188\,\frac{\text{N}}{\text{mm}^2}} = 106{,}4\text{ cm}^3$$

Gewählt mit $W_x = 144\text{ cm}^3$:
Breite I-Träger (IPB), warmgewalzt
I-Profil DIN 1025 – S235 – IPB 120
oder nach
EURONORM 53-62: **HE 120 B**

Lösung Aufgabe 103 c)

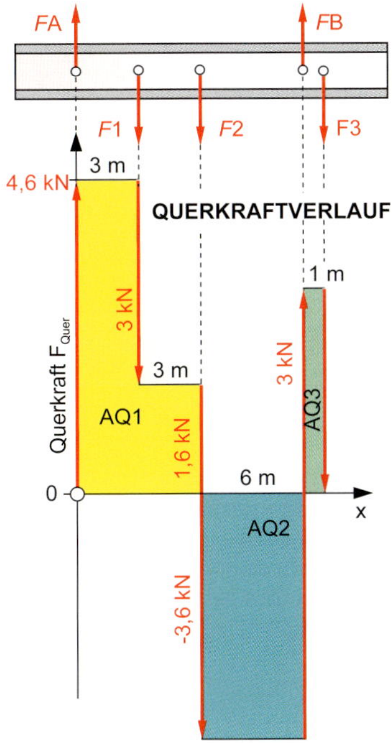

Grafische Lösung

Das maximale Biegemoment liegt dort, wo die Querkraftlinie durch die Nulllinie geht. Das Biegemoment am Nulldurchgang *F*2 entspricht der Fläche AQ1 = 18,6 kNm. Das Biegemoment am Nulldurchgang *F*B entspricht der Fläche AQ1 minus AQ2 oder der Fläche AQ3 = 3 kNm.

Das max. Biegemoment beträgt 18,6 kNm und befindet sich an der Stelle *F*2.

Rechnerische Lösung

Das maximale Biegemoment kann nur an einem inneren Krafteinleitungspunkt liegen, also an den Stellen *F*1, *F*2 oder *F*B.

Berechnung der Stellen *F*1 und *F*2 am linken, positiven Schnittufer:

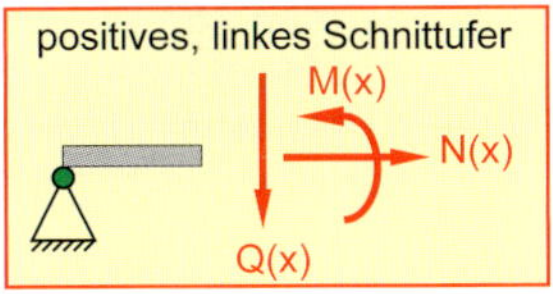

Stelle *F*1:

$M_{bF1} = -FA \cdot L2 = -4{,}6\,kN \cdot 3\,m$

$M_{bF1} = -13{,}8\,kNm$

Stelle F2:

$M_{bF2} = -FA \cdot \frac{L0}{2} + F1 \cdot \left(\frac{L0}{2} - L2\right)$

$M_{bF2} = -4{,}6\,kN \cdot 6\,m + 3\,kN \cdot 3\,m = -18{,}6\,kNm$

Berechnung der Stelle *F*B am rechten, negativen Schnittufer

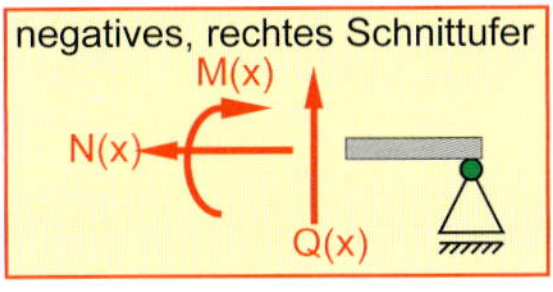

Stelle *F*B:

$M_{bFB} = F3 \cdot (L2 + L3 - L0)$

$M_{bFB} = 3\,kN \cdot 1\,m = 3\,kNm$

Das max. Biegemoment beträgt 18,6 kNm und befindet sich an der Stelle *F*2.

4.9 Vorrichtungen

104 Welche Zwecke verfolgt man mit dem Einsatz von Vorrichtungen?

- Werkstückspannung
- Werkzeugführung
- Verkürzung der Nebenzeit
- Verbesserung der Wiederholgenauigkeit der Aufspannung (höhere Reproduzierbarkeit)

105 Aus welchen Bauteilen bzw. Baugruppen besteht eine Vorrichtung mindestens?

- Lagebestimmelemente
- Spannelemente
- Bedienelemente
- Vorrichtungskörper

106 Nennen Sie 2 Arten von Vorrichtungsbaukastensystemen, die in der Fertigungstechnik verwendet werden und erläutern Sie ihren Aufbau.

Nutsystem:
Längs-T-Nuten, Quer-T-Nuten, Nutensteine
Bohrungssystem:
Passbohrungen und Gewindebohrungen, Passbohrungen in Gewindebohrungen, Passstifte, Schrauben

107 Erläutern Sie, warum beim Spannen von Werkstücken auf unbearbeiteten Flächen Dreipunkt- und Pendelauflagen vorteilhaft sind.

Unbearbeitete Flächen sind meist uneben, was zu Verformung der Werkstücke beim Spannen führen kann. Dreipunkt- und Pendelauflagen passen sich an bzw. ermöglichen durch statisch bestimmte Auflage ein sicheres, verformungsfreies Spannen.

108 Nennen Sie geeignete Spannmöglichkeiten, wenn ein quaderförmiges Werkstück aus Stahl in einer Aufspannung an fünf Seiten bearbeitet werden muss.

- Werkstückunterseite mit entsprechender Vorrichtung verschrauben
- Magnetspannplatte

5 Instandhaltung

5 Instandhaltung

5.1 Instandhaltungsmaßnahmen, Abnutzungsvorrat

1 Welche Maßnahmen beinhaltet die Instandhaltung?

Die Instandhaltung beinhaltet alle technischen und administrativen Maßnahmen, sowie Maßnahmen des Managements über den gesamten Lebenszyklus einer Maschine, Anlage bzw. Ausrüstung zur Erhaltung oder Wiederherstellung des funktionsfähigen Zustandes.

2 Die DIN 31051 unterteilt die Instandhaltung in vier Grundmaßnahmen. Nennen Sie diese.

- Wartung
- Inspektion
- Instandsetzung
- Verbesserung

3 Erläutern Sie den Begriff „Abnutzung".

Unter Abnutzung versteht man den Abbau des Abnutzungsvorrates, hervorgerufen durch chemische und/oder physikalische Vorgänge wie Reibung, Korrosion, Ermüdung, Alterung, Kavitation usw.

4 Erläutern Sie den Begriff „Abnutzungsvorrat".

Der Abnutzungsvorrat ist die von einem Gerät (Baugruppe, Anlage) zugelassene Abnutzung bis die Grenze der Funktionsfähigkeit erreicht ist. Der Abnutzungsvorrat ist zu Beginn der Nutzung am größten und nimmt dann mit fortschreitendem Einsatz immer mehr ab.

5 Die Abbildung zeigt den Abnutzungsvorrat eines Gerätes (Baugruppe, Anlage), der im Zeitablauf *s*-förmig abnimmt.

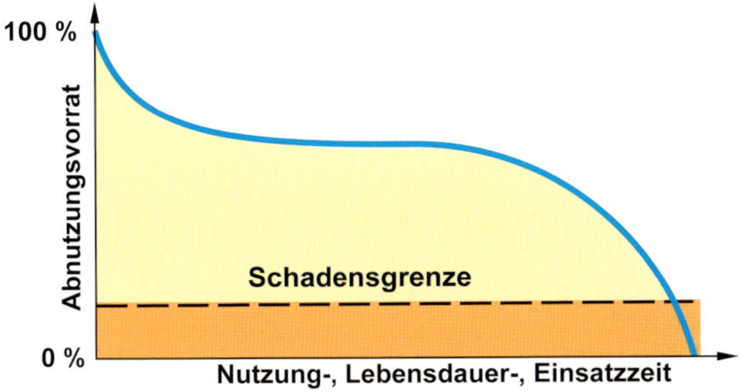

Woraus ergibt sich die *s*-förmige Kurve des Abnutzungsvorrates?

Die *s*-förmige Kurve des Abnutzungsvorrates ergibt sich daraus, dass der Verschleiß in der Einlaufphase einer Anlage zunächst besonders hoch ist, dann für eine gewisse Zeit relativ stabil bleibt und schließlich bis zur Erreichung der Schadensgrenze wieder stark abnimmt.

6 Erläutern Sie den Begriff „Wartung" und nennen Sie einige Einzelmaßnahmen der Wartung.

Unter Wartung versteht man Maßnahmen zur Abbauverzögerung des vorhandenen Abnutzungsvorrats. Einzelmaßnahmen sind z. B.:

- *Schmieren* von Lagern, Führungen
- *Ergänzen* von Kühlmitteln, Fetten, Ölen
- *Austauschen* von Verschleißteilen, wie Filtern, Dichtungen
- *Reinigen* von Kontaktstellen, Sichtfenstern
- *Nachstellen* von Messeinrichtungen, z. B. Messzeiger, Anschläge

7 Nennen Sie Regeln, die bei der Schmierung und Wartung einer Werkzeugmaschine zu beachten sind.

- Nur zugelassene Schmierstoffe verwenden
- Schmierstoffe und Schmierstellen sauber halten
- Betriebsanweisung des Herstellers über Schmierintervalle beachten
- Führungen von Schmutz und Spänen säubern
- Führungen nicht mit Druckluft und fasernden Putztüchern reinigen

8 Skizzieren Sie den Verlauf des Abnutzungsvorrates ohne und mit Durchführung von Wartungsarbeiten. Begründen Sie den Kurvenverlauf.

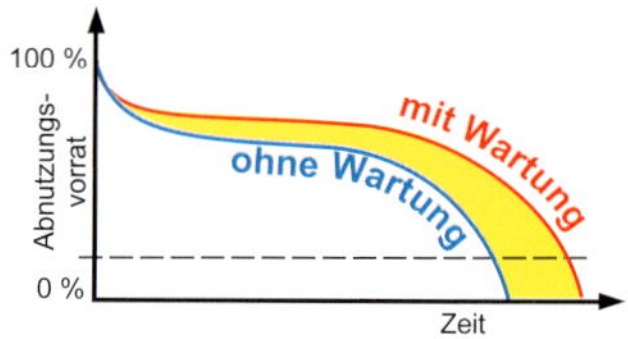

Die Lebensdauer der Bauteile wird durch die Wartung verlängert, d. h. der Abbau des vorhandenen Abnutzungsvorrats wird verzögert und dadurch steigt die Nutzungszeit.

9 Welche Aufgaben hat eine Inspektion?

Inspektionen sind dazu da, festzustellen wie viel Abnutzungsvorrat vorhanden ist und zu erkennen wie und warum der Abnutzungsvorrat abgebaut wird, um daraus notwendige Konsequenzen für eine künftige Nutzung abzuleiten.

10 Welche Inspektionsarten an Maschinen unterscheidet man?

Man unterscheidet

- Erstinspektionen, nach der Aufstellung der Maschine,
- Regelinspektionen, in vorgegebenen Intervallen,
- Sonderinspektionen, bei Störungen.

11 Erläutern Sie den Begriff „Instandsetzung“.

Maßnahmen zur Wiederherstellung der geforderten Abnutzungsvorräte ohne technische Verbesserung.

12 Welchen Zweck erfüllt die „vorbeugende Instandsetzung"?

Bei der vorbeugenden Instandsetzung werden Verschleißteile wie Wälzlager oder Dichtungen schon vor ihrem verschleißbedingten Versagen ausgetauscht. Ein Stillstand der Maschine und der damit verbundene Produktionsausfall durch eine betriebsbedingte Störung soll dadurch vermieden werden.

13 Erklären Sie den Begriff „störungsbedingte Instandsetzung".

Störungsbedingte Instandsetzung bedeutet, dass erst dann instandgesetzt wird, wenn eine Betriebsstörung die Maschine stillgelegt hat.

14 Die Abbildung zeigt den Abnutzungsvorrat ohne Wartung. Erklären Sie die Bedeutung der Verläufe ❶ und ❷.

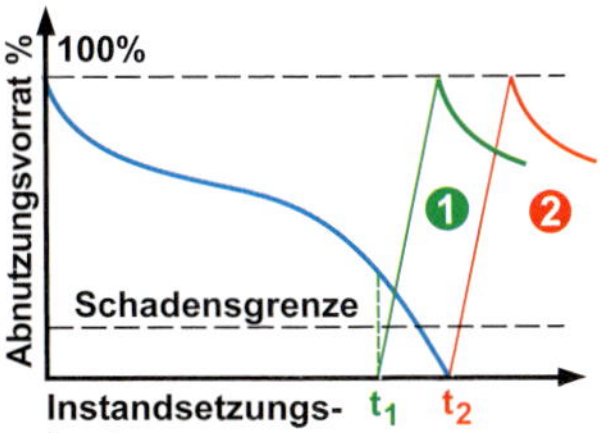

Verlauf ❶:
stellt eine geplante Instandsetzung ohne vorherigen Ausfall dar.

Verlauf ❷:
stellt eine störungsbedingte Instandsetzung dar.

15 Wozu dient die „Verbesserung" oder „Schwachstellenbeseitigung" bei der Instandhaltung?

Die technische Verbesserung bzw. Schwachstellenbeseitigung dient der Vergrößerung des Abnutzungsvorrats gegenüber dem ursprünglichen Abnutzungsvorrat.
Dies kann z. B. durch die Verwendung von verschleißbeständigeren Werkstoffen, besseren Dichtungen usw. erfolgen.

5

16 **Skizzieren Sie den Verlauf des Abnutzungsvorrates nach einer ausfallbedingten Instandsetzung mit einer Verbesserung.**

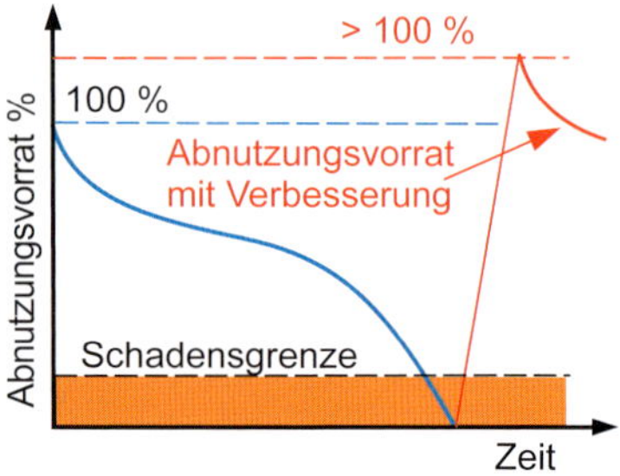

Der Abnutzungsvorrat vergrößert sich gegenüber dem ursprünglichen Abnutzungsvorrat.

5.2 Schmierstoffe

17 **Nennen Sie wichtige Aufgaben der Schmierstoffe.**

- Reibung vermindern
- Reibungswärme ableiten
- Verschleißteilchen abführen
- Stoßbelastungen dämpfen
- Korrosionsschutz

18 **Welche Eigenschaften sollen Schmierstoffe besitzen?**

- gute Haft- und Benetzungsfähigkeit
- hohen Flamm- und Brennpunkt
- niedrige Fließgrenze
- alterungsbeständig
- säure- und wasserfrei
- druckfest
- geringe innere Reibung
- geringe Viskositätsänderung

19 **Woraus bestehen Schmierfette?**

Schmierfette bestehen aus Mineral- oder Syntheseölen, die mit Barium-, Natrium- oder Lithiumseifen eingedickt wurden.

Anwendung finden sie z. B. in Wälz- und Gleitlagern zur Abdichtung gegen Staub.

20 Wofür stehen die Symbole ① bis ⑥ in einem Schmierplan?

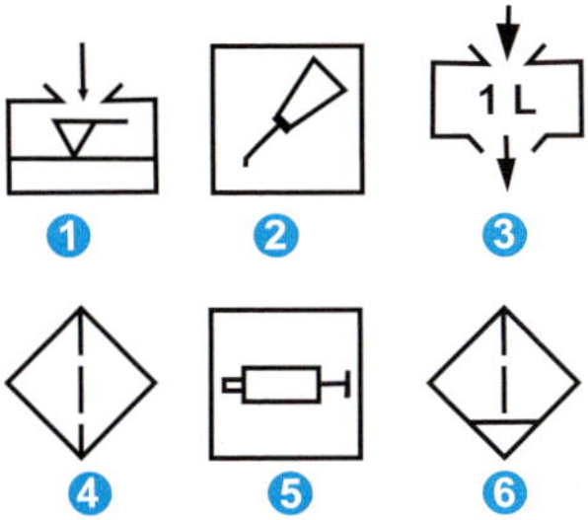

Die Symbole stehen für:
① Füllstand kontrollieren, nachfüllen
② mit Öl abschmieren
③ Schmierstoff wechseln (hier 1 Liter)
④ Filter wechseln
⑤ mit Fett abschmieren
⑥ Filter reinigen

21 Entschlüsseln Sie die Schmierstoffkennzeichnung.

CLP
68

C: Ölsorte (hier Umlaufschmieröl)
L: Zusätze (hier zur Erhöhung des Korrosionsschutzes und / oder der Alterungsbeständigkeit)
P: Zusätze (hier zur Minderung von Reibung und Verschleiß im Mischreibungsgebiet und / oder zur Erhöhung der Belastbarkeit)
68: Viskositätsklasse (hier Viskosität von 68 mm²/s bei 40 °C

22 Entschlüsseln Sie die folgende Schmierfett-Kurzbezeichnung.

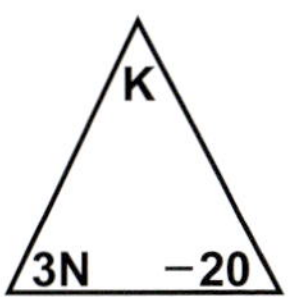

K: Schmierfett für Wälzlager, Gleitlager und Gleitflächen
3: Konsistenzzahl (mittlere Verformbarkeit)
N: obere Gebrauchstemperatur (140 °C)
–20: untere Gebrauchstemperatur (–20 °C)

23 In welchem Fall spricht man von „Alterung“ bei Ölen und Fetten?

Wenn es zur Bildung von harzigen Rückständen durch die Verbindung mit Luftsauerstoff kommt.

24 Wodurch können die Eigenschaften von Ölen und Fetten verbessert werden?

Additive (Zusätze) wie Graphit und Molybdändisulfid verbessern die Eigenschaften von Ölen und Fetten, z. B. die Alterungsbeständigkeit.

25 Erklären Sie die Schmierstoffkennwerte „Viskosität“ und „Fließgrenze“.

Viskosität: Maß für die innere Reibung des Schmierstoffes, die zwischen den Schmierstoffmolekülen stattfindet. Schmierstoffe mit hoher Viskosität sind zähflüssig (Merkhilfe: Hohe Viskosität – Honig), solche mit niedriger Viskosität dünnflüssig.
Fließgrenze: Temperatur, bei welcher der Schmierstoff unter Prüfbedingungen gerade noch fließt.

26 Nennen Sie Schmierverfahren, die bei Wälzlagern verwendet werden.

- Ölschmierung als Tropf- und Spritzschmierung
- Tauchschmierung
- Umlauf- und Ölnebelschmierung, je nach Betriebsbedingungen
- Fettschmierung
- Fettfüllung bei wartungsfreiem Lager mit einer der Lebensdauer entsprechenden ausreichenden Füllung

27 In welchen Fällen werden Festschmierstoffe verwendet?

Festschmierstoffe wie Graphit und Molybdändisulfid, die aus feinen Plättchen bestehen, werden verwendet, wenn sich aufgrund geringer Gleitgeschwindigkeit kein Öl- oder Fettfilm bilden kann oder bei sehr hoher und sehr niedriger Betriebstemperatur.
Ein weiterer gebräuchlicher Festschmierstoff ist der Kunststoff Polytetrafluorethylen (PTFE).

28 Worüber gibt die Konsistenz (Penetration) eines Fettes Auskunft?

Die Konsistenz eines Fettes charakterisiert seine Steifigkeit (Verformbarkeit).
Die Konsistenzeinteilung umfasst die NLGI-Klassen* von 000 (sehr weich, fast flüssig) bis 6 (fest).
Je höher die Eindringtiefe des Prüfkonus, umso höher die Penetrationszahl, umso weicher ist das Schmierfett und umso niedriger die Konsistenzklasse nach NLGI.

***NLGI steht für National Lubricating Grease Institute, eine amerikanische Institution, die sich mit technischen Anforderungen für Fette befasst.*

29 Wie wird die Penetration eines Schmierfettes gemessen?

Die Penetration wird, je nach vorhandener Fettmenge, in einem Penetrometer mit Hilfe eines Voll- oder eines Viertelkonus gemessen.
Für die Bestimmung gemäß DIN ISO 2137 wird das Fett bei Raumtemperatur (25 °C) in einen genormten Becher gefüllt. Die Spitze eines standardisierten Doppelkegels berührt die Oberfläche. Nach dem Lösen der Haltevorrichtung hat der Kegel 5 Sekunden Zeit, um in das Fett einzudringen. Mit Hilfe einer Skala, die sich an der Haltestange des Kegels befindet, wird die Eindringtiefe in 0,1 mm angegeben.
Die Penetration charakterisiert somit die Verformbarkeit des Fettes durch einen gewichtsbelasteten Kegel.
Ist das Fett sehr weich, so dringt der Konus tief ein und man liest eine hohe Penetrationszahl ab. Ist das Schmierfett fester, dringt der Konus weniger tief ein und man liest eine geringe Eindringtiefe ab.

30 Worin unterscheidet sich die Ruhepenetration von der Walkpenetration?

Bei der Ruhepenetration, wird das Fett, so wie es als Probe ankommt, in den Messbecher gefüllt. Bei der Walkpenetration wird das Fett vor der Messung „gewalkt“. Das Fett wird mit einem Fettkneter vorbehandelt. Die mechanischen Belastungen an der Schmierstelle werden simuliert. Im geschlossenen Messbecher wird eine Lochplatte (ähnlich wie beim Fleischwolf) in 60 Doppelhüben durch das Fett hin- und hergezogen. Das gesamte Prüffett muss sich dabei durch die Löcher quetschen. Dabei wird das Seifengerüst stark beansprucht und geschert. Das Fett wird etwas weicher. Nach dem Walkvorgang wird dann, wie bei der Ruhepenetration, die Eindringtiefe des Normkegels gemessen. Die Differenz zwischen Ruhe- und Walkpenetration lässt auf die Walkstabilität und damit auf die Geschwindigkeit schließen, mit der ein Fett zu weich und dadurch unbrauchbar wird.

31 Ein Fett verfügt über einen Walkpenetrationswert von 265. Erläutern Sie den Wert.

Ein Walkpenetrationswert von 265 bedeutet, dass der Normkegel während der Penetrationsmessung 26,5 mm in das Fett eingesunken ist. Die Walkpenetration ist die Basis für die Angabe einer Konsistenzklasse. So entspricht ein Fett, in das der Normkegel 26,5 bis 29,5 mm penetriert, einer NLGI-Klasse 2.

32 Worin unterscheiden sich Fette der Klasse NLGI 000 von denen der Klasse NLGI 6?

Fette der Klasse NLGI 000 sind sehr weich, fast flüssig, Fette der Klasse NLGI 6 sind feste „Blockfette“, die ähnlich wie Palmin aussehen. Die Klassen 4 bis 6 sind heute in der Praxis kaum mehr anzutreffen.

5.3 Projekt Säulenbohrmaschine

33 Die Säulenbohrmaschine soll nach Schmierplan gewartet werden.

Wartungselemente | **Schmierplan**

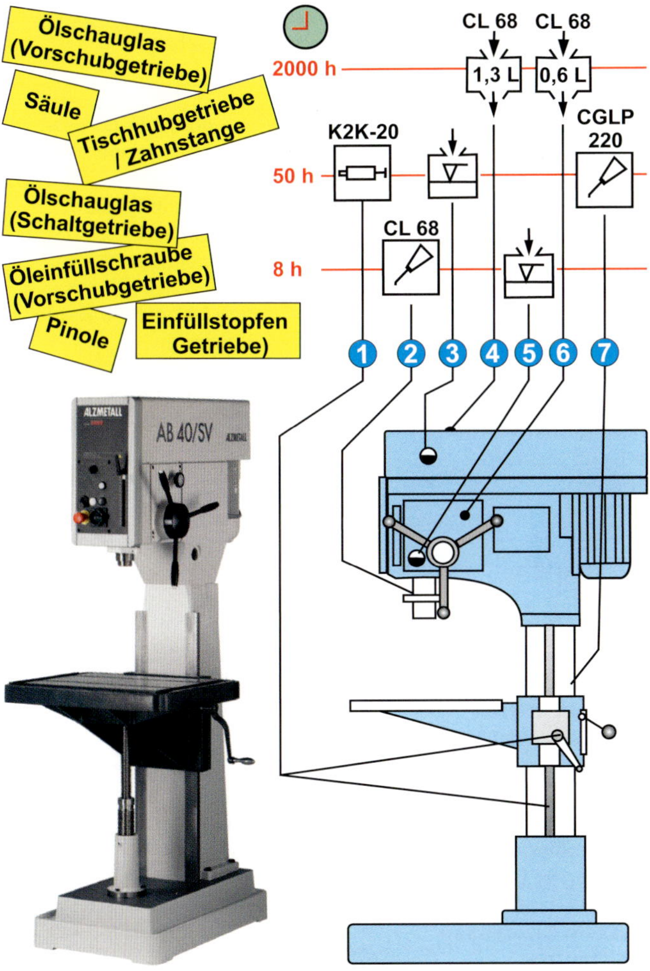

Schmierplan analysieren

33.1 Ordnen Sie die Wartungselemente den Positionsnummern ① bis ⑦ zu.

① Tischhubgetriebe / Zahnstange
② Pinole
③ Ölschauglas (Schaltgetriebe)
④ Einfüllstopfen für Getriebeöl
⑤ Ölschauglas (Vorschubgetriebe)
⑥ Öleinfüllschraube (Vorschubgetriebe)
⑦ Säule

33.2 Welche Wartungstätigkeiten sind bei den Positionsnummern ① bis ④ durchzuführen?

① Fettschmierung mit Fettpresse
② Schmierung mit Ölkanne oder Spraydose
③ Ölstand überwachen, falls erforderlich auffüllen
④ Schmierstoff wechseln

33.3 Wie häufig ist die Zahnstange zu schmieren?

Die Zahnstange ist nach 50 Betriebsstunden zu schmieren.

33.4 Warum sind bei den Positionsnummern ③ und ⑤ keine Schmierstoffe angegeben?

Weil hier nur der Ölstand überwacht wird.
Ist ein Auffüllen nötig, geben die Positionen ④ bzw. ⑤ über die Schmierstoffart Auskunft.

Wartung planen

33.5 Welcher Schmierstoff ist für die Schmierarbeiten nach acht Stunden Betriebstätigkeit bereitzustellen und über welche Eigenschaften verfügt er?

Das Umlaufschmieröl
DIN 51517 - CL 68 mit Zusätzen zur Erhöhung des Korrosionsschutzes und/oder der Alterungsbeständigkeit.
Die Viskosität des Umlaufschmieröls beträgt 68 mm^2/s bei 40 °C.

33.6 Welches Schmierfett ist für die Schmierarbeiten nach 50 Stunden Betriebstätigkeit bereitzustellen? Entschlüsseln Sie dessen Kurzbezeichnung.

Das Schmierfett DIN 51517 - K2K-20 mit einer Konsistenzzahl (Verformbarkeit) von 2. Die obere Gebrauchstemperatur liegt bei +120 °C, die untere Gebrauchstemperatur bei –20 °C.

Wartung durchführen

33.7 Im technischen Handbuch der Säulenbohrmaschine schreibt der Hersteller unter dem Kapitel Reinigen:
„… die Maschine ist sauber zu halten und regelmäßig abzuschmieren und einzuölen …“.
Neben dem Text stehen die folgenden Symbole.

a)

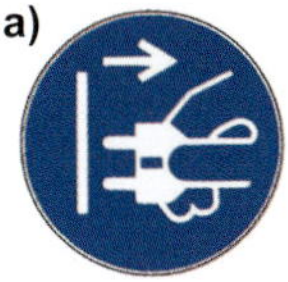

b)

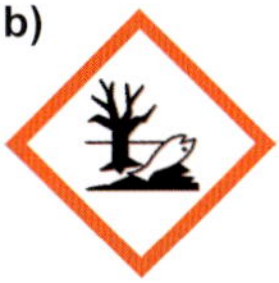

Worauf weisen diese hin?

a) Vor Öffnen Netzstecker ziehen:
Vor allen Reinigungs- und Instandhaltungsarbeiten grundsätzlich die Maschine ausschalten und vom Netz trennen.

b) Umweltgefährlich:
Öl, Fett und Reinigungsmittel sind umweltgefährdend und dürfen nicht ins Abwasser oder in den normalen Hausmüll gegeben werden.

33.8 Welche Wartungsarbeiten sind nach 50 Betriebsstunden an der Säulenbohrmaschine durchzuführen?

Säule: Schmieröl CGLP 20 mit der Ölkanne auftragen
Vorschubgetriebe: Ölmenge über das Ölschauglas kontrollieren. Der Ölstand muss bis zur Mitte des Ölschauglases reichen.
Tischhubgetriebe/Zahnstange: Schmierfett K2K-20 mit der Fettpresse auftragen.

33.9 Welche Wartungstätigkeiten sind nach 2000 Betriebsstunden durchzuführen?

Nach 2000 Betriebsstunden wird das Umlaufschmieröl der Getriebe von Position ④ und ⑥ abgelassen und anschließend mit dem Umlaufschmieröl vom Typ CL 68 gefüllt. Das Getriebe von Position ④ wird mit 1,3 Litern und das Getriebe von Position ⑥ wird mit 0,6 Litern gefüllt.

33.10 Wie werden die Schmiertätigkeiten dokumentiert?

Die Schmiertätigkeiten werden in einem Abschmierprotokoll dokumentiert.

5.4 Reibung

34 Wovon hängt die Größe der gegen die Bewegungsrichtung wirkenden Reibungskraft vor allem ab?

Die Größe der Reibungskraft hängt vor allem ab von:

- der senkrecht zur Reibfläche wirkenden Normalkraft,
- der Werkstoffpaarung,
- dem Schmierzustand,
- der Oberflächenbeschaffenheit der Reibflächen,
- der Reibungsart (Haft-, Gleit- oder Rollreibung).

35 Worin unterscheiden sich
- **Haftreibungskraft,**
- **Gleitreibungskraft,**
- **Rollreibungskraft?**

- Die Haftreibungskraft ist der Widerstand, den ein ruhender Körper dem Verschieben entgegensetzt.
- Die Gleitreibungskraft ist der Widerstand, der bei gleichförmiger Bewegung zu überwinden ist. Sie ist kleiner als die Haftreibungskraft.
- Die Rollreibungskraft ist der Widerstand, den ein Körper dem Abrollen entgegensetzt. Sie ist kleiner als die Gleitreibungskraft.

36 Welche Arten der Reibung unterscheidet man bei Führungen und Lagern?

- Festkörperreibung (Trockenreibung)
- Mischreibung (halbflüssige Reibung)
- Flüssigkeitsreibung (hydrodynamische Reibung)

37 Welche Größen werden in Versuchsreihen gemessen, um die Reibungszahl μ zu ermitteln?

Reibungskraft F_R und Normalkraft F_N.

$$\boxed{F_R = \mu \cdot F_N} \rightarrow \mu = \frac{F_R}{F_N}$$

38 **Zwei Stahlplatten werden durch eine Schraube verspannt.**
Welche Spannkraft F_N muss durch die Schraube aufgebracht werden, wenn die Zugkraft F = 0,7 kN nur durch Reibung (μ = 0,18) übertragen werden soll?

$F_R = \mu \cdot F_N \rightarrow F_N = \frac{F_R}{\mu}$

$$F_N = \frac{0{,}7\text{ kN}}{0{,}18}$$

F_N = **3,889 kN**

39 **Werkstücke mit einer Gewichtskraft von 125 N überwinden mit einem 10 m langen Förderband einen Höhenunterschied von 5 m.**

a) Zeichnen Sie die Kräfte F_N, F_G, F_R und F_H in die untenstehende Skizze ein und berechnen Sie:
b) Steigungswinkel α
c) Normalkraft F_N
d) Hangabtriebskraft F_H
e) Reibungszahl μ zwischen Werkstück und Förderband, um ein Abrutschen der Werkstücke zu verhindern.

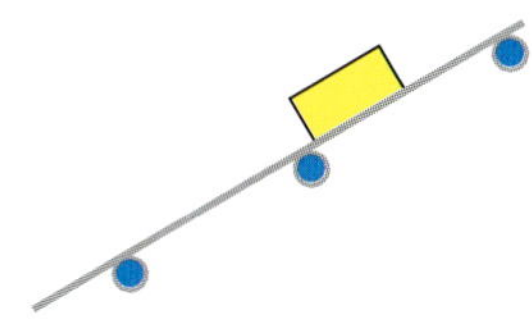

a) Skizze

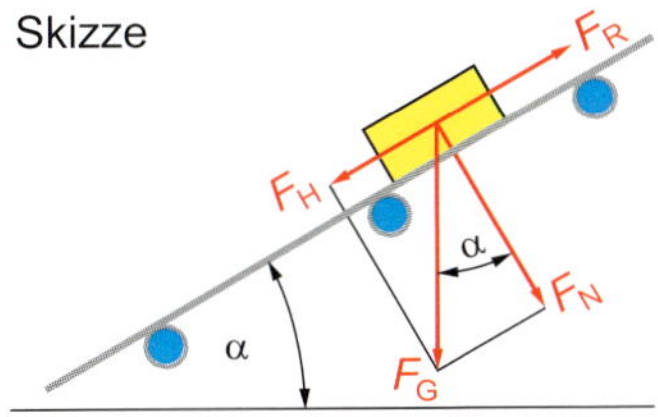

b) $\sin\alpha = \frac{h}{l} = \frac{5\text{ m}}{10\text{ m}} = 0{,}5$

$\alpha = \mathbf{30°}$

c) $F_N = F_G \cdot \cos\alpha = 125\text{ N} \cdot \cos 30°$

$F_N = \mathbf{108{,}25}\text{ N}$

d) $F_H = F_G \cdot \sin\alpha = 125\text{ N} \cdot \sin 30°$

$F_H = \mathbf{62{,}5}\text{ N}$

e) Um ein Abrutschen zu verhindern, muss $F_R > F_H$ sein.

$F_R = F_H$ und $F_R = \mu \cdot F_N$

$$\mu = \frac{F_H}{F_N} = \frac{62{,}5\text{ N}}{108{,}25\text{ N}} = 0{,}58$$

$\mu > \mathbf{0{,}58}$

40 Eine quaderförmige Stahlplatte mit einer Gewichtskraft F_G = 400 N soll auf einer Anreißplatte (μ = 0,15) verschoben werden.
a) Welche Gleitreibungskraft muss hierzu überwunden werden?
b) Schiebt man die Platte besser flach oder hochkant?

a) $F_R = \mu \cdot F_N$ und $F_N = F_G$

$F_R = 0{,}15 \cdot 400\ \text{N} = \mathbf{60}\ \text{N}$

b) Da die Größe der Reibungskraft nicht von der Größe der Berührungsfläche abhängt, ist die Größe der Kontaktfläche ohne Bedeutung.

5.5 Korrosion und Oberflächenschutz

41 Welche Vorgänge bezeichnet man als Korrosion?

Korrosion (corrodere (lat.) = zernagen) ist die von der Oberfläche ausgehende Zerstörung von Metallen durch chemische und elektrochemische Einflüsse.
In feuchter Luft verbindet sich z. B. Sauerstoff mit Eisen und bildet das Korrosionsprodukt „Rost".

42 Welche Erscheinungsformen unterscheidet man bei der Korrosion freier Oberflächen?

Bei der Korrosion freier Oberflächen unterscheidet man im Wesentlichen folgende vier Erscheinungsformen:
- gleichmäßige Flächenkorrosion,
- Muldenkorrosion,
- Lochfraßkorrosion,
- Spaltkorrosion.

43 Warum tritt freie Korrosion auf?

Die Ursache für freie Korrosion beruht auf dem Auftreten schwach basischer oder saurer Elektrolyte (Feuchtigkeit).
Liegt in deren Umgebung Sauerstoff aus der Luft vor oder wird der Taupunkt unterschritten, startet die Korrosionsreaktion.

44 Welche Eigenschaften hat die Oxidschicht bei Kupfer, Aluminium und Zink?

Im Gegensatz zur porösen Rostschicht bei Eisen und Stahl sind diese Oxidschichten dicht und fest und schützen das darunter liegende Metall.

45 Warum rostet eine raue Oberfläche schneller als eine glatte?

Raue Oberflächen bieten der Korrosion größere Angriffsflächen.

46 Wodurch wird elektrochemische Korrosion verursacht?

Zwei unterschiedliche Metalle bilden in Anwesenheit einer elektrisch leitenden Flüssigkeit (Elektrolyt) ein galvanisches Element. Die dadurch hervorgerufenen Ströme zerstören das unedlere Metall, und zwar umso schneller, je weiter die beiden Metalle in der Spannungsreihe auseinander liegen.

47 Wie ist die elektrochemische Spannungsreihe aufgebaut?

In der elektrochemischen Spannungsreihe sind die Metalle nach ihrer Spannung im Vergleich zum Wasserstoff-Nullpotenzial geordnet. Je größer der Spannungswert ist, desto edler ist ein Metall.

Metallelektrode		Spannung in Volt
Platin	Pt	+1,6
Gold	Au	+1,42
Silber	Ag	+0,8
Kupfer	Cu	+0,34
Wasserstoff	**H**	**0**
Blei	Pb	-0,13
Nickel	Ni	-0,23
Eisen	Fe	-0,44
Chrom	Cr	-0,56
Zink	Zn	-0,76
Aluminium	Al	-1,7
Magnesium	Mg	-2,38

edler

unedler

48 Wie erfolgt ein kathodischer Korrosionsschutz durch Opferanoden, z. B. zum Schutz der Außenhaut von Schiffen oder erdverlegten Rohren?

In der Umgebung des Schutzobjektes wird ein unedles Metall (Mg oder Zn) leitend angebracht. Bei elektrochemischer Korrosion wird dann diese unedlere Anode zersetzt (geopfert), während der Stahl als edleres Metall nicht zerstört wird.

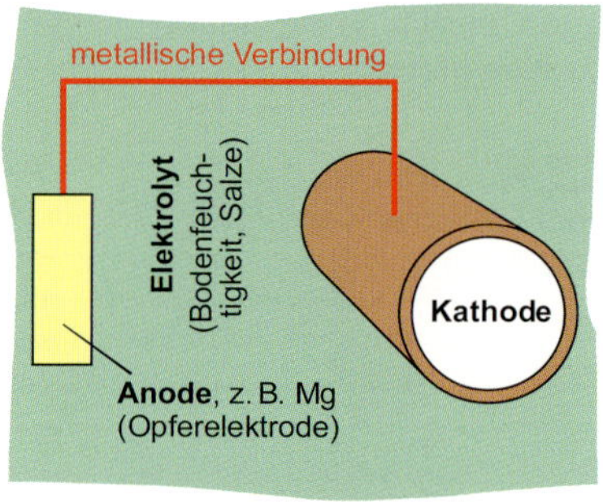

49 Welche Arten von Korrosion unterscheidet man?

- Korrosion freier Oberflächen ohne mechanische Beanspruchung, wie Flächen-, Mulden-, oder Lochfraßkorrosion
  → zerstört wird die Oberfläche.
- Kontaktkorrosion:
  Korrosion durch direkte Berührung zweier Metalle mit unterschiedlicher Potenzialspannung unter Einfluss von Feuchtigkeit
  → zerstört wird die Berührfläche.
- Selektive Korrosion:
  → zerstört werden bestimmte Bereiche eines Metallgefüges durch interkristalline oder transkristalline Korrosion.
- Korrosion mit mechanischer Beanspruchung, wie Schwingungsriss- und Spannungsrisskorrosion.

50 Welche drei Erscheinungsformen sind bei der selektiven Korrosion von Bedeutung und worin liegt die Ursache für das Auftreten von selektiver Korrosion?

Selektive Korrosion bedeutet Angriff auf unedlere Gefügebestandteile oder Legierungselemente.
Bedeutende Formen sind:

- Interkristalline Korrosion von nichtrostenden Stählen und Aluminiumlegierungen
- Spongiose oder Eisenschwamm (lat. spongus = Schwamm): Auslösen der Eisenbestandteile aus Gusseisen

Spongiose 500 : 1

- Entzinkung von Messing;

Die Ursachen hierfür liegen darin, dass Gefügebestandteile oder korngrenznahe Bereiche weniger korrosionsbeständiger als die Matrix sind.

51 Wodurch unterscheiden sich transkristalline Korrosion (siehe Abbildung) und interkristalline Korrosion?

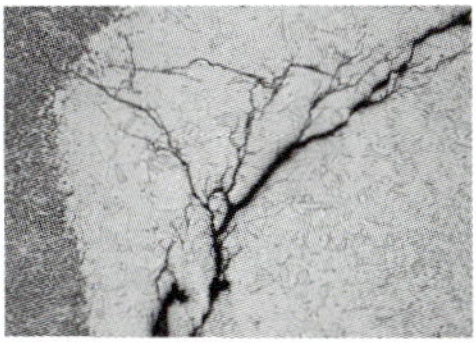

Transkristalline Spalt-Korrosion entsteht, wie die linke Abbildung zeigt, innerhalb der Metallkristalle, interkristalline entsteht hingegen zwischen den Metallkristallen an der Korngrenze (siehe Abbildung unten) besonders wenn Metalle aus verschiedenartigen Kristallen bestehen.

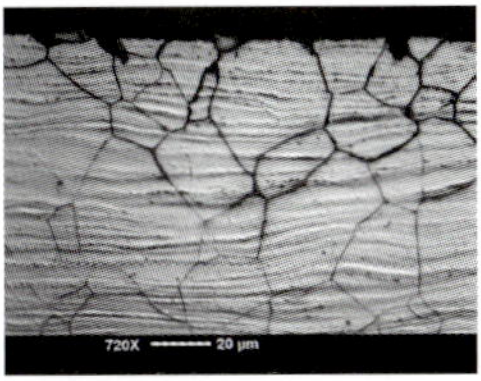

Legierungen sind nie so korrosionsfest wie reine Metalle.

52 Warum ist Korrosionsschutz wichtig?

Durch Korrosion entstehen der Volkswirtschaft jährlich Milliardenverluste, wertvolle Rohstoffe gehen unwiederbringlich verloren.

53 Erläutern Sie den Begriff „aktiver Korrosionsschutz“ und nennen Sie Beispiele dazu.

Aktiver Korrosionsschutz, d. h. Einwirken auf Korrosionsursachen und -vorgang durch:
- konstruktive Gestaltung
- Werkstoffauswahl
- korrosionsverhindernde Zusätze
- Entfernen aggressiver Medien
- kathodischen Schutz

54 Erläutern Sie den Begriff „ passiver Korrosionsschutz“ und nennen Sie Beispiele dazu.

Passiver Korrosionsschutz, d. h.
- Schutz der Metalloberflächen durch Beschichten, z. B.
  - Schmelztauchen,
  - Metallspritzen,
  - Galvanisieren,
  - Einölen oder -fetten,
  - Farbüberzüge durch Streichen,
  - Spritz- und Tauchlackieren,
  - Emaillieren,
  - Wirbelsintern,
  - Kunststoffüberzüge usw.
- Ändern der Stoffzusammensetzung an den Oberflächen durch Diffusion, z. B.
  - Sherardisieren mit Zinkpulver,
  - Alitieren mit Al,
  - Inchromieren mit Cr.

55 Wie entsteht ein galvanischer Überzug?

Gleichstrom mit niedriger Spannung bewirkt, dass die in eine Metallsalzlösung eingehängten und als Kathode geschalteten Werkstücke mit einer Metallschutzschicht aus dem Werkstoff der Anode überzogen werden. Z. B.: Verkupfern durch Galvanisieren.

56 Wie erfolgt das Plattieren einer Metallschicht?

Eine dünne Metallschicht aus höherwertigem Schutzmetall (z. B. Cu) wird auf den anderen metallischen Grundwerkstoff (z. B. Stahl) kalt oder warm aufgewalzt.

57 Warum werden Werkstoffe beschichtet?

Werkstücke werden zum Korrosionsschutz, zur Erhöhung der Verschleißfestigkeit, zur Vorbereitung auf nachfolgende Verfahren, zur Isolation von elektrischen Bauteilen und zur Dekoration beschichtet.

58 Nennen Sie verschiedene Beschichtungsverfahren.

- Lackieren: z. B. Anstreichen, Spritzen und Tauchen, elektrostatisches Lackieren, Elektrotauchlackieren
- Emaillieren
- Galvanisieren
- Aufdampfen
- Wirbelsintern

59 Nennen Sie Verfahren, bei denen Überzüge durch Galvanisieren erzeugt werden.

Verzinken, Vernickeln, Verkupfern, Verchromen.

60 Erläutern Sie die Feuerverzinkverfahren Trocken- und Nassverzinken.

Trockenverzinken: Das Werkstück wird in ein Flussmittel gegeben, getrocknet und anschließend in ein Zinkbad getaucht.
Nassverzinken: Das Werkstück wird in eine flüssige Zinkschmelze mit Flussmittel (440 °C – 460 °C) getaucht und anschließend, zur Vermeidung von Zinkblumen, im Wasserbad abgeschreckt.

61 Wie werden Wendeschneidplatten aus Hartmetall durch Aufdampfen beschichtet?

Durch CVD-Beschichten mit Titankarbid, Titannitrid und Aluminiumoxid. Dadurch wird eine höhere Verschleißfestigkeit erzielt.

62 Beschreiben Sie das Wirbelsintern.

Vorgewärmte Werkstücke werden in Kunststoffpulver getaucht, das durch eingeblasene Luft in der Schwebe gehalten wird. Das Pulver haftet auf dem Werkstück fest und sintert unter dem Einfluss der Eigenwärme des Werkstücks.

63 Wie erfolgt das Metallspritzen?

Mit Druckluft wird das mit einer Gasflamme oder elektrisch verflüssigte Metall, das der Spritzpistole in Drahtform zugeführt wurde, auf das zu überziehende Werkstück aufgespritzt.

64 Nennen Sie Verfahren, durch die chemische Schutzüberzüge entstehen.

- Schwarzbrennen
- Brünieren
- Phosphatieren
- Chromatisieren
- Eloxieren

65 Für welche Zwecke eignet sich das Phosphatieren?

- Korrosionsschutz
- Haftgrund für Anstriche
- Gleitschicht für umzuformende Bleche

Die Zinkphosphatschicht wird durch Tauchen erzeugt. Sie ist mit dem Grundwerkstoff fest verwachsen.

6 Steuerungstechnik

6 Steuerungstechnik

6.1 Steuerung und Regelung

1 Welche Aufgabe hat die Steuerungs- und Regelungstechnik?

Sie hat die Aufgabe, Maschinen und Anlagen zu automatisieren, wobei die Automatisierung durch mechanische, pneumatische, hydraulische, elektrische und elektronische Steuerungs- und Regelungseinrichtungen ausgelöst und beeinflusst werden kann.

2 Was versteht man unter einer „Regelung"?

Die Regelung ist ein Vorgang, bei dem die Regelgröße „*x*", z. B. Druck oder Temperatur, fortlaufend gemessen und der Führungsgröße „*w*" (Sollwert) über die Stellgröße „*y*" angeglichen wird.
Dabei findet eine dauernde Rückwirkung der Regelgröße auf die Stellgröße statt (DIN 19226).

3 Wodurch kann es zu Veränderungen der Regelgröße kommen?

Durch Störgrößen „*z*", wie Temperaturschwankungen oder durch Änderung der Führungsgröße „*w*".

4 Was versteht man unter einer „Steuerung"?

Die Steuerung ist ein Vorgang, bei dem mit Hilfe einer Stellgröße eine Maschine oder Anlage beeinflusst wird.
Dabei findet von der zu steuernden Größe keine Rückwirkung auf die Stellgröße statt (DIN IEC 60050-351: 2014-09).

5 Erklären Sie die Begriffe:
- **„Stellgröße" *y*,**
- **„Steuergröße" *x*,**
- **„Steuerstrecke".**

- Unter der Stellgröße *y* versteht man das Maß der Verstellung am Stellglied.
- Die Steuergröße *x* ist die zu beeinflussende Größe in einer Steuerkette.
- Die zu beeinflussende Maschine oder Anlage nennt man Steuerstrecke.

6 Zeichnen Sie den Wirkungsplan einer Regelung und einer Steuerung und erläutern Sie, worin sich der Wirkungsablauf unterscheidet.

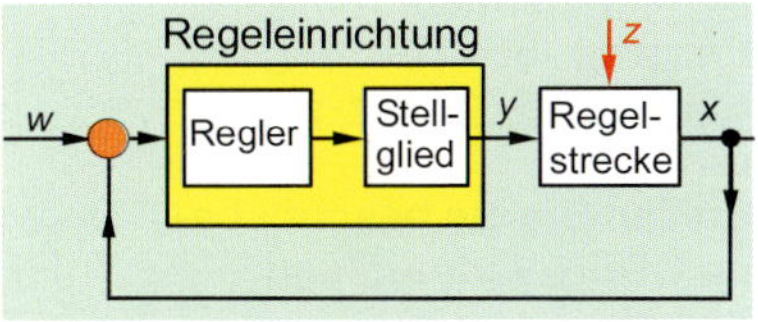

Die Regelung hat einen geschlossenen Wirkungsablauf (mit Rückmeldung, d. h. Soll/Ist-Vergleich), den man *Regelkreis* nennt.

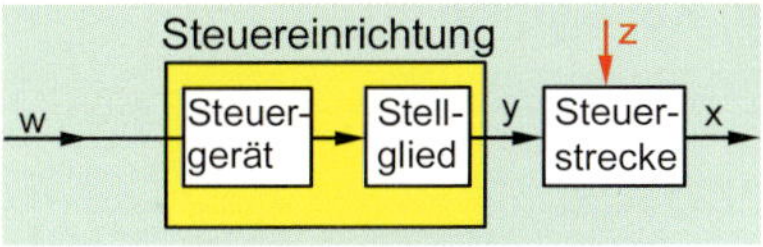

Die Steuerung hat einen offenen Wirkungsablauf (ohne Rückmeldung), den man *Steuerkette* nennt.

7 Welche drei unterschiedlichen Signalformen sind in der Steuerungstechnik von Bedeutung?

In der Steuerungstechnik sind analoge, binäre und digitale Signalformen von Bedeutung.

8 Welche Signale lassen sich am leichtesten erfassen und auswerten?

Binäre Signale. Sie können nur zwei Werte oder Zustände annehmen,

z. B.:	EIN	AUS
	1	0
	24 V	0 V

6

6.2 Darstellung logischer Verknüpfungen

9 Aus welchen Grundverknüpfungen kann man alle, auch noch so komplizierten Verknüpfungen, zusammensetzen?

Aus den Grundverknüpfungen
NICHT (NOT),
UND (AND),
ODER (OR).

10 ***„Eine Lampe -PF darf nur aufleuchten, wenn der Eingang -SF1 ODER der Eingang -SF2 ein 1-Signal erhält."***
Stellen Sie die beschriebene ODER-Verknüpfung dar, als
a) Funktionsplan (FUP),
b) Funktionsgleichung (Bool´sche Algebra),
c) Stromlaufplan,
d) Kontaktplan (KOP).

a) Funktionsplan

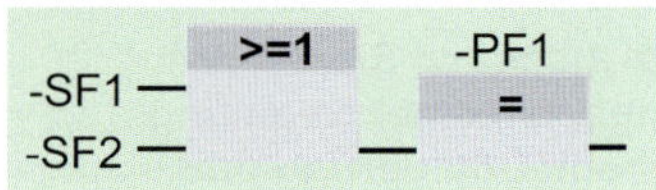

b) Funktionsgleichung

-PF1 = -SF1 v -SF2

c) Stromlaufplan

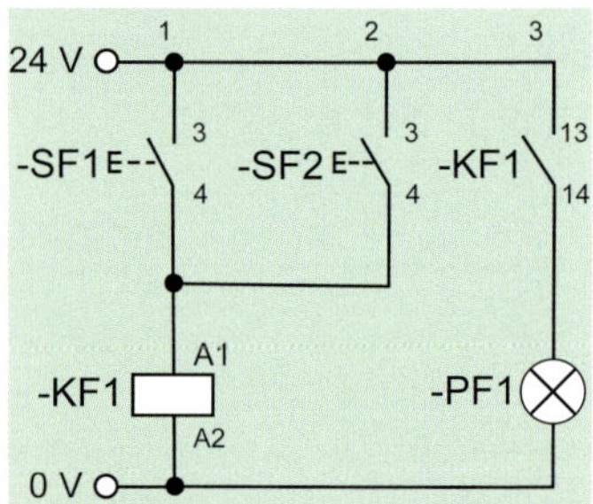

d) Kontaktplan

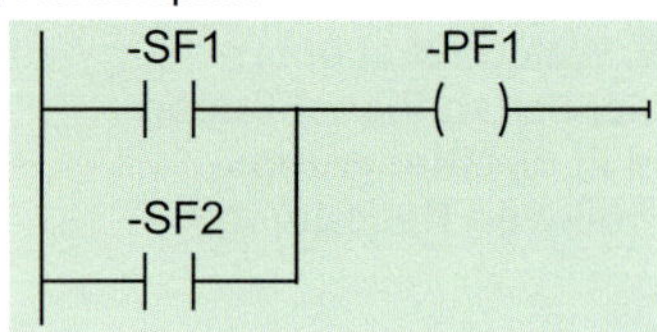

11 Erläutern Sie am gegebenen Beispiel, wozu Funktionstabellen aufgestellt werden.

E2	E1	A
0	0	0
0	1	1
1	0	1
1	1	0

Mit einer Funktionstabelle wird der Zusammenhang zwischen Eingangsvariablen (hier E1 und E2) und Ausgangsvariablen (hier A) übersichtlich dargestellt.
In die Eingangsspalten einer Funktionstabelle werden alle möglichen Kombinationen der Eingangswerte eingetragen und dann in der Ausgangsspalte dem entsprechenden Ausgangswert zugeordnet.

12 Wie viele Kombinationen der Eingangswerte hat eine Funktionstabelle bei:
a) *n* Eingängen,
b) 2 Eingängen,
c) 6 Eingängen?

a) Bei n Eingängen sind 2^n Kombinationen möglich, d. h. bei
b) 2 Eingängen
$2^2 = 4$ Kombinationen,
c) 6 Eingängen
$2^6 = 64$ Kombinationen.

13 Welche Bedeutung haben die folgenden Zeichen in einer Funktionsgleichung: ∧, ∨, ¯?

Es sind Verknüpfungszeichen:
∧ steht für UND
∨ steht für ODER
¯ steht für NICHT

14 Wie liest man die folgenden Funktionsgleichungen:
a) E1 ∧ E2 = A,
b) E1 ∨ E2 = A?

a) E1 UND E2 gleich A
b) E1 ODER E2 gleich A

15 Wie kann eine UND-Funktion durch ein ODER-Glied gebildet werden?

Indem am ODER-Glied alle Ein- und Ausgänge negiert werden.

16 Logische Schaltnetze enthalten oft überflüssige Logikgatter, die Geld kosten und die Störanfälligkeit erhöhen.
Vereinfachen lassen sich solche Schaltungen mit Hilfe der Schaltalgebra. Der Umgang mit der Schaltalgebra verlangt jedoch sehr viel Erfahrung und Übung. Für den Praktiker ist häufig die Minimierung nach dem KV-Diagramm[1] sicherer und schneller.
Beschreiben Sie den Aufbau des abgebildeten KV-Diagramms.

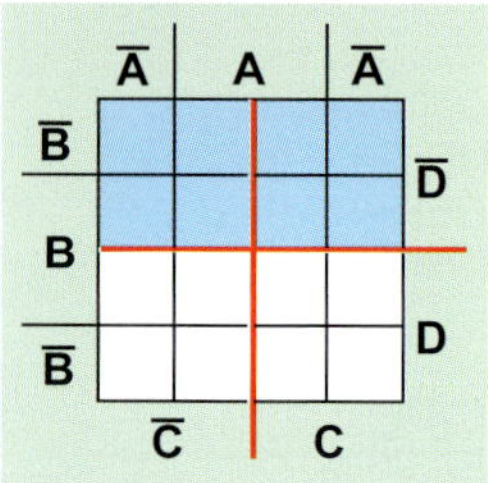

[1] **Karnaugh und Veith, engl. Mathematiker**

Ausgangspunkt ist ein Rechteck, dessen linke Hälfte die Variable negiert ($\overline{A}$) und dessen rechte Hälfte die Variable bejaht (A).

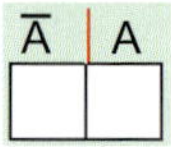

Kommt eine weitere Variable (B) hinzu, so wird das ganze Diagramm durch Spiegelung an der waagerechten Achse verdoppelt.

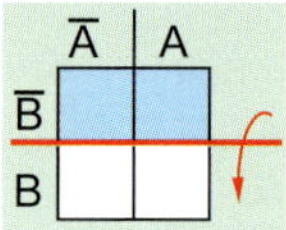

Der ursprüngliche Bereich (hier blau unterlegt) wird dann der negierten Variablen ($\overline{B}$), der neue Bereich der bejahten neuen Variablen (B) zugeordnet.
Durch Hinzufügen einer weiteren Variablen (C) wird das bisherige Diagramm wieder gespiegelt.
Die Spiegelachse verläuft nun aber senkrecht. Die Spiegelachse wechselt also bei jeder weiteren Spiegelung zwischen waagerecht und senkrecht.

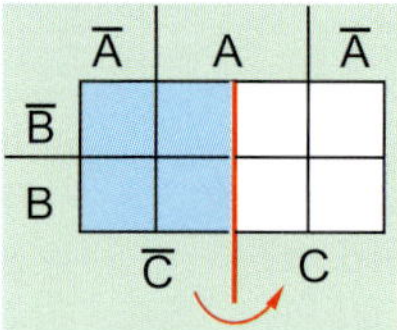

Der ursprüngliche Bereich wird dann wieder der negierten Variablen ($\overline{C}$), der neue Bereich der bejahten neuen Variablen (C) zugeordnet.

17 Beschreiben Sie, wie aus einer Funktionstabelle mit Hilfe der „disjunktiven Normalform“ die Funktionsgleichung aufgestellt wird.

E2	E1	A	
0	0	0	**Zeile 1**
0	1	1	**Zeile 2**
1	0	1	**Zeile 3**
1	1	0	**Zeile 4**

- Betrachtet werden nur die waagerechten Zeilen der Funktionstabelle, die das Ausgangssignal 1 besitzen. *Hier Zeilen 2 und 3.*
- Die Eingangsvariablen solcher Zeilen werden mit UND ($\wedge$) verknüpft und als „Minterme“ bezeichnet.
  Hier:
  Zeile 2: $(E1 \wedge \overline{E2})$
  Zeile 3: $(\overline{E1} \wedge E2)$
- Alle „Minterme“ werden anschließend zur Aufstellung der Funktionsgleichung mit ODER ($\vee$) verknüpft.
  Hier: Funktionsgleichung
  $A = (E1 \wedge \overline{E2}) \vee (\overline{E1} \wedge E2)$

18 Erstellen Sie für die Funktionsgleichung

$$Y = (\overline{A} \wedge B \wedge \overline{C}) \vee (\overline{A} \wedge B \wedge C) \vee (A \wedge \overline{B} \wedge \overline{C})$$

die Funktionstabelle und vereinfachen Sie die Funktionsgleichung mit Hilfe des KV-Diagramms.

	C	B	A	Y
1	0	0	0	**0**
2	0	0	1	**1**
3	0	1	0	**1**
4	0	1	1	**0**
5	1	0	0	**0**
6	1	0	1	**0**
7	1	1	0	**1**
8	1	1	1	**0**

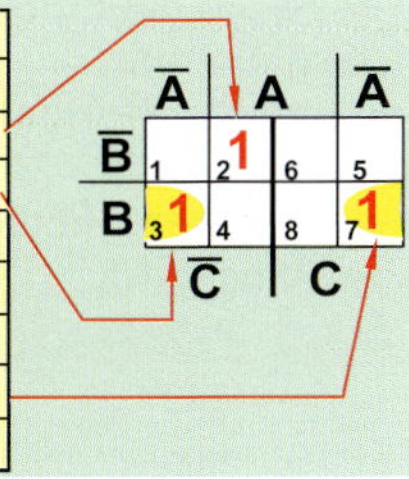

Die 1 im Feld 2 bedeutet:
$(A \wedge \overline{B} \wedge \overline{C})$.
Liegen Felder symmetrisch (spiegelgleich) zueinander und sind mit einer 1 belegt, so können sie zusammengefasst werden.
Hier sind das die Felder 3 und 7:
Da C und $\overline{C}$ sich aufheben bleibt
$(\overline{A} \wedge B)$.
$\Rightarrow Y = (A \wedge \overline{B} \wedge \overline{C}) \vee (\overline{A} \wedge B)$

19 **Bei der Analyse einer logischen Schaltung wurde folgendes Impulsdiagramm aufgenommen:**

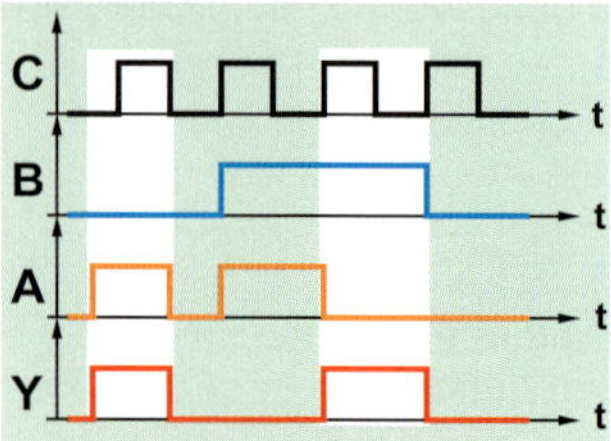

a) Erstellen Sie die zu dem Impulsdiagramm gehörende Funktionstabelle.
b) Geben Sie die Funktionsgleichung (disjunktive Normalform) an.
c) Vereinfachen Sie diese, soweit es geht.

a) Funktionstabelle:

	C	B	A	Y	
1	0	0	0	**0**	
2	0	0	1	**1**	☞ $(A \wedge \overline{B} \wedge \overline{C})$
3	0	1	0	**1**	☞ $(\overline{A} \wedge B \wedge \overline{C})$
4	0	1	1	**0**	
5	1	0	0	**0**	
6	1	0	1	**1**	☞ $(A \wedge \overline{B} \wedge C)$
7	1	1	0	**1**	☞ $(\overline{A} \wedge B \wedge C)$
8	1	1	1	**0**	

b) Funktionsgleichung:

$$Y = (A \wedge \overline{B} \wedge \overline{C}) \vee (\overline{A} \wedge B \wedge \overline{C}) \vee (A \wedge \overline{B} \wedge C) \vee (\overline{A} \wedge B \wedge C)$$

c) Vereinfachung mit KV-Diagramm:

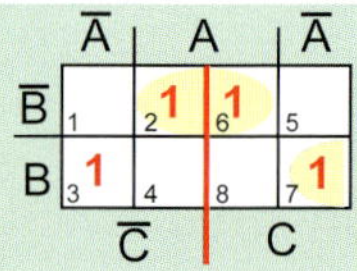

Symmetrisch zueinander liegende Felder zusammenfassen:
Felder 2 und *6* ⇨ Term C entfällt
Felder 3 und *7* ⇨ Term C entfällt

⇨ $Y = (A \wedge \overline{B}) \vee (\overline{A} \wedge B)$

20 **Erstellen Sie nur mit UND-, ODER- und NICHT-Bausteinen den Funktionsplan für das dominierende Ein- und Ausschalten, wenn E10 den Ausgang A10 setzt und E11 die Selbsthaltung wieder aufhebt.**

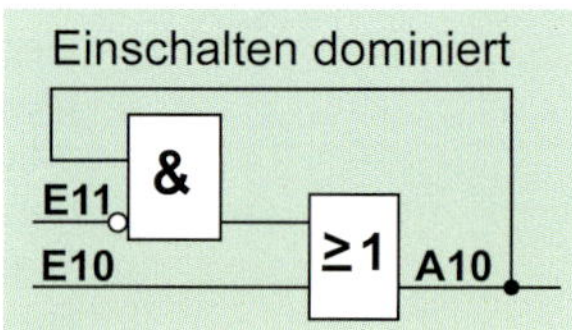

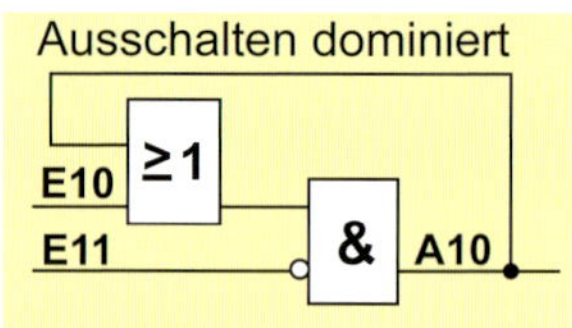

21 **In einer Prüfstation werden Zylinderstifte ISO - 2338 – 2 m6 x 20 – St digital vermessen und mit einer SPS sortiert.**
Das Messgerät erfasst das jeweilige Abmaß von m6 und liefert ein 4-Bit-Signal:

a) Füllen Sie in der untenstehenden Tabelle die Abmaßspalte aus und klassifizieren Sie die 4-Bit-Codes in
Ausschuss,
Gut,
Nacharbeit.

Dualzahl	8	4	2	1	Abmaß in µm	Klassifikation
Messwert	2^3	2^2	2^1	2^0		
Signal	D	C	B	A		
Zylinderstifte ISO 2338 2m6 x 20 - St	0	0	0	0		
	0	0	0	1		
	0	0	1	0		
	0	0	1	1		
	0	1	0	0		
	0	1	0	1		
	0	1	1	0		
	0	1	1	1		
	1	0	0	0		
	1	0	0	1		
	1	0	1	0		
	1	0	1	1		
	1	1	0	0		
	1	1	0	1		
	1	1	1	0		
	1	1	1	1		

b) Ermitteln Sie die Funktionsgleichung für den Zustand Z_{GUT}.

c) Vereinfachen Sie diese Funktionsgleichung mithilfe des KV-Diagramms.

d) Zeichnen Sie den Funktionsplan für Z_{GUT}.

a) Zylinderstift 2m6 ⇨ $2^{+0,008}_{+0,002}$

Dualzahl	8	4	2	1	Abmaß in µm	Klassifikation
Messwert	2^3	2^2	2^1	2^0		
Signal	D	C	B	A		
Zylinderstifte ISO 2338 2m6 x 20 - St	0	0	0	0	0	A
	0	0	0	1	1	A
	0	0	1	0	2	G
	0	0	1	1	3	G
	0	1	0	0	4	G
	0	1	0	1	5	G
	0	1	1	0	6	G
	0	1	1	1	7	G
	1	0	0	0	8	G
	1	0	0	1	9	N
	1	0	1	0	10	N
	1	0	1	1	11	N
	1	1	0	0	12	N
	1	1	0	1	13	N
	1	1	1	0	14	N
	1	1	1	1	15	N

b) Funktionsgleichung:

$$Z_{GUT} = (\overline{D} \wedge \overline{C} \wedge B \wedge \overline{A}) \vee (\overline{D} \wedge \overline{C} \wedge B \wedge A) \vee (\overline{D} \wedge C \wedge \overline{B} \wedge \overline{A}) \vee (\overline{D} \wedge C \wedge \overline{B} \wedge A) \vee (\overline{D} \wedge C \wedge B \wedge \overline{A}) \vee (\overline{D} \wedge C \wedge B \wedge A) \vee (D \wedge \overline{C} \wedge \overline{B} \wedge \overline{A})$$

c) Vereinfachung:

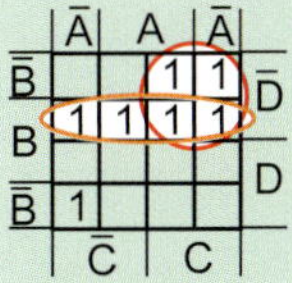

$$Z_{GUT} = (C \wedge \overline{D}) \vee (B \wedge \overline{D}) \vee (D \wedge \overline{C} \wedge \overline{B} \wedge \overline{A})$$

d) Funktionsplan:

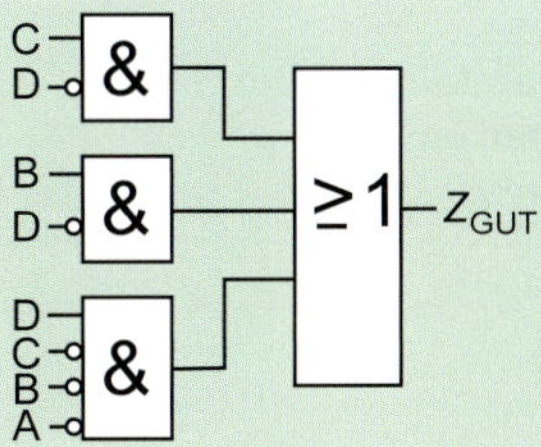

6.3 Pneumatische Steuerungen

22 Erklären Sie den Begriff Pneumatik.

Unter Pneumatik versteht man die technische Anwendung der Druckluft. Mit Druckluft werden z. B. Maschinen angetrieben und gesteuert oder Fertigungseinrichtungen überwacht.

23 Nennen Sie Vorteile der Pneumatik gegenüber anderen Energieträgern.

- Zylinder und Druckluftmotoren erreichen hohe Geschwindigkeiten und Drehzahlen.
- Geschwindigkeiten und Kräfte können stufenlos eingestellt werden.
- Druckluftgeräte können ohne Schaden bis zum Stillstand überlastet werden.
- Druckluft kann in Druckbehältern gespeichert und transportiert werden.

24 Welche Nachteile begrenzen den Einsatz der Pneumatik?

Der Einsatz der Pneumatik ist durch die Kompressibilität der Luft und durch die niedrigen Drücke (meist unter 10 bar) begrenzt.
Deshalb sind:

- große Kolbenkräfte nicht erreichbar,
- gleichförmige und niedrige Kolbengeschwindigkeiten nicht möglich.

Des Weiteren verursacht ausströmende Druckluft Lärm und der mitaustretende Ölnebel belastet den Arbeitsplatz.

25 Wandeln Sie die Einheit 1 bar um, in
a) N/cm^2,
b) Pa,
c) N/m^2.

a) 1 bar = 10 N/cm^2
b) 1 bar = 105 Pa = 100 000 Pa
c) 1 Pa = 1 N/m^2
⇨ 1 bar = 100 000 N/m^2

26 Warum wird der Arbeitsbereich der Druckluft meist auf unter 10 bar begrenzt?

Würde mit höherem Druck gearbeitet, bestünde Vereisungsgefahr an den Auslassöffnungen.

27 Wie werden die Bauglieder einer pneumatischen Steuerung in einem Pneumatikplan angeordnet?

- Von unten nach oben in Richtung des Energieflusses.
- Sie werden dabei in Ruhestellung und die gesamte Steuerung in ihrer Ausgangsstellung gezeichnet.
- Gleichartige Bauglieder einer Steuerkette werden in gleicher Höhe dargestellt.

28 In welche Gruppen werden die Bauglieder einer pneumatischen Steuerung eingeteilt?

- Antriebsglieder: Zylinder, Motoren
- Stellglieder: Ventile zur Signalverknüpfung
- Signalglieder: Bauelemente zum Auslösen eines Schaltschrittes
- Versorgungsglieder: Aufbereitungseinheit, Hauptventil

6

29 Wie wird Druckluft erzeugt?

Die Umgebungsluft wird durch Verdichter angesaugt, verdichtet und in einem Windkessel gespeichert.

30 Aus welchen Grundbaueinheiten ist eine Pneumatikanlage aufgebaut?

- Druckerzeugungsanlage (Verdichteranlage)
- Aufbereitungseinheit
- Steuerung mit den Signalgliedern, Steuergliedern, Stellgliedern und Antriebsgliedern.

31 Zeichnen Sie das vereinfachte Symbol der Aufbereitungseinheit und nennen Sie die einzelnen Bauelemente in der Reihenfolge der Druckluftdurchströmung.

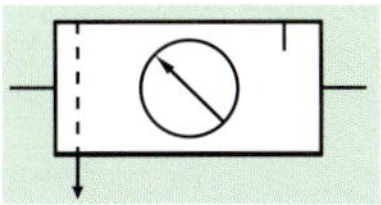

- Filter mit Wasserabscheider
- Druckregelventil mit Manometer
- Öler (auf ihn wird häufig verzichtet)

32 Warum verzichtet man in modernen Pneumatikanlagen häufig auf einen Öler?

Weil der gesundheitsschädliche mit der Druckluft austretende feine Ölnebel von den Mitarbeitern eingeatmet wird.
In der Lebensmittelverarbeitung oder im medizinischen Bereich sind Öler nicht erlaubt.

33 Beschreiben Sie das Arbeitsprinzip eines
a) Kolbenverdichters,
b) Turboverdichters.

a) Kolbenverdichter arbeiten nach dem *Verdrängungsprinzip:*
Luft wird aus der Umgebung in den Zylinder gesaugt, eingeschlossen, komprimiert und in das angeschlossene Drucksystem verdrängt.
b) Turboverdichter arbeiten nach dem *Strömungsprinzip:*
Luft wird über Schaufelräder oder Propeller angesaugt und beschleunigt. In dem nachgeschalteten System wird die Strömungsenergie der Luft in Druckenergie umgewandelt.

34 In welche Arten werden die Ventile hinsichtlich ihrer Funktion eingeteilt? Geben Sie jeweils ein Beispiel dazu an.

- Wegeventile, z. B. 5/2-Wegeventil
- Druckventile, z. B. Druckregelventil
- Sperrventile, z. B. Zweidruckventil
- Stromventile, z. B. Drosselventil

35 Welche zwei Zylinderbauarten kommen in der Pneumatik am häufigsten zum Einsatz und worin unterscheiden sie sich?

- Einfachwirkender Zylinder: kann nur in eine Richtung eine Kraft abgeben.
- Doppeltwirkender Zylinder: kann in beide Bewegungsrichtungen eine Kraft abgeben.

36 Welchen Vorteil hat eine eingebaute Dämpfung im doppeltwirkenden Zylinder?

Sie bremst den Kolben am Ende des Hubes ab und ermöglicht somit ein sanftes Anfahren der Endlagen.

37 Zeichnen Sie das Schaltzeichen für folgende Zylinder:
a) einfachwirkend,
b) doppeltwirkend mit einstellbarer Endlagendämpfung,
c) doppeltwirkend mit zweiseitiger Kolbenstange.

a)
b)
c)

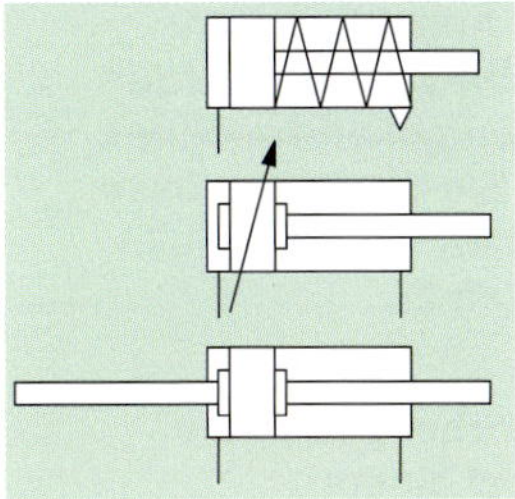

38 Erläutern Sie die bei Pneumatikzylindern verwendeten Begriffe:
- **hintere Endlage,**
- **vordere Endlage,**
- **Endlagendämpfung.**

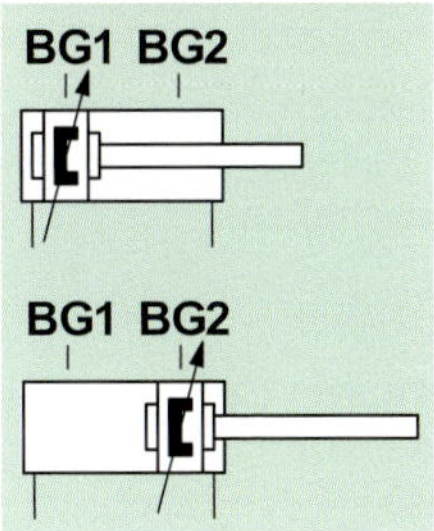

Ist die Kolbenstange des Zylinders ganz eingefahren, spricht man von der *hinteren Endlage.*
Ist die Kolbenstange des Zylinders ganz ausgefahren, spricht man von der *vorderen Endlage.*
Die *Endlagendämpfung* verhindert, dass der Zylinder die Endlagen mit voller Geschwindigkeit anfährt und hart anschlägt. Durch die Endlagendämpfung bildet sich kurz vor Erreichen der Endlagen ein Engpass, der verhindert, dass die Luft schnell entweichen kann und es baut sich ein „Luftkissen" auf, das der Kolbenstange einen Widerstand bietet. Sie wird daher stark abgebremst und fährt gedämpft in die jeweilige Endlage.

6

39 Wählen Sie für einen doppeltwirkenden Pneumatikzylinder den geeigneten Kolbendurchmesser, wenn bei einem Druck von p_e = 6 bar eine wirksame Spannkraft von F = 1 650 N erbracht werden soll und Gesamtverluste von 12 % berücksichtigt werden müssen.

Pneumatikzylinderabmaße,
Nach Tabellenbuch:
Wirkungsgrad 0,88
Kolbendurchmesser 63 mm und
Kolbenstangendurchmesser 20 mm.
Überprüfung durch Berechnung:

$$A = \frac{F}{p_e \cdot \eta}$$

$$A = \frac{1650\,\text{N} \cdot \text{cm}^2}{60\,\text{N} \cdot 0{,}88} = 31{,}25\,\text{cm}^2$$

⇨ d = **63 mm**

40 Die Anschlüsse an Pneumatik-Ventilen werden mit Zahlen gekennzeichnet. Nennen Sie die Anschlüsse und ordnen Sie die jeweiligen Zahlen zu.

- Druckluftanschluss: 1
- Arbeitsleitungen: 2 und 4
- Entlüftungen: 3 und 5
- Steuerleitungen: 12 und 14

41 Worüber geben die Zahlen bei einem 3/2-Wegeventil Auskunft?

Die erste Zahl gibt die Anzahl der gesteuerten Anschlüsse (hier 3) und die zweite Zahl die Anzahl der Schaltstellungen (hier 2) an.

42 Zeichnen Sie ein 5/2-Wegeventil und kennzeichnen Sie die Anschlüsse mit Zahlen.

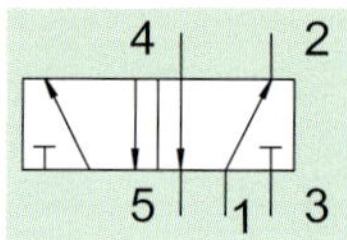

43 Welche Aufgabe haben Folgeventile?

Sie sollen bei Erreichen des eingestellten Druckes weitere Verbraucher der Steuerung zuschalten.

44 Welche Ventile gehören zu den Sperrventilen und welche Aufgaben haben sie?

- Rückschlagventile
- Schnellentlüftungsventile
- Wechselventile
- Zweidruckventile

Sie sperren den Durchfluss des Druckmittels in eine Richtung und geben ihn in entgegengesetzter Richtung frei.

45 Wozu verwendet man Druckregelventile (Energiesparventile)?

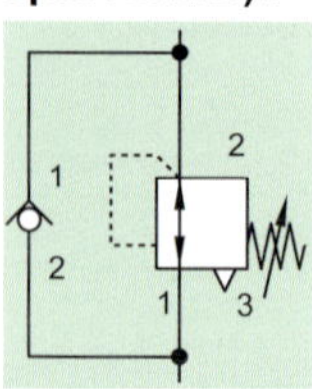

Wird z. B. für das Einfahren eines Arbeitskolbens weniger Druck als der Systemdruck benötigt, kann der Arbeitsdruck mittels eines Druckregelventils auf den benötigten Druck reduziert und somit Energie gespart werden.

46 **Ein Zylinder mit einer Kolbenfläche von 19,6 cm² hat einen Hub *s* = 10 cm. Wie groß ist der Lufverbrauch *Q* in l/min, bei p_e = 6 bar und einer Hubzahl *n* = 60 min⁻¹? (p_{amb} = 1 bar)**

$$Q = A \cdot s \cdot n \cdot \frac{p_e + p_{amb}}{p_{amb}}$$

$$Q = 19{,}6\,\text{cm}^2 \cdot 10\,\text{cm} \cdot 60\,\text{min}^{-1} \cdot \frac{(6+1)\,\text{bar}}{1\,\text{bar}}$$

$$Q = 82320\,\frac{\text{cm}^3}{\text{min}} = \mathbf{82{,}32}\,\frac{\text{l}}{\text{min}}$$

47 **Der Zylinder -MM1 benötigt statt dem Systemdruck von 6 bar lediglich einen Arbeitsdruck von 3 bar.**

a) Wodurch wird im dargestellten Pneumatikplan der Arbeitsdruck reduziert?

b) Um wie viel Prozent kann dadurch der Energieverbrauch gesenkt werden?

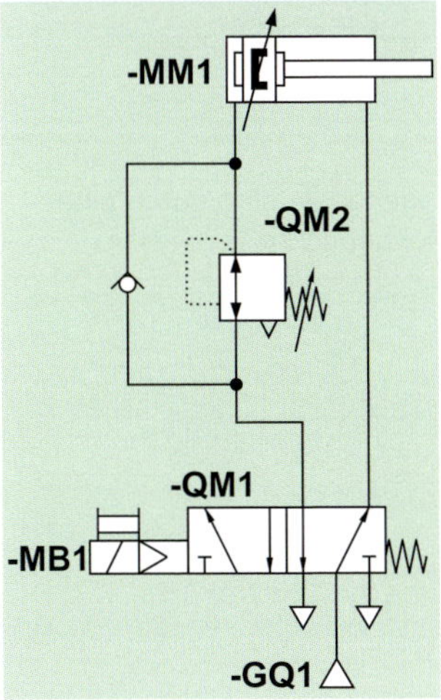

a) Der Arbeitsdruck wird durch die Verwendung eines Druckregelventils (Energiesparventil) -QM2 auf den benötigten Druck reduziert.

b) Der Energieverbrauch bestimmt sich überwiegend durch den Luftverbrauch.

$$Q = A \cdot s \cdot n \cdot \frac{p_e + p_{amb}}{p_{amb}}$$

$$\Rightarrow \frac{A \cdot s \cdot n \cdot \frac{(3+1)\,\text{bar}}{1\,\text{bar}}}{A \cdot s \cdot n \cdot \frac{(6+1)\,\text{bar}}{1\,\text{bar}}}$$

$$\Rightarrow = \frac{4}{7} = \mathbf{0{,}57}$$

Der Luftverbrauch und somit der Energieverbrauch kann um 43 % reduziert werden.

6

48 Wozu werden Schnellentlüftungsventile verwendet?

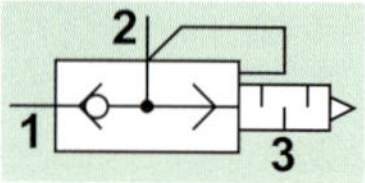

Um die Kolbengeschwindigkeit von Zylindern zu erhöhen.
Da sie direkt an den Zylinder montiert werden, erhöhen sie die Entlüftung, indem Sie die Drosselung der Abluft durch den Strömungswiderstand in der Arbeitsleitung und im Stellglied verhindern.

49

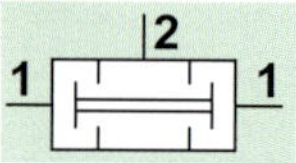

a) Welches Bauteil zeigt das obige Sinnbild?
b) Erklären Sie dessen Funktion.
c) Welche Logikfunktion erfüllt es in pneumatischen Steuerungen?
d) Erstellen Sie die dazugehörige Funktionstabelle mit den Eingängen E1, E2 und dem Ausgang A.

a) Zweidruckventil
b) Ein Zweidruckventil hat zwei Steueranschlüsse (1) und einen Ausgang (2). Nur wenn an beiden Steueranschlüssen ein 1-Signal anliegt, erfolgt der Druckluftdurchfluss zu Ausgang 2.
c) Es erfüllt die UND-Funktion in pneumatischen Steuerungen.
d) Funktionstabelle:

E2	E1	A
0	0	0
0	1	0
1	0	0
1	1	1

50 Durch einen Defekt fällt ein Zweidruckventil aus. Wie lässt sich die geforderte UND-Verknüpfung auch ohne Zweidruckventil erfüllen?

Zwei-Wegeventile sind durch eine Reihenschaltung zu verbinden.

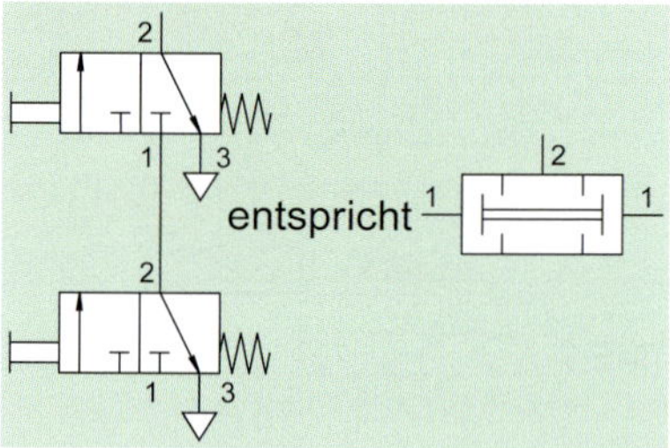

51 Der abgebildete Funktionsplan stellt die Schaltbedingung des Ventil MB1 dar. Erstellen Sie hierfür die Funktionstabelle.

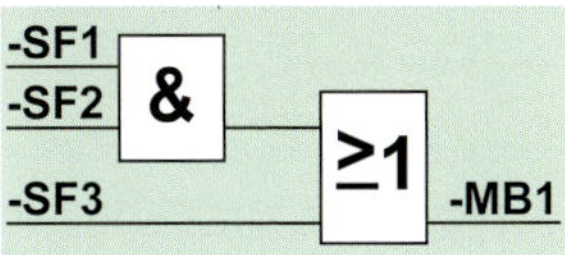

Funktionstabelle:

-SF1	-SF2	-SF3	-MB1
0	0	0	**0**
0	0	1	**1**
0	1	0	**0**
0	1	1	**1**
1	0	0	**0**
1	0	1	**1**
1	1	0	**1**
1	1	1	**1**

52 Berechnen Sie für den abgebildeten Zylinder die Kolbenkräfte F_A beim Ausfahren und F_E beim Einfahren.

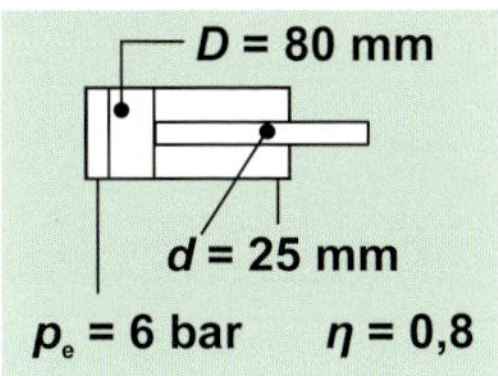

$$F = p_e \cdot A \cdot \eta$$

$$F_A = 60\,\frac{\text{N}}{\text{cm}^2} \cdot \frac{\pi \cdot (8\ \text{cm})^2}{4} \cdot 0{,}8$$

$$F_A = 2412{,}74\ \text{N}$$

$$F_E = 60\,\frac{\text{N}}{\text{cm}^2} \cdot \frac{\pi \cdot (8^2 - 2{,}5^2)\,\text{cm}^2}{4} \cdot 0{,}8$$

$$F_E = \mathbf{2177{,}12\ N}$$

53 Welche Funktion erfüllen Stromventile und welche Größe wird durch sie beeinflusst?

Sie beeinflussen die Aus- bzw. Einfahrgeschwindigkeit des Kolbens eines Zylinders, indem sie die ein- oder ausströmende Luft regulieren. Es wird nur die Durchflussmenge und nicht der Druck beeinflusst.

54 Wozu wird in der Pneumatik eine Zweihandsicherheitsschaltung verwendet?

Zur Vermeidung von Unfällen, z. B. bei Arbeiten an Scheren und Pressen.
Zweihandsicherheitssteuerungen erfordern innerhalb von 0,5 Sekunden die gleichzeitige Betätigung beider Signaleingabeelemente.

55 Zweihandsteuerung

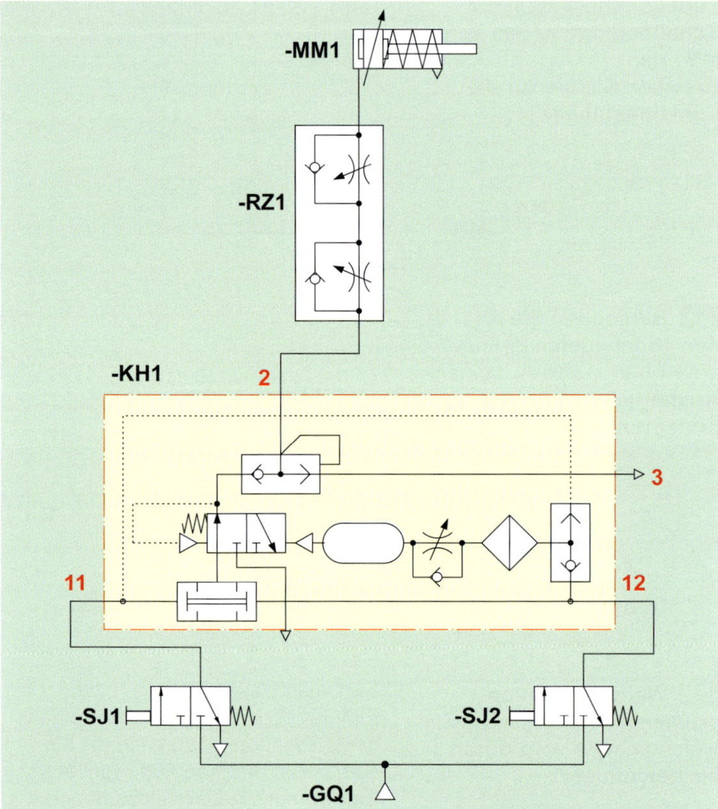

Beschreiben Sie anhand des dargestellten Schaltplans mit einem Zweihand-Steuerblock -KH1 den Signalfluss, wenn und solange beide 3/2-Wege-Tasterventile gleichzeitig, innerhalb von 0,5 Sekunden, gedrückt werden.

Werden die Eingänge 11 und 12 innerhalb von max. 0,5 Sekunden nacheinander belüftet, schaltet der Zweihand-Steuerblock durch: Am Anschluss 2 liegt ein Ausgangssignal an. Solange beide Tasterventile betätigt sind, führt Ausgang 2 Druck. Beim Loslassen eines Tasters oder beider Taster wird der Ausgang 2 drucklos. Das System entlüftet von 2 nach 3.

56 Mit den gegebenen Komponenten soll eine pneumatische Selbsthaltung aufgebaut werden.

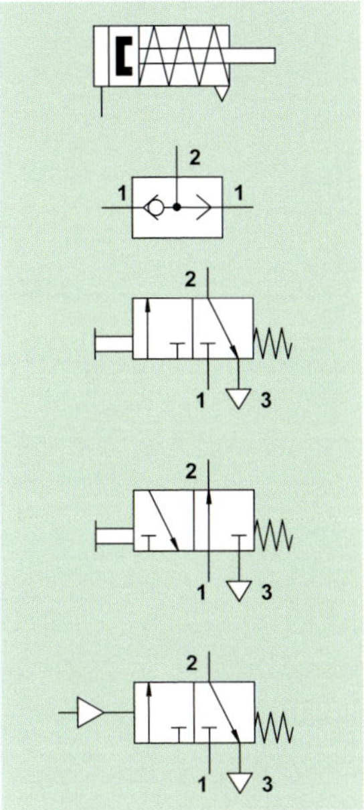

Erstellen Sie den Pneumatikplan mit Bauteilkennzeichnung nach DIN EN 81346 und erläutern Sie, wie die pneumatische Selbsthaltung funktioniert.

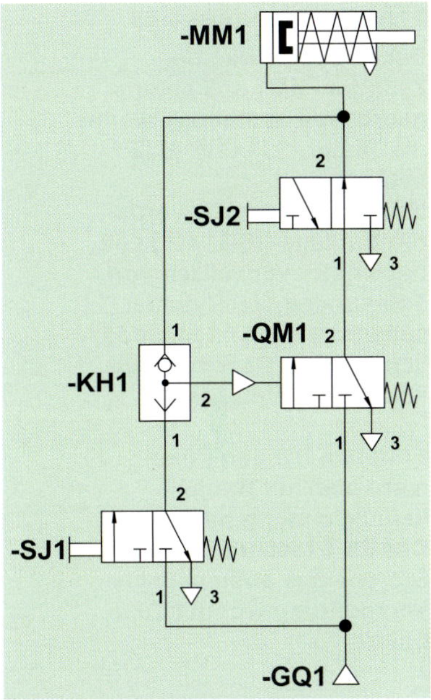

Durch die Betätigung des Tasters -SJ1 wird das Wechselventil -KH1 mit Druckluft beaufschlagt und schaltet das Ventil -QM1. Die Luft gelangt nun von der Druckluftquelle -GQ1 durch -QM1 und -SJ2 sowohl zum Zylinder als auch zum oberen Eingang des Wechselventils -KH1. Das Ventil -QM1 wird dadurch, auch wenn -SJ1 nicht mehr betätigt ist, ständig mit Druckluft beaufschlagt, es hält sich selbst. Gleichzeitig fährt der Kolben des Zylinders -MM1 aus und bleibt ausgefahren. Durch Betätigung des Tasters -SJ2 wird die Selbsthaltung aufgehoben.

57 Verzögerungsventil

Der doppeltwirkende Zylinder -MM1 soll abluftgedrosselt ausfahren, wenn die Taster -SJ1 und -SJ2 betätigt sind.
Nach Erreichen der vorderen Endlage (-BG1 = 1) soll, nach einer Verweilzeit von 5 Sekunden, der Zylinder selbstständig und mit möglichst hoher Geschwindigkeit wieder einfahren.

Erstellen Sie den Pneumatikplan mit Bauteilkennzeichnung nach DIN EN 81346 und erläutern Sie, wie das pneumatische Verzögerungsventil funktioniert.

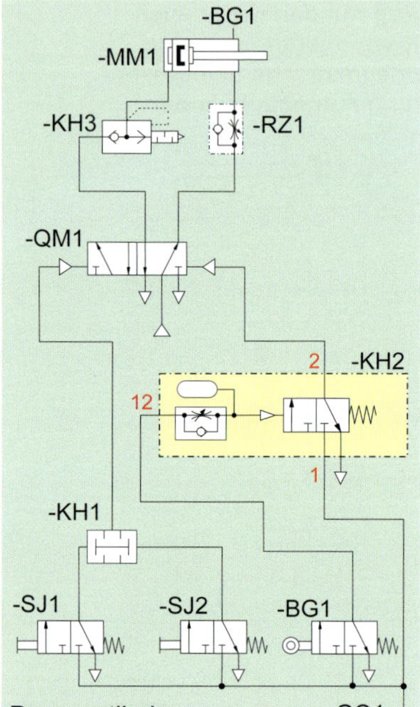

Pneumatikplan

Das pneumatische Verzögerungsventil -KH2 besteht aus einem pneumatisch betätigten 3/2-Wegeventil, einem Drosselrückschlagventil und einem kleinen Luftspeicher.
Befindet sich der Zylinder in der vorderen Endlage, wird -BG1 betätigt und der Luftspeicher füllt sich mit Druckluft. Hat sich der notwendige Druck über den Steueranschluss 12 im Speicher aufgebaut (Zeitverzögerung, hier um 5 Sekunden), schaltet das 3/2-Wegeventil um auf Durchfluss von 1 nach 2, -QM1 schaltet in Grundstellung und der Zylinder fährt ein.

6.4 Pneumatische Messprotokolle interpretieren

58 Vom einfachwirkenden Spannzylinder -MM1 wird das untenstehende Messprotokoll aufgezeichnet.

- **Kolbendurchmesser 50 mm,**
- **Kolbenstangendurchmesser 20 mm,**
- **Hublänge 50 mm,**
- **Drosselöffnungsgrad 10 %,**
- **Systemdruck p_1 = 5 bar,**
- **Druckschalter-Schaltdruck 5 bar.**

Das Messprotokoll zeigt, dass der einfachwirkende Zylinder nach kurzem „Anfahrsprung“ mit geringem, aber steigendem Ausfahrdruck p_2 ausfährt und dass sich der volle Ausfahrdruck p_2 erst aufbaut, wenn der Zylinder die vordere Endlage erreicht hat.

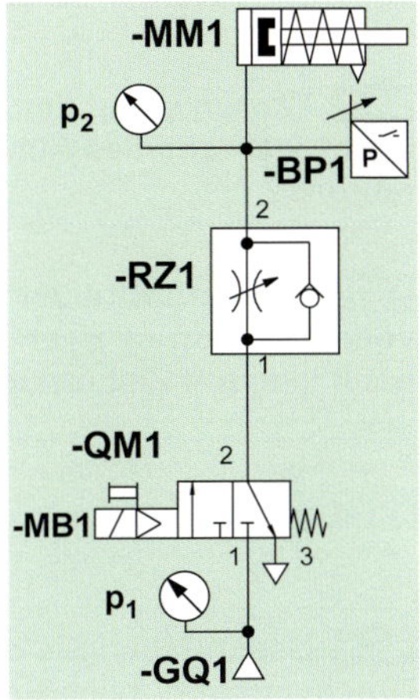

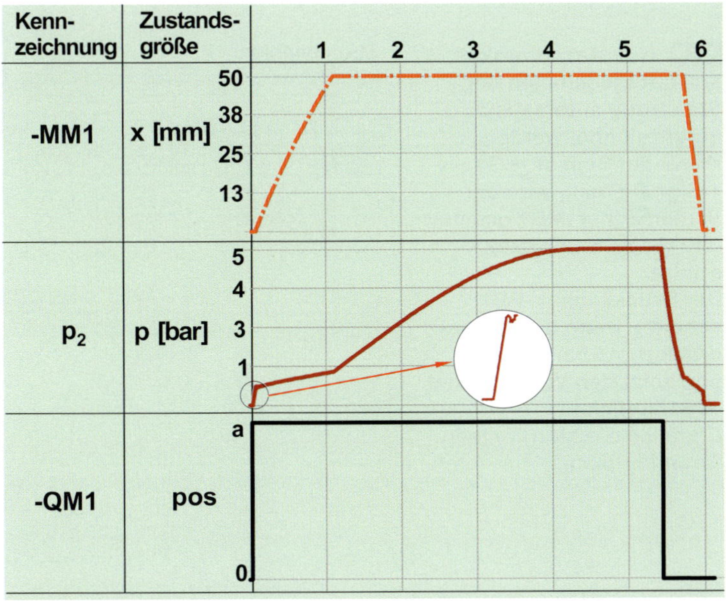

58.1 Wodurch entsteht der „Anfahrsprung“?

Der Anfahrsprung entsteht durch den Übergang der Haftreibung zur Gleitreibung.

58.2 Warum steigt der Druck während des Ausfahrens?

Der Druck steigt während des Ausfahrens, weil die Federkraft entsprechend dem Hub zunimmt.

58.3 Weshalb wird der volle Spanndruck p_2 erst nach längerer Zeit erreicht?

Weil die langsam einströmende Luft im Zylinder komprimiert wird (großes Volumen bei ausgefahrenem Zylinder).
Je nach Drosseleinstellung verzögert bzw. verringert sich die Zeit, bis der volle Druck p_2 erreicht ist.

58.4 Beschreiben Sie den Druckverlauf p_2 beim Erreichen der hinteren Endlage.

Der Ausfahrdruck p_2 fällt schnell ab und baut sich beim Erreichen der hinteren Endlage ganz ab.

58.5 Das Messprotokoll soll mit Einschalten der Steuerung automatisch aufgezeichnet werden. Wenn der Sensor -BG1 ein 1-Signal erhält, wird der Ventilmagnet -MB1 gesetzt und die Aufzeichnung erfolgt. Der Drucksensor -BP1 schaltet, wenn der Spanndruck p_2 = 5 bar beträgt und setzt den Ventilmagnet -MB1 zurück. Erstellen Sie hierfür einen Stromlaufplan.

Stromlaufplan:

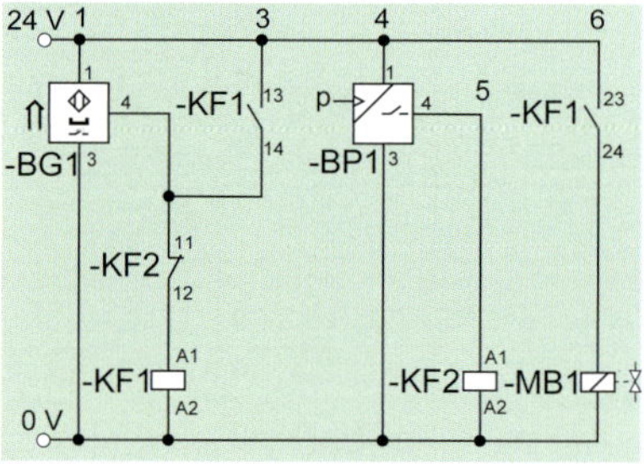

59 Ein abluftgedrosselter Verschiebezylinder hat einen Kolbendurchmesser von 80 mm, einen Kolbenstangendurchmesser von 25 mm und eine Hublänge von 1500 mm.
Er wird mit einem Systemdruck von p_1 = 3 bar beaufschlagt.
Für das ungeschmierte Verschieben eines Stahlkörpers auf einer Stahlführung wurde das folgende Messprotokoll aufgezeichnet.

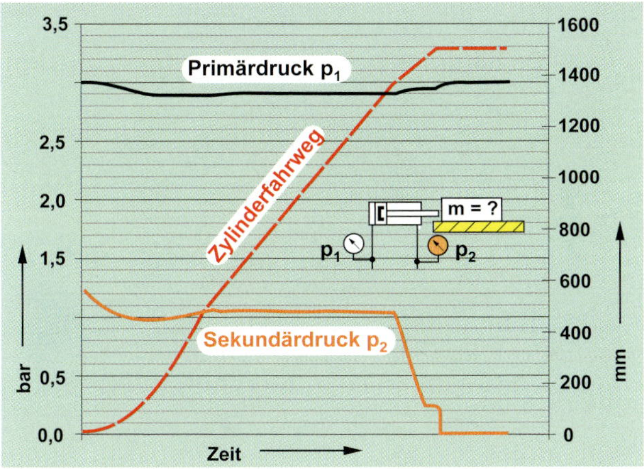

6

59.1 Ermitteln Sie die Haftreibungszahl der Werkstoffpaarung.

Werkstoffpaarung Stahl auf Stahl:
Haftreibungszahl trocken ⇨ $\mu = 0{,}50$

59.2 Berechnen Sie das Gewicht des bewegten Stahlkörpers.

Die Gewichtskraft wird über die Reibungskraft berechnet:

$$F_R = F_1 - F_2 = p_1 \cdot A_1 - p_2 \cdot A_2$$

Die Reibkraft setzt sich aus den Drücken und den damit beaufschlagten Kolbenflächen zusammen. Die Drücke p_1 und p_2 werden dem Messprotokoll entnommen.
Aus der berechneten Reibkraft, kann die Normalkraft und somit die Gewichtskraft berechnet werden.

$$F_R = \mu \cdot F_N$$

Fortsetzung der Lösung **59.2**

Die Normalkraft F_N entspricht hier der Gewichtskraft F_G, aus der sich die Masse m berechnen lässt:

$$F_G = m \cdot g$$

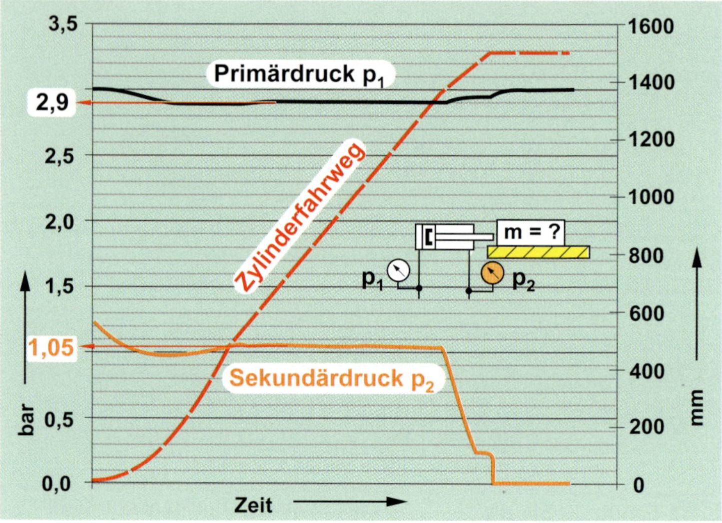

Abgelesen: p_1 = 2,9 bar und p_2 = 1,05 bar

Berechnung: Gewicht der bewegten Stahlmasse

$$F_R = p_1 \cdot A_1 - p_2 \cdot A_2$$

$$F_R = 29 \frac{N}{cm^2} \cdot \frac{\pi \cdot 8^2\ cm^2}{4} - 10{,}5 \frac{N}{cm^2} \cdot \frac{\pi \cdot \left(8^2 - 2{,}5^2\right) cm^2}{4} = 981{,}45\ N$$

$$F_N = F_G = \frac{F_R}{\mu} = \frac{981{,}45\ N}{0{,}5} = 1962{,}9\ N$$

$$m = \frac{F_G}{g} = \frac{1962{,}9\ N \cdot s^2}{9{,}81\ m} = 200\ kg$$

Es kann eine Stahlmasse von 200 kg verschoben werden.

60

Prüfvorrichtung für Druckfedern

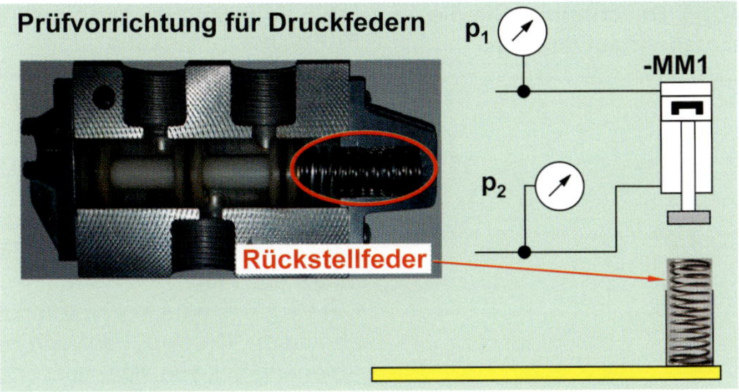

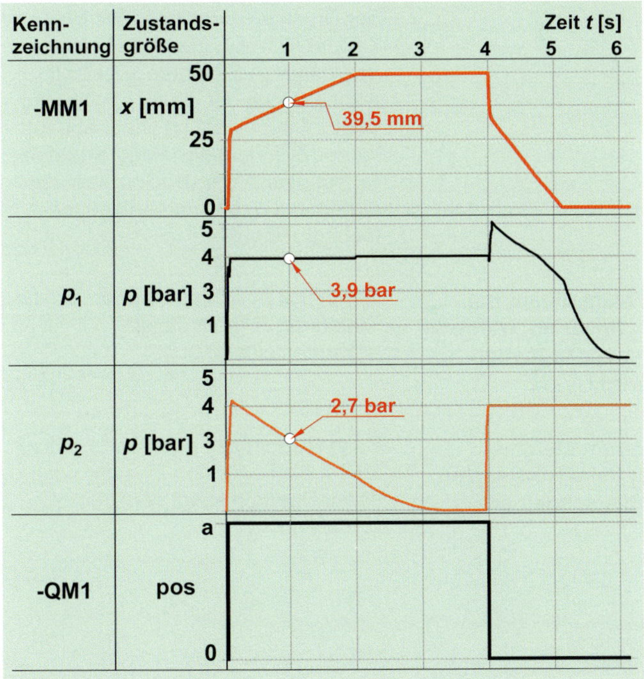

Im Rahmen einer Stichprobenprüfung wurden die Rückstellfedern monostabiler 3/2-Wegeventile geprüft und die obigen Druckverlaufskurven des Prüfzylinders -MM1 aufgenommen.

60.1 Beschreiben Sie die Druckverlaufskurven.

Nach Betätigen des Ventils fährt der Prüfzylinder -MM1 aus.
In kurzer Zeit erreicht er die Feder und drückt diese langsam zusammen. Der Druck p_1 bleibt dabei annähernd konstant. Der Druck p_2 nimmt linear ab.
Beim Zeitpunkt 2 Sekunden erreicht der Zylinder seine Endlage und bleibt für 2 s ausgefahren.
Der Druck p_2 baut sich vollständig ab und der Druck p_1 baut sich zum Anlagendruck von 4 bar auf.
Beim Rücksetzen des Ventils steigt der Druck p_1 schnell an. Der Druck p_2 baut sich auf und bleibt beim gedrosselten Einfahren konstant, während sich der Druck p_1 während der Einfahrbewegung linear abbaut.
Ist der Zylinder vollständig eingefahren, baut sich der Druck p_1 vollständig ab und p_2 bis zum Anlagenbetriebsdruck auf.

60.2 Warum nimmt der Druck p_2 linear ab, während die Feder zusammengedrückt wird?

Der Druck p_2 nimmt linear ab, da die Federkraft F linear steigt:
⇨ Kräftegleichgewicht.

60.3 Warum steigt der Druck p_1 beim Rücksetzen des Ventils schnell an?

Beim Rücksetzen des Ventils drückt zuerst die Feder den Zylinder nach oben. Dadurch steigt der Druck p_1 schnell an.

60.4 Mit Hilfe der Druckverlaufskurven kann die Federkonstante *R* ermittelt werden, wobei die Federkraft F_F linear zu *R* und dem Federweg *s* ist.

Daten:

- **Doppeltwirkender Zylinder**
- **Kolbendurchmesser 20 mm**
- **Kolbenstangendurchmesser 8 mm**
- **Hublänge 50 mm.**

Berechnen Sie die Federkonstante *R* unter Verwendung der Datenwerte zum Zeitpunkt $t = 1$ s.

Datenwerte zum Zeitpunkt $t = 1$ s:

- Druck $p_1 = 3{,}9$ bar
- Druck $p_2 = 2{,}7$ bar
- Weg $s = 39{,}5$ mm

Kräftegleichgewicht:

$$F_1 = F_2 + F_F$$
$$p_1 \cdot A_1 = p_2 \cdot A_2 + R \cdot s$$

$$p_1 \cdot A_1 = 39\ \frac{\text{N}}{\text{cm}^2} \cdot \frac{\pi \cdot (2\ \text{cm})^2}{4}$$

$$p_1 \cdot A_1 = 122{,}52\ \text{N}$$

$$p_2 \cdot A_2 = 27\ \frac{\text{N}}{\text{cm}^2} \cdot \frac{\pi \cdot (2^2 - 0{,}8^2)\ \text{cm}^2}{4}$$

$$p_2 \cdot A_2 = 71{,}25\ \text{N}$$

Federrate:

$$R = \frac{p_1 \cdot A_1 - p_2 \cdot A_2}{s} = \frac{122{,}52\ \text{N} - 71{,}25\ \text{N}}{3{,}95\ \text{cm}}$$

$$R \approx 13\ \frac{\text{N}}{\text{cm}} \approx \mathbf{1{,}3\ \frac{N}{mm}}$$

6

6.5 Sensoren

61 Was versteht man unter „Sensoren“?

Sensoren sind Signalgeber, die physikalische Größen, z. B. mechanische, magnetische, thermische oder optische Größen erfassen und in elektrische Signale umwandeln.

62 Wozu dienen Sensoren in der Steuerungstechnik?

Als Eingangsgrößen stellen sie z. B. fest, ob ein Objekt vorhanden ist oder nicht, erfassen dessen Weg oder Position und geben dann ein entsprechendes binäres Signal als Ausgangssignal ab.

63 Wie werden die in der Steuerungstechnik verwendeten Sensoren hinsichtlich ihrer Arbeitsweise unterschieden?

Es werden zwei Gruppen unterschieden:
Berührende Sensoren (z. B. Endschalter), bei denen das Ausgangssignal durch einen mechanischen Kontakt des zu erfassenden Objekts ausgelöst wird.
Berührungslos arbeitende Sensoren, zur Positions- oder Wegüberwachung von Objekten, z. B. induktive, kapazitive oder optische Näherungssensoren.

64 Wodurch unterscheiden sich aktive Sensoren von passiven Sensoren?

Aktive Sensoren sind Spannungserzeuger und erzeugen das Messsignal selbst. Sie wandeln z. B. mechanische oder thermische Energie in elektrische um.
Passive Sensoren benötigen eine Versorgungsenergie, um physikalische Größen in elektrische Signale zu wandeln.t

65 Zeichnen Sie das Schaltzeichen für einen induktiven Näherungssensor und beschreiben Sie dessen Funktion.

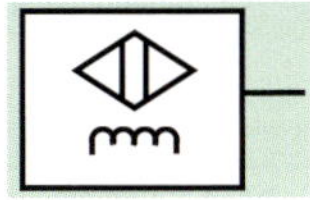

Er erfasst metallische Gegenstände, wenn der aktive Raum über dem Tastkopf durchfahren wird und gibt dann ein elektrisches Signal als Ausgangsgröße weiter.

66 Zeichnen Sie für folgende Sensoren das Schaltzeichen und geben Sie an, auf welche Stoffe sie reagieren:
a) kapazitive,
b) optische.

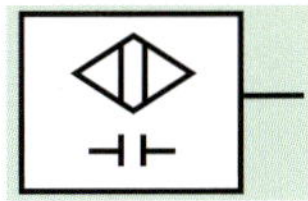

a) Kapazitive Näherungsschalter sprechen auf alle festen und flüssigen Stoffe an.

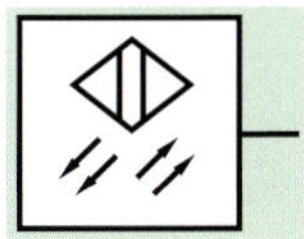

b) Optische Näherungsschalter reagieren auf reflektiertes Licht. Zum Schutz vor Fremdlicht verwendet man z. B. gepulstes Infrarotlicht.

67 Warum hat bei einem optischen Näherungsschalter (Reflektionslichttaster) die Werkstückoberfläche einen großen Einfluss auf den Schaltabstand?

Ein Reflektionslichttaster sendet Infrarotlicht aus, das vom zu erfassenden Gegenstand reflektiert wird. Je matter bzw. dunkler die Werkstückoberfläche des Gegenstandes ist, umso schlechter wird das gesendete Licht reflektiert und umso kürzer muss der Schaltabstand sein.

68 Im gestrichelt gezeichneten Rechteck finden Sie die Eintragung a) oder b) vor.
Worüber gibt die jeweilige Eintragung Auskunft?

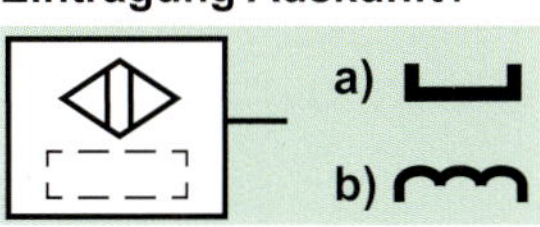

Die Eintragung gibt über die Wirkungsweise des Sensors Auskunft. So handelt es sich bei der Eintragung

a) um einen magnetischen Sensor (Reedschalter), der bei Annäherung eines Magneten reagiert.
b) um einen induktiven Näherungssensor.

6.6 GRAFCET

69 Wofür steht der Begriff „GRAFCET“ nach DIN EN 60848?

Der Begriff GRAFCET ist aus der französischen Sprache abgeleitet und ist die Abkürzung für GRAphe Fonctionnel de Commande Etape Transition.
Damit wird die Darstellung der Steuerungsfunktion mit Schritten und Weiterschaltbedingungen bezeichnet.
GRAFCET ist eine in ganz Europa gültige Norm.
GRAFCET wurde 2002 als verbindliche, europäische Norm festgesetzt und ersetzt alle entsprechenden nationalen Normen.

Mit GRAFCET steht erstmals eine europaweit gültige Darstellungsnorm für Steuerungsabläufe zur Verfügung. Seit April 2005 ist die Gültigkeit der DIN 40719 Teil 6 Funktionsplan erloschen.

70 Benennen Sie die Grundelemente des abgebildeten GRAFCET.

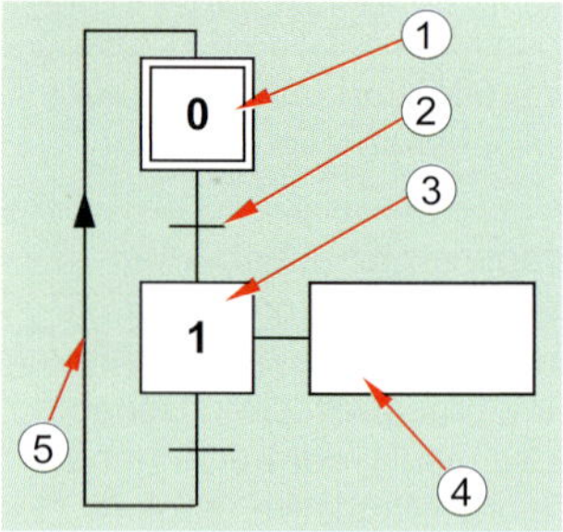

① Startschritt, Initialisierungsschritt *(Statt mit der Zahl „0“ kann ein Startschritt auch mit „1“ beginnen).*
② Transition, Weiterschaltbedingung
③ Funktionsschritt
④ Aktion
⑤ Rückführung zum Startschritt

71 Zu jedem GRAFCET gehört ein Startschritt. Welche Bedeutung hat der Startschritt und woran ist er in einem GRAFCET zu erkennen?

Der Startschritt (Initialisierungsschritt) kennzeichnet die Ausgangsstellung der Steuerung unmittelbar nach dem Einschalten. Der Startschritt ist erkennbar am doppelten Rahmen.

(Statt mit der Zahl „0“ kann ein Startschritt auch mit „1“ beginnen).

72 Beschreiben Sie die Funktion einer Transition und ihre Verknüpfungsmöglichkeiten.

Die Transition beinhaltet die Weiterschaltbedingung zwischen zwei Funktionsschritten.
Mit ihr wird der vorangegangene Funktionsschritt deaktiviert und der nachfolgende aktiviert. Sie kann aus einem Sensorwert oder einem Schalter bestehen.
Die Weiterschaltbedingungen können mit UND bzw. ODER verknüpft werden.

73 In einem GRAFCET können Transitionsbedingungen durch UND bzw. ODER miteinander verknüpft werden. Wie wird im GRAFCET eine UND-Verknüpfung, wie eine ODER-Verknüpfung dargestellt?

Die UND-Verknüpfung wird durch ein Sternchen/Asteriskus (*), dargestellt. Die ODER-Verknüpfung wird durch ein Plus-Zeichen (+) dargestellt.

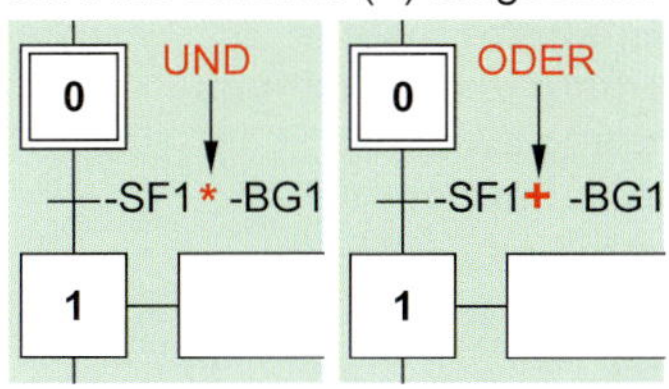

74 Welche Grundregeln gelten für die Abfolge von Schritten und Transitionen im GRAFCET?

Es folgen immer Schritt auf Transition (Weiterschaltbedingung) und umgekehrt.
Es darf also niemals zwei Transitionen hintereinander ohne Schritt dazwischen geben. Ebenso darf es niemals zwei Schritte hintereinander ohne Transition dazwischen geben.

75 **Wie nennt man die im GRAFCET-Ausschnitt dargestellte Aktion und welche Besonderheit hat sie?**

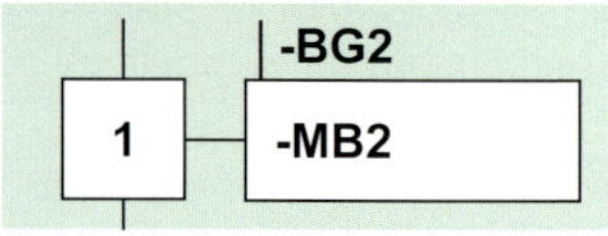

Aktion mit Zuweisungsbedingung. Die Variable (-MB2) der Aktion wird nur dann aktiviert, wenn die Zuweisungsbedingung (-BG2) erfüllt ist.

76 **Wie nennt man die im GRAFCET-Ausschnitt dargestellte Aktion und welche Besonderheit hat sie?**

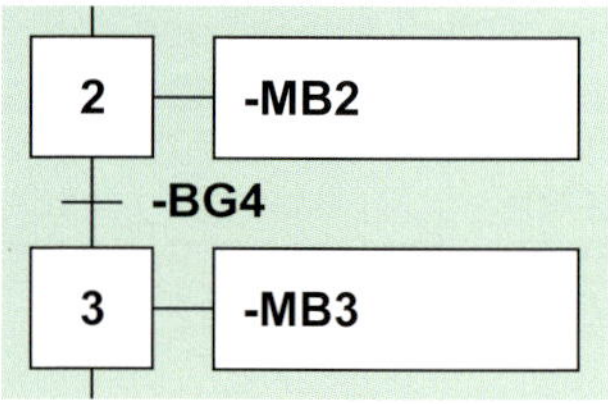

Der GRAFCET-Ausschnitt zeigt eine „kontinuierlich wirkende Aktion“. Kontinuierlich wirkende Aktionen wirken nur so lange, wie der auslösende Schritt aktiv ist.
Im abgebildeten Beispiel wird der Ventilspule -MB2 der Wert 1 so lange zugewiesen, wie der Schritt 2 aktiv ist.
Hat der Kolben den Näherungsschalter -BG4 betätigt, ist die Transitionsbedingung von Schritt 3 erfüllt und Schritt 3 wird gesetzt. Gleichzeitig setzt Schritt 3 den Schritt 2 in den inaktiven Zustand zurück.

77 **Erläutern Sie die Bedeutung der Transitionsbedingung zwischen Schritt 6 und Schritt 7 im dargestellten GRAFCET.**

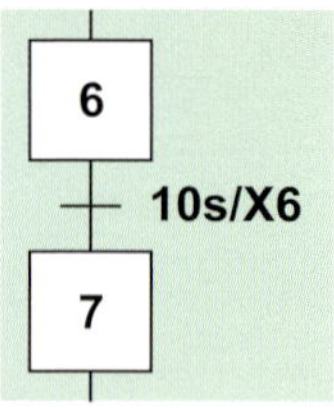

Der Schritt 7 soll erst nach Ablauf einer festgelegten Zeitspanne von 10 Sekunden erfolgen.
Dies wird in der Transitionsbedingung durch die

- Zeit (10 s)

und den durch einen Schrägstrich getrennten

- booleschen Zustand (X = Bool) des aktiven Schrittes (TRUE)

angegeben.
Hier ist der Schritt 6 zehn Sekunden aktiv, danach wird zum Schritt 7 weitergeschaltet.

78 Erläutern Sie am folgenden Beispiel die Darstellung und die Besonderheiten einer *„speichernd wirkenden Aktion bei Aktivierung des Schrittes“* in einem GRAFCET.

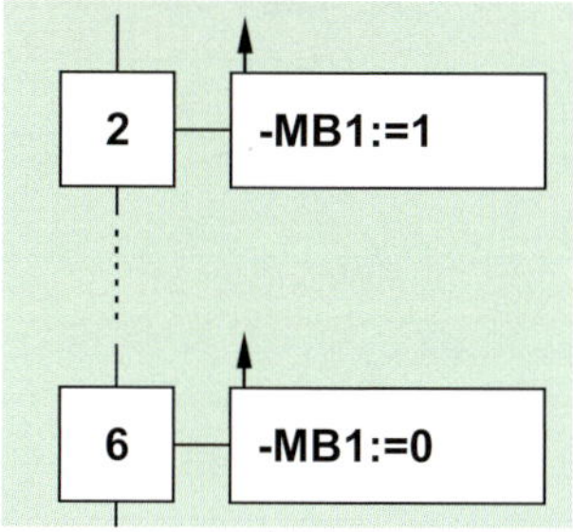

Bei der Darstellung einer *speichernd wirkenden Aktion* wird das Rechteck durch einen an der linken Seite angeordneten aufwärts gerichteten Pfeil ergänzt.
Die Aktion wird durch die Aktivierung des zugehörigen Schrittes (hier Schritt 2) ausgeführt und bleibt über diesen Schritt hinaus wirksam.
Sie muss zwingend an einer anderen Stelle im GRAFCET durch einen anderen Schritt (hier Schritt 6) speichernd zurückgesetzt werden.
Speichernd wirkende Aktionen weisen einer Variablen einen bestimmten Wert zu, wenn diese Aktion aktiv ist. Das Symbol für die Zuweisung besteht aus einem Doppelpunkt, gefolgt von einem Gleichheitszeichen. Soll wie im Beispiel eine Magnetspule mit der Bezeichnung „-MB1“ eingeschaltet werden, so muss ihr der Wert „1“ zugewiesen werden. In der Aktion steht somit der Text „-MB1:= 1“. Durch Zuweisen des Wertes „0“ (hier im Schritt 6) wird die Magnetspule wieder abgeschaltet.

79 Mittels eines doppeltwirkenden Zylinders sollen Metallteile in ein Reinigungsbad getaucht werden. Der Tauchvorgang wird über einen Starttaster -SF1 ausgelöst.
Damit das Reinigungsbad wirken kann, ist eine Eintauchzeit von 10 Sekunden erforderlich.
Die Anlage ist startbereit, wenn sich der Zylinder in der hinteren Endlage befindet.

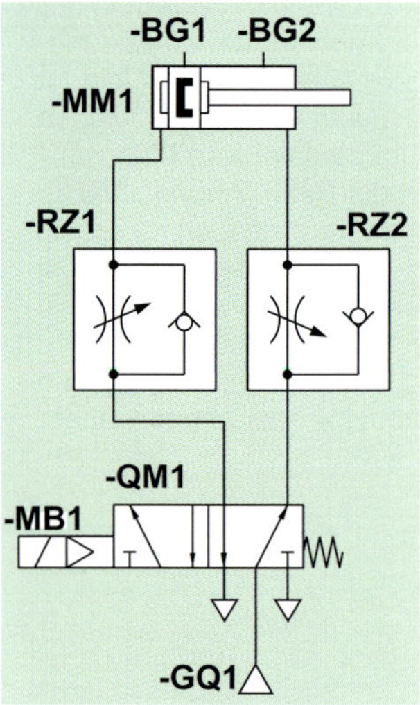

- **Erstellen Sie für die beschriebene Steuerung einen GRAFCET.**
- **Beschreiben Sie die Transitionsbedingungen und die Aktionen.**

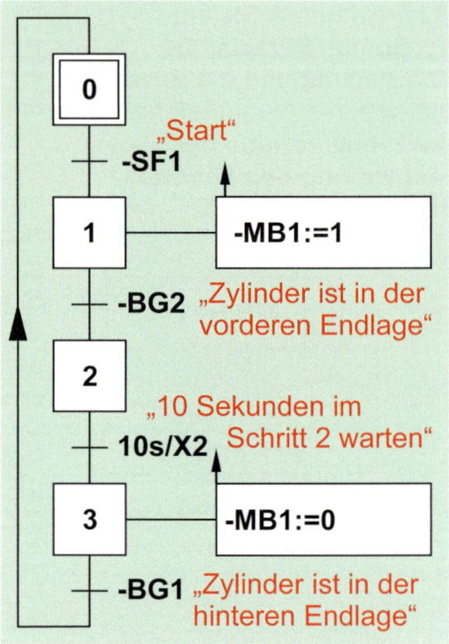

- Die Transitionsbedingung von Startschritt 0 nach Schritt 1 ist erfüllt, wenn -SF1 betätigt ist.
- Sobald Schritt 1 aktiv ist, wird der Ventilspule -MB1 der Wert 1 zugewiesen. Dieser Wert wird beibehalten, bis er durch eine andere Aktion (hier Schritt 3) überschrieben wird.
- Die Transitionsbedingung von Schritt 1 nach Schritt 2 ist erfüllt, wenn -BG2 betätigt wird.
- Sobald Schritt 2 aktiv ist, beginnt die Zeit von 10 Sekunden abzulaufen.
- Die Transitionsbedingung von Schritt 2 nach Schritt 3 ist erfüllt, wenn die Zeit abgelaufen ist.
- Sobald Schritt 3 aktiv ist, wird der Ventilspule -MB1 der Wert 0 zugewiesen. Dieser Wert wird beibehalten, bis er durch eine andere Aktion (hier Schritt 1) überschrieben wird.

Fortsetzung der Lösung **79**

- Die Transitionsbedingung von Schritt 3 nach Startschritt 0 ist erfüllt, wenn -BG1 betätigt ist.
- Durch die Linie mit dem nach oben gerichteten Pfeil erfolgt die Rückführung zum Startschritt.

80 Die Pneumatikzylinder -MM1 und -MM2 sollen durch die Betätigung des Start-Tasters -SF1 (Schließer), und je nach Stellung des Wahlschalters -SF2 (Schließer mit Raste), wie folgt ausfahren:

- **-SF2 UND -SF1: -MM2+, -MM2–, -MM1+, -MM1–**
- **NICHT -SF2 UND -SF1: -MM1+, -MM1–, -MM2+, -MM2–**

(+ Ausfahren; – Einfahren)

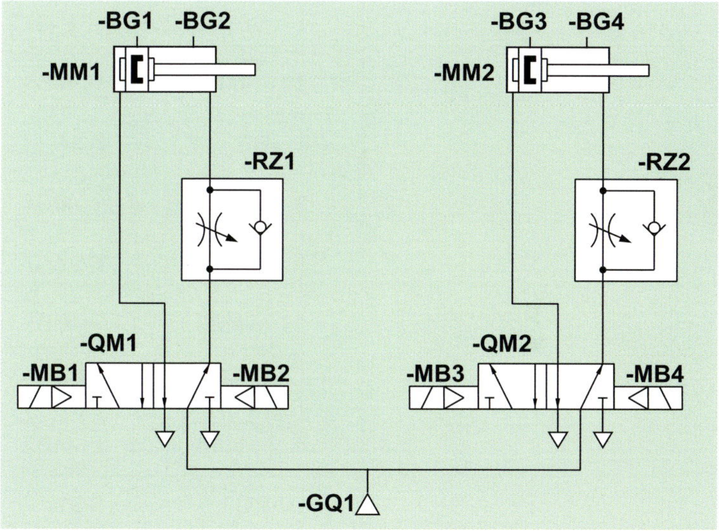

80.1 Warum lässt sich der beschriebene Ablauf durch einen GRAFCET mit alternativer Verzweigung darstellen?

Weil es bei einem GRAFCET mit alternativer Verzweigung möglich ist, zwei oder mehrere Transitionen auf einen Schritt folgen zu lassen.

6

80.2 Wie wird bei einem GRAFCET mit alternativer Verzweigung die Reihenfolge der Teilabläufe sichergestellt?

Es wird nur der Teilablauf aktiviert und bearbeitet, dessen Weiterschaltbedingung als erste erfüllt ist.
Da bei der alternativen Verzweigung genau ein Teilablauf ausgewählt werden kann, müssen sich die Weiterschaltbedingungen gegenseitig ausschließen.

80.3 Erstellen Sie für den beschriebenen Steuerungsablauf einen GRAFCET mit alternativer Verzweigung.

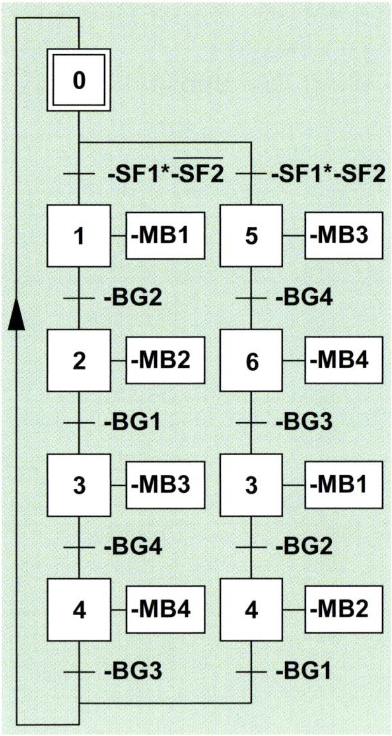

6.7 Elektropneumatische Steuerungen

81 Welche Vorteile hat der elektrische Strom gegenüber der Druckluft als Steuerenergie?

- Elektrischer Strom ist billiger als Druckluft.
- Elektrische Signale sind schneller.
- Einsparung von Pneumatikbauteilen.
- Logische Verknüpfungen lassen sich durch Relaissteuerung einfacher realisieren.

82 Welche Betriebsmittel werden nach DIN EN 81346 mit den folgenden Buchstaben gekennzeichnet:
- **BG,**
- **KF,**
- **MB,**
- **PF,**
- **SF.**

BG: Näherungssensor, Endschalter
KF: Relais, Zeitrelais
MB: Ventilmagnet
PF: Meldelampe
SF: Taster, Wahlschalter (elektrisches Signal)

83 Benennen Sie die folgenden Kontaktschaltzeichen.

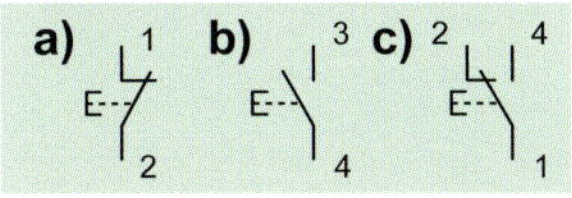

a) Öffner, manuell betätigt
b) Schließer, manuell betätigt
c) Wechsler, manuell betätigt
Die Bezeichnung gibt die Wirkung des Kontaktes im Stromkreis bei Betätigung an.

84 Erklären Sie die Bedeutung der unten stehenden Schaltzeichen in einem Stromlaufplan.

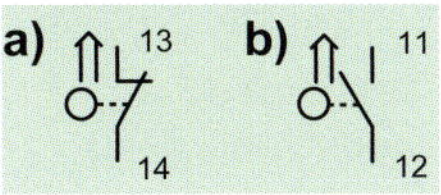

Der Doppelpfeil vor dem Schaltzeichen gibt an, dass es sich um einen in der Ruhelage betätigten
a) Rollentaster mit Schließerkontakt,
b) Rollentaster mit Öffnerkontakt
handelt.

85 Was versteht man unter einem Relais?

Ein Relais ist ein von einem entfernt liegenden Schaltort betätigter elektromagnetisch angetriebener Schalter mit mehreren als Schließer, Öffner oder Wechsler gleichzeitig geschalteten Kontakten.

86 Welche Aufgaben haben Relais in elektropneumatischen Steuerungen zu erfüllen?

- Steuersignale verstärken
- Signale logisch verknüpfen
- Signale speichern
- Signale umkehren (Negation)

87 Wie werden die Kontakte des Relais gezeichnet?

Die Kontakte des Relais werden entweder getrennt oder mit Wirkverbindung zur Spule gezeichnet.

88 Die Abbildung zeigt ein Relais mit 4 Schließern. Worüber geben die jeweils neben dem Schließer vermerkten Zahlen Auskunft?

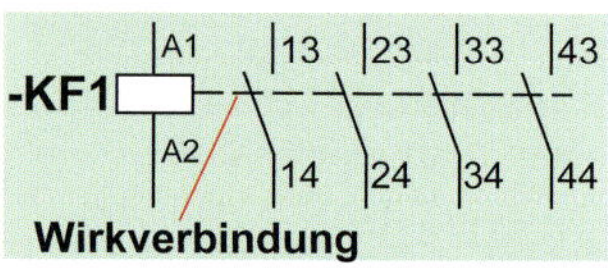

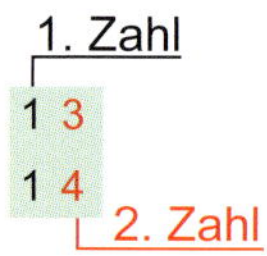

Die 1. Zahl gibt die Nummer der Relaiskontaktbahn an und die 2. Zahl kennzeichnet, ob es sich um einen Schließer, Öffner oder Wechsler handelt.

89 Vorgesteuerte Ventile werden auch als indirekt gesteuerte Ventile bezeichnet. Welche Aufgabe übernimmt die Vorsteuerung und welche Vorteile bietet die Vorsteuerung im Ventil?

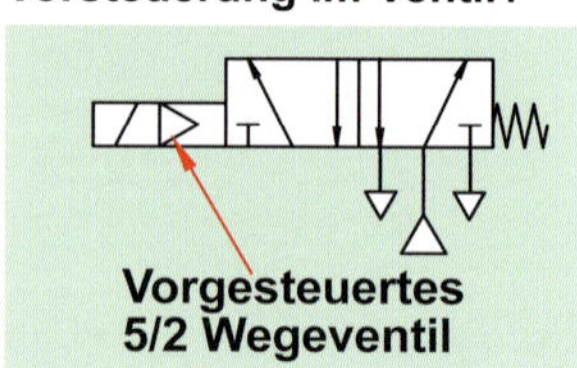

Die Aufgabe der Magnetspule ist es, nur eine kleine Vorsteuerbohrung zu öffnen, bzw. zu schließen. Die eigentliche Aufgabe, die Bewegung des Ventilkolbens, übernimmt hier die Luft.
Der große Vorteil dieser Technik ist es, dass eine geringe Kraft ausreicht um auch große Ventile zu schalten. Bei einem Magnetventil heißt das, eine kleine Spule mit geringer Leistungsaufnahme kann ein großes Ventil schalten. Allerdings funktioniert das nur, wenn auch tatsächlich Druck anliegt.

90 Warum benötigen vorgesteuerte Ventile einen bestimmten Mindestdruck?

Um ein sicheres Schalten zu gewährleisten, muss der Steuerdruck des Vorsteuerventils mindestens so hoch sein, dass Reibungskräfte des Ventilkolbens, die Kraft der Rückstellung (mechanische Feder, Luftfeder) und die Kräfte des anstehenden Betriebsdrucks auf den Ventilkolben überwunden werden können.

91 Benennen und beschreiben Sie die dargestellten Arten der Geschwindigkeitssteuerungen.

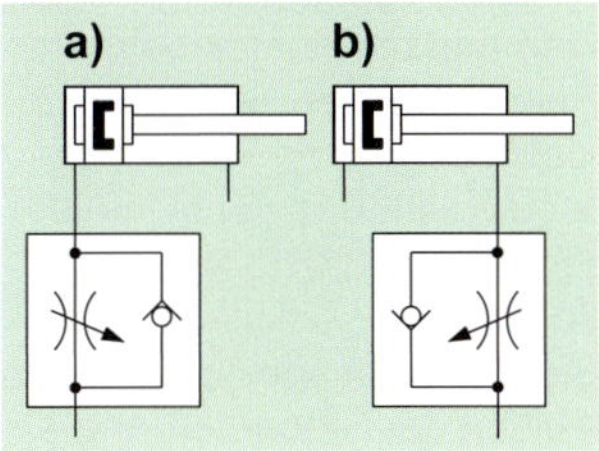

a) Zuluftdrosselung:
Die gedrosselte Zuluft kann nur sehr langsam in den Zylinder einströmen, der Druck im Arbeitsraum kann sich nur dementsprechend langsam aufbauen, während die Abluft schnell auf Atmosphärendruck absinkt, da sie frei entweichen kann.
Da der Gegendruck sehr gering ist, könnte der Kolben herausgezogen werden. Bei geringer Ausfahrgeschwindigkeit und großer Reibung kann es zu einer ruckartigen Ausfahrbewegung des Kolbens kommen (Stick-Slip-Effekt).

b) Abluftdrosselung:
Die zufließende Luft strömt ungehindert zum Zylinder. Die abfließende Luft wird gedrosselt.
Der Kolben wird dabei gegen ein Luftpolster gedrückt, er ist „eingespannt“. Dadurch wird eine gleichmäßige Kolbenbewegung, auch bei Laständerung, erreicht. Und da der Kolben fest eingespannt ist, kann er nicht herausgezogen werden. Jedoch werden die Dichtungen stark beansprucht.

6

92 Die abgebildete Steuerung spricht ein Wegeventil mit *Federrückstellung* an.

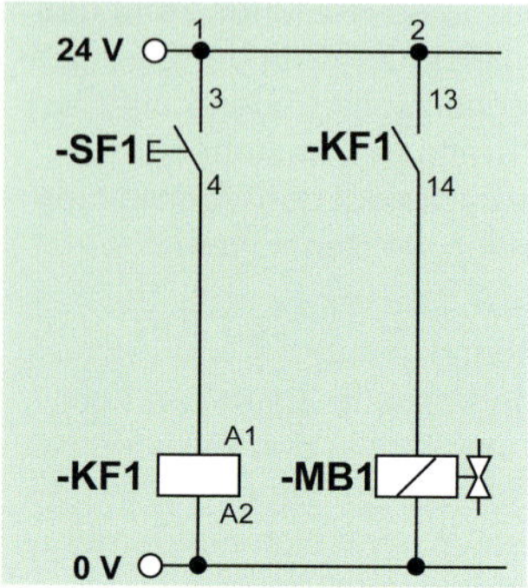

a) Beschreiben Sie ausführlich den steuerungstechnischen Ablauf, wenn -SF1 *kurz* betätigt wird.

b) Warum schaltet -MB1 nur, *wenn und solange* der Taster -SF1 betätigt ist?

c) Wie muss der Stromlaufplan geändert werden, damit -MB1 dauerhaft schaltet, auch wenn der Taster -SF1 *nur kurz* betätigt wird?

a) Durch Betätigung des Tasters -SF1 wird der Stromweg 1 geschlossen und die Magnetspule des Relais -KF1 erregt. Der Anker des Relais zieht an und die Kontaktbahnen schließen. Über die belegten Schließerkontakte 13 und 14 des Relais schließt der Stromweg 2 und die Magnetspule -MB1 schaltet das Ventil.
Durch das Loslassen des Tasters -SF1 wird der Stromweg 1 unterbrochen und somit auch das Magnetfeld der Spule in -KF1. Der Anker des Relais wird durch Federn in die Ausgangslage gezogen und die Kontaktbahnen des Relais geöffnet. Stromweg 2 wird geöffnet und die Federrückstellung schiebt das Ventil in die Ausgangslage zurück.

b) Ventile mit Federrückstellung können Signale nicht speichern und somit bleibt der Steuervorgang nur solange aufrechterhalten, wie -SF1 ein 1-Signal erhält.

c) Parallel zu -SF1 muss ein Schließerkontakt des Relais geschaltet werden, der den Steuerstrom des Relais solange aufrecht hält, bis über einen AUS-Taster diese Selbsthaltung wieder aufgehoben wird.

93 Der Stromlaufplan zeigt die elektrische Speicherung von Signalen durch Selbsthaltung.

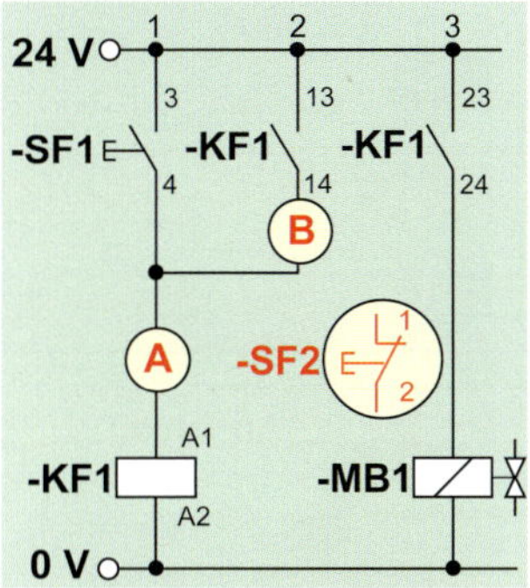

Um die Selbsthaltung des angesteuerten Ventils mit Federrückstellung zu lösen, ist an der Stelle A oder an der Stelle B ein Öffner einzubauen.

a) Wie nennt man die Selbsthaltung, wenn der Öffner an der Stelle A, wie, wenn er an der Stelle B eingebaut wird?

b) Welcher wesentliche Unterschied ergibt sich hierbei in der Signalspeicherung?

a) Die Selbsthaltung mit dem Öffner an Stelle A heißt: „Dominierend AUS“.
Die Selbsthaltung mit dem Öffner an Stelle B heißt: „Dominierend EIN“.

b) Der wesentliche Unterschied ist dann erkennbar, wenn der Schließer -SF1 und der Öffner -SF2 *gleichzeitig betätigt* werden.

Während dann bei „Dominierend AUS“ das „RESET“ (Rücksetz-Signal), hier Kolben fährt ein, dominiert, überwiegt bei „Dominierend EIN“ das „SET“ (Setzen-Signal), hier Kolben fährt aus.

6.7.1 Elektropneumatische Ablaufsteuerung

94 Projekt Prägevorrichtung mit Stapelmagazin

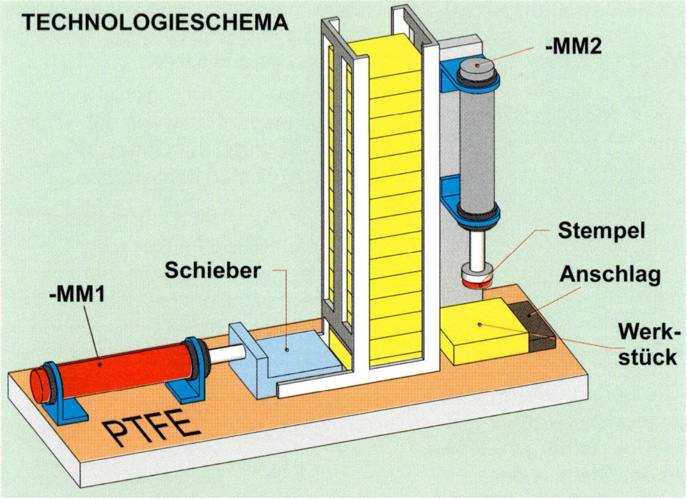

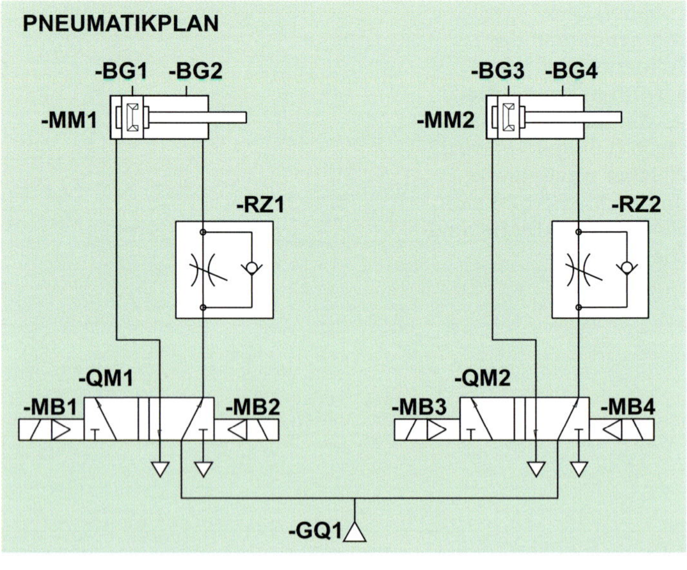

Prozessbeschreibung
Mit der Prägevorrichtung sollen Werkstücke gekennzeichnet werden. Nach Betätigung des Start-Tasters -SF1 fährt der Spannzylinder -MM1 aus, schiebt das Werkstück unter den Prägestempel und spannt es. Hat der Spannzylinder seine vordere Endlage erreicht (-BG2 = 1), fährt der Prägezylinder -MM2 ganz aus, prägt das Werkstück für fünf Sekunden und fährt dann wieder ein. Ist der Prägezylinder eingefahren (-BG1 = 1), fährt der Spannzylinder ein. Das Werkstück kann entnommen werden.
Systemdaten
- **Max. Magazinspeicherkapazität: 15 Stahlplatten (m = 2 kg pro Platte)**
- **Material des Verschiebebodens: Polytetrafluorethylen**
- **Material des Schiebers: Stahl (m = 2 kg)**
- **Prägezeit: 5 Sekunden**
- **Systemdruck: 6 bar**
- **pneumatischer Wirkungsgrad: 88 Prozent**

94.1 Berechnen Sie die Kraft, die vom Spannzylinder -MM1 aufgebracht werden muss.

Statt mit $g = 9{,}81\,\frac{\text{m}}{\text{s}^2}$, wird vereinfacht mit $g = 10\,\frac{\text{m}}{\text{s}^2}$ gerechnet.

Normalkraft Stahl auf Stahl:
Haftreibungszahl (trocken): $\mu = 0{,}20$

$F_{N1} = 14 \cdot m \cdot g = 14 \cdot 2\,\text{kg} \cdot 10\,\frac{\text{m}}{\text{s}^2}$

$F_{N1} = 280\,\text{N}$

Reibungskraft Stahl auf Stahl:

$F_{R1} = \mu \cdot F_{N1} = 0{,}2 \cdot 280\,\text{N}$

$F_{R1} = 56\,\text{N}$

Normalkraft Stahl auf PTFE:
Haftreibungszahl (trocken): $\mu = 0{,}04$

$F_{N2} = 15 \cdot m \cdot g = 15 \cdot 2\,\text{kg} \cdot 10\,\frac{\text{m}}{\text{s}^2}$

$F_{N2} = 300\,\text{N}$

Reibungskraft:

$F_{R2} = \mu \cdot F_{N2} = 0{,}04 \cdot 300\,\text{N}$

$F_{R2} = 12\,\text{N}$

Gesamtreibungskraft:

$F_R = F_{R1} + F_{R2} = \mathbf{68\,N}$

94.2 Dimensionieren Sie mit Hilfe des Tabellenbuches den Norm-Spannzylinder -MM1 für einen Betriebsdruck von 6 bar und einen Zylinderwirkungsgrad von 88 %. Überprüfen Sie Ihr Ergebnis durch Berechnung.

Pneumatikzylinderabmaße:

Bei der Dimensionierung des Zylinders ist das Einfahren des Schiebers die entscheidende Größe.
Die Zugkraft des doppelt wirkenden Zylinders -MM1 sollte größer gleich 68 N betragen.
Nach Tabellenbuch:

- Kolbendurchmesser 16 mm
- Kolbenstangendurchmesser 8 mm
- Zugkraft 79 N ≥ 68 N

Überprüfung durch Berechnung:

Die Kolbenringfläche muss eine Zugkraft erzeugen, die größer als die Reibkraft ist.

$$F_{Zug} = A_{Ring} \cdot p_e \cdot \eta$$

$$A_{Ring} = \frac{\pi \cdot (D^2 - d^2)}{4} = \frac{\pi \cdot (1{,}6^2 - 0{,}8^2)\ cm^2}{4}$$

$$A_{Ring} = 1{,}51\ cm^2$$

$$F_{Zug} = 1{,}51\ cm^2 \cdot 60 \frac{N}{cm^2} \cdot 0{,}88$$

$$F_{Zug} = 79{,}73\ N \geq F_R = 68\ N \quad \text{i.O}$$

94.3 Die Steuerung der Prägevorrichtung soll mit einer Ablaufsteuerung (Schrittkette) erfolgen. Erläutern Sie, wie im Stromlaufplan ein Schritt gesetzt und rückgesetzt wird.

Ein Schritt wird gesetzt, indem der vorangegangene Schritt aktiv ist UND die vorangegangenen Weiterschaltbedingungen (Transitionen) erfüllt sind.
Ein Schritt wird durch den Folgeschritt zurückgesetzt.
Im Stromlaufplan werden die Schritte durch Relais dargestellt.
Da zu Prozessbeginn die Anlage den Anfangsschritt nicht kennt, wird er z. B. durch ein eigenes Relais gesetzt (initialisiert).

94.4 **Planen Sie die Ablaufsteuerung (Schrittkette) mit Hilfe eines GRAFCET.**

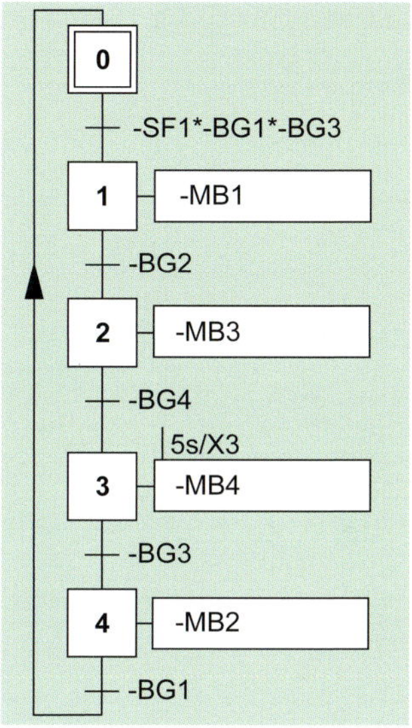

94.5 **Stromlaufplan**
Erstellen Sie den Steuerteil der Prägevorrichtung als Schrittkette, wenn mit dem Relais -KF5 (angesteuert durch den Taster -SF0) der Anfangsschritt initialisiert (gesetzt) wird, alle anderen Schritte zurückgesetzt werden und die Anlage in Grundstellung gefahren wird.
Erläutern Sie den Ablauf.

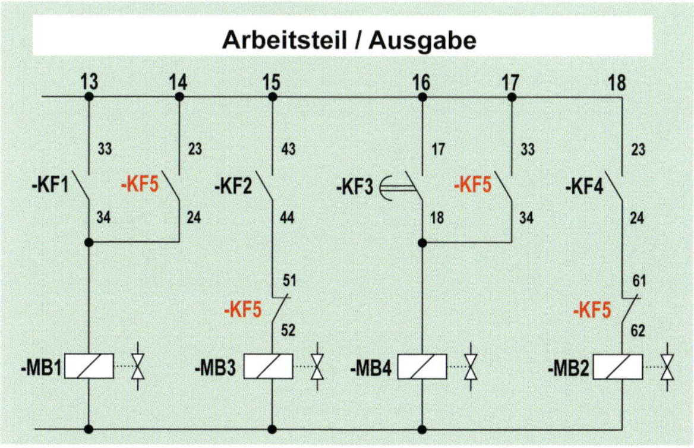

Lösung der Aufgabe **94.5** Steuerteil des Stromlaufplans

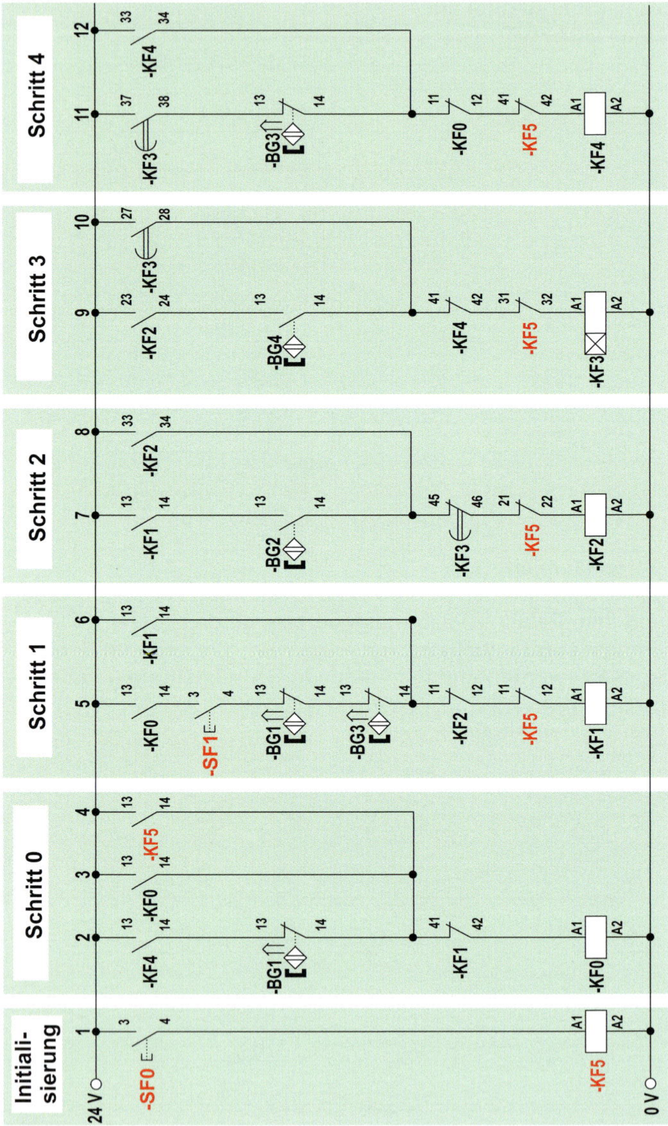

Fortsetzung Lösung **94.5** Ablaufbeschreibung

Initialisierung
Durch Betätigung des Tasters -SF0 im Strompfad 1, wird das Relais -KF5 erregt und setzt im Strompfad 4 den Anfangsschritt Schritt 0 (-KF0 = 1). Gleichzeitig werden die Schritte 1 bis 4 zurückgesetzt. Im Arbeitsteil werden die Ventilmagnete -MB2 und -MB4 angesteuert und eine eventuelle Ansteuerung der Ventilmagnete -MB1 und -MB3 unterbrochen.

Schritt 0 (Anfangsschritt)
Der Schritt 0 wird gesetzt (-KF0), wenn der Schritt 4 (-KF4) aktiv ist UND sich der Spannzylinder in der hinteren Endlage (-BG1 = 1) befindet ODER die Initialisierung erfolgte.
Der Schritt 1 (-KF1) setzt den Schritt 0 zurück.

Schritt 1
Der Schritt 1 (-KF1) wird gesetzt, wenn der Schritt 0 (-KF0) aktiv ist UND sich der Spannzylinder in der hinteren Endlage (-BG1 = 1) befindet UND sich der Prägezylinder in der hinteren Endlage (-BG3 = 1) befindet UND der Starttaster -SF1 betätigt ist.
Der Schritt 2 (-KF2) setzt den Schritt 1 zurück.

Schritt 2
Der Schritt 2 (-KF2) wird gesetzt, wenn der Schritt 1 (-KF1) aktiv ist UND sich der Spannzylinder in der vorderen Endlage (-BG2 = 1) befindet.
Der Schritt 3 (-KF3) setzt den Schritt 2 zurück.

Schritt 3
Der Schritt 3 (-KF3) wird gesetzt, wenn der Schritt 2 (-KF2) aktiv ist UND sich der Prägezylinder in der vorderen Endlage (-BG4 = 1) befindet.
Der Schritt 4 (-KF4) setzt den Schritt 3 zurück.

Schritt 4
Der Schritt 4 (-KF4) wird gesetzt, wenn der Schritt 3 (-KF3) aktiv ist UND sich der Prägezylinder in der hinteren Endlage (-BG3 = 1) befindet.
Der Schritt 0 (-KF0) setzt den Schritt 4 zurück.

6.8 CNC-Steuerungen

95 Wofür stehen die Kurzzeichen NC, CNC, DNC?

NC Numerical Control, numerische Steuerung

CNC Computerized Numerical Control, numerische Steuerung mit Computer

DNC Direct Numerical Control, numerische Steuerung durch übergeordneten Rechner

96 Welche Vorteile bietet die CNC-Fertigung?

- hohe Flexibilität und Wirtschaftlichkeit (kurze Fertigungszeiten)
- hohe Fertigungs- und Wiederholgenauigkeit (Serienfertigung)
- gespeicherte Fertigungsprogramme
- Komplettbearbeitung komplexer Werkstücke

97

a) Begründen Sie, warum die Verwendung von Trapezgewindetrieben, wie sie bei konventionellen Werkzeugmaschinen verwendet werden, für CNC-Maschinen ungeeignet sind.

b) Welche Gewindetriebe werden bei CNC-Maschinen verwendet? Begründen Sie.

a) Um eine genaue und schnelle Positionierung der Schlitten zu erreichen, müssen die Lagerung des Schlittens und die Wandlung der Bewegungen möglichst spielfrei und reibungsarm erfolgen. Diese Forderung können Trapezgewinde wegen der Gleitreibung und ihres Spiels nicht erfüllen.

b) Kugelgewindetriebe:
In ihnen herrscht zwischen den Spindeln, Kugeln und Muttern spielfreie Rollreibung. Dadurch reduziert sich die Reibung im Vergleich zu Trapezgewinden auf einen Bruchteil. Weitere Vorteile sind: geringe Erwärmung und Verschleiß, kein *Stick-Slip-Effekt,* hohe Umdrehungsfrequenzen und gleichbleibende Genauigkeit.

98 Welche Anforderungen sollen die Vorschubantriebe erfüllen?

Sie sollen:
- hohe Beschleunigungen erzielen,
- sehr große Eilgang- und sehr kleine Vorschubgeschwindigkeiten ermöglichen,
- große Vorschubkräfte erreichen,
- große Positioniergenauigkeiten aufweisen,
- hohe Steifigkeit besitzen.

99 Das Wegmesssystem zur Erfassung der Schlittenposition wird entweder am Messort 1 oder am Messort 2 eingebaut. Benennen Sie die Messsysteme, die je nach Einbauort unterschieden werden und beschreiben Sie deren Besonderheiten.

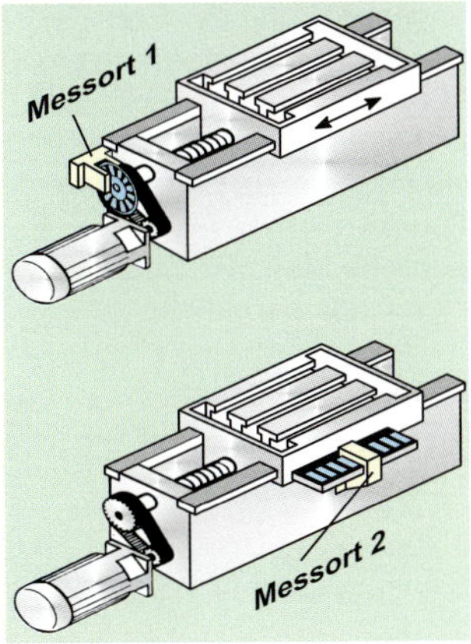

- Erfolgt die Messwerterfassung am Messort 1, spricht man von einem *indirekten Messsystem.*
  Die Verfahrbewegung des Schlittens wird über die Drehung der Kugelgewindespindel erfasst. Ein Drehgeber (Resolver) registriert dabei die Drehbewegung einer Impulsscheibe, welche mit der Arbeitsspindel verbunden ist. In der Steuerung werden aus den Umdrehungsimpulsen die Schlittenbewegungen errechnet.
  Problematisch ist, dass ein eventuelles Spindelspiel das Messwertergebnis verfälschen kann.
- Erfolgt die Messwerterfassung am Messort 2, spricht man von einem *direkten Messsystem.*
  Direkte Wegmesssysteme werden meist als lineare Messwertgeber direkt am Maschinentisch montiert und erfassen die tatsächliche Verfahrbewegung des Maschinentisches oder des Werkzeugschlittens.
  Sie sind zwar teuer, dafür aber genau.

6

100 **Benennen Sie die abgebildete Wegmessungsart und zählen Sie die wesentlichen Merkmale auf.**

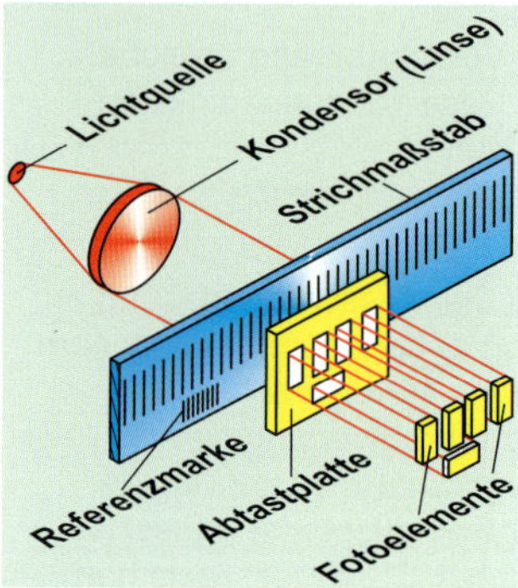

Die Abbildung zeigt eine inkrementale Wegmessung.
Merkmale:

- Strichmaßstab ohne Maßeintragung.
- Gemessen wird durch das schrittweise Zählen der Strichabstände zwischen Anfangspunkt und Endpunkt einer Bewegung.
  (Inkrement = kleinster Schritt, meist 1 µm)
- Beim Start der Maschine oder bei Stromausfall muss ein bekannter Punkt, der Referenzpunkt, angefahren werden.
- Der Nullpunkt ist frei wählbar.

101 **Wie wird das abgebildete Wegmesssystem bezeichnet und wie erfolgt die Wegmessung?**

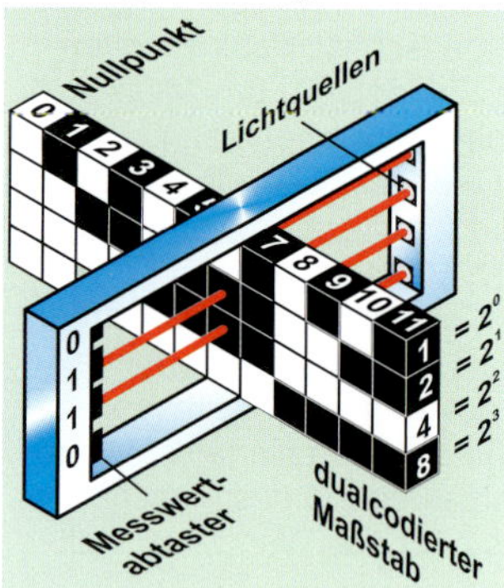

Die Abbildung zeigt eine absolute Wegmessung.
Der Anfangspunkt und der Endpunkt einer Bewegung werden vom Nullpunkt aus angegeben. D.h. jede Wegstelle hat eine zahlenmäßig bestimmte Position als Entfernung vom Nullpunkt.
Die tatsächliche Maßzahl wird aus dem dualen Code berechnet.
Hier:
Der Dualcode 0 1 1 0 ergibt:

$0 \cdot 2^3 + 1 \cdot 2^2 + 1 \cdot 2^1 + 0 \cdot 2^0 = \mathbf{6}$

102 Im räumlichen dreiachsigen Koordinatensystem stehen die Koordinatenachsen X, Y und Z senkrecht aufeinander.

a) Was besagt die „Rechte-Hand-Regel“ über die Lage der Achsen zueinander?

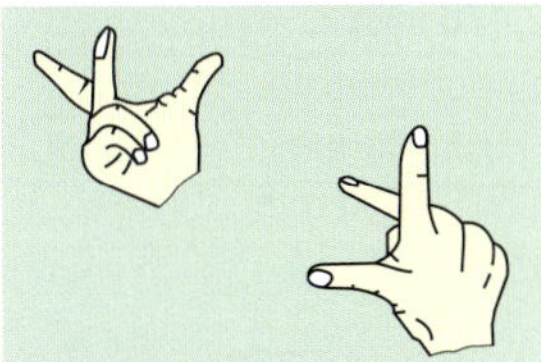

b) Welche Lage hat die Z-Richtung und wie ist ihre positive Richtung festgelegt?

a) Die Lage der Achsen zueinander ist in DIN 66217 festgelegt und kann durch die „Rechte-Hand-Regel“ anschaulich gemacht werden:
Hält man Daumen, Zeigefinger und Mittelfinger der rechten Hand senkrecht zueinander, so weisen die Finger in folgende positive Achsrichtungen:

- Daumen ⇨ X-Richtung,
- Zeigefinger ⇨ Y-Richtung,
- Mittelfinger ⇨ Z-Richtung.

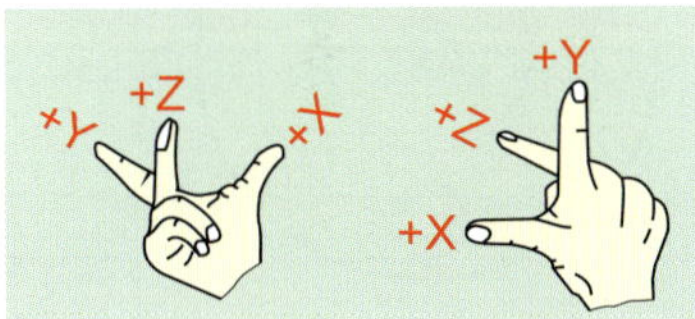

b) Die Z-Richtung liegt immer parallel zur Arbeitsspindel. Ihre positive Richtung ist so festgelegt, dass das Werkstück mit zunehmendem Werkzeugabstand größer würde.

103 Die Abbildung zeigt schematisch eine Waagerechtfräsmaschine. Tragen Sie mit Hilfe der „Rechte-Hand-Regel“ die positiven Achsrichtungen X, Y und Z ein.

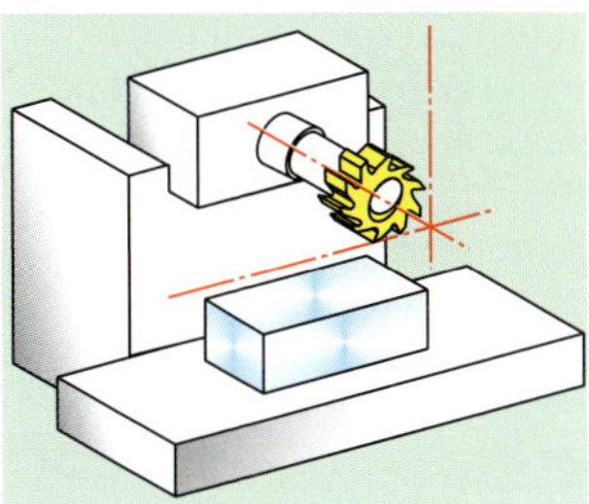

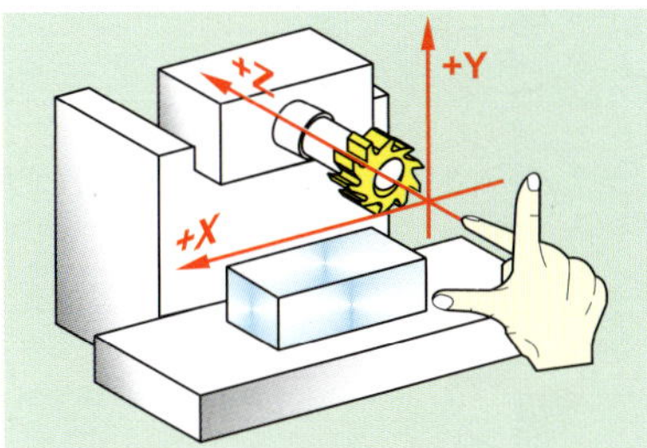

- Daumen ⇨ X-Richtung,
- Zeigefinger ⇨ Y-Richtung,
- Mittelfinger ⇨ Z-Richtung, parallel zur Arbeitsspindel

104 Berechnen Sie die Bohrungsmittelpunktskoordinaten P1, P2 und P3 im Absolutmaß, wenn der Lochkreisdurchmesser 75 mm beträgt und die Bohrungen um 120° gegeneinander versetzt sind.

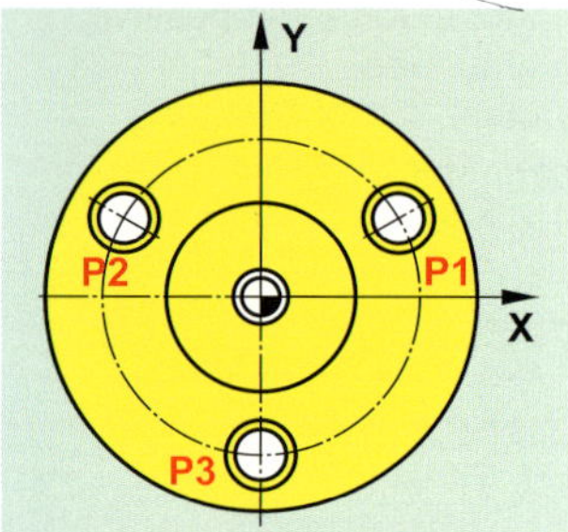

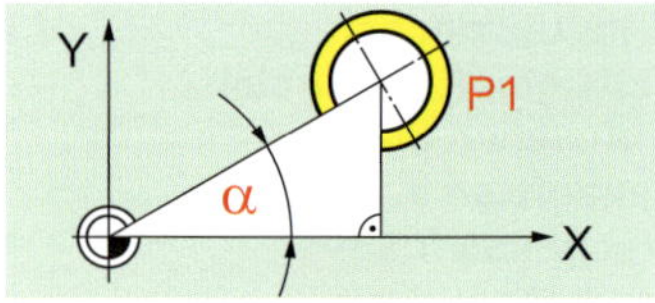

$$\cos\alpha = \frac{\text{Ankathete}}{\text{Hypotenuse}} = \frac{X_{P1}}{R_{\text{Lochkreis}}}$$

$X_{P1} = \cos 30° \cdot 37{,}5\,\text{mm}$

$X_{P1} = \mathbf{32{,}476\,mm}$

$$\sin\alpha = \frac{\text{Gegenkathete}}{\text{Hypotenuse}} = \frac{Y_{P1}}{R_{\text{Lochkreis}}}$$

$Y_{P1} = \sin 30° \cdot 37{,}5\,\text{mm}$

$Y_{P1} = \mathbf{18{,}750\,mm}$

P1: (**32,476** / **18,750**)
P2: (–**32,476** / **18,750**)
P3: (**0,000** / –**37,500**)

105 Benennen Sie die abgebildeten Bezugspunktsymbole und geben Sie deren Bedeutung an.

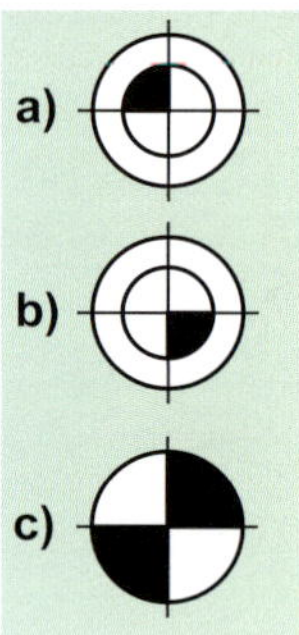

a) *Maschinennullpunkt* M:
Ist der Ursprung des Maschinen-Koordinatensystems und wird vom Hersteller festgelegt.

b) *Werkstücknullpunkt* W:
Wird als Ursprung des Werkstück-Koordinatensystems vom Programmierer nach fertigungstechnischen Gesichtspunkten festgelegt.

c) *Referenzpunkt* R:
Ist als Ursprung des inkrementalen Wegmesssystems ein je Achse festgelegter Punkt im Arbeitsbereich einer CNC-Werkzeugmaschine, mithilfe dessen die jeweilige Ausgangsposition bestimmt wird.

106 Die dargestellten Werkstücke sollen auf einer CNC-Fräsmaschine hergestellt werden. Benennen und beschreiben Sie die Steuerungsart, die dafür jeweils erforderlich ist.

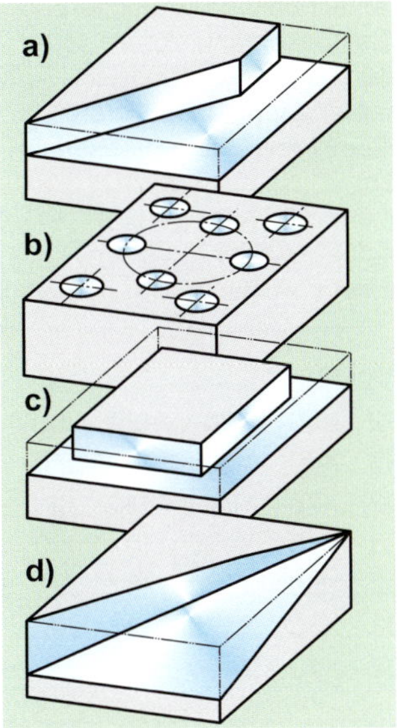

a) *2D-Bahnsteuerung:*
Die Maschine verfügt über zwei Vorschubantriebe, die beliebige Geraden oder Kreisbögen erzeugen können.

b) *Punktsteuerung:*
Das Werkzeug bzw. Werkstück fährt im Eilgang von einer Bearbeitungsstelle zur nächsten. Das Werkzeug befindet sich nicht im Eingriff, d. h. die Bearbeitung wird erst durchgeführt, wenn der Zielpunkt erreicht ist.

c) *Streckensteuerung:*
Bei dieser Steuerungsart wird nacheinander immer nur in einer Achsrichtung gefahren. Alle Arbeitsbewegungen sind deshalb achsparallel. Es können nur rechtwinklig zueinander angeordnete Flächen bearbeitet werden.

d) *3D-Bahnsteuerung:*
Die Steuerung kann mit drei oder mehr Vorschubantrieben beliebige Geraden oder Kreisbögen im Raum erzeugen.

6

107 Beschreiben Sie den Unterschied zwischen einer 2½D-Bahnsteuerung und einer 3D-Bahnsteuerung.

Bei einer 2½D-Bahnsteuerung sind zwar drei Achsen steuerbar, es können jedoch stets nur zwei Achsen gleichzeitig gesteuert werden.
Bei einer 3D-Bahnsteuerung können alle drei Achsen gleichzeitig gesteuert werden.

108 **Bei kreisförmigen Arbeitsbewegungen wird der Endpunkt des Kreises „absolut“ und die Mittelpunktskoordinaten meistens „inkremental“ programmiert.**

a) Worin unterscheidet sich hierbei die Absolutmaßprogrammierung von der Inkrementalmaßprogrammierung?

b) Welche Adressbuchstaben erhalten hierbei die Kreismittelpunktskoordinaten der X-, Y- und Z-Achse?

a) Bei der Absolutmaßprogrammierung werden die tatsächlichen Abstände der Maße des Endpunktes zum Werkstücknullpunkt programmiert.
Bei der Inkrementalmaßprogrammierung wird die Entfernung vom Startpunkt der Kreisbewegung zum Mittelpunkt programmiert.

b) Die Kreismittelpunktskoordinaten erhalten für den Abstand vom Kreisanfangspunkt zum Kreismittelpunkt folgende Adressbuchstaben:
I auf der X-Achse
J auf der Y-Achse
K auf der Z-Achse

109 **Programmieren Sie die Fräskontur vom Startpunkt P_A bis zum Endpunkt P_E.**
Der Fräser ist bei P_A bereits auf Frästiefe eingetaucht.

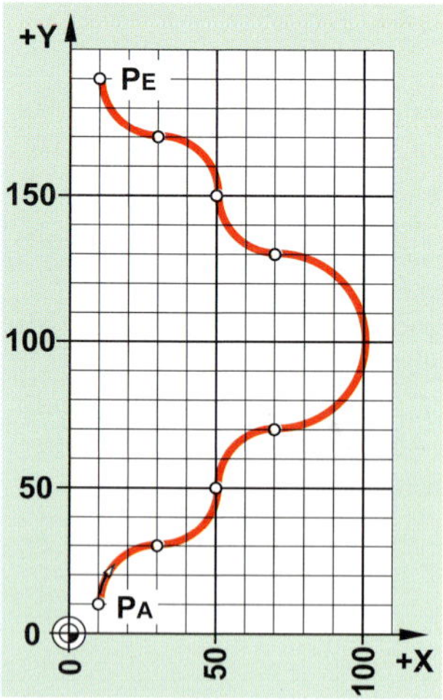

CNC-Programm:

N10	G2	X30	Y30	I20	J0
N20	G3	X50	Y50	I0	J20
N30	G2	X70	Y70	I20	J0
N40	G3	X70	Y130	I0	J30
N50	G2	X50	Y150	I0	J20
N60	G3	X30	Y170	I20	J0
N70	G2	X10	Y190	I0	J20

G2 kreisförmige Bewegung im Uhrzeigersinn
G3 kreisförmige Bewegung im Gegenuhrzeigersinn

110 Begründen Sie, welcher der Sätze N10 bis N40 für die Kreisprogrammierung von P0 nach P1 gilt, wenn sich der Drehmeißel
a) vor der Drehmitte,
b) hinter der Drehmitte befindet.

N10	**G3**	**X36**	**Z24**	**I8**	**K0**
N20	**G2**	**X36**	**Z24**	**I8**	**K0**
N30	**G3**	**X36**	**Z24**	**I0**	**K8**
N40	**G2**	**X36**	**Z24**	**I0**	**K8**

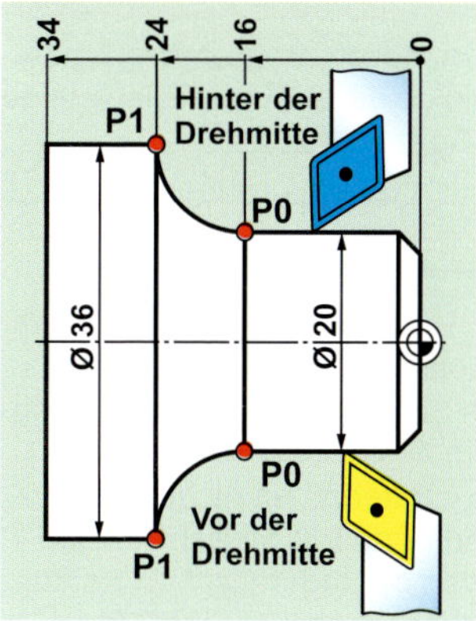

Für beide Fälle gilt der Satz N20.
Begründung:
Das Programm muss unabhängig von der verwendeten Drehmaschine sein. Bei einer Schrägbettdrehmaschine befindet sich der Drehmeißel hinter der Drehmitte und die Programmierung der Kreisbewegung erfolgt im Uhrzeigersinn, wie beim Fräsen.
Befindet sich der Drehmeißel vor der Drehmitte, wird auf einer Flachbettdrehmaschine gefertigt. In diesem Fall betrachtet man die X-Z-Ebene um 180° „umgeklappt". Dies ist bei der Festlegung der Drehrichtung des Kreises entsprechend zu berücksichtigen.

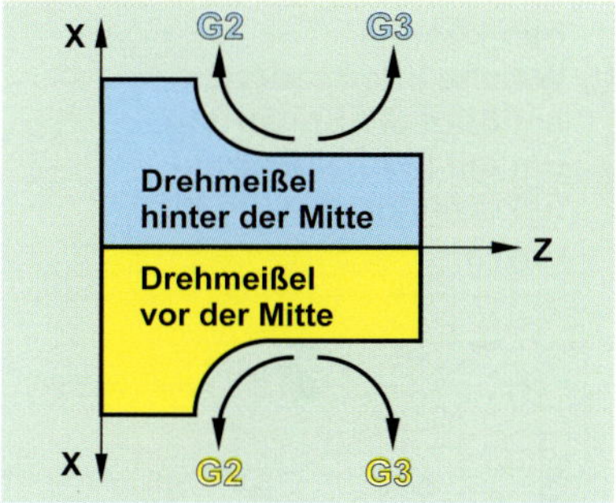

111 An welche Stelle wird bei Drehteilen der Werkstücknullpunkt gelegt?

Bei Drehteilen liegt der Werkstücknullpunkt immer auf der Drehachse und meistens an der frei zugänglichen rechten Planfläche, seltener an der linken Planfläche.

112 Warum wird beim Plan- oder Kegeldrehen die Wegbedingung „G96" aufgerufen?

Bei diesen Drehverfahren ändert sich während des Drehens der Durchmesser. Durch Aufruf von G96 wird die Drehzahl entsprechend dem Durchmesser verändert und die Schnittgeschwindigkeit bleibt konstant.

113 CNC Drehen

a) Schreiben Sie das CNC-Schlichtprogramm der Kontur zwischen den Punkten P0 und P1. Der Drehmeißel steht bei X25/Z2.

b) An welchen Konturelementen des abgebildeten Drehteils entstehen Maßabweichungen, wenn keine Schneidenradiuskorrektur aufgerufen wird.

c) Beschreiben Sie, mit Skizze, warum ohne Schneidenradiuskorrektur Konturfehler entstehen können.

d) Welche Informationen benötigt die Steuerung, um die Schneidenradiuskorrektur durchzuführen?

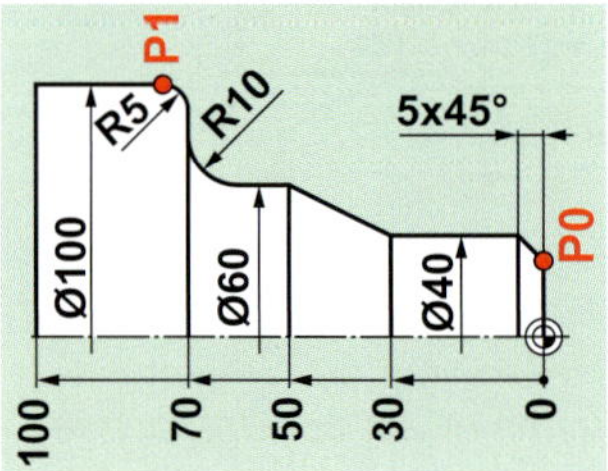

a) CNC-Schlichtprogramm:

N	G	X	Z	I	K
10	G1	X 30	Z 0		
11		X 40	Z 5		
12			Z 30		
13		X 60	Z 50		
14			Z 60		
15	G2	X 80	Z 70	I 10	K 0
16	G1	X 90			
17	G3	X100	Z 75	I 0	K 5

b) An den Schrägen und den Kreisbögen.

c) Bei Drehteilen programmiert man so, als ob die Drehmeißelschneide eine Spitze P hätte.

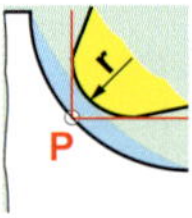

In Wirklichkeit besitzt der Drehmeißel, aus Gründen der Stabilität, des Verschleißes und der besseren Oberflächengüte, einen Schneidenradius *r*. Wird dieser Radius nicht berücksichtigt, dann entstehen an nicht achsparallelen Konturen Maßabweichungen von der theoretischen Kontur.

d) Aufruf der Wegebefehle G41 oder G42. Im Werkzeugkorrekturspeicher müssen die Größen des Schneidenradius *r*, die Werkzeuglängen Q (Querablage der X-Achse) und L (Längenkorrektur der Z-Achse) sowie die Lage-Kennziffer (hier Ziffer 3) des Werkzeugschneidepunktes P bezogen auf den Mittelpunkt des Schneidenradius *r* abgelegt sein.

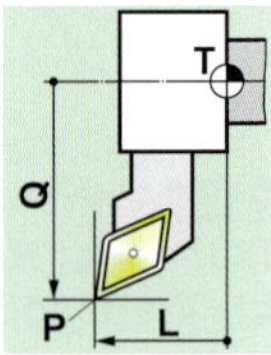

(Werkzeugträger-Bezugspunkt T = E Werkzeug-Bezugspunkt)

114 Erläutern Sie den Unterschied zwischen „satzweise wirksamen“ und „modal wirksamen“ G-Funktionen.

Satzweise wirksame G-Funktionen, wie G4 oder G74, sind nur in dem Satz wirksam, in dem sie programmiert wurden. Sie müssen in jedem erforderlichen Satz neu geschrieben werden.
Modal wirksame G-Funktionen, wie G0 oder G1, sind selbsthaltend und müssen nur im Satz ihres Wirkungsbeginnes geschrieben werden. Sie sind auch in allen folgenden Sätzen wirksam, bis sie durch eine andere G-Funktion aufgehoben bzw. gelöscht werden.

115 Erläutern Sie die Notwendigkeit einer Nullpunktverschiebung und geben Sie den NC-Satz für die abgebildete Nullpunktverschiebung an.

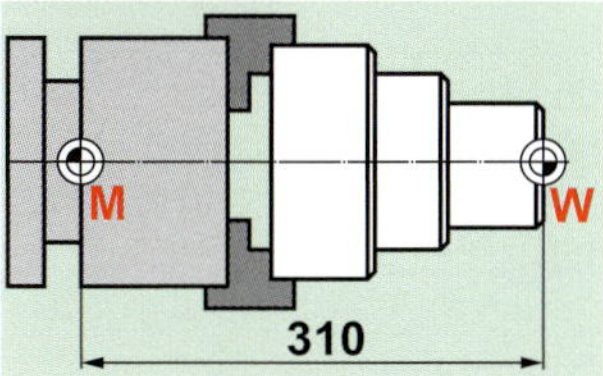

Ohne Nullpunktverschiebung müssten sich bei der Programmierung alle Werkstückkonturmaße auf den Maschinennullpunkt beziehen. Die Maße sollen aber vom frei gewählten Werkstücknullpunkt ausgehen, deshalb müssen der Steuerung die Koordinatenabstände vom Maschinennullpunkt zum Werkstücknullpunkt mitgeteilt werden.

Satz: G54 X0 Z310

116 Worin unterscheidet sich ein „Unterprogramm“ von einem „Zyklus“?

Die Folge von Sätzen eines Unterprogramms können geändert, gelöscht oder neu erstellt werden. Zyklen dagegen sind zu einer Maschine gehörende, im Speicher fest abgelegte und nicht löschbare Unterprogramme.

117 Warum werden im Unterprogramm die Koordinaten meistens inkremental eingegeben?

Weil das Unterprogramm dann von jeder beliebigen Stelle aus wiederholt aufgerufen oder in andere Programme übernommen werden kann.

6

118 CNC-Drehprogramm

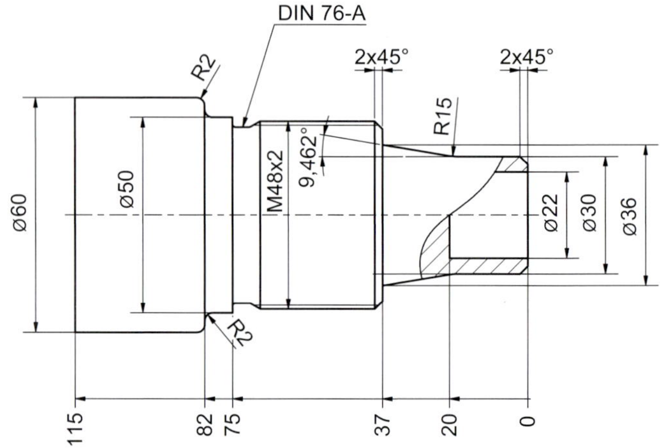

Erstellen Sie für den abgebildeten Gewindebolzen ein CNC-Drehprogramm.

```
%
O103
G54 X0 Z203; Nullpunktverschiebung
G26
T404 M06; Plandrehen
G96 V180 F0.3 M04
G00 X62 Z0
G01 X-0.8
G26
T1616 M06; Bohren
S1000 F0.2 M04
G00 X0 Z2
G01 Z-20
G00 Z2
G26
T404 M06; Schruppen
G96 V180 F0.3 M04
G00 X62 Z2
G71 P10 Q20 I0.2 K0.1 D3
G26
T505 M06; Schlichten
G96 V250 F0.1 M04
G00 X26 Z2
G46
```

Fortsetzung der Lösung **118**

```
N10 G01 X26 Z0
X30 Z-2
G01 X30 A180 R15
G01 X36 Z-37 A-9.462
X44
X47.9 Z-39
Z-75
X50
Z-80
G02 X54 Z-82 I2 K0
G01 X56
G03 X60 Z-84 I0 K-2
N20 G01 X62
G40
G26
T202 M06; Gewindefreistich
G96 V100 F0.1 M04
G00 X49 Z-68
G46
G01 X47.9
G01 X45 A210
G01 Z-75
G01 X52
G40
G26
T303 M06; Gewindeschneiden
G96 V100 M04
G00 X49 Z-36
G76 X45.55 Z-71 K1.225 F2.000
 H8 D0.05
G26
M30
%
```

Traub TX 8F

119 In das Werkstück aus S235JR sollen die Buchstaben „CC“ 3 mm tief eingefräst werden. Arbeiten Sie das gegebene Hauptprogramm %17.1 Satz für Satz durch. Erstellen Sie für die Gravur das Unterprogramm L80 (Eintauchpunkt des Fräsers bei X30 Y20) und beschreiben Sie die einzelnen Sätze des Unterprogramms.

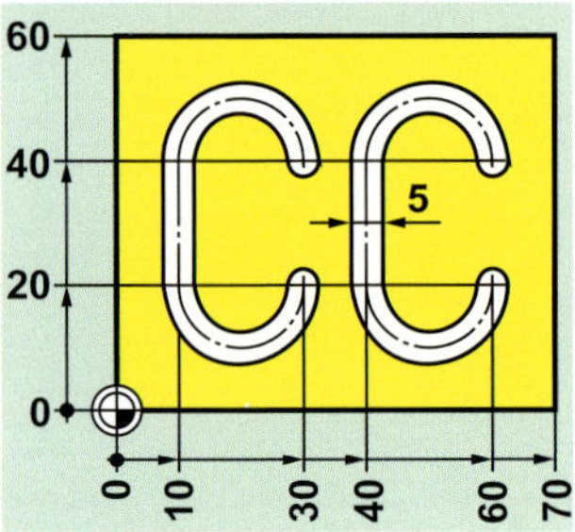

Hauptprogramm

%17.1

N10	**G17**
N15	**G54**
N20	**T7 M06**
N25	**F80 S1910 M03**
N30	**G0 X0 Y40**
N35	**G0 Z1**
N40	**G22 L80 H2**
N45	**G0 Z100 M08**
N50	**G0 X150 Y150**
N55	**M30**

Durch den Aufruf von L80 H2 im Hauptprogramm (Satz N40) wird das folgende Unterprogramm zweimal durchlaufen.

L80

N60	G91
N65	G0 X30 Y-20
N70	F40
N75	G1 Z-4 M07
N80	F80
N85	G2 X-20 Y0 I-10 J0
N90	G1 Y20
N95	G2 X20 Y0 I10 J0
N100	G0 Z4
N105	G90
N110	M17

N60: Aufruf der inkrementalen Maßeingabe.

N65: Inkrementales Anfahren des Eintauch-Startpunktes.

N70: Wahl halber Vorschub.

N75: Eintauchen auf Gravurtiefe und Einschalten der Kühlung.

N80: Normaler Vorschub.

N85 bis N95:
Inkrementale Programmierung des unteren Halbkreises, der Geraden und des oberen Halbkreises im Buchstaben „C“.

N100: Inkrementales Herausfahren des Fräsers, 1 mm über das Werkstück.

N105: Aufheben der Inkrementalmaßeingabe durch Aufruf der absoluten Maßeingabe.

N110: Rücksprung in das Hauptprogramm.

120 Bahnkorrektur:

a) Erklären Sie den Begriff „Äquidistante“.

b) Welchen Vorteil hat die Werkzeugbahnkorrektur?

c) Wie entscheiden Sie, ob die Bahnkorrektur mit G41 oder G42 aufgerufen wird?

d) Geben Sie das richtige G-Wort zur Werkzeugbahnkorrektur für die skizzierten Fräserbewegungen A bis D an.

e) Mit welchem Befehl wird die Werkzeugbahnkorrektur aufgehoben?

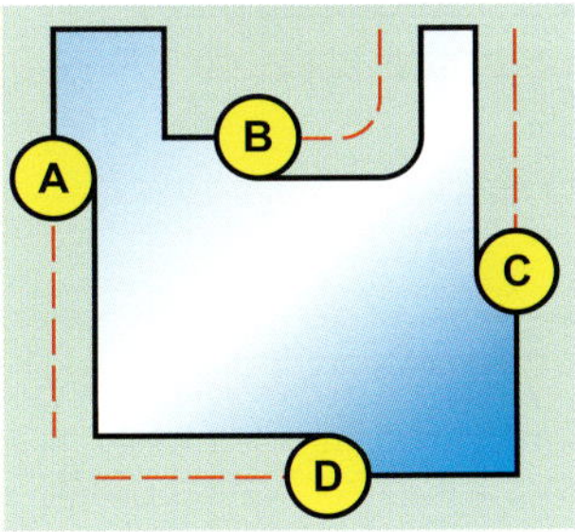

a) Beim Fräsen ist die Bahn des Fräsermittelpunktes gegenüber der erzeugten Werkstückkontur um den Werkzeugradius versetzt. Diese Bahn des Fräsermittelpunktes wird Äquidistante genannt; siehe gestrichelte Linien in der Abbildung.

b) Bei der Programmierung der Fräsermittelpunktsbahn kommen die Maße des Werkstücks nicht vor, d. h. die Zeichnungsmaße können nicht programmiert werden. Ein Werkzeugwechsel mit anderem Radius würde jedes Mal ein neues NC-Programm erfordern. Die Werkzeugbahnkorrektur erlaubt es, die Fertigkontur unabhängig vom Werkzeugdurchmesser zu programmieren. Der aktuelle Fräserradius wird durch den Tool-Aufruf bei Bearbeitungsbeginn in die Steuerung eingegeben, die dann selbstständig die Äquidistante ermittelt.

c) Aufruf von
G41, wenn der Fräser sich in Vorschubrichtung links der gewünschten Kontur bewegt.
Merkhilfe G4l = links
G42, wenn der Fräser sich in Vorschubrichtung rechts der gewünschten Kontur bewegt.

d) Fräser A: G41
Fräser B: G42
Fräser C: G41
Fräser D: G42

e) Der Befehl G40 hebt die Werkzeugbahnkorrektur auf.

6

121 Das auf der Zeichnung dargestellte Werkstück FL 120 x 15 DIN 1017 – S235JR soll auf einer CNC-Senkrecht-fräsmaschine im Gleichlauf gefräst werden.

a) Arbeiten Sie sich in die Zeichnung des zu fertigenden Werkstücks ein und berechnen Sie die fehlenden Koordinaten der Positionen P1 bis P4.

b) Arbeiten Sie sich in das auf der nächsten Seite folgende unvollständige Programm (% 17.1) ein und nennen Sie die Arbeitsfolgen, die der Programmierer vorgesehen hat.

c) Ergänzen Sie im Hauptprogramm die fehlenden Sätze N105 bis N185, sowie die gelb unterlegten Sätze N195, N225, N280 und N290.

- ***Werkzeugformdatei, siehe Kapitel 6.8.1***
- ***Bei Toleranzen ist von der Toleranzmitte auszugehen.***

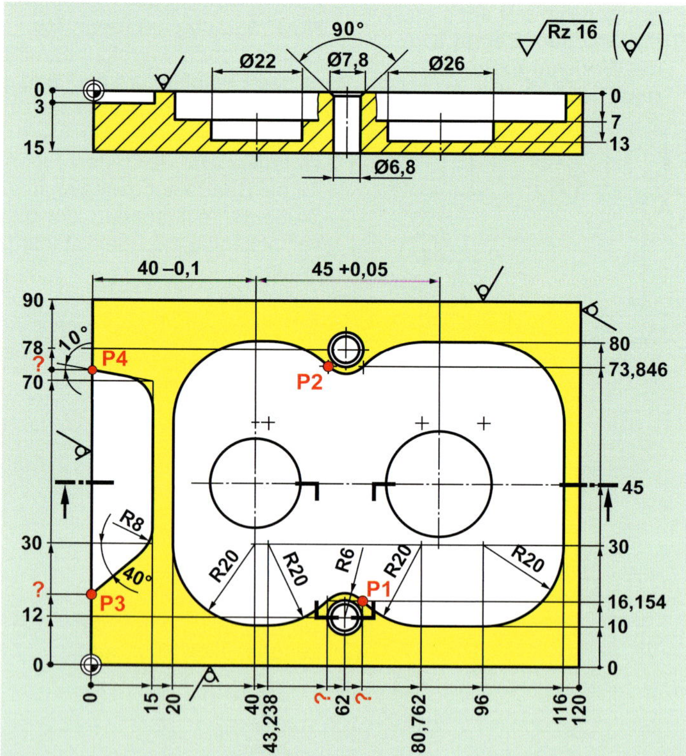

Programmblatt 1 von 2
% 17.1

```
N05   G17
N10   G54
N15   G0   Z100
N20   G0   X150   Y150
N25   T8   M06
N30   F55  S690   M03
N35   G0   X68    Y45
N40   G0   Z1     M07
N45   G72  ZA-7   LP94   BP53   D2.5   V1
N50   G79  X68    Y45
N55   G0   Z100   M08
N60   G0   X150   Y150
N65   T4   M06
N70   F70  S690   M03
N75   G0   X42    Y289
N80   Z-6  M07
N85   G1   Z-7
N90   G41
N95   G1   X52    Y28
N100  G3   X62    Y18    I10    J0    ;Anfahren an die Kontur
N105
N110
N115
N120
N125
N130
N135
N140
N145
N150
N155
N160
N165
N170
N175
N180
N185
N190  G3   X72    Y28    I0     J10   ;Verlassen der Kontur
N195
N200  G1   X62    Y28
N205  G0   Z1
N210  G0   X-20   Y27
```

Programmblatt 2 von 2

```
N215 G0 Z-3
N220 G41
N225
N230 G1 X15 Y30
N235 G1 Y70
N240 G1 X0 Y72.645
N245 G40
N250 G1 X-10 Y62
N255 G0 Z100 M08
N260 G0 X150 Y150
N265 T9 M06
N270 F60 S550 M03
N275 G73 ZA-13 R11 D2.5 V8 M07
N280
N285 G79
N290 G73 ZA-13 R13 D2.5 V8
N291
N295 G0 Z100 M08
N300 G0 X150 Y150
N305 T1 M06
N310 F100 S1220 M03
N315 G0 X62 Y12 M07
N320 G0 Z1
N325 G1 Z-3.9
N330 G0 Z1
N335 G0 Y78
N340 G1 Z-3.9
N345 G0 Z100 M08
N350 G0 X150 Y150
N355 T10 M06
N360 F120 S1440 M03
N365 G0 X62 Y12
N370 G0 Z1 M07
N375 G1 Z-18
N380 G0 Z1
N385 G0 Y78
N390 G1 Z-18
N395 G0 Z100 M08
N400 G0 X150 Y150
N405 M30
```

Lösung der Aufgabe **121**

a) P1: X 66,33   P2: X 57,67   P3: Y 17,414   P4: Y 72,645

b) Arbeitsschritte:
- Vorfräsen der Innenkontur, 7 mm tief mit Werkzeug T8
- Fertigfräsen der Innenkontur, 7 mm tief mit Werkzeug T4
- Fräsen der Aussparung links, 3 mm tief mit Werkzeug T4
- Fräsen der Kreistasche Ø22 mm, 13 mm tief mit Werkzeug T9
- Fräsen der Kreistasche Ø26 mm, 13 mm tief mit Werkzeug T9
- Zentrieren und Senken der Bohrungen mit Werkzeug T1
- Bohren Ø6,8 mm mit Werkzeug T10

c) Programmergänzung:

```
N105 G2 X66.33  Y16.154 I0       J-6
N110 G3 X80.762 Y10     I14.432  J13.846
N115 G1 X96
N120 G3 X116    Y30     I0       J20
N125 G1 Y60
N130 G3 X96     Y80     I-20     J0
N135 G1 X80.762
N140 G3 X66.33  Y73.846 I0       J-20
N145 G2 X57.67  Y73.846 I-4.33   J4.154
N150 G3 X43.238 Y80     I-14.432 J-13.846
N155 G1 X40
N160 G3 X20     Y60     I0       J-20
N165 G1 Y30
N170 G3 X40     Y10     I20      J0
N175 G1 X43.238
N180 G3 X57.67  Y16.154 I0       J20
N185 G2 X62     Y18     I4.33    J-4.154

N195 G40

N225 G1 X0 Y17.414

N280 G0 X39.95 Y45 Z1

N291 G79 X84.975 Y45
```

6

6.8.1 Anhang Werkzeugformdatei

Werkzeug-Nr.	T 1	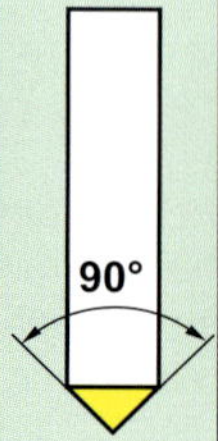	T 4	T 5	T 6	
Werkzeugdurchm. [mm]	12		16	10	8	
Schnittgeschw. [m/min]	30		35	35	35	
Schnitttiefe a_p = max. [mm]			6	4	2,5	
Schneidstoff	HSS		HSS	HSS	HSS	
Anzahl der Schneiden			5	4	4	
Vorschubgeschw. [mm/min]	100		70	50	40	

Werkzeug-Nr.	T 7	T 8	T 9	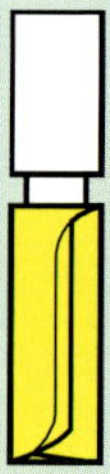	T 10	T 11	
Werkzeugdurchm. [mm]	8	16	20		6,8	8,5	
Schnittgeschw. [m/min]	35	35	35		30	30	
Schnitttiefe a_p = max. [mm]	2,5	2,5	2,5				
Schneidstoff	HSS	HSS	HSS		HSS	HSS	
Anzahl der Schneiden	2	2	2				
Vorschubgeschw. [mm/min]	25	35	60		120	100	

Werkzeug-Nr.	T 12	T 13	
Werkzeugdurchm. [mm]	M8	M10	
Schnittgeschw. [m/min]	10	10	
Schnitttiefe a_p = max. [mm]			
Schneidstoff	HSS	HSS	
Anzahl der Schneiden			
Steigung [mm]	1,25	1,5	

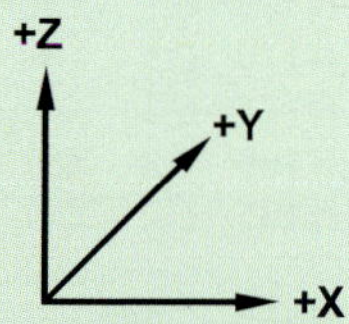

Senkrechtfräsmaschine

- Der Werkzeugwechsel erfolgt von Hand.
- Der Werkzeugwechselpunkt wird aus Sicherheitsgründen bei X 150, Y 150 und Z 100 programmiert.
- Alle Werkzeuge sind rechtsschneidend.

6.9 Hydraulische Steuerungen

123 Was versteht man im technischen Sinne unter Hydraulik?

Übertragung von Kräften und Bewegungen durch eine Flüssigkeit.

124 Welche Vorteile bieten hydraulische Antriebe gegenüber pneumatischen Antrieben?

- Erzeugung und Übertragung größerer Kräfte
- Gleichmäßige Vorschubbewegungen
- Zylindergeschwindigkeiten sind feinfühlig verstellbar

125 Welche Nachteile hat die Hydraulik?

- Rückleitungen sind notwendig
- Änderung der Viskosität bei Temperaturschwankungen
- Störendes Lecköl

126 Welche Aufgaben hat das Hydrauliköl zu erfüllen?

- Übertragung der Kraftenergie von der Pumpe zum Verbraucher
- Weiterleitung impulsförmiger Signale durch Druckwellen
- Schmierung beweglicher Innenteile wie Lager, Kolbenlaufflächen etc.
- Abführung von Verunreinigungen und Wärme
- Metallteile vor Korrosion schützen

127 Die wichtigste Eigenschaft des Hydrauliköls ist seine Viskosität. Erklären Sie den Begriff „Viskosität".

Unter Viskosität eines Hydrauliköls versteht man seine Zähflüssigkeit. Sie ist ein Maß für die innere Reibung des Öls und beeinflusst den Wirkungsgrad der Hydraulikanlage entscheidend.

128 Wie verändert sich die Viskosität des Hydrauliköls mit steigender Temperatur?

Die Viskosität wird kleiner (niedriger), d. h. das Öl wird dünnflüssiger.

129 Welche Folgen hat eine zu niedrige Viskosität des Hydrauliköls?

Zu niedrige Viskosität heißt, das Öl ist zu dünnflüssig. Die Folgen sind:

- Schmierfilmstärke nimmt ab,
- Schlupf- und Leckverluste nehmen zu,
- Verschleiß steigt.

130 Welche Folgen hat eine zu hohe Viskosität des Hydrauliköls?

Zu hohe Viskosität bedeutet zu dickflüssiges Öl. Die Folgen sind:

- Reibungs- und Strömungsverluste nehmen zu,
- Anlage spricht träge an,
- Luftblasen können nicht, bzw. schlechter, ausgeschieden werden,
- Wirkungsgrad verschlechtert sich.

131 Die symbolische Darstellung hydraulischer und pneumatischer Schaltzeichen ist ähnlich.

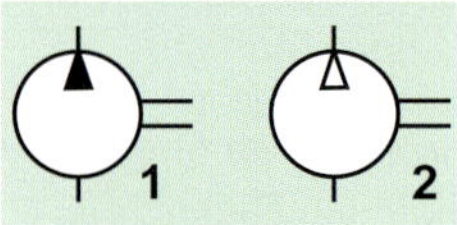

a) Woran können Sie erkennen, welches der beiden Symbole zur Hydraulik gehört?
b) Wofür steht das mit 1 und wofür das mit 2 gekennzeichnete Symbol?

a) Ein hydraulisches Funktionsbild ist am schwarz gefüllten Dreieck (Hydrostrom) zu erkennen.
Der Druckluftstrom dagegen wird durch ein nicht geschwärztes Dreieck gekennzeichnet.

b) Das Symbol 1 steht für eine Konstantpumpe (Hydraulik) mit einer Stromrichtung.
Das Symbol 2 stellt einen Kompressor (Pneumatik) mit konstantem Verdrängungsvolumen dar.

132 Erklären Sie die Normbezeichnung des Hydrauliköls DIN 51524 - HL 100.

Es handelt sich um Hydrauliköl vom Typ HL, d.h. es enthält Wirkstoffe zur Erhöhung des Korrosionsschutzes und der Alterungsbeständigkeit. Das Öl hat eine kinematische Viskosität von 100 mm^2/s bei 40 °C.

133 **Die Skizze zeigt das Prinzip einer hydraulischen Presse.**

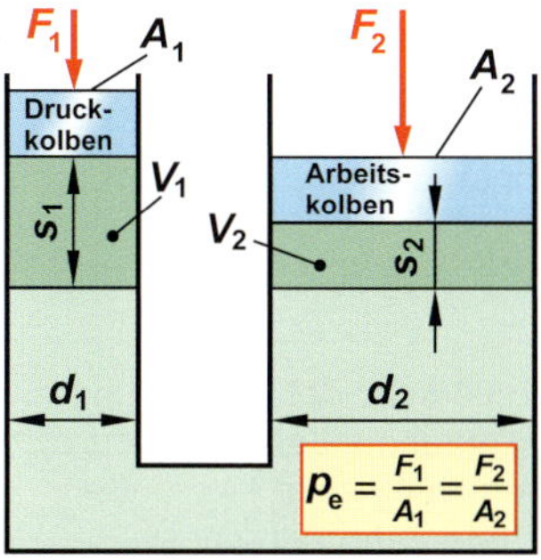

Nach Pascal breitet sich der durch äußere Kräfte hervorgerufene Druck nach allen Seiten gleichmäßig aus. Leiten Sie aus:

$$p_e = \frac{F}{A}$$ **und** $$p_e = p_1 = p_2 = \text{konstant}$$

folgende Verhältnisse ab:

- **Kräfte zu Flächen,**
- **Kräfte zu Durchmessern,**
- **Hübe zu Flächen,**
- **Kräfte zu Hüben.**

Kräfte zu Flächen

Aus $p_e = \frac{F_1}{A_1} = \frac{F_2}{A_2}$ folgt $\frac{F_1}{F_2} = \frac{A_1}{A_2}$

Die Kräfte verhalten sich wie die Flächen.

Kräfte zu Durchmessern

Sind die Flächen Kreisflächen, gilt:

$$\frac{A_1}{A_2} = \frac{d_1^2 \cdot \pi \cdot 4}{d_2^2 \cdot \pi \cdot 4} = \frac{d_1^2}{d_2^2}$$

Somit verhalten sich die Kräfte wie die Durchmesser zum Quadrat.

$$\frac{F_1}{F_2} = \frac{d_1^2}{d_2^2}$$

Hübe zu Flächen

Da das verdrängte Flüssigkeitsvolumen im Druckzylinder V_1 gleich dem im Arbeitszylinder V_2 ist, d. h. $s_1 \cdot A_1 = s_2 \cdot A_2$, folgt:

$$\frac{s_1}{s_2} = \frac{A_2}{A_1} = \frac{d_2^2}{d_1^2}$$

Die Hübe verhalten sich umgekehrt wie die Flächen oder deren Durchmesser zum Quadrat.

Kräfte zu Hüben

Die Kräfte verhalten sich umgekehrt wie die Hübe.

$$\frac{F_1}{F_2} = \frac{s_2}{s_1}$$

134 **Welche Hydraulikelemente sind für einen Ölkreislauf erforderlich?**

1. Hydropumpen
2. Druckbegrenzungsventile
3. Wegeventile
4. Stromventile
5. Aktoren (Zylinder)

135 Nach welchem Prinzip arbeiten die meisten Hydraulikpumpen?

Nach dem Verdrängungsprinzip.

136 Nennen Sie drei Hydropumpenarten, die sich in der Bauart ihres Verdrängungsraumes unterscheiden.

- Zahnradpumpen
- Flügelzellenpumpen
- Kolbenpumpen

137 Zahnradpumpen

a) Welche zwei Arten von Zahnradpumpen werden unterschieden?
b) Benennen und beschreiben Sie das Arbeitsprinzip der dargestellten Zahnradpumpe.
c) Kennzeichnen Sie die Saugseite mit S und die Druckseite mit D.

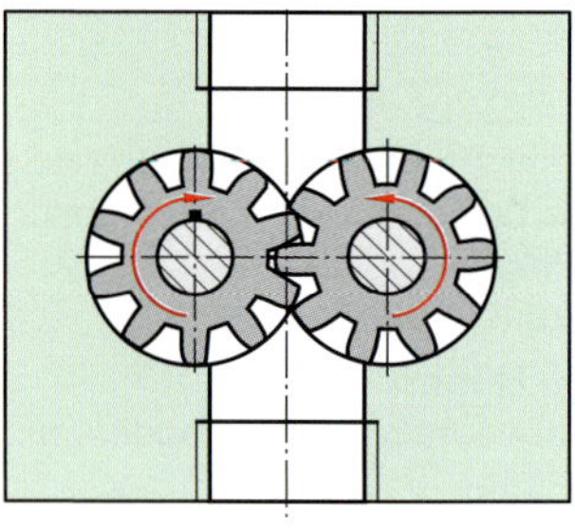

a) Man unterscheidet außen- und innenverzahnte Zahnradpumpen.
b) Die Abbildung zeigt eine außenverzahnte Zahnradpumpe.
Sie besteht aus einem Zahnradpaar, von dem ein Zahnrad angetrieben wird. Durch die Drehbewegung der Zahnräder wird die Hydraulikflüssigkeit in den Zahnlücken entlang der Gehäusewand von der Saugseite zur Druckseite verdrängt. Ein Rückströmen der Flüssigkeit wird durch die sich im Eingriff befindenden Zähne verhindert.
c)

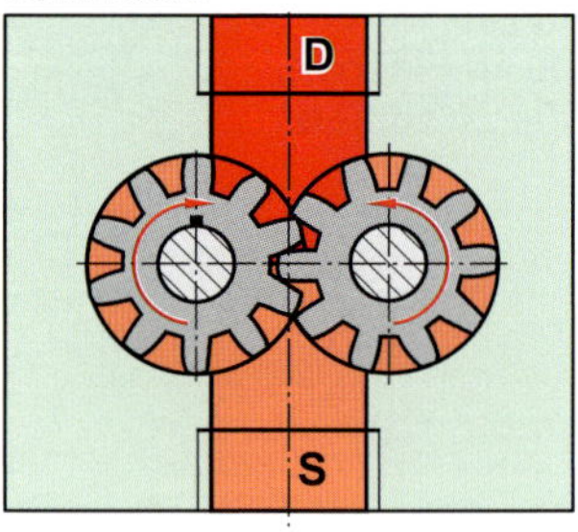

138 Warum fällt bei einer Zahnradpumpe die Pumpenkennlinie mit steigendem Druck ab?

Bei zunehmendem Druck nimmt in einer Zahnradpumpe der Leckverlust zwischen den bewegten Teilen zu, sodass die Förderleistung sinkt.

139 Zahnradpumpen

a) Welche Zahnradpumpe zeigt die Abbildung?
b) Beschreiben Sie das Arbeitsprinzip der dargestellten Zahnradpumpe.

a) Eine Innenzahnradpumpe oder auch Sichelpumpe.
b) Das innere außenverzahnte Zahnrad wird durch einen Motor angetrieben. Über die Verzahnung nimmt es das äußere außenverzahnte Zahnrad mit. Durch die Drehbewegung entsteht in den Zahnlücken Unterdruck, wodurch das Hydrauliköl ausgesaugt wird. Durch die Sichel werden die Zähne abgedichtet. Auf der anderen Seite greifen die Zähne wieder ineinander und das Öl wird aus den Zahnkammern verdrängt.

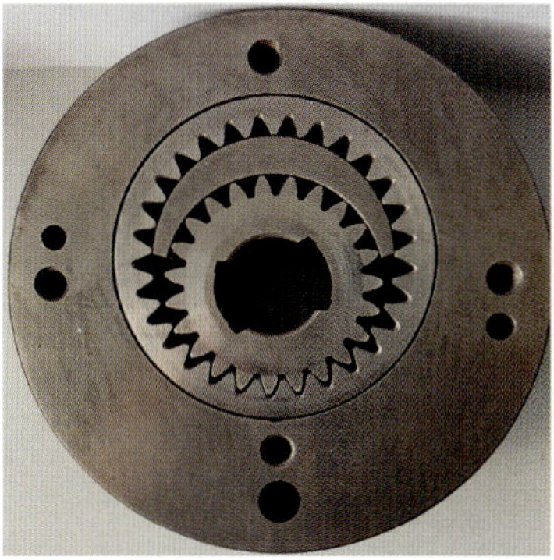

6

140 Was wird mit den unten stehenden Hydraulikschaltzeichen dargestellt und worin unterscheiden sie sich?

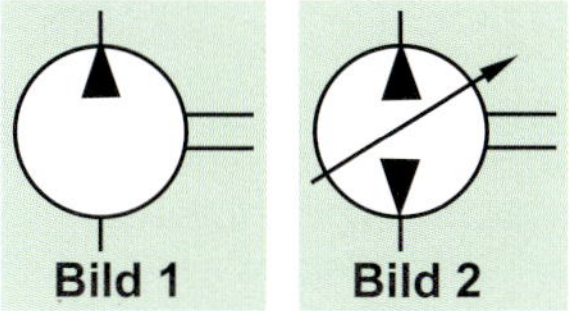

- Bild 1 kennzeichnet eine Konstantpumpe mit einer Stromrichtung. Das Verdrängungsvolumen je Umdrehung der Pumpenwelle bleibt gleich.
- Bild 2 kennzeichnet eine Verstellpumpe mit zwei Stromrichtungen. Das Verdrängungsvolumen ist einstellbar.

141 Hydraulikpumpen erzeugen einen Volumenstrom Q.
a) Wodurch entsteht in einer Hydraulikanlage Druck?
b) Welches Bauteil muss direkt nach der Pumpe eingebaut werden?

a) Druck entsteht, wenn dem Volumenstrom ein Widerstand entgegengesetzt wird.
Je größer der Widerstand ist, umso größer wird der Druck.
b) Direkt nach der Pumpe muss ein Druckbegrenzungsventil (DBV) eingebaut werden, das beim Erreichen eines bestimmten Druckes öffnet.

142 Ein Hydraulikzylinder mit einer Kolbenfläche von $A = 50\,\text{cm}^2$ und einem Wirkungsgrad von $h = 89\,\%$ soll eine maximale Druckkraft von $F = 25\,\text{kN}$ erzeugen. Auf welchen Druck p_e (in bar) muss das Druckbegrenzungsventil eingestellt werden?

Einzustellender Druck p_e:

$$p_e = \frac{F}{A \cdot \eta} \quad \text{und } 1\,\text{bar} = 10\,\frac{\text{N}}{\text{cm}^2}$$

$$p_e = \frac{25\,000\,\text{N}}{50\,\text{cm}^2 \cdot 0{,}89} = 561{,}8\,\frac{\text{N}}{\text{cm}^2}$$

$p_e = \mathbf{56{,}18}$ bar

143 Welche Aufgaben haben Wegeventile in der Hydraulik?

Die Wege des Hydraulikfluids zu beeinflussen (und zwar vorwiegend Start, Stopp) und die Freigabe der Durchflussrichtung.

144 Benennen Sie die Anschlussbezeichnungen des abgebildeten Wegeventils.

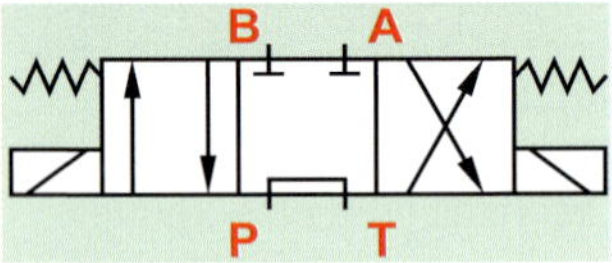

A Arbeitsanschluss
B Arbeitsanschluss
P Druckanschluss
T Tankanschluss

145 Geben Sie die Strömungsgeschwindigkeiten an, die in den Saug-, Druck- und Rückleitungen nicht überschritten werden sollen.

Zur Vermeidung größerer Druckverluste und von Geräuschen sollen folgende Strömungsgeschwindigkeiten nicht überschritten werden:

- Saugleitungen: 0,5 ... 1,5 m/s
- Druckleitungen: 3,0 ... 6,0 m/s
- Rückleitungen: 1,5 ... 2,0 m/s

146 Eine Hydraulikpumpe liefert eine Fördermenge von Q = 19 l/min. Für die Druckleitung ist ein Hydraulikrohr 12 x 1 vorgesehen. Darf diese Druckleitung eingebaut werden, wenn in dieser Strömungsgeschwindigkeiten bis 6 m/s erlaubt sind?

Rohrquerschnitt A

$$Q = 19 \frac{\text{l}}{\text{min}} = 316{,}67 \frac{\text{cm}^3}{\text{s}}$$

$$A = 78{,}54\,\text{mm}^2 = 0{,}785\,\text{cm}^2$$

Strömungsgeschwindigkeit v

$$\boxed{v = \frac{Q}{A}} = \frac{316{,}67\ \text{cm}^3}{0{,}785\ \text{cm}^2 \cdot \text{s}}$$

$$v = 403{,}4\ \frac{\text{cm}}{\text{s}} = \mathbf{4{,}03}\ \frac{\text{m}}{\text{s}} \leq 6\ \frac{\text{m}}{\text{s}}$$

Der Einbau ist erlaubt.

147 Welche Aufgaben haben in der Hydraulik Drosselventile ① und Stromregelventile ②?

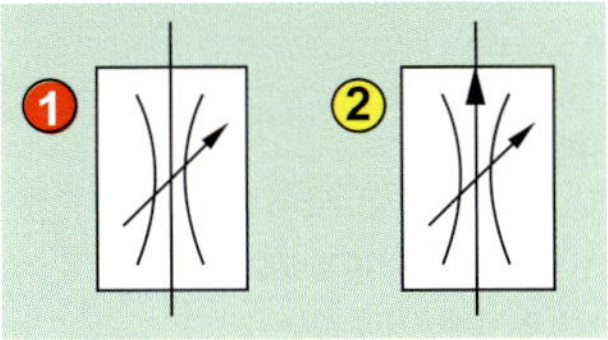

Drosselventile: Beeinflussen den Volumenstrom durch Verengung oder Erweiterung des Durchflussquerschnittes.
Stromregelventile: Sind am Pfeil in der Mitte zu erkennen und halten den eingestellten Volumenstrom unabhängig von der Größe der äußeren Last konstant. Dadurch ergeben sich gleichbleibende Geschwindigkeiten für Zylinder bzw. gleichmäßige Drehzahlen für Hydraulikmotoren.

148 Zeichnen Sie für den gegebenen wechselnden Kraft- und Druckverlauf (F, p_2) den jeweiligen Geschwindigkeitsverlauf v der beiden Ventile in das Diagramm ein.

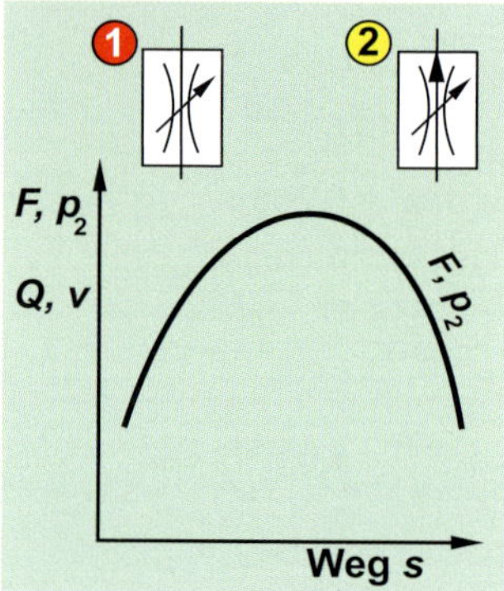

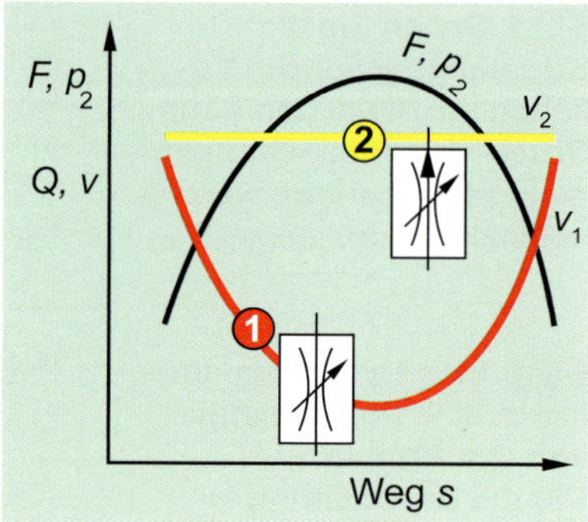

Stromregelventile ② sind „lastunabhängig“.
Sie halten im Gegensatz zu Drosselventilen den Volumenstrom Q und somit die Geschwindigkeit v auch bei wechselnder Kraft konstant.

149 Hydraulikrohre:

a) Welche Hydraulikrohre (Lieferzustand) werden vorwiegend verwendet?

b) Nach welchen Kriterien werden der Innendurchmesser d_i und die Wandstärke s ausgewählt?

c) Welchen Innendurchmesser hat das Hydraulikrohr 12 x 2?

a) Blankgezogene Präzisionsstahlrohre.

b) Der Innendurchmesser wird nach dem durchfließenden Volumenstrom Q, die Wandstärke nach dem Betriebsdruck p_{zul} der Leitung gewählt.

c) Die Bezeichnung des Rohres gibt den Außendurchmesser d_a und die Wandstärke s an.
Somit beträgt der Innendurchmesser 8 mm.

150 **Schlauchleitungen**

a) Worauf muss beim Verlegen von Schlauchleitungen geachtet werden?

b) Die abgebildete Schlauchleitung ist falsch verlegt. Skizzieren Sie die richtige.

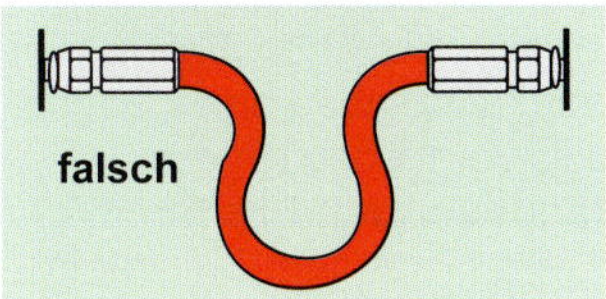

a) Beim Verlegen der Schläuche muss auf genügend große Biegeradien und auf ausreichenden Bewegungsspielraum geachtet werden.

b) Richtige Schlauchverlegung

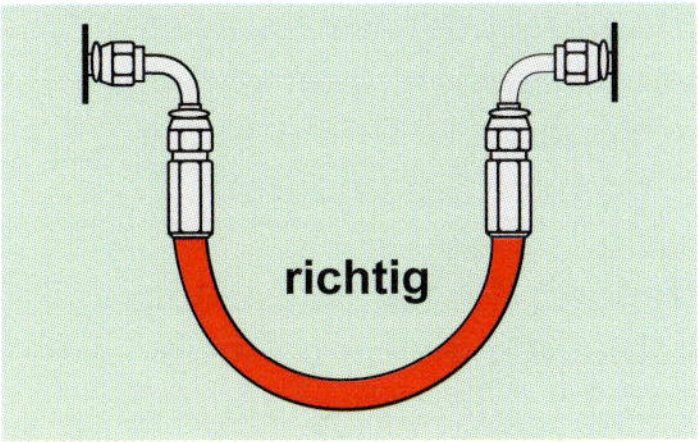

151 **Ein Hydraulikzylinder soll eine Spannkraft von $F = 30\,\text{kN}$ erzeugen. Kann die Spannkraft erreicht werden, wenn die wirksame Kolbenfläche $A = 19{,}635\,\text{cm}^2$ beträgt und das Druckbegrenzungsventil auf $p_e = 120\,\text{bar}$ eingestellt ist?**

$$\boxed{p_e = \frac{F}{A}} = \frac{30\,000\,\text{N}}{19{,}635\,\text{cm}^2}$$

$$p_e = 1527{,}88\,\frac{\text{N}}{\text{cm}^2} = \mathbf{152{,}79}\ \text{bar}$$

Die Spannkraft kann nicht erreicht werden, da die wirksame Kolbenfläche zu klein, bzw. der eingestellte Wert des DBV zu gering ist.

152 **Auf den Druckkolben einer hydraulischen Presse wirkt eine Kraft von $F_1 = 250\,\text{N}$. Wie groß darf die auf den Arbeitskolben wirkende Masse m (in kg) sein, wenn der Druckkolbendurchmesser $d_1 = 25\,\text{mm}$ und der Arbeitskolbendurchmesser $d_2 = 300\,\text{mm}$ beträgt?**

Arbeitskolbenkraft F_2:

$$\boxed{F_2 = F_1 \cdot \frac{d_2^2}{d_1^2}}$$

$$F_2 = 250\,\text{N} \cdot \frac{(300\,\text{mm})^2}{(25\,\text{mm})^2} = 36\,000\,\text{N}$$

Masse m:

$$\boxed{m = \frac{F}{g}} = \frac{36000\,\frac{\text{kg m}}{\text{s}^2}}{9{,}81\,\frac{\text{m}}{\text{s}^2}}$$

$$m = \mathbf{3669{,}72}\ \text{kg}$$

153 Zylinder und Motoren lassen sich durch Stromregelventile nahezu verzögerungsfrei von einer Geschwindigkeit in die andere umsteuern. Je nach Einbauort der Stromregelventile spricht man von der sogenannten Primärsteuerung bzw. Sekundärsteuerung.
Nennen Sie für beide Möglichkeiten die Einbauorte des Stromregelventils und beschreiben Sie die daraus resultierenden Vor- und Nachteile.

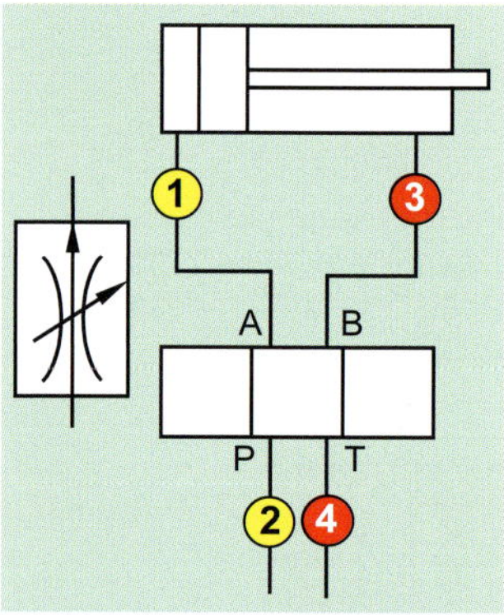

Primärsteuerung: Das Stromregelventil befindet sich in der Zulaufleitung ① bzw. Vorlaufleitung ②.
Dadurch steht der Druck nur an einer Kolbenseite an, wodurch eine hohe Lebensdauer der Kolbendichtungen erreicht wird.
Der fehlende Druck hinter dem Zylinder kann aber bei wechselnder Last zu ruckartigem Vorschub führen. Dies kann durch den Einbau eines Gegenhalteventils vermieden werden.
Sekundärsteuerung: Das Stromregelventil wird hinter dem Zylinder in die Rücklaufleitung ③ bzw. Ablaufleitung ④ eingebaut.
Dadurch stehen beide Kolbenseiten unter Druck, wodurch auch bei negativer Last (ziehende Kraft) keine unkontrollierten Bewegungen entstehen. Jedoch wird der Gegendruck auf der Stangenseite durch die Flächenverhältnisse des Zylinderkolbens verstärkt. Die Folge sind höhere Reibungsverluste und starke Beanspruchung der Dichtungen am Zylinder.

154 Zur Vermeidung von Druckverlusten soll sich die Hydraulikflüssigkeit in der Rohrleitung „laminar" (schichtweise) bewegen. In welchem Fall tritt ein „turbulentes" (wirbeliges) Strömungsverhalten auf?

Die Flüssigkeit bewegt sich nur bis zu einer bestimmten Geschwindigkeit laminar im Rohr. Erhöht man die Geschwindigkeit, so ändert sich bei der sogenannten kritischen Geschwindigkeit die Strömung und sie wird turbulent. Diese Wirbelungen entstehen auch an Engstellen und Rohreckstücken.

155 **Beschreiben Sie die Funktion des skizzierten Druckreduzierventils (Druckregelventils).**

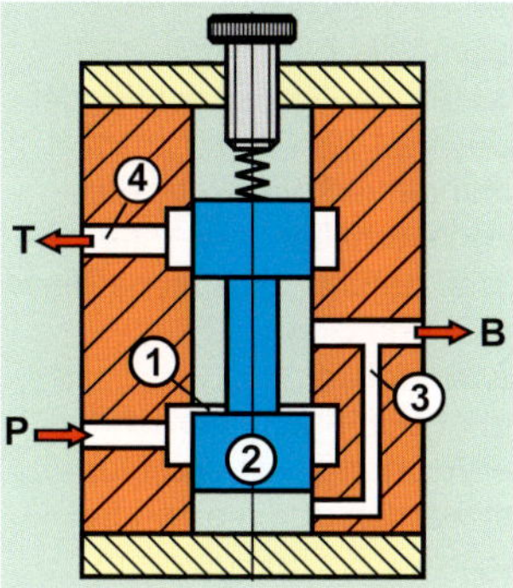

Beim Druckreduzierventil wird der Arbeitsdruck der Leitung B hinter dem Ventil konstant gehalten.

- Das über die Leitung P einströmende Öl wird durch den Ringspalt ① gedrosselt. Dadurch entsteht in der Leitung B ein kleinerer Druck als in Leitung P.
- Steigt der Druck in Leitung B, wird der Ventilkolben ② durch das über die Steuerleitung ③ fließende Öl gehoben. Der Ringspalt verkleinert sich und der Druck in Leitung B sinkt wieder ab.
- Steigt der Druck in Leitung B so stark an, dass der Kolben den Ringspalt völlig schließt, kann dieser durch die Entlastungsöffnung ④ wieder entlastet werden.

156 **Bei einer Hubförderanlage soll der Hubkolben mit einer Geschwindigkeit von $v = 8{,}36\,\text{m/min}$ ausfahren. Der Hub des Kolbens beträgt $s = 2\,350\,\text{mm}$. Eine Zahnradpumpe liefert hierzu einen Volumenstrom $Q = 42\,\text{l/min}$.**

a) Wie groß ist der Zylinderdurchmesser *d* in mm zu wählen?

b) Wie lange benötigt der Kolben zum Einfahren, wenn die Ringkolbenfläche $A = 4\,712{,}39\,\text{mm}^2$ beträgt?

a) Kolbendurchmesser *d:*

$$A = \frac{Q}{v} = \frac{42\,\text{dm}^3 \cdot \text{min}}{83{,}6\,\text{dm} \cdot \text{min}}$$

$$A = 5\,023{,}9\,\text{mm}^2$$

$$d = \mathbf{80}\,\text{mm}$$

b) Einfahrzeit *t:*

$$t = \frac{A \cdot s}{Q}$$

$$t = \frac{4712{,}39\,\text{mm}^2 \cdot 2350\,\text{mm} \cdot \text{min}}{700\,000\,\text{mm}^3}$$

$$t = \mathbf{15{,}82}\,\text{s}$$

6

157 Benennen Sie die symbolisch dargestellten Hydraulikspeicher und beschreiben Sie deren Unterschiede.

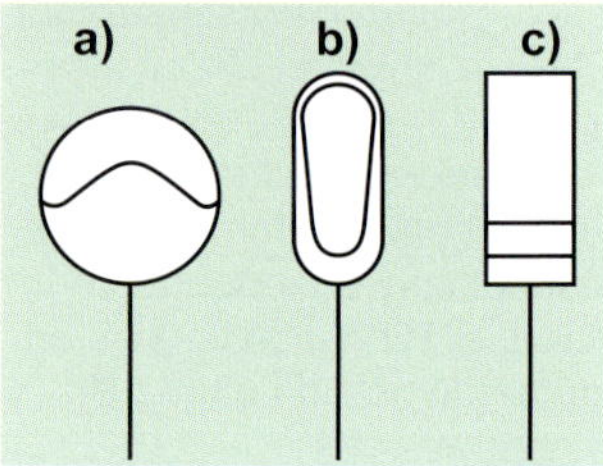

a) *Membranspeicher*
Er wird bei kleinem Volumen verwendet. Die meist halbkugelförmige Membrane trennt die beiden Medien Gas und Öl.

b) *Blasenspeicher*
Er wird am häufigsten verwendet und zeichnet sich durch absolute Dichtheit und sehr schnelles Ansprechverhalten aus. Eine mit Stickstoff gefüllte, elastische Blase trennt Öl und Gas.

c) *Kolbenspeicher*
Er eignet sich hauptsächlich für große Volumen. Gas und Flüssigkeit werden durch einen frei beweglichen Kolben getrennt.

158 Wozu werden Hydraulikspeicher verwendet?

- *Notaggregat*
  Der Speicher dient als Energieversorgung in Notfällen, um z. B. bei einer Störung einen begonnenen Arbeitstakt beenden zu können.
- *Leckölkompensation*
  Leckverluste werden ergänzt, um damit längere Zeit einen Druck zu halten.
- *Volumenausgleich*
  Bei Druck- und Temperaturänderungen dient der Speicher zum Volumenausgleich.
- *Abbau von Druckspitzen bei Schaltvorgängen*
- *Dämpfung von Pulsation (Druckschwingungen)*
- *Rückgewinnung von Bremsenergie*

159 **Eine Ölpumpe, die mit einem Elektromotor gekoppelt ist, gibt eine Leistung P_{2P} = 0,4 kW bei einem Wirkungsgrad von 80 % ab.**

a) Wie groß ist der Volumenstrom Q der Pumpe bei einem Druck von 60 bar?

b) Wie groß ist die Leistungsaufnahme P_{1M} des Elektromotors, wenn sein Wirkungsgrad 90 % beträgt?

a) Wird Q in l/min, p_e in bar und P in kW berechnet, gilt die Formel

$$Q = \frac{600 \cdot P_{2P}}{p_e}$$

$$Q = \frac{600 \cdot 0{,}4}{60} \frac{l}{\min} = \mathbf{4} \frac{l}{\min}$$

b) Die Leistungsabgabe P_{2M} des Motors muss so groß wie die Leistungsaufnahme der Pumpe P_{1P} sein.

$$P_{2M} = P_{1P} = \frac{P_{2P}}{\eta_P}$$

$$P_{2M} = \frac{0{,}4\,\text{kW}}{0{,}8} = 0{,}5\,\text{kW}$$

$$P_{1M} = \frac{P_{2M}}{\eta_M} = \frac{0{,}5\,\text{kW}}{0{,}9} = \mathbf{0{,}556}\,\text{kW}$$

160 **Für die abgebildete Geschwindigkeitssteuerung werden vier voreingestellte Drosselventile, vier 2/2-Wegeventile und ein 4/3-Wegeventil benötigt.**
Welches Bauteil ersetzt diesen Aufwand an Bauteilen und woran kann es im Hydraulikplan erkannt werden?

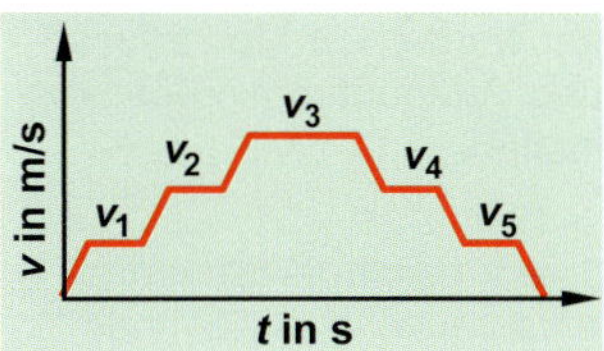

Die Geschwindigkeitssteuerung kann durch den Einbau eines Stetigventils, z. B. eines Proportionalventils realisiert werden.
Mit ihm kann die Richtungswahl und die Geschwindigkeit stufenlos gesteuert werden.
Eine stufenlos einstellbare Stromstärke erzeugt eine dazu proportionale magnetische Kraft, die zur Steuerung der Ventile dient.
Zu erkennen ist das Symbol an den Parallellinien.

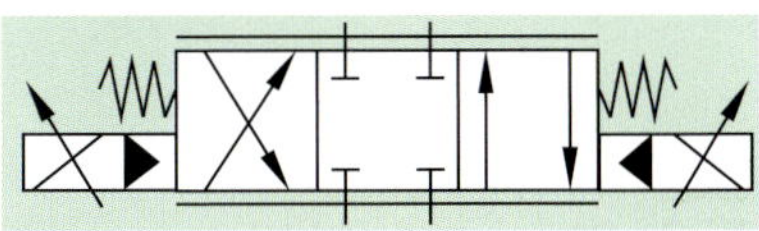

6

6.10 Speicherprogrammierbare Steuerungen (SPS)

161 Worin unterscheidet sich eine verbindungsprogrammierte Steuerung (VPS) von einer speicherprogrammierten Steuerung (SPS)?

Bei der VPS sind Steuerlogik und Programmablauf durch fest miteinander verbundene Bauteile vorgegeben, z. B. bei einer hydraulischen Steuerung über die Verrohrung oder bei einer Relaissteuerung über die Verdrahtung.
Bei der SPS wird der Programmablauf durch ein Softwareprogramm bestimmt. Dies spart viele Bauteile ein und eine Programmänderung ist, ohne großen Aufwand, schnell durchführbar.

162 Aus welchen Funktionsblöcken besteht eine SPS?

- Eingabegruppe
- Zentraleinheit mit Steuerwerk und Programmspeicher
- Bussystem
- Ausgabegruppe
- Stromversorgung

163 Über welche Speicher verfügt die Zentraleinheit (CPU) einer SPS?

- *Systemspeicher* mit ROM oder EPROM Speicher, mit den Befehlen für die grundsätzliche Arbeitsweise (Betriebssystem)
- *Programmspeicher* mit RAM Speicher, in dem die Anweisungen für den steuertechnischen Ablauf hinterlegt sind.
- *Zwischenspeicher*, in diesem RAM Speicher werden die Merkerfunktionen und Verknüpfungsergebnisse festgehalten.

164 Welche Aufgabe hat die Zentraleinheit (CPU) einer SPS?

Die CPU verarbeitet die Eingangssignale entsprechend vorliegender Programmanweisungen in einen Bit-Code der Maschinensprache.

165 Nennen Sie die drei bekanntesten anwenderorientierten Programmiersprachen einer SPS.

- Anweisungsliste (AWL)
- Kontaktplan (KOP)
- Funktionsbausteinsprache, Funktionsplan (FUP)

Bei der Übertragung in den Programmspeicher der SPS wird das entsprechende Anwenderprogramm in die Maschinensprache kompiliert (übersetzt).

166 Erklären Sie den Fachbegriff „Zykluszeit" in der SPS.

Der SPS-Prozessor ist durch das Programm im Betriebssystem so gesteuert, dass ständig eine Schleife von 3 Schritten durchlaufen wird:

1. Abfragen der Eingänge,
2. Verarbeiten der Eingangssignale nach dem Steuerprogramm,
3. Belegen der Ausgänge.

Die Zeit, die der Mikroprozessor benötigt, um diese Schleife einmal zu durchlaufen, bezeichnet man als Zykluszeit.

167 Erklären Sie den Begriff „Prozessabbild".

Die zu Beginn eines Programmdurchlaufes (Prozesses) anliegenden Ein- und Ausgangssignale werden im Zwischenspeicher der SPS festgehalten (abgebildet) und von dort abgefragt.
Ändern sich während des zyklischen Programmdurchlaufs z. B. die Eingangssignale, so werden diese erst beim nächsten Zyklus berücksichtigt.

168 Wozu wird ein Optokoppler in der SPS eingesetzt?

Der Optokoppler ist ein Wandler zwischen optischen und elektrischen Signalen und wird in der SPS als Bauelement zur galvanischen Absicherung der Eingänge gegen zu hohe Eingangsspannungen eingesetzt.

169 Beschreiben Sie den Unterschied zwischen globalen und lokalen Variablen.

Globale Variablen, z. B. „-SF1“, werden in der globalen Symboltabelle (PLC-Standard-Variablentabelle) deklariert. Auf diese Variablen können alle Bausteine (OB, FC, FB) zugreifen. Sie sind im gesamten SPS-Programm bekannt.
Lokale Variablen, z. B. #xStart, sind Variablen, die in der Deklarationstabelle im OB, FC oder im FB deklariert werden. Sie sind nur in dem Baustein bekannt, in welchem sie deklariert wurden.

170 Variablen, die in den Deklarationstabellen der Bausteintypen Main [OB1], Funktionen (FC), Funktionsbausteine (FB) oder Datenbausteine (DB) angelegt werden, erhalten Daten-Präfixe, wie:

Datentyp	Präfix	Beispiel
BOOL	x	xStart
CTD	ctd	ctdZähler
INT	i	iAnzahl
TIME	t	tZeitwert
TP	tp	tpZeitglied

Erläutern Sie die Vorteile, die sich daraus ergeben bei der SPS-Programmierung allen Variablen Präfixe voranzustellen.

In Anlehnung an die „ungarische Notation“ und die Norm IEC 61131 werden allen Variablen bei der SPS-Programmierung Präfixe vorangestellt, aus denen ersichtlich ist, um welchen Datentyp es sich dabei handelt. Dabei werden Datentyp-Präfixe immer klein geschrieben, gefolgt vom eigentlichen Namen der Variablen, welche mit einem großen Buchstaben beginnt.
Gerade bei größeren Steuerungsprogrammen dient dies der Übersichtlichkeit, der besseren Lesbarkeit und erleichtert vor allem das Programmieren bei textbasierten Sprachen wie ST/SCL (Structured Text/Structured Control Language).

Bei der Programmieroberfläche TIA bringt dies noch einen weiteren Vorteil. Wenn z. B. an einem UND-Gatter-Eingang der Präfix „x“ eingegeben wird, listet das Programm alle bereits deklarierten Variablen auf. Dies beschleunigt die Programmierung und vermeidet unnötige Fehler.

6.10.1 SPS-Projekt „Honeinheit (IEC-Zähler)“

171 Zur Feinbearbeitung der Zylinderlaufflächen in einem Motorblock soll sich der Kolben des Honzylinders -MM1 fünfmal auf und ab bewegen.

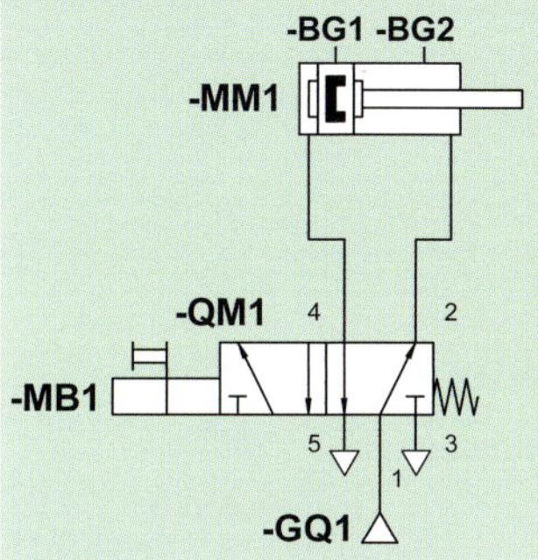

171.1 Zur Verwirklichung der Steuerungsaufgabe wird der Rückwärtszähler IEC CTD verwendet. Beschreiben Sie die Funktion des Zählers.

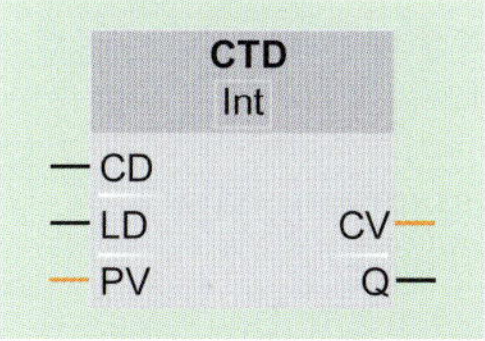

CD **Flankengesteuerter Rückwärtszähleingang**
LD **Statischer Ladeeingang, um den Zählstand auf PV zu setzen ⇨ CV = PV**
PV **Vorgabezählwert (Preset Value) für Ladeeingang**
CV **Aktueller Zählstand (Current Value)**
Q **Ausgang = true, falls CV ≤ 0**

Am Ladeeingang PV wird der Vorgabezählwert vom Datentyp INT eingegeben.
Wechselt der Signalzustand am Ladeeingang LD von „0“ auf „1“ (positive Flanke), wird der aktuelle Zählerstand CV auf den Vorgabezählwert PV gesetzt.
Wenn der Signalzustand des Operanden am flankengesteuerten Rückwärtszähleingang CD von „0“ auf „1“ wechselt, wird die Anweisung „Rückwärts zählen“ ausgeführt und der Wert am Ausgang CV um eins verringert. Bei jeder weiteren positiven Signalflanke wird der Wert weiter verringert, bis der untere Grenzwert erreicht ist.
Der Ausgang Q liefert den Signalzustand „1“, wenn der aktuelle Zählwert CV kleiner gleich Null ist.
In allen anderen Fällen führt der Ausgang den Signalzustand „0“.

171.2 **Gegeben ist die MAIN-Beschaltung im OB1 der Honeinheit.**

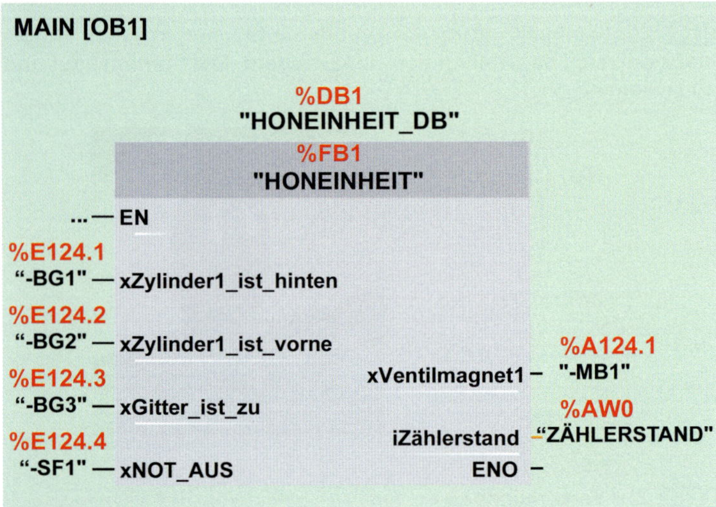

Funktionsablauf
Ist der Zylinder in der hinteren Endlage (-BG1 = 1), der NOT-AUS nicht betätigt (-SF1 = 1; Öffner) und das Schutzgitter geschlossen (-BG3 = 1), soll der Honzylinder automatisch fünfmal aus- und einfahren.
Wird das Schutzgitter während des Vorgangs geöffnet oder der NOT-AUS betätigt, soll der Zylinder -MM1 sofort einfahren und der Vorgang abgebrochen werden.
Durch den positiven Flankenwechsel des Eingangssignals -BG3 = 1 (Gitters ist zu) wird der Zähler initialisiert.

Aufgabe
Erstellen Sie das SPS-Programm für den Funktionsbaustein FB1 „ Honeinheit“ in der Funktionsbausteinsprache (FUP) und erläutern Sie den Programmablauf.

Lösung der Aufgabe 171.2

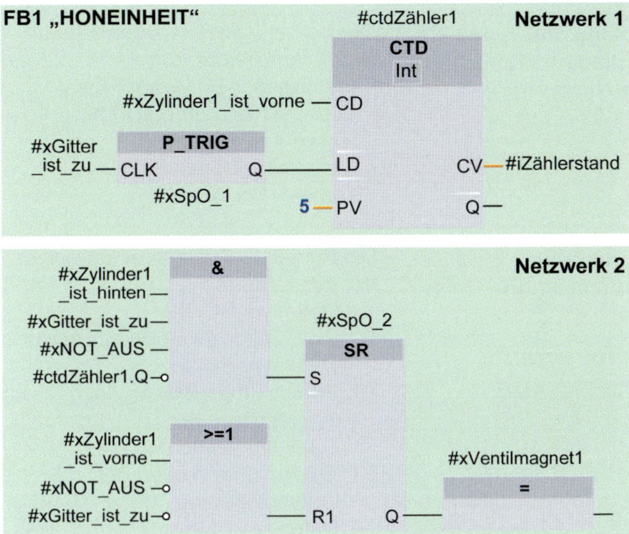

Im Netzwerk 1 wird durch die positive Flanke des Eingangssignals „xGitter_ist_zu" am Ladeeingang LD der aktuelle Zählerstand am Ausgang CV auf den am Eingang PV eingegebenen Vorgabezählwert 5 gesetzt. Der Zählerausgang Q liefert den Signalzustand „0".
Ist der Zylinder in der hinteren Endlage, das Gitter geschlossen, der NOT-AUS nicht betätigt und der Zählerausgang Q = 0, dann ist die UND-Bedingung im Netzwerk 2 erfüllt und der Speicheroperand „xSpO_2" für den Ventilmagneten wird gesetzt. Der Zylinder fährt aus. Hat der Zylinder seine vordere Endlage erreicht, verringert der Zähler im Netzwerk 1 seinen aktuellen Zählerstand CV um eins auf 4.
Der Speicheroperand „xSpO_2" im Netzwerk 2 wird zurückgesetzt und der Zylinder fährt ein. Ist der Zylinder eingefahren, wiederholt sich der Vorgang noch viermal.
Erreicht der aktuelle Zählerstand CV den Wert „Null", wechselt der Zählerausgang Q vom Signalzustand „0" auf den Signalzustand „1". Die UND-Bedingung im Netzwerk 2 ist nicht mehr erfüllt und der Speicheroperand „xSpO_2" für den Ventilmagneten bleibt zurückgesetzt.
Wird während des Honvorgangs das Schutzgitter geöffnet oder der NOT-AUS betätigt, wird im Netzwerk 2 der Speicheroperand „xSpO_2" zurückgesetzt. Der Zylinder fährt sofort ein und der Vorgang wird abgebrochen.

6.10.2 IEC-Zeitglieder (Timer)

172 Welche drei Typen von Zeitgliedern (Timer) kennt die Norm IEC 61131-3?

Die Norm IEC 61131-3 kennt drei Typen von Zeitgliedern:
- Impulsgeber TP (Timer Pulse)
- Ausschaltverzögerung TOF (Timer – OFF delay)
- Einschaltverzögerung TON (Timer – ON delay)

173 Wofür stehen die Parameterkürzel im IEC-Timer (Zeitglied)?

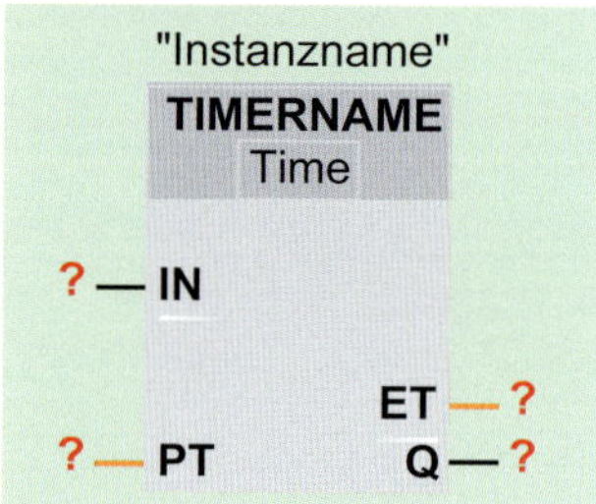

Die Kürzel der Parameter stehen für

IN Input, Startbit
Datentyp: BOOL

Q Quit, Zeitbit für Sollwert erreicht
Datentyp: BOOL

PT Preset Time, Sollwert der Zeitverzögerung
Datentyp: TIME

ET Elapse Time, Istwert der Zeitverzögerung,
Datentyp: TIME

174 TP-Zeitglied
Mit der IEC Zeit-Operation „Impuls erzeugen“ (Timer Pulse) kann der Ausgang Q für eine vorprogrammierte Zeitdauer PT gesetzt werden.

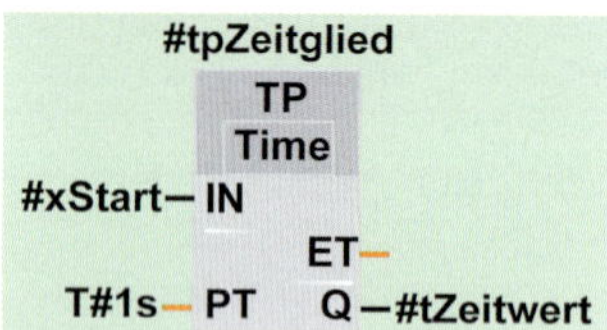

Erläutern Sie, wie die Operation gestartet wird und wie sich der Ausgang Q verhält.

Gibt es am Eingang IN einen Wechsel von „0“ auf „1“ (positive Flanke), so wird am Ausgang Q für die am Eingang PT eingestellte Zeit eine „1“ ausgegeben.
Weitere Wechsel des Eingangs von „1“ nach „0“ und „0“ nach „1“ haben keine Auswirkung auf die Impulszeit am Ausgang.

175 Das Impulsdiagramm zeigt das Eingangssignal „IN“ für ein TP-Zeitglied.

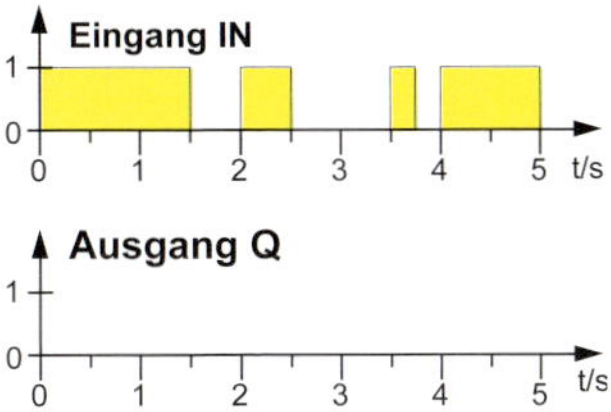

Ergänzen Sie das Impulsdiagramm um das Ausgangssignal „Q“, wenn die Zeitvorgabe PT = 1 s beträgt.

Impulsdiagramm TP-Timer:

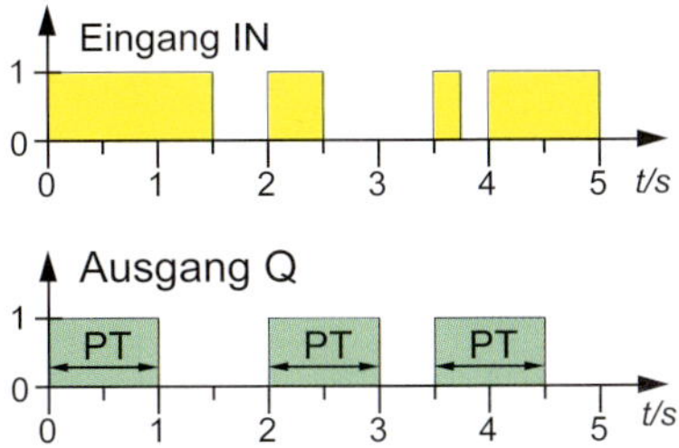

Der Ausgang Q wird für die Zeitdauer PT gesetzt und ein Signalzustandswechsel am Eingang IN innerhalb der ablaufenden Zeitdauer PT hat keinen Einfluss auf die ablaufende Zeitdauer PT.

176 TON-Zeitglied
Mit der IEC Zeit-Operation „Einschaltverzögerung“ (Timer ON) wird das Setzen des Ausgangs Q um die programmierte Zeitdauer PT verzögert.

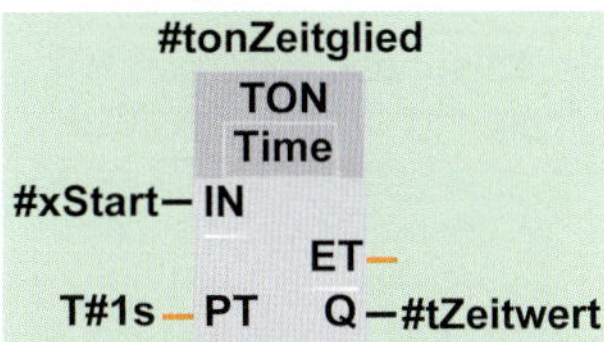

Erläutern Sie, wie die Operation gestartet wird und wie sich der Ausgang Q verhält.

Die Operation TON wird gestartet, wenn das Eingangssignal IN von „0“ auf „1“ wechselt (positive Signalflanke).
Mit dem Start der Anweisung läuft die programmierte Zeitdauer PT ab. Wenn die Zeitdauer PT abgelaufen ist, liefert der Ausgang Q den Signalzustand „1“.
Der Ausgang Q bleibt so lange gesetzt, wie der Starteingang die „1“ führt.
Wenn der Signalzustand am Starteingang von „1“ auf „0“ wechselt, wird der Ausgang Q zurückgesetzt. Die Zeitfunktion wird wieder gestartet, wenn eine neue positive Signalflanke am Starteingang erfasst wird.

177 Das Impulsdiagramm zeigt das Eingangssignal „IN“ für ein TON-Zeitglied.

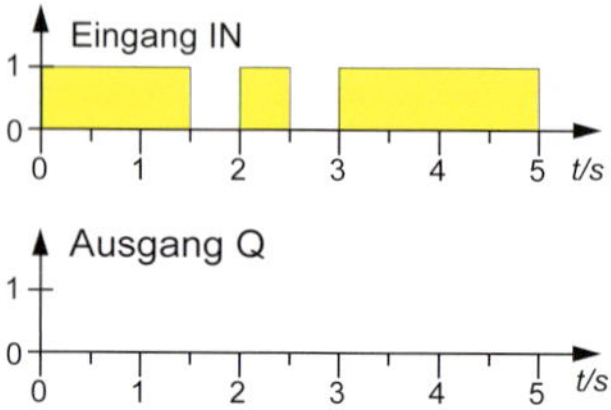

Ergänzen Sie das Impulsdiagramm um das Ausgangssignal „Q“, wenn die Zeitvorgabe PT = 1 s beträgt.

Impulsdiagramm TON-Timer:

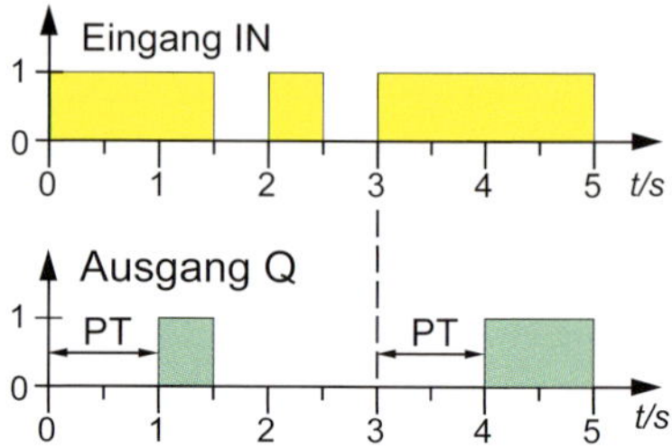

Erst wenn die Zeitdauer PT abgelaufen ist, liefert der Ausgang Q den Signalzustand „1“ und der Ausgang Q bleibt so lange gesetzt, wie der Starteingang die „1“ führt.

178 TOF-Zeitglied
Mit der IEC Zeit-Operation „Ausschaltverzögerung“ (Timer OFF) wird das Zurücksetzen des Ausgangs Q um die parametrierte Zeitdauer PT verzögert.

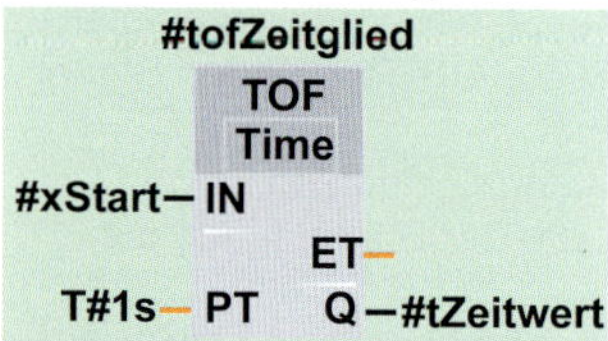

Erläutern Sie, wie die Operation gestartet wird und wie sich der Ausgang Q verhält.

Der Ausgang Q wird gesetzt, wenn das Signal am Eingang IN von „0“ auf „1“ wechselt (positive Signalflanke). Wenn der Signalzustand am Eingang IN wieder auf „0“ wechselt (negative Signalflanke), läuft die parametrierte Zeitdauer PT ab. Der Ausgang Q bleibt gesetzt, solange die Zeitdauer PT läuft.
Nach dem Ablauf der Zeitdauer PT wird der Ausgang Q zurückgesetzt. Falls der Signalzustand am Eingang IN auf „1“ wechselt, bevor die Zeitdauer PT abgelaufen ist, wird die Zeit zurückgesetzt. Der Signalzustand am Ausgang Q bleibt weiterhin auf „1“ gesetzt.

179 Das Impulsdiagramm zeigt das Eingangssignal „IN“ für ein TOF-Zeitglied.

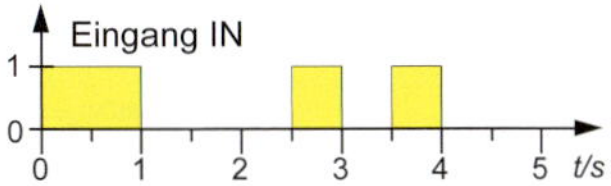

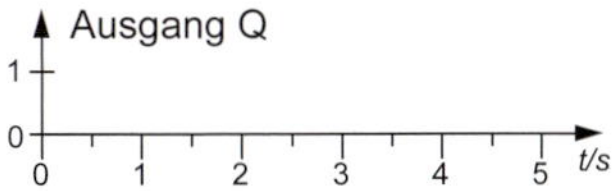

Ergänzen Sie das Impulsdiagramm um das Ausgangssignal „Q“, wenn die Zeitvorgabe PT = 1 s beträgt.

Impulsdiagramm TOF-Timer:

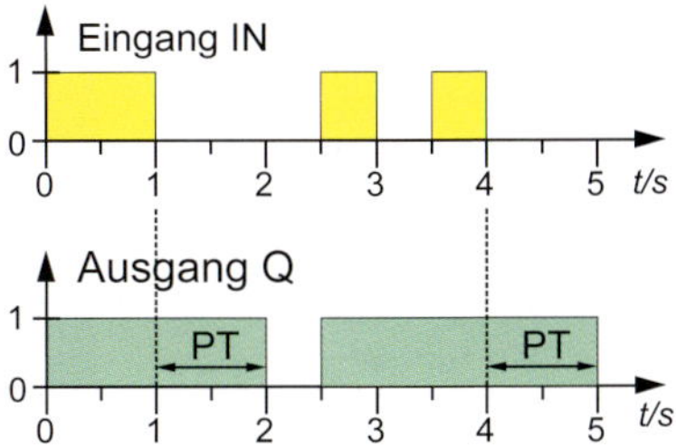

Erst wenn der Signalzustand am Eingang IN wieder auf „0“ wechselt (negative Signalflanke), läuft die parametrierte Zeitdauer PT ab und der Ausgang Q bleibt gesetzt, solange die Zeitdauer PT läuft.

180 Ein IEC-Zeitglied wird als Multiinstanz eingefügt. Wo legen die mit Multiinstanzen aufgerufenen Funktionsbausteine ihre Daten ab?

Die mit Multiinstanzen aufgerufenen Funktionsbausteine können ihre Daten in den Instanz-Datenbaustein des aufrufenden Funktionsbausteins ablegen.
D. h., wenn in einem Funktionsbaustein ein weiterer Funktionsbaustein aufgerufen wird, speichert dieser seine Daten im Instanz-DB des übergeordneten Funktionsbausteins.

181 Nennen Sie Vorteile der Programmierung mit Multiinstanzen.

- Wiederverwendbarkeit
- Mehrfachaufrufe sind möglich
- Strukturierte Programmierung mit weniger Instanz-Datenbausteinen
- Einfacheres kopieren von Programmen
- Zugriff auf die „inneren“ Elemente einer Instanz über die Punktschreibweise möglich

6

6.10.3 SPS-Projekt „Bewegungswarnmelder“

182 Die Warnmeldelampe -PF1 taktet (blinkt), wenn und solange das Werktor in Bewegung ist.
Der Taktzeitwert für „Warnmelder an“ beträgt eine Sekunde und für „Warnmelder aus “ 500 Millisekunden.
Die Endlagen des Werktors werden durch die Sensoren -BG1 oder -BG2 gemeldet.

Zuordnungsliste (Standard-Variablentabelle)

Name	Adresse	Logische Zuordnung	
Eingänge			
-BG1	%E124.1	Werkstor ist auf	-BG1 = 1
-BG2	%E124.2	Werkstor ist zu	-BG2 = 1
Ausgang			
-PF1	%A124.1	Warnmeldelampe an	-PF1 = 1

MAIN [OB1]

```
                      %DB1
               “WARNMELDER_DB“
                      %FB1
                 “WARNMELDER“
      ... — EN
 %E124.1
   “-BG1“ — xTor_ist_auf
 %E124.2
   “-BG2“ — xTor_ist_zu

     T#1s — tZeitwert1_Melder_an                       %A124.1
                                     xWarnmelder — “-PF1“
 T#500ms — tZeitwert2_Melder_aus             ENO —
```

Programmieren Sie den Funktionsbaustein „Warnmelder“ mit den entsprechenden IEC-Zeitgliedern.

Lösung der Aufgabe **182**

Warnmelder [FB1]

Netzwerk 1:
Das TP-Zeitglied1 wird aktiviert, wenn das Werkstor weder ganz geöffnet noch geschlossen ist und das TP-Zeitglied2 (Zugriff auf den Ausgang Q über die Instanzvariable #tpZeitglied2_Melder_aus und den Punktoperator .Q) nicht aktiv ist.

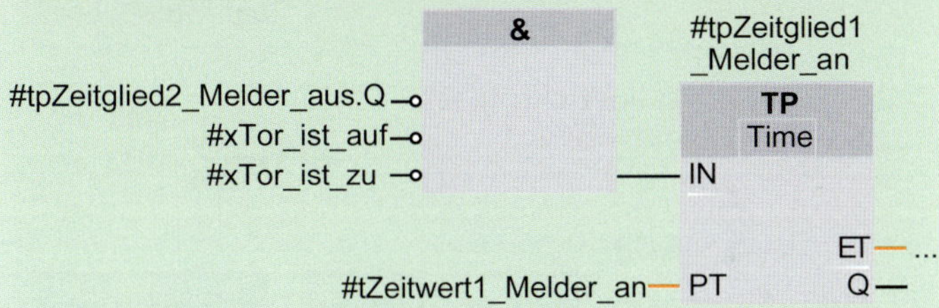

Netzwerk 2:
Das TP-Zeitglied2 wird aktiviert, wenn das TP-Zeitglied1 (Zugriff auf den Ausgang Q über die Instanzvariable #tpZeitglied1_Melder_an und den Punktoperator .Q) nicht aktiv ist.

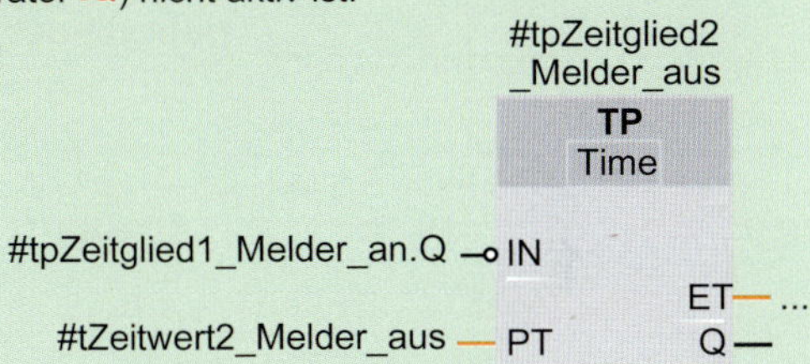

Netzwerk 3: Aktionsausgabe „#xWarnmelder" wird aktiviert, wenn das TP-Zeitglied1 (Zugriff auf den Ausgang Q über die Instanzvariable #tpZeitglied1_Melder_an und den Punktoperator .Q) aktiv ist.

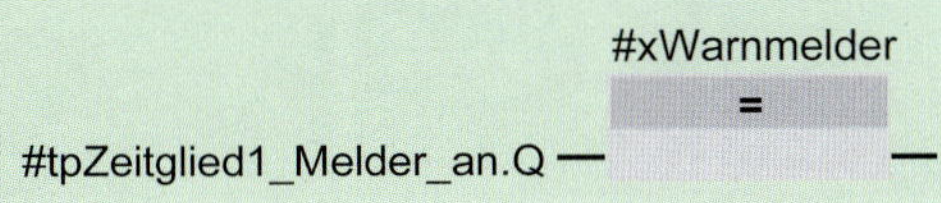

6.10.4 SPS-Projekt „Creme-Abfüllstation“

183 Innerhalb eines Produktionsprozesses werden Dosen mit Creme befüllt.

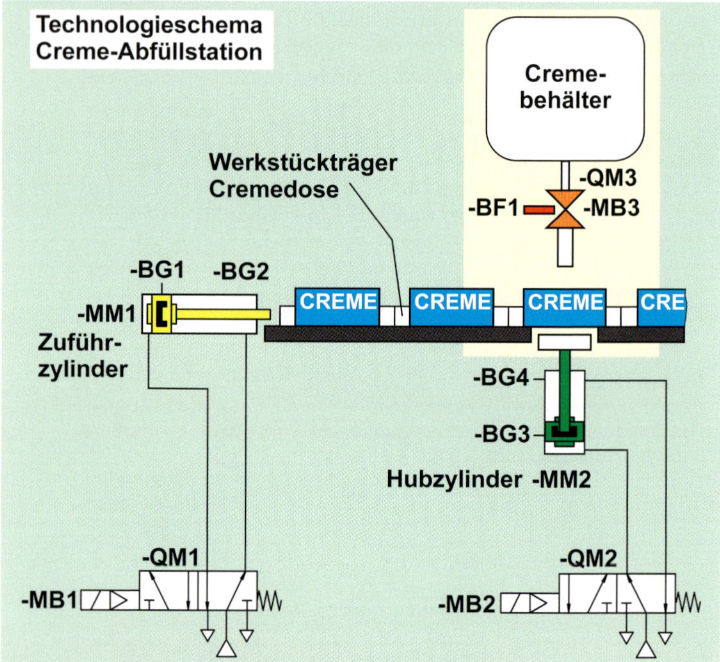

Grundstellung der Anlage

- Zuführzylinder -MM1 ist eingefahren (-BG1 = 1).
- Hubzylinder -MM2 ist eingefahren (-BG3 = 1).
- Füllventil -QM3 ist geschlossen (-MB3 = 0; BF1 = 1).

Funktionsablauf

Durch Betätigen des Start-Tasters -SF1 (Taster mit Raste) wird der Füllvorgang gestartet, sofern sich die Anlage in Grundstellung befindet.

Der Zuführzylinder -MM1 fährt aus und führt der Abfüllstation eine leere Dose zu.
Hat der Zuführzylinder seine vordere Endlage erreicht, fährt er sofort wieder ein und eine neue leere Dose rutscht vor den Zuführzylinder (im Technologieschema nicht dargestellt).
Zeitgleich fährt der Hubzylinder -MM2 aus und der Füllvorgang startet. Der Ventilmagnet -MB3 wird gesetzt und der Überwachungssensor meldet, dass das Füllventil -QM3 geöffnet ist (-BF1 = 0).
Hat der Hubzylinder -MM2 seine vordere Endlage erreicht, fährt er nach einer Verweildauer von einer Sekunde wieder ein.
Erreicht der Hubzylinder -MM2 seine hintere Endlage wird der Füllvorgang beendet und der Überwachungssensor meldet -BF1 = 1.
Der Prozess beginnt solange erneut, wie der Starttaster -SF1 = 1 meldet.

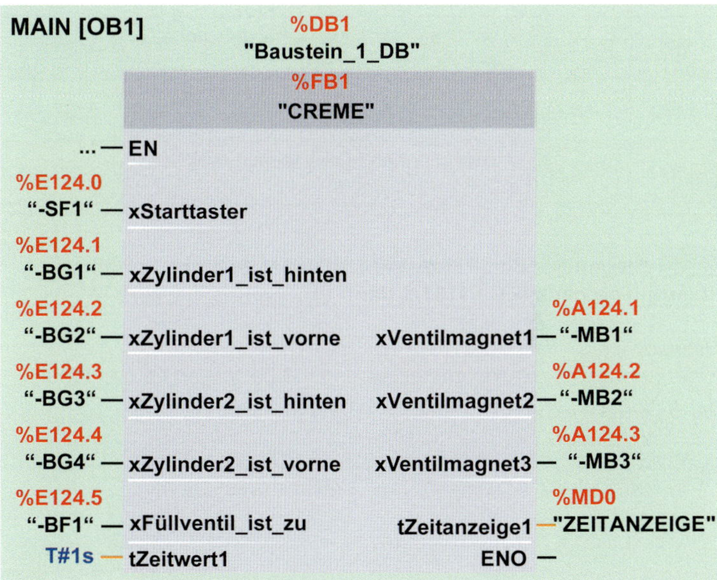

183.1 Erstellen Sie mit Hilfe der Prozessbeschreibung und des abgebildeten MAIN-Bausteins eine Zuordnungstabelle (PLC-Standard-Variablentabelle) mit den Ein- und Ausgängen und deklarieren Sie die globalen PLC-Variablen.

Lösung der Aufgabe 183.1

Zuordnungsliste (PLC-Standard-Variablentabelle)

Name	Adresse	Logische Zuordnung	
Eingänge			
-SF1	%E124.0	Starttaster	-SF1 = 1
-BG1	%E124.1	Zylinder1 ist in der hinteren Endlage	-BG1 = 1
-BG2	%E124.2	Zylinder1 ist in der vorderen Endlage	-BG2 = 1
-BG3	%E124.3	Zylinder2 ist in der hinteren Endlage	-BG3 = 1
-BG4	%E124.4	Zylinder2 ist in der vorderen Endlage	-BG4 = 1
-BF1	%E124.5	Füllventil ist zu	-BF1 = 1
Ausgänge			
-MB1	%A124.1	Ventilmagnet 1 (monostabil) schaltet: ⇨ Zylinder1 fährt aus	-MB1 = 1
-MB2	%A124.2	Ventilmagnet 2 (monostabil) schaltet: ⇨ Zylinder2 fährt aus	-MB2 = 1
-MB3	%A124.3	Ventilmagnet 3 (monostabil) schaltet: ⇨ Füllventil öffnet	-MB3 = 1

183.2 Stellen Sie den Prozessablauf mit Hilfe eines Funktionsablaufplans nach IEC 61131-3 dar.

Hinweis:
Eine Auswahl der Bestimmungszeichen mit Beispielen für das Wirken der Aktionssteuerung finden Sie im Anhang Kapitel 6.10.7

Lösungsvorschlag für die Aufgabe 183.2

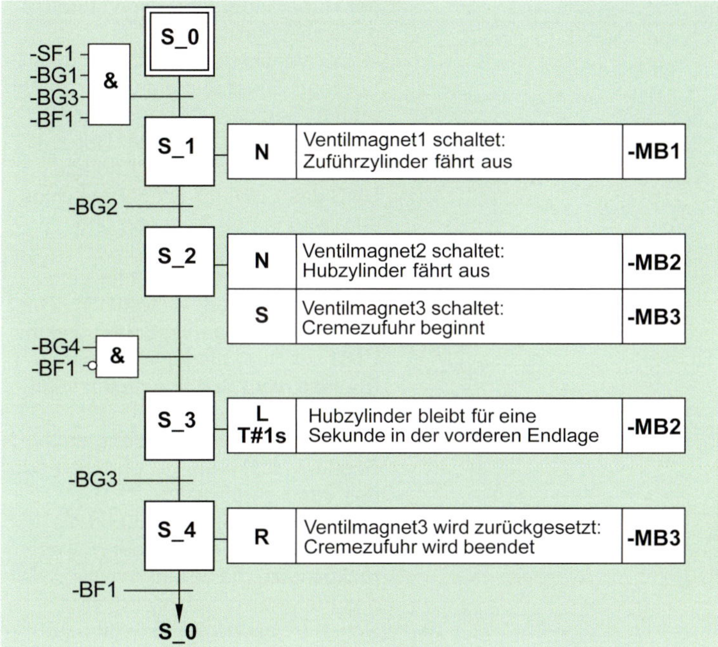

183.3 Beschreiben Sie den im Funktionsablaufplan dargestellten Prozessablauf.

Ist der Schritt 0 aktiv UND der Starttaster betätigt, UND Zuführ- UND Hubzylinder in der hinteren Endlage UND das Füllventil geschlossen, wird Schritt 1 gesetzt und der Schritt 0 zurückgesetzt.

⇨ Der Ventilmagnet1 schaltet und der Zuführzylinder fährt (Non stored, ungespeichert) aus.

Ist der Schritt 1 aktiv UND der Zuführzylinder in der vorderen Endlage, wird Schritt 2 gesetzt und der Schritt 1 zurückgesetzt.

⇨ Der Zuführzylinder fährt ein, da der Schritt 1 nicht mehr gilt und die Feder das Ventil1 zurückstellt.

Fortsetzung Lösung 183.3

⇨ Der Ventilmagnet2 schaltet und der Hubzylinder fährt (Non stored, ungespeichert) aus.
⇨ Der Ventilmagnet3 schaltet, das Füllventil öffnet und die Cremezufuhr erfolgt (Set, gesetzt bis Schritt 4).
Ist Schritt 2 aktiv UND der Hubzylinder in der vorderen Endlage UND das Füllventil NICHT geschlossen, wird Schritt 3 gesetzt und Schritt 2 zurückgesetzt.
⇨ Der Hubzylinder bleibt für eine Sekunde (Limited) weiterhin in seiner vorderen Endlage. Ist Schritt 3 aktiv UND der Hubzylinder in der hinteren Endlage, wird Schritt 4 gesetzt und Schritt 3 zurückgesetzt.
⇨ Der Hubzylinder fährt ein, da Schritt 3 nicht mehr gilt und die Feder das Ventil zurücksetzt.
⇨ Das Füllventil schließt und die Cremezufuhr wird beendet (Reset, rückgesetzt). Ist Schritt 4 aktiv UND das Füllventil geschlossen, wird Schritt 0 gesetzt und Schritt 4 zurückgesetzt.

183.4 Erläutern Sie die Notwendigkeit und die Vorteile davon, die SPS-Ablaufsteuerung in einem Funktionsbaustein (FB) zu schreiben.

Ein Funktionsbaustein FB verfügt über ein Gedächtnis, also über die Möglichkeit Variablenwerte zu speichern. Dies ist z. B. für das Setzen und Rücksetzen der Schritte nötig. Neben diesem Vorteil, sich Variablenwerte zu merken, liegt ein weiterer Vorteil darin, dass der Anfangsschritt „Schritt_0“ durch den Defaultwert (TRUE) in der Deklarationstabelle initialisiert wird.

183.5 Definieren Sie die Bausteinschnittstelle für den zu entwickelnden Funktionsbaustein namens FB1 „CREME“ und deklarieren Sie die lokalen Bausteinvariablen.

Lösung der Aufgabe 183.5

FB1 CREME

Name	Datentyp	Defaultwert
↓ Input		
xStarttaster	Bool	false
xZylinder1_ist_hinten	Bool	false
xZylinder1_ist_vorne	Bool	false
xZylinder2_ist_hinten	Bool	false
xZylinder2_ist_vorne	Bool	false
xFüllventil_ist_zu	Bool	false
tZeitwert1	Time	T#1s
↓ Output		
xVentilmagnet1	Bool	false
xVentilmagnet2	Bool	false
xVentilmagnet3	Bool	false
tZeitanzeige1	Time	T#0ms
InOut		
↓ Static		
xSchritt_0	Bool	true
xSchritt_1	Bool	false
xSchritt_2	Bool	false
xSchritt_3	Bool	false
xSchritt_4	Bool	false
xSpeicherop1	Bool	false

183.6 Wodurch wird erreicht, dass beim Einschalten der Steuerung die Schrittkette mit dem „Schritt 0“ beginnt?

Indem in der Variablendeklaration des Funktionsbausteins der Anfangsschritt auf „true“ gesetzt wird.

↓ Static		
xSchritt_0	Bool	true

Dies merkt sich der FB in seinem Datenbaustein.

183.7 Erstellen Sie für den Funktionsbaustein FB1 „CREME“ das SPS-Programm in der Funktionsbausteinsprache.

Lösung der Aufgabe **183.7**

Netzwerk 1: Schritt 0

Netzwerk 2: Schritt 1

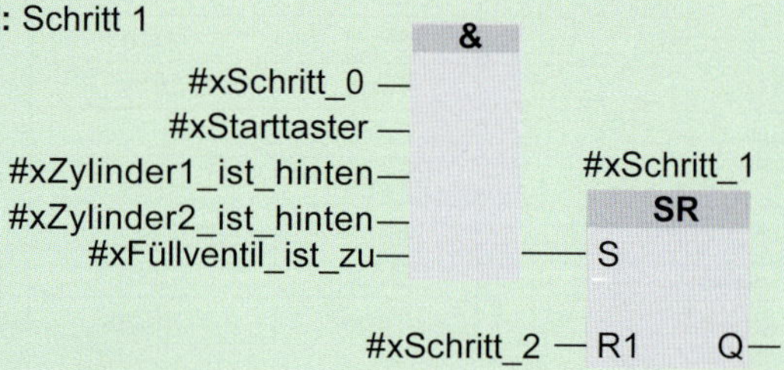

Netzwerk 3: Schritt 2

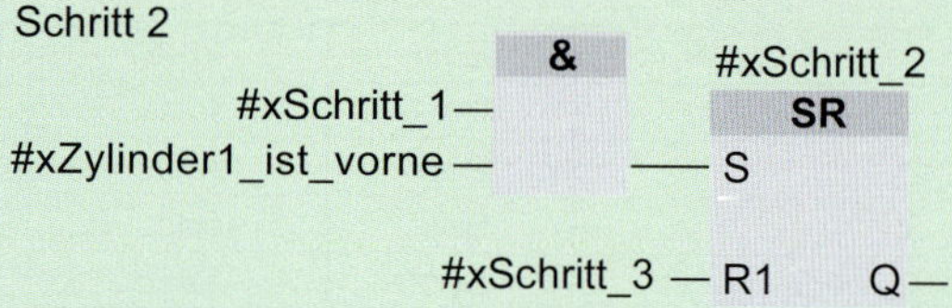

Netzwerk 4: Schritt 3

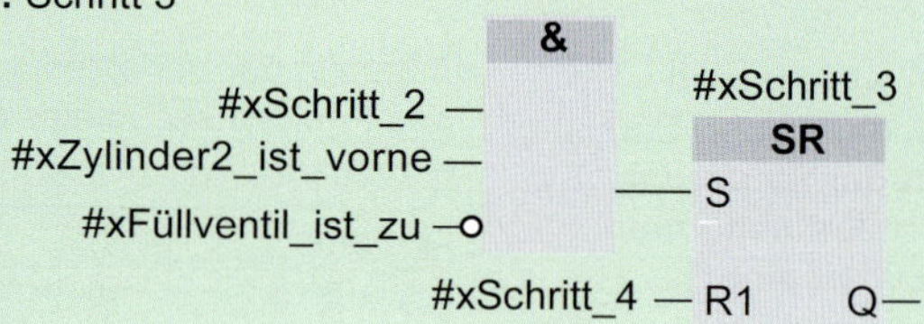

Netzwerk 5: Schritt 4

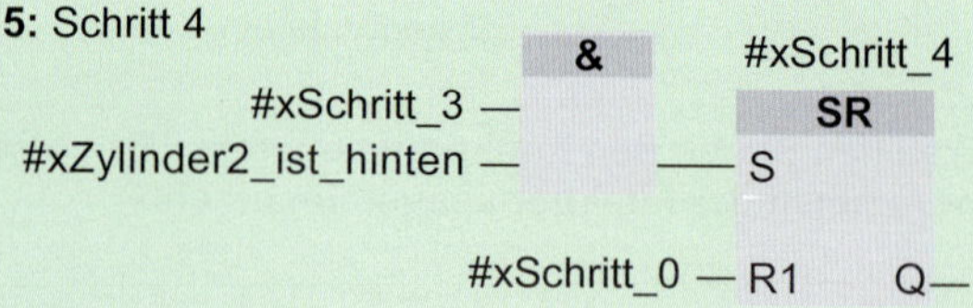

Fortsetzung Lösung **183.7**

Netzwerk 6: TP-Zeitglied als Multiinstanz.

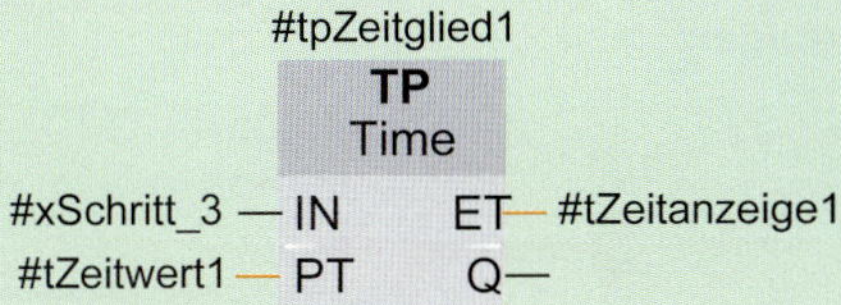

Netzwerk 7: Aktionsausgabe ⇨ Zuführzylinder ausfahren.
Der Ventilmagnet1 schaltet, wenn Schritt_1 aktiv ist.

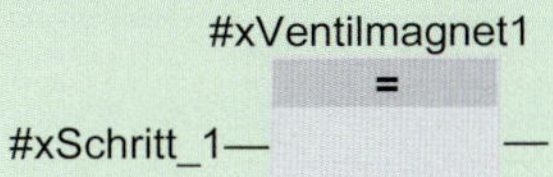

Netzwerk 8: Aktionsausgabe ⇨ Hubzylinder ausfahren.
Der Ventilmagnet2 schaltet, wenn Schritt_2 aktiv ist ODER, wenn der Schritt_3 aktiv ist UND der Ausgang Q ein 1-Signal liefert. Zugriff auf Q über die Instanzvariable #tpZeitglied1 und den Punktoperator .Q.

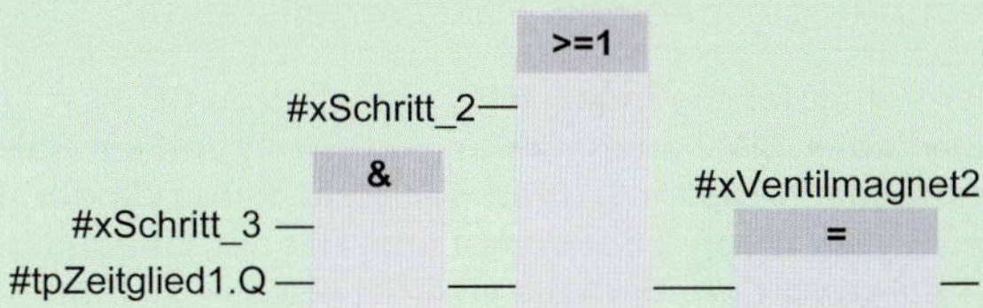

Netzwerk 9: Aktionsausgabe ⇨ Füllventil öffnen oder schließen.
Der Ventilmagnet3 schaltet, wenn und solange der Speicheroperand1 gesetzt ist.

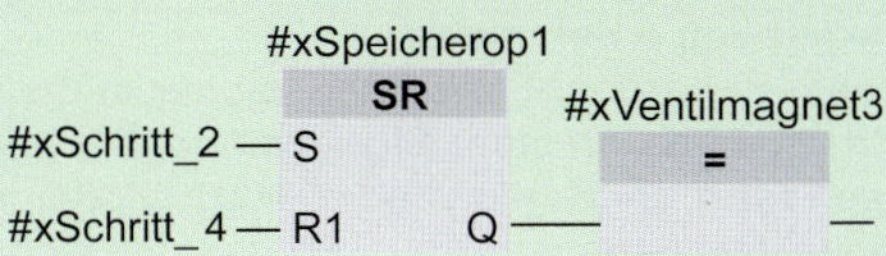

6.10.5 SPS-Projekt „Paketverteilstation“

184 **Die automatische Verteilung von Paketen soll durch eine SPS erfolgen.**

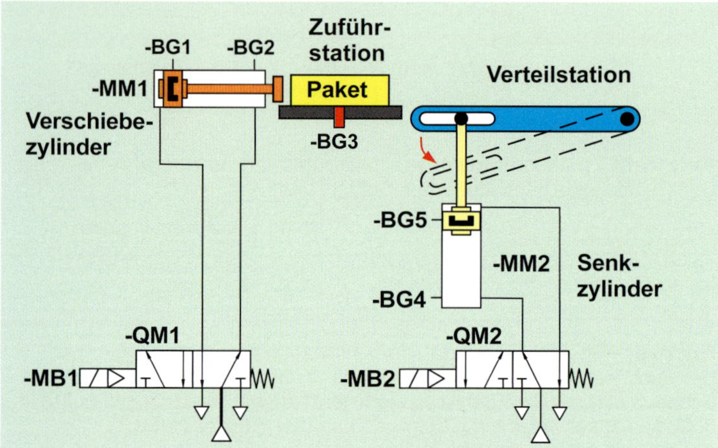

Technologieschema: „Paketverteilstation“

Ist der Verschiebezylinder -MM1 eingefahren (-BG1 = 1), der Senkzylinder -MM2 ausgefahren (-BG5 = 1) und ein Paket in der Zuführstation (-BG3 = 1), fährt der Verschiebezylinder -MM1 nach einer Wartezeit von 2 Sekunden aus. Hat der Verschiebezylinder -MM1 seine vordere Endlage erreicht (-BG2 = 1), fährt er sofort wieder ein.
Hat der Verschiebezylinder -MM1 seine hintere Endlage (-BG1 = 1) erreicht, fährt der Senkzylinder ein.
Ist der Senkzylinder -MM2 eingefahren (-BG4 = 1), beginnt eine Wartezeit von 5 Sekunden.
In dieser Zeit rutscht das Paket sicher in die nächste Ebene. Diese Wartezeit wird von einer Signallampe PF1 angezeigt (PF1 = 1).
Danach fährt der Senkzylinder -MM2 wieder aus. Hat der Senkzylinder -MM2 seine vordere Endlage erreicht (-BG5 = 1), kann das nächste Paket der Verteilstation zugeführt werden.

184.1 **Erstellen Sie für den beschriebenen Ablauf eine Zuordnungsliste.**

Lösungsvorschlag zur Aufgabe 184.1

Zuordnungsliste (Standard-Variablentabelle)

Name	Adresse	Logische Zuordnung	
Eingänge			
-BG1	%E124.1	Zylinder1 ist eingefahren (ist hinten)	-BG1 = 1
-BG2	%E124.2	Zylinder1 ist ausgefahren (ist vorne)	-BG2 = 1
-BG3	%E124.3	Paket ist vorhanden	-BG3 = 1
-BG4	%E124.4	Zylinder2 ist eingefahren (ist hinten)	-BG4 = 1
-BG5	%E124.5	Zylinder2 ist ausgefahren (ist vorne)	-BG5 = 1
Ausgänge			
-MB1	%A124.1	Ventilmagnet1 (monostabil) schaltet: ⇨ Zylinder1 fährt aus	-MB1 = 1
-MB2	%A124.2	Ventilmagnet2 (monostabil) schaltet: ⇨ Zylinder2 fährt aus	-MB2 = 1
PF1	%A124.3	Signallampe an	PF1 = 1

6

184.2 Stellen Sie den Prozessablauf mit Hilfe eines Funktionsablaufplans nach IEC 61131-3 dar.

Hinweis:
Eine Auswahl der Bestimmungszeichen, mit Beispielen für das Wirken der Aktionssteuerung finden Sie im Anhang Kapitel 6.10.7

Erster Lösungsvorschlag für die Aufgabe **184.2**

Funktionsablaufplan IEC 61131-3:

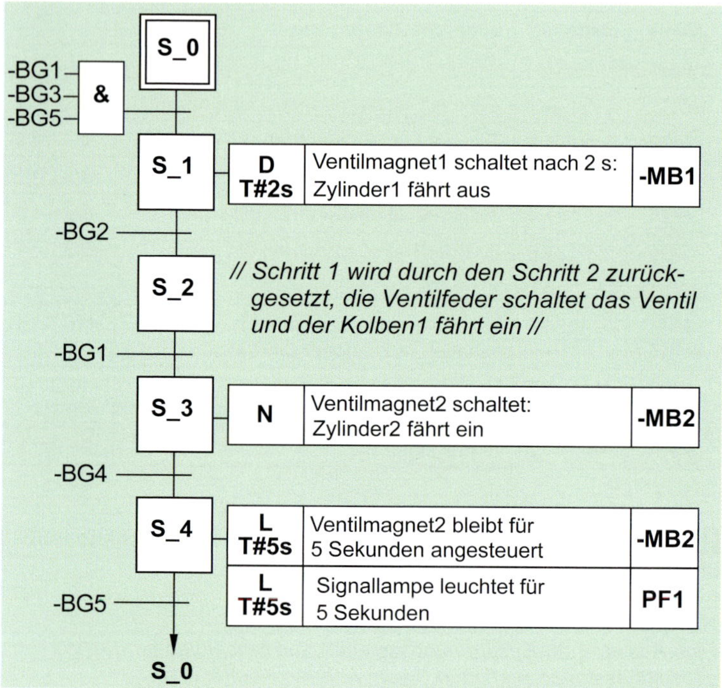

Zweiter Lösungsvorschlag für die Aufgabe **184.2**

Funktionsablaufplan IEC 61131-3:

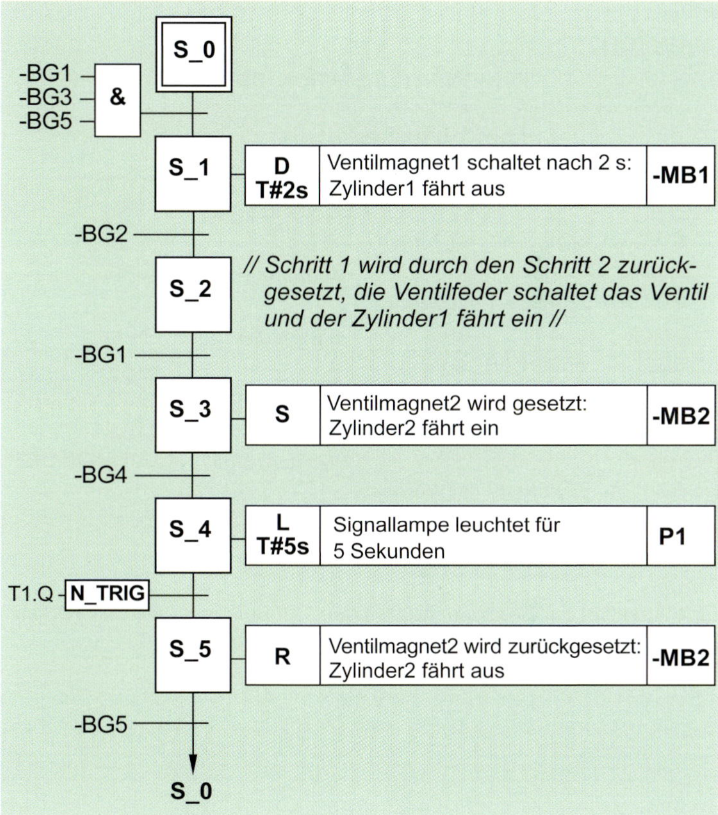

184.3 Betrachten Sie die lokalen Variablen im MAIN Organisationsbaustein [OB1] und erstellen Sie für den "FB1 PAKETVERTEIL-STATION" den Funktionsplan der Schrittkette und der Aktionsausgabe.

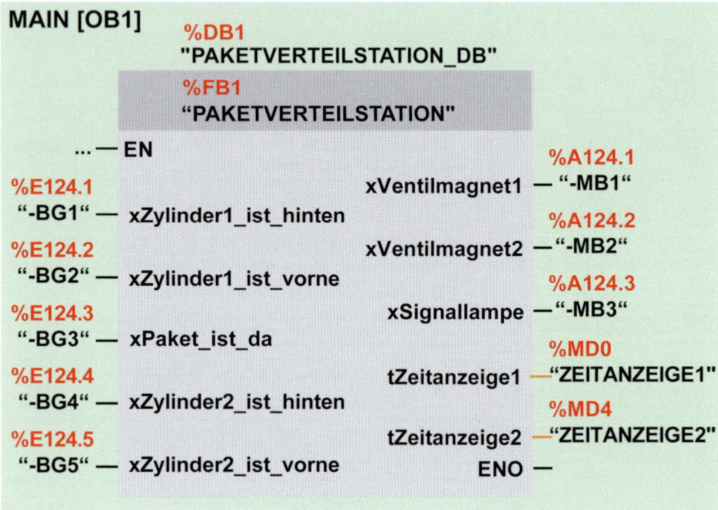

Hinweis:
Eine Auswahl der Bestimmungszeichen, mit Beispielen für das Wirken der Aktionssteuerung finden Sie im Anhang Kapitel 6.10.7

Erster Lösungsvorschlag für die Aufgabe 184.3

Netzwerk 1: Schritt 0

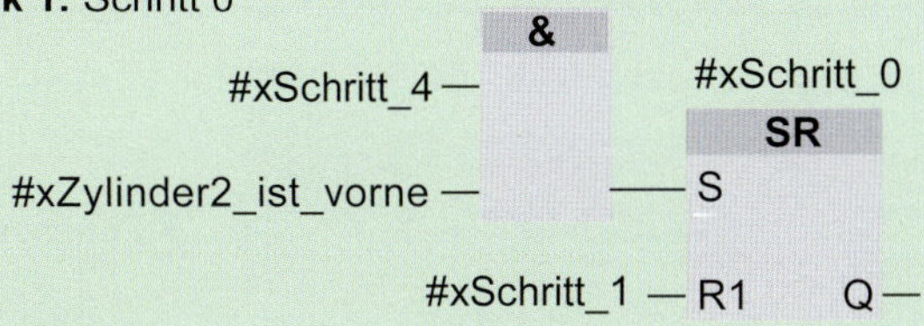

Netzwerk 2: Schritt 1

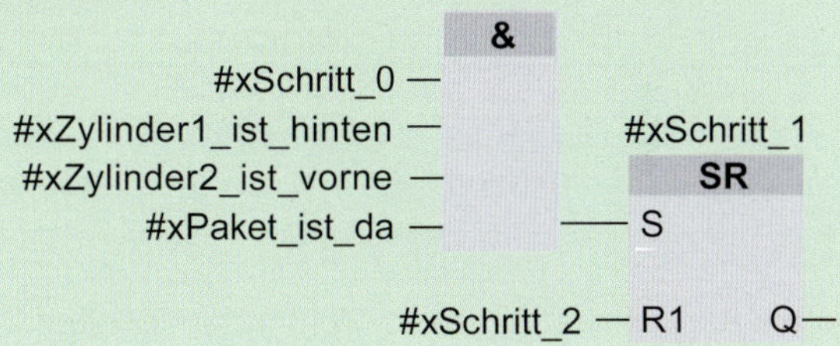

Netzwerk 3: Schritt 2

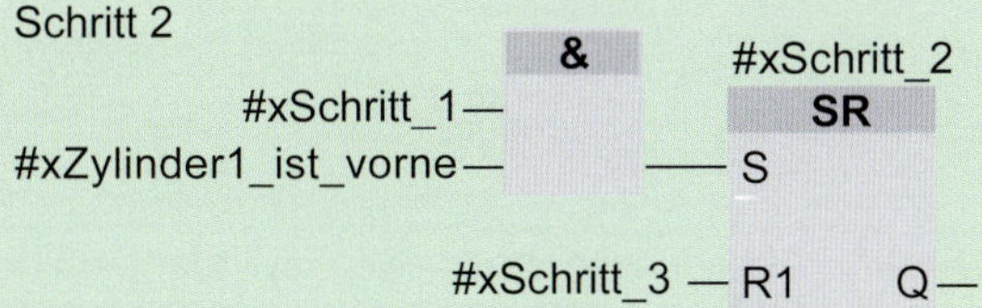

Netzwerk 4: Schritt 3

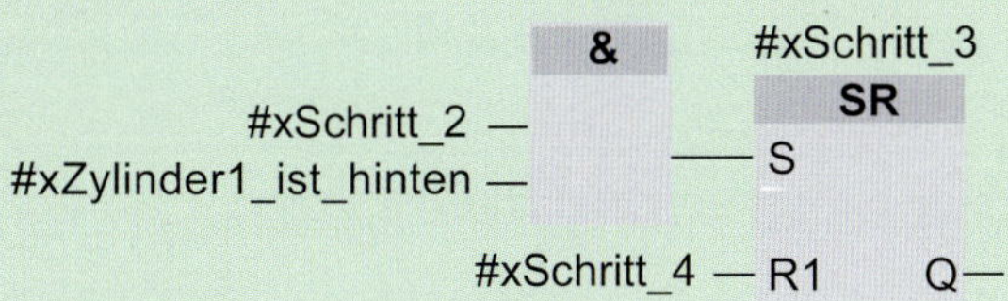

Netzwerk 5: Schritt 4

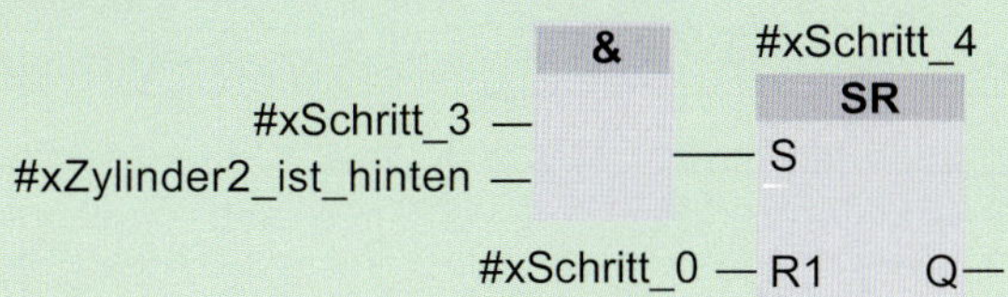

6

Fortsetzung erster Lösungsvorschlag 184.3

Netzwerk 6: TON-Zeitglied als Multiinstanz.

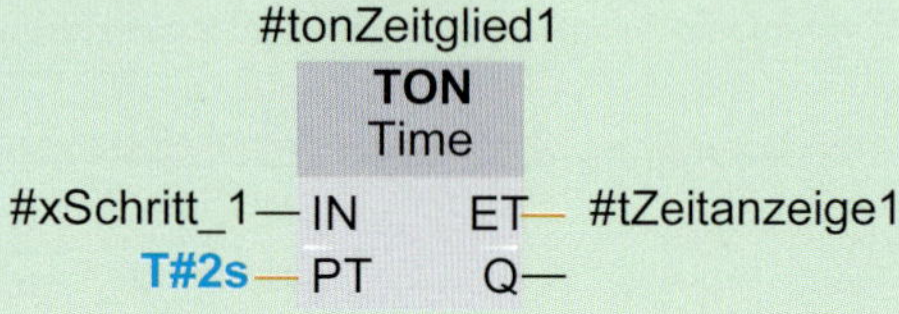

Netzwerk 7: TP-Zeitglied als Multiinstanz.

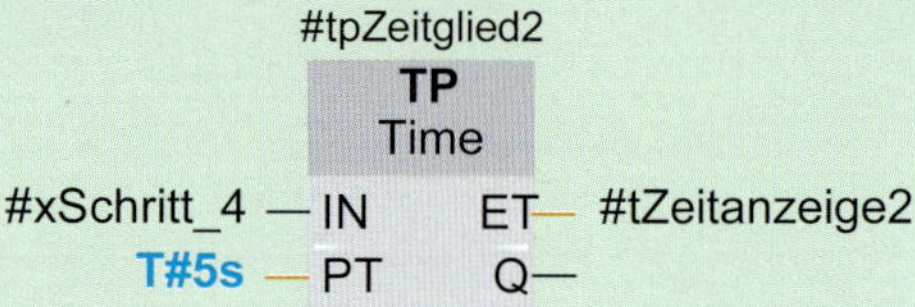

Netzwerk 8: Aktionsausgabe ⇨ Zuführzylinder nach 2 s ausfahren. Der Folgeschritt lässt den Zuführzylinder wieder einfahren.

Netzwerk 9: Aktionsausgabe ⇨ Senkzylinder einfahren im Schritt 3 und für 5 Sekunden eingefahren bleiben im Schritt 4.

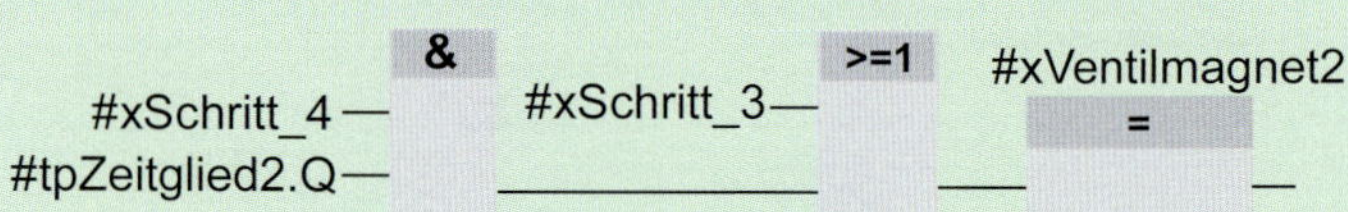

Netzwerk 10: Aktionsausgabe ⇨ Signallampe für 5 s an.

Zweiter Lösungsvorschlag für die Aufgabe 184.3

Netzwerk 1: Schritt 0

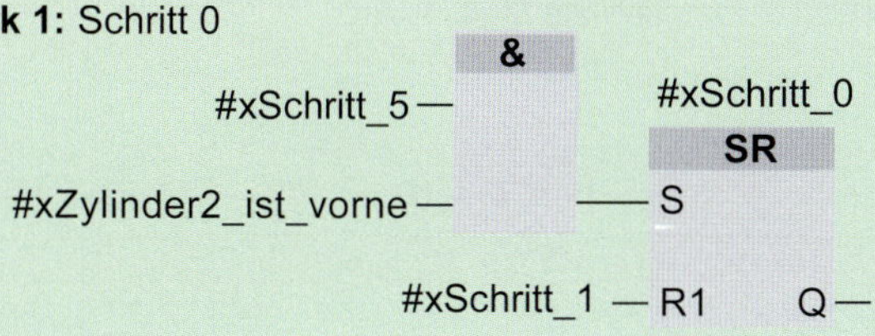

Netzwerk 2: Schritt 1

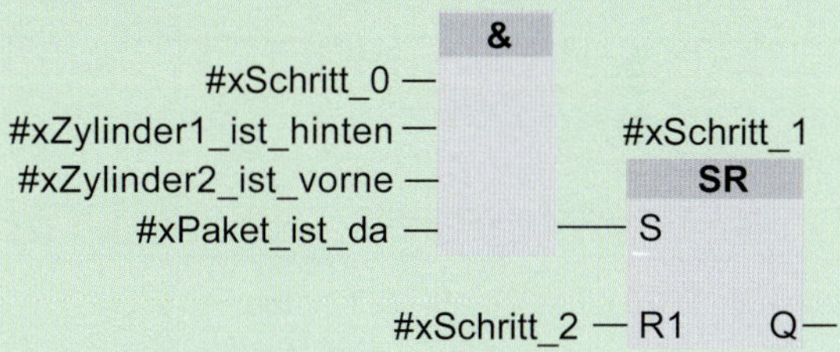

Netzwerk 3: Schritt 2

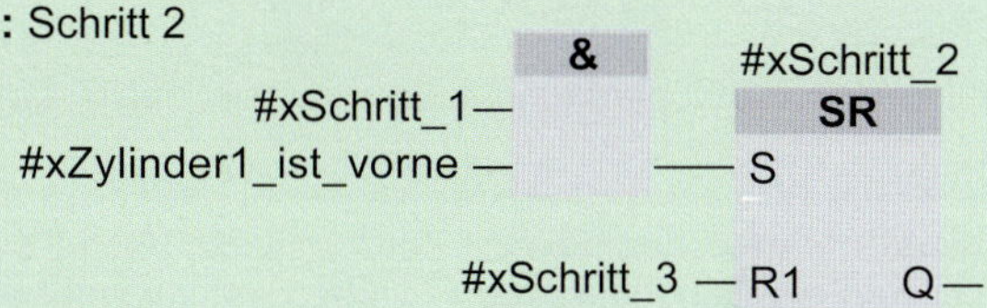

Netzwerk 4: Schritt 3

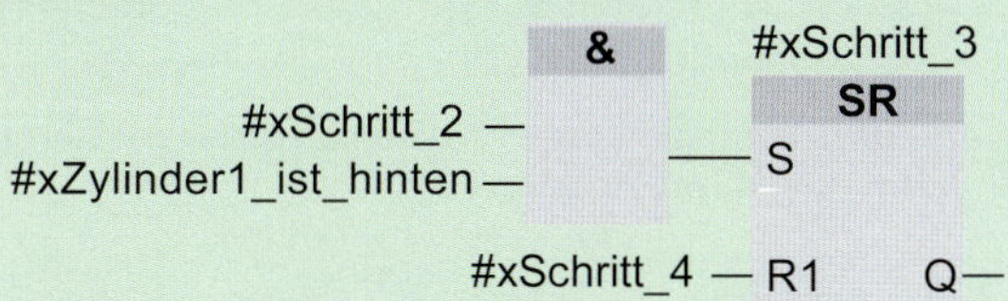

Netzwerk 5: Schritt 4

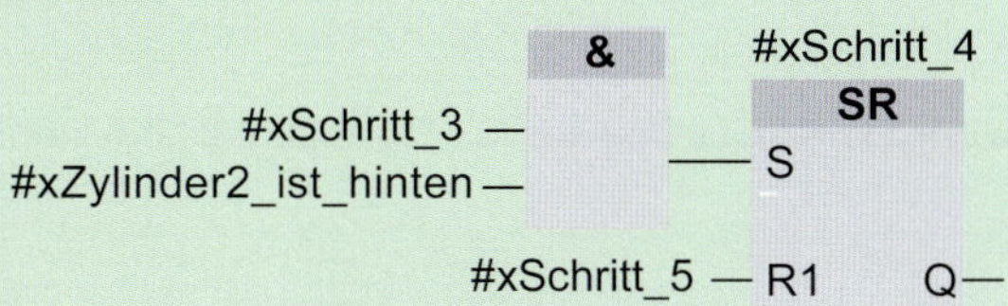

Fortsetzung zweiter Lösungsvorschlag **184.3**

Netzwerk 6: TP-Zeitglied als Multiinstanz.

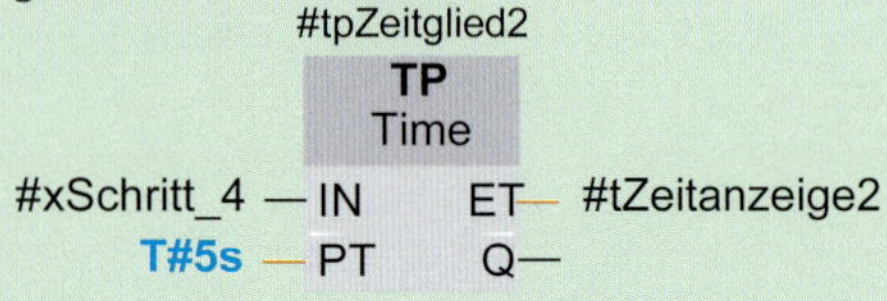

Netzwerk 7: Schritt 5
Abfrage der negativen Flanke des TP-Zeitglieds durch den Zugriff auf Q über die Instanzvariable #tpZeitglied2 und den Punktoperator .Q.

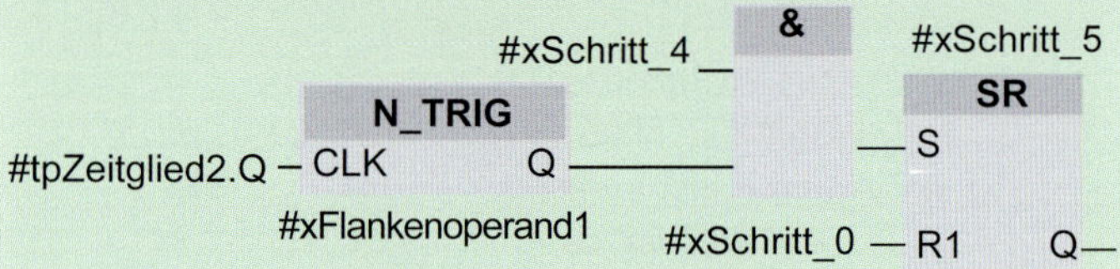

Netzwerk 8: TON-Zeitglied als Multiinstanz.

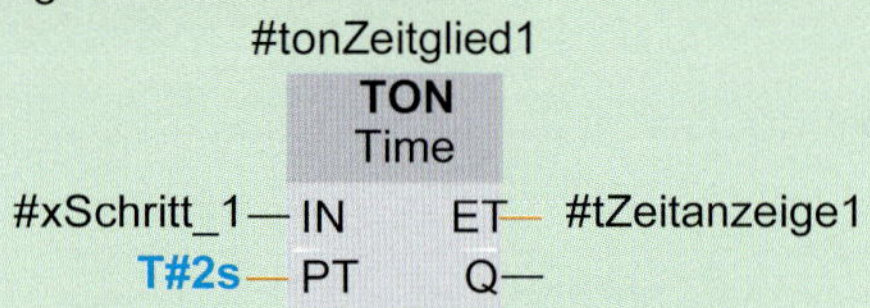

Netzwerk 9: Aktionsausgabe ⇨ Zuführzylinder nach 2 s ausfahren. Der Folgeschritt lässt den Zuführzylinder wieder einfahren.

Netzwerk 10: Aktionsausgabe ⇨ Senkzylinder einfahren im Schritt 3 und ausfahren im Schritt 5.

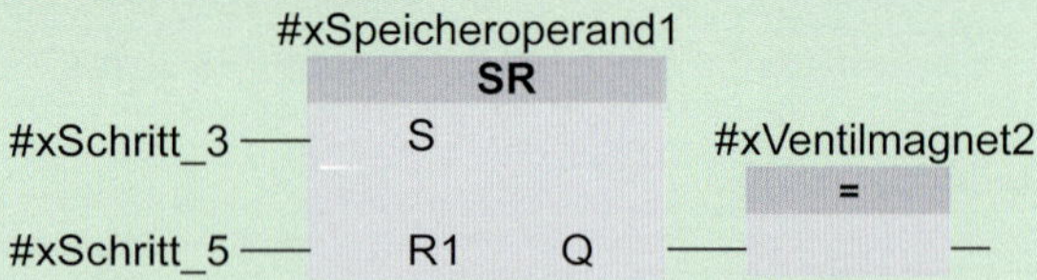

Netzwerk 11: Aktionsausgabe ⇨ Signallampe für 5 s an.

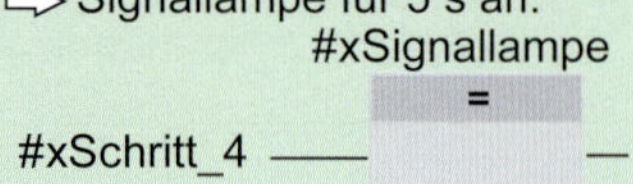

6.10.6 SPS-Projekt „Klebestation“

185 Funktionsbeschreibung:
Die mit Klebstoff versehenen Teile werden der Klebestation zugeführt und der Fügevorgang durch den Starttaster (-SF1) eingeleitet. Der Zylinder -MM1 fährt aus und spannt die beiden Fügeteile. Danach fährt der Zylinder -MM2 aus und presst nach Erreichen seiner vorderen Endlage (-BG4 = 1) für 3 Sekunden auf die erste Klebestelle. Ist der Zylinder -MM2 wieder eingefahren, fährt der Zylinder -MM3 aus. Ist -MM3 ausgefahren (-BG6 = 1) presst er die Fügeteile an der zweiten Klebestelle ebenfalls für 3 Sekunden zusammen. Hat der Zylinder -MM3 seine hintere Endlage wieder erreicht, wird der Ventilmagnet -MB2 angesteuert, der Spannvorgang wird gelöst und das gefügte Teil kann entnommen werden.

<u>Sicherheitshinweis:</u> Der Spannzylinder -MM1 muss für den gesamten Fügevorgang angesteuert bleiben.

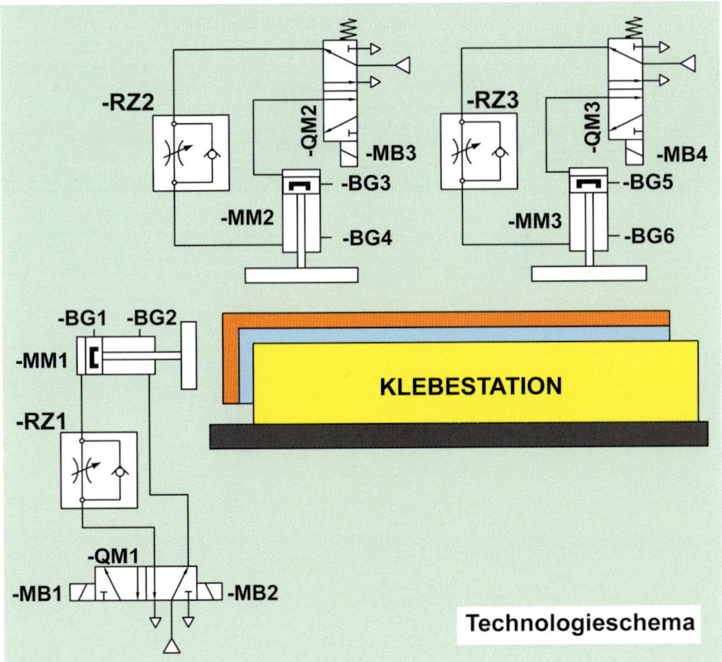

Zuordnungsliste (Standard-Variablentabelle)

Name	Adresse	Logische Zuordnung	
Eingänge			
-SF1	%E124.0	Starttaster	-SF1 = 1
-BG1	%E124.1	Zylinder1 ist in der hinteren Endlage	-BG1 = 1
-BG2	%E124.2	Zylinder1 ist in der vorderen Endlage	-BG2 = 1
-BG3	%E124.3	Zylinder2 ist in der hinteren Endlage	-BG3 = 1
-BG4	%E124.4	Zylinder2 ist in der vorderen Endlage	-BG4 = 1
-BG5	%E124.5	Zylinder3 ist in der hinteren Endlage	-BG5 = 1
-BG6	%E124.6	Zylinder3 ist in der vorderen Endlage	-BG6 = 1
Ausgänge			
-MB1	%A124.1	Ventilmagnet1 schaltet: ⇨ Zylinder1 fährt aus (spannen)	-MB1 = 1
-MB2	%A124.2	Ventilmagnet2 schaltet: ⇨ Zylinder1 fährt ein (lösen)	-MB2 = 1
-MB3	%A124.3	Ventilmagnet3 (monostabil) schaltet: ⇨ Zylinder2 fährt aus (pressen)	-MB3 = 1
-MB4	%A124.4	Ventilmagnet4 (monostabil) schaltet: ⇨ Zylinder3 fährt aus (pressen)	-MB4 = 1

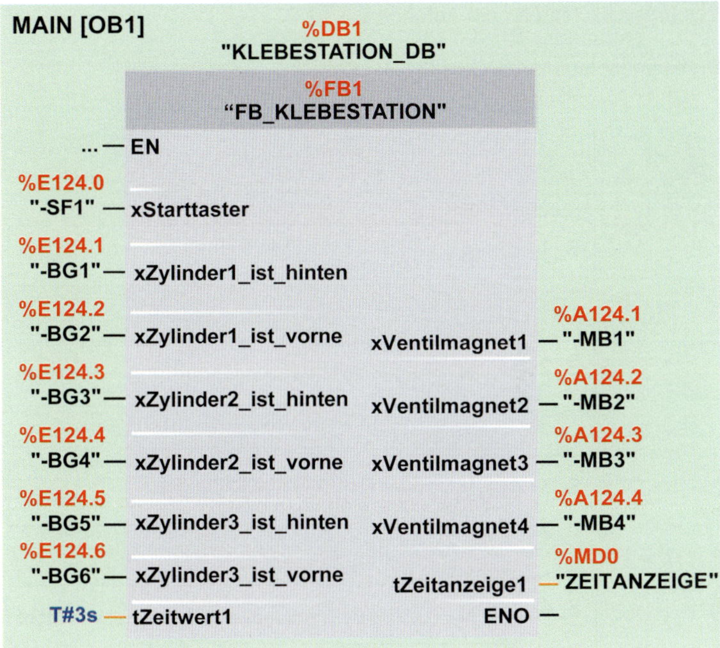

185.1 Betrachten Sie die Funktionsbeschreibung, die Zuordnungsliste (Standard-Variablentabelle) und die MAIN-Beschaltung im OB1 der Klebestation.
Stellen Sie anschließend den Prozessablauf normgerecht dar, indem Sie für die beschriebene Steuerung einen Funktionsablaufplan nach IEC 61131-3 entwickeln.

Hinweis:
Eine Auswahl der Bestimmungszeichen, mit Beispielen für das Wirken der Aktionssteuerung finden Sie im Anhang Kapitel 6.10.7

Lösungsvorschlag für die Aufgabe 185.1

Funktionsablaufplan IEC 61131-3:

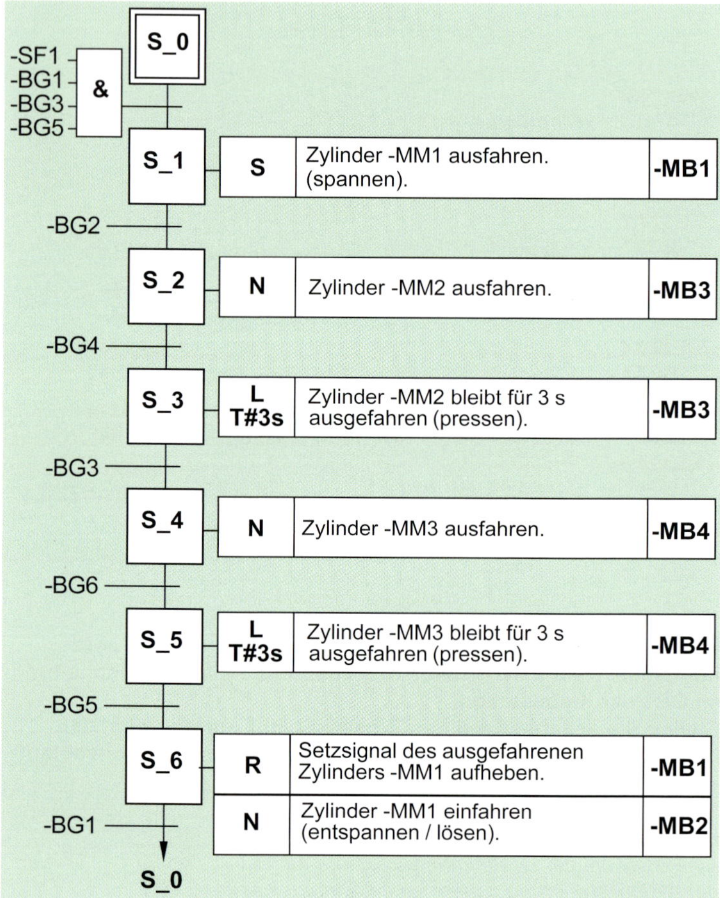

185.2 Erstellen Sie für den „FB_KLEBESTATION“ den Funktionsplan der Schrittkette und der Aktionsausgabe.

Lösung der Aufgabe 185.2

Netzwerk 1: Schritt 0

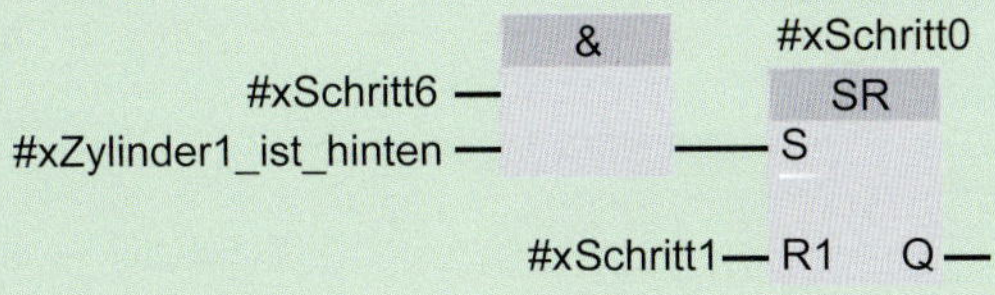

Netzwerk 2: Schritt 1

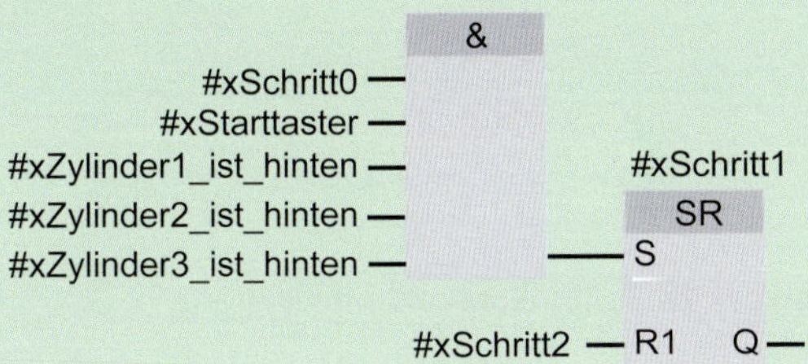

Netzwerk 3: Schritt 2

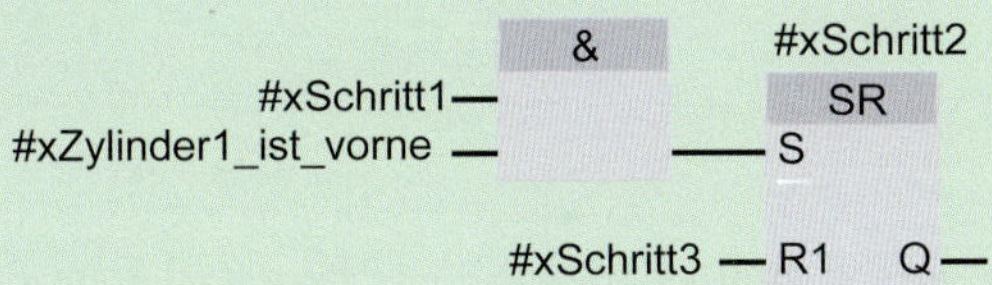

Netzwerk 4: Schritt 3

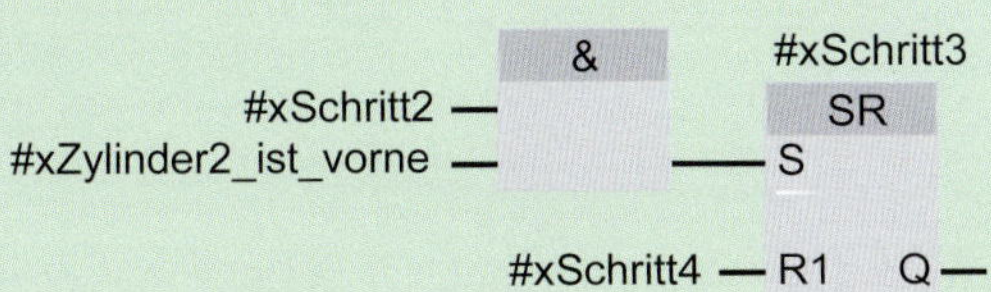

Netzwerk 5: Schritt 4

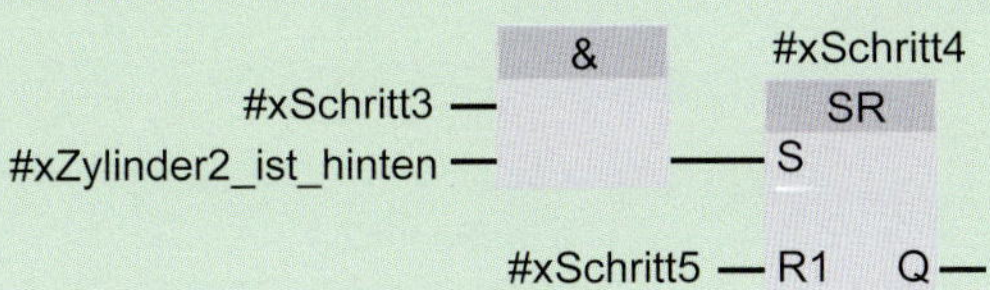

Fortsetzung Lösung **185.2**

Netzwerk 6: Schritt 5

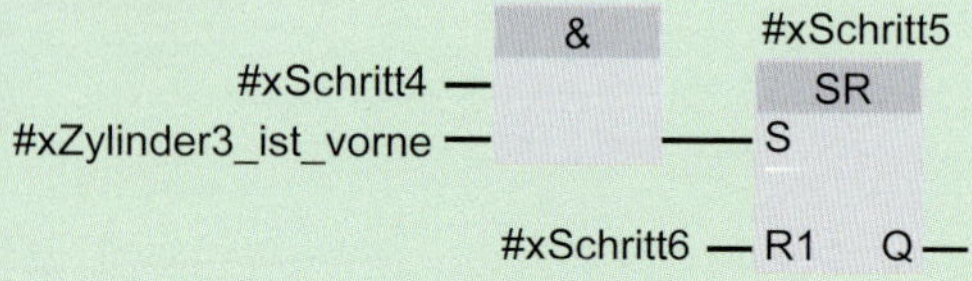

Netzwerk 7: Schritt 6

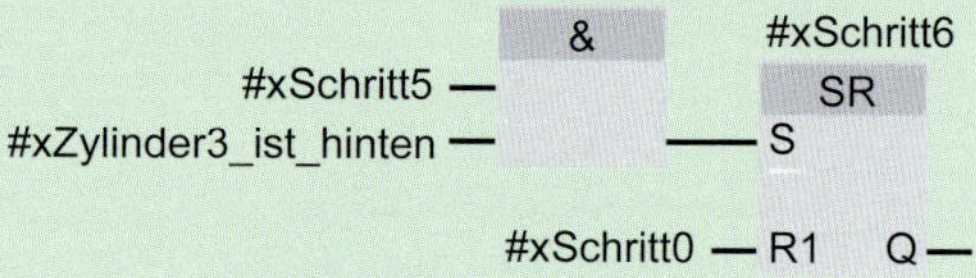

Netzwerk 8: Zeitfunktion als Multiinstanz

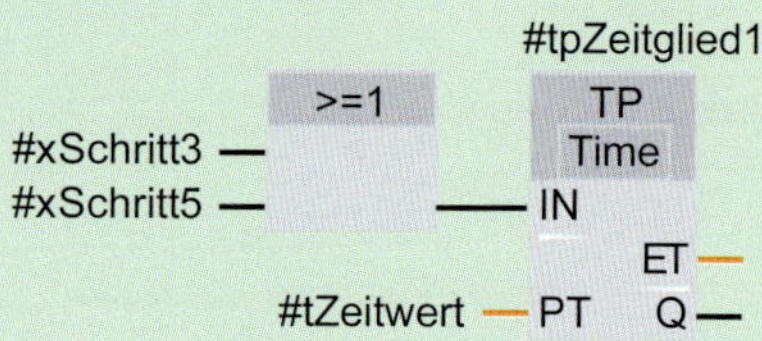

Netzwerk 9: Aktionsausgabe ⇨ Spannzylinder ausfahren (spannen). Ventilmagnet1 bleibt bis zum Schritt 6 gesetzt.

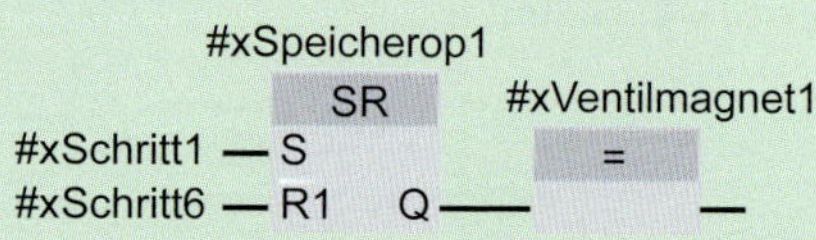

Netzwerk 10: Aktionsausgabe ⇨ erster Presszylinder ausfahren. Pressen für 3 s (Zugriff auf den Ausgang Q des TP-Zeitglieds über die Instanzvariable #tpZeitglied1 und den Punktoperator .Q).

Fortsetzung Lösung **185.2**

Netzwerk 11: Aktionsausgabe ⇨ zweiter Presszylinder ausfahren. Pressen für 3 s (Zugriff auf den Ausgang Q des TP-Zeitglieds über die Instanzvariable #tpZeitglied1 und den Punktoperator .Q).

Netzwerk 12: Aktionsausgabe ⇨ Spannzylinder einfahren (entspannen / lösen).

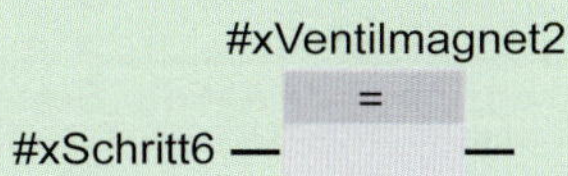

186 Bei der SPS-Programmierung werden Instanzen und Multiinstanzen verwendet. Was bezeichnet man als Instanz?

Der Aufruf eines Funktionsbausteins wird als Instanz bezeichnet. Jedem Aufruf eines Funktionsbausteins wird ein Instanz-Datenbaustein zugeordnet, der als Datenspeicher dient. In ihm werden die Aktualparameter und die statischen Daten des Funktionsbausteins abgelegt.

187 Worin liegt der Unterschied zwischen Global-Datenbausteinen und Instanz-Datenbausteinen?

Beim Global-DB können alle Bausteine (FBs, FCs und OBs) die Daten im enthaltenen Datenbaustein lesen oder schreiben.
Der Instanz-DB ist einem bestimmten Funktionsbaustein zugeordnet und enthält Lokaldaten für diesen zugeordneten FB.

6.10.7 Anhang Funktionsablaufplan DIN EN 61131-3

Auswahl der Bestimmungszeichen mit Beispielen für das Wirken der Aktionssteuerung.

N	**Nicht gespeicherte Aktion** (non stored). Die Aktion ist solange aktiv wie der Schritt.

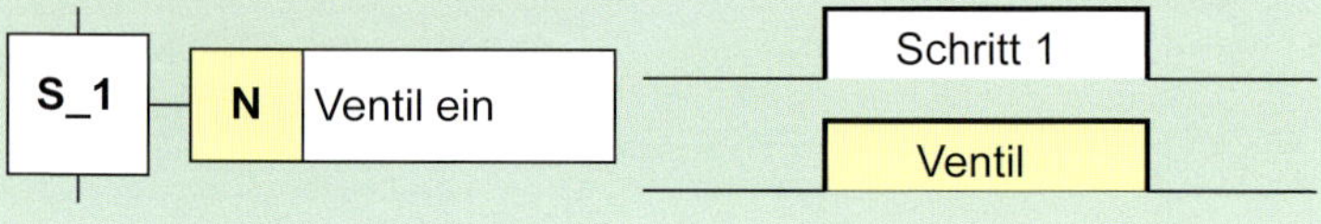

S	**Speichernde Aktion „Setzen“** (stored, set). Die Aktion wird aktiviert (hier Ventil = 1) und bleibt bis zum Rücksetzen aktiv.
R	**Speichernde Aktion „Rücksetzen“** (restored, reset). Die Aktion wird deaktiviert (hier Ventil = 0).

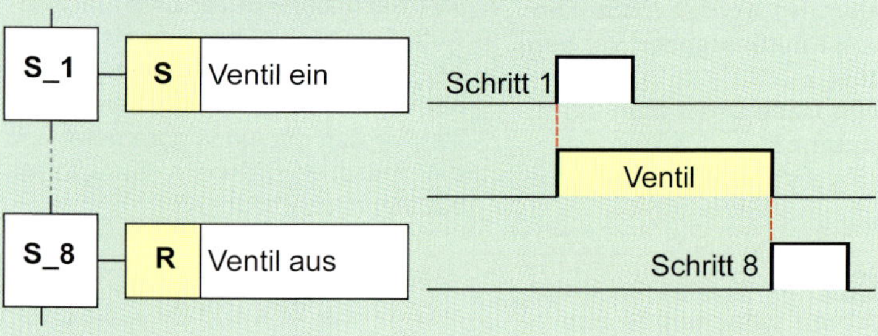

L	**Zeitbegrenzte Aktion** (time limited). Die Aktion wird für eine bestimmte Zeit aktiviert, maximal solange der Schritt aktiv ist.

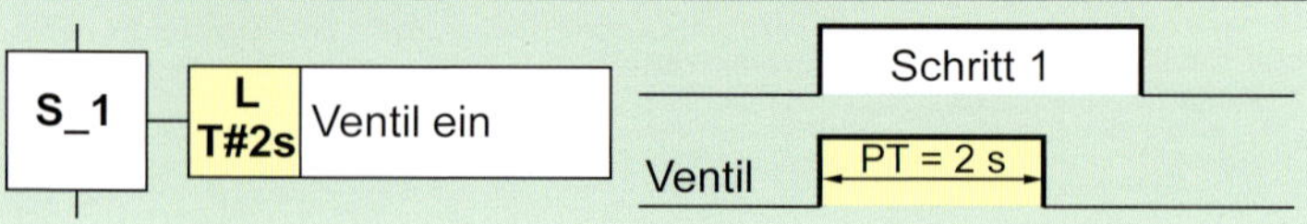

LS **Zeitbegrenzte speichernde Aktion** (limited and stored). Die Aktion wird für eine bestimmte Zeit aktiviert, auch wenn der Schritt deaktiviert wird.

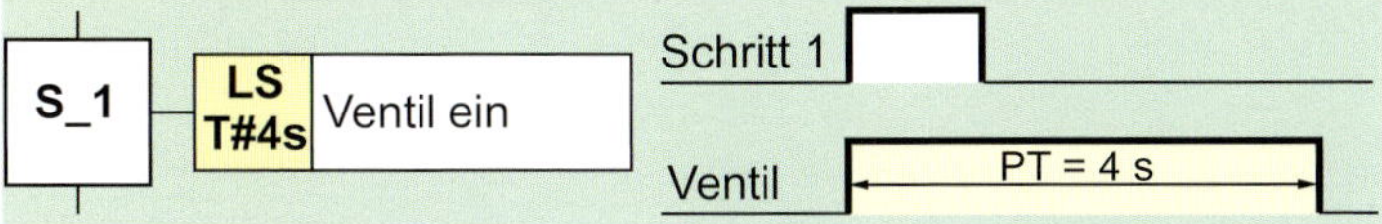

D **Zeitverzögerte Aktion** (time delayed). Die Aktion wird nach einer bestimmten Zeit aktiv, wenn und solange der Schritt aktiv ist.

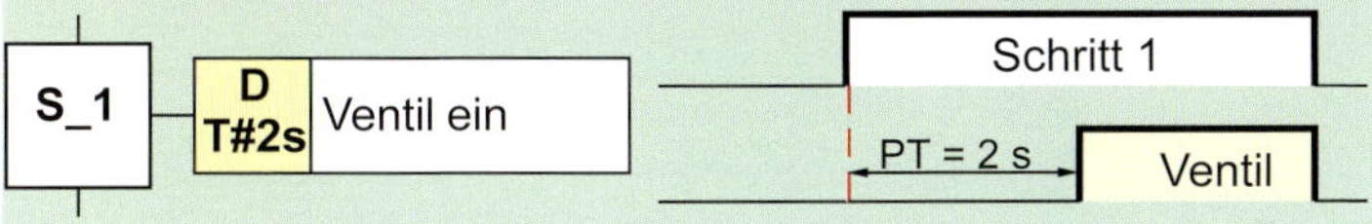

DS **Zeitverzögerte speichernde Aktion** (delayed and stored). Die Aktion wird nach einer bestimmten Zeit aktiv, wenn der Schritt noch aktiv ist und bleibt bis zu einem Rücksetzen aktiv.

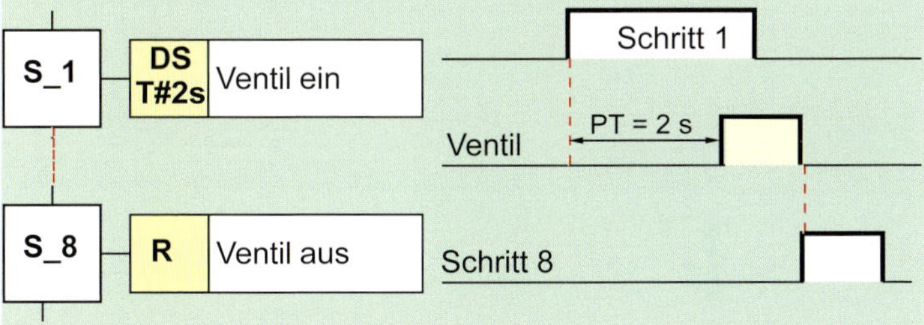

SD **Speichernde zeitverzögerte Aktion** (delayed and stored). Die Aktion wird auch dann zeitverzögert aktiv, wenn der Schritt 1 deaktiviert wurde und bleibt bis zu einem Rücksetzen aktiv.

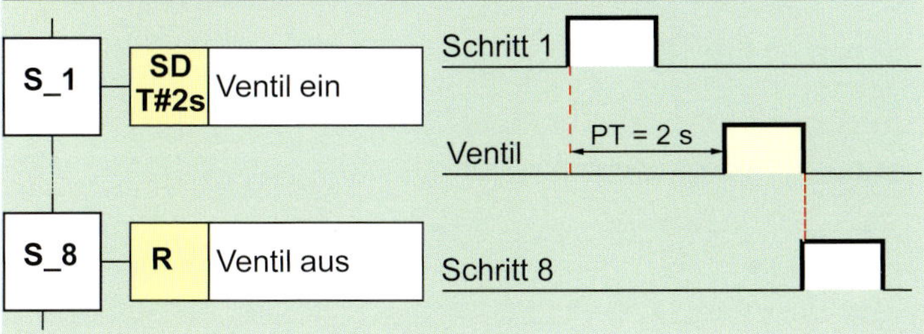

7 Computertechnik

7 Computertechnik

7.1 Grundlagen

1 Erklären Sie das jedem Computer zugrundeliegende „E-V-A-Prinzip“.

E-V-A-Prinzip heißt:
Eingabe der Daten
Verarbeitung der Daten nach entsprechendem Programm
Ausgabe der Ergebnisse

2 Nennen Sie verschiedene Dateneingabe- und Datenausgabegeräte.

Dateneingabe, z. B. Tastatur, Maus oder Stift
Datenausgabe, z. B. Monitor, Drucker oder Lautsprecher

3 Erklären Sie den Unterschied zwischen „Hardware“ und „Software“.

Hardware sind alle mechanischen und elektronischen Bauteile eines Computers, z. B. Speicher, Monitor oder Drucker.
Software sind die zur Verarbeitung dienenden Programme und Daten.

4 Worin unterscheiden sich „parallele“ von „seriellen“ Schnittstellen?

Die Schnittstellen (Interfaces) unterscheiden sich in der Art der Datenübertragung.
Parallele Schnittstellen übertragen z. B. 8 Bit gleichzeitig (parallel) in getrennten Leitungen und serielle Schnittstellen übertragen die Bits nacheinander mit einer Leitung pro Übertragungsrichtung.

5 Wie nennt man die kleinste Informationseinheit?

Ein Bit (binary digit) ist die kleinste Informationseinheit. Sie kann 0 oder 1 sein und entspricht einer Stelle im Dualsystem.

6 Was ist 1 Byte?

1 Byte ist ein Zeichen von 8 Bit Länge. Mit einem Byte können $2^8 = 256$ verschiedene Zustände im Dualsystem dargestellt werden.

7 Im ASCII[1] – Zeichensatz werden 8 Bit verwendet. Wozu dienen sie?

[1] American Standard Code for Information Interchange

Den Werten 0 bis 127 (7 Bit) sind die Steuerzeichen, Buchstaben, mathematischen Zeichen und Zahlen zugeordnet. Die Werte 128 bis 255 dienen der Darstellung von Sonderzeichen und Grafikzeichen.

8 Wie viele Byte an Informationen enthalten
a) 1 Kilobyte (KB),
b) 1 Megabyte (MB),
c) 1 Gigabyte (GB)?

a) 1 KB = 2^{10} Byte
= 1 024 Byte

b) 1 MB = 2^{10} KB
= 1 048 576 Byte

c) 1 GB = 2^{10} MB
= 1 073 741 824 Byte

9 Beschreiben Sie den Rechenweg zur Wandlung der Dezimalzahl „235" in die entsprechende Dualzahl und geben Sie die Dualzahl an.

Zur Ermittlung der Dualzahl wird die Dezimalzahl fortlaufend durch 2 geteilt. Bleibt bei der Teilung ein Rest, so wird eine „1" notiert, ansonsten die „0".

Rechnung	Ergebnis		Rest
235 : 2 =	117,5	⇨	1
117 : 2 =	58,5	⇨	1
58 : 2 =	29	⇨	0
29 : 2 =	14,5	⇨	1
14 : 2 =	7	⇨	0
7 : 2 =	3,5	⇨	1
3 : 2 =	1,5	⇨	1
1 : 2 =	0,5	⇨	1
235 ⇨	**11101011**		

Leserichtung ↑

10
a) Welche Grundregeln gelten für die Addition von Dualzahlen?
b) Berechnen Sie 6 + 5 = 11 mit Dualzahlen.

a) Für die Addition gilt:
0 + 0 = 0
1 + 0 = 1 und 0 + 1 = 1
1 + 1 = 0 plus Übertrag 1

b) Berechnung:

Dezimal	Dual
6	110
+5	+ 101
	Übertrag 1
11 entspricht	**1011**

11

a) Welche Grundregeln gelten für die Subtraktion von Dualzahlen?
b) Berechnen Sie 11 – 5 = 6 mit Dualzahlen.

a) Für die Subtraktion gilt:
0 – 0 = 0
1 – 0 = 1
0 – 1 = –1
1 – 1 = 0

b) Berechnung:

11		1011
– 5		– 101
	Übertrag	1
6	entspricht	**0110**

12 Welche Aufgaben hat ein Betriebssystem?

Das Betriebssystem verwaltet die angeschlossene Hardware sowie die auf dem Computer laufenden Programme und Daten. Des Weiteren bietet es den Benutzern eine Schnittstelle für die Kommunikation zwischen Mensch und Maschine.

13 Worin unterscheiden sich „interne“ und „externe“ Datenspeicher?

Interne Datenspeicher, z. B.
RAM (Random Access Memory = Schreib-Lese-Speicher),
ROM (Read Only Memory = Nur-Lesespeicher) oder
EPROM (Erasable Programable Read Only Memory = Löschbarer und neu programmierbarer Nur-Lese-Speicher),
sind Bestandteile des Computers und dienen zur Aufnahme des Betriebssystems, der Software und der Daten.
Externe Datenspeicher, wie CD (Compact Disc), externe Festplatten, Speicherkarten oder USB-Sticks lösen viele Datenspeicher-Aufgaben. Es gibt sie in allen Formen und von vielen Herstellern und sie dienen der Nutzung und Sicherung von Programmen und Daten.

**14 Die Zentraleinheit eines Computers besteht im Wesentlichen aus dem Mikroprozessor, der sogenannten „Central Processing Unit".
Nennen und beschreiben Sie die Bauteile, die nötig sind, um den Prozessor zu betreiben.**

- *Taktgeber:* Er steuert die Rechengänge indem er Impulse erzeugt, die alle Bauelemente zwingen im gleichen Takt zu arbeiten. Die Taktfrequenz bestimmt u. a. die Schnelligkeit eines Computers.
- *Festwertspeicher:* Im ROM oder EPROM ist das Grundprogramm enthalten.
- *Arbeitsspeicher:* Der RAM-Speicher steht für Programme, Daten und Zwischenspeicherung zur Verfügung.
- *I/O-Bausteine:* Die Ein- und Ausgabebausteine sind nötig, damit der Computer mit der „Außenwelt", z. B. Tastatur oder Monitor, in Kontakt treten kann.
- *Bussysteme:* Sind Datensammelleitungen, die den Prozessor mit den anderen Bausteinen verbindet.

15 Welche Aufgaben haben die Bussysteme:
- **Steuerbus,**
- **Datenbus,**
- **Adressbus?**

Steuerbus: Über ihn wird der Informationsfluss, d. h. die Befehle der CPU zu den Speichern und zu den I/O-Bausteinen, organisiert.
Datenbus: Dient zum Transport der Daten zwischen den einzelnen Bauteilen.
Adressbus: Über ihn spricht die CPU gezielt die Speicher oder Bauteile an, mit denen ein Informationsaustausch stattfinden soll.

7

7.2 Algorithmen

16

a) Erklären Sie den Begriff „Algorithmus“.
b) Nennen Sie Möglichkeiten, um Algorithmen grafisch darzustellen.

a) Algorithmus heißt Lösungsweg und dient der Problemanalyse. Mit ihm werden die Anweisungen formuliert, die benötigt werden, um eine Aufgabe zu lösen.
b) Algorithmen können z. B. durch das Struktogramm oder den Programmablaufplan grafisch dargestellt werden.

17 **Erstellen Sie für die dargestellte Verknüpfung ein Struktogramm.**

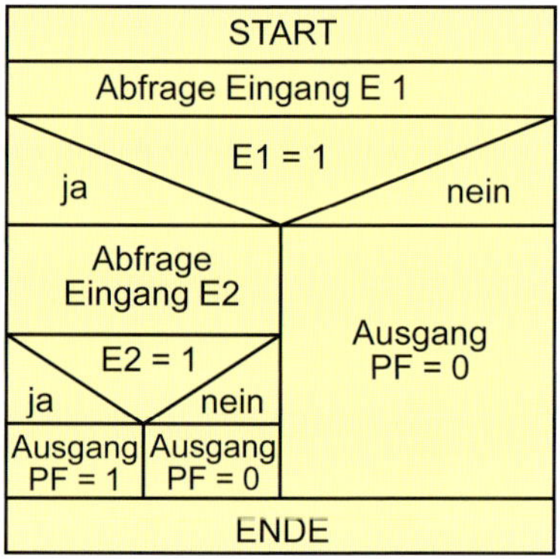

18 **Welche Bedeutung haben die folgenden Sinnbilder in einem Programmablaufplan?**

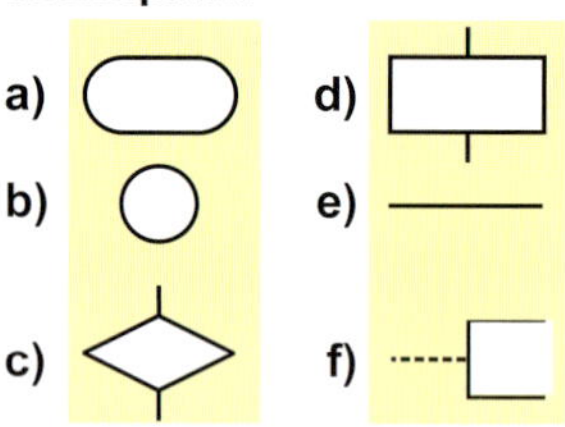

a) *Grenzstelle,* z. B. Beginn eines Programms
b) *Übergangsstelle,* verbindet Darstellungsteile
c) *Verzweigung,* z. B. bei Entscheidung (ja/nein)
d) *Operation,* z. B. Verarbeitung wie Addition oder Subtraktion
e) *Verbindungslinie,* Zugriffsweg
f) *Bemerkung,* zur Anführung erläuternder Texte, kann an jedes Sinnbild angefügt werden

19 **Mittels eines menügeführten Programms soll für einen Kegel das Volumen oder die Mantelfläche berechnet werden. Nach dem Start des Programms soll folgende Meldung auf dem Bildschirm erscheinen:**

Kegelberechnung
1. Volumen
2. Mantelfläche
3. Programmende
Bitte 1, 2 oder 3 eingeben.

Erstellen Sie hierfür einen Programmablaufplan (PAP).

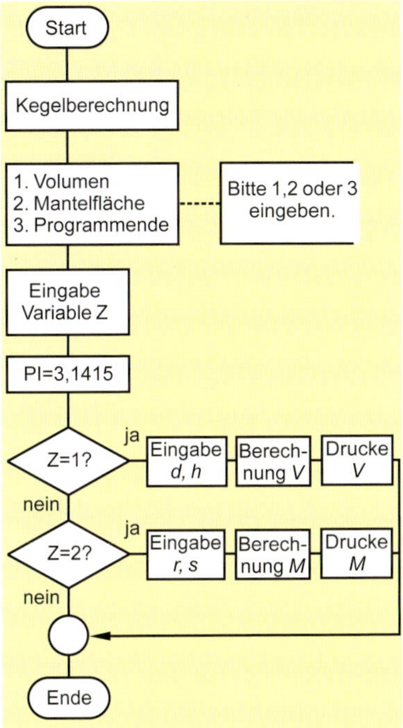

20 **Die Aufgabenstellung für ein C-Programm lautet:**

Nach Eingabe der gefahrenen Kilometer und des verbrauchten Kraftstoffes soll der Durchschnittsverbrauch je 100 km ermittelt werden.

Erstellen Sie hierfür einen Programmablaufplan (PAP).

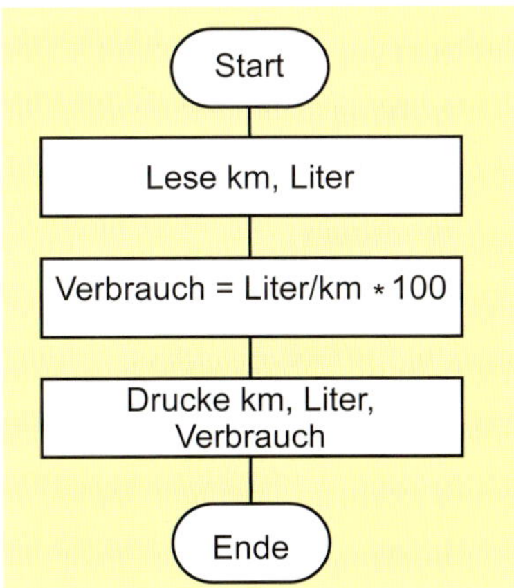

7.3 Programmieren

21 Worin unterscheiden sich „Assemblersprachen" von „Hochsprachen"?

Assemblersprachen entsprechen weitgehend den Maschinensprachen, d. h. jeder Befehl der Assemblersprache entspricht einem Befehl der Maschinensprache, nur werden die binär verschlüsselten Befehle der Maschinensprache durch verständliche Bezeichnungen ersetzt.
Da jedes System seine eigene Assemblersprache hat, erfordern sie genaue Kenntnisse des vorliegenden Rechnersystems.
Hochsprachen sind Kunstsprachen, die einfache Wörter, meist aus der englischen Sprache, verwenden.
Die Hochsprache wird mittels Interpreter oder Compiler in den Maschinencode des jeweiligen Prozessors übersetzt.

22 Nennen Sie verschiedene Programmier-Hochsprachen.

- C
- C++
- Visual Basic
- Java
- Pascal

23 Kontrollstrukturen

a) Wozu dienen Kontrollstrukturen beim Programmieren?
b) Welche Arten von Kontrollstrukturen gibt es? Nennen Sie Beispiele.

a) Kontrollstrukturen werden angewendet, um Programmabläufe zu kontrollieren. Programmteile können so nur unter bestimmten Bedingungen ausgeführt oder wiederholt werden.
b) *Verzweigungen:* z. B. if, switch
Schleifen: z. B. while, for, do while
Sprunganweisungen: z. B: break, continue.

24 **Mittels einer grafischen Benutzeroberfläche GUI (engl. graphical user interface) soll für einen Kegel das Volumen oder die Mantelfläche berechnet werden.**
Erstellen Sie hierfür ein Visual Basic Programm mit den Berechnungsformeln

$$V = \frac{\pi \cdot d^2 \cdot h}{12}$$

$$M = \pi \cdot r \cdot s$$

und folgendem Aussehen der Benutzeroberflächen:

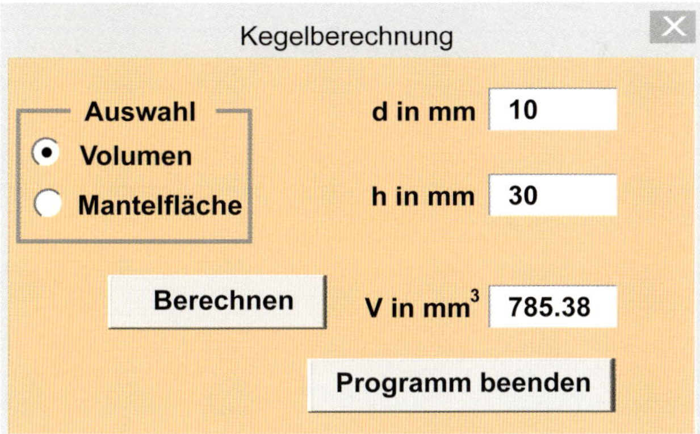

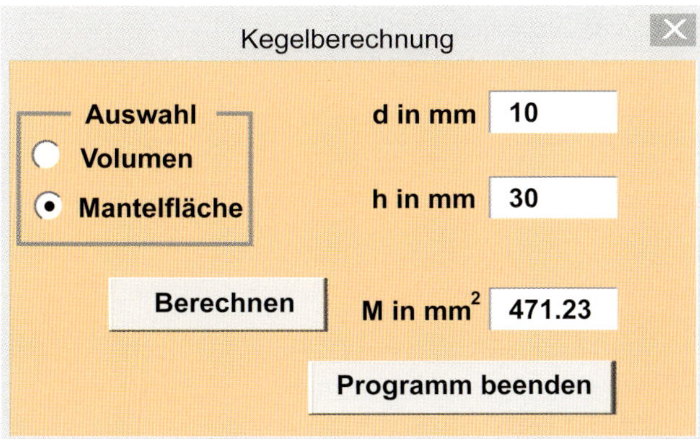

Lösung der Aufgabe 24

```
Const PI = 3.1415
Private Sub Programmbeenden_Click()
   End
End Sub
Private Sub Rechnen_Click()
If Volumen.Value = True Then
   d = Val(txtDurchmesser.Text)
   h = Val(txtHoehe.Text)
   V = PI * d * d * h / 12
   V = Format(V, „0.0#“)
   bezVolumen = Str(V)
Else
   d = Val(txtDurchmesser.Text)
   s = Val(txtHoehe.Text)
   M = PI * d * s / 2
   M = Format(M, „0.0#“)
   bezMantelflaeche = Str(M)
End If
End Sub
Private Sub Form_Load()
   Rechnen.Default = True
   Programmbeenden.Cancel = True
   Volumen.Value = True
   bezMantelflaecheKurzzeichen.Visible = False
   bezMantelflaeche.Visible = False
   bezEinheitMantelflaeche.Visible = False
End Sub

Private Sub Volumen_Click()
   bezHoehe.Visible = True
   txtHoehe.Visible = True
   bezEinheitHoehe.Visible = True

   bezVolumenKurzzeichen.Visible = True
   bezVolumen.Visible = True
   bezEinheitVolumen.Visible = True

   bezMantelflaecheKurzzeichen.Visible = False
   bezMantelflaeche.Visible = False
   bezEinheitMantelflaeche.Visible = False
End Sub
```

Fortsetzung Lösung 24

```
Private Sub Mantelflaeche_Click()
   bezHoehe.Visible = True
   txtHoehe.Visible = True
   bezEinheitHoehe.Visible = True

   bezVolumenKurzzeichen.Visible = False
   bezVolumen.Visible = False
   bezEinheitVolumen.Visible = False


   bezMantelflaecheKurzzeichen.Visible = True
   bezMantelflaeche.Visible = True
   bezEinheitMantelflaeche.Visible = True
End Sub
```

25 **Mit Hilfe eines Computerprogramms soll die Maschinenfähigkeit berechnet werden. Dazu werden in den Eingabefeldern „Toleranz“ und „Standardabweichung“ Werte eingegeben.**
Das Programm berechnet dann die Maschinenfähigkeit c_m durch Betätigen der Schaltfläche „Berechnen“.
Ist die Maschinenfähigkeit $c_m \geq 1{,}67$, so wird der Text „Maschine ist fähig!“, bei anderen Ergebnissen der Text „Maschine ist nicht fähig!“ ausgegeben.
Erstellen Sie hierfür ein Visual Basic Programm mit der Berechnungsformel

$$c_m = \frac{T}{6 \cdot \hat{\sigma}}$$

und folgendem Aussehen der Benutzeroberflächen:

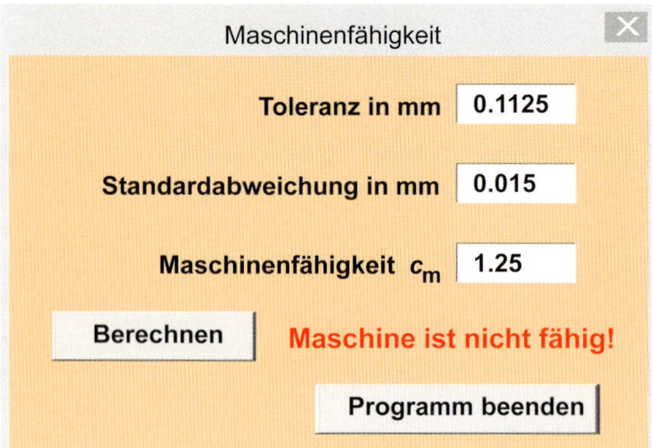

Lösung der Aufgabe 25

```
Sub AutoOpen()
Maschinenfähigkeit.Show
End Sub
Private Sub cmdEnde_Click()
End
End Sub
Private Sub cmdButtonBerechnen_Click()

Toleranz = Val(txtToleranz.Text)
Sigma = Val(txtSigma.Text)
cm = Toleranz / (6 * Sigma)
txtAusgabe = Str(cm)

If cm > 1.67 Then
cmNichtFaehig.Visible = False
cmFaehig.Visible = True

Else
cmFaehig.Visible = False
cmNichtFaehig.Visible = True
End If
End Sub
```

7

26 Aus welchen Teilen sind C-Programme in der einfachsten Form aufgebaut?

- Präprozessoranweisung, z. B.
  `#include<stdio.h>`
- Hauptprogramm
  ```
  int main()
  {
    int i;
    printf(„Hallo\n“);
    return 0;
  }
  ```
- Vereinbarungsteil (Variablen-Deklaration), z. B.
  ```
  int x;
  char c;
  float a;
  ```

27 Der C-Präprozessor (CPP), auch C Precompiler, ist der Präprozessor der Programmiersprache C. Welche Aufgaben übernimmt der CPP?

In vielen Implementierungen ist der CPP ein eigenständiges Computerprogramm, das durch den Compiler als erster Schritt der Übersetzung aufgerufen wird. Der Präprozessor bearbeitet Anweisungen zum Einfügen von Quelltext (#include), zum Ersetzen von Makros (#define) und bedingter Übersetzung (#if).

28 Der Programmierer muss beim Erstellen eines C-Programms angeben, von welchem Typ die verwendeten Variablen sind.

a) In welchem Programmteil erfolgt diese Angabe?

b) Wie erfolgt die Angabe für Dezimalzahlen, für ganze Zahlen und für Zeichenketten?

a) Die Angabe erfolgt im Vereinbarungs- oder Deklarationsteil.

b) Die Angabe für Dezimalzahlen erfolgt durch:
float VARNAME;
für ganze Zahlen durch:
int VARNAME;
und für Zeichenketten durch
string VARNAME;

29 Wofür stehen in einem C-Programm die Anweisungen „SCANF“ und „PRINTF“?

SCANF steht für eine Eingabeaufforderung einer Variablen und deren Speicherung über die Tastatur bzw. vom aktuellen Eingabegerät.
Beispiel: scanf(„%d“,&a);
Einlesen einer Integer Zahl auf die Variable a)
PRINTF (schreiben) steht für eine formatierte Wertausgabe auf den Bildschirm bzw. auf das ausgewählte Ausgabegerät.
Beispiel: printf(„Variable a= %d\n“,a);

30 Schreiben Sie ein C-Programm zur Hypotenusenberechnung. Auf dem Monitor sollen neben stehende Angaben zu sehen sein:

```
Hypotenusenberechnung

Kathete a in mm: 30
Kathete b in mm: 40
Hypotenuse c in mm: 50

Weiter im Programm (j/n)
```

Lösung der Aufgabe 30

Da hier eine Schleife programmiert werden soll, steht zu Beginn des Hauptprogramms eine while-Anweisung.

```
#include<stdio.h>            //Bibliotheksfunktionen für Ein- u. Ausgabe
                             //von Daten einbinden
#include<math.h>             //Bibliotheksfunktionen für mathematische
                             //Operationen einbinden
int main()                   //Hauptprogramm starten
{
    int a;int b; int Hypotenuse;        //Variablendeklaration
    int intzeichen=0;                   //Variablendeklaration
    char c;                             //Variablendeklaration
    printf(„Hypotenusenberechnung\n“);

    while(intzeichen<=109)
    {
    printf(„\t Kathete a in mm:“);scanf(„%d“,&a);     //Bildschirmausgabe
                                        //und Einlesen der Kathetenwerte
    printf(„\t Kathete b in mm:“);scanf(„%d“,&b);
    Hypotenuse=sqrt(a*a+b*b);                   //Hypotenusenberechnung
    printf(„Hypotenuse c in mm: %d\n“,Hypotenuse);         //Ausgabe des
                                                 //Hypotenusenwertes
    fflush(stdin);             //Speicherplatzfreigabe für Zeicheneingabe
    printf(„Weiter im Programm (j/n)\n“);
    c=getchar()             //einzelnes Zeichen über die Tastatur einlesen
    intzeichen=c;  //Zeichen für while-Schleife in ganze Zahl umwandeln
    }                  //notwendig, da while-Schleife eine „Zählschleife“
    return 0;                       //Programmende mit Rückgabewert 0
}
```

31 Erstellen Sie ein C-Programm für folgende Aufgabe:
Nach Eingabe der gefahrenen Kilometer und des Kraftstoffverbrauchs soll der Durchschnittsverbrauch je 100 km in Liter auf zwei Stellen nach dem Komma berechnet werden.

```
Kraftstoffverbrauch pro 100 km
**************************************
Gefahrene Kilometer:              320
Kraftstoffverbrauch in Liter:      23
Verbrauch in Liter pro km:       7,19

GUTE WEITERFAHRT
```

Lösung der Aufgabe 31

```
#include<stdio.h>              //Bibliotheksfunktionen für Ein- u. Ausgabe
                               //von Daten einbinden
#include<math.h>               //Bibliotheksfunktionen für mathematische
                               //Operationen einbinden
int main()                     //Hauptprogramm starten
{
    float km;float Liter; float Verbrauch;             //Variablendeklaration
    int intVerbrauch;                                  //Variablendeklaration
    printf(„\n“);
    printf(„\t Kraftstoffverbrauch pro 100km\n“);
    printf(„\t ***********************************\n“);
    printf(„\n“);
    printf(„\t gefahrene Kilometer:\t“);scanf(„%f“,&km);
                  //Bildschirmausgabe und Einlesen der Kilometerwerte
    printf(„\t Kraftstoffverbrauch in Liter:\t“);scanf(„%f“,&Liter);
    Verbrauch=Liter*100/km;
    intVerbrauch=Verbrauch*100+0,5;
    Verbrauch=intVerbrauch/100.0;                 //Berechnung
    printf(„\t Verbrauch in Liter pro km: %.2f\t\n“,Verbrauch);
                                                  //Ausgabe des Verbrauchs
    printf(„\n“);
    printf(„\t GUTE WEITERFAHRT\n“);
    fflush(stdin);                   //Speicherplatzfreigabe für Zeicheneingabe
    return 0;                        //Programmende mit Rückgabewert 0
}
```

32 Mittels eines C-Programms soll für einen Spannungsteiler die Spannung U2 am Widerstand R2 berechnet werden.

- **Die angelegte Gesamtspannung U wird einmal eingegeben.**
- **Die Widerstände R1 und R2 werden einzeln eingegeben, anschließend wird die Spannung U2 berechnet und ausgegeben.**
- **Danach erfolgen die Eingaben der nächsten Werte für R1 und R2.**
- **Formel: U2 = U / (R1 + R2) * R2**

Das Programm soll so angelegt sein, dass Werte für drei Eingaben abgefragt werden.

```
SPANNUNGSTEILER
Angelegte Spannung U in V: 230

Widerstand R1 in Ohm: 30
Widerstand R2 in Ohm: 80

Berechnung: U2 = 167,27 Volt

Programmende? (j/n)
```

Lösung der Aufgabe 32

```
#include<stdio.h>               //Bibliotheksfunktionen für Ein- u. Ausgabe
                                //von Daten einbinden
#include<math.h>                //Bibliotheksfunktionen für mathematische
                                //Operationen einbinden
int main()                      //Hauptprogramm starten
{
    int i;                //Deklaration der Laufvariablen für die for-Schleife
    int intzeichen=0; char c;
    float R1;float R2; float U; float U2;       //Initialisierung der for-Schleife
    printf(„\n“);                               //Initialisierung der for-Schleife
printf(„\t Geben Sie die Gesamtspannung in Volt ein\n“);
printf(„\t U = „);scanf(„%d“,&U);printf(„Volt“);
while(intzeichen<=109)          //while-Schleife für Programmendeabfrage
for(i=1;i<=3;i++)                               //Initialisierung der for-Schleife
{
printf(„\t Geben Sie die Werte folgender Widerst\x84nde in Ohm ein\n“);
printf(„\t R1 = „);scanf(„%d“,&R1);       //Einlesen R1, R2
printf(„\t R2 = „);scanf(„%d“,&R2);
U2=(U+0.5)/(R1+R2)*R2;                    //Berechnung Spannung U2
printf(„\t Berechnung: U2=%.2f Volt\n“, U2);       //Ausgabe U2
}                                         //Ende for-Schleife
fflush(stdin);
printf(„Weiter im Programm (j/n)\n“);
c=getchar();              //einzelnes Zeichen über die Tastatur einlesen
intzeichen=c;             //Zeichen für while in ganze Zahl umwandeln
                          //notwendig, da while-Schleife eine „Zählschleife“
}                         //Ende while-Schleife

    return 0;
}
```


7

33 In verschiedenen Programmiersprachen werden Konstrukte verwendet, um den Quellcode strukturieren zu können und um sich oft wiederholende Befehle nicht ständig neu schreiben zu müssen. Diese Konstrukte werden in C als Funktionen (Unterprogramme) bezeichnet.
Worin unterscheiden sich Funktionsdeklaration und Funktionsdefinition?

Um eine Funktionsanweisung fehlerfrei zu übersetzen (kompilieren), muss sie zuvor deklariert worden sein. D. h., dem Hauptprogramm wird die Angabe des Funktionsprototypen vorangestellt. Damit wird dem Compiler der Typ von Parametern und der Rückgabewert der Funktion bekannt gemacht.
Beispiel: int f (int x); // Der Funktion wird der Parameter x vom Typ Integer übergeben und die Funktion liefert einen Wert vom Typ Integer zurück.
Der eigentliche Quellcode der Funktion definiert die Funktion nach dem Hauptprogramm. Mit der Definition wird Speicherplatz für die Funktion bereitgestellt. Die Definition erfolgt genau einmal.

34 Eine Funktion kann einen Wert an das Hauptprogramm zurückgeben oder nicht (vgl. FB u. FC in der SPS-Programmierung).
Woran erkennt man in C in der Funktionsdeklaration, dass eine Funktion keinen Wert an das Hauptprogramm übergibt?

Durch den Rückgabetyp void. Er gibt an, dass die Funktion keinen Wert zurückliefert.
Beispiel: void f (int x)

8 Handhabungstechnik

8 Handhabungstechnik

8.1 Handhaben

1 Worin unterscheiden sich „Handhaben“ und „Transportieren“?

Handhaben ist ein gerichtetes Bewegen von Werkstück oder Werkzeug in einem abgegrenzten Arbeitsraum.
Transportieren ist eine Ortsveränderung von Werkstück oder Werkzeug über größere Entfernungen.

**2 Handhaben ist eine Teilfunktion des Materialflusses.
Er wird nach VDI 2860 in fünf Funktionsbereiche gegliedert.
Nennen Sie diese Funktionsbereiche.**

- Sichern, z. B. Spannen
- Bewegen, z. B. Verschieben
- Menge verändern; z. B. Verzweigen
- Speichern, z. B. geordnetes Speichern
- Kontrollieren, z. B. Messen

3 In welche Steuerungsarten werden Handhabungseinrichtungen unterteilt?

- handgesteuert
- maschinengesteuert

4 Erklären Sie, was man in der Handhabungstechnik unter „Manipulatoren“ versteht.

Manipulatoren sind handgesteuerte Handhabungseinrichtungen, um z. B. schwere Bauteile oder gefährliche Lasten zu bewegen.
Die vom Bediener im Handgriff oder Bedienungsarm vorgegebenen Bewegungen werden durch eine kraftverstärkende Koppelung auf den Arbeitsarm übertragen.

5 Wodurch unterscheidet sich ein „Teleoperator“ von einem „Manipulator“?

Ein Teleoperator hat einen vom Bedienungsarm getrennten, abgeschirmten Arbeitsraum und ermöglicht dadurch Handhabungsaufgaben in Räumen, die, z. B. wegen radioaktiver Strahlung oder Hitze, nicht betretbar sind.

6 Welche Programmierungsarten des Bewegungsablaufes werden bei maschinengesteuerten Handhabungsgeräten unterschieden?

Fest programmierbare, mit mechanisch-konstruktiver Bewegungsbegrenzung, wie Endschalter oder Anschläge ⇨ Einlegegeräte.
Mechanisch programmierbare, z. B. über Kurvenscheibe oder Nockenwelle ⇨ Handhabungsautomaten.
Frei programmierbare, mit Punkt- oder Bahnsteuerung ⇨ Industrieroboter.

7 Welchen Zweck hat die Darstellung von Handhabungsfunktionen durch Sinnbilder?

Mit den Sinnbildern wird der Werkstofffluss und der Funktionsplan von Handhabungseinrichtungen übersichtlich dargestellt.
Eine Aussage über die technische Verwirklichung wird dabei zunächst nicht gemacht.

8 Wofür stehen in der Handhabungstechnik die folgenden Grundsinnbildzeichen?

a) □ **b)** ○ **c)** ▽

a) Handhabungsfunktion: Im Rechteck werden Teilfunktionen, z. B. geordnetes Speichern oder Weitergeben, eingetragen.
b) Fertigungsverfahren, z. B. Bohren
c) Kontrollieren, z. B. Messen.

9 **Zeichnen Sie die Sinnbilder für folgende Handhabungsfunktionen:**
a) geordnetes Speichern,
b) Bohren,
c) Abteilen,
d) Spannen,
e) Verschieben,
f) Entspannen.

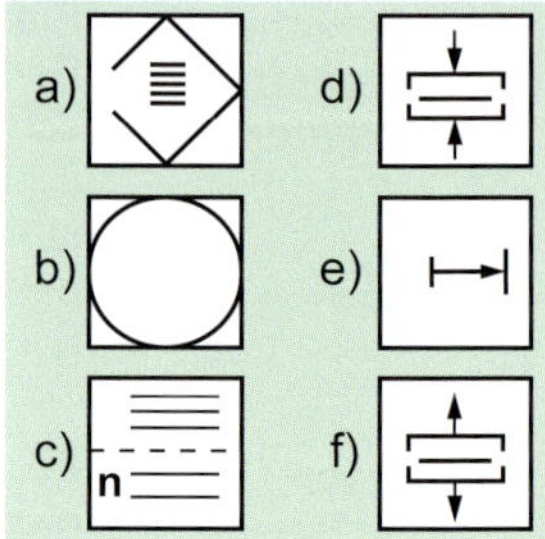

10 **Stellen Sie den abgebildeten Handhabungsablauf in seinen Teilfunktionen mit Sinnbildern dar.**

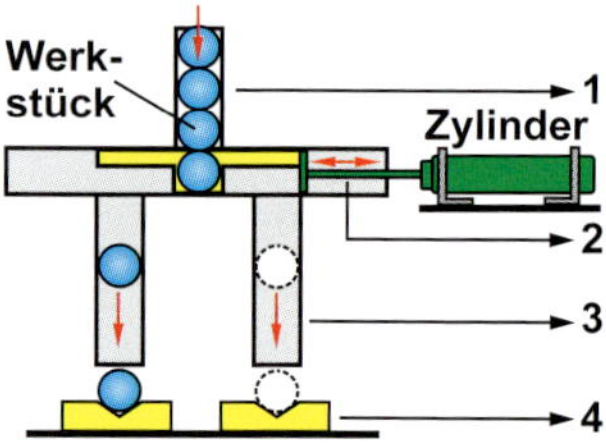

	Sinnbild	Benennung
1		geordnetes Speichern
2		Verzweigen
3		Führen
4	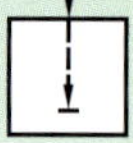	Positionieren

8.2 Robotertechnik

11 Die meisten Industrieroboter besitzen 4 bis 6 Freiheitsgrade. Erklären Sie den Begriff „Freiheitsgrad".

Unter Freiheitsgraden versteht man die Anzahl der verfügbaren Achsen eines Industrieroboters.

12 Der skizzierte Roboter verfügt über 6 Freiheitsgrade. Ordnen Sie den Ziffern die entsprechende Achsenbezeichnung zu und geben sie deren Aufgaben an.

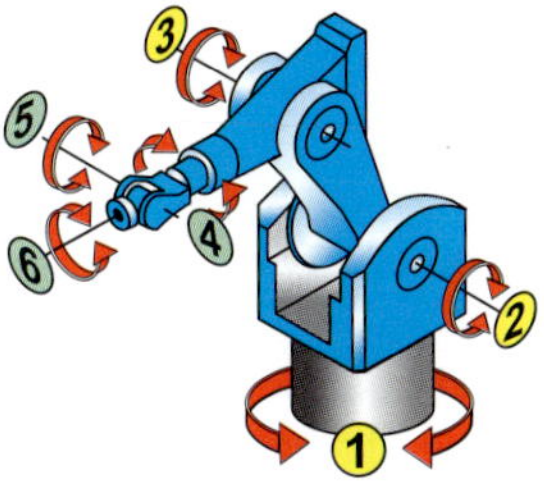

Die hier mit ①, ②, und ③ gekennzeichneten Achsen sind die drei Hauptachsen, auch als Grundachsen bezeichnet.
Sie bestimmen den Arbeitsraum des Industrieroboters.

Die Achsen ④, ⑤, und ⑥ sind die Nebenachsen, auch als Handachsen bezeichnet.
Sie bestimmen die Orientierung des Effektors (Greifer).

13 Je mehr Freiheitsgrade ein Industrieroboter besitzt, desto größer ist die Beweglichkeit. Warum ist es nicht sinnvoll, nur Industrieroboter mit 6 Freiheitsgraden einzusetzen?

Je mehr Freiheitsgrade, umso
- teurer ist der Roboter,
- größer werden die Schwingungen,
- mehr nimmt die Genauigkeit ab,
- länger wird die Rechenzeit.

D. h. die Anzahl der Achsen muss optimal auf die Aufgabenstellung des Industrieroboters abgestimmt sein.

14 Worin unterscheiden sich „Wiederholgenauigkeit" und „Positioniergenauigkeit"?

Wiederholgenauigkeit ist die zufällige Abweichung beim bedingungsgleichen, wiederholten Anfahren einer Position.
Positioniergenauigkeit ist das Maß für das Abweichen beim Anfahren des Zielpunktes mit der Nennlast.

15 Die Industrieroboter werden nach ihrer Kinematik, d. h. nach der Art ihrer Bewegung unterteilt. In welche Bewegungsmöglichkeiten lassen sich die Bewegungen der Haupt- und Nebenachsen unterscheiden?

Je nach Art der mechanischen Verbindungselemente zwischen den Roboterarmen unterscheidet man

- Drehgelenke für rotatorische R (drehende) Bewegungen,
- Längenführungen für translatorische T (geradlinige) Bewegungen.

16 Nennen Sie Kenngrößen bzw. Leistungsmerkmale, die die Auswahl für die Handhabungsaufgabe eines Industrieroboters bestimmen.

- Anzahl der Freiheitsgrade als Maß der Beweglichkeit.
- Größe und Form des Arbeitsraums.
- Nutzlast bzw. Tragfähigkeit als Maß für die handhabbare Masse.
- Maximale Verfahrgeschwindigkeit.
- Wiederholgenauigkeit.
- Positioniergenauigkeit.
- Mächtigkeit der Steuerung, z. B. Point to Point (PTP), Continuous-Path (CP), Überschleifen.

17 Industrieroboter sind mit Greifern (Effektoren) ausgestattet. Welche Greiferarten kommen für die folgenden Handhabungsaufgaben zum Einsatz:

a) Greifen zylindrischer Werkstücke
b) Greifen von glatten Kunststoffteilen?

a) Meist pneumatisch betätigte Zangengreifer mit Kniehebelgetriebe, siehe Abbildung, oder 3-Fingergreifer.

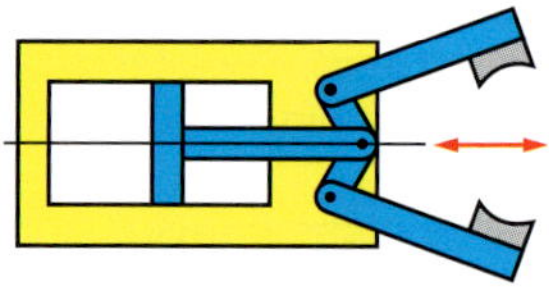

b) Für glatte und ebene Flächen verwendet man meist Sauggreifer.

18

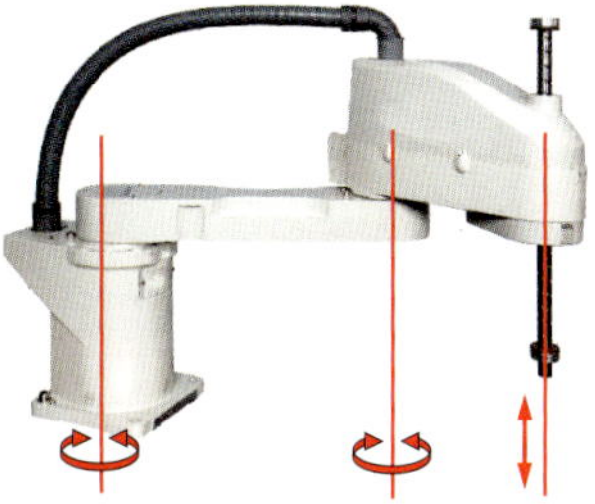

a) Welche Kinematik weist der abgebildete Industrieroboter auf?
b) Wie nennt man diesen Industrieroboter-Typ?
c) Erklären Sie, warum sich dieser Industrieroboter besonders für Montagehandhabungsaufgaben, die senkrecht von oben her ausgeführt werden, eignet.
d) Skizzieren Sie den Arbeitsraum des Industrieroboters.

a) Zwei rotatorische und eine translatorische Achse ⇨ RRT-Kinematik.
b) Horizontalschwenkarmroboter oder auch SCARA (= Selective Compliance Assembly Robot Arm).
c) Die Faltwand soll das Prinzip verdeutlichen:
Tritt eine Belastung in der Fügerichtung (Z-Achse) auf, so ist die Konstruktion sehr steif, während die ausgewählte Nachgiebigkeit ein Fügen auch bei bestehendem Versatz ermöglicht.

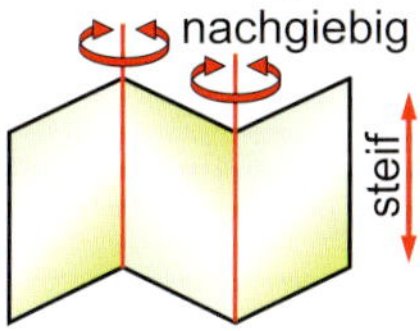

d) Arbeitsraum

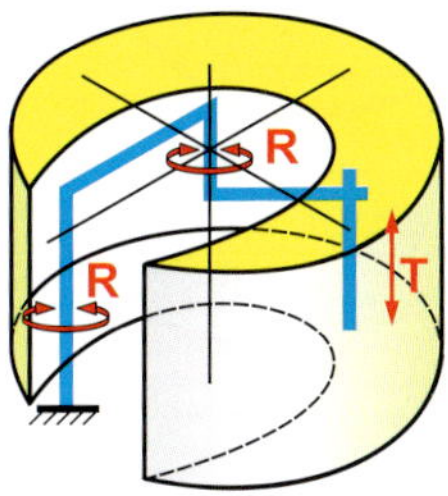

19 **Welche Antriebsaggregate werden bei Industrierobotern verwendet?**

- Drehstrom-Servomotoren; werden überwiegend verwendet.
- Hydraulikantriebe; für sehr schwere Lasten und bei Robotern, die in explosionsgeschützten Räumen arbeiten müssen.
- Pneumatische Antriebe; werden nur für einfache Geräte z. B. Einlegegeräte, verwendet.

20 Worin unterscheidet sich „exaktes Anfahren“ vom „überschleifenden Anfahren“ eines Punktes?

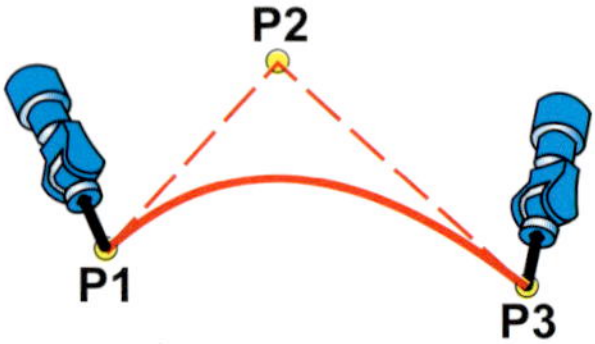

Muss ein Zielpunkt, z. B. ein Schweißpunkt, genau erreicht werden, so ist ein exaktes Anfahren erforderlich. Es entsteht eine eckige Bewegung.

Überschleifendes Anfahren ergibt allmähliche Richtungs- und Bewegungsübergänge.
Der Vorteil liegt darin, dass ein Zittern des Greifers mit möglichem Werkstückverlust vermieden wird.
Die Skizze zeigt, dass die Steuerung schon den Punkt P3 berechnet hat und im Bogen fährt, bevor der Greifer den Punkt P2 erreicht hat.

21 Benennen und erläutern Sie die abgebildeten Interpolationsarten.

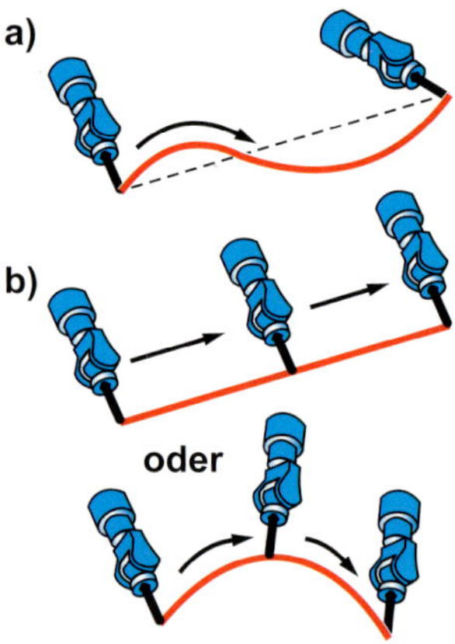

a) *Point to Point (PTP)*
Das Anfahren des Zielpunktes erfolgt durch gleichzeitigen Beginn und Stopp aller Achsen.
Der PTP-Betrieb ermöglicht die kürzesten Verfahrzeiten zwischen zwei programmierten Punkten.
(Point to point = Punkt zu Punkt)

b) *Continuous-Path (CP)*
Die Zwischenpunkte werden so berechnet, dass der Werkzeugbezugspunkt auf einer geraden Linie (Linearinterpolation) oder einer Kreisbahn (Zirkularinterpolation) liegt.
(Continuous path = stetige Bahn)

22 Mit Roboterprogrammen werden Bewegungen und Abläufe des Roboters und seiner Peripherie festgelegt.
a) Worin unterscheiden sich die ON-LINE-Programmierverfahren
- **Teach-in und**
- **Play-back?**

b) Warum müssen die Mitarbeiter bei der ON-LINE-Programmierung besonders achtsam sein?

a) Teach-in-Programmierung:
Über das Handprogrammiergerät werden durch Tastendruck oder Joy Stick die gewünschten Arbeitspositionen angefahren und im Programm abgespeichert.
(to teach in = einlernen)
Play-back-Programmierung:
Mit dem frei beweglichen Roboterarm werden Bewegungen manuell abgefahren. Die Steuerung speichert etwa alle 20 ms die Positionswerte der einzelnen Roboterachsen. Das so gespeicherte Programm spielt die von Hand geführte Bahn wieder ab.
(to play back = wiederabspielen)

b) Weil sie sich bei der Programmierung im Gefahrenbereich des Roboters aufhalten.

23 In der Praxis werden Roboter in der Kombination ON-LINE und OFF-LINE programmiert.
Nennen Sie Vorteile der OFF-LINE-Programmierung.

- Gefahrenraum des Roboters muss nicht betreten werden
- reduzierte Nebenzeiten, da die Produktion weiterlaufen kann
- grafische Simulation ist möglich
- größere Leistungsfähigkeit höherer Programmiersprachen

24 Nennen Sie Sicherheitsmaßnahmen, die beim Automatikbetrieb von Industrierobotern erforderlich sind.

- Vollständige Abschirmung des Roboterbewegungsraumes durch Umzäunung.
- Durch eine elektrisch und optisch gesicherte Tür wird der Roboter beim Betreten der Gefahrenzone sofort stillgesetzt.
- Not-Aus-Einrichtungen.
- Schlüsselschalter am Schaltschrank ermöglicht den Zugang nur für berechtigte Mitarbeiter.
- Überlastüberwachung der elektrischen Antriebe durch thermischen Überstromauslöser.
- Abschaltvorrichtungen bei Kollision durch elektromechanische Endlagenschalter und unabhängig davon Software-Endschalter.

25 Welche besonderen Schutzmaßnahmen gelten für den Einrichte-Betrieb?

- Vorrangschaltung des Handprogrammiergeräts gegenüber dem Gesamtsystem der Roboteranlage.
- Leistungsreduzierung und Geschwindigkeitsbegrenzung auf ca. 10 % des Automatikbetriebes.
- Not-Aus-Knopf am Handprogrammiergerät und ständige Betätigung der Zustimmungstaste, soweit vorhanden.

9 Grundlagen der Elektrotechnik

9 Grundlagen der Elektrotechnik

9.1 Begriffe, Größen und Berechnungen

1 Unter welchen Bedingungen fließt elektrischer Strom?

Strom fließt, wenn an einen geschlossenen Stromkreis eine elektrische Spannung angelegt wird.

2 Wofür stehen die abgebildeten Schaltzeichen in einem Schaltplan?

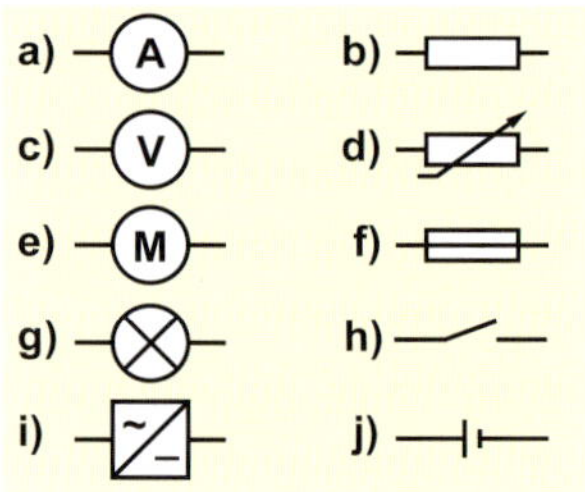

a) Strommessgerät
b) Widerstand, allgemein
c) Spannungsmessgerät
d) Widerstand, veränderbar
e) Motor
f) Sicherung
g) Glühlampe
h) Schalter
i) Umrichter, Gleichrichter
j) Batterie, Spannungsquelle

3 Skizzieren Sie einen einfachen Stromkreis und kennzeichnen Sie die elektrischen Betriebsmittel, die mindestens zu jedem Stromkreis gehören.

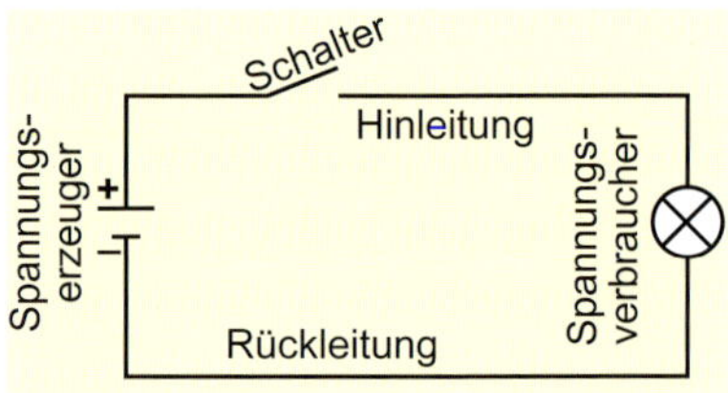

4 Wofür stehen die Abkürzungen „AC“ und „DC“?

AC und DC sind die englischen Abkürzungen für Wechselstrom (Alternating Current) und Gleichstrom (Direct Current).

5 Warum wird in „technische“ und „wirkliche“ Stromrichtung unterschieden und in welche Richtung fließt dabei jeweils der elektrische Strom?

Weil die Richtung des Stromflusses bereits zu einer Zeit festgelegt wurde in der die physikalischen Zusammenhänge noch nicht richtig erforscht waren.

Technische Stromrichtung:
Es wurde vereinbart, dass der Strom innerhalb des Stromkreises vom Pluspol zum Minuspol fließt.

Wirkliche Stromrichtung:
Heute weiß man, dass sich die Elektronen im Stromkreis vom Minuspol (Elektronenüberschuss) zum Pluspol (Elektronenmangel) bewegen.

6 Elektrischer Strom

a) Was versteht man unter dem Begriff „elektrischer Strom“?

b) Nennen Sie das Formelzeichen und die Einheit des elektrischen Stromes.

a) Unter elektrischem Strom versteht man die gerichtete Bewegung von elektrisch geladenen Teilchen.
In Metallen sind diese Teilchen freie Elektronen (Elektronenstrom) und in Elektrolyten sind es Ionen (Ionenstrom).

b) Formelzeichen: I
Einheit: Ampere (A)

7 Wie wird ein Strommessgerät in den Stromkreis angeschlossen?

Ein Strommessgerät wird in die zu messende Leitung angeschlossen (in Reihe zum Verbraucher).

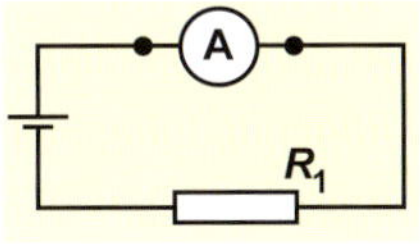

8 Elektrische Spannung

a) Was versteht man unter „elektrischer Spannung“?

b) Nennen Sie das Formelzeichen und die Einheit der elektrischen Spannung.

a) Die elektrische Spannung ist die „Kraft“, die die Ladungsträger (Elektronen, Ionen) antreibt.
Ohne sie kann kein Strom fließen.

b) Formelzeichen: U
Einheit: Volt (V)

9 Wo tritt elektrische Spannung auf?

Zwischen Punkten unterschiedlicher elektrischer Ladung.

10 Nennen Sie unterschiedliche Spannungsquellen und geben Sie an, wodurch dabei die elektrische Spannung erzeugt wird.

- Generator durch Induktion
- Solarzelle durch Licht
- Batterien durch chemische Umwandlung
- Thermoelemente durch Wärme

11 Wie wird eine elektrische Spannung im Stromkreis gemessen?

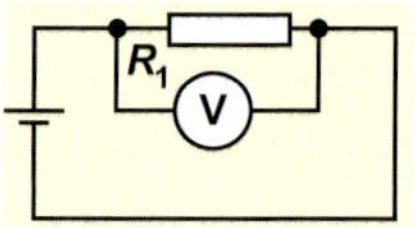

Ein Spannungsmessgerät wird parallel zum Verbraucher, an dem die zu messende Spannung abfällt, angeschlossen.

12 Welches Formelzeichen steht für den elektrischen Widerstand und in welcher Einheit wird er gemessen?

Das Formelzeichen des elektrischen Widerstandes ist R und die Einheit ist Ohm (Ω).

13

a) Erklären Sie den Begriff „spezifischer Widerstand“.

b) Geben Sie das Formelzeichen und die Einheit des spezifischen Widerstands an.

a) Der Widerstand eines Leiters von 1 m Länge und 1 mm^2 Querschnitt bei der Temperatur von 20 °C.

b) Das Formelzeichen des spezifischen Widerstandes heißt ρ (sprich: Rho) und dessen Einheit ist Ω mm^2/m.

14 Wie lautet das „ohmsche Gesetz“?

$R = \frac{U}{I}$ $\quad 1\,\Omega = \frac{1\,\text{V}}{1\,\text{A}}$ und $U \sim I$

Spannung und Stromstärke verhalten sich proportional zueinander.
D. h., die Stromstärke ist umso höher, je größer die Spannung und je kleiner der Widerstand ist.

15 Erklären Sie mit Beispielen die Begriffe:
- **Leiter,**
- **Halbleiter,**
- **Nichtleiter.**

Leiterwerkstoffe haben viele freie Elektronen. Beispiele sind alle Metalle und ionisierten Flüssigkeiten (Elektrolyte) und Gase.
Halbleiter, wie Silizium oder Germanium, haben eine begrenzte Anzahl von elektrischen Ladungsträgern und leiten den elektrischen Strom nur unter bestimmten Bedingungen, z. B. mit steigender Temperatur.
Nichtleiter sind Stoffe, die keine Ladungsträger enthalten. Diese Stoffe, z. B. Kunststoffe oder Porzellan, werden auch als Isolatoren bezeichnet.

16 Berechnen Sie für die abgebildete Gleichstromschaltung
a) Gesamtwiderstand *R*,
b) Ströme *I* und I_2,
c) Gesamtleistung *P*.

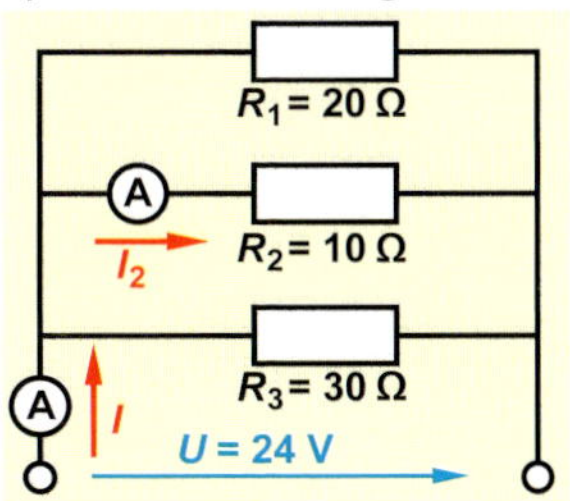

a) $$\frac{1}{R} = \frac{1}{R_1} + \frac{1}{R_2} + \frac{1}{R_3}$$

$$\frac{1}{R} = \frac{1}{20\,\Omega} + \frac{1}{10\,\Omega} + \frac{1}{30\,\Omega} = \frac{11}{60\,\Omega}$$

$$R = \frac{60\,\Omega}{11} = \mathbf{5{,}45}\,\Omega$$

b) $$I = \frac{U}{R}$$

$$I = \frac{U}{R} = \frac{24\text{ V}}{5{,}45\,\Omega} = \mathbf{4{,}4}\text{ A}$$

$$I_2 = \frac{U}{R_2} = \frac{24\text{ V}}{10\,\Omega} = \mathbf{2{,}4}\text{ A}$$

c) $$P = U \cdot I$$

$$P = 24\text{ V} \cdot 4{,}4\text{ A} = \mathbf{105{,}6}\text{ W}$$

17 Wie groß ist in der skizzierten Schaltung der Strom *I* (in A)?

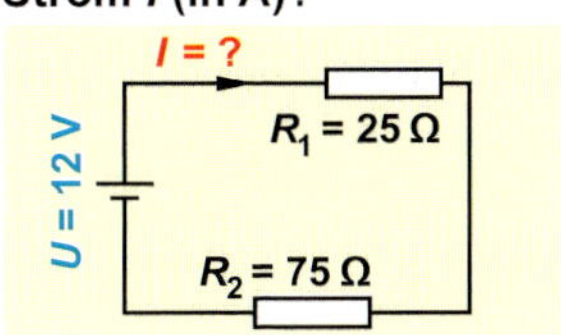

Es liegt eine Reihenschaltung vor.

Gesamtwiderstand:
$R = R_1 + R_2 = 25\,\Omega + 75\,\Omega$
$R = 100\,\Omega$

Ohmsches Gesetz:
$$I = \frac{U}{R} = \frac{12\text{ V}}{100\,\Omega} = \mathbf{0{,}12}\text{ A}$$

9

18 Transformator
a) Welche Aufgabe haben Transformatoren?
b) Beschreiben Sie den Aufbau und die Funktion eines Transformators.

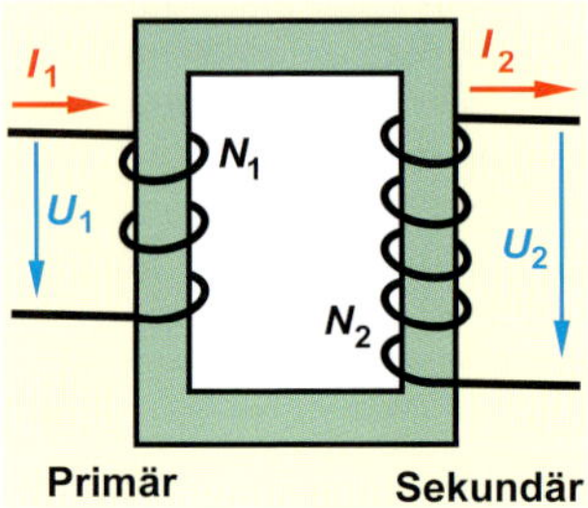

a) Transformatoren haben die Aufgabe Spannungen zu übersetzen.
b) Ein Transformator besteht aus einem Eisenkern mit zwei Spulen unterschiedlicher Windungszahlen. Wird an die Primärwicklung eine Wechselspannung U_1 angelegt, entsteht im Eisenkern ein magnetischer Kraftfluss, der in der Sekundärspule eine Wechselspannung U_2 induziert, die von den Windungszahlen N_1 und N_2 der Spulen abhängt.
Unter Vernachlässigung von Verlusten gilt:

$$\frac{U_2}{U_1} = \frac{N_2}{N_1} = \frac{I_1}{I_2}$$

19 Nach welchen Formeln wird die elektrische Leistung berechnet, im Zusammenhang zwischen
a) Arbeit und Zeit
b) Spannung, Strom und einem Wirkwiderstand?

a) $$P = \frac{W}{t}$$

Leistung = Arbeit pro Zeiteinheit

b) $$P = U \cdot I$$

Leistung = Spannung x Stromstärke
daraus folgt:

$$P = \frac{U^2}{R}$$ und $$P = I^2 \cdot R$$

20 Ein Relais nimmt im Betrieb einen Strom *I* = 15 mA auf, bei einer Leistung von 0,12 W. Welchen Widerstand hat das Relais?

$$P = I^2 \cdot R \quad \Rightarrow \quad R = \frac{P}{I^2}$$

$$R = \frac{0{,}12\ \text{VA}}{0{,}015^2\ \text{A}^2}$$

$$R = \mathbf{533{,}33}\ \Omega$$

21 An welche höchstzulässige Spannung U kann ein Widerstand mit R = 500 kΩ und einer Leistung von 125 mW gelegt werden?

$$P = \frac{U^2}{R} \Rightarrow U = \sqrt{P \cdot R}$$

$$U = \sqrt{0{,}125\ \text{VA} \cdot 500000\ \Omega}$$

$$U = \mathbf{250}\ \text{V}$$

22 Nach welcher Formel wird die elektrische Arbeit berechnet?

$$W = P \cdot t$$

Arbeit = Leistung x Zeit

23 Das Hydrauliköl eines CNC-Drehautomaten wird täglich mit einem Heizstab 1,25 Stunden lang vorgewärmt.
Berechnen Sie den elektrischen
a) Strom im Heizstab
b) Energiebedarf innerhalb von 10 Tagen.

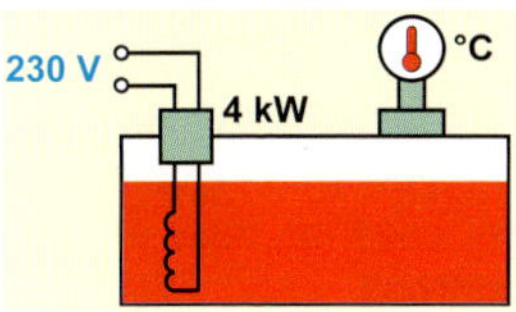

a) $P = U \cdot I$

$$I = \frac{P}{U} = \frac{4000\ \text{W}}{230\ \text{V}} = \mathbf{17{,}4}\ \text{A}$$

b) $W = P \cdot t$

$$W = 4\ \text{kW} \cdot 1{,}25\ \frac{\text{h}}{\text{Tag}} \cdot 10\ \text{Tage}$$

$$W = \mathbf{50}\ \text{kWh}$$

24 Was versteht man unter dem Wirkungsgrad und mit welcher Formel wird er berechnet?

Das Verhältnis von abgegebener zu zugeführter Leistung nennt man Wirkungsgrad η.

$$\eta = \frac{P_{ab}}{P_{zu}}$$

25 Warum ist der Wirkungsgrad stets kleiner als 1 bzw. 100 %?

Weil jedes Betriebsmittel Verluste hat, z. B. durch Reibung, ist die abgegebene Leistung immer kleiner als die aufgenommene.
Ein *Perpetuum mobile 1. Art,* d. h. eine Maschine, die mehr Leistung abgibt als sie aufnimmt, ist somit nicht möglich.

9

9.2 Stromwirkung

26 Nennen Sie die wichtigsten Stromwirkungen und geben Sie ein Anwendungsbeispiel dazu an.

- Wärmewirkung, z. B. Lötkolben, Härteofen
- Lichtwirkung, z. B. Glimmlampe, Leuchtstofflampe
- Chemische Wirkung, z. B. Akkumulator, Galvanotechnik
- Magnetische Wirkung, z. B. Motor, Relais, Schütz
- Physiologische Wirkung, z. B. Herzschrittmacher

27 Wie entsteht die Wärmewirkung durch den elektrischen Strom?

Fließt elektrischer Strom durch einen Leiter, so wird dieser erwärmt.
Die Elektronen stoßen auf dem Weg durch einen Metalldraht auf Metallatome. Durch den Aufprall werden diese zum verstärkten Schwingen angeregt und je höher die kinetische Energie eines Atoms ist, desto höher ist seine Temperatur.

28 Wie entsteht die Lichtwirkung des elektrischen Stroms?

Ein Leiter, z. B. die Wendel einer Glühlampe, wird durch elektrischen Strom so stark erwärmt, dass er glüht und Licht ausstrahlt.

29 Was versteht man unter der chemischen Wirkung des elektrischen Stromes und wo wird diese Wirkung ausgenutzt?

Die Zerlegung leitender Flüssigkeiten. Die zerlegten Stoffe sind Ionen, der Vorgang heißt Elektrolyse.
Diese chemische Wirkung des elektrischen Stromes nutzt man z. B. bei der Gewinnung von reinen Metallen, bei der Galvanotechnik (verkupfern, verchromen), beim Eloxieren des Aluminiums und bei der Wasserzerlegung.

30 Was versteht man unter der physiologischen Wirkung des elektrischen Stromes?

Man versteht darunter die Wirkung des elektrischen Stroms auf Lebewesen.
So kann der Strom beim Menschen tödlich wirken, wenn die Stromstärke über 50 mA und die Wechselspannung über 50 V beträgt. Aber auch geringere Werte können zu Atemlähmungen oder zum Verlust der Muskelkontrolle (= Loslassgrenze) führen.

31 Ein Strom von 50 mA, der durch den menschlichen Körper fließt, kann bereits tödlich wirken. Welche Wechselspannung *U* würde diesen Strom zum Fließen bringen, wenn der Strom folgenden Weg nimmt:
a) Hand ➔ Hand
b) Hand ➔ beide Füße?

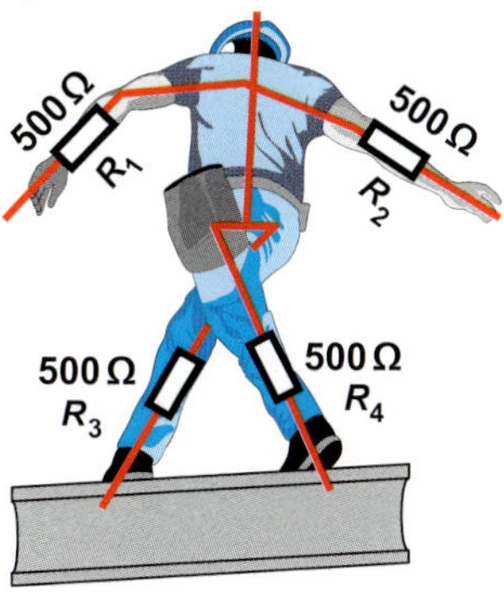

a) Stromweg: Hand ⇨ Hand
Widerstände R_1 und R_2 in Reihe:

$$R = R_1 + R_2$$

$$R = 500\ \Omega + 500\ \Omega = 1000\ \Omega$$

$$U = R \cdot I$$

$$U = 1000\ \Omega \cdot 0{,}05\ \text{A} = \mathbf{50}\ \text{V}$$

b) Stromweg: Hand ⇨ beide Füße
Widerstände R_3 und R_4 parallel und dazu R_1 in Reihe:

$$R = \frac{R_3 \cdot R_4}{R_3 + R_4} + R_1$$

$$R = \frac{500\ \Omega \cdot 500\ \Omega}{500\ \Omega + 500\ \Omega} + 500\ \Omega$$

$$R = 750\ \Omega$$

$$U = R \cdot I$$

$$U = 750\ \Omega \cdot 0{,}05\ A = \mathbf{37{,}5}\ \text{V}$$

9

9.3 Gefahren und Schutzmaßnahmen

32 Warum können auch bei sehr kleinen Stromstärken ab 0,5 mA, die als ungefährlich angesehen werden, Unfälle geschehen?

In diesem Bereich liegt die Wahrnehmbarkeitsgrenze für Wechselstrom. Ab dieser Wahrnehmungsgrenze können durch Schreckreaktion Unfälle auftreten.

33 Erklären Sie, warum man bei Wechselstromstärken ab 10 mA von der „Loslassgrenze“ spricht.

Ströme von ca. 10 mA überlagern die körpereigenen Stromimpulse so stark, dass sich die Muskeln verkrampfen und nicht mehr durch den eignen Willen des Betroffenen gesteuert werden können, er kann z. B. eine umfasste Schweißelektrode nicht mehr loslassen.

34 Worauf müssen Sie besonders achten, wenn Sie einem durch elektrischen Strom Verunglückten Erste Hilfe leisten wollen?

Den Verunglückten nicht zu berühren, bevor die elektrische Anlage, mit der er in Verbindung steht, spannungsfrei gemacht worden ist, d. h. Not-Aus-Schalter betätigen, Netzstecker ziehen. Dann erst übliche Erste Hilfe-Maßnahmen wie stabile Seitenlage, Atemspende bei Atemstillstand, Arzt verständigen.

35 Welche Aufgaben haben Sicherungen im elektrischen Stromkreis?

Sicherungen schützen Leitungen und Geräte vor Überlastung und Kurzschluss, indem sie selbsttätig den Stromkreis unterbrechen.

36 Warum ist es verboten, eine Schmelzsicherung zu flicken?

Weil die Gefahr besteht, dass ein zu dicker „Flickdraht“ benutzt wird und die Sicherung dadurch ihre Sicherungsfunktion als schwächstes Glied im Stromkreis verliert.

37 Warum stellen FI-Schutzschalter einen besonders wirksamen Schutz gegen Fehlerströme dar?

Weil Fehlerstromschutzschalter (FI-Schutzschalter) in sehr kurzer Zeit (0,2 s) bei Fehlerströmen den Stromkreis unterbrechen.

38 In welchem Fall spricht man von Körperschluss?

Wenn ein spannungsführender Leiter mit einem elektrisch leitenden Geräteteil, das nicht zum Stromkreis gehört, z. B. dem Gehäuse, in Berührung kommt.

39 Nach DIN VDE 0100 sind Schutzmaßnahmen gegen gefährliche Körperströme erforderlich. Ordnen Sie den abgebildeten Schutzklassenzeichen die richtige Bezeichnung zu.

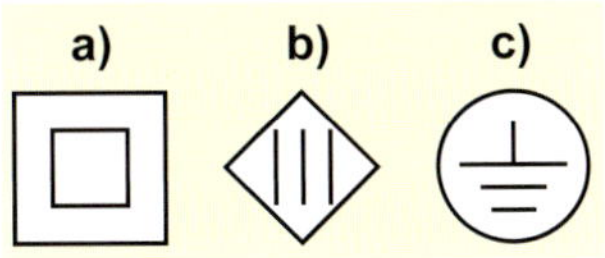

Das Schutzklassenzeichen
a) steht für Schutzisolierung, Schutzklasse II.
b) steht für Schutzkleinspannung, Schutzklasse III.
c) steht für Schutzmaßnahme mit Schutzleiter, Schutzklasse I.

40 Erklären Sie die Schutzmaßnahme „Schutzisolierung“ gegen gefährliche Körperströme.

Die Schutzisolierung soll das Auftreten unzulässiger Berührspannungen verhindern. Dazu erhalten alle die Teile der Betriebsmittel, die betriebsmäßig unter Spannung stehen (= aktive Teile) zusätzlich zur Basisisolierung eine Schutzisolierung.

41 Erklären Sie die Schutzmaßnahme „Kleinspannung“.

Kleinspannung heißt, dass der Verbraucher mit einer für den Menschen ungefährlichen Spannung betrieben wird, z. B. beim Elektrolichtbogenschweißen.

9

9.4 Bauelemente

42 Was versteht man unter einem Bauelement in der Elektrotechnik?

Nach DIN 40150 wird die kleinste nicht mehr zerlegbare Einheit in einem Schaltkreis als Bauelement bezeichnet (z. B. Ohm'sche Widerstände, Halbleiterdioden, etc.).

43 In der Elektrotechnik unterscheidet man zwischen aktiven und passiven Bauelementen.
Erklären Sie den Unterschied.

Die elektrischen Eigenschaften passiver Bauelemente sind konstant und im Idealfall betriebsunabhängig. (Beispiel: Ein Ohm'scher Widerstand behält bei konstanter Temperatur seinen Wert bei, auch wenn eine Spannung angelegt wird.)
Aktive Bauelemente verändern ihre elektrischen Eigenschaften in Abhängigkeit von physikalischen Effekten.

Faustregel:
Bauelemente mit mindestens einem p-n-Übergang sind aktive, alle anderen passive Bauelemente.

44 Ordnen Sie die aufgeführten Bauelemente den aktiven bzw. passiven Bauelementen zu:
- **Ohm'scher Widerstand,**
- **Potentiometer,**
- **Diode,**
- **Kondensator,**
- **Spule,**
- **Transistor.**

Passive Bauelemente:
- Ohm'scher Widerstand,
- Spule,
- Potentiometer,
- Kondensator.

Aktive Bauelemente:
- Diode,
- Transistor.

9.4.1 Aktive Bauelemente

45 Worin liegen die Vorteile von Transistoren gegenüber mechanischen Schaltern?

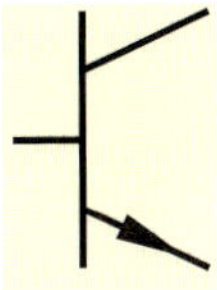

- Extrem geringe Baugröße (aktuelle Mikroprozessoren werden mit über 700 Millionen Transistoren verbaut)
- Sehr hohe Schaltfrequenzen (im MHz Bereich möglich)
- Geringer Verschleiß
- Keine Schaltgeräusche

46 Der folgende Text soll die Funktionsweise eines Transistors als Schalter beschreiben:
Ist der _____________ des Transistors Null, kann auch kein __________ fließen. Der Transistor__________. Bei ausreichend hohem __________, wird die Kollektor-Emitter-Strecke leitend. Der Transistor ___________.
Ergänzen Sie den Text mit folgenden Textbausteinen: ***sperrt, Basisstrom, schaltet durch, Kollektorstrom.***

Ist der Basisstrom des Transistors Null, kann auch kein Kollektorstrom fließen. Der Transistor sperrt.
Bei ausreichend hohem Basisstrom, wird die Kollektor-Emitter-Strecke leitend. Der Transistor schaltet durch.

47 In welchem Betriebszustand entspricht ein Transistor einem geöffneten Schalter, in welchem Betriebszustand einem geschlossenen Schalter?

Im leitenden Zustand entspricht der Transistor einem geöffneten Schalter und im sperrenden Zustand einem geschlossenen Schalter.

9

48 Welche Bauelemente werden als Diode bezeichnet und welche wesentliche elektrische Eigenschaft hat eine Diode?

Als Diode bezeichnet man Halbleiterbauelemente mit zwei Anschlüssen und meist nur einem PN-Übergang. Die Diode lässt den Strom nur in eine Richtung durchfließen, in der Gegenrichtung sperrt sie.

49 **Zeichnen Sie das Schaltzeichen einer Diode.**

Schaltzeichen:

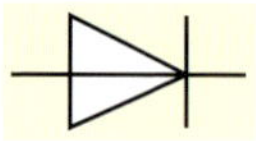

50 **Diodenarbeitspunkt**

a) Worüber gibt der Arbeitspunkt einer Diode Auskunft?

b) Bestimmen Sie grafisch den Arbeitspunkt in der gegebenen Dioden Kennlinie.

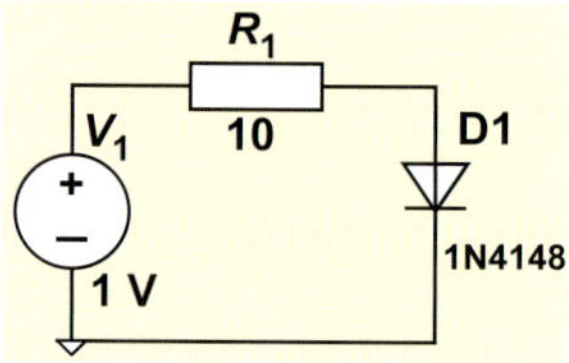

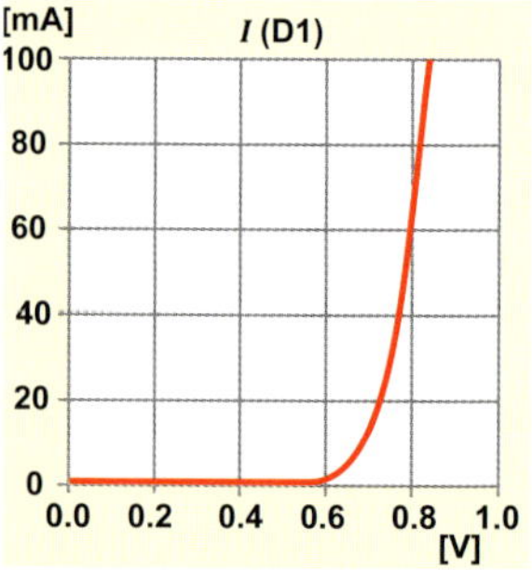

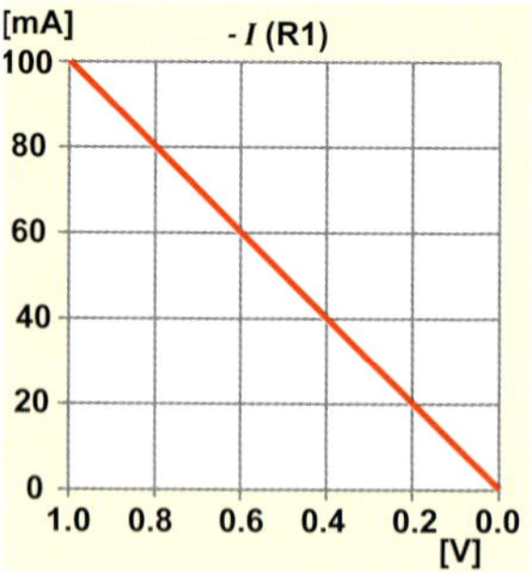

a) Im eingeschalteten Zustand liegt an einer Diode eine bestimmte Spannung an. Die Diode wird dabei von einem bestimmten Strom durchflossen. Die betriebsmäßig auftretende Spannung *U* und der dazugehörige Strom *I* bilden den sogenannten Arbeitspunkt AP (*U*-*I*-Wertepaar).

b) Den Arbeitspunkt kann man grafisch ermitteln, indem man die Widerstandsgerade in das Diagramm der Diode spiegelverkehrt einträgt und am Schnittpunkt die Werte abliest.

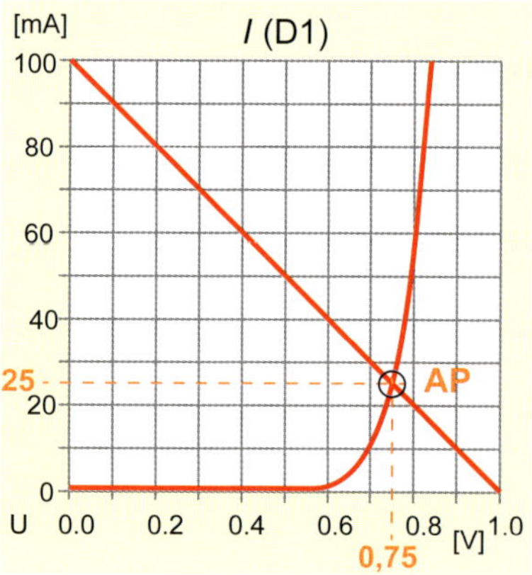

9.4.2 Passive Bauelemente

51 Welche Bauteile werden als Potentiometer bezeichnet und wozu werden sie verwendet?

Ein Potentiometer ist ein regelbarer Widerstand. Sein Widerstandswert ist stufenlos einstellbar.
Es wird hauptsächlich als Spannungsteiler und Stellwiderstand eingesetzt.

52 Kondensator

a) Mit welchem Schaltzeichen wird ein Kondensator symbolisiert?
b) Wozu dient ein Kondensator?
c) Nennen Sie ein Anwendungsbeispiel für die Verwendung eines Kondensators.
d) In welcher Einheit wird die Kapazität eines Kondensators angegeben?

a) Mit diesem Schaltzeichen wird ein Kondensator gekennzeichnet.

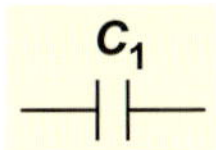

b) Als elektrisches Bauelement, mit dem elektrische Ladung bzw. elektrische Energie gespeichert werden kann.
c) Muss z. B. ein Akku zur Versorgung eines Systems getauscht werden, könnte die Energieversorgung vorübergehend mittels Kondensator und der darin gespeicherten Energie sichergestellt werden.
d) Die Kapazität eines Kondensators wird in Farad angegeben, z. B in µF (Mikrofarad) oder nF (Nanofarad).

53 Worin unterscheiden sich Kondensatoren?

Kondensatoren unterscheiden sich in
- der Art des verwendeten Dielektrikums (z. B. Papier, Kunststoff),
- der Art der Beläge (z. B. Metallfolie oder aufgedampfte Metallschicht),
- ihrer Bauform (Dreh -oder Trimmkondensator).

54 Wie groß ist die Gesamtkapazität der dargestellten Kondensatorschaltung?

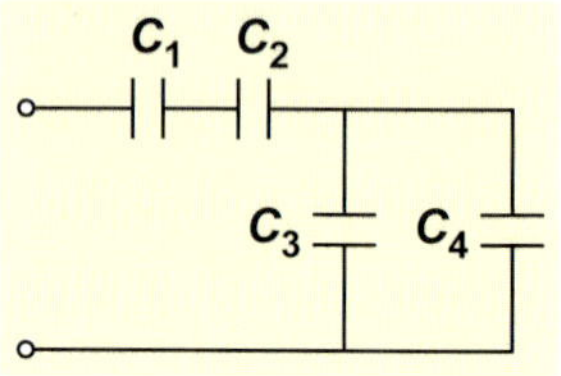

Die Reihenschaltung der Ersatzkapazitäten C_{e1} (Reihenschaltung von C_1 und C_2) und C_{e2} (Parallelschaltung von C_3 und C_4) mit

$$C_{e1} = \frac{C_1 \cdot C_2}{C_1 + C_2}$$

und

$$C_{e2} = C_3 + C_4$$

ergibt die Gesamtkapazität

$$C_{ges} = \frac{\frac{C_1 \cdot C_2}{C_1 + C_2} \cdot (C_3 + C_4)}{\frac{C_1 \cdot C_2}{C_1 + C_2} + C_3 + C_4}.$$

55 Festwiderstand

a) Wonach richtet sich die Bauform von Festwiderständen?

b) Nennen Sie zwei Bauformen.

a) Festwiderstände sind Widerstände mit festgelegtem Nennwert. Ihre Bauform richtet sich nach der geforderten Belastbarkeit.

b) Schichtwiderstände
(für Leistungen im mW-Bereich),
Drahtwiderstände
(für Leistungen im kW- Bereich).

56 Die Kohleschichtwiderstände
R_1 = 330 Ω,
R_2 = 550 Ω,
R_3 = 1,2 kΩ
sind jeweils mit P = 0,5 W belastbar.

a) Zeichnen Sie in ein U-I-Diagramm die Leistungshyperbel für P = 0,5 W und die Widerstandsgeraden. Bestimmen Sie daraus die zulässigen Spannungen und Ströme.

b) Welcher Bereich der Leistungshyperbel wird als Arbeitsbereich und welcher als verbotener Bereich bezeichnet?

a) Alle U-I-Wertepaare, die zur gleichen Leistung (hier P = 0,5 W) führen, ergeben eine Hyperbel. Für P = 0,5 W und ausgewählte Spannungswerte ergibt sich die Leistungshyperbel: $P = U \cdot I$

U	10 V	20 V	40 V
I	50 mA	25 mA	12,5 mA

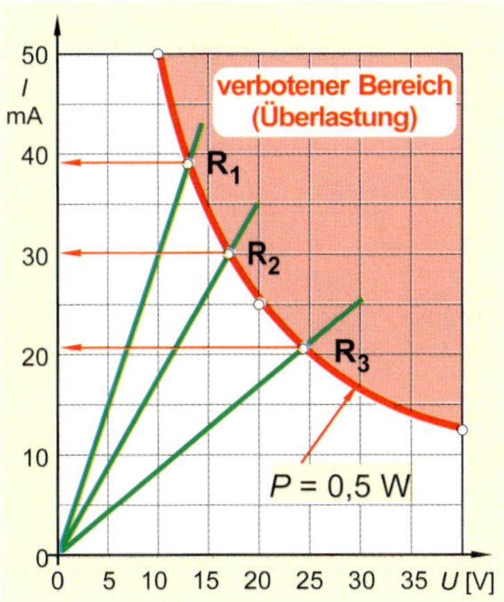

Für die Widerstände R_1, R_2, R_3 und die angegebene Todleistung P = 0,5 W ergeben sich die in der folgenden Tabelle angegeben maximal zulässigen Spannungen und Ströme:

R	330 Ω	550 Ω	1,2 kΩ
U	12,8 V	16,7 V	24,5 V
I	39 mA	30 mA	20,4 mA

b) Der unter der Hyperbel liegende Bereich (weiß) ist der Arbeitsbereich des Widerstandes, der darüber liegende (rot) der verbotene Bereich, in dem der Widerstand nicht mehr betrieben werden darf.

9

9.5 Grundschaltungen

57 Gegeben ist ein belasteter Spannungsteiler ($U = 9\,V$) bestehend aus den Ohm'schen Widerständen $R_1 = 6\,k\Omega$ und $R_2 = 4\,k\Omega$ und einem NTC Widerstand R_T.

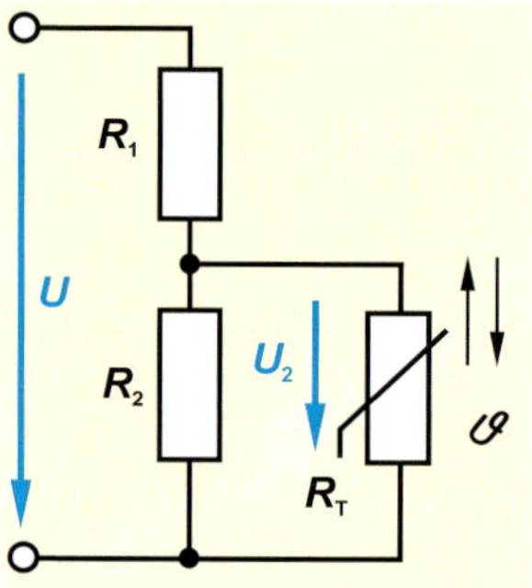

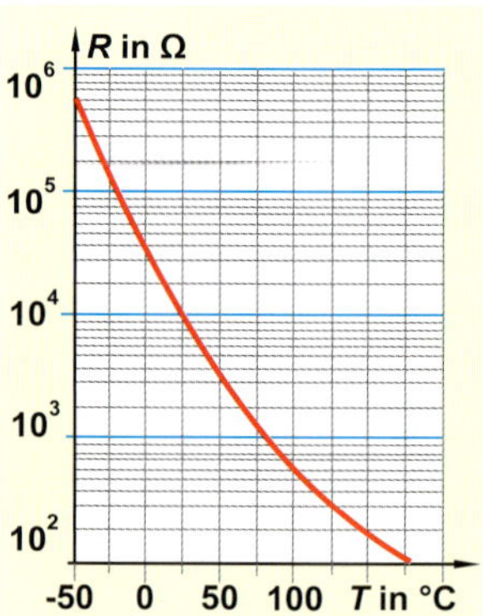

a) Wofür kann diese Schaltung verwendet werden?

b) Bestimmen Sie mit Hilfe der NTC-Kennlinie die Spannung U_2 für die Temperaturen $\vartheta = 0\,°C$, $25\,°C$ und $100\,°C$.

a) Der eingebaute NTC-Widerstand sorgt für die Temperaturabhängigkeit dieses Spannungsteilers. NTC Widerstände (Heißleiter) sind temperaturabhängige Halbleiterwiderstände. Sie verringern ihren Widerstandswert bei steigender Temperatur. Der sie durchfließende Strom erhöht sich. Dieses Verhalten kann zur Temperaturregelung angewendet werden.

b) Aus der Grafik

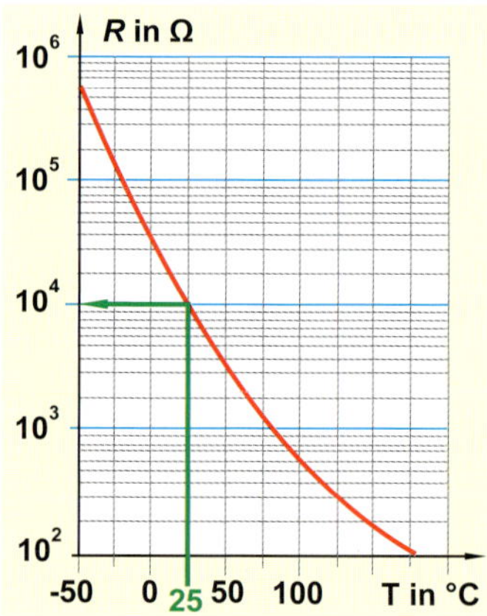

ergeben sich für R_T folgende Widerstandswerte und Teilspannungen U_2 aus dem belasteten Spannungsteiler mit

$$U_2 = \frac{R_2 \cdot R_T}{R_1 \cdot R_2 + R_2 \cdot R_T + R_T \cdot R_1} \cdot U$$

ϑ [°C]	0	25	100
R_T [kΩ]	32,65	10	0,68
U_2 [V]	3,25	2,9	0,79

58 **Wie ist ein Spannungsteiler aufgebaut und welcher Spannungsteiler ist hier dargestellt?**

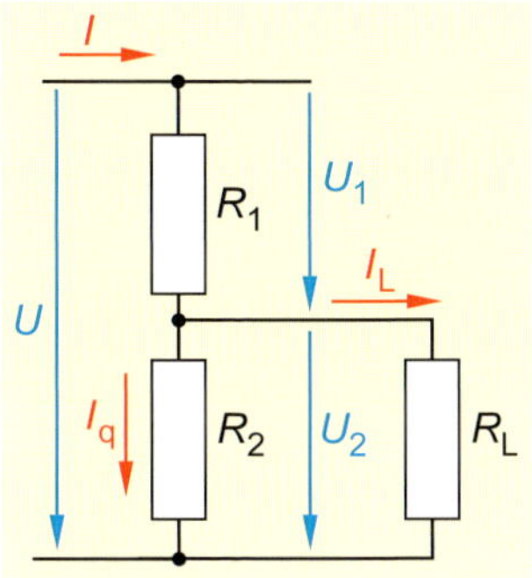

Ein Spannungsteiler besteht aus einer Reihenschaltung von zwei Widerständen. Man spricht von einem unbelasteten Spannungsteiler.
Die Gesamtspannung fällt über der gesamten Reihenschaltung ab, über den Einzelwiderständen jeweils die Teilspannungen U_1 und U_2.
Sobald am Spannungsteiler ein Verbraucher angeschlossen ist (siehe Abbildung) spricht man von einem belasteten Spannungsteiler.

59 **Knotenregel**
Was wird in der Elektrotechnik als Knoten bezeichnet und wie groß ist die Summe der Ströme in der folgenden Abbildung?

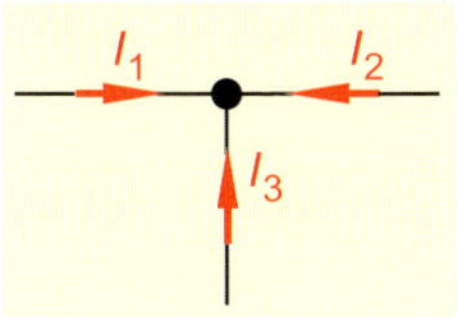

Das Zusammentreffen mehrerer elektrischer Leitungen wird als Knoten bezeichnet.
Da in der neben stehenden Abbildung alle Pfeile in Richtung des Knotens zeigen, ist die Summe der auf den Knoten zufließenden Ströme gleich Null.

60 **Wie lautet das 1. Kirchhoff'sche Gesetz?**

In einem Knoten ist die Summe aller Ströme gleich Null oder die Summe aller abfließenden Ströme gleich der Summe aller zufließenden Ströme.

$$I_1 + I_2 + \ldots + I_n = 0$$

Dieses Gesetz wird auch Knotenregel genannt.

9

61 Wie groß ist I_2, wenn I_1 = 100 mA und I_3 = 25 mA betragen?

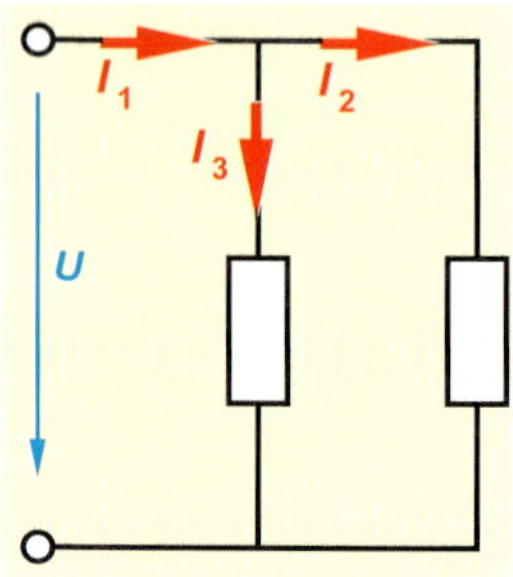

Die Ströme I_2 und I_3 sind negativ, da sie in Richtung der Widerstände fließen, also entgegen der Pfeilrichtung in der Knotenregel.

Eingesetzt in die Knotenregel:

$0 = I_1 - I_2 - I_3$

$I_2 = I_1 - I_3$

$I_2 = (100 - 25)\,\text{mA} = 75\,\text{mA}$

62 Wie lautet das 2. Kirchhoff'sche Gesetz?

In einer geschlossenen Masche ist die Summe aller Spannungen gleich Null oder die Summe aller verbrauchten Spannungen ist gleich der Summe aller erzeugten Spannungen.

$$U_1 + U_2 + \ldots + U_n = 0$$

Dieses Gesetz wird auch Maschenregel genannt.

63 Wenden Sie die Mascheregel zur Berechnung der abgebildeten Schaltung an, wenn U_1 = 5 V und U_2 = 7 V betragen.

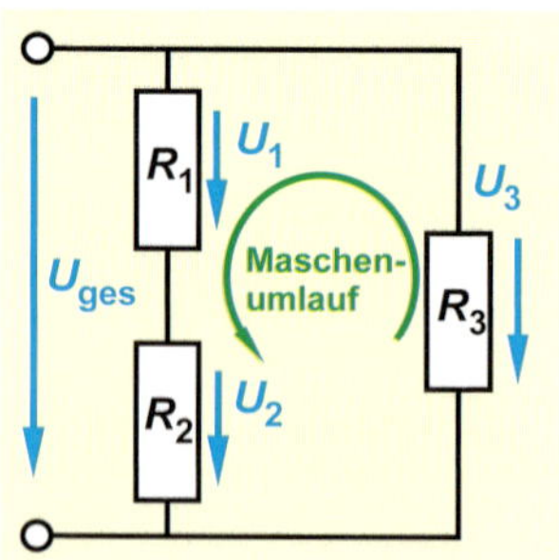

Alle Teilspannungen beim Umlauf in einer elektrischen Masche addieren sich zu Null.
Spannungen in Pfeilrichtung werden positiv gezählt, Spannungen entgegen der Pfeilrichtung werden negativ gezählt.

Hier:

Positiv: U_1 und U_2, sie zeigen in Richtung des Maschenpfeils.

negativ: U_3 zeigt gegen die Richtung des Maschenpfeils.

$0 = U_1 + U_2 - U_3$

$U_{ges} = U_3 = 5\,\text{V} + 7\,\text{V} = 12\,\text{V}$

64 Wie ist eine Widerstands-Brückenschaltung prinzipiell aufgebaut?

Eine Widerstandsbrückenschaltung besteht aus zwei parallel geschalteten Spannungsteilern. Zwischen den beiden Abgriffspunkten der Teiler liegt die sogenannte Brückendiagonale.

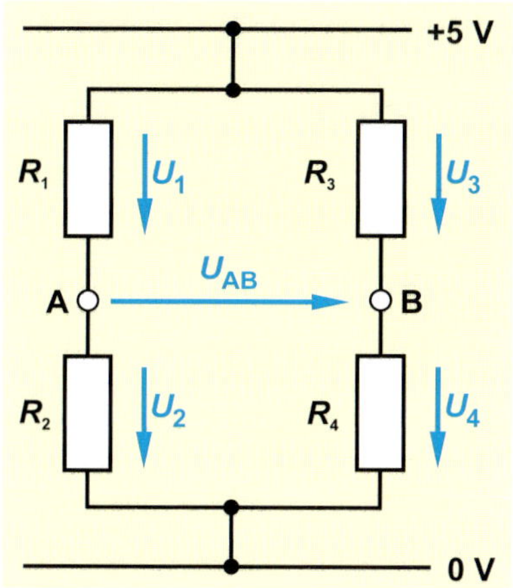

65 Welche Bauteile werden als Operationsverstärker (OP) bezeichnet?

Als Operationsverstärker bezeichnet man elektronische Verstärker, die sowohl Gleich- als auch Wechselspannungen verstärken können. Ihr elektrisches Verhalten wird maßgeblich von der äußeren Beschaltung bestimmt, die die Spannungsverstärkung auf ein jeweils gefordertes Maß begrenzt.

9

66 Wie erfolgt die Messung eines unbekannten Widerstandes mit Hilfe einer Wheatston'schen Messbrücke?

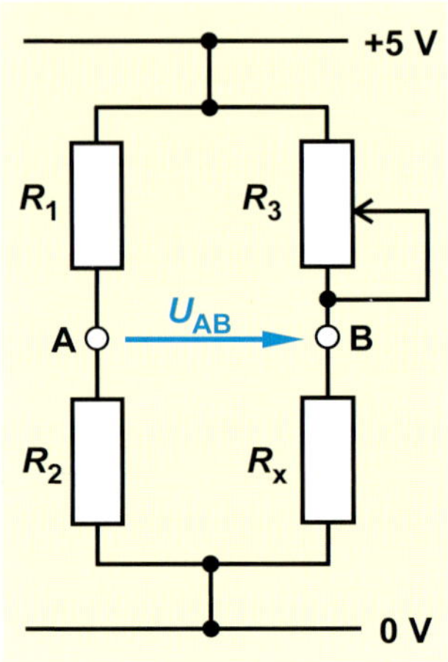

Zur Bestimmung des unbekannten Widerstandes R_x genügt die Kenntnis von R_3 und dem Verhältnis von R_2 zu R_1.
Der Widerstand R_3 wird so lange verändert, bis die Brücke abgeglichen ist. Die Brücke ist abgeglichen, wenn die Widerstandsverhältnisse

$$\frac{R_1}{R_2} = \frac{R_3}{R_x}$$

gleich groß sind, die Brückenspannung (Spannung zwischen den Punkten A und B) Null ist.

67 Geben Sie das
a) in der Praxis übliche Schaltzeichen eines Operationsverstärkers an und beschriften Sie die Anschlüsse.
b) nach DIN 40900 genormte Schaltzeichen eines Operationsverstärkers an.

a)

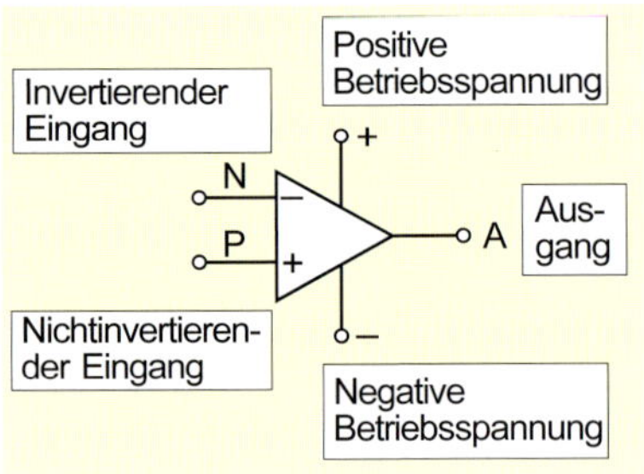

b)

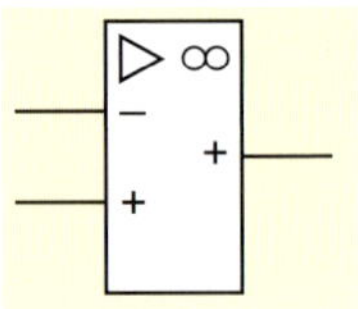

68 Worin unterscheiden sich die in den Abbildungen ① und ② dargestellten Betriebszustände von Operationsverstärkern?

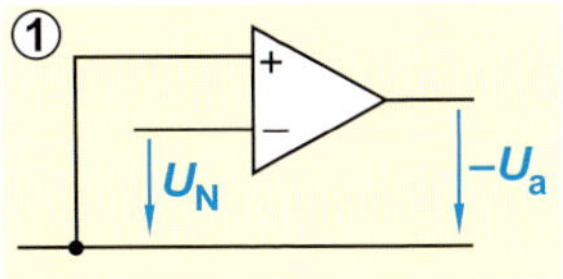

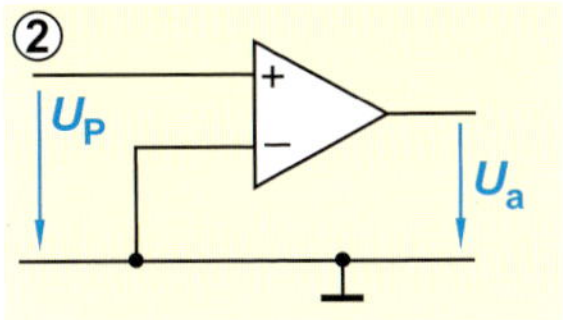

Die Betriebszustände eines Operationsverstärkers richten sich danach, ob das Eingangssignal am invertierenden (–) oder am nichtinvertierenden (+) Eingang anliegt.
Man spricht dann wie in

① vom *invertierenden Betrieb,*
② vom *nichtinvertierenden Betrieb.*

69 Ein Teil des Ausgangssignals eines Operationsverstärkers wird wieder auf den Eingang zurückgeführt. Man spricht von Rückkopplung.
In welchem Fall spricht man in diesem Zusammenhang von Gegenkopplung und in welchem Fall von Mitkopplung?
Skizzieren Sie jeweils ein Schaltungsbeispiel.

Wird ein Teil des Ausgangssignales auf den invertierenden Eingang zurückgekoppelt, spricht man von Gegenkopplung.

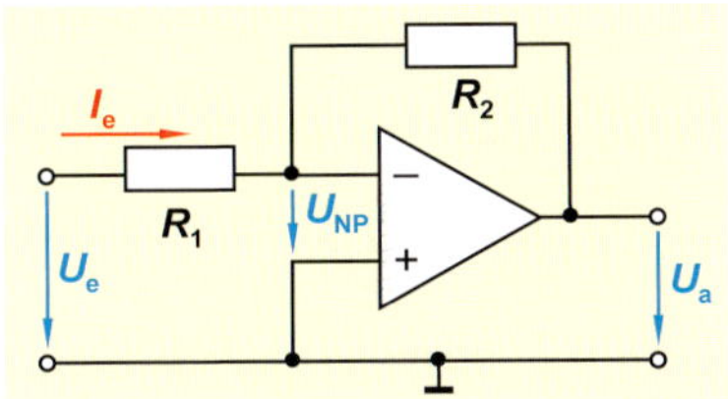

Wird ein Teil des Ausgangssignales auf den nichtinvertierenden Eingang zurückgekoppelt, spricht man von Mitkopplung.

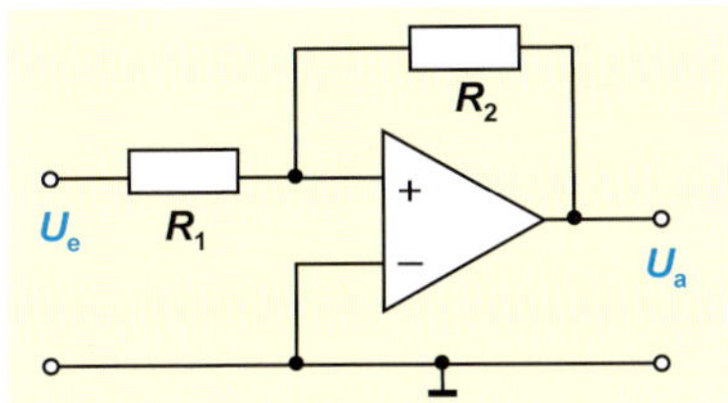

9

70 Nennen Sie Beispiele für Verstärkerschaltungen, die mit einem invertierenden und mit einem nichtinvertierenden Verstärker aufgebaut werden.

Invertierender Verstärker:
- Differenzverstärker
- Summierer

Nichtinvertierender Verstärker
- Komparator (Schmitt-Trigger)
- Impedanzwandler (Spannnungsfolger)

71 Gegeben ist die abgebildete Verstärkerschaltung.

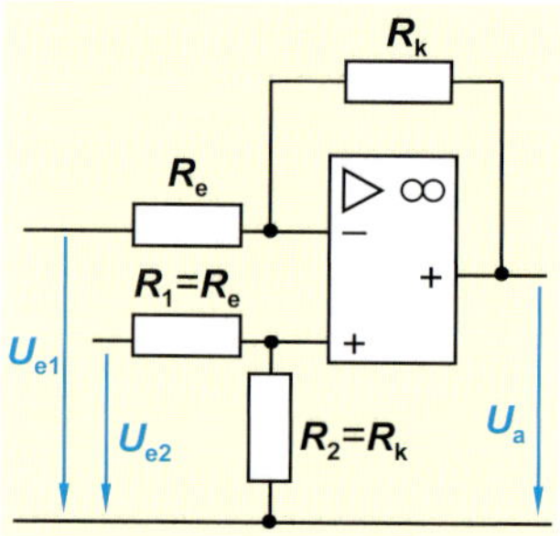

a) Erklären Sie die Funktionsweise.

b) Am Eingang der Verstärkerschaltung liegen $U_{e1} = 4\,V$ und $U_{e2} = 5\,V$ an. Der Eingangswiderstand beträgt $R_e = 100\,k\Omega$. Wie groß muss der Rückkopplungswiderstand R_k sein, damit eine Ausgangsspannung $U_a = 2{,}5\,V$ anliegt?

c) Nennen Sie ein typisches Anwendungsbeispiel.

a) Diese Schaltung arbeitet als Differenzverstärker. Am Ausgang liegt die verstärkte Differenz der beiden Eingangsspannungen an.

b) Aus der Spannungsteilerregel folgt:

$$\frac{U_a}{(U_{e1} - U_{e2})} = -\frac{R_k}{R_e}$$

$$R_k = \frac{-U_a \cdot R_e}{(U_{e1} - U_{e2})}$$

$$R_k = \frac{-2{,}5\,V \cdot 100\,k\Omega}{(4\,V - 5\,V)}$$

$$R_k = 250\,k\Omega$$

Der Rückkopplungswiderstand muss 250 kΩ betragen.

c) Diese Schaltung wird z. B. zur Messung der Brückenspannung einer Temperaturmessbrücke verwendet (Temperaturregelung in Gewächshäusern).

72

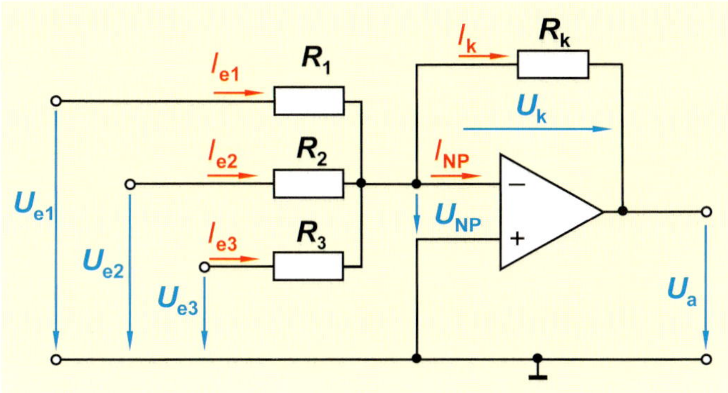

Erklären Sie die Funktionsweise der gegebenen Schaltung.

Diese Schaltung arbeitet als Summierverstärker (Summierer).
Die Ausgangsspannung U_a ist abhängig von der Summe der Eingangsspannungen.
Die Größe der Einzelverstärkungen wird durch die Größe der Widerstände R_1, R_2 und R_3 beeinflusst, der Rückkopplungswiderstand R_k regelt die Gesamtverstärkung.

9

73 Geben Sie die Verstärkerschaltung eines Schmitt-Triggers an und erklären Sie dessen Funktionsweise.

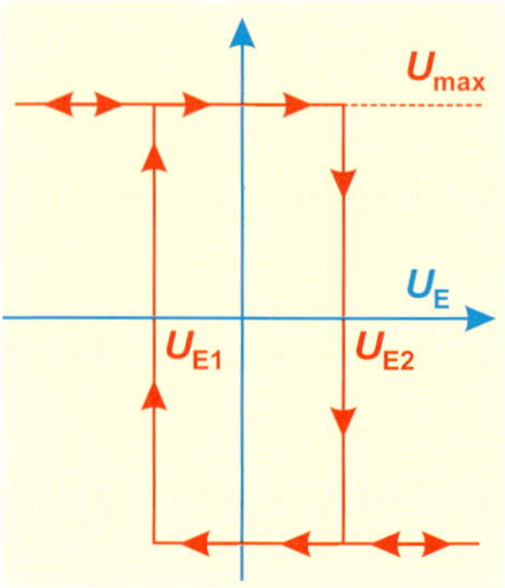

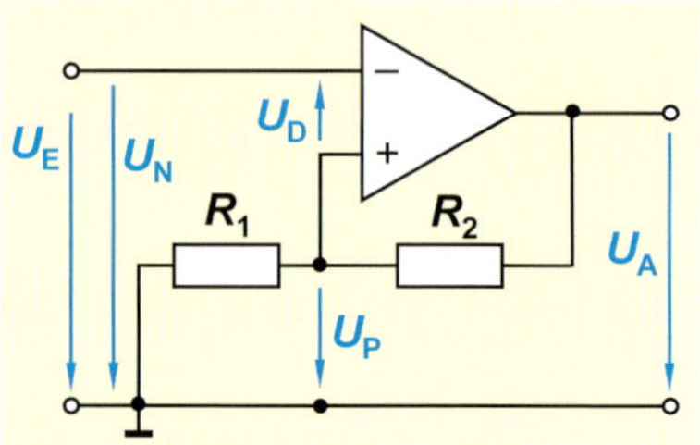

Der Schmitt-Trigger arbeitet als Komparator mit Hysterese. Der Schmitt-Trigger schaltet zwischen zwei definierten Schaltschwellen (Schwellwertschalter), d. h. die Ausgangsspannung schaltet erst beim Anliegen einer definierten Eingangsspannung. Die Schaltschwellen (Schwellwertspannungen) sind abhängig von den Widerständen R_1 und R_2, wobei R_2 „mitgekoppelt“ ist.

10 Werkstofftechnik

10 Werkstofftechnik

10.1 Einteilung und Eigenschaften der Werkstoffe

1 Welche Werkstoffe werden im Maschinen- und Werkzeugbau verwendet?

Metalle: Eisenwerkstoffe und Nichteisenmetalle.
Verbundstoffe: Werkstoffe bestehen aus zwei oder mehreren Grundwerkstoffen, z. B. glasfaserverstärkte Kunststoffe oder Sinterwerkstoffe, wie Hartmetalle, Schleifscheiben.
Nichtmetalle, z. B. Holz, Diamant, Gummi, Keramik, Glas.
Hilfsstoffe, z. B. Kühlschmiermittel, Treib- und Brennstoffe, Reinigungsmittel, Beschichtungsstoffe.

2 Nennen Sie typische Eisenwerkstoffe.

Stahl: Grundstähle, Qualitätsstähle, Edelstähle.
Gusswerkstoffe: Grauguss, Stahlguss, Temperguss.

3 Was versteht man unter:
- **technologischen,**
- **mechanischen,**
- **chemischen,**
- **physikalischen**

Werkstoffeigenschaften?

Technologische Eigenschaften: Verhalten der Werkstoffe bei der Verarbeitung, z. B. Umformbarkeit, Zerspanbarkeit, Gießbarkeit.
Mechanische Eigenschaften: Verhalten der Werkstoffe bei Beanspruchung durch äußere Kräfte, z. B. Härte, Festigkeit, Zähigkeit.
Chemische Eigenschaften, wie Korrosionsbeständigkeit, Hitzebeständigkeit.
Physikalische Eigenschaften, wie Leitfähigkeit für Wärme und elektrischen Strom, Dichte, Schmelzpunkt.

4 Erklären Sie den Begriff „Festigkeit“.

Festigkeit ist der größte innere Widerstand, den ein Werkstoff einer von außen wirkenden Kraft entgegensetzt. Nach der Wirkung dieser äußeren Kräfte unterscheidet man u. a. Zugfestigkeit, Druckfestigkeit, Knickfestigkeit, Scherfestigkeit, Verdrehfestigkeit.

5 Erläutern Sie den Begriff „Härte“.

Härte ist der Widerstand, den ein Werkstoff dem Eindringen eines Körpers in seine Oberfläche entgegensetzt.

6 Erläutern Sie den Begriff „Zähigkeit“.

Zähigkeit ist die Fähigkeit eines Werkstoffes Formänderungen ohne Zerstörung zu überstehen.

7 Erläutern Sie den Begriff „Sprödigkeit“.

Sprödigkeit ist die Neigung eines Werkstoffes bei Stoß-, Schlag- oder Biegebeanspruchung zu zerbrechen.

8 Erläutern Sie den Begriff „Elastizität“.

Elastizität ist das Vermögen eines Werkstoffes, Formänderungen wieder rückgängig zu machen.

9 Erläutern Sie die Begriffe „Dauerfestigkeit“ und „Gestaltfestigkeit“.

Dauerfestigkeit (Dauerschwingfestigkeit) ist die Beanspruchung, die ein Werkstoff ,,unendlich oft” ohne Bruch und Verformung erträgt, wenn die Belastung dauernd zwischen einem oberen und unteren Grenzwert wechselt. Die Grenzlastspielzahl liegt für Stahl bei 10 Millionen.

Gestaltfestigkeit ist die auf ein bestimmtes Bauteil, z. B. Kurbelwelle, bezogene Dauerfestigkeit.

10 Worin unterscheiden sich „Wechselfestigkeit" und „Schwellfestigkeit"?

Wechselfestigkeit
ist der Dauerfestigkeitswert, bei dem die Mittelspannung Null ist.

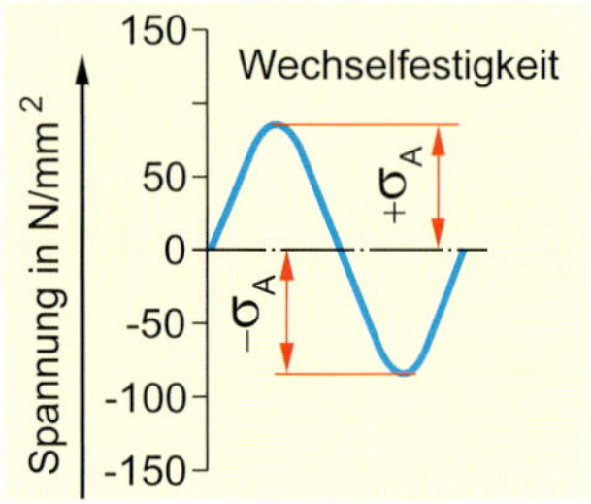

Schwellfestigkeit
ist der Dauerfestigkeitswert, bei dem die Mittelspannung gleich dem Spannungsausschlag ist.

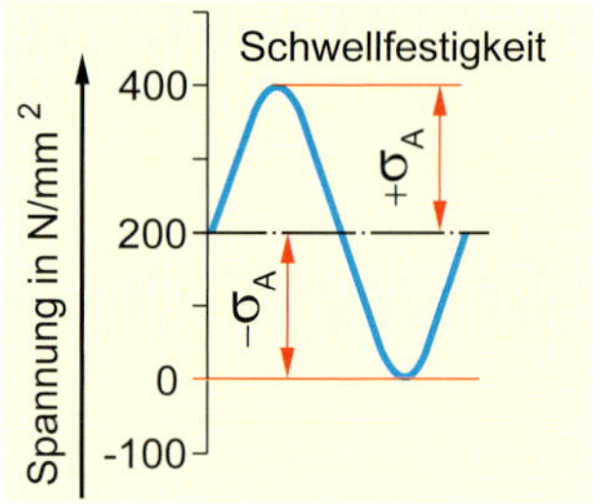

11 Wodurch entsteht ein Dauerbruch (Ermüdungsbruch) und woran kann man ihn erkennen?

Ein Dauerbruch wird durch wechselnde Belastung unterhalb der Bruchbelastung hervorgerufen. Dauerbrüche sind zu erkennen an einer oder mehreren Anrissstellen, einer Dauerbruchzone (glatte, matte Oberfläche) mit Rastlinien und einem Restbruch (Gewaltbruch) mit glänzendem, körnigem Bruchgefüge.

10.2 Aufbau und Gefüge metallischer Werkstoffe

12 Welchen Aufbau haben alle metallischen Stoffe im festen Zustand?

Metalle haben einen kristallinen Aufbau, d. h. die Metallionen sind in einem Kristallgitter regelmäßig angeordnet.
Die kleinste Einheit eines Kristallgitters heißt Elementarzelle.

13 Wodurch und wie entsteht das Gefüge metallischer Werkstoffe?

Durch das Erstarren der Metallschmelze. Hierbei bilden sich an vielen Stellen um einen ,,Keim" herum Kristalle (Körner), die solange wachsen, bis sie mit Nachbarkristallen Berührung haben.
Die Berührungsflächen sind die Korngrenzen.

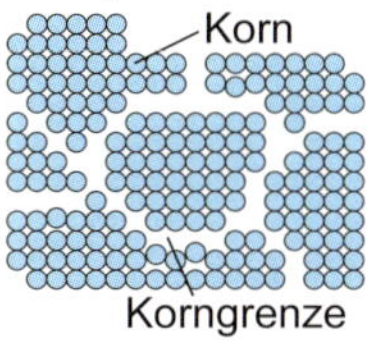

14 Die folgenden Bilder zeigen die Elementarzellen von Metallkristalliten. Benennen Sie die Raumgitter und geben Sie an, welche Metalle darin kristallisieren.

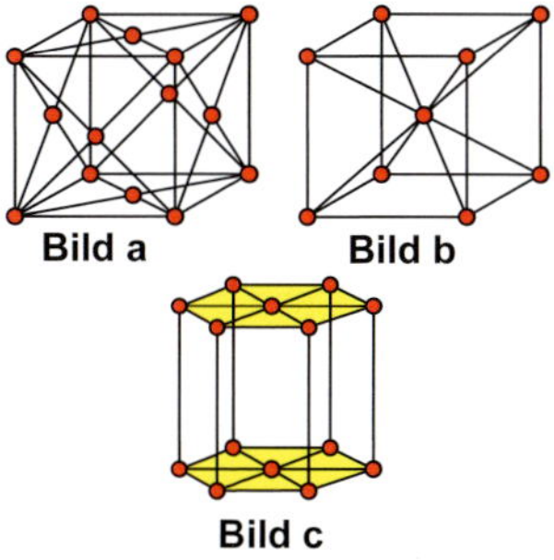

Bild a:
Als kubisch flächenzentriertes Raumgitter (kfz) kristallisieren z. B. Eisen oberhalb 911 °C, sowie Nickel, Kupfer, Blei, Silber, Platin und Gold.

Bild b:
Als kubisch raumzentriertes Raumgitter (krz) kristallisieren z. B. Eisen unterhalb 911 °C, sowie Vanadium, Chrom, Molybdän, Tantal und Wolfram.

Bild c:
Als hexagonales Raumgitter kristallisieren z. B. Magnesium, Zink, Titan und Cadmium.

15 Stahlecke

a) Welcher Zusammenhang wird mit der sogenannten „Stahlecke" des Eisen-Kohlenstoff-Diagramms dargestellt?

b) Warum ist die Temperatur von 723 °C von Bedeutung?

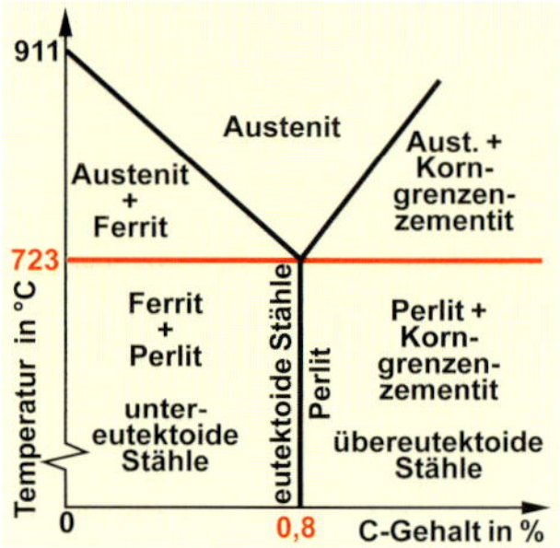

a) In der Stahlecke wird der Zusammenhang zwischen Schmelz- und Erstarrungstemperatur und dem Kohlenstoff bei langsamer Abkühlung dargestellt.

b) Bei 723 °C wandelt sich das Gefüge des Stahles bei der Erwärmung um, weil sich da die Kristallform ändert und der Zementit zerfällt. Aus krz-Kristallen des Eisens werden kfz-Kristalle mit Kohlenstoff in den Gitterlücken. Weil dies im festen Zustand erfolgt, spricht man von einer festen Lösung. Die entstandenen Mischkristalle nennt man Austenit.
Bei langsamer Abkühlung verläuft der Prozess umgekehrt und das vorherige Gefüge entsteht wieder.

16 Erläutern Sie die Gefügebezeichnungen „Ferrit", „Perlit", „Zementit", „Austenit", „Martensit".

Ferrit: reines Eisen mit einem kubisch-raumzentrierten Gitter.

Perlit: Eutektoidisches Gefüge aus Ferrit und Zementit; entsteht bei 723 °C.

Zementit: Sehr harte chemische Verbindung zwischen Eisen und Kohlenstoff (Fe_3C).

Austenit: „Feste Lösung" aus Kohlenstoff und Eisen.
Es entsteht bei höheren Temperaturen, im Fe-C-Diagramm über der Linie G-S-E.
Bei 1147 °C löst es bis zu 2,06 % Kohlenstoff.

Martensit: Feinnadliges Gefüge gehärteter Stähle, das eigentliche Härtungsgefüge. Es entsteht, wenn Austenit schnell abgekühlt wird.

17 **Welchen Gefügeaufbau haben**
- **eutektoide**
- **untereutektoide**
- **übereutektoide**

Stähle?

Eutektoide sind Stähle mit 0,8 % C-Gehalt und bestehen aus Perlit, dem Eutektikum.

Untereutektoide sind Stähle mit einem C-Gehalt < 0,8 % und bestehen aus Perlit und Ferrit.

Übereutektoide sind Stähle mit einem C-Gehalt > 0,8 % und bestehen aus Perlit und Zementit.

18 **Der Stahl C50 lässt sich sowohl durch die Gefügebestandteile Ferrit und Perlit als auch durch die Phasenanteile Ferrit und Zementit charakterisieren. Bestimmen Sie mit Hilfe des Eisen-Kohlenstoff-Diagramms die Gefügeanteile bzw. Phasenanteile bei Raumtemperatur.**

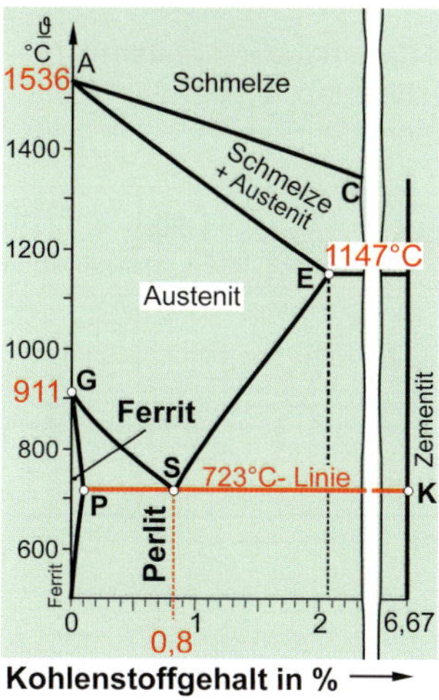

$$\text{Gefügeanteil} = \frac{\text{abgewandter Hebel}}{\text{Gesamthebel}} \cdot 100\ \%$$

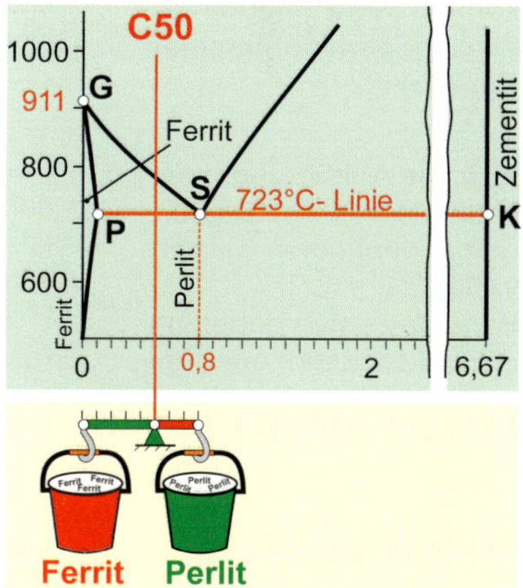

$$\text{Ferrit} = \frac{0{,}8-0{,}5}{0{,}8} \cdot 100\ \% = 37{,}5\ \%$$

$$\text{Perlit} = \frac{0{,}5}{0{,}8} \cdot 100\ \% = 62{,}5\ \%$$

bzw. Phasenanteile

$$\text{Ferrit} = \frac{6{,}67-0{,}5}{6{,}67} \cdot 100\,\% = 92{,}5\,\%$$

$$\text{Zementit} = \frac{0{,}5}{6{,}67} \cdot 100\,\% = 7{,}5\,\%$$

10

10.3 Legierungen

19 Wie werden Legierungen hergestellt und welches Ziel soll damit erreicht werden?

Legierungen werden durch Mischen verschiedener Metalle untereinander oder mit Nichtmetallen in flüssigem Zustand hergestellt.
Ziel ist die Verbesserung der Eigenschaften des Grundwerkstoffes.
Beispiel: Weiches Eisen und Kohlenstoff ⇨ Stahl.

20 Welche Informationen können aus Zustandsschaubildern entnommen werden?

Schmelz- und Erstarrungspunkte aller möglicher Zusammensetzungen einer Legierung.

21 Die Abkühlungskurve einer Metallprobe ergab den abgebildeten Kurvenverlauf. Handelt es sich dabei um ein reines Metall oder um eine Legierung mit Mischkristallen?

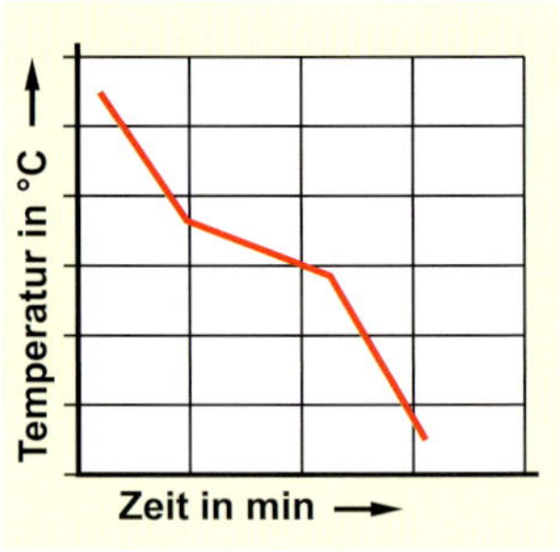

Die Kurve zeigt das Erstarrungsverhalten einer Legierung mit Mischkristallen, da die Probe in einem Temperaturbereich erstarrt ⇨ Temperaturintervall ①.

Reine Metalle dagegen erstarren bei einer bestimmten Temperatur ⇨ Haltepunkt ②.

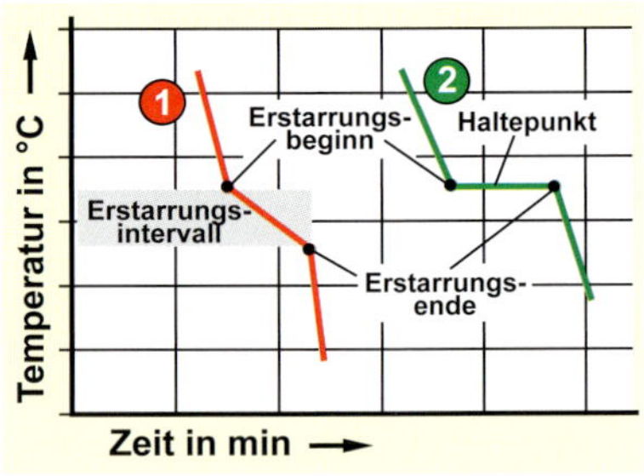

22 Worin unterscheiden sich „Mischkristalle“ und „Kristallgemisch“?

Mischkristalle: Die Erstarrung der Schmelze erfolgt zwischen den Schmelzpunkten der Legierungselemente. Das Raumgitter des Grundmetalls nimmt Metallionen des Legierungselements auf. Diese nehmen die Gitterplätze der Metallionen des Grundmetalls ein und bilden ein einheitliches (homogenes) Gefüge. Sie werden auch als Legierungen mit Mischbarkeit in festem Zustand bezeichnet, z. B. Kupfer-Nickel-Legierung.

Kristallgemisch: Das Grundmetall und die Legierungsbestandteile bilden für sich je eigene Kristalle. Es entsteht ein nicht einheitliches (heterogenes) Gefüge, weil sich die Kristalle nebeneinander anordnen. Sie werden auch als Legierungen mit Unmischbarkeit in festem Zustand bezeichnet, z. B. Blei-Zinn-Legierung.

23 Legierungen mit Mischkristallen

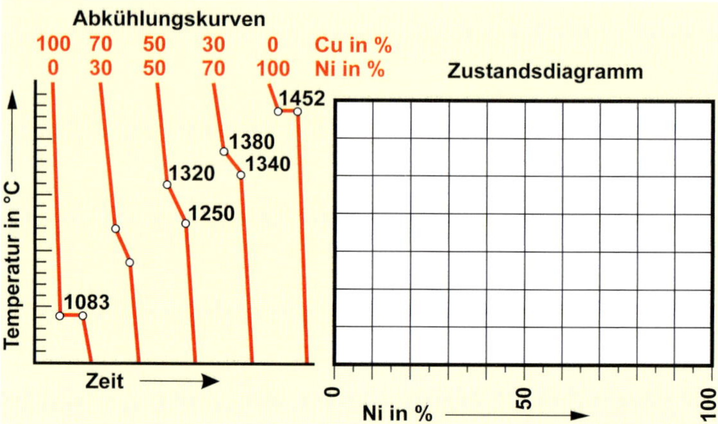

a) Zeichnen Sie aus den obigen Abkühlungskurven das Zustandsdiagramm einer Kupfer-Nickel-Legierung.

b) Beschriften Sie die einzelnen Felder des Zustandsdiagramms mit den Begriffen „Schmelze“, „Mischkristalle“, „Liquiduslinie“[1] und „Soliduslinie“ [2]

c) Bestimmen Sie für eine Legierung mit 30 % Nickel und 70 % Kupfer den Beginn und das Ende der Erstarrung.

d) Welche zwei Arten der Mischkristallbildung unterscheidet man und welche Voraussetzungen bezüglich des Atomdurchmessers müssen dabei gegeben sein?

[1] liquidus: flüssig
[2] solidus: fest

Lösung der Aufgabe **23**

a) und b)

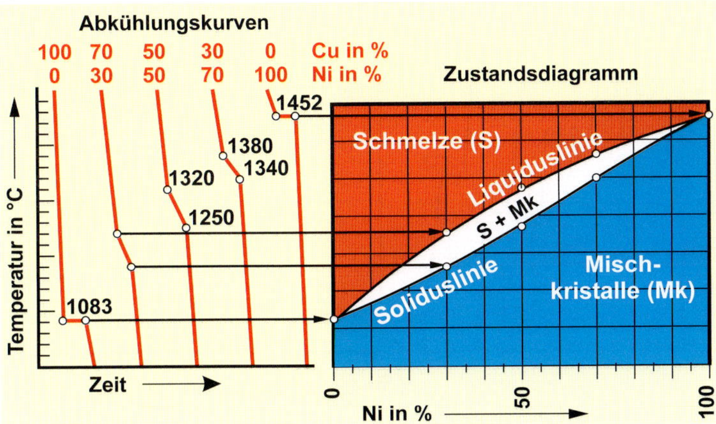

c) Abgelesen aus dem Diagramm: Erstarrungsbeginn bei 1240 °C und Erstarrungsende bei 1180 °C.

d) Bei den Legierungen mit Mischkristallbildung werden folgende Arten unterschieden:

Einlagerungsmischkristalle:
In den Gitterlücken des Grundwerkstoffes lagern sich Fremdatome ein. Die Fremdatomdurchmesser müssen erheblich kleiner als die Grundstoffatomdurchmesser sein.

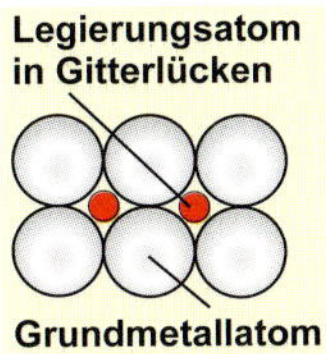

Austauschmischkristalle:
Legierungsbestandteile mit etwa gleichem Atomdurchmesser wie das Grundmetall bilden Mischkristalle, indem die Atome des Legierungsbestandteiles Atome des Grundwerkstoffes ersetzen (Substitutionsmischkristalle).

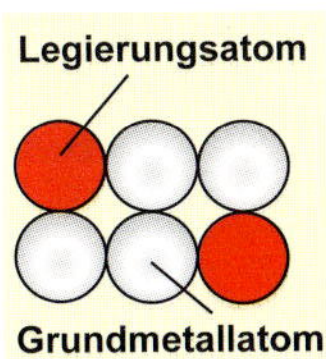

10

24 Legierungen mit Kristallgemischen

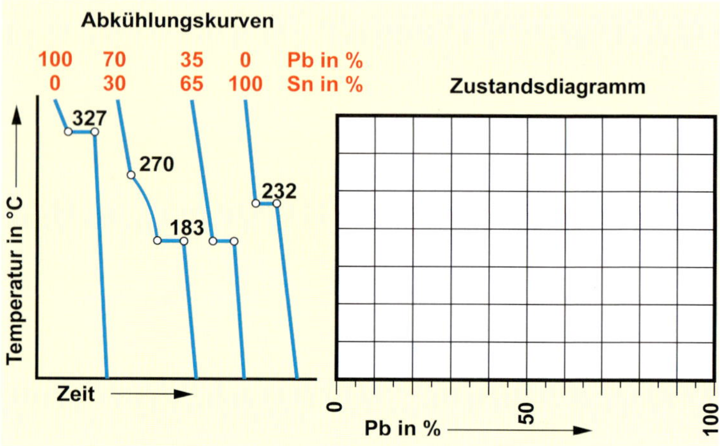

a) Zeichnen Sie aus den obigen Abkühlungskurven das Zustandsdiagramm der Blei-Zinn-Legierung.

b) Beschriften Sie die einzelnen Felder des Zustandsdiagramms mit den Begriffen „Schmelze“ (Sm)“, „Bleikristalle (Pb)“, “Zinnkristalle (Sn)“ und „Eutektikum (Eutekt)“.

c) Warum wird diese Legierung als „Kristallgemisch-Legierung“ bezeichnet?

d) Betrachten Sie die Blei-Zinn-Legierung mit 30 % Sn und 70 % Pb.
Beschreiben Sie die Vorgänge bei der Abkühlung.

e) Betrachten Sie die Legierung des sogenannten Sickerlotes. Es ist das Weichlot S-Sn63Pb, eine Legierung mit 63 % Sn und 37 % Pb.
Welche Besonderheit weist es auf?

Lösung der Aufgabe **24**

a) und b)

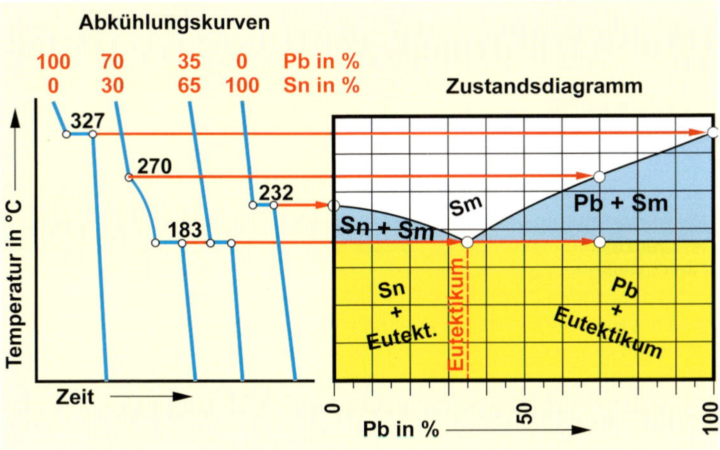

c) Man spricht hier von einer Kristallgemisch-Legierung, weil sich beim Erstarren des Grundmetalls und des Legierungsmetalls, durch die unterschiedlichen Atomgrößen und Gitterstrukturen, verschiedene Kristallarten ergeben.

d) Bei 270 °C beginnt die Erstarrung durch Bildung von Bleikristallen und die Restschmelze wird zinnreicher. Bei 183 °C hat die Restschmelze einen Zinngehalt von 65 % und erstarrt vollständig als Eutektikum von Mischkristallen. Die Legierung stellt eine Kristallgemisch-Legierung aus Bleikristallen und Mischkristallen dar.

e) Aus dem Zustandsdiagramm kann man erkennen, dass die Zinn-Blei-Legierung mit 65 % Zinn und 35 % Blei bei 183 °C ohne Zwischenstufe vom festen Zustand in den flüssigen Zustand übergeht. Das Weichlot S-Sn63Pb besitzt fast diese Zusammensetzung und schmilzt deshalb bei 183 °C.

25 **Die in einem getunten Motor verbauten Slipper-Schmiedekolben werden aus einer AlSi12-Legierung hergestellt, die eine besonders gute Verschleißfestigkeit und Formstabilität bietet. Mit diesen Slipper-Kolben sind sehr hohe Kolbengeschwindigkeiten möglich. Der Kolbenwerkstoff soll werkstofftechnisch näher untersucht werden.**

Datenblatt zur AlSi12-Legierung
Verwendungshinweis: Die Legierung ist für dünnwandige, komplizierte, druckdichte, schwingungs- und schlagfeste Konstruktionen geeignet. Die Gusslegierung ist ausgezeichnet gießbar, weil durch den Si-Gehalt die Schmelztemperatur gesenkt wird. Außerdem bleibt die Schmelze bis zum Erstarren dünnflüssig und kann die Gussform gut ausfüllen. Sie ist nicht warmrissempfindlich und die Schweißbarkeit ist ausgezeichnet.
Erstarrung: Die Legierung AlSi12 erstarrt bei konstanter Temperatur (577 °C). Die Legierung AlSi20 beginnt bei 650 °C zu erstarren.
Verarbeitungsrichtlinien
Gießtemperatur 670 – 740 °C; Erstarrungsintervall 580 – 530 °C.
Wärmebehandlung: Eine Glühbehandlung bei 525 °C auf die Dauer von 3 – 5 Stunden mit anschließendem Abschrecken in kaltem Wasser bewirkt eine Steigerung der Bruchdehnung und der Biegewechselfähigkeit. Ein Entspannungsglühen bei 250 – 350 °C baut die Gussspannungen ab.

25.1 **Begründen Sie die gute Gießbarkeit von AlSi12.**

Die Analyse des Datenblattes ergibt: Diese Legierung ist zum Gießen gut geeignet, weil durch den Si-Gehalt die Schmelztemperatur gesenkt wird. Außerdem bleibt die Schmelze bis zum Erstarren dünnflüssig und kann die Gussform gut ausfüllen. Sie erstarrt in einem feinkörnigen Gefüge.

25.2 **Die Schmiedekolbenlegierung AlSi12 erstarrt bei konstanter Temperatur (577 °C). Die Legierung AlSi20 beginnt bei 650 °C zu erstarren.**

a) Ermitteln Sie die Schmelztemperatur von Aluminium und zeichnen Sie das AlSi-Zustandsdiagramm von 0 bis 20 % mit Phasenbeschriftung.

b) Skizzieren Sie die Abkühlungskurven von AlSi6 und AlSi12.

Lösung der Aufgabe 25.2

a) Schmelztemperatur von Aluminium 659 °C.

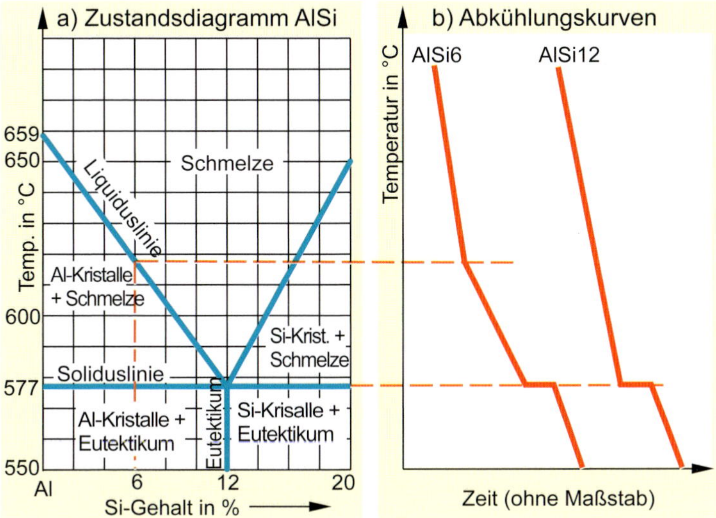

25.3 Um welchen Legierungstyp handelt es sich und unter welchen Bedingungen entsteht er?

Der Aufgabentext aus 25.2: *„…erstarrt bei konstanter Temperatur“* gibt einen Hinweis darauf, dass es sich um ein Kristallgemisch mit vollkommener Unlöslichkeit im festen Zustand handelt. Voraussetzung dafür ist, dass Aluminium und Silizium sich in Gittertyp und Größe der Atome deutlich unterscheiden.

25.4 Der Kolben darf nicht bis zum Beginn des Schmelzens erhitzt werden. Kann die zulässige Temperatur des Kolbens durch die Wahl einer anderen AlSi-Legierung gesteigert werden? Begründen Sie.

Nein, da der Schmelzbeginn unabhängig vom Legierungsverhältnis ist. Im Zustandsdiagramm ist dies am waagerechten Verlauf der Soliduslinie bei konstanter Temperatur von 577 °C erkennbar.

10

10.4 Eisen und Stahl

26 Worin besteht der Unterschied zwischen Eisen und Stahl?

Eisen ist das Element Fe (Ferrum) ohne Zusätze.
Stahl ist eine Legierung aus Eisen und max. 2,06 % Kohlenstoff.

27 Woraus wird Eisen gewonnen?

Aus Eisenerzen, z. B. Magneteisenstein, Roteisenstein.
Es werden im Hochofen bei 1100 bis 1400 °C graues, weißes und halbiertes (meliertes) Roheisen hergestellt.

28 Wie wird Stahl hergestellt?

Aus dem sehr spröden, weil kohlenstoffreichen (3 … 5 % C) weißen Roheisen werden durch Verbrennen und chemische Bindung (Frischen) die unerwünschten Eisenbegleiter Phosphor, Schwefel, Mangan, Silizium und Kohlenstoff weitgehend entfernt.

29 Nach welchen Verfahren wird Stahl hergestellt?

Sauerstoffaufblasverfahren:
LD-Verfahren:
Sauerstoffaufblasverfahren, für phosphorarmes Roheisen.
LD-AC-Verfahren:
Sauerstoff und Kalkstaub werden aufgeblasen, dadurch wird Phosphoroxid gebunden, für phosphorreiches Roheisen.
Elektrostahlverfahren: In Lichtbogenöfen oder Induktionsöfen können alle Stahlsorten hergestellt werden.

30 Nennen Sie Eigenschaften des Stahles.

Stahl ist schmiedbar, schweißbar, lässt sich walzen, pressen, ziehen, biegen, zerspanen und härten.

31 In welcher Form und in welcher Höhe ist Kohlenstoff im Stahl enthalten?

In chemisch gebundener Form als Eisenkarbid (Zementit) von 0,05 % C bei Grundstählen, bis 2,2 % C bei legierten Edelstählen.

32 Welche Stahlarten unterscheidet man nach dem Kohlenstoff-Gehalt?

- Einsatzstahl
  0,10 ... 0,20 % C-Gehalt
- Unlegierter Baustahl
  0,17 ... 0,50 % C-Gehalt
- Vergütungsstahl
  0,20 ... 0,60 (0,70) % C-Gehalt
- Federstahl
  0,40 ... 0,70 % C-Gehalt
- Werkzeugstahl
  0,60 ... 2,20 % C-Gehalt

33 Worin unterscheidet sich unberuhigt und beruhigt vergossener Stahl?

Unberuhigt vergossene Stähle (FU) entwickeln während des Erstarrens größere Gasmengen. Die schneller abkühlende Außenschicht bleibt blasenfrei. Der Gehalt an Phosphor und Schwefel ist im Kern höher. Anwendung meist bei unlegierten Baustählen.
Beruhigt vergossene Stähle (FN bzw. FF): Durch Zugabe von Aluminium und Silizium wird die Gasentwicklung weitgehend unterbunden. Die Blöcke erstarren beruhigt, d. h., mit fast gleicher Zusammensetzung von Rand und Kern. Anwendung bei Vergütungs- und Werkzeugstählen.

34 Nach welchen Normen erfolgt die Einteilung und Benennung der Eisen- und Stahlwerkstoffe?

- Durch die systematische Benennung von Eisen und Stahl nach DIN EN 10027-1.
- Durch Werkstoffnummern nach DIN EN 10 027-2.
- Durch Begriffsbestimmung, Einteilung und Kurzbenennung der Stahlsorten nach DIN EN 10020.

10

35 Sie finden folgendes Nummernsystem für Stahl vor: 1. 00 37(xx)
a) Warum werden zur Kennzeichnung nur Nummern verwendet?
b) Entschlüsseln Sie allgemein das obige Nummernsystem.

a) Die Zahlenangabe der Werkstoffnummern eignet sich hervorragend für die elektronische Datenverarbeitung.

b)

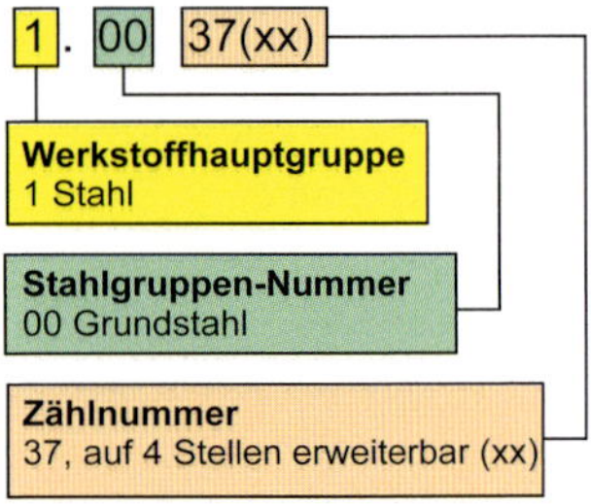

36 Mit welchen Nummern sind die Stahlgruppen gekennzeichnet?

00, 90 Grundstähle
01 … 07 unlegierte Qualitätsstähle
08 … 09 legierte Qualitätsstähle
10 … 18 unlegierte Edelstähle
20 … 28 legierte Edelstähle
32 … 49 legierte sonstige Stähle
51 … 89 legierte Bau-, Maschinenbau- und Behälterbaustähle.

37 Für welchen Verwendungszweck stehen die folgenden Stähle der Hauptgruppe 1?
a) E360C
b) S235JR
c) P265NH

Stähle werden nach DIN EN 10027 nach dem Verwendungszweck mit Kennbuchstaben als Hauptsymbolen versehen, dabei steht
a) E für Maschinenbaustahl
b) S für Stahlbaustähle
c) P für Druckbehälterbaustähle

38 Welche Merkmale weisen Qualitätsstähle auf?

Qualitätsstähle können unlegiert oder legiert sein und sind bezüglich ihres Gefüges, ihrer Oberfläche und ihrer Sprödbruchunempfindlichkeit besonders sorgfältig hergestellt. Bestimmte Sorten der unlegierten Qualitätsstähle sind für Vergütung und Oberflächenhärtung geeignet, legierte Qualitätsstähle sind nicht für eine Wärmebehandlung bestimmt.

39 Bei unlegierten Stählen mit einem Mn-Gehalt > 1 %, unlegierten Automatenstählen und legierten Stählen (ohne Automatenstähle) mit einem Gehalt der einzelnen Legierungselemente unter 5 % werden im Kurznamen die Prozent-Angabe der Legierungselemente durch Faktoren verschlüsselt angegeben.

Nennen Sie die wichtigsten Legierungselemente mit den Faktoren 4, 10 und 100.

Die wichtigsten Legierungselemente, die mit dem Faktor

- 4 verschlüsselt werden, sind: Mangan (Mn), Silizium (Si), Nickel (Ni), Wolfram (W), Chrom (Cr) und Kobalt (Co).
  Merkhilfe: „Man Sieht Nie 4 Weiße CroCodile".
- 10 verschlüsselt werden, sind: Aluminium (Al), Kupfer (Cu), Molybdän (Mo), Tantal (Ta), Titan (Ti) und Vanadium (V).
  Merkhilfe: „AlCuMoTaTiV"
- 100 verschlüsselt werden, sind: Phosphor (P), Schwefel (S), Stickstoff (N) und Kohlenstoff (C).
  Merkhilfe: „Mit 100 PS Nach Celle".

40 Entschlüsseln Sie folgende Stahl-Kurznamen:
a) 10CrMo9-10,
b) 40CrMnNiMo8-6-4.

a) Stahl mit einem mittleren Legierungs-Gehalt von
0,10 % Kohlenstoff (10 : 100 %),
2,25 % Chrom (9 : 4 %),
1,00 % Molybdän (10 : 10 %).

b) Stahl mit einem mittleren Legierungs-Gehalt von
0,40 % Kohlenstoff (40 : 100 %),
2,00 % Chrom (8 : 4 %),
1,50 % Mangan (6 : 4 %),
1,00 % Nickel (4 : 4 %)
und etwas Molybdän.

41 Wie lautet der Kurzname für einen Stahl mit 0,17 % Kohlenstoff, 1,5 % Chrom und 1,5 % Nickelgehalt?

17CrNi6-6 (Einsatzstahl)

10

42 Woran lässt sich im Werkstoffkurznamen erkennen, dass der Gehalt eines Legierungselementes > 5 % ist?

Durch das im Kurznamen vorangestellte „X“.
Im Weiteren folgt die Kohlenstoffkennzahl (Faktor 100), die chemischen Kurzzeichen und die Prozentgehalte der Legierungselemente.

Beispiel: X5CrNiMo17-12-2 ist ein (hoch)legierter Stahl mit 0,05 % Kohlenstoff, 17 % Chrom, 12 % Nickel und 2 % Molybdän.

43 Wie lautet der Kurzname für einen Stahl mit 0,37 % Kohlenstoff, 5 % Chrom und 1 % Molybdän und geringem Vanadiumgehalt?

X37CrMoV5-1, ein (hoch)legierter Warmarbeitsstahl.

44 Wozu werden Schnellarbeitsstähle eingesetzt und wodurch erhalten sie ihre hohe Härte?

Schnellarbeitsstähle werden zur Herstellung von Schnitt- und Zerspanungswerkzeugen eingesetzt.
Sie erhalten ihre hohe Härte vorwiegend durch harte und warmfeste Karbide der Legierungselemente.

45 Beschreiben Sie das besondere Kurznamen-Bezeichnungssystem der Schnellarbeitsstähle.

Der Kurzname der Schnellarbeitsstähle beginnt mit HS, es folgen in ganzen Zahlen die Gehalte an Wolfram, Molybdän, Vanadium und Kobalt.
Der Kohlenstoffgehalt (0,6 … 1,2 %) und der Chromgehalt (meist 4 %) werden nicht angegeben.

46 Entschlüsseln Sie den Kurznamen des Schnellarbeitsstahls HS6-5-2-5.

Schnellarbeitsstahl mit 6 % Wolfram, 5 % Molybdän, 2 % Vanadium und 5 % Kobalt.

47 Warum lassen sich Automatenstähle sehr gut zerspanen?

Automatenstähle, z. B. 11SMn37, weisen auf Grund höherer Schwefel- und Mangangehalte eine günstige Zerspanbarkeit und gute Spanbrüchigkeit (Bröckelspäne) auf.
Die zerspanbarkeitsfördernde Wirkung des Schwefels beruht auf der Bildung von Mangansulfideinlagerungen.

48 Welche Eigenschaften weisen Federstähle auf?

Federstähle weisen in gehärtetem und angelassenem Zustand eine hohe Streckgrenze und damit eine gute Elastizität auf. Sie sind meist mit Chrom und mehr als 1 % Silizium legiert, z. B. 54SiCr7.

10.5 Wärmebehandlung von Stahl

49 Nennen Sie Verfahren der Wärmebehandlung.

- Glühen
- Härten
- Anlassen
- Vergüten
- Nitrieren

50 Benennen Sie die Glühverfahren ① bis ⑤ für Stähle und geben Sie deren Zweck an.

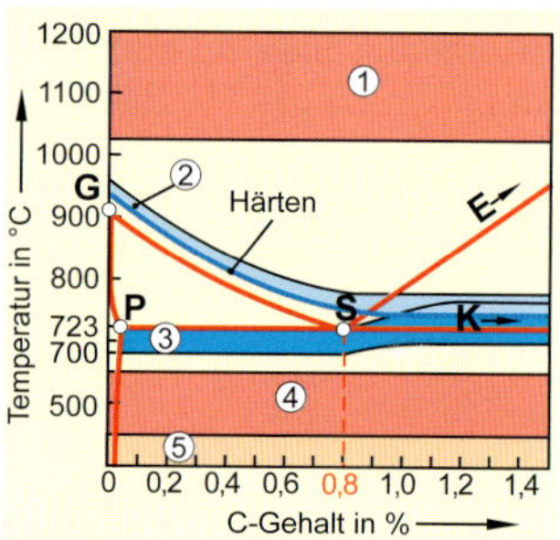

① *Diffusionsglühen:* Langzeitiges Glühen bei 1050 bis 1250 °C, um Seigerungen an Gussstücken auszugleichen.

② *Normalglühen:* Kurzzeitiges Glühen oberhalb der GSK-Linie (Austenitbereich) zur Beseitigung von Grobkorn.

③ *Weichglühen:* Bei 680 bis 750 °C über mehrere Stunden, um gehärtete Werkstücke wieder umformbar und spanbar zu machen.

④ *Spannungsarmglühen:* Abbau innerer Spannungen, die beim Gießen, Walzen, Schmieden, Schweißen entstanden sind, bei 550 bis 650 °C über mehrere Stunden.

⑤ Rekristallisationsglühen: Durch mehrstündiges Glühen bei 550 bis 650 °C werden Gefügeverzerrungen durch Kaltverformung beseitigt.

51 Wie wird Schnellarbeitsstahl geglüht?

- unter Luftausschluss im Kasten ⇨ Kastenglühung
- in Retorten unter Schutzgas
- im Salzbad in neutralen Salzen

52 Wovon ist die Härtbarkeit eines Stahls abhängig?

Vom Kohlenstoffgehalt, mindestens 0,5 bis 2,3 %, und den Legierungszusätzen.

53 Womit werden die einzelnen Werkzeugstahlarten nach dem Erwärmen meistens abgeschreckt?

- Unlegierte Werkzeugstähle mit Wasser oder Salzwasser.
- Niedriglegierte Werkzeugstähle mit Härteöl.
- Hochlegierte Werkzeugstähle mit Pressluft.

54 Womit lassen sich Temperaturen bei der Wärmebehandlung bestimmen?

Die Temperaturen lassen sich bestimmen mit

- dem Auge nach den Glühfarben (550 ... 1300 °C).
- Temperaturmessfarbstiften (65 ... 1000 °C)
- Segerkegeln (605 ... 1980 °C)
- Widerstandsthermometern (–200 ... 600 °C)
- Pyrometern (600 ... 3000 °C)

55 Bei welchen Härtetemperaturen werden Werkzeugstähle gehärtet?

Unlegierte: 750 bis 830 °C.
Legierte: 760 bis 900 °C (Herstellerangaben beachten).
Schnellarbeitsstahl:
1 150 bis 1 320 °C (unbedingt Herstellerangaben beachten!).

56 Nennen Sie das Ziel des Randschichthärtens.

Das Werkstück soll eine harte, verschleißfeste Oberfläche erhalten, während der Kern zäh bleiben soll, z. B. Zahnräder.

57 Wie wirkt sich eine Härtetemperatur, die
a) zu hoch
b) zu niedrig
ist, auf den Stahl aus?

Ist die Härtetemperatur

a) zu hoch, so entsteht Grobkorn- und Rissbildung ⇨ Ausschuss.
b) zu niedrig, so erfolgt keine Härtesteigerung.

58 Erklären Sie den Härtevorgang an einem Stahl mit 0,8 % C-Gehalt.

Bei 723 °C zerfällt das Eisenkarbid im Perlit zu Eisen und Kohlenstoff.
Der freigewordene Kohlenstoff löst sich im neu gebildeten Eisen auf und bildet Austenit (feste Lösung).
Bei rascher Abkühlung (Abschrecken) entsteht aus Austenit ein neues, sehr hartes und feines Gefüge, der Martensit.
Bei zu langsamer Abkühlung wird aus Austenit wieder Perlit.

59 Welches Gefüge entsteht beim „Abschrecken" von der Härtetemperatur und welche Eigenschaften weist dieses Gefüge auf?

Martensit-Gefüge: Ein feinnadliges, sehr hartes Gefüge, das die Grundmasse des Werkstoffs durchzieht.

60 Warum muss das Werkstück während des Abschreckens bewegt werden?

Damit das Werkstück immer mit frischer Abschreckflüssigkeit in Berührung kommt. Gas- und Dampfblasen, die zu ungleichmäßiger Härte führen, werden weggespült.

61 Welchen Zweck hat das Anlassen von
a) un- und niedrig legierten Stählen
b) Schnellarbeitsstählen?

a) Glashärte und innere Spannungen werden bei 200 bis 350 °C, je nach späterer Verwendung, verringert.
b) Bei Anlasstemperaturen zwischen 550 bis 580 °C wird Restaustenit in Martensit umgewandelt. Dadurch ist eine Steigerung der Härte um 2 bis 4 HRC möglich.

62 Woran kann man bei Stählen die Anlasstemperatur erkennen?

An den Anlassfarben.
Auf blanker Oberfläche bilden sich unter Wärmeeinfluss Oxidschichten, die bei steigender Temperatur Farbänderungen durchmachen.
Hinweis: Anlassfarbtafeln gelten nur für unlegierte Stähle. Anlassen nach Farbe wird nur bei Einzelfertigung einfacher Werkstücke angewandt.

63 Nennen Sie Vorgang und Ziel des Vergütens.

Vergüten ist Härten mit nachfolgendem Anlassen bei Temperaturen zwischen 400 bis 700 °C.
Ziel des Vergütens ist eine Erhöhung der Zug- und Druckfestigkeit und Streckgrenze bei ausreichender Zähigkeit.

**64 Der Werkstoff 34Cr4 soll auf eine Zugfestigkeit von 800 N/mm² vergütet werden.
Ermitteln Sie die Anlasstemperatur.**

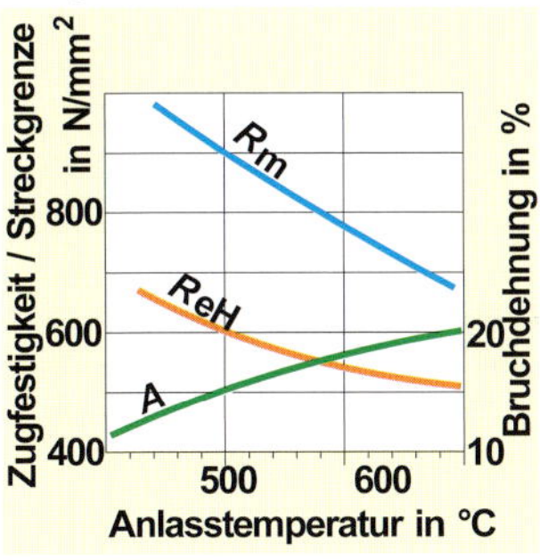

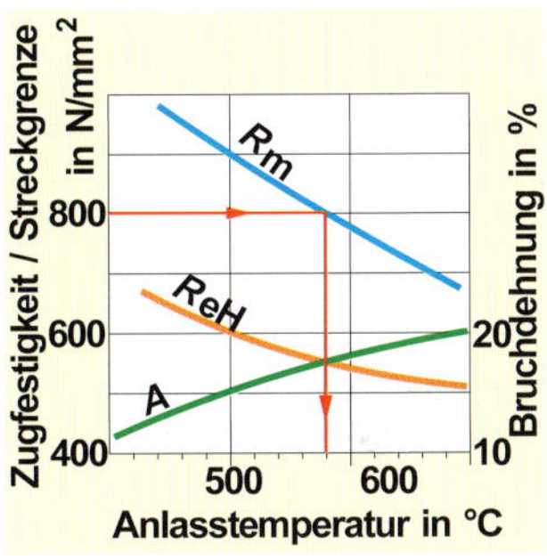

Die Anlasstemperatur beträgt hierfür 590 °C.
Zusätzlich lassen sich eine Streckgrenze von 550 N/mm² und eine Bruchdehnung von 18 % aus dem Anlassschaubild ermitteln.

65 Beschreiben Sie den Ablauf des Härtens.

- Werkstück erst langsam, dann rasch auf vorgeschriebene Härtetemperatur erwärmen.
- Auf Temperatur halten (Haltezeit abhängig von Werkstückabmessungen).
- Abschrecken.

66 Nennen Sie gebräuchliche Randschichthärteverfahren.

- Einsatzhärten im Kasten, Salzbad, in der Gasretorte.
- Flammhärten,
- Induktionshärten,
- Nitrieren.

67 Beschreiben Sie das Einsatzhärten.

Einsatzstähle, z. B. C15E, 16MnCr5, 20MnCr5, werden unter Luftabschluss in kohlenstoffabgebenden Mitteln geglüht (850 … 950 °C). Der Kohlenstoff dringt dabei in die Werkstoffoberfläche ein (= Aufkohlen). Beim anschließenden Härten bleibt der kohlenstoffarme Kern zäh, während die aufgekohlte Oberfläche hart wird.

68 Wie werden eingesetzte Stähle gehärtet?

- Härten nach vorausgegangenem Abkühlen.
- Härten nach Abkühlen und Halten bei 500 … 550 °C im Salzbad ergibt besonders feinen Martensit und gute Verklammerung zwischen Kern und Randschicht.
- Härten direkt aus der Einsatztemperatur (selten, da Grobkornbildung).

69 Wovon ist die Einsatztiefe abhängig?

Vom Verfahren und von der Einsatzzeit: 0,15 mm/h beim Kasteneinsatz, bis 0,5 mm/h beim Gaseinsatz, bis 0,7 mm/h beim Badeinsatz.

70 Warum wird heute bevorzugt mit Gas aufgekohlt?

- Der Zeit- und Energieaufwand ist wesentlich geringer als bei der Kastenaufkohlung.
- Der Verbrauch an ungiftigem Aufkohlungsmittel (Propan) ist niedrig.
- Giftige Abfälle wie beim Badaufkohlen, die hohe Entsorgungskosten verursachen, fallen nicht an.
- Die Unfallgefahr ist wegen der umfangreichen Sicherheitseinrichtungen gering.

71 Erläutern Sie die Härteangaben in der Abbildung.

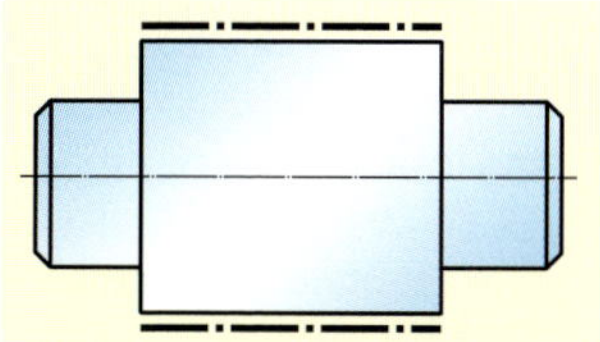

Die mit der Strich-Punkt-Linie gekennzeichnete Mantelfläche der Welle soll einsatzgehärtet und angelassen werden.
Dabei soll die Rockwellhärte zwischen 58 HRC und 63 HRC liegen.
Die Einsatzhärtungs-Härtetiefe CHD (case hardening depth) soll zwischen 0,8 mm und 1 mm liegen.

72 Beschreiben Sie das Flammhärten.

Bei unlegierten und legierten Stählen mit Kohlenstoffgehalten ab 0,35 bis 0,6 % wird mit maschinell geführten Gasbrennern mit guter Wärmeleistung die Oberfläche auf Härtetemperatur gebracht. Die Werkstücke werden dann rasch abgeschreckt, bevor die Wärme ins Werkstück eindringen kann. Die Härtetiefe ist regelbar.
Der Kern bleibt zäh.

73 Beschreiben Sie das Induktionshärten.

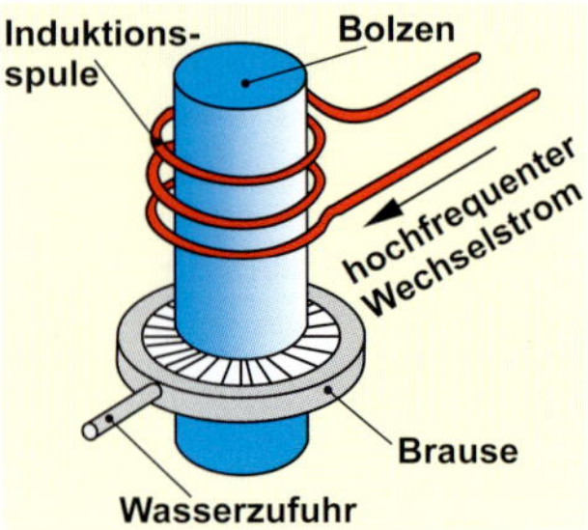

Das zu härtende Werkstück wird von Induktionsspulen berührungsfrei umschlossen. Wechselstrom von hoher Frequenz wird durch die Spulen geleitet. Das Werkstück wird mit gleichbleibender Geschwindigkeit durch die Induktionsspule geführt, in der Randschicht erwärmt und in der Brause abgeschreckt.
Je nach eingestellter Durchlaufgeschwindigkeit und Stromfrequenz lassen sich unterschiedliche Einhärtetiefen erzeugen.

74 Beschreiben Sie das Gasnitrierverfahren.

Nitrierstähle legiert mit Aluminium, Chrom, Molybdän, z. B. 34CrAlMo5, werden längere Zeit (10 h und mehr) in Retortenöfen in Ammoniakgas (NH_3) bei 550 °C gehalten. Der Stickstoff dringt in die Werkstückoberfläche ein und bildet ohne Abschrecken eine sehr harte Randschicht, die Nitridschicht.

75 Warum werden Stähle vor dem Nitrieren meistens vergütet?

Vor dem Nitrieren werden Stähle meist vergütet, um eine druckfeste Unterlage für die sehr dünne Nitrierschicht (0,01 … 0,3 mm, je nach Nitrierzeit) zu schaffen.

76 Nennen Sie einige Eigenschaften von Nitrierschichten.

Größte Oberflächenhärte (1050HV) und Verschleißfestigkeit, Anlassbeständigkeit bis 500 °C.
Niedrige Behandlungstemperatur, kein Abschrecken, deshalb kaum Verzug. Gute Gleit- und Notlaufeigenschaften.

77 Beschreiben Sie das Carbonitrieren.

Die Randschicht wird beim Einsetzen gleichzeitig aufgekohlt und nitriert und anschließend gehärtet. Carbonitrierschichten entsprechen in der Härte fast den Nitrierschichten, sie sind anlassbeständiger als Einsatzhärteschichten. Die, verglichen mit dem Nitrieren, wesentlich dickere Randschicht ist fest mit dem Untergrund verklammert ⇨ kein Abplatzen.

78 Welche Aluminiumlegierungen lassen sich Aushärten?

Aluminiumlegierungen mit Kupfer-, Zink- und Magnesium-Siliziumgehalt können ausgehärtet werden.

79 Wie erfolgt das Aushärten von Aluminiumlegierungen?

In 3 Arbeitsgängen:

1. Durch Lösungsglühen bei hohen Temperaturen gehen nahezu alle Legierungsbestandteile in Lösung. Es entsteht ein Mischkristall.
2. Durch Abschrecken in Öl oder Wasser wird dieser Gefügezustand festgehalten.
3. Durch Auslagern (Kalt- oder Warmauslagern) scheidet sich das Legierungselement aus dem übersättigten Mischkristall in feinverteilter Form als Metallverbindung aus. Durch Verspannen dieses Gitters werden Festigkeit und Härte gesteigert.

10.6 Eisen-Gusswerkstoffe

80 Nennen Sie Eisen-Gusswerkstoffe.

Gusseisen, Temperguss, Stahlguss, Sonderguss, Meehaniteguss

81 Welche zwei Arten von Gusseisen werden nach der Art der Graphitausscheidung unterschieden?

- Gusseisen mit lamellarem Graphit, Kurzzeichen nach DIN EN 1561 EN-GJL, z. B. EN-GJL-200.
- Gusseisen mit Kugelgraphit; Kurzzeichen nach DIN EN 1563 EN-GJS, z. B. EN-GJS-400-15.

82 Wie wirkt sich Graphit in seinen verschiedenen Formen auf Festigkeit und Dehnung von Gusseisen aus?

Beim Gusseisen mit Lamellengraphit unterbrechen Graphitblätter den Zusammenhang der stahlartigen Grundmasse und kerben ihn ein.
Der für die Festigkeit entscheidende Querschnitt wird dadurch verringert und somit auch die Werkstofffestigkeit und -dehnung.
Beim Kugelgraphit wird die Kerbwirkung vermindert, weil durch die kugelförmige Graphitausscheidung die geringste Querschnittsstörung erreicht wird. Daraus ergeben sich höhere Festigkeit und Dehnung und das Auftreten einer Streckgrenze.

83 Wie wirken sich Silizium und Mangan im Gusseisen aus?

Silizium bis 3 % fördert die Graphitausscheidung und bewirkt weichen grauen Guss.
Mangan erschwert die Graphitbildung. Dadurch entsteht hartes Weißeisen mit höherem Eisenkarbidgehalt.

84 Entschlüsseln Sie die Kurzzeichen folgender Gusseisenwerkstoffe:
a) EN-GJL-200,
b) EN-GJL-HB235,
c) EN-GJS-600-3.

EN-GJ steht jeweils für *europäisch genormtes Gusseisen.* Die weiteren Angaben bedeuten

a) **L:** lamellare Graphitstruktur,
200: Zugfestigkeit bis 200 N/mm^2

b) **L:** lamellare Graphitstruktur,
HB235: Brinellhärte 165 bis 235

c) **S:** kugelförmige Graphitstruktur
600: Zugfestigkeit bis 600 N/mm^2
3: Bruchdehnung 3 %

85 Warum eignet sich Gusseisen besonders gut für Gleitlager, Führungen und Kolbenringe?

Gusseisen ist eine Legierung aus Eisen und Kohlenstoff. Die härteren Gefügebestandteile erbringen die notwendige Druckfestigkeit zum Tragen der Wellen, während die Graphiteinschlüsse die Schmierung begünstigen.

86 Worin wird Grauguss erschmolzen?

Meist in Kupolöfen; besonders reiner Grauguss wird in Elektroöfen hergestellt.

87 Wie hoch ist die Schmelztemperatur von Grauguss?

1 100 °C bis 1 300 °C
Die Temperatur steigt mit abnehmendem Kohlenstoffgehalt.

88 Welche Eigenschaften hat der Meehanite-Guss?

Sein perlitisches Grundgefüge und besonders feinblättriger Graphit oder Kugelgraphit bewirkt hohe Festigkeit, gute Verschleißfestigkeit, Korrosions- und Hitzebeständigkeit (bis 900 °C).
Meehaniteguss ist härt- und vergütbar und eine wichtige Gusssorte bei hoch beanspruchten Bauteilen.

89 Wie wird Kugelgraphitguss hergestellt?

Kugelgraphitguss wird als Sonderroheisen (niedriger Schwefel- und Phosphorgehalt) in meist elektrischen Schmelzanlagen hergestellt. Durch Zugabe von Magnesium wird eine Kristallisation des Graphits zu kugeligen Sphärolithen im Grundgefüge bewirkt.

90 Durch welche Maßnahmen lassen sich die Eigenschaften von Kugelgraphitguss verändern?

- Glühen:
  Glühen bei ca. 900 °C über 4 ... 8 h, erhöht die Bruchdehnung bis zu 22 %. Die Festigkeit sinkt bis auf 400 N/mm^2.
- Vergüten:
  Erwärmen auf 900 °C mit nachfolgendem Abschrecken und Anlassen auf 550 °C erhöht die Festigkeit auf bis zu 1 200 N/mm^2. Die Bruchdehnung sinkt auf 5 ... 2 %.

91 Welchen Kohlenstoffgehalt hat Kugelgraphitguss und wie sieht das Bruchgefüge aus?

Kohlenstoffgehalt beträgt in globularer Form 3,4 ... 4 %.
Das Gefüge ist feinkörnig und hellgrau.

92 Nennen Sie einige Bauteile, die aus Kugelgraphitguss hergestellt werden.

Kurbelwellen, Pleuelstangen, Bremsscheiben, Walzen, Pressstempel, Planscheiben usw.

93 Welche Eigenschaften hat Temperguss und wofür wird er verwendet?

Temperguss ist beschränkt schmiedbar, biegbar, verdrehbar, bedingt schweißbar, oberflächenhärtbar. Er besitzt höhere Festigkeit als Grauguss.
Verwendung: Schraubenschlüssel, Schlüssel, Beschlagteile, Ketten, Fittings usw.

94 Beschreiben Sie die Herstellung von Temperguss.

Temperguss ist ein Gusseisen mit stahlähnlichen Eigenschaften. Die Herstellung erfolgt in zwei Arbeitsgängen:

1. Erschmelzen und Vergießen des sehr harten und nicht bearbeitbaren Temperrohgusses.
2. Wärmebehandlung (Tempern) der Rohgussstücke in entkohlender Atmosphäre (Glühfrischen) erbringt weißen Temperguss. Glühen in nicht entkohlender neutraler Atmosphäre führt zu flockiger Graphitausbildung und erbringt schwarzen Temperguss.

95 Entschlüsseln Sie folgende Normbezeichnung: EN-GJMB-HB700-2.

EN:	Europäische Norm
GJ:	Gusseisen
MB:	Temperguss, nicht entkohlend geglüht
HB700:	Brinellhärte HB 700
2:	Mindestbruchdehnung 2 %

96 Nennen Sie Eigenschaften des Stahlgusses.

Große Festigkeit und Zähigkeit, schweißbar, bei entsprechendem C-Gehalt härtbar und vergütbar.

97 Warum muss Stahlguss nach dem Gießen geglüht werden?

Ca. 12 stündiges Glühen bei 900 °C soll grobkörniges Gussgefüge verfeinern, die Zähigkeit steigern und Gussspannungen ausgleichen.

98 Welche Arten von Stahlguss unterscheidet man?

- Stahlguss für allgemeine Verwendungszwecke, z. B. GS-38,
- Stahlguss mit verbesserter Schweißeignung und Zähigkeit, z. B. G8Mn7V,
- warmfester Stahlguss, z. B. G17CrMo5-5,
- nicht rostender Stahlguss, z. B. GX22CrNi17.

99 Welche Unterschiede bestehen zwischen dem Gießen von Grauguss und Stahlguss?

Stahlguss erfordert eine höhere Gießtemperatur.
Das Schwindmaß beträgt bei Grauguss 1 % bei Stahlguss 2 %.
Stahlguss ist dickflüssiger, erstarrt schneller und neigt mehr zu Lunkern und zu Rissbildung.
Diese Unterschiede müssen bei der Herstellung der Gießform berücksichtigt werden.

10.7 Nichteisen-Metalle

100 Welche Metalle werden als NE-Metalle bezeichnet?

Alle Metalle und deren Legierungen mit Ausnahme des Eisens.

101 Wie werden die Nichteisenmetalle eingeteilt?

Nach der Dichte ρ (Rho) in
- Schwermetalle $\rho > 5\,kg/dm^3$
- Leichtmetalle $\rho < 5\,kg/dm^3$.

Nach dem Schmelzpunkt, die Grenze liegt bei ca. 1 000 °C, in
- hochschmelzende Metalle
- niedrigschmelzende Metalle.

Nach der chemischen Beständigkeit, insbesondere gegen Luftsauerstoff, in
- edle Metalle
- unedle Metalle.

102 Ein Werkstück hat eine Masse von 44,8 kg und ein Volumen von 5 dm³. Aus welchem Werkstoff könnte das Werkstück bestehen?

Berechnung der Dichte:

$$\rho = \frac{m}{V} = \frac{44{,}8\ \text{kg}}{5\ \text{dm}^3} = \mathbf{8{,}96}\ \frac{\text{kg}}{\text{dm}^3}$$

Stoffwertetabelle ⇨ Kupfer.

103 **Berechnen Sie die Masse *m* in Gramm des abgebildeten Aluminium-Drehteiles.**

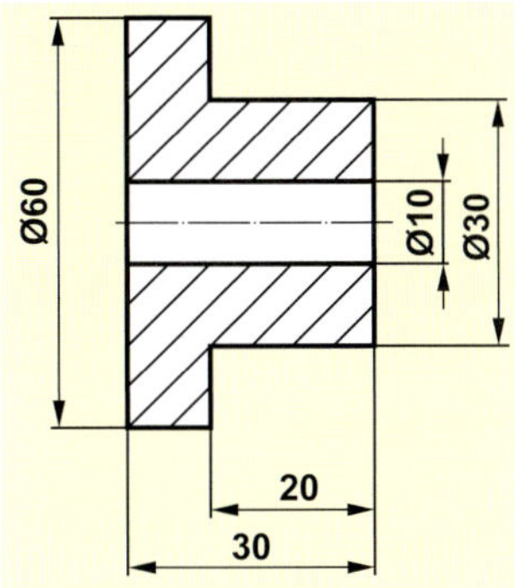

Dichte Aluminium: $\rho = 2{,}7\ \text{kg/dm}^3$

$$m = V \cdot \rho$$

$$V = V_1 + V_2 - V_3$$

$$V = \frac{\pi \cdot d_1^2}{4} \cdot h_1 + \frac{\pi \cdot d_2^2}{4} \cdot h_2 - \frac{\pi \cdot d_3^2}{4} \cdot h_3$$

$$V = \frac{\pi \cdot (0{,}60\ \text{dm})^2}{4} \cdot 0{,}10\ \text{dm} + \frac{\pi \cdot (0{,}30\ \text{dm})^2}{4} \cdot 0{,}20\ \text{dm} - \frac{\pi \cdot (0{,}10\ \text{dm})^2}{4} \cdot 0{,}30\ \text{dm}$$

$$V = 0{,}04\ \text{dm}^3$$

$$m = 0{,}04\ \text{dm}^3 \cdot 2{,}7\ \frac{\text{kg}}{\text{dm}^3}$$

$m = 0{,}108\ \text{kg} =$ **108,149** g

104 **Nennen Sie die für die Technik wichtigsten NE-Schwermetalle.**

Kupfer (Cu), Zink (Zn), Zinn (Sn), Blei (Pb), Chrom (Cr), Nickel (Ni), Mangan (Mn), Wolfram (W), Vanadium (V), Molybdän (Mo), Kobalt (Co), Antimon (Sb), Wismut (Bi), Kadmium (Cd), Quecksilber (Hg), sowie die Edelmetalle Gold (Au), Silber (Ag) und Platin (Pt).

105 **Nennen Sie jeweils 4**
a) niedrigschmelzende
b) hochschmelzende
NE-Metalle mit Angabe der Schmelztemperatur.

a) Niedrigschmelzende NE, z. B.
Zinn (Sn), 231,9 °C
Blei (Pb), 327,4 °C
Zink (Zn), 419,5 °C
Aluminium (Al), 659 °C

b) Hochschmelzende NE, z. B.
Kupfer (Cu), 1 083 °C
Mangan (Mn), 1 244 °C
Chrom (Cr), 1 903 °C
Wolfram (W), 3 390 °C

10

106 Welche Nichteisenmetalle werden hauptsächlich als Gusswerkstoff verwendet?

Als Gusswerkstoff finden Verwendung:

- NE-Schwermetalle, z. B. Kupfer, Zink, Zinn, Blei und ihre Legierungen.
- NE-Leichtmetalle, z. B. Aluminium, Magnesium und ihre Legierungen.

107 Warum werden Nichteisenmetalle häufig als Legierungen verarbeitet?

Nichteisenmetalle werden häufig als Legierungen verarbeitet, weil dadurch Festigkeit und Härte größer sind als bei den Reinmetallen.

108 Welche Nichteisenmetalle werden meist nur als Legierungszusätze verwendet?

Als Legierungszusätze verwendet man u. a. die NE-Metalle Magnesium, Mangan, Chrom, Nickel, Antimon, Wolfram, Kobalt, Wismut, Molybdän, Vanadium, Titan, Beryllium und das Nichtmetall Silizium.

109 Welche Arten von Legierungen unterscheidet man nach der Herstellung?

- Gusslegierungen: Müssen für die entsprechende Gießart gute Gießeigenschaften aufweisen und gut zerspanbar sein.
- Knetlegierungen: Müssen im warmen und kalten Zustand gut spanlos umformbar sein. Die Zerspanbarkeit ist schlechter, Knetlegierungen neigen zum „Schmieren".

110 Welche NE-Metall-Werkstoffnummern werden nach DIN 17007 gekennzeichnet?

Nach dieser Norm werden die Werkstoffnummern aller NE-Metalle gebildet, außer Aluminium und Aluminium-Legierungen, sowie Kupfer- und Kupfer-Knetlegierungen.

111 Beschreiben Sie die Systematik des Bezeichnungssystems der NE-Metalle.

Das Bezeichnungssystem der NE-Metalle hat folgende Systematik:
- EN = Europäische Norm,

es folgen ein Kennbuchstabe für
- das Metall (A = Aluminium, C = Kupfer, M = Magnesium),
- die Verarbeitung (W = Knetlegierung, C = Gusslegierung),

es folgt das Bezeichnungssystem mit chemischen Symbolen oder numerisch:
- Grundmetall gefolgt von den Legierungsmetallen, geordnet nach fallendem Prozentanteil,
- Werkstoffzustand.

112 Entschlüsseln Sie die Kurzzeichen folgender NE-Metalle:
a) ENAW-Al Cu4Mg1
b) EN-MCMgAl8Zn1

Die Schreibweise für Aluminiumlegierungen ist so genormt, dass hinter Al eine Leerstelle eingefügt wird. Bei Magnesiumlegierungen dagegen wird die ganze Bezeichnung zusammengeschrieben und „EN“ durch einen Bindestrich abgesetzt.

a) EN: Europäische Norm
AW: Aluminium-Knetlegierung
Al: Grundmetall Aluminium
Cu4: 4 % Kupfer
Mg1: 1 % Magnesium

b) EN: Europäische Norm
MC: Magnesium-Gusslegierung
Mg: Grundmetall Magnesium
Al8: 8 % Aluminium
Zn1: 1 % Zink

113 Nennen Sie einige wichtige Eigenschaften von Kupfer.

- Kupfer ist weich und zäh. Durch Kaltverformen wird es hart, durch Glühen und Abkühlen wieder weich.
- Sehr gute elektrische und thermische Leitfähigkeit.
- Hohes Formänderungsvermögen.
- Gut schweiß- und lötbar.
- Gute Korrosionsbeständigkeit und Legierfähigkeit.
- Schlecht gießbar, wird von Säuren angegriffen.

10

114 Wozu wird Kupfer hauptsächlich verwendet?

- Wegen der Witterungsbeständigkeit z. B. für Dachbeläge, Dachrinnen usw.,
- wegen der elektrischen Leitfähigkeit z. B. für Kabel und Gegenstände der Elektroindustrie,
- wegen seiner Wärmeleitfähigkeit z. B. für Lötkolben, Heiz- und Kühlschlangen,
- wegen seiner Legierungsfähigkeit z. B. für die Herstellung von Messing, Bronze, Rotguss.

115 Welche Eigenschaften hat Zink?

Farbe grauweiß, Bruch glänzend und grobkristallin.
Zink ist sehr witterungsbeständig, lässt sich gut löten und zerspanen, nach Erwärmung auf 100 °C auch pressen, walzen und ziehen. Es verfügt über eine große Wärmedehnung. Zink wird von Säuren und Laugen angegriffen. Gelöste Zinkverbindungen sind giftig.

116 Wozu wird Zink verwendet?

Für Dachabdeckungen, Dachrinnen, zum Gießen, hauptsächlich Druckguss, und Legieren mit Kupfer.
Zur Herstellung von Korrosionsschutzmitteln oder -überzügen, z. B. Verzinken, Zinkfarben, Zinkopferanoden (siehe Kap. Korrosionsschutz).

117 Nennen Sie Eigenschaften und Einsatzmöglichkeiten von Chrom.

Chrom ist hart und spröde, sehr verschleißfest, korrosionsbeständig, gut polierfähig und wird deshalb zur Oberflächenveredelung (Verchromen, Hartverchromen) von Metallen verwendet. Außerdem ist Chrom ein wichtiges Legierungselement für Qualitäts-, Edel- und Schnellarbeitsstähle.

118 Welche Eigenschaften besitzt Zinn und wozu wird es verwendet?

Silberglänzend, gut bearbeitbar, biegsam, leicht schmelzbar, gut walzbar. Bei Temperaturen unter 15 °C zerfällt Zinn zu Staub („Zinnpest“).
Reines Zinn gibt beim Biegen ein reibendes Geräusch von sich („Zinnschrei“).
Es wird verwendet zum Verzinnen (Weißblech) und zur Herstellung von Legierungen, z. B. Bronze, Rotguss, Lagermetall, Lötzinn.

119 Welche Eigenschaften hat Nickel und wozu wird es verwendet?

Nickel ist glänzend, magnetisch, äußerst korrosionsbeständig, schweißbar, walzbar, polierbar. Geeignet zur Oberflächenveredelung von Metallen (Vernickeln), zur Herstellung von Kupfer-Nickel-Legierungen, Bronzen und zur Legierung von Qualitäts- und Edelstählen (Einsatz-, Vergütungsstähle, rostfreie Stähle).

120 Nennen Sie Eigenschaften und Verwendungsmöglichkeiten von Mangan.

Mangan ist ein rötlich glänzendes sehr hartes und sprödes Metall.
Als Legierungselement erhöht es im Stahl dessen Härte und Verschleißfestigkeit.
Silizium-manganlegierte Stähle eignen sich besonders zur Federherstellung.

121 Nennen Sie die am häufigsten verwendete NE-Schwermetallegierung.

Kupfer-Zink-Legierung.
Der Kupfer-Gehalt soll mindestens 50 % betragen (geringerer Cu-Gehalt bedeutet steigende Sprödigkeit).

10

122 Mit welchen Metallen, außer Zink, wird Kupfer sonst noch legiert?

Mit Zinn zu Zinnbronze,
mit Aluminium zu Aluminiumbronze,
mit Blei zu Bleibronze,
mit Nickel und Zink zu Neusilber.

123 Welche Eigenschaften hat Wolfram und wozu wird es verwendet?

Wolfram wird wegen seiner Härte und seiner Bereitwilligkeit, sich mit Kohlenstoff zu verbinden, als Legierungsmetall für Schnellarbeitsstähle und zur Herstellung von Hartmetall (Wolframkarbid) verwendet.
Wegen der hohen Temperaturbeständigkeit ist Wolfram z. B. zur Herstellung von Glühlampenwendeln, Thermoelementen und WIG-Elektroden geeignet.

124 Nennen Sie Eigenschaften und Einsatzmöglichkeiten von Aluminium.

Aluminium ist leicht, weich, dehnbar und sehr gut verformbar.
Es ist ein guter Leiter für elektrischen Strom und Wärme.
Es ist löt-, schweiß- und gießbar.
Aluminium wird rein z. B. für Folien, Tuben, Haushaltsgeräte verwendet, legiert ist es ein wichtiges Metall im Kraftfahrzeugbau (Getriebegehäuse, Motorblöcke, Karosserien), Apparate- und Flugzeugbau.

125 Nennen Sie Vor- und Nachteile von Aluminium-Guss- und -Knetlegierungen gegenüber Reinaluminium.

Vorteile:
- größere Festigkeit,
- bessere Gießbarkeit,
- höherer Verschleißwiderstand,
- höhere Warmfestigkeit,
- geringes Schwindmaß.

Nachteile:
- geringere Dehnung,
- geringere Korrosionsbeständigkeit,
- geringere Leitfähigkeit für Wärme und Elektrizität.

126 Nennen Sie Eigenschaften und Einsatzmöglichkeiten von Magnesium.

Magnesium ist silberweiß, im frischen Bruch stark glänzend.
Es entzündet sich bei 800 °C und verbrennt mit weißem Rauch und blendendem Licht.
Magnesium wird meist mit Aluminium, Zink und Silizium legiert, um Festigkeit, Härte und Korrosionsbeständigkeit zu erhöhen.
Mg-Knet- und Gusslegierungen werden zu Verkleidungen, Leichtbauteilen, Getriebegehäusen, Zylinderkopfdeckeln usw. verarbeitet.
Vorsicht beim Zerspanen, da sich feine Späne entzünden können.

127 Welche Eigenschaften hat Titan und wozu wird es verwendet?

Titan ist dehnbar, gut walzbar, sehr korrosionsbeständig.
Die Zugfestigkeit entspricht der des Stahles.
Gute Zerspanbarkeit.
Als Legierungszusatz wirkt Titan festigkeitssteigernd, bei Aluminiumlegierungen kornverfeinernd.
Titan und seine Legierungen spielen im Automobilbau, in der Raumfahrttechnik, der chemischen Industrie und der Medizintechnik eine wichtige Rolle.

10.8 Kunststoffe

128 Nennen Sie einige wichtige Anwendungen von Kunststoffen im Maschinenbau.

Wichtige Anwendungen im Maschinenbau sind:
- Verkleidungen, Gehäuse
- Zahnräder, Riemen, Kupplungen, Lager
- Isolierungen, Dichtungen
- Klebstoffe

129 Welche gemeinsamen Eigenschaften haben alle Kunststoffe, durch die sie sich von anderen Werkstoffen unterscheiden?

Gemeinsame Eigenschaften der Kunststoffe sind:
- geringe Dichte,
- elektrisch nicht leitend,
- schwingungsdämpfend,
- schlecht wärmeleitend,
- korrosionsbeständig,
- einfärbbar.

130 Aus welchen Grundstoffen werden Kunststoffe überwiegend hergestellt?

Kunststoffe werden synthetisch hergestellt aus organischen Stoffen wie Zellulose, Kasein, aus mineralischen Stoffen wie Kalk, Kohle, Luft, Wasser, Nebenprodukten des Erdöls und Erdgases sowie aus Silizium (Silikone).

131 Beschreiben Sie die Struktur von Kunststoffen.

Kunststoffe bestehen aus ketten- oder netzartigen „Makromolekülen“, die aus Einzelmolekülen durch eine chemische Reaktion gebildet werden. Die meisten Kunststoffe bestehen aus Makromolekülen mit Kohlenstoff als Grundgerüst.
In den Kunststoffen, die als Silikone bezeichnet werden, bilden Silizium- und Sauerstoffatome das Grundgerüst der Makromoleküle.

132 Warum sind Thermoplaste warmumformbar?

Thermoplaste sind aus fadenförmigen Makromolekülen aufgebaut, die wattebauschartig miteinander verknäuelt, aber *nicht* vernetzt sind.

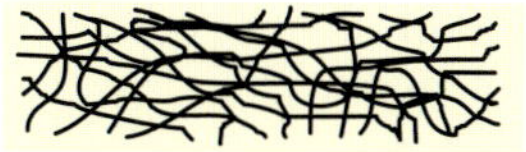

Bei Erwärmung schwingen diese Makromoleküle auseinander. Der Kunststoff wird dadurch weich und formbar.

133 Warum bleiben Duroplaste auch bei höheren Temperaturen hart und fest?

Duroplaste bestehen aus Makromolekülen, die durch chemische Bindung[1)] *engmaschig* miteinander *verknüpft* sind.

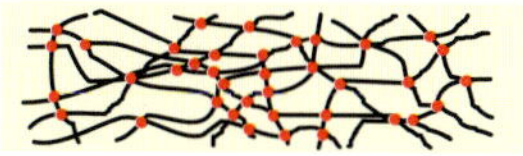

Bei Erwärmung verhindert die Vernetzung ein Auseinanderschwingen der Molekülfäden. Der Kunststoff behält seine Form und wird nicht weich.

[1)] Die Reaktion wird ausgelöst durch Mischen von 2 Komponenten oder durch Wärme und Druck.

134 Erklären Sie den Aufbau und das Verhalten der Elastomere.

Elastomere sind aus Makromolekülen aufgebaut, die verknäuelt und an wenigen Stellen *weitmaschig vernetzt* sind.

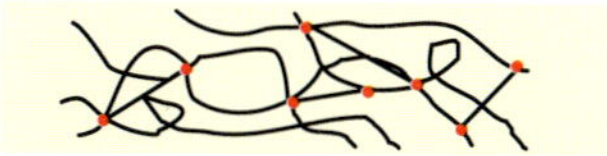

Elastomere sind gummielastisch, d. h. sie lassen sich sehr stark elastisch verformen und kehren nach Wegnahme der verformenden Kraft in ihre Ausgangsform zurück.
Elastomere sind nicht warm umformbar.

10

135 Beschreiben Sie die drei chemischen Reaktionsarten zur Herstellung von Makromolekülen:

- **Polymerisation,**
- **Polykondensation,**
- **Polyaddition.**

Polymerisation: Die Doppelbindungen *gleicher* ungesättigter Monomere (Grundmoleküle) werden aufgespaltet und verbinden sich zu fadenförmigen Makromolekülen. Beispiel:

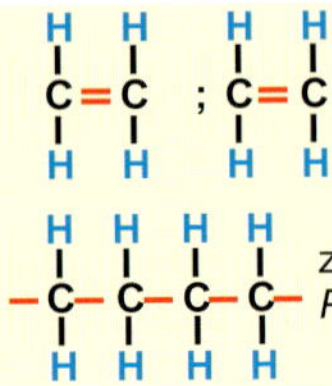

vom Monomer *Ethylen*

zum Polymer *Polyethylen* (PE)

Polykondensation: Zwei *verschiedene* Molekülarten verbinden sich zu Makromolekülen unter Abscheidung eines Kondensats, meist Wasser. Beispiel:

Aus den Endgruppen der Ausgangsstoffe

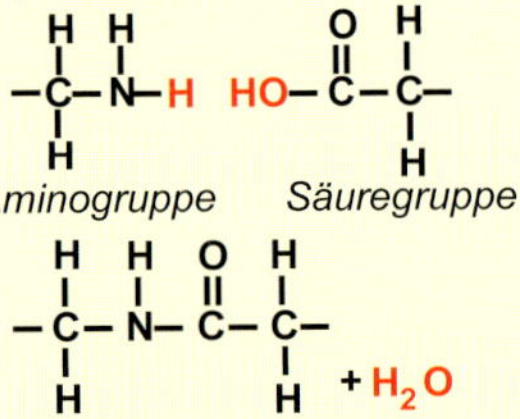

entsteht das Makromolekül *Polyamid* (PA)

Polyaddition: Gleiche oder verschiedene Einzelmoleküle verknüpfen sich durch umlagern einzelner Atome zu Makromolekülen. Beispiel:

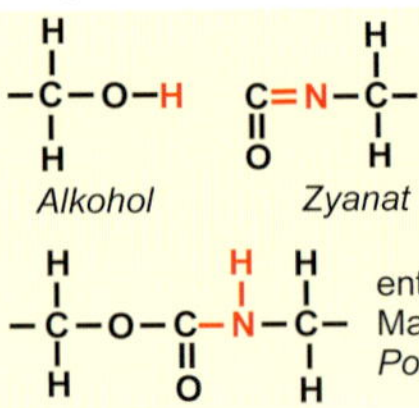

Aus den Endgruppen der Ausgangsstoffe

entsteht das Makromolekül *Polyurethan*

136 Unterteilen Sie die Kunststoffe nach der Struktur und dem thermischen Verhalten.

- Thermoplaste: warmumformbar und schweißbar.
- Duroplaste: nicht warmumformbar und nicht schweißbar.
- Elastomere: gummielastisch, nicht umformbar, nicht schweißbar.

137 Jeder Kunststoff hat ein oder mehrere typische Erkennungsmerkmale. Mit welchen Verfahren lassen sich Kunststoffe bestimmen?

Durch Anwendung der Biegeprobe, Schwimmprobe, Klangprobe, Brennprobe (Verhalten beim Brennen, Geruch) lassen sich Kunststoffe sicher bestimmen.

138 Welche Schweißverfahren werden bei Thermoplasten angewandt?

- Heißgasschweißen,
- Heizelementschweißen, z. B. Stumpfschweißen, Abkantschweißen, Überlappschweißen, T-Stoßschweißen,
- Reibschweißen,
- Folienschweißen.

Bei allen Schweißverfahren erfolgt die Verbindung durch Wärme und Druck.

139 Nennen Sie einige Verfahren zur Verarbeitung von Thermoplasten und Duroplasten.

Thermoplaste, z. B. Spanen, Extrudieren, Spritzgießen, Streckformen, Vakuumformen, Blasformen, Blistern.

Duroplaste, z. B. Spanen, Gießen, Spritzpressen, Formpressen.

140 Beschreiben Sie das Spritzgießen.

Kunststoffgranulat wird in einem beheizten Zylinder plastifiziert. Die Masse wird unter Druck in eine geteilte, gekühlte Form eingespritzt. Nach Abkühlung in der Form (Schließzeit) wird das Gussteil ausgeworfen.

10.9 Verbundwerkstoffe

141 Woraus bestehen Verbundwerkstoffe?

Verbundwerkstoffe bestehen aus zwei oder mehr Stoffen (Grundwerkstoff und Füllstoff bzw. Verstärkungskomponente) mit unterschiedlichen Eigenschaften, die miteinander zu einem neuen Werkstoff verbunden werden.

142 Wie werden Verbundwerkstoffe eingeteilt?

Durchdringungsverbundwerkstoffe, bei denen fest zusammenhängende Teilchen (Matrix) zwischen denen Hohlräume vorliegen von einem zweiten Stoff durchdrungen werden, z. B. getränkte Sinterwerkstoffe, Lagerwerkstoffe.

Teilchenverbundwerkstoffe, bei denen in einem zusammenhängenden Stoff (Matrix) kleine Teilchen eines zweiten Stoffes eingelagert sind, z. B. Hartmetalle, Schleifscheiben.

Faserverbundwerkstoffe, bei denen Fasern in den Grundwerkstoff (Matrix) eingelagert sind, z. B. glasfaserverstärkte Werkstoffe, Drahtglas.

Schichtverbundwerkstoffe, bei denen gleichartige oder verschiedenartige Materialschichten miteinander verbunden sind, z. B. Sperrholz, Schichtpapier.

Oberflächenbeschichtung, bei denen nur die Oberfläche mit einer Schicht aus einem anderen Stoff versehen ist.

143 Welche Vorteile bringt der Verbund von Glasfasern mit Kunststoff?

Bei geringem Kostenaufwand wird die Zugfestigkeit von Polyester- und Epoxidharzen erheblich gesteigert, während die Dichte nur unwesentlich zunimmt.

144 Woraus bestehen Kunststoff-Pressmassen und wozu werden sie verwendet?

Kunststoff-Pressmassen bestehen aus

- Grundwerkstoffen, z. B. Phenol-, Polyester-, Melamin- und Harnstoffharzen und
- Füllstoffen, z. B. Stein- und Holzmehl, Papierschnitzel,

aus denen unter Wärme und Druck Formen für Bauteile der Elektrotechnik, Gehäuse und Hebel hergestellt werden.

145 Woraus bestehen Schichtpressstoffe und wofür werden sie verwendet?

Schichtpressstoffe bestehen aus Schichtwerkstoffen (Papier, Gewebe, Holz), die mit dem Grundwerkstoff (meist Phenolharz) getränkt und gepresst werden.
Verwendung finden sie für mechanisch hoch beanspruchte Bauteile, z. B. Zahnräder, Lager, Laufrollen aus Hartgewebe oder Isolationsteile in der Elektroindustrie.

146 Wovon hängt die Festigkeit eines faserverstärkten Werkstoffes ab?

- Von der Festigkeit des Faserwerkstoffes,
- von der Lage der Fasern zur Beanspruchungsrichtung (in Faserrichtung am höchsten),
- vom Faseranteil.

10.10 Sinterwerkstoffe

147 Womit befasst sich die Pulvermetallurgie?

Die Pulvermetallurgie befasst sich mit der Herstellung von Formteilen aus Metallpulvern, mit der Herstellung von Verbundwerkstoffen, Gleitlagerwerkstoffen, Magnetwerkstof-fen, Hartmetallen usw.

148 In welchen Einzelschritten erfolgt die Herstellung von Sinterkörpern?

Pulvererzeugung: Durch Verdüsen oder Zerstäuben von Metallschmelzen wird feines Metallpulver hergestellt.

Mischen: Mischung von Metallpulvern in der gewünschten Zusammensetzung.

Pressen: Durch Zusammenpressen unter hohem Druck wird aus dem Pulver ein „Grünling" in der gewünschten Form hergestellt.

Sintern: Glühen des gepressten Pulvers, bei dem durch Rekristallisation und Diffusion ein zusammenhängendes Kristallgefüge entsteht oder durch flüssig werdendes Bindemittel die Pulverteilchen benetzt und verbunden werden.

Nach dem Sintern erfolgt bei manchen Sinterteilen eine Nachbehandlung, z. B. *Kalibrieren, Wärmebehandlung* oder *Tränken*.

149 In welchem Fall werden Sinterteile nach dem Sintern noch kalibriert?

Wenn die Sinterteile große Maßgenauigkeit oder hohe Oberflächengüte aufweisen sollen, werden sie nach dem Sintern auf das Endmaß genaugepresst (kalibriert).

150 Wodurch können Sinterwerkstoffe völlige Dichte erhalten?

Durch Pulverschmieden in geschlossenen Schmiedewerkzeugen nach dem Pressen und Sintern.

151 Schlüsseln Sie die folgenden Normbezeichnungen für Sintermetalle auf und geben Sie jeweils ein Beispiel dazu an:
a) Sint-AF50,
b) Sint-B10,
c) Sint-D30.

a) Sintermetall, mit einer Raumausfüllung < 73 %, legiert mit Cu > 60 Masse-%
Beispiel: Filter aus Sinterbronze, Sn 9 … 11 Masse-%, Rest Cu.

b) Sintermetall, mit einer Raumausfüllung von 80 ±2,5 %, 1 … 5 Masse-% Cu, ohne C oder mit C < 0,2 %
Beispiel: Gleitlager aus Sinterstahl mit 4% Cu und 0,1 % C.

c) Sintermetall, mit einer Raumausfüllung von 90 ±2,5 %, mit oder ohne Cu bzw. C, andere Legierungselemente, wie Ni < 6 Masse-%.
Beispiel: Zahnräder aus Sinterstahl mit 0,2 % C, 4 % Cu und 3 % Ni.

152 Warum sind Gleitlager aus Sintermetall wartungsfrei?

Gleitlager aus Sintermetall enthalten einen Porenanteil von 15 bis 25 %, der mit Flüssigschmierstoff gefüllt ist. Durch die Erwärmung des Gleitlagers im Betriebszustand tritt dieser aus den Poren und bildet einen Schmierfilm ⇨ wartungsfreier Selbstschmiereffekt.

153 Die Ausgangsstoffe für Hartmetalle (HM) sind chemische Verbindungen aus Metallen und Kohlenstoff.
a) Wie bezeichnet man eine solche Verbindung?
b) Nennen Sie Arten dieser Verbindung bei HM und geben Sie deren Eigenschaften im Vergleich zu Stahl an.

a) Chemische Verbindungen aus Metallen und Kohlenstoff bezeichnet man als Metallkarbide.

b) Metallkarbide der HM sind z. B. Wolframkarbid (WC), Tantalkarbid (TaC) und Titankarbid (TiC).
Sie haben eine Härte, die um ein Vielfaches über der Härte von Stahl liegt und besitzen Schmelztemperaturen über 2 000 °C.

10

154 Welche zwei Gruppen von Hartmetallen werden nach der Zusammensetzung unterschieden?

- Hartmetalle HW, mit Wolframkarbid als vorwiegendem Härteträger und Kobalt als Bindemittel.
- Hartmetalle HT (Cermets)[1], mit Mischungen aus Karbiden und Nitriden von Tantal, Titan u. a. als Härteträger und einem Gemisch aus Nickel, Kobalt und Molybdän als Bindemittel.

Beschichtete Hartmetalle, gleich welcher Art, werden mit HC gekennzeichnet.

[1] **cer**amics und **met**als

155 Welche Bedeutung haben bei Hartmetallen für die zerspanende Bearbeitung die Anhängezahlen im Kurzzeichen, z. B. P 01, P 50, M 10, M 40?

Die Hartmetalle mit der höheren Anhängezahl haben einen größeren Bindemittelgehalt, d. h. eine höhere Zähigkeit aber eine geringere Verschleißfestigkeit.

156 Welche Vor- und Nachteile bringt das Sintern gegenüber anderen Herstellungsverfahren?

Vorteile:
- Verbindung schwer schmelzbarer Werkstoffe ist möglich,
- die chemische Zusammensetzung ist genau bestimmbar,
- keine Werkstoffverluste,
- niedrige Sintertemperaturen,
- Herstellung genauer, dichter oder poröser Formteile ist möglich.

Nachteile:
- hohe Pressdrücke begrenzen die Größe der Formteile,
- komplizierte Teile sind schwierig herzustellen,
- Verzug unsymmetrischer Teile,
- nur bei Massenherstellung wirtschaftlich.

10.11 Werkstoffprüfung

157 Zu welchem Zweck werden Werkstoffprüfungen durchgeführt?

- Ermittlung der allgemeinen und besonderen Eigenschaften der Werkstoffe.
- Ermittlung der Ursachen werkstoffbedingter Mängel an Maschinen und Bauteilen.
- Erstellung von Richtlinien für die Verwendung von Werkstoffen und allgemein anerkannter Güte- und Lieferbedingungen.

158 Nennen Sie technologische Prüfverfahren mit denen in der Werkstatt Stähle und Eisenguss-Werkstoffe untersucht werden können.

- Beurteilung des Aussehens,
- Klangprobe,
- Bruchprobe,
- Biegeprobe,
- Schleiffunkenprobe,
- Feilprobe,
- Drehprobe,
- Schmiedeprobe,
- Schweißprobe,
- Härteprobe.

159 Welche Werkstoffprüfungen werden im Labor durchgeführt?

- Statische bzw. dynamische Prüfungen zur Ermittlung von Festigkeit, Dehnung, Härte, Kerbschlagzähigkeit, Dauerfestigkeit u. a.
- Metallografische Untersuchung des Gefüges eines Werkstoffes.
- Chemische Prüfung zur Feststellung der Legierungsbestandteile eines Werkstoffs.

160 Wie wird eine metallografische Untersuchung durchgeführt?

Eine Probe wird geschliffen, poliert, in schwacher Säure geätzt.
Unter dem Mikroskop sind bei entsprechender Vergrößerung Gefügebestandteile wie Ferrit, Perlit oder Korngrenzenzementit zu erkennen.

161 Welche Werkstoffeigenschaften sollen durch die folgenden Versuche ermittelt bzw. untersucht werden?
a) Druckversuch
b) Umlaufbiegeversuch
c) Kerbschlagbiegeversuch

a) Ermittelt die Druckfestigkeit, Stauch- und Quetschgrenzen.
b) Ermittelt die Biegewechselfestigkeit.
c) Ermittelt die Widerstandsfähigkeit metallischer Werkstoffe gegen schlagartige Beanspruchung.

162 Wozu werden Zeitstandsversuche durchgeführt?

Bei Zeitstandsversuchen wird das Verhalten der Werkstoffe bei statischer Zugbelastung über einen längeren Zeitraum bei unterschiedlichen Temperaturen ermittelt. Werkstoffwerte sind Zeitstandfestigkeit, Zeitdehngrenze, Zeitbruchdehnung.

163 Worüber gibt die chemische Prüfung Aufschluss?

Die Analyse und Spektralanalyse eines Werkstoffes gibt genauen Aufschluss über Art und Menge von Legierungsbestandteilen, z. B. Kohlenstoff, Schwefel, Phosphor.

164 Nennen Sie Verfahren zur zerstörungsfreien Werkstoffprüfung.

- Eindringverfahren, z. B. Fluoreszenzverfahren, Met-L-Check-Verfahren,
- Ultraschallprüfung
- Röntgen- oder Gammastrahlen Prüfung
- Magnetpulverprüfverfahren

165 Beschreiben Sie wie ein Bauteil auf Haarrisse durch das Farb-Eindringverfahren „Met-L-Check“ geprüft wird.

Roter Farbstoff wird auf das Werkstück gesprüht. Dieser dringt auf Grund der Kapillarwirkung in vorhandene Haarrisse ein. Nachdem das Werkstück gründlich abgewaschen wurde wird ein weißer Farbstoff aufgesprüht. Dieser zieht den in den Rissen eingedrungenen roten Farbstoff heraus und macht die Risse sichtbar.

166 **Wie erkennt man innere Fehler, wie Einschlüsse und Lunker in Bauteilen?**

Durch Röntgen- oder Gammastrahluntersuchung oder durch Ultraschallprüfung.

Zugversuch

167

a) Welche Werkstoffkennwerte werden aus dem Zugversuch ermittelt?

b) Skizzieren Sie je ein Spannungs-Dehnungs-Diagramm für einen Werkstoff mit und ohne ausgeprägte Streckgrenze. Beschriften Sie die Achsen und tragen Sie die Lage der Werkstoffkennwerte ein.

a) Ermittelt werden
- Streckgrenze R_e bzw. die 0,2-Dehngrenze $R_{p0,2}$,
- Zugfestigkeit R_m,
- Bruchdehnung A.

b) Diagramme

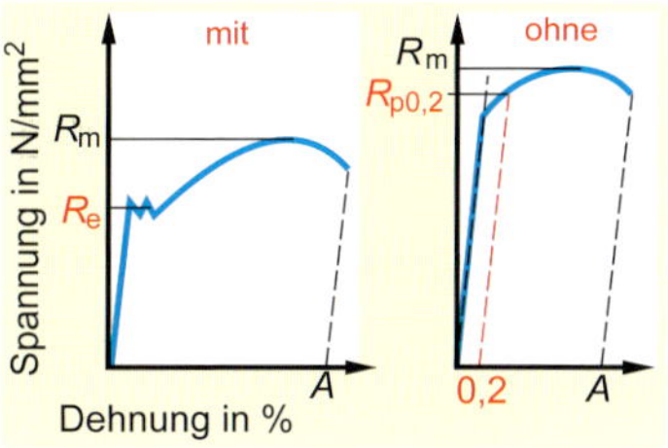

168

a) Für welche Werkstoffe wurde die 0,2 %-Dehngrenze ($R_{p0,2}$) eingeführt?

b) Wie wird die 0,2 %-Dehngrenze ($R_{p0,2}$) bestimmt?

a) Für Werkstoffe ohne ausgeprägte Streckgrenze, z. B. Aluminium- und Kupferlegierungen, Nitrier- und Federstähle.

b) Im Spannungs-Dehnungs-Diagramm durch eine Parallele zur Geraden am Kurvenanfang (Hooke´sche Gerade) durch den Punkt $\varepsilon = 0{,}2\,\%$.

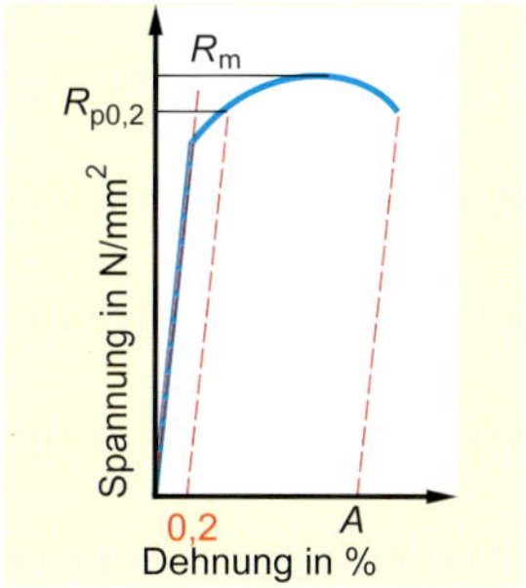

169 **Der Zugversuch an einer Probe mit d = 10 mm und L_o = 100 mm liefert folgende Messwerte:**

- **Zugkraft bei der Streckgrenze F_e = 27,882 kN,**
- **Höchstzugkraft F_m = 38,485 kN,**
- **Messlänge nach dem Bruch L_u = 122 mm.**

Berechnen Sie die

a) Streckgrenze R_{eH},

b) Zugfestigkeit R_m,

c) Bruchdehnung A.

d) Welcher Baustahl weist die berechneten Kennwerte auf, wenn vom Werkstoff zusätzlich eine sehr gute Schweißeignung gefordert wird?

a) $R_{eH} = \frac{F_e}{S_0}$ mit $S_0 = \frac{\pi \cdot d^2}{4}$

$$R_{eH} = \frac{27882 \text{ N} \cdot 4}{100 \text{ mm}^2 \cdot \pi} = \mathbf{355} \ \frac{\text{N}}{\text{mm}^2}$$

b) $R_m = \frac{F_m}{S_0}$

$$R_m = \frac{38485 \text{ N} \cdot 4}{100 \text{ mm}^2 \cdot \pi} = \mathbf{490} \ \frac{\text{N}}{\text{mm}^2}$$

c) $A = \frac{L_u - L_0}{L_0} \cdot 100\,\%$

$$A = \frac{122 \text{ mm} - 100 \text{ mm}}{100 \text{ mm}} \cdot 100\%$$

$A = \mathbf{22}\ \%$

d) Die Baustähle S355JR, S355JO, S355J2G3, S355J2G4, S355K2G3, S355K2G4 weisen die geforderten Kennwerte auf. Die beste Schweißeignung der aufgeführten Baustähle hat der der Baustahl **S355K2G4**.

170 **Eine Zugprobe aus hochfestem Aluminium wird im Zugversuch untersucht und liefert die im unten stehenden Messprotokoll aufgeführten Werte.**

Zeichnen Sie das Spannungs-Dehnungs-Diagramm und ermitteln Sie folgende Kennwerte:
- **Dehngrenze,**
- **Zugfestigkeit,**
- **Bruchdehnung,**
- **E-Modul.**

Messprotokoll

Messung Nr.	**1**	**2**	**3**	**4**	**5**	**6**	**7**	**8**
***F* in kN**	**3,2**	**9,6**	**16**	**19,2**	**24**	**26,5**	**27,5**	**25,5**
Δ*L* in mm	**0,04**	**0,12**	**0,20**	**0,24**	**0,48**	**1,20**	**1,80**	**3,20**
σ in N/mm²	64						550	510
ε in %	0,1						4,5	8

Spannungs-Dehnungs-Diagramm

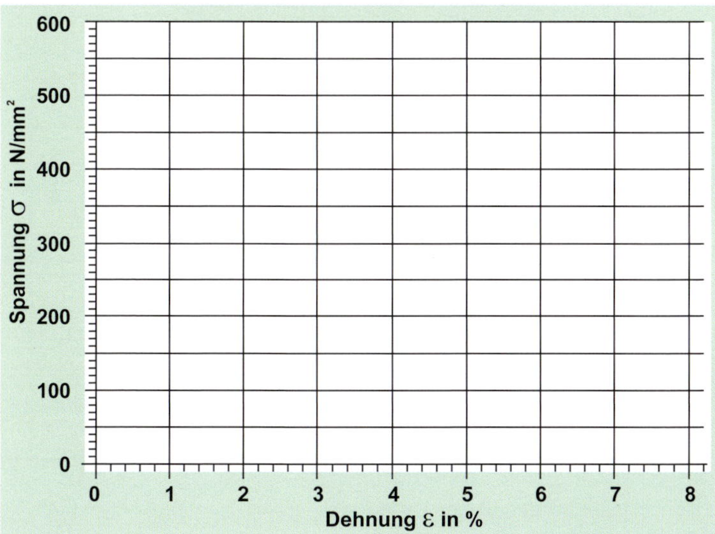

Lösung der Aufgabe **170**

Berechnung der Spannungs- und Dehnungswerte 1 bis 8:

$\sigma = \frac{F}{S_0}$ und $S_0 = a \cdot b = 5\text{ mm} \cdot 10\text{ mm} = \mathbf{50}\text{ mm}^2$

$\varepsilon = \frac{L - L_0}{L_0} \cdot 100\,\% = \frac{\Delta L}{L_0} \cdot 100\,\%$

Berechnung jeweils für den Wert Nr. 2 des Messprotokolls:

$\sigma = \frac{9600\text{ N}}{50\text{ mm}^2} = \mathbf{192}\,\frac{\text{N}}{\text{mm}^2}$

$\varepsilon = \frac{0{,}12\text{ mm}}{40\text{ mm}} \cdot 100\,\% = \mathbf{0{,}3}\,\%$

Messprotokoll

Messung Nr.	1	2	3	4	5	6	7	8
F in kN	3,2	9,6	16	19,2	24	26,5	27,5	25,5
ΔL in mm	0,04	0,12	0,20	0,24	0,48	1,20	1,80	3,20
σ in N/mm²	64	192	320	384	480	530	550	510
ε in %	0,1	0,3	0,5	0,6	1,2	3	4,5	8

Spannungs-Dehnungs-Diagramm

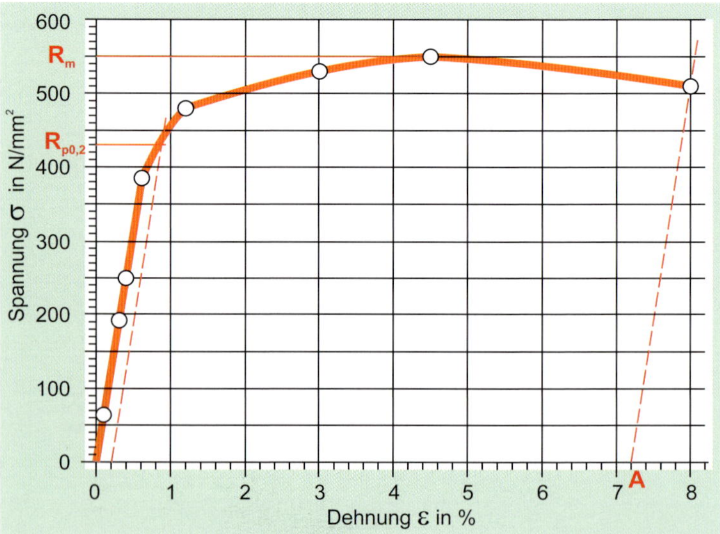

Fortsetzung der Lösung von Aufgabe **170**

Aus dem Diagramm abgelesene Werte:

Dehngrenze: $R_{p0,2}$ = **430** N/mm²

Zugfestigkeit: R_m = **550** N/mm²

Bruchdehnung: A = 7,2 %

Die Steigung der Hooke'schen Gerade ist ein Maß für die Steifigkeit des Werkstoffes und wird als *Elastizitätsmodul* bezeichnet.
Berechnung des E-Moduls mit einem Wertepaar des elastischen Bereiches aus der Wertetabelle, hier mit Wert Nr. 3:

$$E = \frac{\sigma_z}{\epsilon} = \frac{\sigma_{z3}}{\varepsilon_3} = \frac{320\,\frac{N}{mm^2}}{0{,}5\%} = \mathbf{64\,000}\,\frac{N}{mm^2}$$

171 Der E-Modul von Al-Legierungen beträgt 70 kN/mm², der von Stahl 210 kN/mm². Worüber gibt der Betrag des Zahlenwertes Auskunft?

Je höher der E-Modul, desto steifer, d. h. weniger elastisch, verhält sich der Werkstoff.
Ein E-Modul von 210 kN/mm² bedeutet, dass theoretisch eine Spannung von 210 kN/mm² erforderlich wäre, um den Werkstoff auf das Doppelte seiner ursprünglichen Länge zu dehnen.
Je niedriger der E-Modul eines Werkstoffes ist, umso elastischer verhält er sich.

Härteprüfverfahren

172 Nennen Sie einige wichtige Härteprüfverfahren und ihren Einsatzbereich.

Statische Härteprüfverfahren:

- Brinellverfahren für weiche bis mittelharte metallische Werkstoffe.
- Rockwellverfahren für alle Metalle, besonders für harte Werkstoffe mit einer Mindestdicke von 1 mm.
- Vickersverfahren für alle Metalle, besonders für dünne Proben.

Dynamische Härteprüfverfahren:

z. B. Rückprallhärteprüfung für mittelharte bis harte Werkstoffe.

173 Welche Informationen können der Bezeichnung 90 HBS 2,5 / 62,5 / 30 entnommen werden?

Brinellhärte 90, geprüft mit einer Stahlkugel von 2,5 mm Durchmesser mit einer Prüfkraft von (62,5 : 0,102 =) 613 N und einer Belastungsdauer von 30 Sekunden.

Der Faktor 0,102 dient zur Umrechnung der Krafteinheit „Newton" (N) in „Kilopond" (kp). Diese Umrechnung ist erforderlich, weil Kräfte nur noch in der Einheit „Newton" angegeben werden, bei der Brinellprüfung aber nach wie vor mit der Einheit „Kilopond" gearbeitet wird.

174 Welche Bedeutung hat das Kurzzeichen 350 HBW 10 / 3000?

Brinellhärte 350, geprüft mit einer Hartmetallkugel (Wolframkarbidkugel) von 10 mm Durchmesser und einer Prüfkraft von 3000 · 9,80665 N = 29420 N.

175 Brinell Härteprüfverfahren

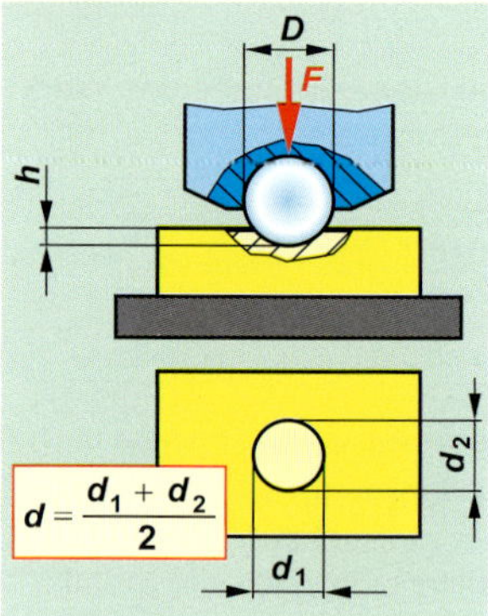

$$d = \frac{d_1 + d_2}{2}$$

a) Welche Werkstoffe werden mit dem skizzierten Brinell Härteprüfverfahren geprüft?
b) Beschreiben Sie die Durchführung des Härteprüfverfahrens.

a) Alle Metalle, deren Brinellhärte nicht über 650 HB liegt, z. B. ungehärteter Stahl, Gusseisen und NE-Metalle.
b) Eine gehärtete Stahl- oder Hartmetallkugel mit 10 mm, 5 mm, 2,5 mm, 2 mm oder 1 mm Durchmesser wird mit einer entsprechenden Prüfkraft *F* für eine bestimmte Einwirkdauer in die Oberfläche einer Probe eingedrückt. Der Eindruckdurchmesser *d* wird gemessen, der Härtewert HB nach folgender Formel berechnet:

$$HB = 0{,}102 \cdot \frac{2 \cdot F}{\pi \cdot D \cdot \left(D - \sqrt{D^2 - d^2}\right)}$$

oder Tabellen entnommen.

Projekt Härteprüfung nach Brinell durchführen

176 **Bei einer Brinell-Härteprüfung wird in eine 3 mm dicke Werkstückprobe eine Hartmetallkugel mit dem Durchmesser *D* = 10 mm mit einer Prüfkraft von *F* = 29 420 N eingedrückt. Nach der Belastungszeit werden die Eindruckdurchmesser d_1 = 3,14 mm und d_2 = 3,12 mm gemessen.**

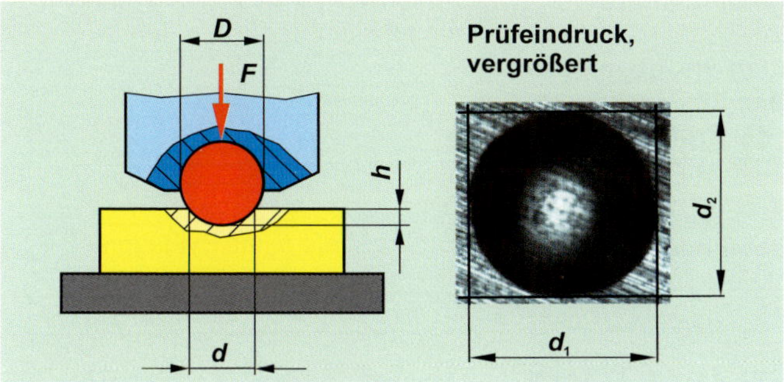

176.1 **Berechnen Sie den Eindruckdurchmesser *d* und begründen Sie, warum dabei der arithmetische Mittelwert berechnet wird.**

$$d = \frac{d_1 + d_2}{2}$$

$$d = \frac{3{,}14\text{ mm} + 3{,}12\text{ mm}}{2} = \mathbf{3{,}13}\text{ mm}$$

Um Textureinflüsse zu eliminieren wird der arithmetische Mittelwert aus den zwei senkrecht zueinander stehenden Durchmessern d_1 und d_2 berechnet.

10

176.2 Aus messtechnischen Gründen soll der Prüfeindruck nicht zu tief und flach sein. Die Prüfkraft ist deshalb so zu wählen, dass der Eindruckdurchmesser 24 … 60 % des Kugeldurchmessers enspricht.
Überprüfen Sie, ob mit dem ermittelten Eindruckdurchmesser die Prüfbedingung eingehalten wird.

Prüfbedingung:

$$0{,}24 \cdot D \le d \le 0{,}6 \cdot D$$

$$0{,}24 \cdot 10 \le 3{,}13 \le 0{,}6 \cdot 10$$

$$2{,}4\,\text{mm} \le 3{,}13\,\text{mm} \le 6\,\text{mm}$$

Da der Eindruckdurchmesser *d* größer gleich 2,4 mm und kleiner gleich 6 mm ist, wird die Prüfbedingung eingehalten.

176.3 Berechnen Sie die Eindrucktiefe *h*.

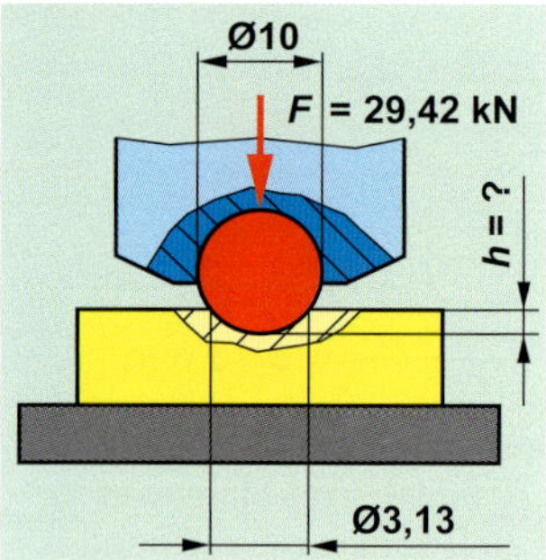

Eindrucktiefe *h*, mit Pythagoras:

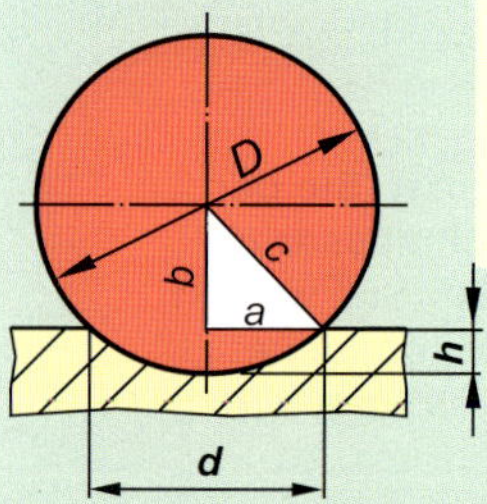

$$a = \frac{d}{2}$$

$$b = \frac{D}{2} - h$$

$$c = \frac{D}{2}$$

$$b = \sqrt{c^2 - a^2}$$

$$\frac{D}{2} - h = \sqrt{\frac{D^2 - d^2}{4}}$$

$$h = \frac{D}{2} - \sqrt{\frac{D^2 - d^2}{4}}$$

$$h = \frac{D}{2} - \frac{1}{2}\sqrt{D^2 - d^2}$$

$$h = \frac{1}{2}\left(D - \sqrt{D^2 - d^2}\right)$$

$$h = \frac{1}{2}\left(10 - \sqrt{100 - 9{,}8}\right)\,\text{mm}$$

$$h = \mathbf{0{,}25}\,\text{mm}$$

176.4 Überprüfen Sie, ob das 3 mm dicke Werkstück die Mindestdicke zur Durchführung einer Härteprüfung nach Brinell einhält und begründen Sie, warum eine Mindestdicke eingehalten werden muss.

Berechnung:

$s = 8 \cdot h$ = 8 · 0,25 mm = **2 mm**

Die Mindestdicke wird eingehalten.

(Mindestdicken können auch Tabellen entnommen werden.)

Begründung:
Es muss sichergestellt sein, dass sich die Auflagefläche, auf der das Werkstück liegt, bei der Härteprüfung nicht mit verformt und so das Prüfergebnis beeinflusst. Dies wird gewährleistet, wenn die Probendicke *s* mindestens 8-mal der Eindringtiefe *h* der Kugel entspricht.

176.5 Wozu wird der Beanspruchungsgrad ermittelt?

Der Beanspruchungsgrad ist ein Näherungswert für die Flächenpressung zwischen Kugel und Prüfstückoberfläche.
Damit die Flächenpressung nahezu unabhängig vom gewählten Kugeldurchmesser (1 mm, 2 mm, 2,5 mm, 5 mm oder 10 mm) ist, müssen den unterschiedlichen Kugeldurchmessern entsprechende Prüfkräfte zugeordnet werden. Hierzu dient der Beanspruchungsgrad:

$$\text{Beanspruchungsgrad} = 0{,}102 \cdot \frac{F}{D^2}$$

Der Faktor 0,102 dient zur Umrechnung der Krafteinheit „Newton“ (N) in „Kilopond“ (kp). Diese Umrechnung ist erforderlich, weil Kräfte nur noch in der Einheit „Newton“ angegeben werden, bei der Brinellprüfung aber nach wie vor mit der Einheit „Kilopond“ gearbeitet wird.

10

176.6 Ermitteln Sie den Beanspruchungsgrad.

$$\text{Beanspruchungsgrad} = 0{,}102 \cdot \frac{F}{D^2}$$

$$= 0{,}102 \cdot \frac{29\,420\,\text{N}}{10^2\,\text{mm}^2} = \mathbf{30}$$

176.7 Wie groß ist die Prüfkraft zu wählen, wenn der Kugeldurchmesser 2,5 mm statt 10 mm beträgt?

Bei einem Beanspruchungsgrad von 30 ist nach Tabelle dem Kugeldurchmesser 2,5 mm eine Prüfkraft von 1839 N zuzuordnen.

176.8 Berechnen Sie den Härtewert HBW.

$$\text{HBW} = 0{,}102 \cdot \frac{2 \cdot F}{\pi \cdot D \cdot \left(D - \sqrt{D^2 - d^2}\right)}$$

$$\text{HBW} = 0{,}102 \cdot \frac{2 \cdot 29\,420}{\pi \cdot 10 \cdot \left(10 - \sqrt{10^2 - 3{,}13^2}\right)}$$

$$\text{HBW} = \mathbf{380{,}2}$$

176.9 Geben Sie die normgerechte Brinellhärteangabe an.

Härtewert	Härte nach Brinell (Hartmetallkugel)	Prüfkugeldurchmesser in mm		Prüfkraft F = 29420 N mal 0,102
380	**HBW**	**10**	**/**	**3000**

177 Wie wird die Rockwellhärte C (HRC) für einen Werkstoff ermittelt?

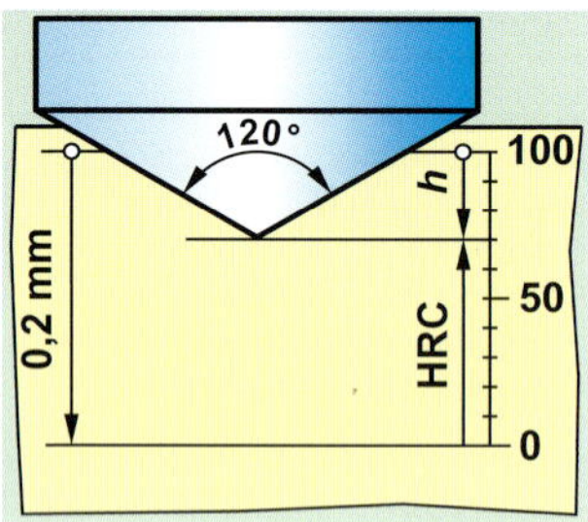

Der Eindringkörper ist ein Diamantkegel mit 120° Spitzenwinkel.
Die Prüfgesamtkraft von 1471 N, die in zwei Stufen (Vorkraft 98 N, Prüfkraft 1373 N) aufgebracht wird, lässt den Diamantkegel in das Werkstück eindringen. Nach Wegnehmen der Prüfkraft wird dann unter Beibehalten der Vorkraft die bleibende Eindringtiefe ermittelt. Diese wird in Einheiten von 0,002 mm umgerechnet, die, von 100 abgezogen die Rockwellhärte C ergeben.

$$\text{HRC} = 100 - \frac{h}{0{,}002\,\text{mm}}$$

178 Die Rockwellhärte nach der Skale C beträgt 37,5 HRC. Bestimmen Sie die bleibende Eindringtiefe *h* nach Wegnehmen der Prüfkraft.

$$HRC = 100 - \frac{h}{0{,}002\,mm}$$

$$h = (100 - 37{,}5) \cdot 0{,}002\,mm$$

$$h = \mathbf{0{,}125\,mm}$$

179 Für welche Werkstoffe ist die Härteprüfung nach Vickers besonders geeignet und wie wird sie durchgeführt?

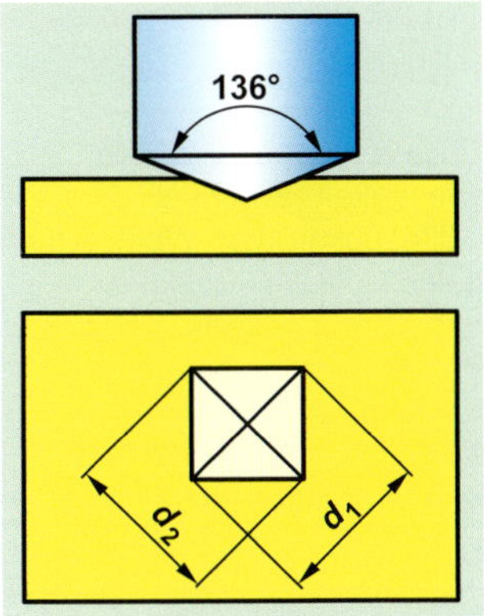

Die Härteprüfung nach Vickers ist für alle Metalle, besonders für dünne Proben geeignet.
Durchführung:
Eine Diamantpyramide mit quadratischer Grundfläche und einem Flächenwinkel von 136° wird in den Prüfkörper eingedrückt.
Die Prüfkräfte liegen im Makrobereich zwischen 49 N und 980 N, im Kleinlast bzw. Mikrobereich zwischen 0,2 und 49 N.
Gemessen wird die Länge der beiden Diagonalen des Abdrucks.
Aus deren Mittelwert kann die Vickershärte HV bestimmt werden.

$$HV = 0{,}1891 \cdot \frac{F}{D^2}$$

180 Die Härte eines Stahls wird nach Vickers geprüft. Die nach HV50 durchgeführte Prüfung ergibt einen Pyramideneindruck von *d* = 0,48 mm. Wie groß ist die Vickershärte des Stahls?

Die Prüfbedingung HV50 fordert eine Prüfkraft von *F* = 490,3 N (Tabellenwert).
Die Vickershärte berechnet sich wie folgt:

$$HV = 0{,}189 \cdot \frac{F}{D^2}$$

$$HV50 = 0{,}189 \cdot \frac{490{,}3\,N}{0{,}48^2\,mm^2} = \mathbf{402}$$

10

181

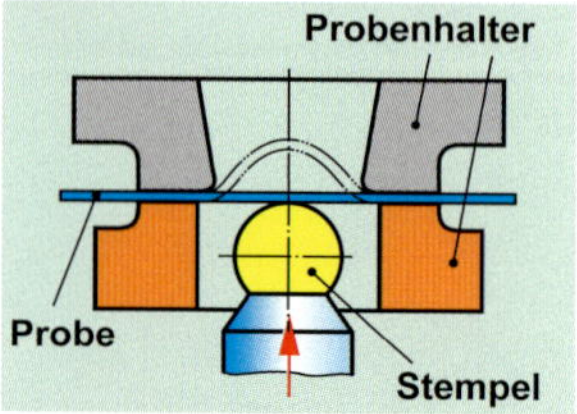

a) Was wird mit dem dargestellten Verfahren an einem Blech geprüft?
b) Beschreiben Sie die Versuchsdurchführung.

a) Mit dem dargestellten Tiefungsversuch nach Erichsen wird die Tiefziehfähigkeit von Blechen und Bändern geprüft.
b) Der Stempelkopf wird langsam so weit gegen die Probe gedrückt, bis ein Riss auftritt. Die im Augenblick des Einreißens in mm erreichte Eindringtiefe des Stempels ist die Erichsentiefe IE und dient als Gütemaßzahl.

182 Wöhlerversuch:
a) Welcher Werkstoffkennwert wird mit dem „Wöhlerversuch“ ermittelt?
b) Beschreiben Sie die Versuchsdurchführung.
c) Zeichnen Sie die Wöhlerkurve für das folgende Versuchsergebnis:

Spannungsausschlag in N/mm²	Bruch nach Lastspielen
± 350	4 251
± 300	8 401
± 250	21 985
± 200	70 354
± 180	108 701
± 160	10 000 000 o. B.
± 140	10 000 000 o. B.
...	

o. B. = ohne Bruch

a) In Wöhlerversuchen wird die Dauerfestigkeit (Wechsel- oder Schwellfestigkeit) von Werkstoffen ermittelt.
b) Sechs bis zehn polierte gleichartige Proben werden bei unterschiedlich hoher schwingender Belastung untersucht. Für jede Probe wird ermittelt, nach welcher Schwingungszahl sie zu Bruch geht. Die gesuchte Dauerfestigkeit ergibt sich bei Stahlproben nach 10 Millionen ertragener Lastspiele, da diese erfahrungsgemäß nicht mehr brechen.
c) Wöhlerkurve

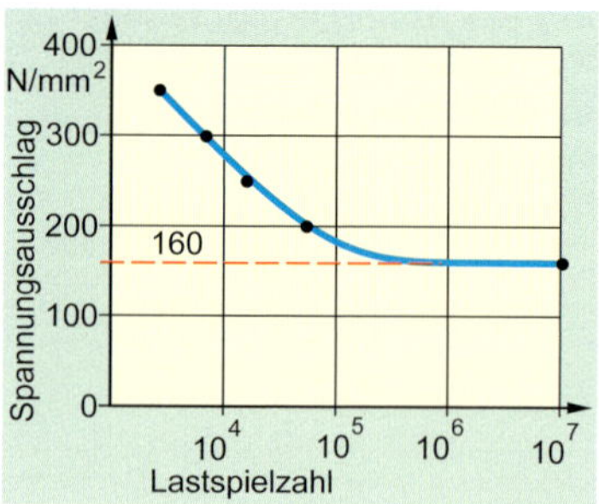

11 Sachwortverzeichnis

11

H

I

M

N

11

T